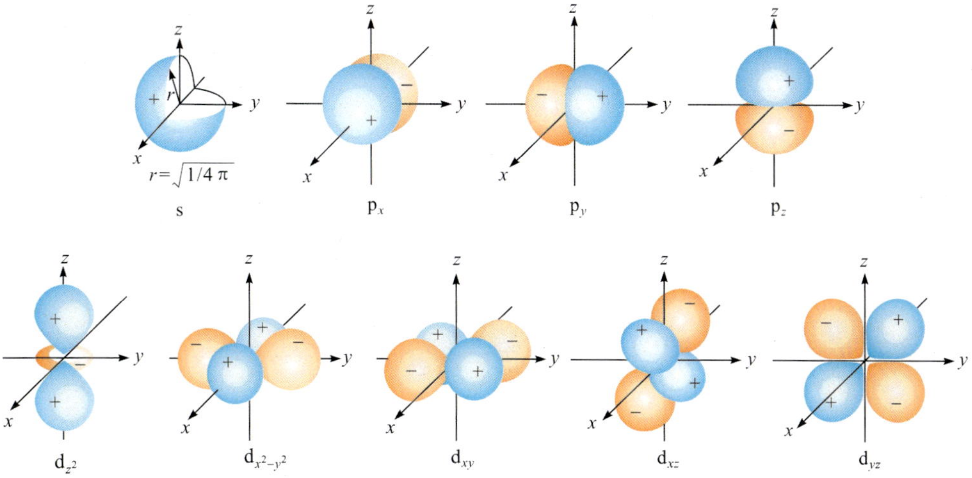

图 5.9　氢原子波函数角度分布示意图

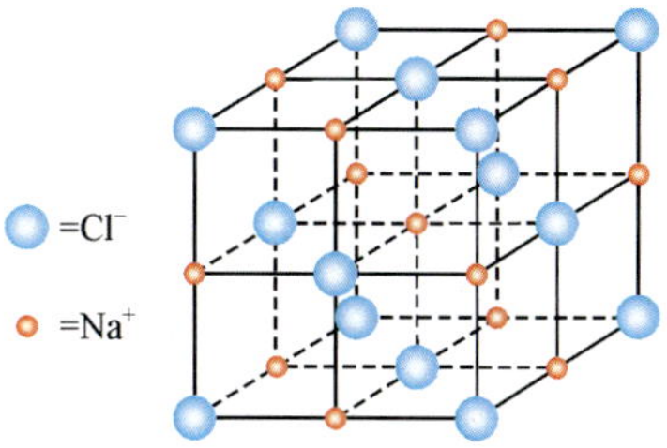

图 5.37　NaCl 晶胞结构示意图

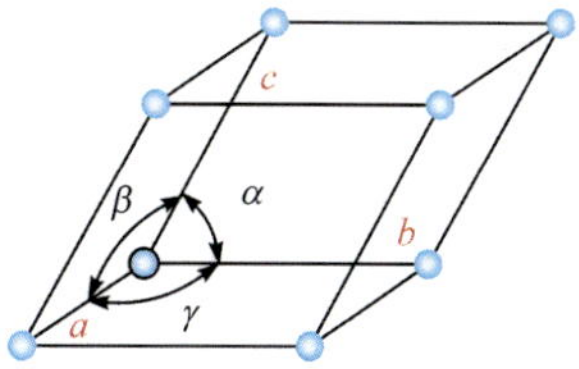

图 5.38　晶胞参数

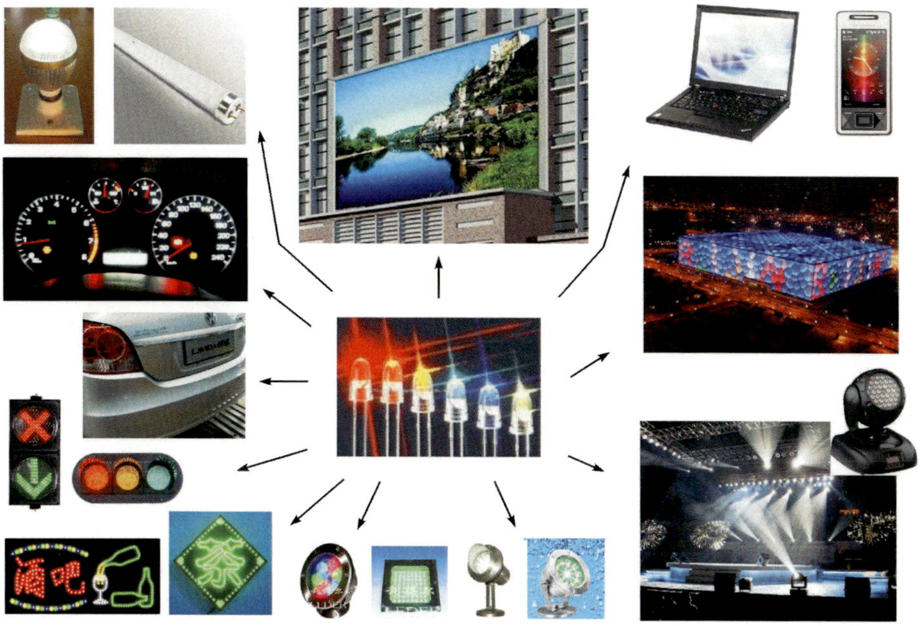

图 10.3　LED 的应用

表 5.9　参与杂化的轨道与杂化轨道构型关系表

杂化类型	参与杂化的轨道类型和数目	杂化轨道构型	例
sp	1 个 s+1 个 p	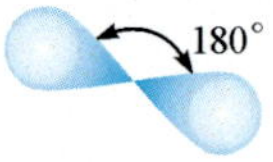 直线形	 $BeCl_2$
sp^2	1 个 s+2 个 p	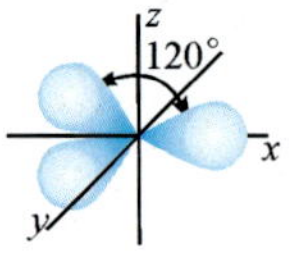 正三角形	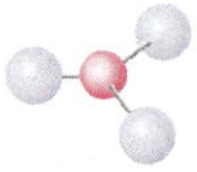 BF_3
sp^3	1 个 s+3 个 p	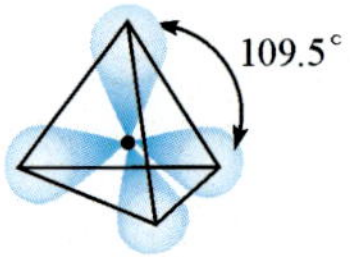 正四面体	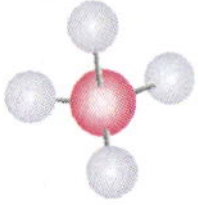 CH_4
dsp^2	1 个 $(n-1)$d+1 个 ns+2 个 np	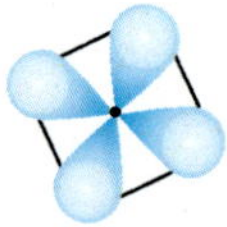 正方形	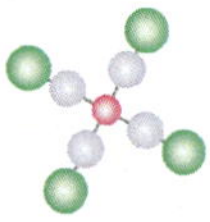 $[Ni(CN)_4]^{2-}$
sp^3d	1 个 s+3 个 p+1 个 d	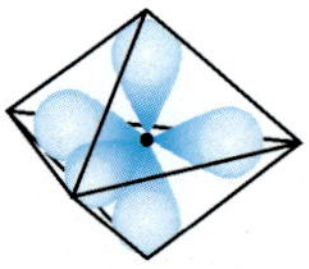 三角双锥体	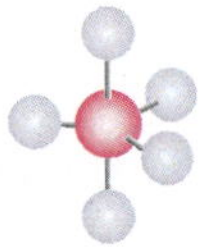 PF_5
sp^3d^2	1 个 s+3 个 p+2 个 d	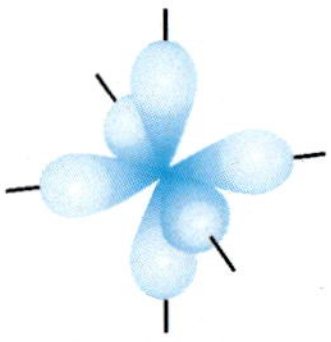 正八面体	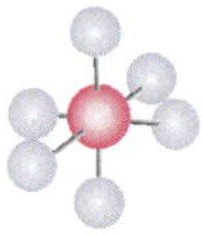 SF_6
d^2sp^3	2 个 $(n-1)$d+1 个 ns+3 个 np	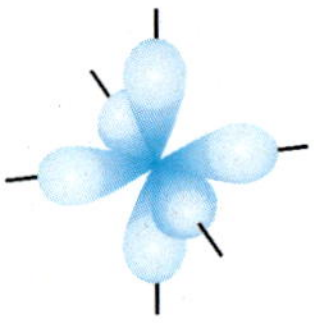 正八面体	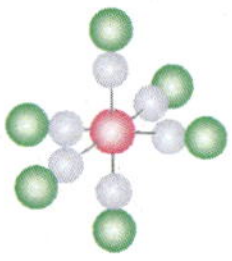 $[Fe(CN)_6]^{3-}$

普通高等教育“十一五”国家级规划教材

无 机 化 学

龚孟濂　主编

梁宏斌　顾　文　乔正平 等 编著

科 学 出 版 社

北　京

内容简介

本书为普通高等教育“十一五”国家级规划教材，由中山大学和南开大学合作编著。本书共3篇：第1篇无机化学原理，包括化学热力学基础、化学反应速率、原子结构、分子结构和晶体结构；第2篇元素无机化学，介绍重要元素单质和无机化合物的存在、制备、物理化学性质及应用；第3篇无机化学进展，简要介绍无机功能材料、生物无机化学和环境无机化学方面的理论与应用研究成果。

本书可作为高等院校生命科学、物理学、材料科学、环境科学、地学、医学、药学等相关专业本科生的无机化学或普通化学教材，也可以作为与化学有关的其他专业以及报考硕士学位研究生的读者的参考书。

图书在版编目(CIP)数据

无机化学/龚孟濂主编. —北京：科学出版社，2010.6
普通高等教育“十一五”国家级规划教材
ISBN 978-7-03-027675-9

Ⅰ.①无… Ⅱ.①龚… Ⅲ.①无机化学-高等学校-教材 Ⅳ.①O61

中国版本图书馆CIP数据核字(2010)第092771号

责任编辑：赵晓霞 王国华 / 责任校对：朱光光
责任印制：张 伟 / 封面设计：耕者设计工作室

科学出版社 出版
北京东黄城根北街16号
邮政编码：100717
http://www.sciencep.com
北京凌奇印刷有限责任公司印刷
科学出版社发行 各地新华书店经销
*
2010年6月第 一 版 开本：787×1092 1/16
2025年7月第十三次印刷 印张：24 3/4 插页：2
字数：584 000
定价：59.00元
（如有印装质量问题，我社负责调换）

序

化学是一门中心科学。化学与信息、生命、材料、环境、能源、地球、空间和核科学等八大朝阳科学紧密联系，产生了许多重要的交叉学科，如分子生物学、结构生物学、生物物理学、材料化学、化学信息学、环境化学、药物化学、固体化学、化学器件学等。化学在与这些学科相互交叉、相互渗透、相互促进中共同发展。

化学又是一门应用科学，化学科学的应用为人类创造了大量物质财富。

化学科学作为中心科学和应用科学的重要性，正在被越来越多的人认识。因此，学习与掌握化学科学的基本理论和知识，不仅是对高等院校相关专业本科生的专业要求，而且对于提高其他专业本科生的基本素质也有重要作用。

无机化学既是化学的一个分支，也是化学科学的基础。学习无机化学，是跨进化学科学大门的第一步。无疑，好的无机化学教材，对于引导本科一年级学生跨进化学科学的大门，会产生良好的作用。

由中山大学和南开大学两校8位教师合作编著、龚孟濂教授主编的《无机化学》即将由科学出版社出版。两校无机化学学科均是国家重点学科，参加编写的教师均长期从事本科无机化学课程教学工作和科学研究工作，有着丰富的经验，为编著该书奠定了基础。

该书的特点之一是在选材上密切结合各专业的需要，既保证无机化学基础理论的相对完整性，又注重了无机化学在各个专业方向的应用，以适应不同专业的教学需要。

该书在用科学、严谨、流畅的语言介绍无机化学基础理论的同时，也用了不少篇幅向读者展现了国内外无机化学新的重要科研成果，这有利于激发学生的学习兴趣，培养学生科学素质。这是该书的另一特点。

该书在编排上采取“基本原理—元素无机—前沿进展”的模式，既考虑到不同专业的共同教学需要，又叙述了无机化学在功能材料、生物无机化学、环境科学等前沿领域的进展，可以帮助读者扩展视野。

我很高兴作为最早的读者之一，阅读了该书内容。这是一本值得推荐的教材。借此《无机化学》出版之际，我向全体参加编写的教师表示衷心的祝贺。我相信，教材的出版、使用将会有助于读者了解和掌握化学理论和知识，顺利跨进化学科学的大门。

计亮年

中国科学院院士、中山大学教授

2009年12月18日

前　言

无机化学是高等院校化学化工类各专业本科生的第一门专业基础课，也是生命科学、物理学、材料科学、环境科学、地学、医学、药学等专业和师范院校相关专业本科生的一门专业必修课。无机化学作为大学阶段的第一门化学课，是一门承前启后的课程。一本好的无机化学教材，对于相关专业的大学新生而言，将会起到进入大学阶段化学科学大门的"引领者"的作用。

根据高等院校本科教学的要求，2007 年开始组织编写"无机化学系列教材"，共包括 3 本书，即适用于非化学类各专业本科生的《无机化学》(本书)，适用于化学类各专业本科生的《无机化学(上、下)》。

"无机化学系列教材"由中山大学和南开大学合作编著。中山大学和南开大学两校的无机化学学科均是全国重点学科，两校具有重视本科教育和科学研究的优良传统。两校共 8 位教师参加本书的编著，他们都长期参与本科无机化学课程的教学工作，并且活跃在无机化学科学研究的第一线。

本书是普通高等教育"十一五"国家级规划教材。具有以下特点：

(1) 科学性。准确介绍无机化学学科理论，使读者了解并学习严谨的、科学表达的基础无机化学理论。

(2) 前沿性。紧跟无机化学学科发展前沿，充分利用编著人员科研力量强的优势，把国内外无机化学方面最新的重要科研成果简要介绍给读者。

(3) 应用性。紧密联系无机化学相关的应用领域，既重视理论，也重视应用。

(4) 适用性。考虑到非化学类不同专业的教学需要，本书分为 3 篇共 12 章：第 1 篇(第 1 章～第 7 章)为无机化学原理，第 2 篇(第 8 章、第 9 章)为元素无机化学，第 3 篇(第 10 章～第 12 章)为无机化学进展。第 1 篇和第 2 篇是各专业普遍适用的教学内容，第 3 篇属于无机化学在无机功能材料、生物无机化学(含无机药物、仿生材料等)、环境无机化学等领域的基础知识和最新进展，可以帮助学生扩展视野。教师可根据本专业的需要有针对性地选用本书中的内容。书中注"*"的内容供选学。

在本书中，我们尽可能使用生动活泼的语言、图表和编排方式，并适当介绍有关领域著名科学家的科学活动。

为了帮助学生理解和掌握相关的基础无机化学理论，在章末编写了相应的习题，供学生练习。这些习题是我们在长期的教学过程中精选出来的，有一定的代表性、广度和深度，基本可以满足教学的需要。教师和学生可以按照教学的需要和各校、各专业的特点选用。

本书由龚孟濂主编。参加本书编写工作的人员有龚孟濂(中山大学，第 1 章、第 6 章和附录 7)、顾文(南开大学，第 2 章、第 9 章部分内容、10.2 节、第 12 章)、梁宏斌(中山大学，第 3 章、第 4 章和 10.1 节)、乔正平(中山大学，第 5 章和其余附录)、王庆伦(南开大学，第 7 章）、师唯（南开大学，第 8 章）、刘欣（南开大学，第 9 章部分内容）、巢晖（中山大学，第 11 章）。全书由龚孟濂统稿。书末《化学元素周期表》由陈三平、谢钢、高胜利、杨奇编著。

西北大学史启祯教授、高胜利教授和吉林大学周伟红教授担任本书的主审，他们认真地审阅了全部书稿，提出了许多专业的、重要的和有价值的修改意见，使本书得以改进。全体作者深受他们的专业精神感动，在此表示深深的谢意。中山大学教务处、化学与化学工程学院和南开大学教务处、化学学院对本书的编著、出版给予了大力支持，谨表谢意。

由于编者水平有限，本书疏漏和错误之处在所难免，恳请读者和同行专家不吝赐教，以便重印时修正。

编　者

2009 年 12 月 25 日

目　录

第2篇　元素无机化学

第3篇 无机化学进展

第 1 篇
无机化学原理

第 1 章　绪　　论
(Introduction)

化学对人类社会的发展起着重要作用，可以说，现代人类的衣、食、住、行和健康都离不开化学。化学作为“中心科学”的地位，正被越来越多的人所认识。本章将简要介绍化学研究的对象、化学与人类社会发展的关系、无机化学的发展趋势以及学习无机化学的方法。

1.1　化学研究的对象
(What does chemistry study)

1.1.1　化学的定义

先看我们熟悉的物质发生变化的两个例子。

【例 1.1】 氢气在氧气中燃烧生成水：

$$H_2(g)+\frac{1}{2}O_2(g)=\!=\!=H_2O(l)$$

在研究这个变化时，涉及“物质的组成”——氢气、氧气和水，分别由氢分子、氧分子和水分子组成；每个氢分子由 2 个氢原子组成，每个氧分子由 2 个氧原子组成，每个水分子由 2 个氢原子和 1 个氧原子组成。在这个过程中，物质发生了变化，物质的组成也发生了变化。同时，也涉及“物质的结构”——氢分子、氧分子和水分子，它们分别由相应的原子通过“共用电子对”形成“共价键”而构成：

$$H—H\quad O=O\quad H—O—H$$

另外，在这个过程中，两种物质(氢气和氧气)发生变化，生成了一种新的物质(水)；物质的“凝聚态”也变了，氢气和氧气均为气体(gas)，而水是液体(liquid)。

发生这一变化的过程伴随着能量的变化，这是一个放热过程($-285.83\ kJ\cdot mol^{-1}$)。

【例 1.2】 钠与氯气作用生成氯化钠：

$$2Na(s)+Cl_2(g)=\!=\!=2NaCl(s)$$

这同样涉及物质的组成、结构和变化(新物质的生成及过程中的能量变化)。这是一个放热过程($-410.9\ kJ\cdot mol^{-1}$)。钠和氯化钠是晶体(crystal)，而氯气是气体(gas)。

这些变化涉及物质的三个层次：原子(或带电的原子，即离子)、分子及其凝聚态(气态、液态、固态、等离子体等)。

这样，我们可以给出“化学”的定义：“化学是从原子、分子及其凝聚态层次上研究物质的组成、结构、性质、变化规律及其应用的科学。”① 其中，“分子”是化学研究的中心层次，因此有学者认为可以简称“化学是分子的科学”。在变化过程中生成了新的物质，但各元

① 关于“化学”的定义，曾有过 20 多种提法。

素的原子核不发生改变，这种变化称为“化学变化”(chemical change)，或“化学反应”(chemical reaction)。

1.1.2 化学变化的基本特征

由上述两个例子可归纳出“化学变化”的三个基本特征。

1. 新物质生成，但各元素原子核均不改变

在化学变化过程中，参加反应的物质(反应物)原有的化学键被破坏，而重组为新的化学键(生成新的物质，即生成物)。例如，H_2 分子中的 H—H 键、O_2 分子中的 O═O 键被破坏，而 H—O—H 键生成。

注意：化学变化中各元素原子核不变。因为化学键的重组只涉及原子核外电子的变化，各元素原子核均不变，因此不会产生“新的元素”。对比核裂变和核聚变过程，虽然也生成了新的物质。例如

$$^{235}_{92}U + ^{1}_{0}n \longrightarrow ^{144}_{56}Ba + ^{89}_{36}Kr + 3^{1}_{0}n$$

$$^{2}_{1}H + ^{3}_{1}H \longrightarrow ^{4}_{2}He + ^{1}_{0}n$$

但是，参加反应的各元素的原子核也发生了改变，生成了新的元素。这类变化不属于“化学变化”范围，而称为“核反应”(nuclear reaction)，通常属“核物理学”研究范围。

2. 化学变化是定量变化，服从“质量守恒定律”

由于化学变化只涉及核外电子的重组，各元素原子核不发生变化，不产生新的元素，因而反应体系中所有元素的原子核总数和核外电子总数在反应前后并无变化，它们的总质量必然不变，即遵守“质量守恒定律”。例如，2.016 g H_2 与 15.999 g O_2 完全化合，必然生成 18.015 g H_2O。

3. 化学变化过程伴随能量变化，服从“能量守恒定律”

由于破坏反应物的化学键需要从环境中吸收能量，而生成新的化学键则要向环境放出能量，所以化学变化过程中必然伴随着能量变化。如前所述，1 mol H_2(g)与$\frac{1}{2}$ mol O_2(g)完全化合为 1 mol H_2O(l)的过程中，反应系统向环境放出能量($-285.83\ kJ \cdot mol^{-1}$)，而环境的能量等量增加($+285.83\ kJ \cdot mol^{-1}$)。这样，反应系统和环境总的能量变化为

$$(-285.83\ kJ \cdot mol^{-1}) + 285.83\ kJ \cdot mol^{-1} = 0\ kJ \cdot mol^{-1}$$

这就是“能量守恒定律”。在热力学中，就是“热力学第一定律”。

1.1.3 化学的二级学科

在自然科学中，数学、物理学、化学、生物学等被列为“一级学科”。通常认为，现代化学是从 19 世纪末开始发展的。1895 年，德国科学家伦琴(W. K. Röntgen)发现了 X 射线；1896 年，法国科学家贝克勒尔(A. H. Becquerel)发现了铀的放射性；1897 年，英国科学家汤姆孙(J. J. Thomson)发现了电子。这三项重大发现动摇了物理学的传统观念，也

冲击着道尔顿(J. Dalton)“原子是不可分割的最小微粒”这一观点,其重要意义在于打开了“原子结构”和“原子核结构”的大门,使物理学和化学研究进入了“微观世界”,孕育了新的科学概念和科学理论。在随后的20多年中,物理学中提出了“量子论”[普朗克(M. Planck),1900年]、“相对论”[爱因斯坦(A. Einstein),1905年]和“量子力学”[薛定谔(E. Schrödinger)和海森堡(W. Heisenberg),1926年],在化学中则提出了“原子结构理论”和“分子结构理论”,这标志着现代化学进入了蓬勃发展阶段。自20世纪30年代起,按照研究对象、研究方法或研究目标的不同,现代化学被划分为无机化学、有机化学、分析化学、物理化学和高分子学科5个二级学科。

1. 无机化学

无机化学是研究除碳氢化合物及其衍生物之外的所有元素的单质和化合物的组成、结构、性质、变化规律及应用的化学分支。

人类早期的化学实践活动大都属于“无机化学”的范畴,如陶器制造(1万年前)、青铜制造(5000年前)、“点金术”和“炼丹术”(2100年前)、黑火药制造(1300多年前)等。无机化学(也就是早期的化学)在18世纪中叶至19世纪中叶奠定了理论基础,其发展的主要里程碑有:1748年罗蒙诺索夫(M. B. Ломоносов)提出“质量守恒定律”;1808年道尔顿提出“原子论”;1811年阿伏伽德罗(A. Avogadro)提出“分子论”;1840年赫斯(G. H. Hess)提出“赫斯定律”以及1869年门捷列夫(D. I. Mendeleev)创立“元素周期律”。从此,无机化学形成一门独立的化学分支。无机化学的现代化始于20世纪20～30年代原子结构和分子结构理论的建立与现代测试分析技术的应用,它使无机化学的研究由宏观深入到微观,把无机物的性质、反应性与其分子、原子结构联系起来。随着无机化学的发展,按照被研究对象的不同,无机化学被划分为普通元素化学、稀有元素化学、配位化学、金属间化合物化学、同位素化学、无机合成化学、无机高分子化学等分支。无机化学的发展趋势将在1.3节介绍。

2. 有机化学

有机化学是研究碳氢化合物及其衍生物的化学分支。已知的有机化合物达1000多万种,而无机化合物则只有几十万种。有机化合物具有不同于无机化合物的特征,如分子组成复杂、容易燃烧、熔点低(通常低于400 ℃)、难溶于水、反应速率小、副反应多等。有机化学可以划分为天然有机化学、合成有机化学、结构有机化学等。天然有机化学研究动物、植物、微生物等天然有机物的结构、性能,并进行人工合成。合成有机化学则利用天然的(如煤焦油、石油、动植物等)或人工的原料,合成各种染料、香料、医药、农药、肥料、炸药、有机光电材料、塑料、合成纤维和合成橡胶等。1965年,我国人工合成了一种相对分子质量最小的蛋白质——牛胰岛素;1970年,77单位的多核苷酸基因片段被合成,标志着有机化学在探索生命现象中发挥着越来越重要的作用。结构有机化学主要研究有机物结构理论,进行结构测定和分析,它对其他有机化学分支起着理论指导作用。

3. 分析化学

分析化学是研究物质化学组成的分析方法及有关理论的一门化学分支学科，其任务是鉴定物质的化学成分、测定各成分的含量和物质的化学结构(分子结构、晶体结构)，它们依次属于定性分析、定量分析和结构分析研究的内容。根据分析对象属于无机物还是有机物，可把分析化学分为无机分析化学和有机分析化学。根据测定原理的不同，分析化学的分析方法可分为两大类：以物质的化学反应为基础的分析方法称为"化学分析法"，它是分析化学的基础，主要包括重量分析法和容量分析法；以物质的物理和物理化学性质为基础的分析方法，因需要特殊的仪器，称为"仪器分析法"，它包括原子发射光谱法、原子吸收光谱法、原子荧光光谱法、紫外-可见分光光度法、红外光谱法、核磁共振波谱法、X 射线荧光分析法、X 射线衍射分析法、分子发光(荧光、磷光)和化学发光法、质谱法、电化学分析法、色谱法、热分析法、激光光谱分析法、圆二色谱法和电子能谱法等。仪器分析是在化学分析的基础上发展起来的，一些仪器分析方法需要先用化学分析手段做试样处理、分离、掩蔽或富集，然后用仪器测定，可以说二者是相辅相成的。随着近代计算机科学、物理学、数学和生物学的成就不断地引入分析化学，仪器分析法已发展成为一门化学信息科学，即产生、获得和处理各种化学信息(除了物质的化学组成、含量和化学结构之外，还包括状态分析、表面分析、微区分析、化学反应参数测定和其他化学信息)。这些信息被其他化学分支以及物理学、生物学等学科广泛采用，并应用于工农业生产、贸易、环境监测和医学等领域。

4. 物理化学

物理化学是借助物理学的原理和方法来探求化学变化基本规律的一门化学分支，是整个化学学科的基础理论部分，它包括化学热力学、化学动力学和结构化学三部分。化学热力学研究化学反应过程的能量变化、方向和限度；化学动力学研究化学反应的速率、机理和化学反应的控制；结构化学研究物质的结构(原子、分子、晶体结构)及其与物质的性能之间的关系。物理化学的基本原理在各个化学分支都得到广泛应用，化学热力学、化学动力学、催化和表面化学的成果，更促进了石油炼制、石油化工和材料等工业的发展。物理学提供的新技术，如超快速($10^{-15}\sim10^{-12}$ s)激光光谱技术、分子束技术、X 射线衍射、X 射线光电子能谱、俄歇电子能谱等，以及计算机科学成果的引入，大大促进了物理化学的发展，其发展趋势具有以下几个特点：

(1) 从体相到表相。多相化学反应总是在表相上进行。应用光电子能谱，可以研究物质表相几层原子范围内的组成和结构。这类"表面化学"的研究促进了催化化学的发展和应用，并成为新材料的生长点。

(2) 从静态到动态。化学热力学研究方法是典型的由静态判断动态的例子，因此无法给出变化过程的细节。随着超快速激光光谱技术和分子束技术的出现并应用于化学动力学研究，诞生了"分子反应动力学"(又称"微观反应动力学"或"化学动态学")，使超快过程($10^{-15}\sim10^{-12}$ s)的动态研究成为可能。例如，蛋白质行使其功能时，"构象"变化发生在 10^{-6} s 之内，目前已可以对此做动态研究，这将加深对复杂的生命化学过程的认识。

(3) 从平衡态到非平衡态。平衡态热力学(可逆过程热力学)只限于研究孤立体系或封闭体系,而大多数真实体系属于开放体系(非平衡体系)。20世纪60年代以来,非平衡体系的研究发展迅速,已形成了"非平衡态热力学",它与生命科学、化学反应动力学等有密切的联系,成为当前物理化学发展的前沿之一。

5. 高分子学科

高分子学科(或科学)是在有机化学、物理化学、生物化学、物理学等学科的基础上形成的。1924年,施陶丁格(H. Staudinger)首次明确提出"大分子"的概念;1928年,卡罗瑟斯(W. H. Carothers)建立了缩聚反应理论;20世纪30年代,自由基聚合获得成功,一系列烯类聚合物相继投产。从此,"高分子学科"真正成为化学的一门分支学科。"高分子"是指相对分子质量为$10^4 \sim 10^6$的大分子,一般由许多相同的、简单的结构单元通过共价键(有些以离子键)有规律地重复连接而成,因此又称"聚合物"(polymer)。按主链元素组成的不同,高分子可分为3类:① 碳链高分子,主链完全由碳原子组成,如乙烯基类和二烯烃类聚合物;② 杂链高分子,主链除碳原子外,还含有氧、氮、硫等原子,如聚醚、聚酯、聚酰胺等;③ 元素有机高分子,主链不是由碳原子,而是由硅、硼、铝、氧、氮、硫、磷等原子组成,如有机硅橡胶。高分子学科分为高分子化学和高分子物理两个分支,二者相互渗透,很难截然分开。高分子物理的任务是研究聚合物的结构与性能的关系及其应用;高分子化学的任务是根据性能的要求,研究聚合原理,探索最佳工艺条件,选择合适原料、引发剂等,合成出预期结构和性能的聚合物。近年来,高分子学科的研究已朝着提高聚合物产量和综合性能、注重环境保护和功能化等方向发展,在精细高分子合成、高分子设计、新的合成方法和表征手段以及特殊功能高分子材料方面的研究十分活跃。这里的特殊功能高分子材料包括高性能结构材料、光敏高分子、高分子导体和半导体、光导体、高分子分离膜、高分子试剂、催化剂和药物、自然降解用毕寿终聚合物(环保聚合物)、生物高分子、具有能量转换性能聚合物和信息传递大分子等。可以说一场新材料革命已经开始,高分子学科和无机材料学科等将在其中发挥重大作用。

应当指出,化学作为一门自然科学,划分为若干分支学科,有其自身发展和社会生产发展的客观需要,而各个分支学科之间又是紧密联系、互相渗透的。例如,无机化学被公认是化学的基础;物理化学为各个化学分支提供了基本理论;分析化学方法和技术在各个化学分支中被广泛应用;高分子学科是由有机化学等学科衍生出来的;无机化学与有机化学的互相渗透产生"金属有机化学",这两门化学分支的界限现已很难明确划分。化学与其他科学的互相渗透也是十分显著的:化学与生物学的互相渗透产生了生物化学;计算机科学的成果应用于化学而形成"计算化学";无机化学原理(特别是配位化学原理)应用于生物体系,就诞生了"生物无机化学"等。因此,要学习好化学,不但要求掌握化学各个分支学科的基础理论和基本知识,而且必须对物理学、数学、生物学、计算机科学等学科的理论和知识有相当的了解。

1.2 化学与人类社会发展的关系
(Development of human society and chemistry)

化学已经对人类社会的发展做出了巨大贡献。下面从化学在科学中的位置、化学对人类创造物质财富的贡献、化学与人类生存环境、化学与人类健康和化学对人类文化发展的影响五个方面论述化学与人类社会发展的关系。

1.2.1 化学在科学中的位置

在20世纪,化学科学和与它密切相关的化学工业取得了辉煌的成就。1900年在美国《化学文摘》(*Chemical Abstracts*,CA)上登录的从天然产物中分离出来的和人工合成的已知化合物只有55万种,到1945年达到110万种,到1970年为236.7万种。由于化学科学的发展,以后新化合物增长的速度每隔10年翻一番,到1999年12月31日已达2340万种。在这100年中,化学合成和人工分离了2285万种新化合物、新药物、新材料、新分子来满足人类生活和高新技术发展的需要,而在1900年前人类几百万年的的历史长河中,人们只知道55万种化合物。没有一门其他科学能像化学那样在过去的100年中为人类社会创造出如此众多的新物质。

化学是一门中心科学(central science),这是基于以下四个方面的原因。

1. 研究对象

从研究对象而言,化学是一门承上启下的中心科学。按照研究对象由简单到复杂的程度,“科学”可以划分为上游、中游和下游:数学、物理学是上游,化学是中游,材料学、生命科学、医学、环境学等科学是下游。上游科学研究的对象较简单,但研究的理论深度很深,而且其方法具有普遍适用性;下游科学的研究对象比较复杂,除了用本门科学的方法以外,还需要借用上游科学、中游科学的理论和方法;化学则处在中心位置,是从上游到下游的“必经之地”,化学科学创造和分离的物质正是材料学、生命科学、医学、环境学、物理学研究的物质基础。

如果从“研究对象尺寸”角度看,化学也正处于物理学和其他科学的“包围”之中(表1.1),除了提供研究对象的物质基础外,材料学、生命科学、医学、药学、环境学研究中的许多重大问题,只有在“分子”水平上才能获得解决,而“分子”及其各种凝聚态正是化学研究

表 1.1 各门科学的研究对象及其相互关系

科学分类	物理学	化 学	材料学	生命科学	医 学	环境学	物理学
	数学						
研究对象	原子核及更小的微粒	原子和分子及其各种凝聚态	分子材料、各种凝聚态材料	生物体	人体	人类环境中各种凝聚态物质	物体,天体
研究对象尺寸	小 ——————→						大

的主要对象之一。因此，化学理论的发展，促进了材料学、生命科学、医学、药学、环境学的发展。

2. 化学与其他科学的紧密联系

化学作为中心科学，与信息、生命、材料、环境、能源、地球、空间和核科学等八大朝阳科学（sunrise science）都有紧密的联系，互相交叉和渗透，产生了许多重要的交叉学科。例如，化学与生物学的互相渗透，产生了“生物化学—分子生物学”、“生物大分子的结构化学—结构生物学”和“生物大分子的物理化学—生物物理学”；化学与材料学的互相渗透，产生了“材料化学”；化学与信息学的互相渗透，产生了“化学信息学”；化学与环境学的互相渗透，产生了“环境化学”；化学与药学的互相渗透，产生了“药物化学”；化学与物理学的互相渗透，产生了“固体化学—凝聚态物理学”、“溶液理论、胶体化学—软物质物理学”，“量子化学—原子分子物理学”等。有的交叉科学有两个名称，前一名称是化学家使用，而后一名称则是相关学科的科学家使用。

又如，“基因学”中的“基因测序”用的是凝胶色层等分离化学和仪器分析方法；分子晶体管、分子芯片、分子马达、分子导线、分子计算机等都是化学家开始研究的，微电子学家称之为“分子电子学”，化学家称之为“化学器件学”。

21世纪的化学将在与物理学、生命科学、材料科学、信息科学、能源、环境、海洋、空间科学的相互交叉、相互渗透、相互促进中与其共同大发展。

3. 化学又是人类社会发展迫切需要的一门实用科学

化学是一门实用科学（useful science），其应用为人类创造了大量物质财富（详见1.2.2节）。

4. 化学合成与分离技术是20世纪发明的七大技术的物质基础

20世纪发明的七大技术是：①化学合成与分离技术；②信息技术，包括无线电、半导体、芯片、集成电路、计算机、通信和网络等；③生物技术，包括基因重组、克隆和生物芯片等；④核科学和核武器技术；⑤航空航天和导弹技术；⑥激光技术；⑦纳米技术。其中最重要的是信息技术、化学合成与分离技术和生物技术。除了化学合成与分离技术外，其他六大技术如果缺少一两个，人类照样生存。但如果没有发明合成氨、合成尿素和第一、第二、第三代新农药的技术，世界粮食产量至少要减少30%，60多亿人口中的许多人就会挨饿；没有发明合成各种抗生素和大量新药物的技术，人类平均寿命要缩短25年；没有发明合成纤维、合成橡胶、合成塑料的技术，人类生活要受到很大影响；没有合成大量新分子和新材料的化学工业技术，其他六大技术根本无法实现。

1.2.2 化学对人类创造物质财富的贡献

现代人类的衣、食、住、行、医药、能源、材料甚至人口控制本身，没有一样可以离开化学。

1. 化学与粮食生产和人口控制

目前，全世界人口约60多亿，粮食年总产量约20多亿吨。地球表面的71%被水(海洋、湖泊、江河)覆盖，余下29%为陆地，除去山脉、沙漠等之后，可耕地的面积并不充裕。人类正面临"粮食问题"，必须通过"增加粮食生产"和"限制人口增长"来解决，而这两方面的努力都依赖于化学科学的发展。目前，世界粮食总产量的30%～50%得益于化肥、农药和植物生长调节剂的使用。保障粮食安全是关系到国计民生的大事。我国人多地少，人均占有耕地仅为世界平均值的40%、美国的1/7。在有限的耕地面积上，要进一步增加粮食总产量、满足人口不断增长的需要，只能依靠单产的提高。要提高单位面积的产量，增施化肥是不可缺少的措施。我国耕地面积目前为1.2333亿公顷(18.5亿亩)，粮食保障将面临更大的挑战，对化肥施用也必将提出更高的要求。根据我国农业部门预计，到2010年国内化肥需求总量为5500万～5600万吨，其中氮肥3300万～3360万吨、磷肥1270万～1320万吨、钾肥900万～920万吨。我国化肥和农用塑料薄膜产量居世界首位，农药产量居世界第二。化学工业为农业的发展做出了巨大贡献。

一些豆科植物的根瘤菌具有"固氮功能"，即把元素状态的氮转变为氮的化合物而被植物吸收。"化学模拟固氮的研究"正在进行，已发现某些金属有机化合物和簇合物具有固氮酶的催化作用，一旦生物固氮机理被完全认识，农业将大为改观。

"人工模拟光合作用"是化学家研究的另一个重大课题。绿色植物的叶绿素可以吸收阳光，把二氧化碳和水转变为氧气和有机化合物，以满足植物生长的需要。化学家已证明叶绿素是一种镁(Ⅱ)-卟啉衍生物配合物，并人工合成了一些模拟化合物。H. Michel、J. Diesenhofer和R. Huber用X射线晶体衍射技术(XRD)测定了叶绿素光合作用中心的化学结构，证明它有序地排列着某些蛋白质和叶绿素分子，因而获得了诺贝尔化学奖。由于光的吸收和能量转移过程很快(10^{-12}～10^{-9} s)，化学家和生物学家与物理学家合作，利用超快速激光光谱等手段，研究光合作用的复杂反应机理。尽管目前在实验室里模拟天然光合作用还无法实现，但化学家仍然期望能发展利用太阳能的人工光合系统，生产出更多的食物。

控制人口增长是解决粮食问题的另一个重要途径，20世纪80年代以来，世界人口每年增加9000万左右，"人口爆炸"危机依然存在。为控制人口增长，化学家、生物学家和医学家正合作研究，并已为人类提供了一些安全、有效、副作用小的避孕药物，对控制人口起了积极的作用。

2. 化学与能源开发

煤的气化和液化、石油的炼制和石油化工产品的生产，都离不开化学和化学工业。煤、石油和天然气既是当前人类的主要能源，又是主要的化工原料。然而这些能源的储存量是有限的。20世纪90年代以来，世界每年开采石油量达95亿吨以上。据估算，现已探明的石油储量只能再供开采40年左右，煤可开采200年左右。因此，人类不得不加快开辟新的能源，其中核能和太阳能是两种重要能源。物理学家和化学家已为人类提供了核能。目前，核能已在一些国家的能源供应中占有较大比例。电化学已提供了把太阳能转化为电能的实用装置，供居民、工农业和宇宙飞船使用。氢能源被认为是最理想的能源（无污染），储氢材料、储氢电池研制已进入了实用阶段。人工模拟光合作用有可能光解水而生成氢气，提供新的能源。

3. 化学与现代材料

材料科学是多学科互相渗透而诞生的科学，如图1.1所示。

由于化学是人们认识和控制物质的组成、结构和性质的中心科学，化学家具有合成和控制物质组成的特殊才能，因此在制备材料中起关键作用。但这并不意味着排斥其他学科。化学、物理学、工程学等多学科专家的协同工作，为人类提供了大量的“材料”，从“传统材料”钢铁、铝、其他合金、塑料、合成纤维、合成橡胶，到各种各样具有特殊的光、电、磁、声、热或力学功能的“特殊材料”。这些材料被人类用来制造汽车、飞机、宇宙飞船、建筑物、桥梁、衣物、电视机、计算机等。材料、能源和信息被认为是新的产业革命的三大要素，而材料则是这些要素的物质基础。因此，具有特殊功能的新材料的研制是当前科学研究的中心课题之一。“超导体”是近20年来最热门的研究领域之一，$YBa_2Cu_3O_x$（$x\approx7.5$）被发现具有超导性，其居里温度（零电阻率起始温度）T_C为90 K，这为在液氮（沸点77 K）冷却条件下长距离传输电能不受损失、制造大规模计算机集成电路和无摩擦的超导悬浮列车等提供了可能。

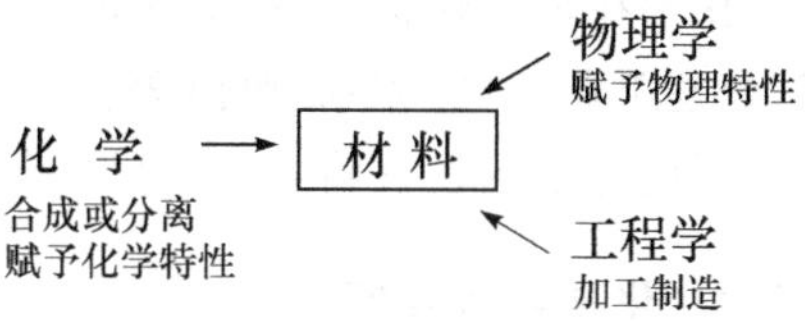

图1.1　化学、物理学和工程学与材料的关系

更为重要的是，新材料的出现可引导产生新的工业。例如，有了“聚合物”，就出现了塑料工业、合成纤维工业和合成橡胶工业；合成了荧光材料，就诞生了电视机工业；有了半导体，就出现了计算机工业和近几年刚兴起的半导体固态照明产业等。新工业的诞生，极大地推动了社会生产的发展。

1.2.3　化学与人类生存环境

现代工业生产给人类创造了巨大物质财富，与此同时，工业废气、废液、废渣的排放，燃烧矿物燃料的废气、废渣以及使用工业制品后的废弃物却造成了日益严重的环境污染。应当指出，“环境污染”并不是现代工业的一种“新发明”。有史以来，就存在人类干扰自然环境的记载；城市的出现，加剧了环境污染（如下水道污水问题、燃料燃烧废渣废气问题等）。与化学工业有关的环境污染是由下列原因之一（或多个原因）引起的：

（1）缺乏对化学及其工艺知识的全面了解，未能选择污染最小的工艺生产流程和设备，处理工业“三废”不力。

（2）缺乏“环境保护”意识，使用工业制品后随意废弃。

（3）环境保护法规不够完善，有关职能部门监管力度不够。

由于上述原因，显而易见，“环境保护”是一项“综合工程”。在这项“综合工程”中，化学再次处于“中心科学”的地位。因为，在保护和治理环境之前，我们必须了解：

（1）环境中存在哪些潜在的有害物质？

(2) 这些潜在的有害物质来自何方?

(3) 有何减少或消除这些物质的方案?

(4) 某物质的危害性与接触它的程度有何依赖关系?

(5) 对问题(3)提出的多种方案,如何做出选择?

显然,在解决前3个问题时,化学家将起核心作用;第4个问题应该由医学家来回答;最终的环境保护和治理方案必须由有关企业和职能管理部门做出选择。

化学在环境保护中发挥"中心科学"的作用,包括保护臭氧层,减少酸雨,限制温室效应,处理工业废气、废水、废渣等。

环境化学的发展将在第12章详述。

1.2.4 化学与人类健康

生命活动是最复杂的变化过程。化学与生物学相结合来研究人体生命活动的化学机理,促进了医药学的发展,使我们得以根据药物对生物体作用的化学机理,以合乎逻辑的方式去寻找或合成新的药物,以替代传统的试验和不当的筛选方法。现代化学家与生理学家、医药学家的合作已为人类提供了治疗各种疾病的药物,包括酶抑制剂、抗生素(抗细菌剂和抗病毒剂)、激素、维生素、不会上瘾的新镇痛药以及抗癌药等。可以预期,化学科学的进步,将帮助我们进一步从分子水平上了解生命过程以及药物对生物体的作用机理,合理地设计和合成药物,更好地保障人类的健康。

1.2.5 化学对人类文化发展的影响

化学文化是科学文化的一部分,它由化学物质、化学变化、化学组织、化学活动、化学方法、化学语言、化学理论和化学思想等要素构成。化学文化的价值在于它的科学精神和应用的合理性。人们在日常生活中经常接触化学物质、化学变化,如果缺乏化学知识,迷信就可能流行。化学教育的普及提高了社会的文明程度。

化学与伦理学有着必然的联系。化学的应用性对人的行为准则提出了新的内容、新的要求。一个化学工业企业,可以带来物质财富;但如果经营者只顾经济效益,不顾社会效益,任由"三废"污染环境,其伦理道德就应受到谴责。

对生命起源和人类起源的认识是人文文化和化学文化共同的重要内容。尽管任重道远,生命化学将逐步揭开生命之谜,这在人类文化发展中将是极有意义的篇章。

1.3 无机化学的发展趋势
(Development trends of inorganic chemistry)

20世纪40年代末,随着原子能工业和电子工业的兴起,对具有特殊电、磁、光、声、热或力性能的新型无机材料的需求也日益增加,从而建立了大规模的无机新材料工业体系;另外,随着无机结构理论(化学键理论,包括价键理论、晶体场理论、分子轨道法、配位场理论、金属键理论等)的发展、现代物理技术的引入和无机化学与其他学科的互相渗透,产生了一系列新的边缘学科,无机化学进入了蓬勃发展的"复兴"阶段。下面主要介绍代表着当前无机化学发展趋势的几个新兴的无机化学分支学科。

1.3.1 生物无机化学

生物无机化学是无机化学与生物化学互相渗透产生的边缘学科。迄今为止，人们发现生物体必需的元素至少有26种，即H、C、O、N、P、S、Na、K、Ca、Mg、Cl、Fe、Zn、Cu、Mn、Mo、Co、Cr、V、Ni、Sn、F、I、B、Si和Se。在生物体内，H、C、O、N、P、S占很大比例，它们组成蛋白质、糖类、脂肪、核酸等，是生命的基础物质；另外20种元素在生物体内也起着重要作用，是许多酶和激素的关键组分。有些元素并非生物体必需，反而对生物体，特别是对人是有毒的，称为"有害元素"，如Hg、Cd、Pb、Al、As、Be、Tl等元素，它们及其化合物与生物体系的相互作用也是生物无机化学研究的对象。生物无机化学应用无机化学理论（尤其是配位化学原理）和方法，在分子水平上研究元素及其化合物与生物体系及其模拟体系的互相作用、结构及与生物活性的关系。

在生物无机化学研究领域中，生物化学家和无机化学家的研究方法和关注重点是有区别的。生物化学家依靠生物化学的理论和实验技术，并结合物理学和无机化学的理论和方法，研究生物体中的无机元素及其化合物，侧重从生物学的角度研究这些物质对生物体的生理作用和病理作用；无机化学家则使用现代化学的理论和方法，强调从分子水平研究生物体中的无机元素及其化合物，其研究方法，除了使用真实生物体系外，还创造、使用在不同程度上再现生命现象的"模拟体系"来进行研究，以加深对生命现象的化学本质的认识。可以说，生物化学家和无机化学家在生物无机化学领域的研究相辅相成，揭示无机元素及其化合物在生命活动过程中的作用，共同促进生物无机化学的发展，并造福于人类健康。

生物无机化学是一门年轻的学科，1970年在美国弗吉尼亚（Virginia）州举行了首次国际生物无机化学学术讨论会，次年把该会议的19篇学术报告汇编为《生物无机化学》（*Bioinorganic Chemistry*）出版，这是系统介绍生物无机化学的第一部专著。同年，第一份生物无机化学学术期刊——*Bioinorganic Chemistry* 创刊（1979年更名为 *Journal of Inorganic Biochemistry*）。1983年，生物无机化学国际会议组织委员会成立，并决定每两年召开一次会议，至2007年已举办了13届国际生物无机化学会议。频繁的国际学术交流反映了生物无机化学研究进展的迅速。

当前，生物无机化学研究的重要领域包括：金属蛋白质和金属酶的结构及其生物功能的化学基础；金属离子及其配合物与生物大分子的互相作用（尤其是对核酸序列的识别和切割）；生物体系中的能量转换与电子传递过程；金属离子与细胞的互相作用；离子载体；无机药物与生物分子的作用；利用生物材料（特别是生物矿物材料）、生物的成矿功能或仿生技术制备新型的功能材料等。2003年，美国科学家彼得·阿格雷和罗德里克·麦金农因在研究金属离子（K^+、Na^+、Ca^{2+}等）的细胞膜通道方面的开创性贡献获得了诺贝尔化学奖，该成果被认为在防治肾脏病、心脏病、肌肉病、神经系统病方面提供了有价值的依据。

生物无机化学的发展将在第11章详述。

1.3.2 无机固体化学

固体化学是研究固体物质(包括材料)的制备、组成、结构和性质的科学。无机固体化学则以无机物(包括有机金属化合物和无机高分子等)为研究对象,是无机化学与固体物理学紧密结合的一个领域。固体化学、固体物理和材料工程学等学科互相渗透、互相补充,形成了现代固体科学和技术,共同解决新材料的科学技术问题。

能源、信息和材料是现代文明的三大支柱,材料又是能源和信息的物质基础。材料种类繁多,但按其化学键性质划分,可分为金属材料、无机非金属材料和有机高分子材料三大类,前两类都属于无机材料。有些材料是由无机物质和有机(高分子)物质"复合"或"杂化"而成,称为"复合材料"。例如,"复合碳纤维材料"可由无机物"石墨纤维"与高分子"环氧树脂"复合而成,用于制备网球拍、高尔夫球棍、船只等。高强度、相对密度小、耐高温、耐辐射的"复合材料"还用在汽车、飞机、宇航飞船上。

当前世界面临着能源不足,太阳能和核能是亟待开发的能源。照射到地球表面的太阳光的能量为 $8.1\times10^5\ kJ\cdot s^{-1}$,相当于世界总发电量的十几万倍,可惜绝大部分太阳能未被利用。要有效利用太阳能,就必须制备高效、稳定的光电或光热能量转换材料;要利用核能,则要制出耐高温和耐强辐射材料;信息的产生、传输、收集、处理、存储和显示等技术,需要具有单色性好、强度高、信息容量大、灵敏度高等特性的各种激光、光导换能和传感材料。无机固体化学正是提供了无机材料的化学理论基础,当前其主要的研究领域包括无机功能材料化学(合成具有特殊光、电、磁、声、热、力、敏感或催化性能的各种功能材料)、晶体生长、固相的缺陷化学、固体表面化学以及固相化学反应等。

按照材料的"功能"来划分,无机功能材料主要分为无机光学材料、无机磁性材料、固体导电材料、固体电源材料、固体传感材料、微空和介孔材料等。

无机光学材料包括用于照明(荧光灯和半导体发光二极管 LED)和发光显示器件(彩电、各种仪表、液晶 LCD 背光源、有机电致发光器件 OLED 等)的稀土发光材料和其他无机发光材料,用于高能物理、核物理和核医学研究的闪烁晶体材料,用于激光打印、激光唱片、红外成像、光学纤维等的无机非线性光学晶体材料,用于信息存储的无机光开关材料(如 $LiNbO_3$ 和 AlGaAs、GaAs、InP 等半导体材料),用于光纤通信的无机光纤材料(如石英光纤,主要成分是 SiO_2,掺杂 GeO_2、P_2O_5、B_2O_3;在红外区域传导的重金属氧化物、氟化物、硫化物玻璃纤维)以及无机光子晶体材料等。

无机磁性材料按"组成"可以划分为铁氧体类、合金类和金属类材料;按"用途"则可以分为永磁材料、软磁材料、信息磁材料及其他磁功能材料。目前,第三代稀土永磁材料 Na-Fe-B 磁体的磁性能关键指标"最大磁能积"$(BH)_m$ 已达 $240\sim460\ kJ\cdot m^{-3}$,广泛用于电机并用于航天飞机。软磁材料主要用于机电设备。信息磁材料主要用于电子计算机、微波通信和光通信。法国科学家艾尔伯·费尔和德国科学家皮特·克鲁伯格因发现磁性材料的巨磁电阻效应而荣获 2007 年诺贝尔物理学奖。巨磁电阻效应相关的技术被用于读取电子计算机硬盘中的数据。

无机光学材料和无机磁性材料的发展将在第 10 章详述。

固体导电材料包括半导体材料、超导材料和金属材料。半导体材料与器件的发展推动了信息技术(IT)的迅猛发展。1986年,发现$La_{2-x}Ba_xCuO_4$在35 K下显示零电阻,这种“超导材料”的出现,打破了“氧化物陶瓷是绝缘体”的传统观点,其发明人Bednore和Muller因此获得了1987年诺贝尔物理学奖。

特别指出,“富勒烯(fullerence)化学”的进展是有意义的。1984年,首次发现碳可以形成$n<200$的C_n原子簇,当$n>40$时,n仅为偶数,且C_{60}特别稳定。1985年,H. W. Kroto等获得以C_{60}为主的质谱图,并提出C_{60}分子具有类似足球形状的封闭笼状结构(图1.2),即C_{60}分子是由12个五边形和20个六边形组成球形的32面体,其中五边形彼此不相连接,只与六边形相邻;C_{60}球面外侧和内腔形成离域π键,分子具有芳香性。这类C_n原子簇称为富勒烯。由于C_{60}分子结构酷似足球,因此富勒烯又称为“足球烯”(footballene)。除C_{60}外,具有封闭笼状结构的富勒烯可能还有C_{28}、C_{32}、C_{50}、C_{70}、C_{240}、C_{540}等。1991年起,发现掺碱金属和铊的“金属包合物”M_3C_{60}具有超导性(M=K、Rb、Cs、Tl),超导起始温度为19.28~42.5 K。其中,K_3C_{60}是各向同性三维超导体,与二维氧化物超导体和一维有机超导体很不相同。C_{60}与H、O、F和一些金属元素形成的化合物或包合物也已被制备出。富勒烯的发现把我们带进了一个全新的化学世界:从平面的或低对称性的分子到全对称的球形分子,从平面的离域π键和芳香性到球面的π键,从简单的分子到富勒烯笼内金属包合物的“超分子”,从一维超导性到三维超导性,现有的化学结构理论无疑正面临着巨大的冲击,酝酿着新的发展或突破。可以说,富勒烯已广泛地影响到化学、物理学、材料学、电子学、生物学、医药科学等领域,并在“超导”等领域显示出潜在的应用前景。1996年,富勒烯的3位发现者R. F. Curl Jr、H. W. Kroto和R. E. Smalley被授予诺贝尔化学奖。

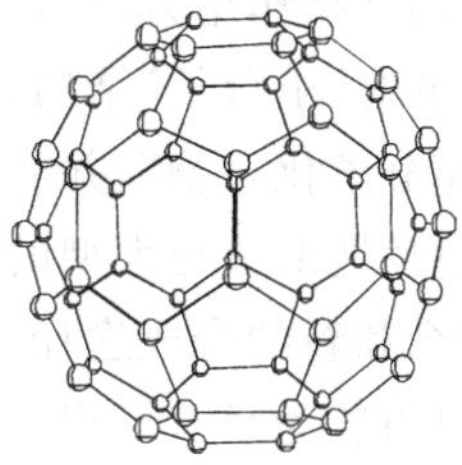

图1.2 C_{60}的分子结构模型

1.3.3 金属有机化学

金属有机化学是无机化学与有机化学互相渗透产生的边缘学科,它打破了无机化学与有机化学的传统界限。金属有机化合物是指含有碳-金属键的化合物。第一个金属有机化合物——蔡斯盐[Zeise salt,$(CH_2=CH_2)PtCl_3$]发现于1827年,但其结构在100多年后才被测定。20世纪50年代之前,金属有机化学主要研究主族元素的金属有机化合物,其后,过渡元素金属有机化合物的研究迅速发展。1963~1983年,K. Ziegler、G. Natta、G. Wilkinson、E. O. Fischer、W. N. Lipscomb Jr、H. C. Brown等7位金属有机化学家和与金属有机有关联的配位化学家H. Taube共8人获得诺贝尔化学奖,可见金属有机化学的突破性进展已被国际化学界所公认。当前金属有机化学研究的重要领域包括用于精细有机合成的催化剂的研制,合成特种功能材料(分子磁体、分子导线等),固态金属有机科学以及在诊断、医药和农药方面应用的研究等。

1.3.4 超分子化学

如表1.1所示,化学研究对象主要在“原子和分子及其各种凝聚态”层次。“化学键理论”主要指“共价键”、“离子键”和“金属键”理论。基于同一分子内部各原子之间结合的

"共价键"理论所描述的化学,可以视为"单分子化学"。实际上,一种或多种分子可以通过分子间的互相作用而结合成有组织的聚集体,并具有明确的微观结构和宏观性质,这种"聚集体"不同于"离子晶体"和"金属晶体",它们称为"超分子"。"超分子"内部各"分子"之间的互相作用力包括金属离子的配位键、氢键、堆积作用、静电作用和疏水作用等。在已有的对"单分子"结构和性质认识的基础上,可以设计和合成具有特定结构、性质和功能的"超分子化合物",并实现"超分子自组装",即一种或多种分子倚靠分子之间的互相作用力,自发地形成更大型的"超分子"体系。"超分子化学"的诞生为化学科学开辟了新的思维观念和新的合成途径,人们可能使用具有特定结构和功能的基团与分子,按一定的规律,自组装为具有设想结构和光、电、磁、分离、催化等功能的"超分子"。"超分子化学"已成为当前配位化学、材料科学和生命科学等的研究热点之一,在生物、医药、光电子、分离、催化等方面显示出良好的应用前景。"超分子化学"在"无机"领域的研究方向主要包括"晶体工程"、"配位聚合物"和"金属纳米分子"等。

1.4 学习无机化学的方法
(How to study inorganic chemistry)

对于不同的学习者,要指出学习某一学科的统一的、细致的学习方法是意义不大的。读者应该按照自身的具体情况,找到适合自己的具体学习方法。下面关于学习无机化学方法的意见对一般读者具有共性,仅供读者参考。

1.4.1 重视化学实验

化学科学本身既是理论科学,又是实验科学。化学理论产生于化学实验和生产实践活动,同时又接受实践的检验。

元素周期表ⅢB族的Sc、Y、La～Lu共17种元素,合称为"稀土元素"。从1794年发现钇(Y),到1947年从人工铀核裂变的碎片中用离子交换法发现钷(Pm),历时153年,至少有几百名科学家进行了大量的分离、分析和鉴定实验工作,才完成了稀土元素的发现。化学家和生物学家合作,通过化学合成与生物活性筛选的穿插结合及超大规模技术,从除半胱氨酸之外的所有L-氨基酸构成的52 128 400种六肽中,筛选出3种强活性肽,可用作鸦片受体拮抗剂,可见实验工作之艰巨。认识化学实验的重要性,认真做好化学实验,掌握实验的基本技能,以巩固、深化学习的理论和知识,学会使用有关化学理论知识和技能分析与解决化学现象或问题的方法,培养实事求是的科学态度和严谨的科学作风,既为学好无机化学所必需,也是一名化学家成长的基础。

1.4.2 重视化学理论的指导作用

我们强调化学实验的重要性,同时也重视理论对学习和实验、生产实践的指导作用。理论来源于实践,正确的理论才能阐明"本质"问题,因而更深刻并具有科学预见性。1869年门捷列夫发现"元素周期律",曾大胆地重新排列了一些元素(如Os、Ir、Pt、Au,Te、I,Ni、Co等),果断地修正了一些元素的相对原子质量(如In、Ca、Y、Er、Ce、Th、U等),还大胆地在“元素周期表”中留下空位(当时只发现了 69 种元素),预言了十几种尚未被发现的元素的存在,其中“类铝”、“类硼”和“类硅”分别在 4 年、8 年和 15 年之后被发现,并依次称为镓(Ga)、钪(Sc)和锗(Ge)。门捷列夫关于“类铝”、“类硼”、“类硅”的物理、化学性质的预言后来被实验事实证明准确得令人惊奇。从此,“元素周期律”在国际化学界获得普遍承认。而无机化学也在“元素周期律”的基础上,首次连成一个完整的科学体系。可以认为“元素周期律”是近代无机化学,乃至整个近代化学的奠基石。

在本书中,我们尝试以无机化学理论,尤其是化学热力学原理和物质(原子、分子、晶体)结构理论为纲,并贯穿于全书内容的论述。希望读者首先学习好化学热力学原理和物质结构理论,以这些理论为纲,把无机化学原理和元素无机化学连成一个完整的无机化学学习体系,并以这些理论作为基础,分析、说明所遇到的无机化学问题,以求收到“纲举目张”的学习效果。“理论来自实践,又高于和指导学习和实践”,这是我们在学习无机化学时应该记住的。

学习一个新的化学概念、定律、原理或理论时,首先应该注意问题提出的背景、有何实验或理论依据、本身的含义和应用条件怎样、解决了什么问题、还存在什么缺陷,然后再了解细致的推导过程。由于无机化学是一门基础课,所以学生在学习无机化学理论时,把主要精力放在理论的物理模型的意义和理论的应用条件、应用范围上是重要的,有时不必过多注意具体的数学推导过程,更严谨的推导过程可在后继课程中学习。

1.4.3　在学习中掌握逻辑思维方法

“归纳法”和“演绎法”是最基本的逻辑思维方法,也是我们在无机化学课程学习中应该掌握的思维方法。

归纳法即“归纳推理”,由个别的、具体的事物或现象,推出“结论”或“规律”,是由“个别”到“一般”的思维方法。

演绎法即“演绎推理”,由“一般原理”推出个别的、具体的结论,是由“一般规律”到“个别事物”的思维方法。

一般教科书的编写大量使用“演绎法”,即利用“一般原理”去解释“个别事物”。这有利于在短时间内掌握课程或学科的基本原理。在课程学习的入门阶段,经常采用“演绎法”。在掌握基本原理和一定学科知识的基础上,读者应该注意逐步使用“归纳法”思考,在从各种相关教材、参考书、刊物、网络等获得大量信息材料的基础上,利用已有的知识、理论,去伪存真、去粗取精,总结各种“事物”或“现象”之间内在的联系,上升到“规律”。这可以总结为“先把书读厚,再把书读薄”的学习方法。了解和掌握“归纳”与“演绎”这两种逻辑思维方法,有利于学好无机化学基本理论。

1.4.4　抓好各个学习环节

像其他化学课程一样,要学习好无机化学,抓好各个学习环节是有用的。预习—上理论课和做实验—复习—解答习题……只要认真做好每一个学习环节,就会收到较好的学习效果。我们希望学生在重视做好实验的同时,也认真地解答一些无机化学习题。本书所列的习题是在多年教学实践的基础上精选出来的,具有一定的代表性、深度和难度。通过解答这些习题，可以锻炼思维方法，巩固所学的理论知识，提高分析、解决无机化学问题的能力。当然，在各个具体的学习环节上如何分配时间和精力，读者应该根据自己的实际情况来决定。

1.4.5　学一点化学史

化学史是化学与历史学交叉的一门化学分支学科。“历史给人智慧”，在学习无机化学的同时，学习一点化学史将大有裨益。

(1) 更深刻地认识化学理论的形成和发展。每一个化学概念、定律、原理或理论的提出，都有其实验基础或生产实践基础，有特定的历史背景；同时，限于当时的实验技术水平、生产水平或科学家自身的认识水平，又会存在一定的局限性。当我们以后人的眼光审视前人的成就和不足时，就会更深刻地理解这些理论的形成过程，更懂得如何继承和发展这些理论。

(2) 吸取前辈的经验教训，掌握科学研究方法，提高工作能力和工作效率。通过了解化学前辈成功的经验和失败的教训，分析、比较各种研究方法的优劣，掌握科学研究的方法和规律，可以帮助我们在实际工作中少走弯路，提高工作能力，取得更高的工作效率。

(3) 学习前辈献身科学的精神、实事求是和严谨治学的科学态度，培养自身的科学素质。

本章教学要求

1. 了解化学研究的对象。
2. 了解化学在人类社会发展中的中心科学地位。
3. 了解无机化学发展的趋势。
4. 了解学习无机化学的方法。

（中山大学　龚孟濂）

第 2 章　化学热力学初步

(Introduction to chemical thermodynamics)

热力学(thermodynamics)是研究热与其他形式的能量之间的转化规律的一门科学。热力学第一、第二和第三定律构成了其理论体系。

利用热力学的定律、原理和方法研究化学反应以及伴随这些化学反应的物理变化就称为**“化学热力学”**(chemical thermodynamics)。化学热力学主要研究和解决与化学反应相关的能量变化以及化学反应进行的方向和限度三大问题。化学热力学方法具有**“宏观”**、**“统计”**和**“不涉及时间”**三个特点，它研究体系内大量粒子的统计行为，而不适用于个别分子、原子等微观粒子，不考虑物质的微观结构和反应具体经历的过程。这三个特点决定了它的优点和局限性，它只能解决在某种条件下反应是否能够自发进行、进行到什么程度以及反应过程的能量交换，不能解决变化所需要的时间、变化发生的根本原因以及变化所经历的历程等问题。

本章首先介绍几个重要的热力学函数，然后利用这些函数来判断化学反应自发进行的方向和反应过程的能量变化。化学反应进行的限度，即“化学平衡”问题，将在第 3 章应用化学热力学原理论述，之后再具体论述四大化学平衡，即酸碱电离和难溶强电解质的沉淀-溶解(第 4 章)、氧化还原反应(第 6 章)及配位化合物(第 7 章)中有关平衡的问题。

2.1　热力学基本概念及热力学第一定律

(Basic concepts and the first law of thermodynamics)

2.1.1　基本概念

1. 系统和环境

作为研究对象的物质称为“系统”(system)。与系统密切相关(有物质与能量交换)的部分称为“环境”(surrounding)。例如，一个充满空气的气球，当要研究气球内空气中的氧气时，则氧气是系统，而气球中其他气体(氮气、二氧化碳等)、气球以及气球以外的物质(空气等)都是环境；当要研究气球内空气时，则空气是系统，而只有气球以及气球以外的物质(空气等)是环境。因此，系统的选择原则是要使被研究的问题得到适当的解决，并使问题的处理尽量简单明确。

系统与环境之间可以用实际存在的界面来分离，如上述气球中氧气与气球以外的物质(空气等)之间、包括细胞壁在内的细胞与细胞外作为环境的物质之间；系统与环境之间也可以本来就没有明显的分界面，如气球中的氧气与气球中其他气体(氮气、二氧化碳等)之间。但为了研究方便，可以设计它们之间有一个假想的界面，如以氧气分体积为界限，分体积以内为系统，以外则是环境。

根据系统与环境之间的物质交换和能量交换关系，可将系统分为“敞开系统”(open system)、“孤立系统”(isolated system)和“封闭系统”(closed system)，其特点如表 2.1 所示。如在一个敞口杯中盛满热水，以热水为系统，水分子不断蒸发进入空气(环境)，空气中的气体也溶解于水中；同时在降温过程中热水把热能传递给了环境，因此这是一个敞开系统。若在杯子上加上密封盖子，阻止了系统与环境之间的物质交换，但仍有热能交换，此时是一个封闭系统。如果把封闭系统中的杯子换成绝热的保温杯，杜绝了能量交换，系统就成为孤立系统。

表 2.1　热力学系统

系统 \ 系统与环境的关系	敞开系统	孤立系统	封闭系统
物质交换	有	无	无
能量交换	有	无	有

在热力学研究中，本书主要讨论的是封闭系统。通常化学反应都是在封闭系统中进行的。

2. 状态及状态函数

热力学系统的“状态”(state)是指该系统一切物理和化学性质的综合表现，是由一系列物理量确定下来的系统的存在形式。热力学把这些确定系统状态的物理量称为“状态函数”(state function)。

例如，若研究的体系是理想气体，理想气体的状态方程为 $pV=nRT$，其中物理量气体压力 p、体积 V、物质的量 n 及温度 T 一定时，气体就处于由这些物理量确定的一种存在形式，即状态。这里 p、V、n、T 等物理量就是系统的状态函数。

所以，系统的“状态”是由系统的全部“状态函数”共同决定的；反之，当系统的“状态”确定后，系统的每个“状态函数”就有确定的值。这是“状态函数”的第一个特点，即“**状态一定，值一定**”。当系统中一个或几个状态函数发生了变化，则系统的状态也发生变化。例如，任意改变上述理想气体系统四个状态函数中的一个或几个状态函数的值，那么气体就从一个状态变成另一个状态。

这里需要指出的是：确定一个系统的状态并不需要将该系统的全部性质列出，因为系统的宏观性质是互相关联的。例如，理想气体的物质的量、温度、压力、体积中任意三个状态函数一定时，第四个状态函数的值就可由理想气体状态方程求得。

系统状态一旦确定，就称为“始态”(initial state)；当系统状态发生变化，变化后的状态就称为“终态”(final state)。系统从始态变化到终态，它的各种状态函数(X)也发生了变化，其变化量 $\Delta X=X_{终态}-X_{始态}$。如始态的体积为 V_1、终态的体积为 V_2，则状态函数 V 的变化量 $\Delta V=V_2-V_1$。

以一杯水作为“系统”来研究“状态函数”的其他特点。假定这杯水由 298 K 加热到 358 K，然后冷却到 338 K，这一过程“状态函数”温度的变化是 $\Delta T=T_2-T_1=338\ \text{K}-298\ \text{K}=40\ \text{K}$；如果我们采用另一种“途径”，先把 298 K 的这杯水冷却到 278 K，再加热到

338 K，这一过程“状态函数”温度的变化还是 $\Delta T = T_2 - T_1 = 338\ K - 298\ K = 40\ K$。可见，“状态函数”的变化量只取决于始态和终态，而与变化的途径无关；“状态函数”的第二个特点是“**殊途同归变化等**”。如果再把 338 K 的这杯水冷却到 298 K，$\Delta T = T_2 - T_1 = 298\ K - 298\ K = 0\ K$。这一变化过程的“始态”和“终态”相同，称为“循环过程”。“循环过程”中，任何一种“状态函数”的变化均为零。这是“状态函数”的第三个特点，即“**周而复始变化零**”。

3. 过程与途径

系统从始态到终态变化的经过称为“过程”(process)。像气体的升温、压缩，液体蒸发为蒸气，晶体从液体中析出以及发生化学反应等，均称为一个热力学过程。若系统状态的变化是在等温条件($T_2 = T_1$)下进行，称为“等温过程”(isothermal process)；若系统状态的变化是在等压条件($p_2 = p_1$)下进行，称为“等压过程”(isobaric process)；若过程中系统的始态体积和终态体积不变($V_2 = V_1$)，称为“等容过程”(isochoric process)；若过程中系统与环境之间没有热交换($Q = 0$)，则称为“绝热过程”(adiabatic process)。

完成某一状态变化过程的具体步骤称为“途径”(path)。当系统变化的始态和终态确定以后，实现系统的状态变化的途径可以有许多种。例如，一定量的理想气体由始态 $T = 298\ K, V = 2\ dm^3$ 变到终态 $T = 373\ K, V = 1\ dm^3$，完成这一变化的途径很多，图 2.1 列出两种具体的途径。

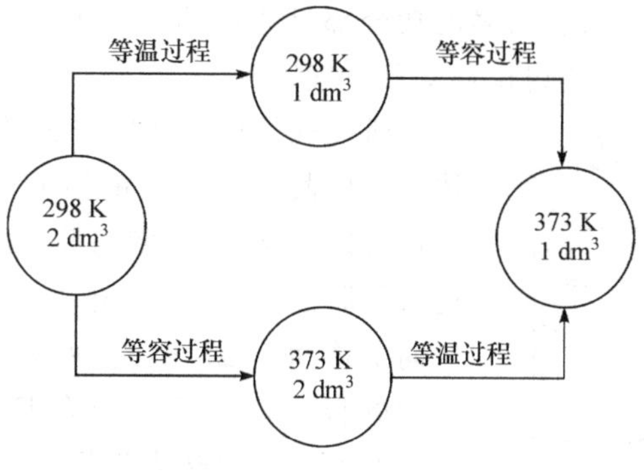

图 2.1　同一过程两种不同的途径

系统的状态函数变化量只取决于过程的始态和终态，而与实现过程的途径无关。如上述过程中状态函数 T 的变化量 $\Delta T = T_{终} - T_{始}$，状态函数 V 的变化量 $\Delta V = V_{终} - V_{始}$，都与途径无关。

总之，过程的关键是始态和终态，而途径则着眼于具体的方式。

4. 广度性质与强度性质

上文提到，系统的状态是系统宏观性质的表现。这些性质可以分为两类：一类为“广度性质”(extensive property)(又称为“容量性质”)；另一类为“强度性质”(intensive property)。

“广度性质”是指将系统分割为若干部分时，系统的某一性质等于各部分该性质之和。

如一盛有气体的容器用隔板分隔成两部分，则气体的总体积为两部分气体体积之和，所以状态函数 V 具有加和性，是系统的广度性质。

"强度性质"则是指系统中不具有加和关系的性质。如上述分隔为两部分的容器，其气体的温度绝不等于两部分气体温度之和，所以状态函数温度 T 不具有加和性，是系统的强度性质。

2.1.2 热和功，热力学第一定律

1. 热和功

当系统状态发生变化时，系统与环境之间交换能量有两种不同方式：一种是热传递；另一种是做功。

系统状态变化时，因其与环境之间存在温度差而引起交换的能量称为"热"(heat)，用符号 Q 表示。热力学规定：**系统从环境吸收热量，Q 取正值**；反之，**系统对环境放热，则 Q 取负值**。

系统状态发生变化时，除热之外，其他与环境进行能量交换的形式均称为"功"(work)，以符号 W 来表示。热力学规定：**环境对系统做功，W 取正值；系统对环境做功，则 W 取负值**。热力学将功分成两种：一种是在一定环境压力下系统的体积发生变化时而与环境交换能量的形式，称为"体积功"(volume work)；除体积功外的其他功称为"非体积功"(non-volume work)或"其他功"，如电功、表面功等均属于非体积功。

本章研究的系统变化过程所做的功全部是体积功。由于液体、固体在变化过程中体积的变化较小，因此体积功的讨论通常只对气体而言。

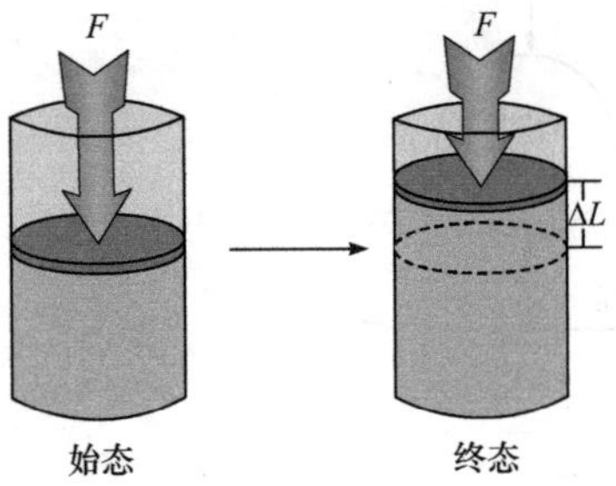

图 2.2 体积功示意图

研究气体反抗外压膨胀时的体积功。将一定量气体置于横截面积为 S 的活塞圆筒中(图 2.2)，若活塞质量可以忽略，且活塞与筒之间也无摩擦力，筒内气体进行膨胀过程，它抵抗外力 $F_{外}$ 使活塞在抵抗外力方向向上移动了 ΔL 距离(始态→终态)，根据经典力学中功的概念，功 W 等于力 $F_{外}$ 与力作用方向上位移 ΔL 的乘积，结合热力学规定系统对环境做功，W 取负值，得

$$W = -F_{外} \cdot \Delta L \tag{2.1}$$

式中，$F_{外}$ 与外部压力 $p_{外}$ 和受力面积 S 之间存在以下关系，即

$$F_{外} = p_{外} \cdot S \tag{2.2}$$

而体积的改变量 ΔV 与 ΔL、S 有关，即

$$\Delta V = \Delta L \cdot S \tag{2.3}$$

由式(2.1)～式(2.3)得

$$W = -p_{外} \cdot \Delta V \tag{2.4}$$

式(2.4)即是体积功的表达式，$p_{外}$ 是外压，ΔV 是膨胀过程中体积的改变量。

【例 2.1】　一定量的理想气体，在恒外压 $p_{外}=1\times10^5$ Pa 下，从状态Ⅰ（$p_1=8\times10^5$ Pa，$V_1=1\times10^{-3}$ m^3）恒温膨胀至状态Ⅱ（$p_2=1\times10^5$ Pa，$V_2=8\times10^{-3}$ m^3），求此过程中体系所做的体积功 W。

解　由体积功的表达式(2.4)得

$$W=-p_{外}\Delta V=-1\times10^5\ \text{Pa}\times(8\times10^{-3}-1\times10^{-3})\text{m}^3=-7\times10^2\ \text{J}$$

热和功都不是状态函数，不是系统固有的性质，它们受“过程”的制约，并且**随着“过程”(process)所经历的具体“途径”(path)的不同，热和功的数值也发生变化**。

2. 热力学能和热力学第一定律

热力学能又称“内能”(internal energy)，是热力学系统内物质所具有的各种能量的总和，用符号 U 表示。它包括系统内物质分子或原子的平动能和振动能、势能、电子运动能、原子核能等。随着人们对于物质结构层次认识的不断深入，还会包括其他形式的能量，因此热力学能的绝对值是无法确定的。但热力学能 U 是系统内部能量的总和，所以是系统自身的性质，只取决于系统所处的状态，一定状态下应有一定的数值。热力学能的变化(或称改变量)也只取决于始态和终态，而与变化的途径无关，即热力学能的改变量 $\Delta U=U_{终}-U_{始}$。

热力学能是一个状态函数，广度性质，具有加和性。

理想气体的状态变化是最简单的热力学过程。通过盖・吕萨克-焦耳(Gay・Lassac-Jaule) 热力学实验证明(图 2.3)，理想气体在状态变化过程中，热力学能只是温度的函数，即只要温度不变，理想气体的热力学能就不变。可表示为：若 $\Delta T=0$，则 $\Delta U=0$。

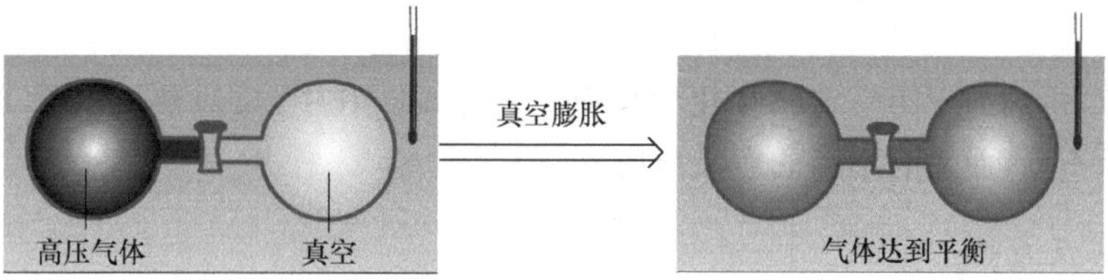

图 2.3　盖・吕萨克-焦耳热力学实验

自然界中能量有各种不同形式，能量可以传递，也可以从一种形式转化为另一种形式，在转化中能量的总值不变，这就是“能量转化与守恒定律”(law of conservation of energy)。这个定律应用于宏观的热力学系统就是热力学第一定律(the first law of thermodynamics)。

热力学第一定律指出：当系统从状态Ⅰ出发经任一过程到达状态Ⅱ时，系统热力学能的改变量 ΔU($\Delta U=U_{Ⅱ}-U_{Ⅰ}$)等于在该过程中系统从环境吸收的热 Q 与环境对系统所做的功 W 之和，即

$$\Delta U=Q+W \tag{2.5}$$

这就是热力学第一定律的数学表达式。

【例 2.2】 某过程中，一封闭系统向环境放热 500 J，环境对系统做功 1000 J，求过程中系统热力学能的改变量和环境热力学能的改变量。

解 由热力学第一定律的表达式(2.5)得

$$\Delta U = Q + W$$
$$= -500\ \text{J} + 1000\ \text{J} = 500\ \text{J}$$

若将原"环境"视为"系统"，则 $Q' = 500$ J，$W' = -1000$ J，环境热力学能的改变量为 $\Delta U'$，则

$$\Delta U' = Q' + W'$$
$$= 500\ \text{J} + (-1000\ \text{J}) = -500\ \text{J}$$

"封闭系统"热力学能增加了 500 J，而"环境"热力学能增加了 −500 J；"封闭系统"加"环境"，即构成"孤立系统"。由于热力学能是广度(容量)性质，具有加和性，所以对于"封闭系统"加"环境"所构成的"孤立系统"而言，上述过程中热力学能的改变量为零。这一结果说明了热力学第一定律的能量守恒实质。

2.1.3 化学反应的热效应与焓

化学反应常常伴随有吸热或放热现象发生。在没有"非体积功"(其他功)条件下，系统发生化学反应后，使产物温度回到反应开始前反应物的温度，这个过程中系统所吸收或放出的热，称为该反应的"热效应"(heat effect)，也称为"反应热"(heat of reaction)。

化学反应过程中，始态为反应开始时反应物所具有的状态，而终态为反应完成时产物所具有的状态，则系统的热力学能改变量 ΔU 与反应物的热力学能 $U_{反}$ 和产物的热力学能 $U_{产}$ 应具有以下关系：

$$\Delta U = U_{产} - U_{反} \tag{2.6}$$

代入热力学第一定律的表达式 $\Delta U = Q + W$，则

$$U_{产} - U_{反} = Q + W \tag{2.7}$$

式(2.7)是热力学第一定律在化学反应中的体现。其中，反应热 Q 因实现化学反应的具体途径不同，而具有不同的意义与内容。

1. 恒容反应热

若反应在恒容条件下进行(如在弹式热量计中，图 2.4)，此反应的热效应称为"恒容反应热"(heat of reaction at constant volume)，用符号 Q_V 表示。反应为"恒容反应"(reaction at constant volume)。

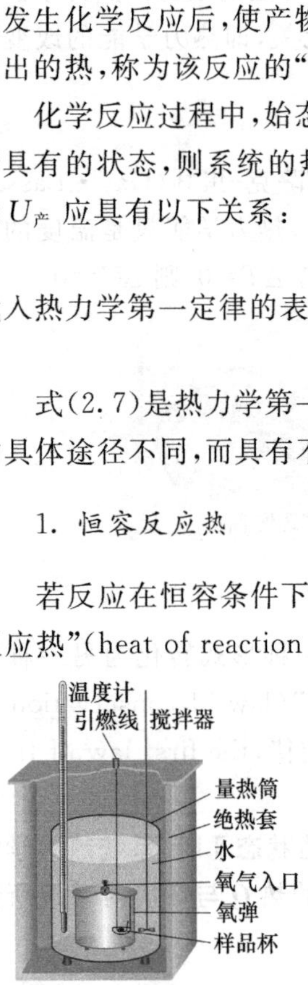

图 2.4 弹式热量计

此时热力学第一定律的表达式变为

$$\Delta U = Q_V + W \tag{2.8}$$

式中，$W = -p \cdot \Delta V$。恒容过程中 $\Delta V = 0$，所以 $W = 0$，代入式(2.8)，则

$$\Delta U = Q_V \tag{2.9}$$

式(2.9)说明：**在没有"其他功"的条件下，系统在恒容过程中所吸收的热全部用来增加它的热力学能。**

2. 恒压反应热

若反应在恒压条件下进行(如在杯式热量计中,图 2.5),此反应的热效应称为"恒压热效应"(heat of reaction at constant pressure),用符号 Q_p 表示。反应为"恒压反应"(reaction at constant pressure)。

此时热力学第一定律的表达式变为

$$\Delta U = Q_p + W$$
$$Q_p = \Delta U - W$$

由于

$$W = -p\Delta V$$

所以

$$\begin{aligned} Q_p &= \Delta U + p\Delta V \\ &= (U_2 - U_1) + p(V_2 - V_1) \end{aligned} \tag{2.10}$$

图 2.5　杯式热量计

系统的变化是恒压过程,即 $p_2 = p_1 = p$。

式(2.10)变为

$$\begin{aligned} Q_p &= (U_2 - U_1) + (p_2V_2 - p_1V_1) \\ &= (U_2 + p_2V_2) - (U_1 + p_1V_1) \end{aligned} \tag{2.11}$$

式(2.11)中 U、p、V 都是系统的状态函数,故它们的组合($U+pV$)也是系统的状态函数,在热力学上此状态函数定义为"焓"(enthalpy),用符号"H"表示。

令

$$H \equiv U + pV \tag{2.12}$$

则

$$Q_p = \Delta H \tag{2.13}$$

式(2.13)说明在没有其他功的条件下,**系统在恒压过程中所吸收的热,全部用于增加它的焓**。应当指出,式(2.12)中 pV 不是"功",H 也不是"系统所含的热"。"焓"是系统的状态函数,只是在所研究的过程中它的变化值 ΔH 可用 Q_p 来衡量;在非恒压过程中,系统也有焓变,只是 ΔH 不等于 Q_p,可用它的定义式计算。

"焓"是"广度性质",具有加和性。

由于一般化学反应大都是在恒压下进行的,所以"焓"比"热力学能"更具实用价值。

3. Q_V 与 Q_p 之间的关系

对某一化学反应,设计了一个热力学循环过程,如图 2.6 所示。

由于 H 是状态函数,故

$$\Delta H_2 = \Delta H_1 + \Delta H_3$$

而 $H \equiv U + pV$,则

$$\Delta U_2 + (p_2V_1 - p_1V_1) = \Delta H_1 + \Delta U_3 + (p_2V_1 - p_1V_2) \tag{2.14}$$

过程(Ⅲ)是"等温过程",则 $\Delta U_3 = 0$。

式(2.14)变为

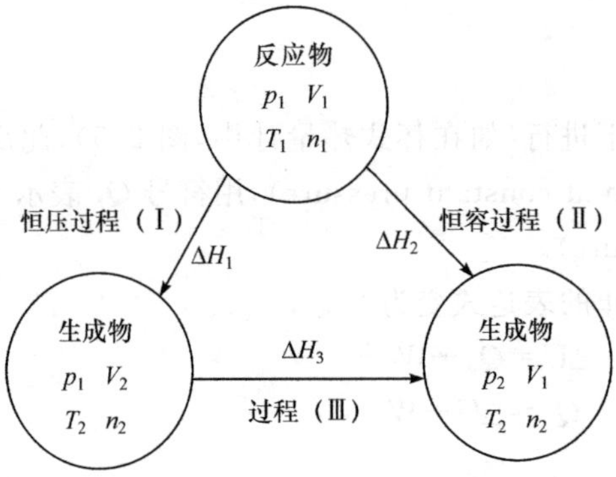

图 2.6　恒压反应热 Q_p 和恒容反应热 Q_V 的关系

$$\Delta U_2+(p_2V_1-p_1V_1)=\Delta H_1+(p_2V_1-p_1V_2)$$

$$\Delta U_2+(p_1V_2-p_1V_1)=\Delta H_1 \tag{2.15}$$

$$\Delta U_2+\Delta nRT=\Delta H_1 \tag{2.16}$$

式中，Δn 是生成物与反应物中气体物质的量的变化。

由于 $\Delta U_2=Q_V$，$\Delta H_1=Q_p$，代入式(2.16)，得

$$Q_V+\Delta nRT=Q_p \tag{2.17}$$

式(2.17)就是一个化学反应 Q_V 与 Q_p 之间的关系式。若反应物和产物全是固体或液体，或生成物与反应物气体的物质的量相等($\Delta n=0$)，则

$$Q_V=Q_p$$

2.2　赫斯定律及其应用
(The Hess' law and its application)

2.2.1　热化学方程式

表示出反应热效应的方程式称为“热化学方程式”(thermochemical equation)。书写热化学方程式应注意以下几点：

(1) 注明温度，如果未注明温度，则是指反应在 298.15 K(常简写为 298 K)进行。例如

$H_2(g)+I_2(g)$ ══ $2HI(g)$　　$\Delta_r H_m^\ominus(573\ K)=-12.84\ kJ\cdot mol^{-1}$

$H_2(g)+I_2(g)$ ══ $2HI(g)$　　$\Delta_r H_m^\ominus(298\ K)=53\ kJ\cdot mol^{-1}$

反应式后的 $\Delta_r H_m^\ominus$ 代表在一定温度下反应的标准摩尔焓变，下标 r 表示 reaction，下标 m 表示 molar(摩尔的)，上标“$\ominus$”表示热力学标准状态(standard state, s. s.)，简称“标态”。$\Delta_r H_m^\ominus$ 在等温($T_1=T_2$)、等压($p_1=p_2$)条件下与反应过程中系统所吸收或放出的热 Q 数值相等。

(2) 注明各物质的物态。反应物和生成物的物态对反应热有影响，所以写热化学方程式时，应注明各物质的物态，对固态物质还应该注明晶型。常用 g 表示气体，l 表示液体，s 表示固体。例如

C(石墨)$+O_2(g)$ ══ $CO_2(g)$　　$\Delta_r H_m^\ominus=-393.5\ kJ\cdot mol^{-1}$

$$\text{C(金刚石)} + O_2(g) = CO_2(g) \qquad \Delta_r H_m^{\ominus} = -395.4\ \text{kJ} \cdot \text{mol}^{-1}$$

(3) 必须先写出热化学方程式，再写反应热数值。反应热是广度性质，其数值与热化学方程式的写法有关。热化学方程式中的系数只表示计量数，而不是分子个数，它可以是整数、分数等。例如

$$2H_2(g) + O_2(g) = 2H_2O(l) \qquad \Delta_r H_m^{\ominus} = -571.6\ \text{kJ} \cdot \text{mol}^{-1}$$

$$H_2(g) + \frac{1}{2}O_2(g) = H_2O(l) \qquad \Delta_r H_m^{\ominus} = -258.8\ \text{kJ} \cdot \text{mol}^{-1}$$

(4) 当反应逆向进行时，逆向反应热与正向反应的 $\Delta_r H_m(T)$ 绝对值相等而符号相反。例如

$$H_2(g) + \frac{1}{2}O_2(g) = H_2O(g) \qquad \Delta_r H_m^{\ominus} = -241.8\ \text{kJ} \cdot \text{mol}^{-1}$$

$$H_2O(g) = H_2(g) + \frac{1}{2}O_2(g) \qquad \Delta_r H_m^{\ominus} = 241.8\ \text{kJ} \cdot \text{mol}^{-1}$$

除化学反应外，各种物理变化也伴随焓的改变，其热效应也可用热化学方程式表示，如固体的熔化、液体的蒸发、晶型的改变等这一类相变过程。例如

$$I_2(s) = I_2(g) \qquad \Delta_r H_m^{\ominus} = 31.13\ \text{kJ} \cdot \text{mol}^{-1}$$

大分子在溶液中发生构象变化时也有焓变，例如，小牛胸腺 DNA 在 345.2 K、0.15 $\text{mol} \cdot \text{dm}^{-3}$ NaCl 溶液中由双股螺旋变成单股螺旋时，其焓变为

$$\Delta_r H_m^{\ominus}(345.2\ \text{K}) = 29.29\ \text{kJ} \cdot (\text{碱基对})^{-1}$$

2.2.2 赫斯定律及其应用

化学反应热效应可以通过实验测得。但许多反应由于速率过慢、测量时间过长，或热量散失，反应热不能准确测量。还有反应条件难于控制、产物不纯等也会造成反应热测不准。如何通过热化学方法计算反应热？

1840 年，俄国科学家赫斯(G. H. Hess，图 2.7)在总结了大量实验结果的基础上，提出一条定律："任一化学反应不管是一步完成还是分几步完成，其热效应总是相同的。"这就是说，反应热只与反应的始、终态有关，而与反应所经历的途径无关。从热力学第一定律知道，热效应与途径有关，但在以下两个限制条件下则过程的热效应就与途径无关：

(1) 系统只做体积功，不做其他功。

(2) 过程进行时压力或体积恒定不变。

图 2.7　赫斯(G. H. Hess，1802—1850)

许多化学反应是在恒压条件下进行的，反应热等于反应的焓变值，则由若干步反应构成的复杂反应，其总反应的焓变等于各步反应的焓变之和。

赫斯定律提出的时间在"热力学第一定律"提出之前。在"热力学第一定律"提出后，赫斯定律实际上是热力学第一定律的必然结果，也是热力学第一定律应用于化学反应过程的一个特例。

赫斯定律的主要用途是从已经知道的一些化学反应的热效应来间接推求难于测准或

根本不能测量的反应热。

【例 2.3】 乙酸杆菌可通过乙醇的氧化而获得生长所需的能量，其过程分两步进行：

$$C_2H_5OH \longrightarrow CH_3CHO \longrightarrow CH_3COOH$$

求每一步的氧化反应热。

已知在 298 K 时

$$C_2H_5OH(l)+3O_2(g)\longrightarrow 2CO_2(g)+3H_2O(l) \quad (1)$$

$$\Delta_r H_m^\ominus=-1371\ kJ\cdot mol^{-1}$$

$$CH_3CHO(l)+2.5O_2(g)\longrightarrow 2CO_2(g)+2H_2O(l) \quad (2)$$

$$\Delta_r H_m^\ominus=-1168\ kJ\cdot mol^{-1}$$

$$CH_3COOH(l)+2O_2(g)\longrightarrow 2CO_2(g)+2H_2O(l) \quad (3)$$

$$\Delta_r H_m^\ominus=-876\ kJ\cdot mol^{-1}$$

解 根据赫斯定律，由(1)－(2)，得

$$C_2H_5OH(l)+0.5O_2(g)\longrightarrow CH_3CHO(l)+H_2O(l)$$

$$\Delta_r H_m^\ominus=-1371\ kJ\cdot mol^{-1}-(-1168\ kJ\cdot mol^{-1})$$

$$=-203\ kJ\cdot mol^{-1}$$

这就是乙醇氧化成乙醛的反应热。

由(2)－(3)，得

$$CH_3CHO(l)+0.5O_2(g)\longrightarrow CH_3COOH(l)$$

$$\Delta_r H_m^\ominus=-1168\ kJ\cdot mol^{-1}-(-876\ kJ\cdot mol^{-1})$$

$$=-292\ kJ\cdot mol^{-1}$$

这就是乙醛氧化成乙酸的反应热。

2.2.3 几种热效应

用赫斯定律计算反应热时，需事先知道许多反应的热效应，而如何计算这些反应的热效应？人们在研究过程中，发现可以利用以下几种热效应计算反应热。

1. 生成焓(生成热)

基于焓的状态函数性质，在等温、等压条件下，化学反应的热效应($\Delta_r H_m$)等于生成物焓的总和减去反应物焓的总和。如果能够知道参加反应的各个物质的焓值，反应热 $\Delta_r H_m$ 就可以直接求得。但是，根据焓的定义 $H=U+pV$，由于 U 的存在，焓的绝对值无法测定。为此，采用一个相对的方法计算反应焓变 $\Delta_r H_m$。

任何化学反应可以假设成反应物中所有化合物先分解成单质，再化合成生成物。这样任何化学反应便可看成单质生成化合物的反应(及其逆反应)的组合。这些反应就是化合物的生成反应(formation reaction)。例如

$$C(\text{石墨})+\frac{1}{2}O_2(g)=\!=\!=CO(g) \quad \Delta_r H_m^\ominus=H_m^\ominus[CO(g)]-\{H_m^\ominus[C(\text{石墨})]+H_m^\ominus[O_2(g)]\}$$

指定热力学最稳定单质的焓值为零，即 $H_m^\ominus[C(\text{石墨})]=0\ kJ\cdot mol^{-1}$，$H_m^\ominus[O_2(g)]=0\ kJ\cdot mol^{-1}$，则 $\Delta_r H_m^\ominus=H_m^\ominus[CO(g)]$，$\Delta_r H_m^\ominus$ 就是由最稳定单质生成 CO(g)的反应热，可

用来表示 CO(g)的相对焓值。

这样就可以通过测量这些生成反应的反应热，得到各物质的相对焓值，并进而利用这些相对焓值计算出涉及这些物质的化学反应的 $\Delta_r H_m^\ominus$。

这些相对焓值称为"物质的生成热"(heat of formation)，也称"物质的生成焓"(formation enthalpy)。化学热力学规定：**各元素最稳定单质在标准状态下生成焓为零，在反应温度下，由处于标准状态的最稳定单质生成标准状态下 1 mol 化合物时的反应热，称为该化合物的"标准摩尔生成焓"(standard molar formation enthalpy)，又称"标准生成热"**，用 $\Delta_f H_m^\ominus$ 表示，单位为 $kJ \cdot mol^{-1}$ 或 $J \cdot mol^{-1}$。其中，$\Delta_f H_m$ 表示恒压下的摩尔生成焓，下标"f"表示生成(formation)，上标"$\ominus$"表示物质处于热力学标准状态。

热力学标准状态是化学热力学的一个重要概念。对于固态和液态物质，标准状态是它的摩尔分数 $x=1$，即"纯净物质"；对于溶液中的物质 B，其标准状态是质量摩尔浓度为 $m_B=1\ mol \cdot kg^{-1}$，标态质量摩尔浓度用符号 $m^\ominus$(或 $b^\ominus$)表示，即 $m^\ominus=1\ mol \cdot kg^{-1}$(对于稀溶液，近似为浓度 $c=1\ mol \cdot dm^{-3}$，标态浓度用符号 $c^\ominus$ 表示，即 $c^\ominus=1\ mol \cdot dm^{-3}$)；对于气态物质，其标准状态是气体分压为 $p=1\times10^5$ Pa，标态压力用符号 $p^\ominus$ 表示，即 $p^\ominus=1\times10^5$ Pa。

应注意：当某单质在温度 T 下有不同相态时，应采用该温度下最稳定的相态确定 $\Delta_f H_m^\ominus$ 值。例如，碳在 298.15 K 下有石墨、金刚石、富勒烯和无定形四种相态，其中以石墨为最稳定，298.15 K 时石墨的标准摩尔生成焓应为零。

附录 3 列出了 298.15 K 时一些物质的标准摩尔生成焓 $\Delta_f H_m^\ominus$ 和其他热力学函数。

普遍地，对于化学反应

$$\nu_A A+\nu_B B = \nu_G G+\nu_H H$$

其标准反应热为

$$\Delta_r H_m^\ominus = \sum_i (\nu_i \Delta_f H_m^\ominus)(\text{生成物}) - \sum_i (\nu_i \Delta_f H_m^\ominus)(\text{反应物}) \tag{2.18}$$

【例 2.4】 葡萄糖在细胞呼吸中的氧化作用可表示为

$$C_6H_{12}O_6(s)+6O_2(g) = 6H_2O(l)+6CO_2(g)$$

计算此反应的标准摩尔反应热 $\Delta_r H_m^\ominus$。

解　由式(2.18)得

$$\begin{aligned}\Delta_r H_m^\ominus &= \sum_i (\nu_i \Delta_f H_m^\ominus)(\text{生成物}) - \sum_i (\nu_i \Delta_f H_m^\ominus)(\text{反应物})\\ &= [6\Delta_f H_m^\ominus(H_2O,l) + 6\Delta_f H_m^\ominus(CO_2,g)] - [\Delta_f H_m^\ominus(C_6H_{12}O_6,s) + 6\Delta_f H_m^\ominus(O_2,g)]\end{aligned}$$

查表得

$$\begin{aligned}\Delta_r H_m^\ominus &= [6\times(-285.83)+6\times(-393.51)]-[(-1273.3)+6\times0]\ kJ \cdot mol^{-1}\\ &= -2802.7\ kJ \cdot mol^{-1}\end{aligned}$$

化学反应的热效应 $\Delta_r H_m^\ominus$ 随温度不同而改变，一般从手册上查得的是 298.15 K 时的数据。但由于 $\Delta_r H_m^\ominus$ 受温度影响较小，在一定温度范围内、不发生相变条件下，$\Delta_r H_m^\ominus(T)$ 的值可以近似用 $\Delta H_m^\ominus$(298.15 K)的值表示。

2. 燃烧热

无机化合物大部分可由单质直接合成，而许多有机化合物则很难由单质直接合成，故生成焓无法测定，但绝大部分有机物都能燃烧。

化学热力学规定，**1 mol 的物质在 $p^{\ominus}$ 时完全燃烧时的热效应，称为该物质"标准摩尔燃烧热"**(standard molar combustion enthalpy)，用符号 $\Delta_c H_m^{\ominus}$ 表示，单位为 $kJ \cdot mol^{-1}$ 或 $J \cdot mol^{-1}$。下标"c"是 combustion(燃烧)第一个字母。所谓完全燃烧，是指 C 变为 $CO_2(g)$、H 变为 $H_2O(l)$、S 变为 $SO_2(g)$、N 变为 $NO_2(g)$、Cl 变为 HCl 水溶液等。同时规定，这些燃烧产物的燃烧热为零，单质氧燃烧热也为零。

标准生成热是以各种单质为参照物的相对值，而标准燃烧热则是以燃烧产物为参照物的相对值。原则上通过 $\Delta_f H_m^{\ominus}$ 的数据就可以计算出反应热，但是，由于许多物质特别是有机化合物的 $\Delta_c H_m^{\ominus}$ 容易测量，所以标准燃烧热 $\Delta_c H_m^{\ominus}$ 也是化学热力学常用数据。表 2.2 列出了几种有机化合物和无机物的标准燃烧热数值。

表 2.2 几种有机化合物和无机物的标准燃烧热

物　质	$\Delta_c H_m^{\ominus}/(kJ \cdot mol^{-1})$	物　质	$\Delta_c H_m^{\ominus}/(kJ \cdot mol^{-1})$
$CH_4(g)$	−890.8	$C_2H_5OH(l)$	−1366.8
$C_2H_6(g)$	−1560.7	$C_6H_6(l)$	−3267.6
HCHO(g)	−570.7	$C_7H_8(l)$	−3910.3
$CH_3OH(l)$	−726.1	$C_6H_5OH(s)$	−3053.5
C(石墨)	−393.5	CO(g)	−283.0
$H_2(g)$	−285.8	$N_2H_4(g)$	−667.1

由反应物、生成物的标准燃烧热计算反应热的公式如下：

$$\Delta_r H_m^{\ominus} = \sum_i (\nu_i \Delta_c H_m^{\ominus})(\text{反应物}) - \sum_i (\nu_i \Delta_c H_m^{\ominus})(\text{生成物}) \quad (2.19)$$

【例 2.5】 计算下面反应的标准摩尔反应热 $\Delta_r H_m^{\ominus}$：

$$CH_3OH(l) + \frac{1}{2}O_2(g) = HCHO(g) + H_2O(l)$$

解 由式(2.19)

$$\Delta_r H_m^{\ominus} = \sum_i (\nu_i \Delta_c H_m^{\ominus})(\text{反应物}) - \sum_i (\nu_i \Delta_c H_m^{\ominus})(\text{生成物})$$
$$= \Delta_c H_m^{\ominus}(CH_3OH, l) - \Delta_c H_m^{\ominus}(HCHO, g)$$

查表得

$$\Delta_r H_m^{\ominus} = 1 \times (-726.1\ kJ \cdot mol^{-1}) - 1 \times (-570.7\ kJ \cdot mol^{-1})$$
$$= -155.4\ kJ \cdot mol^{-1}$$

3. 从"键焓"估算反应热

从原子-分子水平看，化学反应的实质是通过化学键的变化引起原子间的重新组合，即反应物中化学键的断裂和生成物中新化学键的形成。由于断开化学键需要消耗能量，而形成化学键要放出能量，这样就可以通过应用“键焓”(bond enthalpy)数据估算出化学反应热，即化学反应热为断开化学键所吸收热量和形成化学键时释放的能量的代数和。

“键焓”的定义是：在标准压力(1×10^5 Pa)和指定温度下，气态分子断开 1 mol 化学键过程的焓变。符号为 BE，单位为 $kJ\cdot mol^{-1}$。“键焓”也称为“键能”(bond energy)。由于断开化学键需要吸收能量，所以键焓值都是正值。例如，298.15 K 时，一些“键焓”的数值：

$$H—H(g) \longrightarrow H(g)+H(g) \qquad \Delta_r H_m^\ominus = BE(H—H)=436\ kJ\cdot mol^{-1}$$
$$Cl—Cl(g) \longrightarrow Cl(g)+Cl(g) \qquad \Delta_r H_m^\ominus = BE(Cl—Cl)=243\ kJ\cdot mol^{-1}$$
$$H—Cl(g) \longrightarrow H(g)+Cl(g) \qquad \Delta_r H_m^\ominus = BE(H—Cl)=432\ kJ\cdot mol^{-1}$$
$$N\equiv N(g) \longrightarrow N(g)+N(g) \qquad \Delta_r H_m^\ominus = BE(N\equiv N)=945\ kJ\cdot mol^{-1}$$

显然，在不同的化合物中断开同一种化学键所需要的能量并不相同。因此，书刊中列出的“键焓”值实际上是该种化学键在若干种化合物中的平均近似值。

【例 2.6】 利用键焓估算下面反应的反应热 $\Delta_r H_m^\ominus$：

$$4NH_3(g)+3O_2(g) = 2N_2(g)+6H_2O(g)$$

解 由反应式可知：

反应过程中断开的化学键有 12 个 N—H、3 个 O=O；

形成的化学键有 2 个 N≡N、12 个 H—O。

查表得有关键焓数据为

$$BE(N—H)=435\ kJ\cdot mol^{-1} \qquad BE(O=O)=498.34\ kJ\cdot mol^{-1}$$
$$BE(N\equiv N)=946\ kJ\cdot mol^{-1} \qquad BE(H—O)=498.7\ kJ\cdot mol^{-1}$$

$$\begin{aligned}\Delta_r H_m^\ominus &= [12\times BE(N—H)+3\times BE(O=O)]-[2\times BE(N\equiv N)+12\times BE(H—O)]\\ &=(12\times435+3\times498.34)\ kJ\cdot mol^{-1}-(2\times946+12\times498.7)\ kJ\cdot mol^{-1}\\ &=-1161\ kJ\cdot mol^{-1}\end{aligned}$$

从例 2.6 总结由“键焓”数据估算“反应热”的公式如下：

$$\Delta_r H_m^\ominus = \sum BE(反应物) - \sum BE(生成物) \qquad (2.20)$$

利用标准摩尔生成焓计算例 2.6 中化学反应的热效应，结果为 $-1267\ kJ\cdot mol^{-1}$。两者相近，而差异是因键焓值是“平均近似值”引起。

由于反应物和生成物的状态与键焓的定义未必吻合，尤其是有固态或液态参与的反应，因而由键焓求算反应热，只能是估算，得到近似值。

2.3 过程的自发性、熵、热力学第二定律和第三定律
(Spontaneity of process, entropy and the second/third law of thermodynamics)

2.3.1 过程的自发性

自然界中很多过程，如自由落体；热自动从高温物体传递到低温物体；$H_2(g)$和$O_2(g)$在一定条件下变成水，不需外功就能自动进行。这类无需环境对体系做功就能自动进行

的过程，称为“自发过程”(spontaneous process)；相反，需消耗外功才能进行的过程，称为“非自发过程”(non-spontaneous process)，如在外力作用下将物体从低处升至高处、利用制冷机消耗外功将热从低温传至高温、通过消耗电功 $H_2O(l)$分解为 $H_2(g)$和 $O_2(g)$。

自发过程具有以下两个特征：

(1) 单方向趋于平衡。例如，热自动从高温物体传递到低温物体，直到两物体温度相等。

(2) 具有不可逆性。自发过程的不可逆性包括两个方面的含义：① 系统经自发过程达到平衡后，如无环境作用，系统不可能自动反方向进行并返回到原来状态；② 自然界所有的自发过程都是热力学的不可逆过程(irreversible process)。例如，理想气体恒温向真空膨胀(盖·吕萨克-焦耳实验)是一个自发过程，$Q=0$，$W=0$，$\Delta U=0$；膨胀后的气体如要回复原来状态，需借助压缩过程来达到。压缩过程环境必须对系统做功。当系统回到原来状态后，$\Delta U=0$，因此，环境损失了功 W，而得到了热 Q。此时环境与原来状态相比已发生了变化。说明理想气体恒温自由膨胀是一个自发、不可逆过程。

与“不可逆过程”不同，热力学还有另一类过程，能够通过同一途径令过程反方向变化，使系统回复到原始状态，而同时环境也完全回到原始状态(环境不发生任何变化)，这样的过程，称为“可逆过程”(reversible process)。可逆过程具有以下几个特点：

(1) 在可逆过程中，不仅系统在任何瞬间均处于无限接近平衡的状态，而且系统与环境之间也无限接近平衡。

(2) 在同一特定条件下，系统由始态可逆至终态，再由终态可逆回复到始态，此时系统与环境均可回复到原来状态，在环境中没有留下任何变化(如功的损失)。

(3) 可逆过程中，系统状态变化的推动力与抵抗力仅相差无限小，所以在恒温下，系统对环境可逆膨胀时所做的功数值最大，而环境对系统可逆压缩时所消耗的功最小。

“可逆过程”是一个理想过程，它在自然界中并不存在。但是某些实际过程，如在无限接近相平衡条件下进行相变化，像液体在其沸点的蒸发、固体在其熔点的熔化等，均可近似视为“可逆过程”。可逆过程和平衡态密切相关。一些重要的热力学函数的改变量，只有通过可逆过程才能求得。

2.3.2 熵、热力学第三定律

1. 化学反应的方向

自然界中一切过程都有一定的方向和限度，不可能自发按原过程逆向进行。如何判定在指定条件下，系统中的某一过程的方向和限度？

法国和丹麦科学家首先提出用过程焓变 ΔH 判定化学反应进行的方向，认为自发反应应向焓减小($\Delta H<0$，即放热反应)的方向进行。

研究表明，在常温下，放热反应一般都是可以自发进行的。例如

① $2NO(g)+O_2(g)=\!=\!=2NO_2(g)$ $\qquad \Delta_r H_m^\ominus=-116.4\ kJ\cdot mol^{-1}$

② $2C(石墨)+O_2(g)=\!=\!=2CO(g)$ $\qquad \Delta_r H_m^\ominus=-221.1\ kJ\cdot mol^{-1}$

③ $HCl(g)+NH_3(g)=\!=\!=NH_4Cl(s)$ $\qquad \Delta_r H_m^\ominus=-176.3\ kJ\cdot mol^{-1}$

④　$2NO_2(g) = N_2O_4(g)$　$\Delta_r H_m^\ominus = -55.1\ kJ \cdot mol^{-1}$

但是,有些吸热的化学反应在常温下也能自发进行。例如

⑤　$H_2O(s) = H_2O(l)$　$\Delta_r H_m^\ominus = 6.9\ kJ \cdot mol^{-1}$

⑥　$KNO_3(s) = K^+(aq) + NO_3^-(aq)$　$\Delta_r H_m^\ominus = 35.6\ kJ \cdot mol^{-1}$

另外,反应③和④虽然常温下能自发进行,但在一定的高温下,将向逆反应(吸热)方向进行。

反应⑦和⑧是吸热反应,常温下不能自发进行,但分别在 1052 K 和 355 K 温度下,却能自发进行,此时反应仍是吸热的反应:

⑦　$2SO_3(g) = 2SO_2(g) + O_2(g)$　$\Delta_r H_m^\ominus = 197.8\ kJ \cdot mol^{-1}$

⑧　$NH_4HCO_3(s) = NH_3(g) + CO_2(g) + H_2O(g)$　$\Delta_r H_m^\ominus = 168.1\ kJ \cdot mol^{-1}$

而以下两个吸热反应,在任何温度下都不能自发进行:

⑨$C_6H_6(g) + CH_4(g) = C_6H_5CH_3(g) + H_2(g)$　$\Delta_r H_m^\ominus = 42.4\ kJ \cdot mol^{-1}$

⑩　$N_2(g) + \frac{1}{2}O_2(g) = N_2O(g)$　$\Delta_r H_m^\ominus = 81.6\ kJ \cdot mol^{-1}$

总之,“放热”只是化学反应自发性的一种影响因素,反应焓变 $\Delta_r H_m^\ominus$ 对化学反应的方向有一定的影响,但不是唯一的因素。

2. 熵

总结以上反应,发现过程向吸热方向自发进行时,反应产物中气体物质的量都是增多的,如反应⑦、⑧。结果就是系统的体积增加,分子的运动空间增大,导致系统内分子的无序程度增大,即“混乱度”增大。

微观上看,系统由微观粒子(原子、分子等)组成,每一个微观粒子状态确定,系统的状态也就确定。这种状态称为系统的“微观状态”(microstate)。若一个或几个微观粒子状态发生变化,系统的微观状态也发生变化。由于微观粒子数多,系统一定有很多微观状态。所以用微观状态数来定量描述体系的“混乱度”。系统的微观状态数越多,混乱度越大。

一旦系统的状态确定,其微观状态数也一定,则势必存在一种状态函数与微观状态数之间有一定的联系。热力学上把这个状态函数定义为“熵”(entropy),用符号 S 表示。微观状态数用符号 Ω 表示,它们之间存在以下函数关系:

$$S = k\ln\Omega \tag{2.21}$$

这就是著名的玻耳兹曼(Boltzmann)公式。式中,$k = 1.38 \times 10^{-23}\ J \cdot K^{-1}$,称为玻耳兹曼常量。式(2.21)反映了宏观热力学函数与微观结构之间的内在关系。从微观的角度来看,**熵是系统微观状态(混乱度)的一种量度**,它具有统计意义。

熵(entropy)是具有加和性的状态函数,单位为 $J \cdot K^{-1}$。熵的改变量——熵变(entropy changes,ΔS)只与过程的始态和终态有关。但是,在恒温可逆过程特定条件下,热力学证明:

$$\Delta S = \frac{Q_r}{T} \tag{2.22}$$

式中，Q_r 称为"可逆过程热"。

【例 2.7】 水在 100 ℃下气化，恒压气化热为 40.68 kJ，求此过程的 ΔS。

解 $H_2O(l) \!=\!=\!= H_2O(g)$ (373.15 K)

在相变点的温度和压力下，物质的相变可视为可逆过程：

$$\Delta S = \frac{Q_r}{T} = \frac{40.68 \times 1000\ \text{J}}{373\ \text{K}} = 109.06\ \text{J} \cdot \text{K}^{-1}$$

3. 热力学第三定律和标准熵

根据熵的定义，对于同一物质，由固态到液态，再到气态，混乱度依次增大，熵依次增大。20 世纪初，人们根据一系列的低温实验结果及推测，总结出一条经验规律，即在热力学 0 K 时，任何纯物质的完美晶体的熵值都等于零。这就是热力学第三定律(the third law of thermodynamics)。该定律的数学表达式为

$$S^*(0\ \text{K，完美晶体}) = 0\ \text{J} \cdot \text{K}^{-1} \quad (2.23)$$

式中，上标"*"表示"纯净物质"($x=1$)，所谓完美晶体是指以一种几何方式去排列分子或原子，其微观状态数为 1。

若 1 mol 纯净物质的完美晶体在标准压力 $p^\ominus = 1 \times 10^5$ Pa 下，从 0 K 可逆升温至 T 时的指定状态，其熵变为

$$\Delta S_m^\ominus = S_m^\ominus(T) - S_m^\ominus(0\ \text{K}) \quad (2.24)$$

根据式(2.23)有

$$\Delta S_m^\ominus = S_m^\ominus(T) \quad (2.25)$$

式中，$S_m^\ominus(T)$称为温度 T 时物质的标准摩尔熵，简称"标准摩尔熵"(standard molar entropy)，其值等于 1 mol 纯净物质的完美晶体在压力为 $p^\ominus$ 下从 0 K 升温至 T 时过程的熵变，单位为 $\text{J} \cdot \text{mol}^{-1} \cdot \text{K}^{-1}$。

通过热力学方法，可以计算出来过程的熵变 $\Delta S_m^\ominus$。这样就求得了各种物质在标准状态下的标准摩尔熵。

因为一般化学反应都是在不可逆情况下进行的，所以其反应热不是 Q_r。因此化学反应的熵变一般不能直接用反应热除以反应温度来计算。若知各物质的标准熵 $S_m^\ominus(T)$，就可以很方便地计算化学反应的熵变，对于任意化学反应：

$$\Delta_r S_m^\ominus = \sum_i \nu_i S_m^\ominus(\text{生成物}) - \sum_i \nu_i S_m^\ominus(\text{反应物}) \quad (2.26)$$

物质的标准熵值受温度、物态、分子大小和结构复杂性的影响。无相变时，温度越高，$S_m^\ominus$ 越大；严格的计算不能忽略温度的影响，这在物理化学教材有详细讨论。但在一定温度范围内，温度的影响是比较小的，物质的 $S_m^\ominus$ 和反应的 $\Delta_r S_m^\ominus$ 可以近似地用 298.15 K 的相关数据代替。发生相变时(温度不变)，$\Delta_r S_m^\ominus$ 增大。

一些物质在 298.15 K 的标准熵值见附录 3。由标准熵数据可得

(1) 同一物质：

$$S_m^\ominus(s) < S_m^\ominus(l) < S_m^\ominus(g)$$

(2) 同系列物质：摩尔质量越大，则 $S_m^\ominus$ 越大。例如

$$S_m^\ominus(F_2,g)<S_m^\ominus(Cl_2,g)<S_m^\ominus(Br_2,g)<S_m^\ominus(I_2,g)$$

(3) 对于气态物质，多原子分子的 $S_m^\ominus$ 值大于单原子分子的 $S_m^\ominus$ 值。例如

$$S_m^\ominus(O_3,g)>S_m^\ominus(O_2,g)>S_m^\ominus(O,g)$$

(4) 对于摩尔质量相同的物质，结构越复杂，则 $S_m^\ominus$ 值越大。例如

$$S_m^\ominus(CH_3CH_2OH)>S_m^\ominus(CH_3—O—CH_3)$$

以上物质的标准熵值变化规律性，容易从"熵"的物理意义理解。

【例 2.8】 计算 298 K 下反应的标准摩尔熵变 $\Delta_r S_m^\ominus$。

$$2NO_2(g) = 2NO(g) + O_2(g)$$

解　由附录 3 查出 298 K 下各反应物和生成物的标准摩尔熵：

$$S_m^\ominus(NO_2,g)=240.1\ J\cdot mol^{-1}\cdot K^{-1}$$

$$S_m^\ominus(NO,g)=210.76\ J\cdot mol^{-1}\cdot K^{-1}$$

$$S_m^\ominus(O_2,g)=205.152\ J\cdot mol^{-1}\cdot K^{-1}$$

根据式(2.26)，298 K 时，有

$$\begin{aligned}\Delta_r S_m^\ominus &= \sum_i \nu_i S_m^\ominus(\text{生成物}) - \sum_i \nu_i S_m^\ominus(\text{反应物})\\ &=[\nu(NO)S_m^\ominus(NO,g)+\nu(O_2)S_m^\ominus(O_2,g)]-[\nu(NO_2)S_m^\ominus(NO_2,g)]\\ &=(2\times 210.76+1\times 205.152)J\cdot mol^{-1}\cdot K^{-1}-(2\times 240.1)\ J\cdot mol^{-1}\cdot K^{-1}\\ &=146.5\ J\cdot mol^{-1}\cdot K^{-1}\end{aligned}$$

2.3.3　熵变与过程的方向

从上面对混乱度和熵的讨论中可以看出，在化学反应中，如果从固态物质生成液态物质或从固态、液态物质生成气态物质，系统的混乱度将变大；如果生成物与反应物相比，气态物质的化学计量数是增大的，系统的混乱度也将变大。这时系统的熵值都将增加，即 $\Delta_r S_m>0$。

反之，如果从气态物质生成固态物质、液态物质，或气态物质的化学计量数减小，系统的混乱度将变小，系统的熵值将降低，即 $\Delta_r S_m<0$。表 2.3 列出了一些化学反应的 $\Delta_r H_m^\ominus$、$\Delta_r S_m^\ominus$ 以及反应前、后气体物质计量数的改变量 $\sum \nu_B(g)$。

表 2.3　一些化学反应的 $\Delta_r H_m^\ominus$、$\Delta_r S_m^\ominus$ 和 $\nu_B(g)$(298 K)

化学反应	$\Delta_r H_m^\ominus/(kJ\cdot mol^{-1})$	$\Delta_r S_m^\ominus/(J\cdot mol^{-1}\cdot K^{-1})$	$\sum \nu_B(g)$
$CaCO_3(s) = CaO(s)+CO_2(g)$	+178	+161	+1
$H_2O(g)+C(s) = H_2(g)+CO(g)$	−152	+134	+1
$NH_4Cl(s) = NH_3(g)+HCl(g)$	+176	+285	+2
$PbBr_2(s) = Pb(s)+Br_2(l)$	−279	+56	0
$PbI_2(s) = Pb(s)+I_2(s)$	−176	+5	0
$N_2(g)+3H_2(g) = 2NH_3(g)$	−92	−199	−2

从对熵变的定性分析可以看出，$\Delta_r S_m > 0$ 有利于反应正向自发进行。此外，例 2.7 中的反应 $H_2O(l) = H_2O(g)$ 是吸热的（$\Delta_r H_m^\ominus > 0$），不利于反应正向自发进行，但该反应在温度高于 373.15 K 仍能正向自发进行，这是因为熵增加（$\Delta_r S_m > 0$）起着主导作用。可见，焓变、熵变和温度，都是影响过程自发性的因素；需要综合考虑 H、S 和 T 的影响来确定过程自发的方向。吉布斯(Gibbs)自由能 G 就是一个综合考虑 H 和 S 影响的热力学函数。

2.4　吉布斯自由能与化学反应自发性判据

(Gibbs free energy and spontaneity criterions of chemical reactions)

2.4.1　吉布斯自由能和热力学第二定律

化学反应通常是在等温（$T_1 = T_2 = T_{环境}$）、等压（$p_1 = p_2 = p_{环境}$）下进行的，过程中有非体积功 $W_{非}$，根据热力学第一定律，有

$$\Delta U = Q + W_{体} + W_{非}$$

移项，得

$$Q = \Delta U - W_{体} - W_{非}$$

代入 $W_{体} = -p\Delta V$，得

$$Q = \Delta U + p\Delta V - W_{非}$$

等压，代入 $\Delta H = \Delta U + p\Delta V$，得

$$Q = \Delta H - W_{非} \tag{2.27}$$

结合热力学第一定律和热力学能概念，我们知道等温条件下理想气体膨胀，可逆途径所做的功最大，所吸收的热也最多，即可逆过程热 Q_r 最大。则式(2.27)可写为

$$Q_r \geqslant \Delta H - W_{非} \tag{2.28}$$

对可逆过程，式(2.28)用等号；对不可逆过程，则用“>”。

等温可逆过程中

$$\Delta S = \frac{Q_r}{T}$$

即

$$Q_r = T\Delta S$$

代入式(2.28)，得

$$T\Delta S \geqslant \Delta H - W_{非}$$

移项，得

$$T\Delta S - \Delta H \geqslant -W_{非}$$
$$-(\Delta H - T\Delta S) \geqslant -W_{非}$$
$$-[(H_2 - H_1) - (T_2 S_2 - T_1 S_1)] \geqslant -W_{非}$$
$$-[(H_2 - T_2 S_2) - (H_1 - T_1 S_1)] \geqslant -W_{非} \tag{2.29}$$

式(2.29)中 H、T、S 都是系统的状态函数，其组合项（$H - TS$）也是系统的状态函数，在热力学上该状态函数定义为“吉布斯自由能”(Gibbs free energy)，用符号 G 表示，以纪

念首先提出“自由能”概念的美国化学家吉布斯(J. W. Gibbs)(图 2.8)。

吉布斯自由能定义为 $\boldsymbol{G \equiv H - TS}$，它具有加和性，单位与焓一致。

式(2.29)简化为

$$-(G_2 - G_1) \geqslant -W_{非}$$

$$-\Delta G \geqslant -W_{非} \qquad (2.30)$$

式(2.30)的物理意义是：**在等温、等压过程中，一个封闭系统对环境所做的非体积功，小于或等于系统吉布斯自由能 G 的降低值 $(G_1 - G_2)$，其中对于可逆过程，所做的非体积功最大，等于 G 的降低值**。

图 2.8　吉布斯(J. W. Gibbs, 1839—1903)

若过程是在等温、等压、不做非体积功条件下进行，即 $W_{非} = 0$，则式(2.30)可写为

$$\Delta G \leqslant 0 \qquad (2.31)$$

式(2.31)说明，**任何等温等压不做非体积功的自发过程的吉布斯自由能都将减小**。这是热力学第二定律(the second law of thermodynamics)的一种表达方式。

从 G 的定义式，在等温($T_1 = T_2 = T_{环境}$)条件下，吉布斯自由能变为

$$\Delta G = \Delta H - T\Delta S$$

由此式看出，ΔG 综合了热力学函数 H、S 和 T 对化学反应的影响。由于化学反应通常是在等温、等压($p_1 = p_2 = p_{环境}$)下进行的，所以吉布斯自由能判据是化学反应自发性最基本的判据。根据式(2.33)，可以得到等温、等压、不做非体积功的条件下，化学反应自发进行方向的判据是：

$\Delta G < 0$，正反应以不可逆方式自发进行；

$\Delta G = 0$，反应以可逆方式进行，对应系统的“平衡态”；

$\Delta G > 0$，正反应不能自发进行，逆反应以不可逆方式自发进行。

2.4.2　标准生成吉布斯自由能

对于某个化学反应，只要计算出其 $\Delta_r G_m$，就能判断出反应自发进行的方向。与热力学函数 U、H、S 一样，物质的吉布斯自由能的绝对值也是无法测量的。因此，无法直接利用物质的吉布斯自由能计算化学反应的吉布斯自由能的改变量。为了计算化学反应的吉布斯自由能的改变量，仿照定义标准摩尔生成焓计算化学反应的标准摩尔焓变方法，引入物质的“标准生成吉布斯自由能”。

在某温度下，处于标准状态的各元素最稳定单质生成 1 mol 某纯物质的吉布斯自由能的改变量，称为此温度下该物质的标准摩尔生成吉布斯自由能(standard molar formation Gibbs free energy)，用符号 $\Delta_f G_m^{\ominus}$ 表示，单位是 $kJ \cdot mol^{-1}$；处于标准状态的各元素最稳定单质的标准摩尔生成吉布斯自由能被指定为零。附录 3 列出了 298.15 K 时一些物质的标准摩尔生成吉布斯自由能。

利用标准摩尔生成吉布斯自由能，可以式(2.32)计算出化学反应的标准摩尔吉布斯自由能的改变量 $\Delta_r G_m^{\ominus}$：

$$\Delta_r G_m^{\ominus} = \sum_i \nu_i \Delta_f G_m^{\ominus}(生成物) - \sum_i \nu_i \Delta_f G_m^{\ominus}(反应物) \qquad (2.32)$$

【例 2.9】 光合作用是将 $CO_2(g)$ 和 $H_2O(l)$ 转化成葡萄糖的复杂过程。其总反应方程式为

$$6CO_2(g)+6H_2O(l)=\!=\!=C_6H_{12}O_6(s)+6O_2(g)$$

求反应在 298 K 下的标准摩尔吉布斯自由能的改变量 $\Delta_r G_m^\ominus$。

解 查表,代入式(2.32),得

$$\begin{aligned}\Delta_r G_m^\ominus &= \sum_i \nu_i \Delta_f G_m^\ominus(\text{生成物}) - \sum_i \nu_i \Delta_f G_m^\ominus(\text{反应物})\\ &=[1\times\Delta_f G_m^\ominus(C_6H_{12}O_6,s)+6\times\Delta_f G_m^\ominus(O_2,g)]-[6\times\Delta_f G_m^\ominus(CO_2,g)+6\times\Delta_f G_m^\ominus(H_2O,l)]\\ &=-910.4\ \text{kJ}\cdot\text{mol}^{-1}-[6\times(394.39)+6\times(-237.14)]\ \text{kJ}\cdot\text{mol}^{-1}\\ &=-1853.9\ \text{kJ}\cdot\text{mol}^{-1}\end{aligned}$$

2.4.3 吉布斯-亥姆霍兹方程

从 G 的定义式,在等温条件下,可以得到某温度下反应的吉布斯自由能变、焓变和熵变之间的关系:

$$\Delta_r G_m = \Delta_r H_m - T\Delta_r S_m \tag{2.33}$$

标准态下,有

$$\Delta_r G_m^\ominus = \Delta_r H_m^\ominus - T\Delta_r S_m^\ominus \tag{2.34}$$

式(2.33)和式(2.34)均称为"吉布斯-亥姆霍兹方程"(Gibbs-Helmholtz equation)。在 ΔT 不大而且无"相变"的条件下,温度 T 的 $\Delta_r H_m^\ominus(T)$ 和 $\Delta_r S_m^\ominus(T)$ 可近似用 298 K 的 $\Delta_r H_m^\ominus(298\ \text{K})$ 和 $\Delta_r S_m^\ominus(298\ \text{K})$ 代替;但是,从式(2.33)和式(2.34)可以看出,温度对 $\Delta_r G_m$ 和 $\Delta_r G_m^\ominus$ 的影响不能忽略。

【例 2.10】 计算合成氨反应 298 K 和 673 K 下的 $\Delta_r G_m^\ominus$。

$$N_2(g)+3H_2(g)=\!=\!=2NH_3(g)$$

解 查表得 298 K 下各物质的 $\Delta_f G_m^\ominus$、$\Delta_f H_m^\ominus$ 和 $S_m^\ominus$ 值。

	$\frac{1}{2}N_2(g)$	+ $\frac{3}{2}H_2(g)$	═══ $NH_3(g)$
$\Delta_f G_m^\ominus/(\text{kJ}\cdot\text{mol}^{-1})$	0	0	−16.4
$\Delta_f H_m^\ominus/(\text{kJ}\cdot\text{mol}^{-1})$	0	0	−45.94
$S_m^\ominus/(\text{J}\cdot\text{mol}^{-1}\cdot\text{K}^{-1})$	191.609	130.68	192.776

$$\Delta_r G_m^\ominus(298\ \text{K})=1\times\Delta_f G_m^\ominus(NH_3,g)-\left[\frac{1}{2}\times\Delta_f G_m^\ominus(N_2,g)+\frac{3}{2}\times\Delta_f G_m^\ominus(H_2,g)\right]$$

$$=-16.4\ \text{kJ}\cdot\text{mol}^{-1}$$

$$\Delta_r H_m^\ominus(298\ \text{K})=1\times\Delta_f H_m^\ominus(NH_3,g)-\left[\frac{1}{2}\times\Delta_f H_m^\ominus(N_2,g)+\frac{3}{2}\times\Delta_f H_m^\ominus(H_2,g)\right]$$

$$=-45.94\ \text{kJ}\cdot\text{mol}^{-1}$$

$$\Delta_r S_m^\ominus(298\ \text{K})=1\times S_m^\ominus(NH_3,g)-\left[\frac{1}{2}\times S_m^\ominus(N_2,g)+\frac{3}{2}\times S_m^\ominus(H_2,g)\right]$$

$$=1\times192.776\ \text{J}\cdot\text{mol}^{-1}\cdot\text{K}^{-1}-\left(\frac{1}{2}\times191.609+\frac{3}{2}\times130.68\right)\ \text{J}\cdot\text{mol}^{-1}\cdot\text{K}^{-1}$$

$$=-99.049\ \text{J}\cdot\text{mol}^{-1}\cdot\text{K}^{-1}$$

$$\Delta_r G_m^\ominus(673\ \text{K}) = \Delta_r H_m^\ominus(298\ \text{K}) - T\Delta_r S_m^\ominus(298\ \text{K})$$
$$= -45.94\ \text{kJ}\cdot\text{mol}^{-1} - 673\times(-99.049)\times10^{-3}\ \text{kJ}\cdot\text{mol}^{-1}$$
$$= 20.72\ \text{kJ}\cdot\text{mol}^{-1}$$

计算结果表明，此反应是一个放热（$\Delta_r H_m^\ominus < 0$）、熵减（$\Delta_r S_m^\ominus < 0$）的反应，其 $\Delta_r G_m^\ominus$ 随温度升高而增大，不利于反应正方向自发进行。所以温度对 $\Delta_r G_m^\ominus$ 的影响是显著的，可以改变 $\Delta_r G_m^\ominus$ 的符号，使反应的方向逆转。

式(2.34)的重要意义是，它综合了标准态下 $\Delta_r H_m^\ominus$、$\Delta_r S_m^\ominus$ 对反应方向的影响，可以用来判定化学反应的自发性与温度的关系。

综合考虑 $\Delta_r H_m^\ominus$ 和 $\Delta_r S_m^\ominus$ 两个因素影响，标准态下各种类型化学反应自发性判断如下：

(1) $\Delta_r H_m^\ominus(298\ \text{K}) < 0$（放热），$\Delta_r S_m^\ominus(298\ \text{K}) > 0$（熵增）时，$\Delta_r G_m^\ominus(T) < 0$，反应在任何温度下自发进行；

(2) $\Delta_r H_m^\ominus(298\ \text{K}) > 0$（吸热），$\Delta_r S_m^\ominus(298\ \text{K}) < 0$（熵减）时，$\Delta_r G_m^\ominus(T) > 0$，反应在任何温度下都不能自发进行；

(3) $\Delta_r H_m^\ominus(298\ \text{K}) < 0$（放热），$\Delta_r S_m^\ominus(298\ \text{K}) < 0$（熵减）时，只有温度 T 低于某临界点时才能使 $\Delta_r G_m^\ominus(T) < 0$，所以低温下反应可能自发进行；

(4) $\Delta_r H_m^\ominus(298\ \text{K}) > 0$（吸热），$\Delta_r S_m^\ominus(298\ \text{K}) > 0$（熵增）时，只有温度 T 高于某临界点时才能使 $\Delta_r G_m^\ominus(T) < 0$，所以高温下反应可能自发进行。

需要注意的是，以上是以 $\Delta_r G_m^\ominus(T)$ 作为反应自发判据的，所以仅适用于判断热力学标准状态下的反应方向。

以上讨论的结论，也适用于利用任意态的 $\Delta_r H_m$、$\Delta_r S_m$ 和 $\Delta_r G_m$ 判断反应的自发性，汇总于表 2.4 中。

表 2.4　影响化学反应方向性的因素（根据 $\Delta G = \Delta H - T\Delta S$）

类　型	ΔH	ΔS	ΔG	自发性	反应驱动力	实例（标准态、298 K）
1	−	+	−	任意 T，自发	焓、熵双驱动	$H_2(g) + F_2(g) \!=\!=\!= 2HF(g)$ $\Delta_r H_m^\ominus = -546.60\ \text{kJ}\cdot\text{mol}^{-1}$ $\Delta_r S_m^\ominus = +14.087\ \text{J}\cdot\text{mol}^{-1}\cdot\text{K}^{-1}$ $\Delta_r G_m^\ominus = -550.8\ \text{kJ}\cdot\text{mol}^{-1}$
2	+	−	+	任意 T，非自发	无驱动力	$2CO(g) \!=\!=\!= 2C(石墨) + O_2(g)$ $\Delta_r H_m^\ominus = +221.1\ \text{kJ}\cdot\text{mol}^{-1}$ $\Delta_r S_m^\ominus = -178.7\ \text{J}\cdot\text{mol}^{-1}\cdot\text{K}^{-1}$ $\Delta_r G_m^\ominus = +274.3\ \text{kJ}\cdot\text{mol}^{-1}$

续表

类型	ΔH	ΔS	ΔG	自发性	反应驱动力	实例(标准态、298 K)
3	−	−	−	低温,自发; 高温,非自发	焓驱动	$HCl(g)+NH_3(g) \rightleftharpoons NH_4Cl(s)$ $\Delta_r H_m^\ominus = -176.3\ kJ \cdot mol^{-1}$ $\Delta_r S_m^\ominus = -88.73\ J \cdot mol^{-1} \cdot K^{-1}$ $\Delta_r G_m^\ominus = -91.2\ kJ \cdot mol^{-1}$
4	+	+	−	高温,自发; 低温,非自发	熵驱动	$CaCO_3(s) \rightleftharpoons CaO(s)+CO_2(g)$ $\Delta_r H_m^\ominus = +179.4\ kJ \cdot mol^{-1}$ $\Delta_r S_m^\ominus = +163.9\ J \cdot mol^{-1} \cdot K^{-1}$ $\Delta_r G_m^\ominus = +919.3\ kJ \cdot mol^{-1}$

上述3、4两种情况中,当温度达到临界点时,将影响反应的自发性,这个温度就是反应自发逆转进行的转变温度(conversion temperature)。此时,$\Delta_r G_m^\ominus(T)=0$,得$\Delta_r H_m^\ominus = T\Delta_r S_m^\ominus$。

$$T_{转} = \frac{\Delta_r H_m^\ominus}{\Delta_r S_m^\ominus} \tag{2.35}$$

【例 2.11】 计算下面反应的转变温度。

$$CaSO_4(s) \rightleftharpoons CaO(s) + SO_3(g)$$

解 查表得298 K下各物质的$\Delta_f H_m^\ominus$、$S_m^\ominus$。

	$CaSO_4(s)$	=	$CaO(s)$	+	$SO_3(g)$
$\Delta_f H_m^\ominus/(kJ \cdot mol^{-1})$	−1425.2		−634.9		−395.7
$S_m^\ominus/(J \cdot mol^{-1} \cdot K^{-1})$	108.4		38.1		256.77

$$\begin{aligned}\Delta_r H_m^\ominus(298\ K) &= [\Delta_f H_m^\ominus(CaO,s)+\Delta_f H_m^\ominus(SO_3,g)] - \Delta_f H_m^\ominus(CaSO_4,s)\\ &= (-634.9\ kJ \cdot mol^{-1} - 395.7\ kJ \cdot mol^{-1}) - (-1425.2\ kJ \cdot mol^{-1})\\ &= 421.6\ kJ \cdot mol^{-1}\end{aligned}$$

$$\begin{aligned}\Delta_r S_m^\ominus &= [S_m^\ominus(CaO,s)+S_m^\ominus(SO_3,g)] - S_m^\ominus(CaSO_4,s)\\ &= (38.1\ J \cdot mol^{-1} \cdot K^{-1} + 256.77\ J \cdot mol^{-1} \cdot K^{-1}) - 108.4\ J \cdot mol^{-1} \cdot K^{-1}\\ &= 186.47\ J \cdot mol^{-1} \cdot K^{-1}\end{aligned}$$

根据式(2.35),有

$$\begin{aligned}T_{转} &= \frac{\Delta_r H_m^\ominus}{\Delta_r S_m^\ominus}\\ &= \frac{421.6\ kJ \cdot mol^{-1}}{186.47\ kJ \cdot mol^{-1} \cdot K^{-1}/1000} = 2261\ K\end{aligned}$$

表明$T>2261$ K,正反应可自发进行。

本章教学要求

1. 理解热力学基本概念：系统和环境、状态和状态函数、过程和途径、体积功。

2. 掌握热力学的四个状态函数——热力学能(U)、焓(H)、熵(S)和吉布斯自由能(G)以及它们之间的关系。

3. 理解热力学第一定律。

4. 熟练运用赫斯定律计算化学反应的标准摩尔焓变；掌握使用物质的标准摩尔生成热和标准摩尔燃烧热计算化学反应的标准摩尔焓变的方法。

5. 理解热力学第二定律；了解热力学第三定律。

6. 掌握使用物质的标准摩尔生成吉布斯自由能和标准摩尔熵计算化学反应的标准摩尔吉布斯自由能变和标准摩尔熵变的方法。

7. 熟练运用吉布斯自由能变判断等温等压下化学反应的自发方向。

8. 掌握使用标准态吉布斯-亥姆霍兹方程 $\Delta_r G_m^\ominus = \Delta_r H_m^\ominus - T\Delta_r S_m^\ominus$ 做有关运算的方法，了解温度对化学反应的吉布斯自由能变和反应自发方向的影响。

习　题

1. 解释下列名词：
   (1) 系统与环境
   (2) 热(Q)
   (3) 功(W)
   (4) 状态函数
   (5) 恒容反应热(Q_V)
   (6) 恒压反应热(Q_p)
2. 某封闭系统由某一指定的始态变化到某一指定的终态，问：Q、W、$Q+W$、ΔU、ΔH、ΔS 和 ΔG 中哪些量可以确定、哪些量不能确定？
3. 以下说法是否正确？简要说明理由。
   (1) 热力学第一定律 $\Delta U = Q + W$，由于 U 为状态函数，所以 Q 和 W 也是状态函数。
   (2) 只有等压过程才有焓变。
   (3) 凡是放热反应都可以自发地进行。
   (4) 反应的摩尔熵变为正值，反应自发进行。
   (5) 纯单质的 $\Delta_f H_m^\ominus$、$\Delta_f G_m^\ominus$、$S_m^\ominus$ 皆为零。
   (6) 物质的量增加的反应，ΔS 为正值。
4. 反应 $N_2(g) + 3H_2(g) = 2NH_3(g)$ 在恒容的密闭容器内进行，放出热量为 87.2 kJ · mol^{-1}。计算 ΔU 和 25 ℃时的 ΔH。
5. 利用 298.15 K 时有关物质的标准摩尔生成焓的数据，计算下列反应的标准摩尔焓变：
   (1) $8Al(s) + 3Fe_2O_3(s) = 4Al_2O_3(s) + 9Fe(s)$
   (2) $4NH_3(g) + 5O_2(g) = 4NO(g) + 6H_2O(l)$
   (3) $CH_3COOH(l) + CH_3CH_2OH(l) = CH_3COOCH_2CH_3(l) + H_2O(l)$

(4) $C_2H_4(g)+H_2(g)$ ═══ $C_2H_6(g)$

6. 根据键能数据计算出下列反应的标准摩尔焓变：

$$CH_4(g)+Cl_2(g) = CH_3Cl(g)+HCl(g)$$

已知键能($kJ\cdot mol^{-1}$)：C—H 337，Cl—Cl 243，C—Cl 338，H—Cl 432。

7. N_2H_4 和 H_2O_2 的混合物可作为火箭燃料，它们的反应如下：

$$N_2H_4(g)+2H_2O_2(g) = N_2(g)+4H_2O(g)$$

(1) 若已知 $N_2H_4(g)$ 的 $\Delta_f H_m^\ominus=95.8\ kJ\cdot mol^{-1}$，反应 $H_2(g)+H_2O_2(g) = 2H_2O(g)$ 的 $\Delta_r H_m^\ominus=-348.6\ kJ\cdot mol^{-1}$，求上述反应的 $\Delta_r H_m^\ominus$。

(2) 已知 $\Delta H^\ominus(H—H)=436\ kJ\cdot mol^{-1}$，$\Delta H^\ominus(H—O)=428\ kJ\cdot mol^{-1}$，求 H_2O_2 中 O—O 键的键能。

8. 预言下列过程系统熵变的符号：

(1) 水变成水蒸气

(2) 气体等温膨胀

(3) 活性炭表面吸附氧气

(4) 盐从过饱和水溶液中结晶出来

(5) $Ag^+(aq)+Cl^-(aq) \longrightarrow AgCl(s)$

(6) $SnO_2(s)+2H_2(g) \longrightarrow Sn(s)+2H_2O(l)$

(7) $C_6H_6(l) \longrightarrow C_6H_6(g)$

(8) 撒盐在冰上使冰融化

9. 利用 298.15 K 时有关物质的标准摩尔熵，计算下列反应的熵变：

(1) $N_2(g)+O_2(s) = 2NO(g)$

(2) $4NH_3(g)+5O_2(g) = 4NO(g)+6H_2O(l)$

(3) $2SO_2(g)+O_2(g) = 2SO_3(g)$

10. 斜方硫和单斜硫的标准燃烧焓分别为 $-296.8\ kJ\cdot mol^{-1}$ 与 $-297.14\ kJ\cdot mol^{-1}$，求下列反应的 $\Delta_r G_m^\ominus$：

$$S(斜方) \longrightarrow S(单斜)$$

11. (1) 查 $\Delta_f G_m^\ominus$ 数据求算下述反应的 $\Delta_r G_m^\ominus$：

$$2SO_3(g) = 2SO_2(g)+O_2(g)$$

(2) 逆反应的 $\Delta_r G_m^\ominus$ 为多少？

(3) 先算出反应的 $\Delta_r H_m^\ominus$ 和 $\Delta_r S_m^\ominus$，再求算 $\Delta_r G_m^\ominus$，所得的结果与(1)比较。

12. 尿素(NH_2CONH_2)的生成可用反应方程式表示如下：

$$CO_2(g)+2NH_3(g) = (NH_2)_2CO(s)+H_2O(l)$$

(1) 计算上述反应在 298.15 K 时的标准摩尔吉布斯自由能变 $\Delta_r G_m^\ominus$，并说明反应在 298.15 K 标准状态下能否自发进行。

(2) 在标准状态下，最高达到多少温度时，反应就不再自发进行了？

13. 通过计算说明反应 $MgCO_3(s) = MgO(s)+CO_2(g)$，在热力学标准状态和反应温度为 298 K 和 900 K 时能否自发进行。

14. 由锡石(SnO_2，s)炼制金属锡(Sn，白锡)可以有以下三种方法：

(1) $SnO_2(s) = Sn(s)+O_2(g)$

(2) $SnO_2(s)+C(s) = Sn(s)+CO_2(g)$

(3) $SnO_2(s)+2H_2(g) = Sn(s)+2H_2O(g)$

通过热力学计算，推荐合适的方法。

15. 为了减少高炉废气 SO_3 对环境的污染，有人设计用 CaO(s)来固定 SO_3。请讨论在标准态条件下实现反应的条件。

16. 计算讨论应用以下反应进行“固氮”的可能性及反应条件：

(1) $N_2(g)+2CO(g) = 2NO(g)+2C$(石墨)

(2) $N_2(g)+2CO_2(g) = 2NO_2(g)+2C$(石墨)

(3) $N_2(g)+4CO_2(g) = 2NO_2(g)+4CO(g)$

17. 甲醇的分解反应如下：

	$CH_3OH(l)$	=	$CH_4(g)$	+	$1/2O_2(g)$
$\Delta_f H_m^\ominus/(kJ\cdot mol^{-1})$	−239.1		−74.6		0
$S_m^\ominus/(J\cdot mol^{-1}\cdot K^{-1})$	126.8		186.3		205.152
$\Delta_f G_m^\ominus/(kJ\cdot mol^{-1})$	−166.6		−50.5		0

(1) 判断在 298.15 K、标准状态下此反应能否自发进行。

(2) 温度应为多少时，该反应可以自发进行？

18. $AgNO_3$ 的分解反应为

$$AgNO_3(s) = Ag(s)+NO_2(g)+\frac{1}{2}O_2(g)$$

计算标准态下 $AgNO_3(s)$的分解温度。

（南开大学　顾　文）

第 3 章　化学反应速率
(Rate of chemical reaction)

化学热力学告诉我们如何判断过程自发进行的方向、衡量过程进行的限度及能量变化，即解决反应过程的“可能性”问题；但是，热力学不考虑时间因素，因而没有解决反应的“现实性”问题。

化学动力学主要研究化学反应速率和反应机理，其任务就是回答化学反应的“现实性”问题。

本章主要论述化学反应速率，首先叙述化学反应速率的定义和测定方法，然后讨论外界条件(浓度、温度和催化剂等)对化学反应速率的影响，介绍关于化学反应速率的阿伦尼乌斯公式以及有效碰撞理论(effective collision theory)和过渡状态理论(transition state theory)。反应机理问题在物理化学课程中论述。

3.1　化学反应速率定义和测定方法
(Definition and determination of rate of a chemical reaction)

在实际应用中，多以浓度变化定义反应速率。对反应：

$$aA+bB=\!=\!=dD+eE$$

反应速率 r 可以用下面浓度对时间的微分形式定义：

$$r=\frac{1}{\nu_B}\cdot\frac{dc_B}{dt} \tag{3.1}$$

式中，ν_B 为反应体系中任一反应物质的化学计量系数；c_B 为该物质的物质的量浓度。

反应速率 r 可以用任一反应物质的浓度变化来表示。例如，上面反应的速率可表示为

$$r=-\frac{1}{a}\cdot\frac{dc_A}{dt}=-\frac{1}{b}\cdot\frac{dc_B}{dt}=\frac{1}{d}\cdot\frac{dc_D}{dt}=\frac{1}{e}\cdot\frac{dc_E}{dt}$$

对反应物的计量系数取负值，对生成物的计量系数取正值，使反应速率取正值。

在一般情况下，多采用容易测量的反应物或产物的浓度变化来表示给定反应的速率。

式(3.1)所表示的速率，可以看做在某一时刻 t 时反应的速率，称为反应在 t 时刻的“瞬时速率”。

【例 3.1】 写出下列反应在某时刻 t 时的瞬时速率表达式：

(1) $I^-(aq)+OCl^-(aq)=\!=\!=Cl^-(aq)+OI^-(aq)$

(2) $3O_2(g)=\!=\!=2O_3(g)$

(3) $4NH_3(g)+5O_2(g)=\!=\!=4NO(g)+6H_2O(g)$

解　(1)
$$r=-\frac{dc(I^-)}{dt}=-\frac{dc(OCl^-)}{dt}=\frac{dc(Cl^-)}{dt}=\frac{dc(OI^-)}{dt}$$

(2)
$$r=-\frac{1}{3}\cdot\frac{dc(O_2)}{dt}=\frac{1}{2}\cdot\frac{dc(O_3)}{dt}$$

(3)
$$r=-\frac{1}{4}\cdot\frac{dc(NH_3)}{dt}=-\frac{1}{5}\cdot\frac{dc(O_2)}{dt}=\frac{1}{4}\cdot\frac{dc(NO)}{dt}=\frac{1}{6}\cdot\frac{dc(H_2O)}{dt}$$

若反应在时间范围 Δt 内，浓度变化为 Δc_B，同样可以计算其反应速率：

$$\bar{r}=\frac{1}{\nu_B}\cdot\frac{\Delta c_B}{\Delta t} \tag{3.2}$$

式(3.2)表示反应在 Δt 时间段的反应速率，称为这一时间段的“平均速率”。

例如，对于反应：

$$N_2(g)+3H_2(g)═══2NH_3(g)$$

时刻 t 的瞬时速率为

$$r=-\frac{dc(N_2)}{dt}=-\frac{1}{3}\cdot\frac{dc(H_2)}{dt}=\frac{1}{2}\cdot\frac{dc(NH_3)}{dt}$$

时间段 Δt 的平均速率为

$$\bar{r}=-\frac{\Delta c(N_2)}{\Delta t}=-\frac{1}{3}\cdot\frac{\Delta c(H_2)}{\Delta t}=\frac{1}{2}\cdot\frac{\Delta c(NH_3)}{\Delta t}$$

从上面的讨论可见：

(1) 化学反应速率 r 或 $\bar{r}$ 的量纲是[物质的量浓度]·[时间]$^{-1}$，其 SI 单位为 $mol\cdot dm^{-3}\cdot s^{-1}$。对速率小的反应，时间单位也可以用 min(分)、h(小时)等，反应速率的单位也就可以用 $mol\cdot dm^{-3}\cdot min^{-1}$ 或 $mol\cdot dm^{-3}\cdot h^{-1}$ 等。

(2) 由于在不同时刻反应物质的浓度可能不同，所以不同时刻反应的瞬时速率也可能不同，不同时间范围反应的平均速率也可能不同。

例如，过氧化氢水溶液的分解反应为 $H_2O_2(aq)\xrightarrow{I^-}H_2O(l)+\frac{1}{2}O_2(g)$，对不同反应时间 H_2O_2 及 O_2 浓度进行测定，其数值如表 3.1 所示。

表 3.1　H_2O_2 水溶液分解反应在不同时间的浓度测定结果

t/min	$c(H_2O_2)/(mol\cdot dm^{-3})$	$c(O_2)/(mol\cdot dm^{-3})$
0	0.80	0
20	0.40	0.20
40	0.20	0.30
60	0.10	0.35
80	0.05	0.375

在 0～20 min 内，$\bar{r}=-\frac{\Delta c(H_2O_2)}{\Delta t}=\frac{\Delta c(O_2)}{\frac{1}{2}\Delta t}=0.02\ mol\cdot dm^{-3}\cdot min^{-1}$，在 20～40

min 内，$\bar{r}=0.01\ mol \cdot dm^{-3} \cdot min^{-1}$；在 40～60 min 内，$\bar{r}=0.005\ mol \cdot dm^{-3} \cdot min^{-1}$。不同时间范围平均反应速率 $\bar{r}$ 不同，随反应物 H_2O_2 浓度减小而减小。

3.2 浓度对化学反应速率的影响
(Influence of concentration on a chemical reaction rate)

化学反应速率的大小，首先是由其内因（反应本身）决定的，这种内因主要是反应的活化能(activation energy)。此外，一些外部条件（如浓度、温度、催化剂等）对化学反应速率也有影响。本节讨论其他条件保持不变时，浓度对化学反应速率的影响。

3.2.1 浓度对化学反应速率的影响与速率方程

在 3.1 节讨论过，过氧化氢水溶液分解反应为

$$H_2O_2(aq) \xrightarrow{I^-} H_2O(l) + \frac{1}{2}O_2(g)$$

从表 3.1 的数据可见，随着反应进行，反应物 H_2O_2 浓度逐渐减小，反应速率减小。与这个例子类似，一般的化学反应，反应速率均随反应物浓度减小而减小。

对任一反应：

$$aA + bB = dD + eE$$

浓度与反应速率 r 的关系，可通过实验测定。这种关系可用式(3.3)表示：

$$r = kc_A^m c_B^n \tag{3.3}$$

式(3.3)称为“反应速率方程式”，也称为“反应动力学方程式”。式中，k 称为反应的速率常数，它是温度的函数，不随浓度变化，其数值可以看成是每种反应物质浓度均为 $1\ mol \cdot dm^{-3}$ 时的反应速率；c_A 代表在某时刻反应物 A 的浓度；c_B 代表在某时刻反应物 B 的浓度；**m 和 n** 分别为反应物 A 和反应物 B 浓度的幂指数，其**数值由实验测定**。“反应速率方程式”明确给出了指定化学反应在一定温度下的速率与反应物质浓度之间的关系。

【例 3.2】 在 300 K 时，测得反应 $2NOCl(g) = 2NO(g) + Cl_2(g)$ 的 NOCl 浓度和反应速率的数据如表 3.2 所示。

表 3.2 反应 $2NOCl(g) = 2NO(g) + Cl_2(g)$ 的起始浓度 c_0 和起始速率 r_0

序 号	$c_0(NOCl)/(mol \cdot dm^{-3})$	$r_0/(mol \cdot dm^{-3} \cdot s^{-1})$
1	0.30	3.60×10^{-9}
2	0.60	1.44×10^{-8}
3	0.90	3.24×10^{-8}

(1) 求反应速率常数。

(2) 写出反应速率方程式。

(3) 如果 NOCl 的起始浓度从 $0.30\ mol \cdot dm^{-3}$ 增大到 $0.45\ mol \cdot dm^{-3}$，反应的起始速率为多少？

解 对实验 2，NOCl 的起始浓度为实验 1 中 NOCl 起始浓度的 2 倍，此时反应的起始速率为实

验 1 的$\frac{1.44\times10^{-8}\ \text{mol}\cdot\text{dm}^{-3}\cdot\text{s}^{-1}}{3.60\times10^{-9}\ \text{mol}\cdot\text{dm}^{-3}\cdot\text{s}^{-1}}=4$ 倍。

对实验 3，NOCl 的起始浓度为实验 1 中 NOCl 起始浓度的 3 倍，此时反应的起始速率为反应 1 的$\frac{3.24\times10^{-8}\ \text{mol}\cdot\text{dm}^{-3}\cdot\text{s}^{-1}}{3.60\times10^{-9}\ \text{mol}\cdot\text{dm}^{-3}\cdot\text{s}^{-1}}=9$ 倍。

即如果用 c_{NOCl} 代表实验 1 中 NOCl 的起始浓度，用 r 代表实验 1 时的起始速率，对实验 1、2、3，有

$$r=kc^m(\text{NOCl}) \qquad 4r=k[2c(\text{NOCl})]^m \qquad 9r=k[3c(\text{NOCl})]^m$$

说明反应速率 r 与 NOCl 浓度的二次方成正比，即 $m=2$，可得：

(1) 该温度下反应的速率常数为

$$k=\frac{r}{c^2(\text{NOCl})}=\frac{3.60\times10^{-9}\ \text{mol}\cdot\text{dm}^{-3}\cdot\text{s}^{-1}}{(0.30\ \text{mol}\cdot\text{dm}^{-3})^2}=\frac{1.44\times10^{-8}\ \text{mol}\cdot\text{dm}^{-3}\cdot\text{s}^{-1}}{(0.60\ \text{mol}\cdot\text{dm}^{-3})^2}$$

$$=\frac{3.24\times10^{-8}\ \text{mol}\cdot\text{dm}^{-3}\cdot\text{s}^{-1}}{(0.90\ \text{mol}\cdot\text{dm}^{-3})^2}=4.0\times10^{-8}\ \text{mol}^{-1}\cdot\text{dm}^3\cdot\text{s}^{-1}$$

(2) 该温度下反应速率方程式为 $r=4.0\times10^{-8}c^2(\text{NOCl})$。

(3) 如果 NOCl 的起始浓度从 $0.30\ \text{mol}\cdot\text{dm}^{-3}$ 增大到 $0.45\ \text{mol}\cdot\text{dm}^{-3}$，反应速率 $r=4.0\times10^{-8}\ \text{mol}^{-1}\cdot\text{dm}^3\cdot\text{s}^{-1}\times c^2(\text{NOCl})=4.0\times10^{-8}\ \text{mol}^{-1}\cdot\text{dm}^3\cdot\text{s}^{-1}\times(0.45\ \text{mol}\cdot\text{dm}^{-3}\cdot\text{s}^{-1})^2=8.1\times10^{-9}\ \text{mol}\cdot\text{dm}^{-3}\cdot\text{s}^{-1}$。这一数值大于起始浓度为 $0.30\ \text{mol}\cdot\text{dm}^{-3}$ 时的反应速率，计算结果说明增加反应物浓度时，反应速率增大。

上述讨论说明了反应物浓度对反应速率的影响，其原因可以根据“有效碰撞理论”从微观角度理解。

3.2.2 有效碰撞理论

目前被普遍接受的化学反应速率理论，主要有 1918 年路易斯(Lewis)在气体分子运动论基础上提出的“碰撞理论”及 1930 年代艾林(Eyring)和波兰尼(Polanyi)在量子力学和统计力学基础上提出的“过渡状态理论”。在此先介绍有效碰撞理论，并用有效碰撞理论来解释反应速率随反应物浓度改变的一般规律。

化学反应的本质是原有化学键的破坏和新化学键的生成。要实现化学反应，先决条件是反应物分子间的相互接触。碰撞理论认为，化学反应的先决条件是反应物质分子间相互碰撞。只有反应物分子间接触(碰撞)后，才可能引起化学反应。

但并不是所有碰撞都会引起化学反应。实际上，在为数极多的碰撞中，只有极少数碰撞会引起化学反应。可以发生化学反应的分子间碰撞称为“**有效碰撞**”。而不会导致化学反应的碰撞，只是通过碰撞在分子间交换能量。

为什么只有部分碰撞是有效碰撞？这可以从“**分子能量**”和“**碰撞取向**”两个方面来考虑。

1) 发生有效碰撞的分子必须具有足够高的能量

对气体 A 和 B 间的反应，只有当两个具有足够能量的分子以极大的速率相互碰撞时，才可能克服分子无限接近时电子云间的斥力，从而导致分子中原子的重排，实现旧键的破坏及新键的形成，即实现化学反应。这些具有足够能量的分子称为“活化分子”。

由于分子间不断通过碰撞交换能量，每个分子的能量在不同时刻是不同的。但在一定温度时，所有分子的能量分布是不变的，即在一定温度下，活化分子在所有分子中所占的比例(活化分子百分数)是固定的。

根据“分子运动论”，在一定温度下，气体分子的能量分布符合图 3.1 所示的不对称峰形分布曲线，称为“麦克斯韦-玻耳兹曼分布”(Maxwell-Boltzmann distribution)。在图 3.1 中，横坐标表示分子动能，纵坐标表示具有一定能量 E 的分子数占总分子数的百分数。由图 3.1 可见，一定温度下，具有较高能量 E_1 的活化分子的比例是极少的。

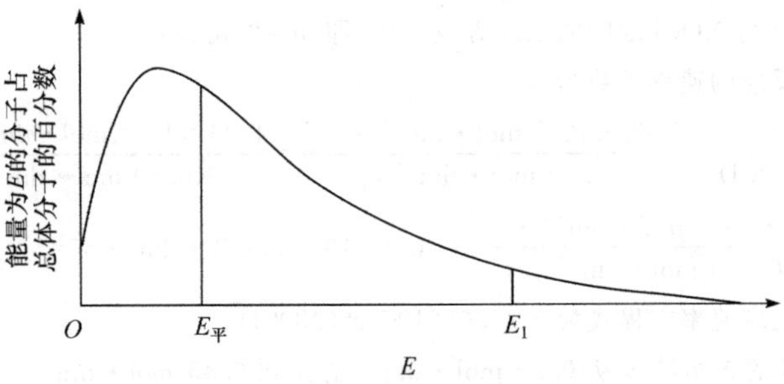

图 3.1 气体分子能量分布曲线

按照有效碰撞理论，活化分子所具有的最低能量 E_1 与气体分子平均能量 $E_平$ 的差值称为“活化能”，用符号 E_a 表示，即 $E_a=E_1-E_平$，其 SI 为 $J\cdot mol^{-1}$。对一个化学反应，活化能越大，意味着在所有分子中，能满足能量要求的活化分子所占的百分数越小，显然，有效碰撞的频率也越小，从而导致反应速率越小。

2) 是否发生有效碰撞还与碰撞取向有关

活化分子间的碰撞可能是有效碰撞，也可能不是有效碰撞，因为除能量因素外，能否发生有效碰撞还与碰撞时分子的取向有关。

根据有效碰撞理论，只有当活化分子以合适的取向碰撞时，反应才能发生。气体反应的反应速率或有效碰撞频率 Z^* 与碰撞频率 Z、有效碰撞分数 f 及取向因子 P 有关。即

$$Z^*=ZfP \tag{3.4}$$

由式(3.4)可知，要发生有效碰撞，必须既满足能量要求，又满足取向要求，下面以反应 $2NO_2(g)+F_2(g)=\!=\!=2NO_2F(g)$ 为例说明。

根据对反应机理的实验研究结果，该反应过程由以下两步构成：

① $NO_2+F_2=\!=\!=NO_2F+F$

② $F+NO_2=\!=\!=NO_2F$

由于步骤①为慢反应，所以整个反应的速率由第①步反应决定。在化学动力学中，把这样的慢反应称为“定速步骤”(rate determining step)或“速控步骤”(rate controlling step)。对第①步反应涉及的分子能量和分子取向问题，分 3 种情况讨论，如图 3.2 所示。

图 3.2(a)中，碰撞分子具有的动能小于活化分子的最低能量，所以是非反应性碰撞；图 3.2(b)所示的碰撞，碰撞分子为活化分子，具有足够大的动能，且碰撞有合适的取向，是有效碰撞，导致化学反应发生；图 3.2(c)中，尽管碰撞分子为活化分子，但由于碰撞取

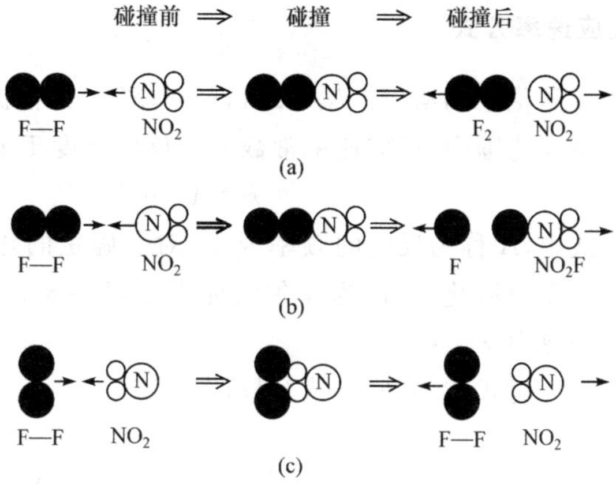

图 3.2　$NO_2 + F_2 = NO_2F + F$ 反应过程示意图

向不合适，是非反应性碰撞，不能发生化学反应。

图 3.2 直观地说明，发生有效碰撞必须同时满足能量要求和取向要求。由于一般反应的碰撞取向是随机的，要在实验上通过改变外界条件提高一个特定反应的速率，由式(3.4)可知，要么必须提高碰撞频率 Z，要么必须提高有效碰撞分数 f。

浓度对化学反应速率的影响，可用有效碰撞理论解释：当反应物浓度增大时，单位体积内的分子总数增大，在温度不变的情况下，尽管活化分子的百分数不变（有效碰撞分数 f 不变），但单位体积内的分子总数及活化分子数（活化分子数等于活化分子百分数乘分子总数）增大，单位体积内碰撞频率 Z 增大，导致单位体积的有效碰撞频率 Z^* 增大，反应速率增大。

碰撞理论有形象直观的优点，可以成功解释一些简单反应，如气体双原子反应。但它把分子看作刚性球体，没有考虑分子内部结构及其运动特点，对于一些较复杂的反应以及某些相对分子质量较大的有机物分子反应，则不能很好地说明。随着原子分子结构理论、量子化学及统计力学的发展，20 世纪 30 年代提出了反应速率的过渡状态理论，将在 3.4.1 节介绍。

3.3　温度对化学反应速率的影响
(Influence of temperature on a chemical reaction rate)

温度对大多数化学反应的速率有显著影响。根据有效碰撞理论，当升高温度时，分子获得能量，原来不是活化分子的分子，可能因为获得能量而变为活化分子，因而单位体积的活化分子数目（或活化分子百分数）增大，有效碰撞分数 f 增大，有效碰撞频率 Z^* 随之增大，所以反应速率增大。

19 世纪末，荷兰化学家范特霍夫(van't Hoff)根据对大量实验的总结，认为在一般情况下，浓度不变时，反应体系温度每升高 10 K，反应速率增大 2～4 倍。

3.3.1 阿伦尼乌斯反应速率公式

1889 年，瑞典化学家阿伦尼乌斯(S. A. Arrhenius，图 3.3)根据实验提出，在一定的温度范围内，反应速率常数 k 与反应温度 T 存在以下关系：

图 3.3 阿伦尼乌斯 (S. A. Arrhenius，1859—1927)

$$k = A \cdot e^{-E_a/(RT)} \tag{3.5}$$

式中，A 称为反应的频率因子，对一确定的化学反应是一常数；E_a 为反应活化能；R 为摩尔气体常量，$R = 8.314\ J \cdot mol^{-1} \cdot K^{-1}$；$T$ 为热力学温度。

对式(3.5)取自然对数，得

$$\ln k = -\frac{E_a}{RT} + \ln A \tag{3.6}$$

对式(3.5)取常用对数，得

$$\lg k = -\frac{E_a}{2.303RT} + \lg A \tag{3.7}$$

式(3.5)～式(3.7)均称为阿伦尼乌斯反应速率公式。用阿伦尼乌斯公式讨论速率常数 k 与温度 T 的关系时，可以近似地认为，在不大的温度范围内，活化能 E_a 和频率因子 A 不随温度改变。

从阿伦尼乌斯公式可见：

(1) 活化能 E_a 处于指数项，其大小对反应速率有显著影响。

(2) 温度上升时，速率常数 k 将增大，反应速率加大。由于 k 与 T 为指数关系，温度的微小变化将引起速率常数 k 较大的变化，对活化能较大的反应来说，尤其如此。

3.3.2 阿伦尼乌斯公式的应用

1. 计算反应的活化能 E_a

根据式(3.7)，以 $\lg k$ 对 $\frac{1}{T}$ 作图，得直线，其斜率为 $-\frac{E_a}{2.303R}$，据此可求得反应的活化能 E_a。

【例 3.3】 表 3.3 为不同温度下反应 $2N_2O_5(g) = 4NO_2(g) + O_2(g)$ 的反应速率常数，求该反应的活化能 E_a。

表 3.3 不同温度下反应 $2N_2O_5(g) = 4NO_2(g) + O_2(g)$ 的反应速率常数 k

T/K	k/s^{-1}	T/K	k/s^{-1}
338	487×10^{-5}	308	13.5×10^{-5}
328	150×10^{-5}	298	3.46×10^{-5}
318	49.8×10^{-5}		

解　根据阿伦尼乌斯公式

$$\lg k=-\frac{E_a}{2.303RT}+\lg A$$

利用表 3.3 的数据，以 $\lg k$ 对 $\frac{1}{T}$ 作图，如图 3.4 所示。

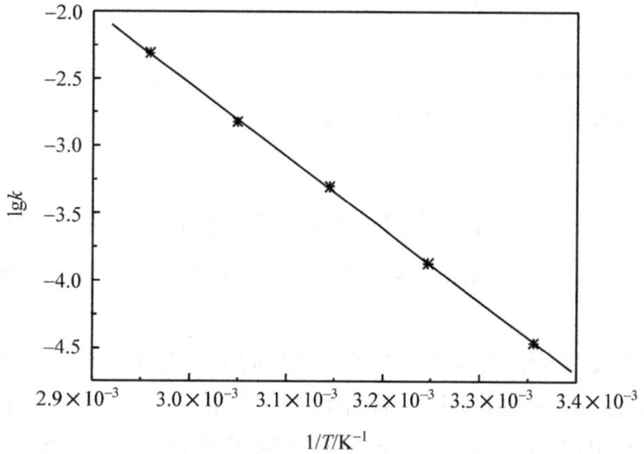

图 3.4　反应 $2N_2O_5(g)=\!=\!=4NO_2(g)+O_2(g)$ 的 $\lg k$-$\frac{1}{T}$ 图

拟合数据，得直线方程：

$$\lg k=-5.38\times10^3\times\frac{1}{T}+13.61$$

直线斜率为

$$-\frac{E_a}{2.303R}=-5.38\times10^3$$

代入 $R=8.314\ \mathrm{J\cdot mol^{-1}\cdot K^{-1}}$，得

$$E_a=1.03\times10^5\ \mathrm{J\cdot mol^{-1}}$$

2. 利用反应的活化能 E_a 及温度 T_1 时的速率常数 k_1，计算温度 T_2 时的速率常数 k_2

由阿伦尼乌斯公式[式(3.6)和式(3.7)]可以推得以下两个方程：

$$\ln\frac{k_2}{k_1}=\frac{E_a}{R}\left(\frac{1}{T_1}-\frac{1}{T_2}\right)=\frac{E_a}{R}\left(\frac{T_2-T_1}{T_1\times T_2}\right) \tag{3.8}$$

$$\lg\frac{k_2}{k_1}=\frac{E_a}{2.303R}\left(\frac{1}{T_1}-\frac{1}{T_2}\right)=\frac{E_a}{2.303R}\left(\frac{T_2-T_1}{T_1\times T_2}\right) \tag{3.9}$$

因为活化能 E_a 总是正值，从式(3.8)和式(3.9)可以清楚地看到，当 $T_2>T_1$ 时，则 $k_2>k_1$，即升高温度时，反应速率常数增大，反应加快。

【例 3.4】 某气相反应的活化能 E_a 为 103 kJ · mol^{-1}，该反应在 298 K 时的速率常数为 3.46×10^{-5} s^{-1}，求在温度为 328 K 时的速率常数。

解 根据阿伦尼乌斯公式[式(3.9)]，代入数据，得

$$\lg\frac{k_2}{k_1}=\frac{103\times1000\ \text{J}\cdot\text{mol}^{-1}}{2.303\times8.314\ \text{J}\cdot\text{mol}^{-1}\cdot\text{K}^{-1}}\left(\frac{1}{298\ \text{K}}-\frac{1}{328\ \text{K}}\right)=1.64$$

$$\frac{k_2}{k_1}=43.65$$

$$k_2=43.65\times k_1=43.65\times3.46\times10^{-5}\ \text{s}^{-1}=1.51\times10^{-3}\ \text{s}^{-1}$$

温度升高 30 K，反应速率增大为原来的 40 多倍。

3.4 催化剂对化学反应速率的影响
(Influence of catalysts on a chemical reaction rate)

“催化剂”是能改变反应速率，而本身在反应前后组成和质量不变的物质。催化剂改变反应速率的作用，称为“催化作用”。有催化剂参加的反应，称为“催化反应”。

催化剂一般都有很高的专一性，或者说有特殊的选择性，一种催化剂通常只能显著影响一种或少数几种特定类型的反应。例如，尿酶只能催化尿素 $CO(NH_2)_2$ 生成 NH_3 和 CO_2 的反应。催化剂的这种特殊选择性具有重要的现实意义。例如，选用不同的催化剂 Cu 或 Al_2O_3，可以使乙醇 C_2H_5OH 发生下面完全不同的反应：

$$C_2H_5OH \xrightarrow{Cu} CH_3CHO + H_2$$

$$C_2H_5OH \xrightarrow{Al_2O_3} C_2H_4 + H_2O$$

根据催化剂对反应速率影响的不同，催化作用可分为“正催化”和“负催化”。正催化剂是指能增加反应速率的催化剂。负催化剂是指能减小反应速率的催化剂，由于负催化剂抑制反应的进行，也常称为“抑制剂”，如橡胶、塑料工业中采用的抗老化剂等。

此外，在某些反应中，开始时进行速度很慢，如

$$2MnO_4^- + 5H_2O_2 + 6H^+ = 2Mn^{2+} + 5O_2(g) + 8H_2O$$

随着反应进行而产生较多的 Mn^{2+}，而产物 Mn^{2+} 对该反应有催化作用，从而使反应速率大大加快，这种作用称为“自(动)催化作用”。自催化反应的特点是：在反应初期，反应速率较小；经过一段时间的诱导期后，反应中期速率明显加快；由于反应物的消耗，在反应后期，速率又下降。

如果催化剂和反应物处于同一相中，不存在相界面，这样的催化反应称为“均相催化反应”。如果在反应物和催化剂间存在相界面，催化反应在相界面上进行，这样的催化反应称为“多相催化反应”。

均相催化多是气相或液相反应。对这类反应，通常采用“过渡状态理论”，利用活化络合物的形成来解释。下面介绍过渡状态理论。

3.4.1 过渡状态理论

过渡状态理论认为，化学反应不是通过简单的碰撞变为产物的。当两个具有足够能

量的反应物分子相互接近时，首先要经历一个过渡态。这个过渡态称为“活化络合物”。在活化络合物过渡态，反应物分子的化学键重排，原来的化学键被削弱，新的化学键部分地形成。

在活化络合物过渡态，反应物分子的动能暂时转化为活化络合物的势能，活化络合物的势能既高于始态，也高于终态。因此，活化络合物是不稳定的，本身既可以分解为反应物分子，也可以分解为产物分子。反应过程中的势能变化可用图 3.5 所示的反应历程-势能图表示。

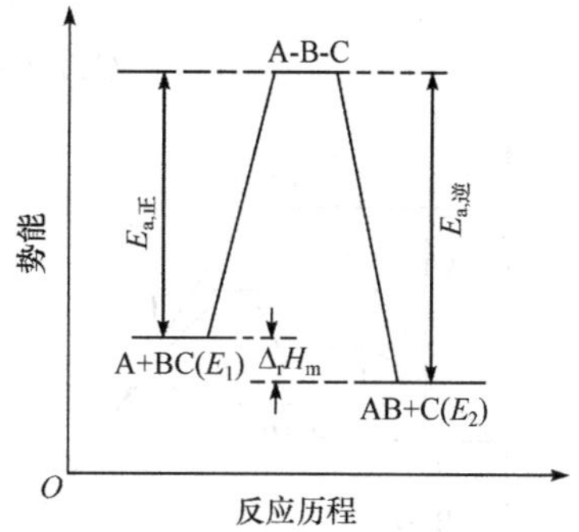

图 3.5　反应历程-势能图

在图 3.5 中，“A＋BC”表示具有能量 E_1 的反应始态，A 与 BC 反应生成 AB 和 C，“AB＋C”表示具有能量 E_2 的反应终态，“A-B-C”表示反应的过渡态。

由图 3.5 可见，在活化络合物 A-B-C 与反应物 A＋BC 或生成物 AB＋C 之间存在能垒。要使反应进行，必须首先使体系爬上这个势能“山头”，而后体系才可能落回到较低势能的状态。能垒 $E_{a,正}$ 是活化络合物的势能与反应物的势能之差，称为“正反应的活化能”；能垒 $E_{a,逆}$ 是活化络合物的势能与生成物的势能之差，称为“逆反应的活化能”。图 3.5 还说明：正反应和逆反应都要经历相同的过渡态。正反应活化能 $E_{a,正}$ 与逆反应活化能 $E_{a,逆}$ 之差就是反应热 $\Delta_r H_m$，即

$$\Delta_r H_m = E_{a,正} - E_{a,逆}$$

若 $E_{a,正} > E_{a,逆}$，则 $\Delta_r H_m > 0$，正反应为吸热反应；

若 $E_{a,正} < E_{a,逆}$，则 $\Delta_r H_m < 0$，正反应为放热反应。

在过渡状态理论中，活化能的概念与碰撞理论中活化能的定义有本质的区别，活化能被赋予更明确的意义，揭示了活化能的本质。根据过渡状态理论，在过渡态时，反应物分子的化学键重排。不同分子的化学键不同，键能也不同，因此，在反应中要改造这些键，需消耗的能量也不同，即活化能不同，从而决定了不同物质的反应有不同的反应速率。这就是说，“活化能”是决定反应速率的内在因素。

通常，一般的化学反应活化能为 60～250 kJ · mol^{-1}；活化能小于 40 kJ · mol^{-1}时，反应速率极大，以致反应速率无法用实验测定；活化能大于 400 kJ · mol^{-1}时，反应速率太小。

3.4.2　催化剂影响化学反应速率的历程

催化剂为什么能改变化学反应的速率？根据过渡状态理论，目前的解释多数认为，是由于催化剂参加了反应，改变了反应历程，降低了反应活化能。

例如，CH_3CHO 的热分解反应为

$$CH_3CHO \longrightarrow CH_4 + CO \qquad E_a = 190\ \text{kJ} \cdot \text{mol}^{-1}$$

在 I_2 催化下的反应为

$$CH_3CHO \xrightarrow{I_2} CH_4 + CO \qquad E_a = 136\ \text{kJ} \cdot \text{mol}^{-1}$$

I_2 催化下反应的活化能降低，被认为是由于 I_2 可以和 CH_3CHO 形成 CH_3I 过渡态：

$$CH_3CHO+I_2 = CH_3I+HI+CO$$

通过过渡态 CH_3I 可以生成 CH_4，也可以回到 CH_3CHO：

$$CH_3I+HI = CH_4+I_2$$
$$CH_3I+HI+CO = CH_3CHO+I_2$$

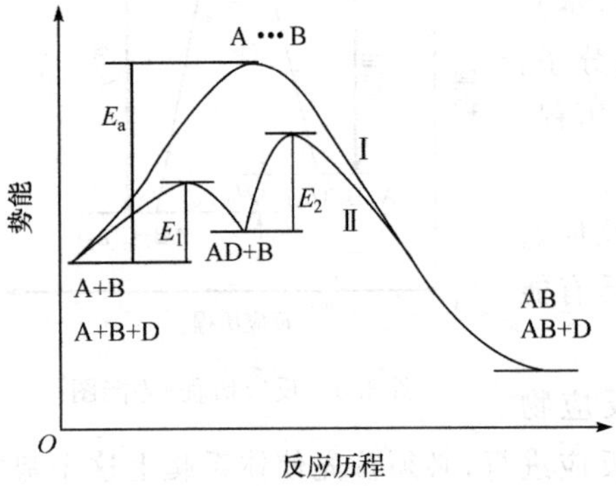

图 3.6 催化剂对反应历程的改变

催化剂对反应历程的改变和活化能的影响，可以用图 3.6 进一步说明：曲线Ⅰ表示无催化剂时 A 与 B 反应生成 AB 的能量变化过程，曲线Ⅱ代表有催化剂 D 存在时反应过程的能量变化；由图 3.6 可见，催化剂 D 的加入，改变了反应的历程，使反应沿一条活化能低的捷径进行，反应速率增大。

但是催化剂的加入，并没有改变反应体系的始、终态，因此反应的自由能变 $\Delta_r G_m^\ominus$ 不会因为催化剂的加入而发生改变。根据 $\Delta_r G_m^\ominus = -RT\ln K^\ominus$（吉布斯自由能变 $\Delta_r G_m^\ominus$ 与平衡常数 $K^\ominus$ 的关系将在第 4 章讨论)，平衡常数 $K^\ominus$ 不会因为催化剂的加入而发生变化。这就是说，催化剂只能解决反应途径的动力学问题，而完全不涉及反应进行的程度与方向性这一热力学问题。因此，对那些热力学上不能自发进行的过程，使用任何催化剂都是徒劳的。

由图 3.6 可见，催化剂的加入对正反应起到加速的作用，对其逆反应也起到加速的作用，它所起的作用只是缩短达到平衡的时间，而不会使化学平衡移动。

浓度、温度和催化剂三种因素对化学反应速率的影响总结于表 3.4。

表 3.4 浓度、温度和催化剂对化学反应速率的影响

因 素	反应活化能	活化分子百分数	单位体积活化分子数	反应速率
增大反应物浓度	不变	不变	增大	增大
升高温度	不变	增大	增大	增大
使用正催化剂	减小	增大	增大	增大

本章教学要求

1. 理解反应速率的意义及速率方程表达式。

2. 掌握碰撞理论和过渡状态理论的要点；应用碰撞理论和过渡状态理论认识浓度、温度和催化剂对化学反应速率的影响。

3. 掌握活化分子、活化能概念；掌握有关阿伦尼乌斯公式的基本计算方法。

习　　题

1. 什么是化学反应的瞬时速率和平均速率？二者有何区别与联系？
2. 在实际应用中，多采用以浓度变化表示的反应速率。试写出反应 $a\text{A}+b\text{B}=\!=\!=d\text{D}+e\text{E}$ 的反应速率表达式。
3. 某温度下，测得 N_2O_5 的分解反应 $2N_2O_5(g)=\!=\!=4NO_2(g)+O_2(g)$ 的实验数据如下所示，试计算在 0～1000 s、1000～2000 s、2000～3000 s 三个时间段的平均反应速率。

t/s^{-1}	0	1000	2000	3000
$c(N_2O_5)/(\text{mol}\cdot\text{dm}^{-3})$	5.00	2.48	1.23	0.61

4. 对上述 N_2O_5 的分解反应，瞬时速率可以用 N_2O_5、NO_2 和 O_2 的浓度变化分别表示。若在反应某时刻，$-\dfrac{dc(N_2O_5)}{dt}=2.00\ \text{mol}\cdot\text{dm}^{-3}\cdot\text{s}^{-1}$，此时$\dfrac{dc(NO_2)}{dt}$和$\dfrac{dc(O_2)}{dt}$各为多少？
5. 温度升高，化学反应速率加快。设某反应温度从 300 K 升高到 310 K 时，反应速率增加了 1 倍，试求该反应的活化能。
6. 环丁烷 C_4H_8 的分解反应为 $C_4H_8(g)=\!=\!=2CH_2CH_2(g)$，实验测得其活化能为 $262\ \text{kJ}\cdot\text{mol}^{-1}$。若 600 K 时，该反应的速率常数为 $6.10\times10^{-8}\ \text{s}^{-1}$，假定频率因子不变，温度为多少的时候速率常数为 $1.00\times10^{-4}\ \text{s}^{-1}$？
7. CH_3CHO 的热分解反应为 $CH_3CHO(g)=\!=\!=CH_4(g)+CO(g)$，在 700 K 时，该反应的速率常数 $k=0.0105\ \text{dm}^3\cdot\text{mol}^{-1}\cdot\text{s}^{-1}$，如果已知反应的活化能 $E_a=188.4\ \text{kJ}\cdot\text{mol}^{-1}$，求在 800 K 时该反应的速率常数。
8. 简述有效碰撞理论和过渡状态理论的要点。
9. 在 800 K 时，某反应的活化能为 $182\ \text{kJ}\cdot\text{mol}^{-1}$。当有某种催化剂存在时，该反应的活化能降低为 $151\ \text{kJ}\cdot\text{mol}^{-1}$。假定反应的频率因子不变，加入催化剂后该反应的速率增大了多少倍？
10. 若 298 K 时，反应 $2N_2O(g)=\!=\!=2N_2(g)+O_2(g)$ 的反应热 $\Delta_rH_m=-164.1\ \text{kJ}\cdot\text{mol}^{-1}$，活化能 $E_a=240\ \text{kJ}\cdot\text{mol}^{-1}$。试求相同条件下，反应 $2N_2(g)+O_2(g)=\!=\!=2N_2O(g)$ 的活化能。

（中山大学　梁宏斌）

第4章 化学平衡
(Chemical equilibrium)

化学平衡(chemical equilibrium)属于化学热力学范畴,它解决在一定条件下化学反应能进行的最大限度问题。

本章首先介绍化学平衡的基本概念、由热力学基本公式推导出范特霍夫化学反应等温式,揭示浓度、压力、温度等因素影响化学平衡的基本规律,重点讨论平衡常数及化学平衡的移动,在此基础上,简单介绍难挥发的非电解质稀溶液的依数性,最后重点讨论溶液中的两类重要化学平衡,即水溶液中的酸碱平衡和难溶电解质的沉淀-溶解平衡。

4.1 化学平衡的概念
(Concept of chemical equilibrium)

4.1.1 化学反应的可逆性和可逆反应

只有极少数的化学反应被认为只能单向进行,如 $KClO_3$ 分解的反应:

$$2KClO_3(s) = 2KCl(s) + 3O_2(g)$$

绝大多数化学反应都有一定程度的可逆性(reversibility),即可以同时向两个相反的反应方向进行。按照惯例,根据化学方程式的写法,称从左向右的反应方向为正反应方向,从右向左的反应方向为逆反应方向。

具有可逆性的化学反应,有些可逆程度较小,如难溶强电解质 AgCl 的溶解平衡:

$$Ag^+(aq) + Cl^-(aq) \rightleftharpoons AgCl(s)$$

另外一些反应则具有显著可逆性,如下面 3 个反应:

$$CO(g) + H_2O(g) \rightleftharpoons CO_2(g) + H_2(g)$$

$$N_2(g) + 3H_2(g) \rightleftharpoons 2NH_3(g)$$

$$2NO_2(g) \rightleftharpoons N_2O_4(g)$$

在同一条件下,能同时向正反应和逆反应两个相反方向进行的反应称为"可逆反应"(reversible reaction)。

4.1.2 化学平衡的定义与特征

在一个可逆反应开始的时候,反应物浓度较大,所以正反应速率较大。当产物一经生成,意味着逆反应开始。当然,这时产物浓度很低,逆反应速率也很小,但随着产物浓度增大和反应物浓度减小,逆反应速率增大和正反应速率减小,并最终达到正反应速率与逆反应速率相等状态。可逆反应在一定条件下,正反应速率等于逆反应速率时,反应体系所处的状态,称为"化学平衡"。以下面的反应为例来说明化学平衡:

$$N_2O_4(g) \rightleftharpoons 2NO_2(g)$$

根据实验结果绘出 373 K 时两种物质的浓度随时间变化的曲线，如图 4.1 所示。图 4.1(a)中，反应开始时，NO_2 浓度较大，所以逆反应速率较大。随着反应进行，NO_2 不断转化为 N_2O_4，NO_2 浓度逐渐减小，导致逆反应速率逐渐减小，而正反应速率随着 N_2O_4 的不断生成而增大。正、逆反应速率这种相反趋势的变化，总会导致在某个时刻，正反应速率和逆反应速率相等，N_2O_4 和 NO_2 的浓度不再随时间改变，此时反应体系将达到化学平衡状态。图 4.1(b)是反应从 N_2O_4 开始，记录的 N_2O_4 和 NO_2 浓度随时间变化情况；图 4.1(c)是反应从 N_2O_4 与 NO_2 混合物开始，记录的浓度随时间变化曲线示意图。

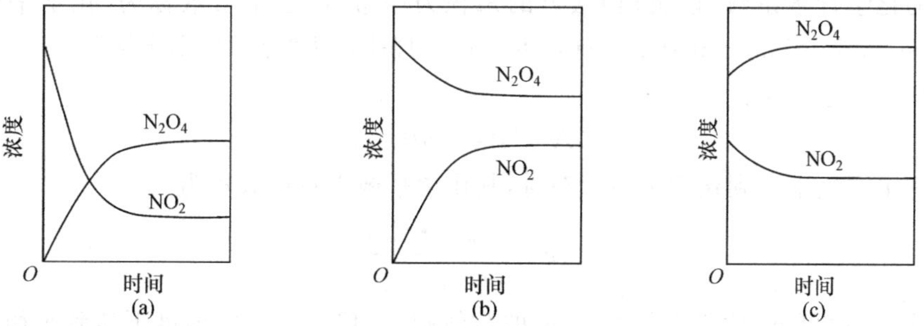

图 4.1　反应 $N_2O_4(g) \rightleftharpoons 2NO_2(g)$ 过程中反应物和生成物浓度变化

从图 4.1 可见，无论反应从 NO_2 开始，还是从 N_2O_4 开始，或者从二者的混合物开始，在同一温度下，都能够达到化学平衡状态；在化学平衡状态时，正反应速率和逆反应速率相等，NO_2 和 N_2O_4 的浓度均保持不变。这说明化学平衡是一种动态平衡，达到化学平衡状态时，反应并没有停止，只是正反应速率和逆反应速率相等，所以反应物和生成物的浓度各自保持恒定。

4.2　化学平衡常数
(Chemical equilibrium constant)

4.2.1　化学平衡常数的概念

为了论述方便，首先说明平衡浓度(或气体平衡分压)和起始浓度(或气体起始分压)的意义。反应达到平衡状态时，反应物的浓度(或气体分压)称为该物质的平衡浓度 c_{eq}(或气体平衡分压 p_{eq})；起始浓度 c_{int}(或气体起始分压 p_{int})则是反应开始时的浓度(分压)。

图 4.1 直观和定性地说明了可逆反应 $N_2O_4(g) \rightleftharpoons 2NO_2(g)$ 无论反应怎样开始，都能达到平衡状态。实验测得在 373 K 时，该反应各物质的浓度数据如表 4.1 所示。

表 4.1　$N_2O_4(g) \rightleftharpoons 2NO_2(g)$ 体系的浓度(373 K)

序　号	$c_{int}/(mol \cdot dm^{-3})$		$c_{eq}/(mol \cdot dm^{-3})$		$K = \dfrac{c_{eq}^2(NO_2)}{c_{eq}(N_2O_4)} \Big/ (mol \cdot dm^{-3})$
	N_2O_4	NO_2	N_2O_4	NO_2	
1	0	0.100	0.014	0.072	0.37
2	0.100	0	0.040	0.120	0.36
3	0.100	0.100	0.072	0.160	0.36

实验1,反应从 NO_2 开始;实验2,反应从 N_2O_4 开始;而实验3,反应从 NO_2 和 N_2O_4 的混合物开始。由表4.1可见,在相同温度下,当反应达到平衡状态后,三种情况时 NO_2 和 N_2O_4 的平衡浓度各不相同,但达到平衡状态时,比值 $\frac{c_{eq}^2(NO_2)}{c_{eq}(N_2O_4)}$ 基本相同(~0.36 mol·dm^{-3})。这个比值称为反应 $N_2O_4(g) \rightleftharpoons 2NO_2(g)$ 在373 K的化学平衡常数。

在一定温度下,可逆反应达到平衡时,产物浓度的化学计量系数(取正值)次方与反应物浓度的化学计量系数(取负值)次方的乘积为一常数,这个常数称为"化学平衡常数"(chemical equilibrium constant),符号 K。这一规律称为"化学平衡定律"。

对任一可逆反应:

$$aA + bB \rightleftharpoons dD + eE$$

在一定温度下达到化学平衡状态时,其化学平衡常数可表示为

$$K = \frac{c_{eq,D}^d \cdot c_{eq,E}^e}{c_{eq,A}^a \cdot c_{eq,B}^b} \tag{4.1}$$

由式(4.1)可见,化学平衡常数 K 的数值越大,代表在一定温度下达到平衡状态时,产物的平衡浓度的化学计量系数次方的乘积相对于反应物平衡浓度的相应乘积越大,即正反应进行得越彻底;反之,化学平衡常数 K 数值越小,表示正反应进行得越不彻底。也就是说,化学平衡常数表示在一定条件下,可逆反应所能进行的极限。

由表4.1还可以发现,化学平衡常数 K 与反应物或产物的起始浓度无关。

表4.2给出了反应 $N_2O_4(g) \rightleftharpoons 2NO_2(g)$ 在不同温度时的化学平衡常数,由表4.2的数值可见,当温度改变的时候,化学平衡常数的数值随之改变。因此,书写化学平衡常数值,应注明温度。

表4.2　反应 $N_2O_4(g) \rightleftharpoons 2NO_2(g)$ 在不同温度时的化学平衡常数

T/K	273	323	373
K/Pa	5×10^{-4}	2.2×10^{-2}	3.7×10^{-1}

显然,只有"封闭系统"的反应,才可能达到平衡状态。需要强调,化学平衡常数表示封闭系统进行可逆反应所能达到的最大限度,是一个热力学概念;它不涉及反应达到平衡状态所需要的反应时间,即不涉及化学动力学的反应速率问题。

例如,下面的反应:

$$2SO_2(g) + O_2(g) \rightleftharpoons 2SO_3(g)$$

在298 K时其化学平衡常数 $K=3.6\times10^{24}$,反应的化学平衡常数 K 的数值很大,但在室温下,其反应速率却很小。

4.2.2　实验平衡常数

式(4.1)中的化学平衡常数,是用反应物和生成物浓度表示,称为"浓度平衡常数",符号为 K_c。对于气体反应,常用反应物和生成物分压表示化学平衡常数,称为"分压平衡常数",符号为 K_p。K_c 和 K_p 都属于"实验平衡常数",也称为"经验平衡常数"。

1）浓度平衡常数 K_c

例如，反应 $HF(aq) \rightleftharpoons H^+(aq) + F^-(aq)$ 在一定温度下达到平衡状态时

$$K_c = \frac{c_{eq}(H^+) \cdot c_{eq}(F^-)}{c_{eq}(HF)} \tag{4.2}$$

式中，$c_{eq}(H^+)$、$c_{eq}(F^-)$ 和 $c_{eq}(HF)$ 分别代表反应在一定温度下达到平衡状态时，水合 H^+、F^- 和 HF 的平衡浓度。

2）分压平衡常数 K_p

对于气相反应，由于分压确定了，浓度也就确定了，所以浓度平衡常数中的平衡浓度常可用平衡分压(partial pressure)代替。

例如，反应 $N_2O_4(g) \rightleftharpoons 2NO_2(g)$ 在一定温度下达到平衡状态时

$$K_p = \frac{p_{eq}^2(NO_2)}{p_{eq}(N_2O_4)} \tag{4.3}$$

式中，$p_{eq}(NO_2)$ 和 $p_{eq}(N_2O_4)$ 分别代表反应在一定温度下达到平衡状态时 NO_2 和 N_2O_4 的平衡分压。

3）K_c 与 K_p 的关系

假设反应物和生成物均为理想气体(分子无体积，无分子间力)，其反应为

$$aA(g) + bB(g) \rightleftharpoons dD(g) + eE(g)$$

则任一反应物质的分压 p_i 与其浓度 c_i 间的关系为

$$p_i = \frac{n_i RT}{V} = c_i RT$$

代入分压平衡常数的表达式，有

$$K_p = \frac{p_{eq,D}^d \cdot p_{eq,E}^e}{p_{eq,A}^a \cdot p_{eq,B}^b} = \frac{c_{eq,D}^d \cdot c_{eq,E}^e}{c_{eq,A}^a \cdot c_{eq,B}^b}(RT)^{[(d+e)-(a+b)]} = K_c(RT)^{\Delta n}$$

即 K_p 与 K_c 的关系为

$$K_p = K_c(RT)^{\Delta n} \tag{4.4}$$

式中，Δn 表示反应方程式中各气态物质化学计量系数的代数和，计量系数对生成物取正值，对反应物取负值。对于反应 $aA(g) + bB(g) \rightleftharpoons dD(g) + eE(g)$，有

$$\Delta n = (d+e) - (a+b)$$

【例 4.1】 373 K 时的反应 $N_2O_4(g) \rightleftharpoons 2NO_2(g)$，浓度平衡常数 $K_c = 0.37\ mol \cdot dm^{-3}$，求其分压平衡常数 K_p。

解　对反应 $N_2O_4(g) \rightleftharpoons 2NO_2(g)$，$\Delta n = 1$，所以

$$\begin{aligned} K_p = K_c(RT)^{\Delta n} &= 0.37\ mol \cdot dm^{-3} \times (8.314\ J \cdot mol^{-1} \cdot K^{-1} \times 373\ K) \\ &= 370\ mol \cdot m^{-3} \times (8.314\ J \cdot mol^{-1} \cdot K^{-1} \times 373\ K) \\ &= 1.15 \times 10^6\ J \cdot m^{-3} = 1.15 \times 10^6\ Pa \end{aligned}$$

4）多相反应的平衡常数——混合平衡常数

对于多相反应，平衡浓度和平衡分压会同时出现在化学平衡常数表达式中。例如，对于封闭体系反应：

$$Zn(s) + 2H^+(aq) \rightleftharpoons Zn^{2+}(aq) + H_2(g)$$

在一定温度下，相应的化学平衡常数表达为

$$K = \frac{c_{eq}(Zn^{2+}) \cdot p_{eq}(H_2)}{c_{eq}^2(H^+)} \tag{4.5}$$

式(4.5)中，溶液态物质以平衡浓度表示，气态物质以平衡分压表示，固态物质浓度被视为常数而不列入。这样的化学平衡常数称为“混合平衡常数”或“杂平衡常数”，可用简化的符号“K”表示。

书写化学平衡常数表达式时应注意以下问题：

(1) 通常认为在反应过程中，纯固体、纯液体浓度无变化，所以纯固体、纯液体的浓度不写在化学平衡常数表达式中。例如

$$CaCO_3(s) \rightleftharpoons CaO(s) + CO_2(g) \qquad K_p = p_{eq}(CO_2)$$

$$AgCl(s) \rightleftharpoons Ag^+(aq) + Cl^-(aq) \qquad K_c = c_{eq}(Ag^+) \cdot c_{eq}(Cl^-)$$

$$Ni(s) + 4CO(g) \rightleftharpoons Ni(CO)_4(g) \qquad K_p = \frac{p_{eq}[Ni(CO)_4]}{p_{eq}^4(CO)}$$

(2) 稀的水溶液中的反应，H_2O 是大量的，所以水的浓度也不写在化学平衡常数表达式中。例如

$$Cr_2O_7^{2-}(aq) + H_2O(l) \rightleftharpoons 2CrO_4^{2-}(aq) + 2H^+(aq)$$

$$K_c = \frac{c_{eq}^2(CrO_4^{2-}) \cdot c_{eq}^2(H^+)}{c_{eq}(Cr_2O_7^{2-})}$$

$$HF(aq) + H_2O(aq) \rightleftharpoons H_3O^+(aq) + F^-(aq)$$

$$K_c = \frac{c_{eq}(H_3O^+) \cdot c_{eq}(F^-)}{c_{eq}(HF)}$$

但下面的酯化反应，由于反应过程 H_2O 是产物之一，所以其浓度必须写在化学平衡常数的表达式中：

$$CH_3COOH(l) + CH_3CH_2OH(l) \rightleftharpoons CH_3COOCH_2CH_3(l) + H_2O(l)$$

$$K_c = \frac{c_{eq}(CH_3COOCH_2CH_3) \cdot c_{eq}(H_2O)}{c_{eq}(CH_3COOH) \cdot c_{eq}(CH_3CH_2OH)}$$

(3) 化学平衡常数的表达式和数值与方程式写法有关。对于一个给定的反应，化学计量方程式不同，化学平衡常数数值不同。这说明**化学平衡常数是广度性质**。

例如，在 773 K 时，合成氨的反应：

$$N_2(g) + 3H_2(g) \rightleftharpoons 2NH_3(g)$$

$$K_p = \frac{p_{eq}^2(NH_3)}{p_{eq}(N_2) \cdot p_{eq}^3(H_2)} = 7.9 \times 10^{-5}(Pa)^{-2}$$

$$\frac{1}{2}N_2(g) + \frac{3}{2}H_2(g) \rightleftharpoons NH_3(g)$$

$$K_p' = \frac{p_{eq}(NH_3)}{p_{eq}^{1/2}(N_2) \cdot p_{eq}^{3/2}(H_2)} = 8.9 \times 10^{-3}(Pa)^{-1}$$

在同一温度下，$K_p = (K_p')^2$。

所以，书写一个化学反应的化学平衡常数值，不但要给出温度，同时还必须先写出这个反应的化学方程式。

(4) 一个可逆反应的化学方程式表达为其逆反应的形式时，其正反应和逆反应的化学平衡常数互为倒数。

例如，反应 $N_2O_4(g) \rightleftharpoons 2NO_2(g)$，在 273 K 时的分压平衡常数 $K_p = \dfrac{p_{eq}^2(NO_2)}{p_{eq}(N_2O_4)} = 5\times10^{-4}$ Pa；若反应方程式写作 $2NO_2(g) \rightleftharpoons N_2O_4(g)$，在 273 K 时，其分压平衡常数 $K_p' = \dfrac{p_{eq}(N_2O_4)}{p_{eq}^2(NO_2)} = \dfrac{1}{K_p} = 2\times10^3(Pa)^{-1}$。

(5) 在大多数情况下，实验平衡常数 K_c 和 K_p 都是有量纲的。

例如，由表 4.1 可见，反应 $N_2O_4(g) \rightleftharpoons 2NO_2(g)$ 的浓度平衡常数 K_c 和分压平衡常数 K_p 的 SI 单位分别为 $mol \cdot dm^{-3}$ 和 Pa。

又如，反应：

$$Cr_2O_7^{2-}(aq) + H_2O(l) \rightleftharpoons 2CrO_4^{2-}(aq) + 2H^+(aq)$$

$$K_c = \frac{c_{eq}^2(CrO_4^{2-}) \cdot c_{eq}^2(H^+)}{c_{eq}(Cr_2O_7^{2-})}$$

显然，其浓度平衡常数 K_c 的 SI 为 $(mol \cdot dm^{-3})^3$。

普遍地，对于反应：

$$aA(g) + bB(g) \rightleftharpoons dD(g) + eE(g)$$

K_p 的 SI 为 $(Pa)^{\Delta n}$，而 K_c 的 SI 为 $(mol \cdot dm^{-3})^{\Delta n}$。

热力学认为"平衡常数"是无量纲(量纲为 1)的量，由于实验平衡常数 K_c 和 K_p 有量纲，所以它不能直接与热力学相联系。下面介绍无量纲的"标准平衡常数"。

4.2.3　标准平衡常数

首先必须明确热力学标准态关于"标准压力"和"标准浓度"的含义。热力学定义 SI 制的"标准压力" $p^\ominus = 1\times10^5$ Pa，"标准浓度"为 $c^\ominus = 1\ mol \cdot dm^{-3}$①。在此基础上，定义"相对分压"及"相对浓度"。

混合气体中组分气体 i 的"相对分压"(p_i^r)是它的分压力 p_i 与"标准压力" $p^\ominus$ 的商：

$$p_i^r = \frac{p_i}{p^\ominus}$$

式中，p_i^r 上标"r"的含义是"relative"(相对的)，p_i 和 $p^\ominus$ 量纲都是 Pa，故 p_i^r 量纲为 1。

溶液中溶质 i 的"相对浓度"(c_i^r)是它的浓度 c_i 与"标准浓度" $c^\ominus$ 的商：

$$c_i^r = \frac{c_i}{c^\ominus}$$

式中，c_i 和 $c^\ominus$ 量纲都是 $mol \cdot dm^{-3}$，故 c_i^r 量纲为 1。

---

① 严格来说，"标准浓度"为质量摩尔浓度 $m^\ominus = 1\ mol \cdot kg^{-1}$。

对于溶液中的反应 $a\mathrm{A(aq)}+b\mathrm{B(aq)} \rightleftharpoons d\mathrm{D(aq)}+e\mathrm{E(aq)}$，标准平衡常数为

$$K^{\ominus}=\frac{(c^{\mathrm{r}}_{\mathrm{eq,D}})^{d}\cdot(c^{\mathrm{r}}_{\mathrm{eq,E}})^{e}}{(c^{\mathrm{r}}_{\mathrm{eq,A}})^{a}\cdot(c^{\mathrm{r}}_{\mathrm{eq,B}})^{b}}=\frac{\left(\dfrac{c_{\mathrm{eq,D}}}{c^{\ominus}}\right)^{d}\cdot\left(\dfrac{c_{\mathrm{eq,E}}}{c^{\ominus}}\right)^{e}}{\left(\dfrac{c_{\mathrm{eq,A}}}{c^{\ominus}}\right)^{a}\cdot\left(\dfrac{c_{\mathrm{eq,B}}}{c^{\ominus}}\right)^{b}}=K_c\cdot(c^{\ominus})^{-\Delta n}$$

即

$$K^{\ominus}=K_c\cdot(c^{\ominus})^{-\Delta n} \tag{4.6}$$

式中，化学计量系数的代数和 $\Delta n=(d+e)-(a+b)$。式(4.6)就是标准平衡常数 $K^{\ominus}$ 与浓度平衡常数 K_c 的关系。由于 $c^{\ominus}=1\ \mathrm{mol\cdot dm^{-3}}$，显然 $K^{\ominus}$ 与 K_c 有相同的数值，但它们的量纲不同。

对于气相反应 $a\mathrm{A(g)}+b\mathrm{B(g)} \rightleftharpoons d\mathrm{D(g)}+e\mathrm{E(g)}$，标准平衡常数 $K^{\ominus}$ 为

$$K^{\ominus}=\frac{(p^{\mathrm{r}}_{\mathrm{eq,D}})^{d}\cdot(p^{\mathrm{r}}_{\mathrm{eq,E}})^{e}}{(p^{\mathrm{r}}_{\mathrm{eq,A}})^{a}\cdot(p^{\mathrm{r}}_{\mathrm{eq,B}})^{b}}=\frac{\left(\dfrac{p_{\mathrm{eq,D}}}{p^{\ominus}}\right)^{d}\cdot\left(\dfrac{p_{\mathrm{eq,E}}}{p^{\ominus}}\right)^{e}}{\left(\dfrac{p_{\mathrm{eq,A}}}{p^{\ominus}}\right)^{a}\cdot\left(\dfrac{p_{\mathrm{eq,B}}}{p^{\ominus}}\right)^{b}}=K_p\cdot(p^{\ominus})^{-\Delta n}$$

即

$$K^{\ominus}=K_p\cdot(p^{\ominus})^{-\Delta n} \tag{4.7}$$

式中，$\Delta n=(d+e)-(a+b)$。式(4.7)就是标准平衡常数 $K^{\ominus}$ 与分压平衡常数 K_p 的关系。

对于多相反应：

$$a\mathrm{A(g)}+b\mathrm{B(aq)} \rightleftharpoons d\mathrm{D(s)}+e\mathrm{E(g)}$$

标准平衡常数为

$$K^{\ominus}=\frac{(p^{\mathrm{r}}_{\mathrm{eq,E}})^{e}}{(p^{\mathrm{r}}_{\mathrm{eq,A}})^{a}\cdot(c^{\mathrm{r}}_{\mathrm{eq,B}})^{b}}$$

采用相对浓度和相对分压后，得到标准平衡常数，其量纲是1；而且，对于指定的化学方程式，在一定温度下，标准平衡常数只有唯一的值，因而可与热力学函数建立联系，所以标准平衡常数也称为"热力学平衡常数"。①

4.2.4 与平衡常数有关的计算

1. 利用实验数据计算经验平衡常数及标准平衡常数

【例 4.2】 由实验测定，合成氨反应在 773 K 时建立平衡时，反应物质的平衡分压分别为 $p_{\mathrm{eq}}(\mathrm{NH_3})=3.53\times10^{6}\ \mathrm{Pa}$，$p_{\mathrm{eq}}(\mathrm{N_2})=4.13\times10^{6}\ \mathrm{Pa}$，$p_{\mathrm{eq}}(\mathrm{H_2})=12.36\times10^{6}\ \mathrm{Pa}$，试分别求反应：

$$\mathrm{N_2(g)}+3\mathrm{H_2(g)} \rightleftharpoons 2\mathrm{NH_3(g)}$$

---

① 由于实际遇见的热力学平衡态除个别例子外，绝大部分不在标准态，为了避免标准平衡常数符号"$K^{\ominus}$"上标"$\ominus$"可能引起的误会，我们建议使用"相对平衡常数"的名称来代替"标准平衡常数"，并以符号"K^{r}"标记，其中，上标"r"的含义是"相对的"(relative)。在本书中，符号"$K^{\ominus}$"和"K^{r}"可以互换，并且可用简化的符号"K"代表"$K^{\ominus}$"或"K^{r}"。

标准平衡常数 $K^\ominus$ 和实验平衡常数 K_p。

解 $N_2(g) + 3H_2(g) \rightleftharpoons 2NH_3(g)$

p_{eq}/Pa $\quad 4.13\times10^6 \quad 12.36\times10^6 \quad 3.53\times10^6$

$$K^\ominus=\frac{[p_{eq}(NH_3)/p^\ominus]^2}{[p_{eq}(N_2)/p^\ominus][p_{eq}(H_2)/p^\ominus]^3}=\frac{\left(\dfrac{3.53\times10^6\ Pa}{1\times10^5\ Pa}\right)^2}{\dfrac{4.13\times10^6\ Pa}{1\times10^5\ Pa}\times\left(\dfrac{12.36\times10^6\ Pa}{1\times10^5\ Pa}\right)^3}=1.60\times10^{-5}$$

$$K_p=\frac{[p_{eq}(NH_3)]^2}{[p_{eq}(N_2)][p_{eq}(H_2)]^3}=\frac{(3.53\times10^6\ Pa)^2}{(4.13\times10^6\ Pa)(12.36\times10^6\ Pa)^3}=1.60\times10^{-15}\ Pa^{-2}$$

2. 平衡常数与平衡转化率

“平衡转化率”指化学反应达到平衡状态时，已转化为产物的某反应物的量占该反应物起始总量的百分比。化学平衡常数表达了在一定温度下可逆反应所能进行的最大限度，这种最大限度在指定的反应条件下也可用反应物的平衡转化率来表示。当一个化学反应达到平衡时，可以按照式(4.8)计算反应物的平衡转化率 α：

$$\alpha=\frac{\text{已转化的反应物浓度}}{\text{反应物起始浓度}}=\frac{\text{反应物起始浓度}-\text{反应物平衡浓度}}{\text{反应物起始浓度}} \tag{4.8}$$

【例 4.3】 对于反应：

$$C_2H_5OH(l)+CH_3COOH(l)\rightleftharpoons CH_3COOC_2H_5(l)+H_2O(l)$$

(1) 若起始浓度 $c(C_2H_5OH)=2.00\ mol\cdot dm^{-3}$，$c(CH_3COOH)=1.00\ mol\cdot dm^{-3}$，室温测得经验平衡常数 $K_c=4.00$，求平衡时 C_2H_5OH 的转化率 α。

(2) 若起始浓度改为 $c(C_2H_5OH)=2.00\ mol\cdot dm^{-3}$，$c(CH_3COOH)=2.00\ mol\cdot dm^{-3}$，求同一温度下，$C_2H_5OH$ 的平衡转化率 α'。

解 以 c_{int} 和 c_{eq} 分别表示起始浓度和平衡浓度。

(1) 设反应在室温下达到平衡状态时，生成的 $CH_3COOC_2H_5$ 的浓度为 x。

	$C_2H_5OH(l)$ +	$CH_3COOH(l)$ $\rightleftharpoons$	$CH_3COOC_2H_5(l)$ +	$H_2O(l)$
$c_{int}/(mol\cdot dm^{-3})$	2.00	1.00	0	0
$c_{eq}/(mol\cdot dm^{-3})$	$2.00-x$	$1.00-x$	x	x

$$K_c=\frac{x^2}{(2.00-x)(1.00-x)}=4.00$$

解方程，得

$$x=0.845\ mol\cdot dm^{-3}$$

C_2H_5OH 的平衡转化率为

$$\alpha=(0.845\ mol\cdot dm^{-3}/2.00\ mol\cdot dm^{-3})=42.0\%$$

(2) 同法可求得 $\alpha'=67.0\%$。

可见，增大反应物之一 CH_3COOH 的浓度，使化学平衡发生移动；达到新平衡时，C_2H_5OH 转化率提高了。需要注意的是，温度不变时，经验平衡常数 K_c 和标准平衡常数 $K^\ominus$ 的值都不变，而平衡转化率不但随温度改变而变化（因为 K 改变），而且反应物或（和）产物浓度（气体分压）的改变也会引起平衡转化率的变化。

4.3　范特霍夫等温式
(van't Hoff isotherm)

4.3.1　范特霍夫等温式的推导

根据热力学基本公式可以推导出，对于等温、不做非体积功的封闭体系，任意状态的 1 mol 理想气体的吉布斯自由能为

$$G_m = G_m^\ominus + RT\ln\left(\frac{p}{p^\ominus}\right)$$

式中，$G_m^\ominus$ 表示在热力学标准态时该理想气体的摩尔吉布斯自由能；p 为该气体的分压力；$p^\ominus$ 为标准压力。

对任一理想气体反应：

$$aA(g) + bB(g) \rightleftharpoons dD(g) + eE(g)$$

若用 ν_i 表示任一反应物或生成物的化学计量系数，则反应的摩尔自由能变为

$$\begin{aligned}\Delta_r G_m &= \sum \nu_i G_{m,i} = (eG_{m,E} + dG_{m,D}) - (aG_{m,A} + bG_{m,B}) \\ &= e\left[G_{m,E}^\ominus + RT\ln\left(\frac{p_E}{p^\ominus}\right)\right] + d\left[G_{m,D}^\ominus + RT\ln\left(\frac{p_D}{p^\ominus}\right)\right] \\ &\quad - a\left[G_{m,A}^\ominus + RT\ln\left(\frac{p_A}{p^\ominus}\right)\right] - b\left[G_{m,B}^\ominus + RT\ln\left(\frac{p_B}{p^\ominus}\right)\right] \\ &= (eG_{m,E}^\ominus + dG_{m,D}^\ominus - aG_{m,A}^\ominus - bG_{m,B}^\ominus) + RT\ln\frac{\left(\frac{p_E}{p^\ominus}\right)^e\left(\frac{p_D}{p^\ominus}\right)^d}{\left(\frac{p_A}{p^\ominus}\right)^a\left(\frac{p_B}{p^\ominus}\right)^b} \\ &= \Delta_r G_m^\ominus + RT\ln\frac{(p_E^\ominus)^e(p_D^\ominus)^d}{(p_A^\ominus)^a(p_B^\ominus)^b} \\ &= \Delta_r G_m^\ominus + RT\ln Q\end{aligned}$$

图 4.2　范特霍夫
(J. H. van't Hoff, 1852—1911)

温度为 T 的任意状态时，反应的摩尔自由能变 $\Delta_r G_m$ 与该温度下反应的标准摩尔自由能变 $\Delta_r G_m^\ominus$ 有下面的关系：

$$\Delta_r G_m = \Delta_r G_m^\ominus + RT\ln Q \tag{4.9}$$

式(4.9)称为范特霍夫(图 4.2)等温式(van't Hoff isotherm)，或者化学反应等温式(chemical reaction isotherm)。式中，R 为摩尔气体常量。范特霍夫等温式表达了在非标准状态下反应的自由能变 $\Delta_r G_m$ 与标准状态下反应的自由能变 $\Delta_r G_m^\ominus$ 的关系，“$RT\ln Q$”项可以视为对反应体系偏离热力学标准态的修正项。

在范特霍夫化学反应等温式中，Q 称为“反应商”(reaction quotient)，表示在任意状态下，生成物与反应物的相对分压或相对浓度间的关系：

$$Q=\frac{\left(\frac{p_E}{p^\ominus}\right)^e\left(\frac{p_D}{p^\ominus}\right)^d}{\left(\frac{p_A}{p^\ominus}\right)^a\left(\frac{p_B}{p^\ominus}\right)^b}$$

或

$$Q=\frac{\left(\frac{c_E}{c^\ominus}\right)^e\left(\frac{c_D}{c^\ominus}\right)^d}{\left(\frac{c_A}{c^\ominus}\right)^a\left(\frac{c_B}{c^\ominus}\right)^b}$$

Q 的书写形式与标准平衡常数 $K^\ominus$ 的书写形式相同，只是在 Q 的表达式中，各项数值是各物质在任意状态下某一时刻的相对压力或相对浓度的数值，而在 $K^\ominus$ 的表达式中，各项数值是平衡状态时各物质的相对压力或相对浓度；在非平衡状态，$Q\neq K^\ominus$，而在平衡状态，$Q=K^\ominus$。

4.3.2 化学反应等温式的应用

当体系处于平衡状态时，反应物的自由能总和与生成物的自由能总和相等，反应的 $\Delta_r G_m=0$，反应商 Q 等于标准平衡常数 $K^\ominus$，即

$$\Delta_r G_m=\Delta_r G_m^\ominus+RT\ln Q=0$$

所以

$$\Delta_r G_m^\ominus=-RT\ln K^\ominus \tag{4.10}$$

式(4.10)揭示了标准平衡常数 $K^\ominus$ 与反应标准自由能变 $\Delta_r G_m^\ominus$ 的关系。

把式(4.10)代入式(4.9)，得

$$\Delta_r G_m=RT\ln\frac{Q}{K^\ominus} \tag{4.11}$$

由式(4.11)可见，范特霍夫化学反应等温式提供了任意状态下判断反应自发性的依据，只要把 Q 与 $K^\ominus$ 比较，就可以判断反应的方向性，具体列于表 4.3。

表 4.3 反应自由能变 $\Delta_r G_m$ 与反应商 Q、标准平衡常数 $K^\ominus$ 及反应自发性的关系

$\Delta_r G_m/(\mathrm{kJ\cdot mol^{-1}})$	Q 与 $K^\ominus$ 关系	反应自发性
$=0$	$Q=K^\ominus$	平衡状态
<0	$Q<K^\ominus$	正反应自发
>0	$Q>K^\ominus$	逆反应自发

【例 4.4】 根据附录给出的标准摩尔自由能数据，计算 298 K 时反应 $H_2(g)+CO_2(g)$══$H_2O(g)+CO(g)$的标准平衡常数 $K^\ominus$，并判断在下列两种情况下的反应的方向：

(1) 标准态下；

(2) 起始压力为 $p(H_2)=4\times10^5$ Pa，$p(CO_2)=5\times10^4$ Pa，$p(H_2O)=2\times10^2$ Pa，$p(CO)=5\times10^2$ Pa 时。

解 (1)

	$H_2(g)$	+	$CO_2(g)$	══	$H_2O(g)$	+	$CO(g)$
$\Delta_f G_m^\ominus/(kJ\cdot mol^{-1})$	0		-394.4		-228.6		-137.2

$$\Delta_r G_m^\ominus=(-228.6\ kJ\cdot mol^{-1})+(-137.2\ kJ\cdot mol^{-1})-(-394.4\ kJ\cdot mol^{-1})$$
$$=28.6\ kJ\cdot mol^{-1}>0$$

结果说明在标准态下，逆反应自发。

由 $\Delta_r G_m^\ominus=-RT\ln K^\ominus$，得

$$28.6\times10^3\ J\cdot mol^{-1}=-(8.314\ J\cdot mol^{-1}\cdot K^{-1})(298\ K)\times\ln K^\ominus$$

298 K 时，$K^\ominus=9.70\times10^{-6}$。

(2)
$$Q=\frac{\left[\dfrac{p(CO)}{p^\ominus}\right]\times\left[\dfrac{p(H_2O)}{p^\ominus}\right]}{\left[\dfrac{p(H_2)}{p^\ominus}\right]\times\left[\dfrac{p(CO_2)}{p^\ominus}\right]}=\frac{\dfrac{5\times10^2\ Pa}{1\times10^5\ Pa}\times\dfrac{2\times10^2\ Pa}{1\times10^5\ Pa}}{\dfrac{4\times10^5\ Pa}{1\times10^5\ Pa}\times\dfrac{5\times10^4\ Pa}{1\times10^5\ Pa}}=5\times10^{-6}$$

所以 $Q<K^\ominus$，正反应自发进行。

由例 4.2、例 4.3 可见，在进行与化学平衡有关而不涉及热力学函数的运算时，既可以使用经验平衡常数，也可以使用标准平衡常数；但是，由例 4.4 可知，在涉及热力学函数运算时，只能使用标准平衡常数，而且涉及标准平衡常数表达，只能使用相对浓度(对溶液态物质)和相对压力(对气态物质)。

4.3.3 多重平衡规则

(1) 在相同温度下，当几个反应加和得到一个总反应时，所得到的总反应的标准平衡常数是这几个反应标准平衡常数之积。

若反应 1 和反应 2 的标准平衡常数分别为 $K_1^\ominus$ 和 $K_2^\ominus$，其标准摩尔自由能变分别为 $\Delta_{r1}G_m^\ominus$ 和 $\Delta_{r2}G_m^\ominus$；由反应 1 与反应 2 加和构成的总反应标准平衡常数为 $K^\ominus$，其标准摩尔自由能变为 $\Delta_r G_m^\ominus$，则

$$\Delta_r G_m^\ominus=\Delta_{r1}G_m^\ominus+\Delta_{r2}G_m^\ominus$$

把式(4.10)代入上式，得

$$K^\ominus=K_1^\ominus\cdot K_2^\ominus$$

例如

反应 1：$SO_2(g)+\frac{1}{2}O_2(g)\rightleftharpoons SO_3(g)$　$K_1^\ominus=2.8\times10^{12}$，$\Delta_{r1}G_m^\ominus=-70.9\ kJ\cdot mol^{-1}$

反应 2：$NO_2(g)\rightleftharpoons NO(g)+\frac{1}{2}O_2(g)$　$K_2^\ominus=6.3\times10^{-7}$，$\Delta_{r2}G_m^\ominus=35.3\ kJ\cdot mol^{-1}$

反应 1＋反应 2，得

$$SO_2(g)+NO_2(g)\rightleftharpoons NO(g)+SO_3(g)$$

其标准平衡常数为 $K^\ominus=K_1^\ominus\cdot K_2^\ominus=1.8\times10^6$，其标准摩尔自由能变为 $\Delta_r G_m^\ominus=\Delta_{r1}G_m^\ominus+\Delta_{r2}G_m^\ominus=-35.6\ \text{kJ}\cdot\text{mol}^{-1}$。

当然，从标准平衡常数表达式的变换也可直接看到它们之间的关系：

$$\begin{aligned}K^\ominus&=\frac{p_{eq}^r(NO)\cdot p_{eq}^r(SO_3)}{p_{eq}^r(SO_2)\cdot p_{eq}^r(NO_2)}\\&=\frac{p_{eq}^r(SO_3)}{p_{eq}^r(SO_2)\cdot[p_{eq}^r(O_2)]^{1/2}}\cdot\frac{p_{eq}^r(NO)\cdot[p_{eq}^r(O_2)]^{1/2}}{p_{eq}^r(NO_2)}\\&=K_1^\ominus\cdot K_2^\ominus\end{aligned}$$

很明显，经验平衡常数也有类似的关系：

$$K_p=K_{p1}\cdot K_{p2}$$

或

$$K_c=K_{c1}\cdot K_{c2}$$

(2) 在相同温度下，当几个反应相减得到另外一个反应时，所得到的总反应的标准平衡常数是这几个反应标准平衡常数之商。

若反应1和反应2的标准平衡常数分别为 $K_1^\ominus$ 和 $K_2^\ominus$，其标准摩尔自由能变分别为 $\Delta_{r1}G_m^\ominus$ 和 $\Delta_{r2}G_m^\ominus$；由反应1与反应2相减构成的总反应标准平衡常数为 $K^\ominus$，其标准摩尔自由能变为 $\Delta_r G_m^\ominus$，则

$$\Delta_r G_m^\ominus=\Delta_{r1}G_m^\ominus-\Delta_{r2}G_m^\ominus$$

把式(4.10)代入上式得

$$K^\ominus=\frac{K_1^\ominus}{K_2^\ominus}$$

例如

反应1：$C(s)+H_2O(g)\rightleftharpoons CO(g)+H_2(g)$ $K_1^\ominus$

反应2：$CO(g)+H_2O(g)\rightleftharpoons CO_2(g)+H_2(g)$ $K_2^\ominus$

反应1－反应2，得

$$C(s)+CO_2(g)\rightleftharpoons 2CO(g)$$

其标准平衡常数为 $K^\ominus=\dfrac{K_1^\ominus}{K_2^\ominus}$。

经验平衡常数也有类似的关系：

$$K_p=\frac{K_{p1}}{K_{p2}}$$

或

$$K_c=\frac{K_{c1}}{K_{c2}}$$

在相同温度下，当几个反应相加(减)，得到另外一个反应时，所得的总反应的化学平衡常数是这几个反应化学平衡常数之积(商)，此即“多重平衡规则”。值得指出：很多实际进行的化学反应是若干个反应之和(或差)，“多重平衡规则”源于化学反应事实，并提供了

计算复杂反应平衡常数的便利，以及实验测定或计算分步反应或总反应热力学函数的途径。

4.4　影响化学平衡的因素

(Factors affecting a chemical equilibrium)

化学平衡是一种动态平衡。达到化学平衡状态时，化学反应并没有停止，只是正反应速率和逆反应速率相等，体系的自由能变 $\Delta_r G_m = 0$，各反应物和生成物浓度保持恒定。一旦反应条件改变，原来的平衡状态将遭到破坏，导致正反应速率和逆反应速率不相等，反应物的自由能与生成物的自由能不相等，体系的自由能变 $\Delta_r G_m \neq 0$。之后，随着反应的进行，在新的条件下又建立新的化学平衡。这种因平衡条件的改变导致旧平衡破坏，使平衡体系各物质含量随之发生变化，从而建立起新平衡状态的过程称为“化学平衡的移动”。

研究化学平衡是为了学会利用改变反应条件，使平衡向有利于我们需要的反应方向移动，以建立新的平衡。本节将应用化学反应等温式讨论浓度、压力改变对化学平衡的影响，应用化学反应等温式结合吉布斯-亥姆霍兹方程讨论温度对化学平衡的影响。

4.4.1　浓度对化学平衡的影响

通过前面的讨论已经知道，对任一化学反应：

$$a\text{A} + b\text{B} \rightleftharpoons d\text{D} + e\text{E}$$

任一时刻的反应商为

$$Q = \frac{\left(\frac{c_E}{c^\ominus}\right)^e \left(\frac{c_D}{c^\ominus}\right)^d}{\left(\frac{c_A}{c^\ominus}\right)^a \left(\frac{c_B}{c^\ominus}\right)^b}$$

当反应达到化学平衡状态时，$Q = K^\ominus$。

下面分两种情况讨论反应达到平衡状态后，改变浓度时平衡的移动：

(1) 反应达到平衡状态后，若增大产物浓度或者减少反应物浓度，从上面 Q 的表达式可见，都会使 Q 增大。Q 增大，使 $Q > K^\ominus$，意味着原来的化学平衡被破坏。

此时，$\Delta_r G_m = RT\ln\frac{Q}{K^\ominus} > 0$，平衡向逆反应方向移动。平衡逆向移动的结果，又使反应商 Q 逐渐减小，最终 $Q = K^\ominus$，反应达到新的平衡。

(2) 反应达到平衡状态后，若减小产物浓度或者增大反应物浓度，都会使 $Q < K^\ominus$，原来的化学平衡也被破坏。

此时，$\Delta_r G_m = RT\ln\frac{Q}{K^\ominus} < 0$，使平衡向正反应方向移动。

浓度对化学平衡的影响在生产上有广泛应用。例如，在硫酸工业中，常用到以下反应：

$$2SO_2(g) + O_2(g) \rightleftharpoons 2SO_3(g)$$

从反应方程式可见，完全反应时 SO_2 和 O_2 反应的物质的量(分压力)之比为 $p(SO_2)$：

$p(O_2)=1:0.5$；但实际生产中，往往提高了 O_2 的分压，使 $p(SO_2):p(O_2)=1:1.6$，因为这有利于平衡向正反应方向移动，以提高二氧化硫的转化率。

4.4.2 压力对化学平衡的影响

压力对化学平衡的影响也可根据范特霍夫等温式讨论。具体分三种情况：

(1) 无气体参与的反应，改变反应压力，对平衡几乎无影响。

因为压力的变化对固相或液相的浓度几乎都没有影响，反应又没有气体参与，因而压力的改变对反应商 Q 几乎无影响。

(2) 反应前、后气体计量系数不变的反应，压力对其平衡也没有明显影响。

总的来说，对有气体参与的反应，压力对平衡的影响，可通过是否改变反应商 Q 来讨论。若反应前、后气体计量系数不变，压力改变时，反应商 Q 不变，因而平衡不会移动。

例如，反应 $H_2(g)+I_2(g)=\!=\!=2HI(g)$，增大或减少反应总压对生成物和反应物的分压所产生的影响是等效的，反应商 $Q=\dfrac{[p(HI)/p^\ominus]^2}{[p(H_2)/p^\ominus]\cdot[p(I_2)/p^\ominus]}$ 不因总压不同而改变，所以平衡的位置不变。

(3) 反应前、后气体计量数有变化的反应，压力的变化会影响它们的平衡状态，从而引起平衡的移动，分两种情况讨论。

第一种，提高总压力，平衡向气体分子总数减小的反应方向移动。

例如，合成氨生产中：$N_2+3H_2 \rightleftharpoons 2NH_3$，$\Delta n=-2$。

$$K^\ominus=\frac{[p(NH_3)/p^\ominus]^2}{[p(N_2)/p^\ominus]\cdot[p(H_2)/p^\ominus]^3}=K_p\cdot(p^\ominus)^2$$

若增大体系的总压力为原来的 2 倍时，则各组分分压力为

$$p'(NH_3)=2p(NH_3),\ p'(N_2)=2p(N_2),\ p'(H_2)=2p(H_2)$$

此时反应商 Q 为

$$Q=\frac{[p'(NH_3)/p^\ominus]^2}{[p'(N_2)/p^\ominus][p'(H_2)/p^\ominus]^3}=\frac{1}{4}K_p(p^\ominus)^2=\frac{1}{4}K^\ominus$$

所以

$$Q<K^\ominus$$

$$\Delta_r G_m^\ominus=-RT\ln K^\ominus+RT\ln Q=-RT\ln 4<0$$

增大压力，平衡体系被破坏，平衡向生成氨的方向(气体分子总数减小的方向)移动。平衡向气体分子总数减小的方向移动，使总压力增加这种外界条件的改变得以消除。由于增大压力使平衡向合成氨方向移动，实际生产中合成塔压力往往高达 5×10^7 Pa，以获得更大的转化率。

【例 4.5】 在 325 K 时，设反应 $N_2O_4(g) \rightleftharpoons 2NO_2(g)$ 平衡时总压为 1.00×10^5 Pa，N_2O_4 的分解率为 50.2%。

(1) 计算反应的平衡常数 $K^\ominus$。

(2) 若保持反应温度不变，增大平衡压力至 1.00×10^6 Pa 时，N_2O_4 的分解率是多少？

解 设反应前(起始状态)N_2O_4 的压力为 p，平衡时其分解率为 α，则

$$
\begin{array}{llll}
 & N_2O_4(g) & \rightleftharpoons & 2NO_2(g) \\
p_{int} & p & & 0 \\
p_{eq} & p-p\alpha & & 2p\alpha
\end{array}
$$

达到平衡时，体系总压力为

$$p(总)=p-p\alpha+2\ p\alpha=p+p\alpha=p(1+\alpha)$$

(1) $p(总)=p(1+\alpha)=p(1+0.502)=1.00\times10^5\ \text{Pa}$，所以

$$p=\frac{1.00\times10^5\ \text{Pa}}{1.502}=6.66\times10^4\ \text{Pa}$$

达平衡时 N_2O_4 的分压为

$$p(N_2O_4)=p-p\alpha=p(1-\alpha)=3.31\times10^4\ \text{Pa}$$

$$p^r(N_2O_4)=\frac{p(N_2O_4)}{p^\ominus}=0.331$$

达平衡时 NO_2 的分压为

$$p(NO_2)=2p\alpha=6.68\times10^4\ \text{Pa}$$

$$p^r(NO_2)=\frac{p(NO_2)}{p^\ominus}=0.668$$

$$K^\ominus=\frac{[p^r(NO_2)]^2}{p^r(N_2O_4)}=\frac{0.668^2}{0.331}=1.35$$

(2) 体系总压力 $p(总)=p(1+\alpha)=1.00\times10^6\ \text{Pa}$ 时

$$p=\frac{1.00\times10^6}{1+\alpha}$$

$$K^\ominus=\frac{[p^r(NO_2)]^2}{p^r(N_2O_4)}=\frac{\left[\dfrac{p(NO_2)}{p^\ominus}\right]^2}{\dfrac{p(N_2O_4)}{p^\ominus}}=\frac{\left(\dfrac{2p\alpha}{10^5}\right)^2}{\dfrac{p(1-\alpha)}{10^5}}=\frac{4p\alpha^2}{10^5\ \text{Pa}\times(1-\alpha)}$$

$$=\frac{4\times1.00\times10^6\ \text{Pa}\times\alpha^2}{10^5\ \text{Pa}\times(1-\alpha)}=\frac{40\alpha}{1-\alpha}=1.35$$

N_2O_4 的分解率为 $\alpha=18.0\%$。

即在压力增大后，N_2O_4 转化为 NO_2 的转化率减少，也就是压力增大时，平衡向气体分子总数减小的方向移动。

第二种，降低总压力，平衡向气体分子总数增加的反应方向移动。仍以上面合成氨的例子来说明。若温度不变，总压力若减小为原来的 1/2 时，则各组分分压力也为原来的 1/2，反应商变为原来的 4 倍。逆反应自发进行，平衡向气体分子总数增加的方向移动，以消除总压力降低的影响。

不难理解，如果通过加入惰性气体(不参与反应的气体)到平衡体系中时，即使总压力改变，但只要反应商不改变，也不会使平衡发生移动。当然，若反应商发生改变，平衡显然会移动。

浓度和压力对化学平衡的影响，最终都可以归结为这些条件改变对反应商 Q 的影响上。一个已达平衡状态的化学反应，其 $Q=K^{\ominus}$，当浓度或压力改变时，使得 $Q\neq K^{\ominus}$，这时平衡将发生移动，而平衡移动的结果，总是使得 Q 逐渐接近并最终等于 $K^{\ominus}$，反应达到新的平衡。

4.4.3　温度对化学平衡的影响

温度对化学平衡的影响，与前面讨论的浓度或压力对化学平衡的影响有本质区别。对封闭体系，热力学平衡常数 $K^{\ominus}$ 只是温度 T 的函数。温度不变，只改变浓度或压力时，化学平衡发生移动，但平衡常数 $K^{\ominus}$ 数值不变；而温度改变时，导致化学平衡常数 $K^{\ominus}$ 数值改变，从而使化学平衡移动。下面结合范特霍夫等温式与吉布斯-亥姆霍兹方程，来讨论温度对化学平衡的影响。

在标准状态下，等温、不做非体积功的封闭系统，范特霍夫等温式为

$$\Delta_r G_m^{\ominus}=-RT\ln K^{\ominus}$$

同一条件下，吉布斯-亥姆霍兹方程为

$$\Delta_r G_m^{\ominus}=\Delta_r H_m^{\ominus}-T\Delta_r S_m^{\ominus}$$

合并以上两式，得

$$\Delta_r H_m^{\ominus}-T\Delta_r S_m^{\ominus}=-RT\ln K^{\ominus}$$

$$\ln K^{\ominus}=-\frac{\Delta_r H_m^{\ominus}}{RT}+\frac{\Delta_r S_m^{\ominus}}{R} \tag{4.12}$$

式(4.12)称为“范特霍夫方程”(van't Hoff equation)。

在温度变化(ΔT)不大而且无相变的条件下，可以忽略标准摩尔焓变和标准摩尔熵变随温度发生的变化，即用 298 K 的标准摩尔焓变 $\Delta_r H_m^{\ominus}$ 值或标准摩尔熵变 $\Delta_r S_m^{\ominus}$ 值代替其他温度 T 的标准摩尔焓变 $\Delta_r H_m^{\ominus}(T)$ 值或标准摩尔熵变 $\Delta_r S_m^{\ominus}(T)$ 值：

$$\Delta_r H_m^{\ominus}(T)\approx\Delta_r H_m^{\ominus}\qquad \Delta_r S_m^{\ominus}(T)\approx\Delta_r S_m^{\ominus}$$

所以有

$$\ln K_1^{\ominus}=-\frac{\Delta_r H_m^{\ominus}}{RT_1}+\frac{\Delta_r S_m^{\ominus}}{R}$$

$$\ln K_2^{\ominus}=-\frac{\Delta_r H_m^{\ominus}}{RT_2}+\frac{\Delta_r S_m^{\ominus}}{R}$$

两式相减得两点式方程

$$\ln\frac{K_2^{\ominus}}{K_1^{\ominus}}=\frac{\Delta_r H_m^{\ominus}}{R}\left(\frac{1}{T_1}-\frac{1}{T_2}\right)=\frac{\Delta_r H_m^{\ominus}}{R}\cdot\left(\frac{T_2-T_1}{T_1T_2}\right) \tag{4.13}$$

对范特霍夫方程的应用进一步讨论如下：

(1) 利用范特霍夫方程可判断温度改变使平衡移动的方向。

(a) 若正反应是吸热反应($\Delta_r H_m^\ominus>0$),温度升高,即 $T_2>T_1$,从式(4.13)可见,$\ln\dfrac{K_2^\ominus}{K_1^\ominus}>0$,即 $K_2^\ominus>K_1^\ominus$,说明平衡向正反应(吸热)方向移动。

(b) 若正反应是放热反应($\Delta_r H_m^\ominus<0$),温度升高,即 $T_2>T_1$,$\ln\dfrac{K_2^\ominus}{K_1^\ominus}<0$,即 $K_2^\ominus<K_1^\ominus$,说明平衡向逆反应(吸热)方向移动。

可见,温度升高时,平衡总是向吸热反应方向移动。

(c) 若正反应是吸热反应($\Delta_r H_m^\ominus>0$),温度降低,即 $T_2<T_1$,从式(4.13)可见,$\ln\dfrac{K_2^\ominus}{K_1^\ominus}<0$,$K_2^\ominus<K_1^\ominus$,平衡向逆反应(放热)方向移动。

(d) 若正反应是放热反应($\Delta_r H_m^\ominus<0$),温度降低,即 $T_2<T_1$,$\ln\dfrac{K_2^\ominus}{K_1^\ominus}>0$,$K_2^\ominus>K_1^\ominus$,平衡向正反应(放热)方向移动。

可见,温度降低时,平衡总是向放热反应方向移动。

例如,合成氨的反应 $N_2(g)+3H_2(g)\rightleftharpoons 2NH_3(g)$ 是一个放热反应,其 $\Delta_r H_m^\ominus=-92.2\ kJ\cdot mol^{-1}$。在温度 $T_1=298$ K 时,平衡常数 $K_1^\ominus=6.2\times10^5$;$T_2=473$ K 时,平衡常数 $K_2^\ominus=6.2\times10^{-1}$;$T_3=673$ K 时,平衡常数 $K_3^\ominus=6.0\times10^{-4}$。可见:温度降低,$K^\ominus$ 增大,平衡向放热反应(正反应)的方向移动。

(2) 利用范特霍夫方程式[式(4.12)]可以求反应的标准摩尔焓变 $\Delta_r H_m^\ominus$ 和标准摩尔熵变 $\Delta_r S_m^\ominus$ 值。

根据式(4.12),作 $\ln K^\ominus$-$\dfrac{1}{T}$ 图,应为一直线,其斜率为 $-\dfrac{\Delta_r H_m^\ominus}{R}$,截距为 $\dfrac{\Delta_r S_m^\ominus}{R}$。可求出热力学函数 $\Delta_r H_m^\ominus$ 和 $\Delta_r S_m^\ominus$ 值。

【例 4.6】 实验测定反应 $I_2(aq)+I^-(aq)\rightleftharpoons I_3^-(aq)$ 在不同温度下的平衡常数结果,列于表 4.4,试求该反应的 $\Delta_r H_m^\ominus$。

表 4.4　反应 $I_2(aq)+I^-(aq)\rightleftharpoons I_3^-(aq)$ 在不同温度下的平衡常数

T/K	277	288	298	308	323
$K^\ominus$	1160	841	689	533	409

解　根据实验数据,利用式(4.12)有

$$\ln K^\ominus=-\frac{\Delta_r H_m^\ominus}{RT}+\frac{\Delta_r S_m^\ominus}{R}$$

以 $\ln K^\ominus$ 对 $\dfrac{1}{T}$ 作图,如图 4.3 所示。

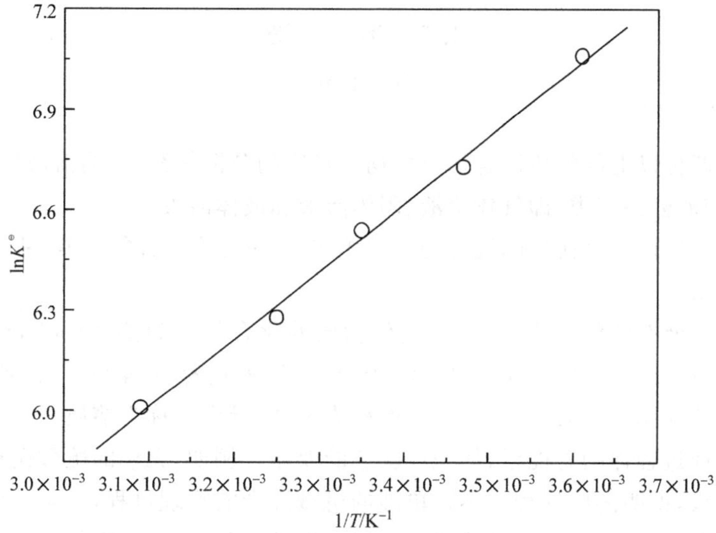

图 4.3　反应 $I_2(aq)+I^-(aq) \rightleftharpoons I_3^-(aq)$ 的 $\ln K^\ominus$-$\frac{1}{T}$ 图

拟合数据，应为一直线，其斜率为

$$-\frac{\Delta_r H_m^\ominus}{R}=2.02\times10^3\ K$$

$$\Delta_r H_m^\ominus=-2.02\times10^3\ K\times R=-2.02\times10^3\ K\times8.31\ J\cdot mol^{-1}\cdot K^{-1}=-1.68\times10^4\ J\cdot mol^{-1}$$

4.4.4　勒夏特列原理

通过前面的具体讨论，浓度、压力和温度对化学平衡的影响可归纳为以下几点：

(1) 浓度对化学平衡的影响：增加（或减少）反应物浓度，平衡将向正（或逆）方向移动；增加（或减少）产物的浓度，平衡将向逆（或正）方向移动。在平衡移动过程中，标准平衡常数 $K^\ominus$ 不变。

(2) 压力对化学平衡的影响：增加（或减少）反应体系的总压力，平衡将向气体分子总数减少（或增大）的方向移动。在平衡移动过程中，标准平衡常数 $K^\ominus$ 不变。

(3) 温度对化学平衡的影响：升高（或降低）体系反应温度，平衡将向吸热（或放热）方向移动。在平衡移动过程中，标准平衡常数 $K^\ominus$ 改变，若正反应是吸热反应，温度升高，标准平衡常数 $K^\ominus$ 将增大；若正反应是放热反应，温度升高，标准平衡常数 $K^\ominus$ 将减小。

图 4.4　勒夏特列
(H. L. Le Chatelier,
1850—1936)

法国化学家勒夏特列（H. L. Le Chatelier，图 4.4）归纳上述 3 种因素影响，指出：“对于已达平衡的体系，若改变平衡体系的条件（浓度、压力、温度）之一，平衡将向解除这一改变的方向移动”，称为“勒夏特列原理”(Le Chatelier's principle)。

4.5 溶　　液
(Solution)

由两种或两种以上的物质混合形成的均匀稳定的分散体系,称为溶液(solution)。按此定义,常将溶液分为三类,即气体溶液、固体溶液和液体溶液。

气体溶液是气体混合而成的混合物。固体溶液(固溶体)如合金等,是固体状态稳定均匀的分散体系。

本节只讨论液态溶液。通常,溶解其他物质的化合物称为溶剂(solvent),被溶解的物质称为溶质(solute)。当气体或固体溶于液体时,液体称为溶剂,气体或固体称为溶质。当两种液体互相溶解时,一般把量多的称为溶剂,量少的称为溶质。

溶液的形成过程伴随着能量、体积或颜色的变化。例如,无色的硫酸铜粉末溶于水变成蓝色的水溶液,说明溶解过程并不是单纯的机械混合的物理过程,而是一种物理化学过程。溶解过程包括两部分:①溶质分子或离子的离散过程,这需要吸热来克服原有质点间的引力,同时这也是一个增大溶液体积的过程;②溶剂化过程,这是一个放热、使液体体积减小的过程。因此,总的溶解过程是吸热还是放热、体积是增大还是缩小,都受到互相竞争的这两个过程的制约。颜色的变化本身是溶质质点溶剂化的一部分。例如,无水的 Cu^{2+} 是无色的,而 $[Cu(H_2O)_6]^{2+}$ 是蓝色的。

按溶质分子性质的不同,溶液可以分为电解质溶液及非电解质溶液。本节重点讨论难挥发的非电解质的稀溶液,最后简单介绍电解质溶液的性质。

4.5.1 难挥发的非电解质稀溶液的依数性*

难挥发的非电解质的稀溶液的一些性质,如蒸气压下降、沸点升高、凝固点下降及渗透压等,只与稀溶液的浓度有关,而与溶质的性质无关。这类性质称为"依数性"(colligative properties)。

1. 蒸气压下降和拉乌尔定律

在任何液体的表面上都存在两个相反的过程:"蒸发"和"凝聚"。蒸发是分子从液面逸出进入气相的过程,凝聚是气相中的分子被液体捕获进入液相的过程。当蒸发和凝聚两个过程在一定条件下速率相等时,体系达到动态平衡,此时的蒸气压就是这种液体在该温度下的**饱和蒸气压**。饱和蒸气压与温度有关。

按图 4.5 的装置进行有关的实验。密闭的玻璃罩内有两杯等体积的纯水及蔗糖水,数小时后可以看到盛放纯水的玻璃杯液面下降了,而盛放蔗糖水的玻璃杯液面上升了,在经过足够长时间后,纯水可能全部转移到盛蔗糖水的烧杯中。

实验测定表明,在 298 K 时,水的饱和蒸气压为 3167.7 Pa,而 0.5 $mol \cdot kg^{-1}$ 蔗糖水的蒸气压为 3135.7 Pa,1.0 $mol \cdot kg^{-1}$ 蔗糖水的蒸气压为 3107.7 Pa。比较这三个数据,说明溶液的蒸气压比纯溶剂的蒸气压低,而且溶液浓度越大,蒸气压下降越多。此外,纯溶剂蒸气压随温度升高而增加,溶液的蒸气压也随温度升高而增加,但在任何温度下,溶液蒸气压总是低于纯溶剂蒸气压。上述三种液体在不同温度下的蒸气压如图 4.6 所示。

根据实验结果,1887 年,法国物理学家拉乌尔(Raoult)提出:**在一定的温度下,稀溶液的蒸气压等于**

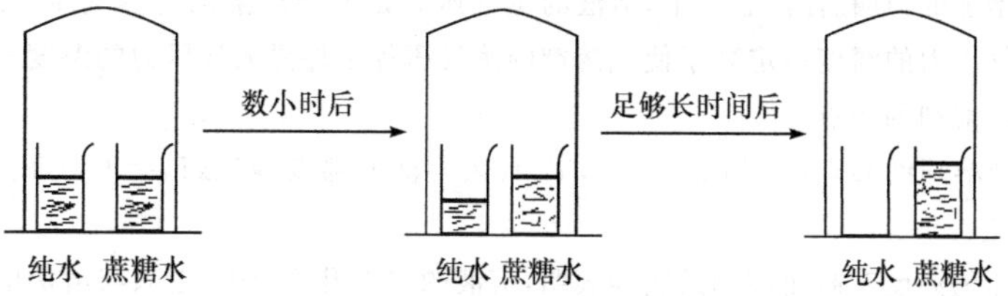

图 4.5　稀溶液蒸气压下降实验

纯溶剂的蒸气压乘以溶剂的摩尔分数，这就是**拉乌尔定律**。其数学表达式为

$$p = p_A^* x_A \tag{4.14}$$

式中，p 为溶液的蒸气压；p_A^* 为纯溶剂 A 蒸气压；x_A 为溶剂的摩尔分数(下标 A 代表溶剂，B 代表溶质，上标 * 代表纯溶剂)。用 n_A 代表溶剂的物质的量，n_B 代表溶质的物质的量，则

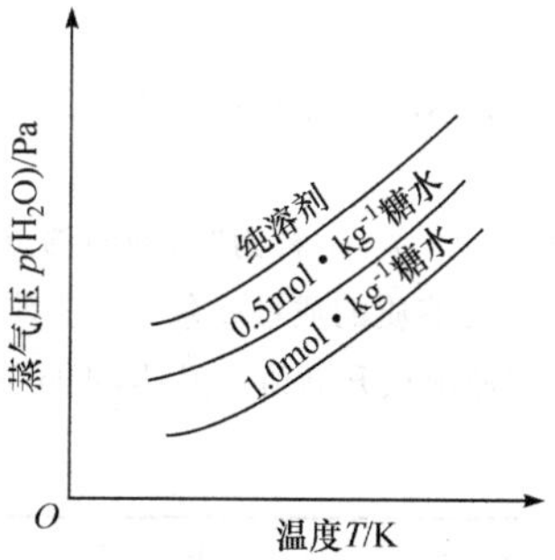

图 4.6　纯溶剂和溶液的蒸气压

溶剂的摩尔分数为

$$x_A = \frac{n_A}{n_A + n_B}$$

溶质摩尔分数为

$$x_B = \frac{n_B}{n_A + n_B}$$

$$x_A + x_B = 1$$

因此，式(4.14)可写为

$$p = p_A^* (1 - x_B)$$

即

$$p_A^* - p = p_A^* x_B$$

$$\Delta p = p_A^* x_B \tag{4.15}$$

式中，Δp 为纯溶剂蒸气压 p_A^* 与稀溶液蒸气压 p 之差，$\Delta p = p_A^* - p$。式(4.15)表明稀溶液的蒸气压下降与溶质的摩尔分数成正比。

在式(4.15)中，代表浓度的摩尔分数 x 也可以用质量摩尔浓度 b(或 m，SI 单位 $mol \cdot kg^{-1}$)来代替。质量摩尔浓度 b 是在每千克(kg)溶剂(m_A)中所含的溶质的物质的量(n_B)，即

$$b = \frac{n_B}{m_A}$$

这样，溶液的蒸气压下降可表示为

$$\Delta p = kb \tag{4.16}$$

式(4.16)表明，对于难挥发非电解质稀溶液来说，蒸气压下降数值只取决于溶剂的本性(k)及溶液的质量摩尔浓度 b。

用分子运动理论可以对拉乌尔定律做微观的定性解释。由于溶质是难挥发的，溶液的蒸气压全由溶剂分子蒸发产生。对溶液来说，因为溶质分子的存在，其液面或多或少的会被溶质分子占据，从而使溶液液面上的溶剂分子浓度比纯溶剂状态时减小，导致在平衡时溶液的蒸气压会比纯溶剂减小，即溶液的蒸气压低于纯溶剂的蒸气压。

2. 沸点上升

液体的沸点是指其蒸气压等于外界大气压力时的温度。由图 4.6 可见，溶液和纯溶剂的蒸气压都

是随温度升高而增加的，且在任何温度下，溶液的蒸气压总是低于纯溶剂的蒸气压。因此，使溶液的蒸气压等于外界大气压力的温度一定高于使纯溶剂的蒸气压等于外界大气压力的温度，也就是说，溶液的沸点一定会高于纯溶剂的沸点。

用 T_b^* 代表纯溶剂的沸点(boiling point)，T_b 代表溶液的沸点，则 $\Delta T_b = T_b - T_b^*$ 表示溶液相对于纯溶剂的沸点上升。

溶液的蒸气压随温度升高而增加的实验表明，溶液的沸点升高 ΔT_b 也只与溶液的质量摩尔浓度成正比：溶液的沸点上升是其蒸气压降低的结果，且实验结果表明沸点上升值 ΔT 与其蒸气压降低 Δp 值成正比，即

$$\Delta T_b = k'\Delta p$$

将式(4.16)代入上式可得

$$\Delta T_b = k_b b \tag{4.17}$$

式中，$k_b = k'k$，k_b 称为"溶剂的沸点上升常数"，它取决于溶剂的本性，与溶剂的摩尔质量、沸点、气化热有关；b 为溶质的质量摩尔浓度。沸点上升常数 k_b 的物理意义可以看做是溶液的浓度 $b = 1\ \mathrm{mol \cdot kg^{-1}}$ 时的溶液沸点升高值。显然，不同溶剂的 k_b 值不同，常见溶剂的 k_b 值见表 4.5。

表 4.5　常见溶剂的 k_b 及 k_f

溶　剂	b. p. /℃	k_b/(℃ · kg · mol^{-1})	m. p. /℃	k_f/(℃ · kg · mol^{-1})
水	100	0.51	0	1.885
乙醇	78.3	1.22	−117.3	—
丙酮	56.0	1.71	−95.35	—
苯	80.2	2.53	5.5	4.9
乙酸	118.1	2.93	16.6	3.9
氯仿	60.2	3.63	−63.5	—
萘	218	5.80	80.2	6.87

3. 凝固点下降

在标准压力 1×10^5 Pa 下，液体蒸气压和它的固相蒸气压相等时的温度为该液体的凝固点(freezing point)。图 4.7 为纯溶剂水、溶液和固态水(冰)的蒸气压随温度变化示意图。由图 4.7 可见：①在任何温度，纯溶剂的蒸气压都大于溶液的蒸气压，这与图 4.6 表示的一致；②冰的蒸气压随温度变化率比纯溶剂或溶液都大，表明温度对冰的蒸气压影响较大；③温度为 T_f^* 时，纯溶剂水的蒸气压等于冰的蒸气压，溶液的蒸气压小于冰的蒸气压，表明在温度 T_f^* 是纯溶剂水的凝固点，而此时溶液尚未凝固；④当温度进一步降低到图中的 T_f 点时，溶液的蒸气压等于冰的蒸气压，这时溶液凝固，温度 T_f 就是溶液的凝固点。可见，溶液的凝固点低于纯溶剂的凝固点，而这种凝固点的降低显然也是由于溶液蒸气压总是低于纯溶剂的蒸气压。实验证实，凝固点降低值 ΔT_f 与蒸气压下降值 Δp 值成正比。

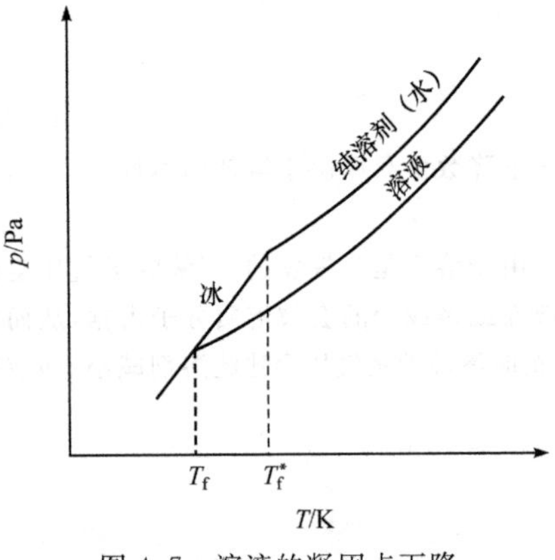

图 4.7　溶液的凝固点下降

$$\Delta T_f = T_f^* - T_f = k''\Delta p$$

结合式(4.16)与上式,可得凝固点下降 ΔT_f 与溶液浓度的关系:

$$\Delta T_f = k_f b \tag{4.18}$$

式中,$k_f = k''k$,k_f 称为"溶剂的凝固点降低系数",它与溶剂的本性,如溶剂的凝固点、摩尔质量及熔化热有关。常见溶剂的凝固点降低系数 k_f 见表 4.5。

凝固点下降的原理在实际生活中有广泛的应用。例如,在冬天往汽车散热器的冷却水水箱里加入甘油或乙二醇,以防止水箱结冰损坏设备;冰机制冷的蒸发器中冰盐水的应用及冬天路面撒盐除冰化雪等。

4. 渗透压

通过图 4.8 的实验来说明渗透压。半透膜袋内部装有糖水,袋外是纯水,通过半透膜把纯水和糖水隔开。半透膜的特征是可以允许溶剂分子自由通过而不允许溶质分子通过。动植物的膜组织,如肠衣或萝卜皮,都是生物半透膜。图 4.8 的装置放置一段时间后,可以看到,由于半透膜两边的溶液浓度的不同,水分子将会通过半透膜向袋内的糖水溶液方向渗透。由于溶剂水分子的渗透作用,引起玻璃管内液面上升,直至膜两边的溶液浓度相等而达到动态平衡后,管内液面高度稳定下来。

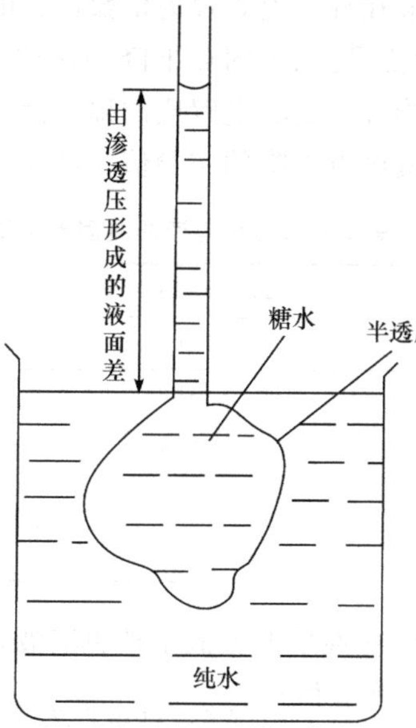

图 4.8　渗透现象实验

图 4.8 的实验表明,由于溶剂水分子的渗透作用,引起玻璃管内液面上升,一直到管内液面上升到一定高度为止,此时水柱产生的压力抑制了水分子的渗透;而且,随糖水浓度增大,液面上升的高度增大。可见,溶剂透过半透膜进入溶液的趋向取决于溶液浓度的大小,溶液浓度大,渗透趋向大。这就是说,由于半透膜两边的溶液单位体积内水分子数目的不同而引起稀溶液溶剂分子渗透到浓溶液中的倾向,为了阻止这种渗透,就必须给溶液以一定压力,这种足以阻止发生渗透所需施加的压力,称为"溶液的渗透压"。图 4.8 中的液面差所造成的压力就相当于此时的渗透压。

渗透平衡与生命过程密切相关。例如,在给病人输液治疗中,医生必须对各种输液浓度做仔细调节,使该浓度下溶液所产生的渗透压与血液中的红细胞的渗透压一致(约为 7.7×10^5 Pa)。若输进液体浓度过大,则红细胞内水分子将外渗,引起红细胞干瘪;若浓度过低,红细胞将会被涨破,均导致病人生命危险。人体在运动之后,或在吃了过咸的食物就会有口渴的感觉,这是因为体内渗透压增大了;人体的营养循环、植物利用树根吸收水分也都是由于渗透压的原因。

荷兰化学家范特霍夫于1886年指出：稀溶液渗透压与浓度和温度的关系与理想气体方程式一致。即

$$\pi V = nRT \tag{4.19}$$

或

$$\pi = cRT \approx bRT \tag{4.20}$$

式中，π为渗透压；V为溶液体积；R为摩尔气体常量；n为溶质物质的量；c为物质的量浓度；T为温度。对于稀溶液；c可用质量摩尔浓度b(或m)代替。应该指出，渗透压方程与理想气体方程形式上一致，但两者无任何本质联系。

具有蒸气压下降、沸点升高、凝固点下降和渗透压四个方面依数性的溶液，称为理想溶液，难挥发的非电解质的稀溶液在性质上近似于理想溶液。利用理想溶液的依数性可通过实验测定溶质的摩尔质量及溶剂的一系列物理常数。

4.5.2 电解质溶液

难挥发的非电解质的稀溶液在性质上表现为依数性。电解质溶液及浓度较大的非电解质溶液也具有蒸气压下降、沸点升高、凝固点下降和渗透压等性质，但电解质溶液及浓度较大的非电解质溶液不遵守难挥发的非电解质的稀溶液的依数性的计算公式。表4.6列举了某些强电解质稀溶液的凝固点下降的实验值及按式(4.18)所得的计算值。

表4.6 某些电解质稀溶液的凝固点下降ΔT_f

$b/(mol \cdot kg^{-1})$	ΔT_f(实验值)/℃			ΔT_f(计算值)/℃
	KNO_3	NaCl	$MgSO_4$	
0.01	0.035 87	0.036 06	0.0300	0.018 58
0.05	0.1718	0.1758	0.1294	0.092 90
0.10	0.3331	0.3470	0.2420	0.1858
0.50	1.414	1.692	1.081	0.9290

由于难挥发非电解质稀溶液在性质上近似于理想溶液，当然其ΔT_f实验值与ΔT_f计算值基本一致。如果设$i=\dfrac{\Delta T_f(实验值)}{\Delta T_f(计算值)}$，显然，对难挥发非电解质稀溶液来说，$i \approx 1$。

弱电解质由于部分电离，其i值应略大于1，如0.100 $mol \cdot kg^{-1}$的CH_3COOH溶液$i=1.01$。

如果表4.6所列的强电解质KNO_3、NaCl及$MgSO_4$在水溶液中是100%电离，且其稀溶液是理想溶液，那么$i=\dfrac{\Delta T_f(实验值)}{\Delta T_f(计算值)}$应等于电解质分子中阴离子、阳离子数目之和。

但表4.6的数据表明：①对于正负离子都是一价的电解质，如KNO_3、NaCl的稀溶液，其ΔT_f实验值较为相近，而且近似为ΔT_f计算值的2倍($i \approx 2$)；②正负离子为二价的电解质$MgSO_4$溶液的i值，比同浓度一价的KNO_3和NaCl溶液小；③同一电解质，其溶液浓度越大，i值越小。

针对电解质溶液的这些行为，1923年德拜(Debye)及休克尔(Hückel)提出“离子氛”

(ionic atmosphere)的概念，指出：强电解质在溶液中是完全电离的，但是由于离子间的相互作用，每一个离子都受到相反电荷离子的束缚，在溶液中不可能完全自由，其表现是溶液导电能力下降，电离度下降，依数性异常。

4.6　水溶液中的酸碱平衡
(Acid-base equilibria in an aqueous solution)

4.6.1　酸碱理论

首先回顾中学学习的酸碱电离理论，然后重点讨论酸碱质子理论的基本观点，最后简单介绍酸碱电子理论。

1. 酸碱电离理论

1887 年，瑞典化学家阿伦尼乌斯提出了“电离学说”，认为“凡是在水溶液中电离产生的阳离子全部是 H^+ 的化合物称为酸(acid)，电离时产生的阴离子全部是 OH^- 的化合物称为碱(base)”。

酸碱电离理论从物质的化学组成上揭示了酸碱的本质，明确指出 H^+ 是酸的特性、OH^- 是碱的特性。

2. 酸碱质子理论

1923 年，丹麦化学家布朗斯台德(J. N. Brönsted)和英国化学家洛里(T. M. Lowry)分别提出“酸碱质子理论”。酸碱质子理论认为：凡是能给出质子(H^+)的分子或离子称为“酸”，凡是能与质子结合的分子或离子称为“碱”。这样，酸是质子的给予体(proton donor)，而碱是质子的接受体(proton acceptor)。

例如，HCl 可以给出质子，所以 HCl 是一种酸；Cl^- 可以结合质子，所以 Cl^- 是一种碱。酸碱间的关系可表示如下：

$$\underset{\text{酸}}{HCl} \rightleftharpoons H^+ + \underset{\text{碱}}{Cl^-}$$

$$\underset{\text{酸}}{NH_4^+} \rightleftharpoons H^+ + \underset{\text{碱}}{NH_3}$$

用通式表示为

$$\text{酸} \rightleftharpoons \text{质子}(H^+) + \text{碱} \tag{4.21}$$

根据式(4.21)，酸给出 1 个质子后变成了碱，碱得到 1 个质子变成了酸。这些相差 1 个质子的一对酸、碱称为共轭酸碱对。在上面例子中，右边的碱是左边酸的共轭碱，左边的酸又是右边碱的共轭酸，酸与碱之间的这种相互对应关系称为“共轭关系”。

按照质子理论，酸碱有下列基本特征：

(1) 酸和碱可以是分子也可以是阳离子或阴离子。例如

$$\underset{\text{酸}}{[Al(H_2O)_6]^{3+}} \rightleftharpoons H^+ + \underset{\text{碱}}{[Al(OH)(H_2O)_5]^{2+}}$$

(2) 有的离子在某对共轭酸碱对中是碱，但在另一对共轭酸碱对中是酸。例如，

$$\underset{\text{酸}}{HSO_3^-} \rightleftharpoons SO_3^{2-} + H^+$$

$$\underset{\text{碱}}{HSO_3^-} + H^+ \rightleftharpoons H_2SO_3$$

又如，H_2O 在共轭酸碱对 H_2O-OH^- 中是酸，而在共轭酸碱对 H_3O^+-H_2O 中是碱；HCO_3^- 的共轭碱是 CO_3^{2-}、其共轭酸是 H_2CO_3；HPO_4^{2-} 及 $H_2PO_4^-$ 等都既可作为酸又可作为碱。

(3) 在共轭酸碱对中，酸越强，给出质子的能力越强，它的共轭碱接受质子的能力越弱，碱性就越弱；反之，酸越弱，它的共轭碱就越强。体现了酸碱关系是相互依存的。

例如，在水溶液中，下列几种酸的酸性按如下顺序减弱：

$$HCl > H_3PO_4 > H_2CO_3 > NH_4^+ > H_2O,$$

而它们的共轭碱的碱性则按如下的顺序增强：

$$Cl^- < H_2PO_4^- < HCO_3^- < NH_3 < OH^-$$

(4) 酸碱反应的实质是质子的传递，酸碱反应是两对共轭酸碱对共同作用的结果。物质的酸性或碱性要通过给出质子或接受质子来体现；反应总是由较强的酸或较强的碱作用向着生成较弱的酸或较弱的碱的方向自发进行。例如

$$\underset{\text{酸 1}}{HCl} + \underset{\text{碱 2}}{H_2O} \rightleftharpoons \underset{\text{酸 2}}{H_3O^+} + \underset{\text{碱 1}}{Cl^-}$$

$$\underset{\text{酸 1}}{HCl} + \underset{\text{碱 2}}{NH_3} \rightleftharpoons \underset{\text{酸 2}}{NH_4^+} + \underset{\text{碱 1}}{Cl^-}$$

水自身存在“电离”现象，称为“自偶电离”。根据酸碱质子理论，水的自偶电离平衡可表示为

$$\underset{\text{酸 1}}{H_2O} + \underset{\text{碱 2}}{H_2O} \rightleftharpoons \underset{\text{酸 2}}{H_3O^+} + \underset{\text{碱 1}}{OH^-}$$

其中一个水分子作为酸给出质子，另外一个水分子作为碱接受质子，产生少量 H_3O^+ 和 OH^-。上式可简写为

$$H_2O \rightleftharpoons H^+ + OH^-$$

若分别用 $c_{eq}^r(H^+)\left[=\dfrac{c_{eq}(H^+)}{c^\ominus}\right]$和 $c_{eq}^r(OH^-)\left[=\dfrac{c_{eq}(OH^-)}{c^\ominus}\right]$表示平衡时 H^+ 和 OH^- 的相对浓度，则平衡常数为

$$K_w^\ominus = c_{eq}^r(H^+) \cdot c_{eq}^r(OH^-) \tag{4.22}$$

实验测得，在 298 K，纯水中的 $c_{eq}(H^+) \cdot c_{eq}(OH^-) = 1.0\times10^{-7}\ mol \cdot dm^{-3}$，则

$$K_w^\ominus = c_{eq}^r(H^+) \cdot c_{eq}^r(OH^-) = 1.0\times10^{-14} \quad (298\ K)$$

$K_w^\ominus$ 称为“水的离子积常数”。由于水的电离是吸热过程，所以，$K_w^\ominus$ 随温度升高而增大。但室温范围内温度对 $K_w^\ominus$ 数值的影响不大，可近似认为 $K_w^\ominus = 1\times10^{-14}$。

借助式(4.22)，可计算酸碱溶液中的 H^+ 浓度 $c_{eq}(H^+)$或 OH^- 浓度$c_{eq}(OH^-)$。在纯水中加入一些酸，将使溶液的 $c(H^+)$增大，水的电离平衡将向左移动，即水的电离平衡受

到抑制，$c(OH^-)$减小，但温度不变时，平衡常数 $K_w^\ominus$ 不变，所以在任一酸碱溶液中，$c_{eq}(H^+)$和 $c_{eq}(OH^-)$仍遵守式(4.22)所表达的关系。

对式(4.22)取负常用对数，并定义：

$$pK_w^\ominus=-\lg K_w^\ominus, pH=-\lg c_{eq}^r(H^+), pOH=-\lg c_{eq}^r(OH^-)$$

可得

$$pK_w^\ominus=pH+pOH$$

室温时，$pK_w^\ominus=14.0$。

例如，0.1 $mol \cdot dm^{-3}$ HCl 溶液，$c_{eq}(H^+)=0.1\ mol \cdot dm^{-3}$，$pH=-\lg[c_{eq}(H^+)/c^\ominus]=1.0$，$pOH=pK_w^\ominus-pH=13.0$。0.1 $mol \cdot dm^{-3}$ NaOH 溶液，$c_{eq}(OH^-)=0.1\ mol \cdot dm^{-3}$，$pOH=-\lg[c_{eq}(OH^-)/c^\ominus]=1.0$，$pH=pK_w^\ominus-pOH=13.0$。

在实验室，一个溶液的酸碱性可以快速而简便地用酸碱指示剂初步判断。表 4.7 列出了常见指示剂的变色范围及颜色。当 pH 小时的颜色是指示剂的酸色，pH 大时的颜色是其碱色，pH 落在变色范围中是其中间色。

表 4.7　常用酸碱指示剂的变色范围

指示剂	变色范围	酸　色	中间色	碱　色
甲基橙	3.1～4.4	红	橙	黄
甲基红	4.4～6.2	红	橙	黄
石蕊	5.0～8.0	红	紫	蓝
酚酞	8.0～10.0	无	粉	红
溴百里酚蓝	6.2～7.6	黄	绿	蓝

应用指示剂只能粗略地指示溶液的酸碱性。在实验室还可用 pH 试纸检查溶液的酸碱性，pH 试纸是用含有多种指示剂的混合溶液制成的，在不同 pH 时会显示不同的颜色。要准确地测量溶液 pH，则可以使用各种类型的酸度计。

3. 酸碱电子理论

路易斯(G. N. Lewis)在电离理论和质子理论的基础上，结合酸、碱的电子结构，提出了“酸碱电子理论”。该理论认为：凡可以接受电子对的分子、原子团、离子为“酸”；凡可以给出电子对的物质为“碱”。这样，酸是电子对的接受体(electron pair acceptor)，而碱是电子对的给予体(electron pair donor)。

例如，以下的反应都属于酸碱反应范畴：

$$\underset{酸}{H^+}+\underset{碱}{:OH^-}\rightleftharpoons H_2O$$

$$\underset{酸}{BF_3}+\underset{碱}{:F^-}\rightleftharpoons BF_4^-$$

酸碱电子理论将一切化学反应都概括成酸碱反应，这使我们在认识客观世界中物质差异性的同时，也看到它们的统一性；但正因为这样，又使该理论太笼统，不易掌握酸碱的特性。迄今为止，仍未能像质子论、经典电离学说一样找到一个判别路易斯酸、碱相对强弱的次序，因此也就无法用该理论判断反应的方向，这也就限制了该理论的应用。

4.6.2　一元弱酸(碱)的电离平衡

在一元弱酸或一元弱碱，如乙酸(CH_3COOH)、氨水($NH_3 \cdot H_2O$)等的水溶液中，在溶剂水分子的作用下，弱电解质的分子发生离解，生成相应的阳离子和阴离子，这个过程称为“电离”(ionization)。弱电解质的电离(或称为“解离”)是不完全的，存在着未电离的分子和电离生成的阳离子和阴离子，在一定温度下可达到化学平衡状态，称为“电离平衡”(ionization equilibrium)。

以 CH_3COOH(HAc)为例说明一元弱酸的电离平衡。

$$HAc(aq) \rightleftharpoons H^+(aq) + Ac^-(aq)$$

298 K，平衡常数为

$$K_a^\ominus = 1.74 \times 10^{-5}$$

$K_a^\ominus$ 称为弱酸的“电离平衡常数”，简称“酸常数”，下标“a”表示“酸”(acid)。对于指定的酸，酸常数在一定温度下是一常数。由于电离过程是吸热过程，故 $K_a^\ominus$ 随温度升高而增大。但在一定的温度区间内温度改变对 $K_a^\ominus$ 数值影响不大，其数量级一般不变，因此一般以 298 K 的数据代替。

同样，对于一元弱碱氨水的电离过程：

$$NH_3 \cdot H_2O(aq) \rightleftharpoons NH_4^+(aq) + OH^-(aq)$$

$$K_b^\ominus = 1.76 \times 10^{-5}$$

$K_b^\ominus$ 称为弱碱的“电离平衡常数”，简称“碱常数”，下标“b”表示“碱”(base)。

通常把 $K_a^\ominus = 10^{-7} \sim 10^{-2}$ 的酸称为弱酸，$K_b^\ominus = 10^{-7} \sim 10^{-2}$ 的碱称为弱碱；把 $K_a^\ominus < 10^{-7}$ 的酸称为极弱酸，把 $K_b^\ominus < 10^{-7}$ 的碱称为极弱碱。

正如“平衡常数”的物理意义一样，电离平衡常数 $K_a^\ominus$ 和 $K_b^\ominus$ 表示相应电解质在指定温度下发生电离作用的极限，电离平衡常数值越大，电离作用越完全。

为了定量地表示弱电解质在溶液中电离程度的大小，引入“电离度”的概念。电离度(又称“离解度”)α 是到达平衡时弱电解质的电离百分率，可用式(4.23)表示：

$$\alpha = \frac{\text{弱电解质已电离的浓度}}{\text{弱电解质的起始浓度}} \tag{4.23}$$

$K_a^\ominus$ 或 $K_b^\ominus$ 与电离度 α 都可以反映弱电解质的电离程度，但它们之间是有区别的。电离常数是平衡常数的一种，它只是温度的函数，其数值不随电解质浓度而变化；电离度 α 只是“转化率”应用于“电离过程”的一种具体形式，它表示弱电解质在一定条件下的离解百分率，随弱电解质的浓度而变化。电离常数与电离度之间的定量关系可以用下例推导：

	HAc	$\rightleftharpoons$ H⁺	+ Ac⁻
c_{int}	c	0	0
c_{eq}	$c - c\alpha$	$c\alpha$	$c\alpha$

$$K_a^\ominus = \frac{(c\alpha/c^\ominus)^2}{c(1-\alpha)/c^\ominus}$$

当 α 很小($\alpha<5\%$或 $c/K_a^\ominus>400$)时,$1-\alpha\approx1$,$K_a^\ominus=c\alpha^2/c^\ominus$。

$$\alpha=\sqrt{\frac{K_a^\ominus}{c/c^\ominus}} \tag{4.24}$$

式(4.24)表明:在一定温度下,随着溶液浓度的降低,弱电解质的电离度增大。这一规律称为"稀释定律"。

【例4.7】 已知在常温下HAc的电离常数 $K_a^\ominus=1.74\times10^{-5}$,计算0.10 mol·dm^{-3} HAc溶液的pH及电离度 α。

解 设达到电离平衡时,溶液中的 H^+ 的相对浓度为 x:

	HAc	$\rightleftharpoons$	H^+	+	Ac^-
c_{int}^r	0.10		0		0
c_{eq}^r	$0.10-x$		x		x

前面已指出:在标准平衡常数的表达式中,各物质的浓度必须用相对浓度。

在 α 很小时,$K_a^\ominus=\dfrac{x^2}{0.10-x}\approx\dfrac{x^2}{0.10}$,$x^2=0.10K_a^\ominus$。

$$x=c_{eq}^r(H^+)=1.33\times10^{-3}$$

$$pH=-\lg c_{eq}^r(H^+)=2.88$$

$$\alpha=c_{eq}^r(H^+)/c_{eq}^r(HAc)=(1.33\times10^{-3}/0.10)=1.33\%$$

因此,对于一元弱酸HA或一元弱碱BOH,在 α 很小($\alpha<5\%$或 $c/K_a^\ominus>400$,或 $c/K_b^\ominus>400$)的条件下,可用下式计算电离平衡时溶液中 H^+ 或 OH^- 的相对浓度:

$$c_{eq}^r(H^+)=\sqrt{K_a^\ominus c_{int}^r(HA)} \tag{4.25}$$

$$c_{eq}^r(OH^-)=\sqrt{K_b^\ominus c_{int}^r(BOH)} \tag{4.26}$$

借助共轭酸碱对之间的关系,还可以根据酸的电离常数 $K_a^\ominus$ 计算其共轭碱的电离常数 $K_b^\ominus$,或者根据碱的电离常数 $K_b^\ominus$ 计算其共轭酸的电离常数 $K_a^\ominus$。

设共轭酸碱对之间有如下平衡:

$$A^-+H_2O\rightleftharpoons HA+OH^-$$

$$K_b^\ominus=\frac{c_{eq}^r(HA)\cdot c_{eq}^r(OH^-)}{c_{eq}^r(A^-)}=\frac{c_{eq}^r(HA)\cdot c_{eq}^r(OH^-)\cdot c_{eq}^r(H^+)}{c_{eq}^r(A^-)\cdot c_{eq}^r(H^+)}$$

$$=\frac{c_{eq}^r(HA)\cdot K_w^\ominus}{c_{eq}^r(A^-)\cdot c_{eq}^r(H^+)}=\frac{K_w^\ominus}{K_a^\ominus}$$

即

$$K_a^\ominus\cdot K_b^\ominus=K_w^\ominus \tag{4.27}$$

【例4.8】 将2.45 g固体NaCN配制成500 cm^3 水溶液,计算溶液的酸度。(已知298 K时HCN的 $K_a^\ominus=4.9\times10^{-10}$)

解 设达到平衡时,溶液中 OH^- 的相对浓度为 x。

$$CN^- + H_2O \rightleftharpoons OH^- + HCN$$

$$c^r_{int} \quad \frac{2.45}{49\times 0.5}=0.10 \qquad 0 \qquad 0$$

$$c^r_{eq} \quad 0.10-x\approx 0.10 \qquad x \qquad x$$

质子碱 CN^- 的电离常数 $K_b^\ominus$ 与其共轭酸 HCN 的电离常数 $K_a^\ominus$ 有下面的关系：

$$K_b^\ominus = K_w^\ominus / K_a^\ominus = 1.0\times 10^{-14}/4.9\times 10^{-10} = 2.0\times 10^{-5}$$

$$\frac{x^2}{0.10} = K_b^\ominus \qquad x = c^r_{eq}(OH^-) = 1.4\times 10^{-3}$$

$$pOH = -\lg[c^r_{eq}(OH^-)] = 2.85 \qquad pH = 14-2.85 = 11.15$$

4.6.3 多元弱酸(碱)的电离平衡

多元弱酸(如 H_2S、$H_2C_2O_4$、H_3PO_4 等)在水溶液中的电离是分步进行的，在一定温度下，每一步都存在电离平衡。

例如，H_2S 溶液，第一级电离：

$$H_2S \rightleftharpoons H^+ + HS^- \qquad K_{a1}^\ominus = \frac{c^r(H^+)\cdot c^r(HS^-)}{c^r(H_2S)} = 5.7\times 10^{-8}$$

第二级电离：

$$HS^- \rightleftharpoons H^+ + S^{2-} \qquad K_{a2}^\ominus = \frac{c^r(H^+)\cdot c^r(S^{2-})}{c^r(HS^-)} = 1.2\times 10^{-15}$$

总的电离平衡常数为

$$K_a^\ominus = K_{a1}^\ominus \cdot K_{a2}^\ominus = 6.8\times 10^{-23}$$

可见，H_2S 溶液中同时存在 H_2S、HS^-、H^+、S^{2-}。系统中同时存在两级电离平衡，而且第一级电离平衡常数远远大于第二级常数，因此溶液中氢离子浓度 $c^r_{eq}(H^+)$ 主要来自第一级电离。第一级电离产生的 H^+ 将抑制第二级电离，溶液中 $c^r_{eq}(H^+) \neq 2c^r_{eq}(S^{2-})$。

同样地，三元弱酸的电离是分三步进行的，如 H_3PO_4 的三级电离：

$$H_3PO_4 \rightleftharpoons H^+ + H_2PO_4^- \qquad K_{a1}^\ominus = \frac{c^r(H^+)\cdot c^r(H_2PO_4^-)}{c^r(H_3PO_4)} = 7.5\times 10^{-3}$$

$$H_2PO_4^- \rightleftharpoons H^+ + HPO_4^{2-} \qquad K_{a2}^\ominus = \frac{c^r(H^+)\cdot c^r(HPO_4^{2-})}{c^r(H_2PO_4^-)} = 6.2\times 10^{-8}$$

$$HPO_4^{2-} \rightleftharpoons H^+ + PO_4^{3-} \qquad K_{a3}^\ominus = \frac{c^r(H^+)\cdot c^r(PO_4^{3-})}{c^r(HPO_4^{2-})} = 2.2\times 10^{-13}$$

可见：$K_{a1}^\ominus \gg K_{a2}^\ominus \gg K_{a3}^\ominus$。由于第一级电离产生的 H^+ 将大大抑制第二、三级的电离，在计算溶液中的 H^+ 浓度时，第二、三级电离产生的 H^+ 可以忽略不计。

通过例 4.9 说明多元弱酸中各种离子浓度的计算。

【例 4.9】 试求室温下饱和 H_2S 溶液中 $c_{eq}(H^+)$、$c_{eq}(HS^-)$、$c_{eq}(S^{2-})$ 及 pOH(根据实验测定,室温下饱和 H_2S 溶液的浓度约为 0.10 $mol \cdot dm^{-3}$)。

解 H_2S 溶液存在二级电离:

第一级电离 $H_2S \rightleftharpoons H^+ + HS^-$ $K^\ominus_{a1} = 5.7\times10^{-8}$

第二级电离 $HS^- \rightleftharpoons H^+ + S^{2-}$ $K^\ominus_{a2} = 1.2\times10^{-15}$

溶液中氢离子主要来自第一级电离,所以,由第一级电离确定溶液中的氢离子相对浓度 $c^r_{eq}(H^+)$,设其值为 x,则

	H_2S	$\rightleftharpoons$	H^+	+	HS^-	$K^\ominus_{a1} = 5.7\times10^{-8}$
c^r_{int}	0.10		0		0	
c^r_{eq}	$0.10 - x \approx 0.1$		x		x	

所以

$$x^2/0.1 = K^\ominus_{a1}$$

$x = c^r_{eq}(H^+) = 7.5\times10^{-5}$,溶液中的 $c^r_{eq}(H^+) = c^r_{eq}(HS^-) = 7.5\times10^{-5}$,即 $c_{eq}(H^+) = c_{eq}(HS^-) = 7.5\times10^{-5}\ mol \cdot dm^{-3}$。

S^{2-} 由第二级电离产生,设其相对浓度为 y:

	HS^-	$\rightleftharpoons$	H^+	+	S^{2-}	$K^\ominus_{a2} = 1.2\times10^{-15}$
c^r_{eq}	7.5×10^{-5}		7.5×10^{-5}		y	

$[7.5\times10^{-5}\times y]/7.5\times10^{-5} = K^\ominus_{a2}$

$y = c^r_{eq}(S^{2-}) = K^\ominus_{a2} = 1.2\times10^{-15}$,溶液中 $c_{eq}(S^{2-}) = 1.2\times10^{-15}\ mol \cdot dm^{-3}$。

$c^r_{eq}(OH^-) = \dfrac{K^\ominus_w}{c^r_{eq}(H^+)} = \dfrac{1.0\times10^{-14}}{7.5\times10^{-5}} = 1.3\times10^{-10}$,溶液 $pOH = -\lg c^r_{eq}(OH^-) = 10.11$。

可见在饱和 H_2S 水溶液中,$c^r_{eq}(H^+) \gg 2c^r_{eq}(S^{2-})$,$c^r_{eq}(H^+)$ 由第一级电离决定,$c^r_{eq}(S^{2-})$ 在数值上近似等于第二级电离常数。

由此可以得出以下结论:

(1) 多元弱酸中,若 $K^\ominus_{a1} \gg K^\ominus_{a2} \gg K^\ominus_{a3}$(通常 $K^\ominus_{a1}/K^\ominus_{a2} > 10^2$),求 $c_{eq}(H^+)$ 时,可当作一元弱酸处理。

(2) 二元弱酸溶液中,酸根相对浓度在数值上近似地等于第二级电离常数,与酸的原始浓度关系不大。

4.6.4 酸碱电离平衡的移动及应用

酸碱电离平衡是一种化学平衡。在此,主要讨论溶液稀释和浓缩、盐效应、同离子效应对电离平衡的影响,最后介绍缓冲溶液。

1. 稀释和浓缩对电离平衡的影响

根据勒夏特列平衡移动原理,在改变溶剂(水)量而使总浓度改变时,如果除(作为溶剂、大量的)水外,其他物种在反应前后总粒子数不变,则平衡不受稀释(dilution)或浓缩(condensation)的影响;若其他物种粒子数改变,稀释将使平衡向生成其他物种总粒子数

多的方向移动，浓缩将使平衡向生成其他物种总粒子数少的方向移动。以下面几个反应为例：

$Ac^- + H_2O \rightleftharpoons HAc + OH^-$，正反应为(除溶剂水外)粒子数增多的反应，所以，稀释溶液时，平衡向右(正反应方向)移动。

$NH_4^+ + Ac^- + H_2O \rightleftharpoons NH_3 \cdot H_2O + HAc$，反应前后(除溶剂水外)粒子数不变，所以，等温稀释或浓缩溶液对平衡无影响。

对弱酸(HA)的电离过程：

$$HA + H_2O \rightleftharpoons H_3O^+ + A^-$$

稀释后平衡向电离方向移动，使弱电解质的电离度增大。从式(4.24)也可得到相同的结论。

2. 同离子效应

向HAc溶液中加入强电解质NaAc，由于NaAc在溶液中全部电离，溶液中c_{Ac^-}大大增加，从而使HAc的电离平衡向左移动，降低了HAc的电离度。这种由于向弱电解质溶液中加入具有共同离子的强电解质而使电离平衡向左移动，从而降低弱电解质电离度的现象，称为“同离子效应”(common ion effect)。

【例4.10】 向0.10 mol · dm^{-3}的HAc溶液中加入一定量固体NaAc，使溶液$[Ac^-]=1.0$ mol · dm^{-3}，试对比HAc溶液电离度的变化(HAc的$K_a^\ominus=1.74\times10^{-5}$)。

解 加入NaAc前，设HAc电离生成的H^+的相对浓度为x：

$$\begin{array}{lccccc} & HAc & \rightleftharpoons & H^+ & + & Ac^- \quad K_a^\ominus=1.74\times10^{-5} \\ c_{eq}^r & 0.10-x\approx0.10 & & x & & x \end{array}$$

$$\frac{x^2}{0.10}=K_a^\ominus=1.74\times10^{-5}$$

$x=c_{eq}^r(H^+)=1.34\times10^{-3}$，即$c_{eq}(H^+)=1.34\times10^{-3}$ mol · dm^{-3}。

$$pH=-\lg c_{eq}^r(H^+)=2.87$$

$$\alpha=\frac{x}{0.10}=\frac{1.34\times10^{-3}}{0.10}=1.34\%$$

加入NaAc后，$c_{Ac^-}=1.0$ mol · dm^{-3}，设HAc电离生成的H^+的相对浓度为y：

$$\begin{array}{lccccc} & HAc & \rightleftharpoons & H^+ & + & Ac^- \quad K_a^\ominus=1.74\times10^{-5} \\ c_{eq}^r & 0.10-y\approx0.10 & & y & & y+1.0\approx1.0 \end{array}$$

$$\frac{1.0\times y}{0.10}=K_a^\ominus=1.74\times10^{-5}$$

$y=c_{eq}^r(H^+)=1.74\times10^{-6}$，即$c_{eq}(H^+)=1.74\times10^{-6}$ mol · dm^{-3}。

$$pH=-\lg c_{eq}^r(H^+)=5.76$$

$$\alpha=\frac{y}{0.10}=\frac{1.74\times10^{-6}}{0.10}=0.0017\%$$

计算表明，加入NaAc后，溶液的电离度大大降低。

3. 盐效应

对于弱电解质的电离平衡：

$$HAc \rightleftharpoons H^+ + Ac^-$$

当加入与 Ac^- 无关的其他易溶盐(如 NaCl)时，弱电解质的电离平衡向电离的方向移动，从而增大了弱电解质的电离度。在弱电解质溶液中加入强电解质时，该弱电解质的电离度将会增大，这种效应称为“盐效应”(salt effect)。不仅盐可以产生盐效应，任何电解质都会或大或小地引起盐效应。实验测定表明，若 0.1 mol · dm^{-3} 的 HAc 溶液中含有 0.1 mol · dm^{-3} 的 NaCl，则 HAc 的电离度将由 1.34%提高到 1.7%。可见盐效应对电离度产生的影响。

显然，在产生同离子效应的同时，也会产生盐效应。但是同离子效应的影响远远超过盐效应。因此在计算时，可以只考虑同离子效应的影响，而不考虑盐效应的影响。

4. 缓冲溶液

先看下面的实验事实：298 K 时，纯水的 pH 为 7.0，但在向纯水中加入少量的酸或碱，pH 会发生显著变化。例如，在向 1 dm^3 纯水中滴加 2 滴(约 0.1 cm^3)1 mol · dm^{-3} 的 HCl 后，水溶液的 $[H^+] = (1 \times 0.1)/1000 = 1 \times 10^{-4}$ (mol · dm^{-3})，pH 由 7.0 改变为 4.0，减少了 3 个 pH 单位。若向 1 dm^3 纯水中滴加 2 滴(约 0.1 cm^3)1 mol · dm^{-3} 的 NaOH 后，水溶液的 $[OH^-] = 1 \times 10^{-4}$ mol · dm^{-3}，pH 将由 7.0 改变为 10.0。可见，水的 pH 随少量的酸、碱的加入而急剧地变化。

但是在向 0.1 mol · dm^{-3} 的 HAc 和 0.1 mol · dm^{-3} 的 NaAc 形成的 1.0 dm^3 混合溶液中加入 1.0 mol · dm^{-3} 的 HCl 溶液 0.1 cm^3 或 1.0 mol · dm^{-3} 的 NaOH 溶液 0.1 cm^3，溶液的 pH 几乎不变。

可见，滴加少量的 HCl 或 NaOH 溶液并不能改变 HAc-NaAc 混合溶液的 pH。像这种能够抵抗外加少量酸、碱或稀释，而本身 pH 不发生显著变化的现象，称为“缓冲作用”，这一溶液称为“缓冲溶液”(buffer solution)。弱酸及其盐(如 NaAc-HAc、$NaHCO_3$-H_2CO_3)、多元弱酸酸式盐及其次级盐(如 NaH_2PO_4-Na_2HPO_4、$NaHCO_3$-Na_2CO_3)、弱碱及其盐($NH_3 \cdot H_2O$-NH_4Cl)的水溶液都有缓冲作用。

下面以 NaAc-HAc 为例，推导弱酸-弱酸强碱盐(酸碱质子理论的弱酸及其共轭碱)构成的缓冲溶液中 H^+ 浓度和 pH 的计算公式。

设缓冲溶液中弱酸 HAc 的起始相对浓度为 $c^r_{酸}$，其盐 NaAc 的起始相对浓度为 $c^r_{盐}$，达到电离平衡时，溶液中的 H^+ 相对浓度为 $c^r_{eq}(H^+)$：

	HAc	$\rightleftharpoons$	H^+	+	Ac^-
c^r_{int}	$c^r_{酸}$		0		$c^r_{盐}$
c^r_{eq}	$c^r_{酸} - c^r_{eq}(H^+)$		$c^r_{eq}(H^+)$		$c^r_{盐} + c^r_{eq}(H^+)$

因为 $c^r_{酸} \gg c^r_{eq}(H^+)$，$c^r_{盐} \gg c^r_{eq}(H^+)$，所以 $c^r_{酸} - c^r_{eq}(H^+) \approx c^r_{酸}$，$c^r_{盐} + c^r_{eq}(H^+) \approx c^r_{盐}$，得

$$K^{\ominus}_a = \frac{[c^r_{盐} + c^r_{eq}(H^+)] \cdot c^r_{eq}(H^+)}{c^r_{酸} - c^r_{eq}(H^+)} \approx \frac{c^r_{盐} \cdot c^r_{eq}(H^+)}{c^r_{酸}}$$

$$c^{r}_{eq}(H^{+})=K^{\ominus}_{a}\cdot\frac{c^{r}_{酸}}{c^{r}_{盐}}$$

$$pH=pK^{\ominus}_{a}-\lg\frac{c^{r}_{酸}}{c^{r}_{盐}} \tag{4.28}$$

类似地，对于弱碱及其强酸弱碱盐(弱碱及其共轭酸)构成的缓冲体系：

$$c^{r}_{eq}(OH^{-})=K^{\ominus}_{b}\cdot\frac{c^{r}_{碱}}{c^{r}_{盐}}$$

$$pOH=pK^{\ominus}_{b}-\lg\frac{c^{r}_{碱}}{c^{r}_{盐}} \tag{4.29}$$

式(4.28)和式(4.29)称为“缓冲公式”。根据公式可以看到：

(1) 缓冲溶液的 pH 取决于两个因素，即 $K^{\ominus}_{a}$(或 $K^{\ominus}_{b}$)和$\frac{c^{r}_{酸}}{c^{r}_{盐}}\left(或\frac{c^{r}_{碱}}{c^{r}_{盐}}\right)$。

(2) 适当地稀释缓冲溶液时，由于 $c_{酸}$ 和 $c_{盐}$ 同等程度地减少，pH 基本保持不变；稀释过度，当弱酸电离度和盐的水解作用发生明显变化时，pH 才发生明显的变化。

在配制缓冲溶液、选择“缓冲对”物质时，首先应考虑所配制溶液的 pH 范围与要选择的弱酸的 $pK^{\ominus}_{a}$ 相近(或与弱碱的 $pK^{\ominus}_{b}$ 相近)的体系。例如，欲配制 pH=5.0 的缓冲溶液，选择 NaAc-HAc 体系是合适的，因为 HAc 的 $pK^{\ominus}_{a}=4.74$；而欲配制 pH=9.0 的缓冲溶液，可选用 $NH_3\cdot H_2O$-NH_4Cl 体系，因为 $NH_3\cdot H_2O$ 的 $pK^{\ominus}_{b}=4.74$，pH=9.26。在此基础上，再准确地计算$\frac{c_{酸}}{c_{盐}}$或$\frac{c_{碱}}{c_{盐}}$的比例。

最后，在配制缓冲体系时，必须注意所配制的缓冲液不应与反应物或生成物发生化学反应。尤其在配制医药用缓冲液时，还必须考虑溶液的毒性。例如，硼酸-硼酸盐缓冲液因为有毒，显然不能用作口服或注射用的缓冲液。缓冲溶液在工业、农业、生物学、医学、化学等不同领域都有重要作用。如许多化学反应必须在一定的 pH 范围内进行；人体血液必须维持 pH 在 7.4 左右，才能维持人体的正常生理活动；土壤必须保持在 pH=5.0～8.0，才适合农作物生长。

4.7 难溶强电解质的沉淀-溶解平衡
(Solubility equilibria of precipitation)

电解质可分为强电解质和弱电解质。强电解质按其在水溶液中的溶解度，又可以分为易溶强电解质和难溶强电解质。本节讨论难溶强电解质饱和溶液中存在的固体和水合离子间的沉淀-溶解平衡，即难溶强电解质水溶液中的多相离子平衡。

4.7.1 溶度积常数

绝对不溶的物质是没有的，固体无机物尤其如此。因为固态无机物大多数是离子键或强极性键化合物，它们在极性水分子的作用下，或多或少地会发生溶解。下面以 AgCl 为例，考虑沉淀和溶解这两个相反的过程及其平衡。

将 AgCl 放入水中，固体表面上的 Ag^+ 和 Cl^- 受水分子偶极作用，会部分地离开固体表面而进入溶液，这就是沉淀的溶解过程；与此同时，由于溶液中的 Ag^+ 及 Cl^- 随溶解过程不断增加，受到固体表面的正、负离子吸引，它们也可重新返回固体表面，这是沉淀的形成过程。在一定温度下，当沉淀与溶解速度相等时，就达到了 AgCl 的沉淀-溶解平衡。沉淀-溶解平衡是一种动态平衡，达到沉淀-溶解平衡状态的溶液即为该温度下 AgCl 的饱和溶液。AgCl(s)与 Ag^+(aq)及 Cl^-(aq)间存在的多相离子平衡可表示为

$$AgCl(s) \underset{\text{沉淀}}{\overset{\text{溶解}}{\rightleftharpoons}} Ag^+(aq) + Cl^-(aq)$$

根据平衡常数的定义，在一定温度下，上述反应的平衡常数为

$$K_{sp}^{\ominus}(AgCl) = c_{eq}^{r}(Ag^+) \cdot c_{eq}^{r}(Cl^-) = \frac{c_{eq}(Ag^+)}{c^{\ominus}} \cdot \frac{c_{eq}(Cl^-)}{c^{\ominus}}$$

式中，$c_{eq}^{r}(Ag^+)$和 $c_{eq}^{r}(Cl^-)$分别表示平衡时溶液中 Ag^+ 和 Cl^- 的相对浓度；$c^{\ominus}$为标准浓度($=1\ mol \cdot dm^{-3}$)；$K_{sp}^{\ominus}(AgCl)$称为 AgCl 的“溶度积常数”(solubility product constant)，简称“溶度积”，它是在一定温度下 AgCl 沉淀-溶解平衡的平衡常数。

再如，一定温度下，$PbCl_2$ 在水溶液中达到沉淀-溶解平衡时，Pb^{2+} 的相对浓度 $c_{eq}^{r}(Pb^{2+})$与 Cl^- 的相对浓度 $c_{eq}^{r}(Cl^-)$及 $PbCl_2$ 的溶度积 $K_{sp}^{\ominus}(PbCl_2)$之间存在下面的关系：

$$PbCl_2(s) \rightleftharpoons Pb^{2+}(aq) + 2Cl^-(aq)$$

$$K_{sp}^{\ominus}(PbCl_2) = c_{eq}^{r}(Pb^{2+}) \cdot [c_{eq}^{r}(Cl^-)]^2$$

普遍地，对于一定温度下，通式为 A_mB_n 的难溶强电解质溶液，达到沉淀-溶解平衡时：

$$A_mB_n(s) \rightleftharpoons mA^{n+}(aq) + nB^{m-}(aq)$$

$$K_{sp}^{\ominus}(A_mB_n) = (c_{A^{n+}}^{r})^m \cdot (c_{B^{m-}}^{r})^n \tag{4.30}$$

在式(4.30)中，$K_{sp}^{\ominus}(A_mB_n)$为该温度下 A_mB_n 的溶度积常数，$c^r(A^{n+})$和 $c^r(B^{m-})$分别为达到沉淀-溶解平衡时 A^{n+} 和 B^{m-} 的相对浓度：

$$c^r(A^{n+}) = \frac{c(A^{n+})}{c^{\ominus}} \qquad c^r(B^{m-}) = \frac{c(B^{m-})}{c^{\ominus}}$$

常温下一些难溶电解质的溶度积常数 $K_{sp}^{\ominus}$见附录 5。

由于多数难溶强电解质溶解是吸热过程，因此，一般来说，温度升高时，其溶度积常数 $K_{sp}^{\ominus}$增大。例如，298 K 时 $K_{sp}^{\ominus}(BaSO_4) = 1.08 \times 10^{-10}$，323 K 时 $K_{sp}^{\ominus}(BaSO_4) = 1.98 \times 10^{-10}$。

根据溶度积数据，可以计算不同难溶电解质的溶解度。在中学化学中，“溶解度”(solubility)是指溶液达到饱和状态时 100 g 溶剂中所能溶解的溶质的质量(g)。我们也可以用达到沉淀-溶解平衡(溶液饱和)时，溶液的浓度($mol \cdot dm^{-3}$)来表示溶解度。

设某难溶电解质 A_mB_n 的溶解度为 s($mol \cdot dm^{-3}$)，在不产生其他反应前提下，s mol 的 A_mB_n 将生成 ms mol 的 A^{n+} 及 ns mol 的 B^{m-}，因此，达到溶解平衡时 A^{n+} 与 B^{m-} 的浓度分别为 ms 和 ns：

$$A_mB_n(s) \rightleftharpoons mA^{n+}(aq) + nB^{m-}(aq)$$

平衡时的相对浓度为　　ms　　ns

$$c^r(A^{n+}) = ms \qquad c^r(B^{m-}) = ns$$

$$K_{sp}^{\ominus} = [c^{\ominus}(A^{n+})]^m \cdot [c^{\ominus}(B^{m-})]^n = m^m \cdot n^n \cdot s^{(m+n)}/(c^{\ominus})^{m+n} \tag{4.31}$$

式(4.31)表示溶解度 s 与溶度积常数 $K_{sp}^{\ominus}$ 的关系。

【例 4.11】 利用溶度积 $K_{sp}^{\ominus}$ 数据，计算常温下 AgCl、AgBr 和 AgI 的溶解度。

解 设 AgCl、AgBr 和 AgI 的溶解度分别为 s_1 mol·dm^{-3}、s_2 mol·dm^{-3} 和 s_3 mol·dm^{-3}。

$$AgCl(s) \rightleftharpoons Ag^+(aq) + Cl^-(aq)$$

溶解平衡时的相对浓度 c_{eq}^r　　s_1　　s_1

$$K_{sp}^{\ominus}(AgCl) = s_1^2 = 1.77\times10^{-10}$$

则

$$c^r(Ag^+) = c^r(Cl^-) = s_1 = \sqrt{1.77\times10^{-10}} = 1.33\times10^{-5}$$

AgCl 的溶解度为 1.33×10^{-5} mol·dm^{-3}。

同法，对 $AgBr(s) \rightleftharpoons Ag^+(aq) + Br^-(aq)$，$K_{sp}^{\ominus}(AgBr) = s_2^2 = 5.35\times10^{-13}$，则

$$c^r(Ag^+) = c^r(Br^-) = s_2 = \sqrt{5.35\times10^{-13}} = 7.31\times10^{-7}$$

AgBr 的溶解度为 7.31×10^{-7} mol·dm^{-3}。

对 $AgI(s) \rightleftharpoons Ag^+(aq) + I^-(aq)$，$K_{sp}^{\ominus}(AgI) = s_3^2 = 8.52\times10^{-17}$，则

$$c^r(Ag^+) = c^r(I^-) = s_3 = \sqrt{8.52\times10^{-17}} = 9.23\times10^{-9}$$

AgI 的溶解度为 9.23×10^{-9} mol·dm^{-3}。

从 AgCl 到 AgBr 和 AgI，溶度积常数逐渐减小：$K_{sp}^{\ominus}(AgCl)(1.77\times10^{-10}) > K_{sp}^{\ominus}(AgBr)(5.35\times10^{-13}) > K_{sp}^{\ominus}(AgI)(8.52\times10^{-17})$，溶解度也按照 AgCl($1.33\times10^{-5}$ mol·dm^{-3})到 AgBr(7.31×10^{-7} mol·dm^{-3})到 AgI(9.23×10^{-9} mol·dm^{-3})的顺序减小。

对于同类型的难溶电解质(如同为 AB 型的 AgCl、AgBr、AgI)，可以用 $K_{sp}^{\ominus}$ 直接比较它们的溶解度大小；但是，对于不同类型的难溶电解质(如 AB 型的 AgCl 及 A_2B 型的 $Ag_2Cr_2O_4$)，就不能直接从比较 $K_{sp}^{\ominus}$ 的大小来比较它们的溶解度大小，而应进行计算。

【例 4.12】 试利用 $K_{sp}^{\ominus}$ 数据比较 Ag_2CrO_4 及 AgCl 的溶解度大小。

解 见例 4.11，AgCl 的溶解度为 $s_1 = \sqrt{K_{sp}^{\ominus}(AgCl)} = \sqrt{1.77\times10^{-10}} = 1.33\times10^{-5}$，即 AgCl 的溶解度为 1.33×10^{-5} mol·dm^{-3}，设 Ag_2CrO_4 溶解度为 s_2：

$$Ag_2CrO_4 \rightleftharpoons 2Ag^+ + CrO_4^{2-}$$

溶解平衡时的相对浓度 c_{eq}^r　　$2s_2$　　s_2

则

$$K_{sp}^{\ominus}(Ag_2CrO_4) = (2s_2)^2\times s_2 = 4s_2^3 = 1.12\times10^{-12} \qquad s_2 = 6.54\times10^{-5}$$

Ag_2CrO_4 的溶解度为 6.54×10^{-5} mol·dm^{-3}。

可见，虽然 $K_{sp}^{\ominus}(AgCl)(1.77\times10^{-10}) > K_{sp}^{\ominus}(Ag_2CrO_4)(1.12\times10^{-12})$，但溶解度是 Ag_2CrO_4(6.54×10^{-5} mol·dm^{-3})大于 AgCl(1.33×10^{-5} mol·dm^{-3})，这是因为两种化

合物的组成类型不同。

由难溶电解质的溶解度，也可以计算难溶电解质的溶度积常数 $K_{sp}^{\ominus}$。

【例 4.13】 实验测定在 298 K 时，CaF_2 在纯水中溶解度为 1.10×10^{-3} mol · dm^{-3}，试求 CaF_2 的 $K_{sp}^{\ominus}$（设 CaF_2 离解过程不发生其他副反应）。

解
$$CaF_2(s) \rightleftharpoons Ca^{2+}(aq) + 2F^-(aq)$$

平衡时：$c(Ca^{2+})=1.10\times10^{-3}$ mol · dm^{-3}，$c(F^-)=2\times1.10\times10^{-3}$ mol · dm^{-3} $=2.20\times10^{-3}$ mol · dm^{-3}。

$$K_{sp}^{\ominus}=c^r(Ca^{2+})\times[c^r(F^-)]^2=1.10\times10^{-3}\times(2.20\times10^{-3})^2=5.32\times10^{-9}$$

4.7.2　溶度积规则

对于水溶液中的多相平衡 $A_mB_n(s) \rightleftharpoons mA^{n+}(aq)+nB^{m-}(aq)$，在任何条件下，反应自发方向可根据范特霍夫化学反应等温式判断：

$$\Delta_r G_m = \Delta_r G_m^{\ominus} + RT\ln Q$$

即

$$\Delta_r G_m = RT\ln \frac{Q}{K_{sp}^{\ominus}}$$

根据前面的定义，上式中的 Q 称为“反应商”。对沉淀-溶解平衡，它指某时刻溶液中离子相对浓度系数方次的乘积，故又称为“离子积”。

$$Q=\frac{c_{A^{n+}}^{m}\cdot c_{B^{m-}}^{n}}{(c^{\ominus})^{m+n}}$$

显然，对于多相平衡 $A_mB_n(s) \rightleftharpoons mA^{n+}(aq)+nB^{m-}(aq)$：

当 $Q=K_{sp}^{\ominus}$ 时，$\Delta_r G_m=0$，体系处于平衡状态；

当 $Q>K_{sp}^{\ominus}$ 时，$\Delta_r G_m>0$，反应向沉淀生成的方向进行；

当 $Q<K_{sp}^{\ominus}$ 时，$\Delta_r G_m<0$，反应向沉淀溶解的方向进行。

这一规则称为“溶度积规则”或“溶度积原理”，它是沉淀-溶解平衡方向性的判据。

4.7.3　同离子效应和盐效应对沉淀生成的影响

【例 4.14】 分别计算 Ag_2CrO_4 在纯水(1)、0.10 mol · dm^{-3} 的 $AgNO_3$ 溶液(2)及 0.10 mol · dm^{-3} 的 Na_2CrO_4 溶液(3)中的溶解度。

解　(1) 见例 4.12 计算结果，Ag_2CrO_4 在纯水中的溶解度 s_1 为 6.54×10^{-5} mol · dm^{-3}。

(2) 设在 0.10 mol · dm^{-3} $AgNO_3$ 中，Ag_2CrO_4 的溶解度为 s_2 mol · dm^{-3}，则

	$Ag_2CrO_4(s) \rightleftharpoons 2Ag^+(aq)$	+	$CrO_4^{2-}(aq)$
c_{int}^r	0.10		0
c_{eq}^r	$2s_2+0.10$		s_2

$$(2s_2+0.10)^2\times s_2=K_{sp}^{\ominus}(Ag_2CrO_4)=1.12\times10^{-12}$$

因为

$$2s_2+0.10\approx0.10$$

所以

$$s_2=\frac{K_{sp}^{\ominus}(Ag_2CrO_4)}{(0.10)^2}=1.1\times10^{-10}(mol\cdot dm^{-3})$$

在 0.10 $mol\cdot dm^{-3}$ $AgNO_3$ 中，Ag_2CrO_4 的溶解度 1.1×10^{-10} $mol\cdot dm^{-3}$。

(3) 设在 0.10 $mol\cdot dm^{-3}$ 的 Na_2CrO_4 中，Ag_2CrO_4 的溶解度为 s_3 $mol\cdot dm^{-3}$，则

$$Ag_2CrO_4(s) \rightleftharpoons 2Ag^+(aq) + CrO_4^{2-}(aq)$$

c_{int}^r	0	0.10
c_{eq}^r	$2s_3$	$s_3+0.10\approx0.10$

所以

$$(2s_3)^2\times0.10=K_{sp}^{\ominus}(Ag_2CrO_4)=1.12\times10^{-12}$$

$$s_3=\frac{\sqrt{\dfrac{K_{sp}^{\ominus}(Ag_2CrO_4)}{0.10}}}{2}=1.67\times10^{-6}(mol\cdot dm^{-3})$$

在 0.10 $mol\cdot dm^{-3}$ 的 Na_2CrO_4 中，Ag_2CrO_4 的溶解度 1.67×10^{-6} $mol\cdot dm^{-3}$。

可见，由于共同离子 Ag^+ 或 CrO_4^{2-} 的存在，Ag_2CrO_4 溶解度大大地低于在纯水中的溶解度。在与难溶电解质具有同离子的易溶强电解质溶液中，难溶电解质溶解度下降，这就是同离子效应对沉淀-溶解平衡的影响。

必须注意到，难溶电解质在水溶液中同时还受盐效应的影响。例如，AgCl 溶液中加入 KNO_3 固体，由于强电解质 KNO_3 的加入，难溶电解质 AgCl 的溶解度会有一定程度的增大，即发生"盐效应"。在上面的例子中，$AgNO_3$ 及 Na_2CrO_4 对 Ag_2CrO_4 沉淀也有盐效应，但这种盐效应对溶解度的影响是很小的，其影响与同离子效应的影响是不能相比的。

从化学平衡的概念出发，没有一个沉淀反应是绝对完全的。溶液的沉淀-溶解平衡总是存在的，且在一个确定的温度下，溶度积 $K_{sp}^{\ominus}$ 是一个常数。因此，不管加入的沉淀剂如何地过量，总会有极少的待沉淀离子残留在溶液中。但是由于一般分析天平只能称准到 10^{-4}g，所以在定量分析中，只要溶液中剩余的离子浓度小于等于 1×10^{-6} $mol\cdot dm^{-3}$ 时，就可以认为沉淀已经"完全"了。

4.7.4 沉淀的溶解

根据溶度积规则，要使沉淀溶解平衡向溶解方向移动，就必须减少该难溶盐饱和溶液中某一离子的浓度，使 $Q<K_{sp}^{\ominus}$。通常的途径包括以下两种。

1. 生成弱电解质

例如

$$Mg(OH)_2(s) \rightleftharpoons Mg^{2+}(aq)+2OH^-(aq)$$

加入酸(如 H^+ 或 NH_4^+)，都能使溶液中 OH^- 的浓度降低，使平衡向溶解方向移动。这是因为生成 H_2O 或 $NH_3\cdot H_2O$ 这样的弱电解质：

$$Mg(OH)_2(s)+2H^+(aq)\rightleftharpoons Mg^{2+}(aq)+2H_2O(l)$$

$$Mg(OH)_2(s)+2NH_4^+(aq)\rightleftharpoons Mg^{2+}(aq)+2NH_3\cdot H_2O(aq)$$

再如，$CaCO_3(s)$在盐酸溶液中的溶解反应也是利用了同一原理：

$$\begin{array}{l} CaCO_3(s)\rightleftharpoons Ca^{2+}(aq)+CO_3^{2-}(aq) \\ \qquad\qquad\qquad\qquad\qquad + \\ \qquad\qquad\qquad\qquad 2H^+(aq)\longrightarrow CO_2(g)+H_2O(l) \end{array}$$

2. 利用氧化-还原反应降低溶液中某一离子的浓度，使平衡向沉淀溶解方向转化

例如，CuS 不溶于 HCl，而溶于 HNO_3 中，就是由于下面的反应：

$$\begin{array}{l} 3CuS(s)\rightleftharpoons 3Cu^{2+}(aq)+3S^{2-}(aq) \\ \qquad\qquad\qquad\qquad\qquad + \\ \qquad\qquad\qquad 2NO_3^-(aq)+8H^+(aq)\longrightarrow 3S(s)+2NO(g)+4H_2O(l) \end{array}$$

即

$$3CuS(s)+2NO_3^-(aq)+8H^+(aq)\rightleftharpoons 3Cu^{2+}(aq)+3S(s)+2NO(g)+4H_2O(l)$$

由于 HNO_3 氧化 S^{2-} 为 S，降低了 S^{2-} 浓度，使平衡向溶解的方向移动。

以上这些反应都是利用加入与溶液中阳离子或阴离子发生化学反应的试剂，使沉淀溶解平衡向沉淀溶解的方向移动。这种把一个不能自发进行的反应和另一个易自发进行的反应结合，从而构成一个可以自发进行的反应，称为“反应耦合”(reaction coupling)。在化学实验和实际的化工生产中，这样的例子还有很多。

4.7.5 沉淀的转化

利用反应耦合还可以实现沉淀的转化。

例如，在含有 $PbSO_4$ 沉淀的饱和溶液中滴加 Na_2S 溶液，白色的 $PbSO_4$ 沉淀可转化为黑色的 PbS 沉淀：

$$\begin{array}{l} PbSO_4(s)\rightleftharpoons Pb^{2+}(aq)+SO_4^{2-}(aq) \\ \qquad\qquad\qquad\qquad + \\ \qquad\qquad\qquad S^{2-}(aq)\longrightarrow PbS(s) \end{array}$$

即

$$PbSO_4(s)+S^{2-}(aq)\rightleftharpoons PbS(s)+SO_4^{2-}(aq)$$

平衡常数的数值直接说明了该反应的趋势：

$$K^\ominus=\frac{c^r(SO_4^{2-})}{c^r(S^{2-})}=\frac{c^r(SO_4^{2-})\cdot c^r(Pb^{2+})}{c^r(S^{2-})\cdot c^r(Pb^{2+})}=\frac{K^\ominus(PbSO_4)}{K^\ominus(PbS)}=\frac{2.53\times10^{-8}}{8.0\times10^{-28}}=3.16\times10^{19}$$

再如，锅炉锅垢含大量 $CaSO_4$，若要除去，可用 Na_2CO_3 溶液将其转化为疏松而可溶于酸的 $CaCO_3$：

$$\begin{array}{l} CaSO_4(s)\rightleftharpoons Ca^{2+}(aq)+SO_4^{2-}(aq) \\ \qquad\qquad\qquad\qquad + \\ \qquad\qquad\qquad CO_3^{2-}(aq)\longrightarrow CaCO_3(s) \end{array}$$

即

$$CaSO_4(s)+CO_3^{2-}(aq)\rightleftharpoons CaCO_3(s)+SO_4^{2-}(aq)$$

$$K^\ominus=\frac{K^\ominus(CaSO_4)}{K^\ominus(CaCO_3)}=\frac{4.93\times10^{-5}}{2.8\times10^{-9}}=1.76\times10^4$$

本章教学要求

1. 理解实验平衡常数 K_c、K_p 与标准平衡常数 $K^\ominus$ 的意义及它们之间的区别和联系。

2. 熟练掌握有关化学平衡常数及转化率的计算。

3. 熟练掌握化学反应等温式的意义与应用，掌握运用 $\frac{Q}{K^\ominus}$ 判断过程自发进行方向的方法，熟练进行有关计算。

4. 理解应用化学反应等温式讨论浓度、压力改变对化学平衡影响的方法，理解应用化学反应等温式和吉布斯-亥姆霍兹方程讨论温度对化学平衡影响的方法，掌握有关计算。

5. 掌握平衡移动原理及其应用。

6. 了解难挥发非电解质稀溶液的通性。

7. 掌握酸碱质子理论的要点，认识共轭酸碱对。

8. 掌握电离常数和电离度的概念，理解处理一元酸碱、二元酸碱溶液酸碱度及 pH 和有关离子浓度的方法，熟练掌握有关计算。

9. 认识缓冲溶液的有关知识。

10. 掌握溶度积的概念，理解溶度积规则，熟练掌握有关计算。

11. 掌握酸碱平衡、沉淀-溶解平衡移动的原理，理解同离子效应、盐效应对这两类平衡的影响。

12. 认识通过反应耦合实现沉淀溶解和沉淀转化。

习　　题

1. 下列说法中正确的是：

(1) 转化率不随起始浓度改变。

(2) 生产水煤气的反应为 $C(s)+H_2O(g)\rightleftharpoons CO(g)+H_2(g)$，压力对这个平衡没有影响。

(3) 一种反应物的转化率随另一种反应物的起始浓度而变。

(4) 催化剂能改变反应历程，但不能改变反应的自由能变 $\Delta_r G_m^\ominus$。

(5) 平衡常数不随温度变化。

(6) 平衡常数随起始浓度不同而变化。

(7) 升高温度时，反应速率增大，其最主要的原因是增加了活化分子的百分数。

2. 在一个平衡体系中：

(1) 平衡浓度是否随时间变化而变化？

(2) 平衡浓度是否随起始浓度不同而变化？

(3) 平衡浓度是否随温度改变而变化？

(4) 平衡常数是否随起始浓度不同而不同?

(5) 转化率是否随起始浓度变化而变化?

3. 写出下列反应的平衡常数表达式:

(1) $CaCO_3(s) \rightleftharpoons CaO(s) + CO_2(g)$

(2) $CH_3COOH(aq) \rightleftharpoons CH_3COO^-(aq) + H^+(aq)$

(3) $LaPO_4(s) \rightleftharpoons La^{3+}(aq) + PO_4^{3-}(aq)$

(4) $MnO_4^-(aq) + 5Fe^{2+}(aq) + 8H^+(aq) \rightleftharpoons Mn^{2+}(aq) + 5Fe^{3+}(aq) + 4H_2O(l)$

(5) $[Fe(CN)_6]^{3-}(aq) \rightleftharpoons Fe^{3+}(aq) + 6CN^-(aq)$

4. 已知生产水煤气的反应 $C(s) + H_2O(g) \rightleftharpoons CO(g) + H_2(g)$ 在 1000 K 时的平衡常数 $K^\ominus = 1.00$,若于密闭的反应器中通入 1×10^5 Pa 的 $H_2O(g)$ 与足量的红热 C(s) 反应,求平衡时各气体的分压和 $H_2O(g)$ 的转化率。

5. 在 1000 K 时,测定反应 $SO_2(g) + \frac{1}{2}O_2(g) \rightleftharpoons SO_3(g)$ 的浓度平衡常数 $K_c = 16.8\ mol^{-0.5}\cdot dm^{1.5}$,试求该温度下反应 $2SO_3(g) \rightleftharpoons 2SO_2(g) + O_2(g)$ 的浓度平衡常数和分压平衡常数。

6. 合成氨的反应 $N_2(g) + 3H_2(g) \rightleftharpoons 2NH_3(g)$ 在某温度下达到平衡时,各组分浓度分别为:$c_{eq}(N_2) = 3.0\ mol\cdot dm^{-3}$, $c_{eq}(H_2) = 2.0\ mol\cdot dm^{-3}$, $c_{eq}(NH_3) = 4.0\ mol\cdot dm^{-3}$。

(1) 求该反应的平衡常数 K_c。

(2) 设起始时体系中只有 H_2 和 N_2,求 H_2 的起始浓度及转化率。

7. 假设所有参与反应的气体均为理想气体,根据附录 $\Delta_f G_m^\ominus$ 数据,计算反应 $2SO_2(g) + O_2(g) \rightleftharpoons 2SO_3(g)$ 在 298 K 时的平衡常数 $K^\ominus$。

8. 在 523 K 时,PCl_5 依下式分解建立平衡:

$$PCl_5(g) \rightleftharpoons PCl_3(g) + Cl_2(g)$$

(1) 在 2.00 dm^{-3} 的密闭容器中,加入 0.700 mol 的 PCl_5,平衡时 PCl_5 分解了 0.500 mol,求反应的平衡常数 K_c、K_p、$K^\ominus$ 及 $\Delta_r G_m^\ominus$。

(2) 若再往容器中加入 0.100 mol 的 Cl_2,PCl_5 的分解率将是多少?

9. 若已知某温度下:反应 $2H_2(g) + S_2(g) \rightleftharpoons 2H_2S(g)$ 的标准摩尔自由能变为 $\Delta_{r1} G_m^\ominus$,平衡常数为 $K_1^\ominus$;反应 $2Br_2(g) + 2H_2S(g) \rightleftharpoons 4HBr(g) + S_2(g)$ 的标准摩尔自由能变为 $\Delta_{r2} G_m^\ominus$,平衡常数为 $K_2^\ominus$。试确定在该温度下反应 $H_2(g) + Br_2(g) \rightleftharpoons 2HBr(g)$ 的标准摩尔自由能变和平衡常数各为多少。

10. 实验测定 298 K 时,$2NO_2(g) \rightleftharpoons 2NO(g) + O_2(g)$ 的 $K_c = 0.50\ mol\cdot dm^{-3}$,试确定以下情况下,反应的方向:

(1) $c(NO_2) = c(NO) = c(O_2) = 0.1\ mol\cdot dm^{-3}$

(2) $p(NO_2) = p(NO) = p(O_2) = 10^5$ Pa

11. 反应 $CaCO_3(s) \rightleftharpoons CaO(s) + CO_2(g)$ 在 973 K 时的平衡常数 $K^\ominus = 2.92\times10^{-2}$,1173 K 时的平衡常数 $K^\ominus = 1.04$,试由此计算该反应在 973 K 时的标准摩尔自由能变 $\Delta_r G_m^\ominus$ 和 1173 K 时的标准摩尔自由能变 $\Delta_r G_m^\ominus(1173\ K)$,及反应的标准摩尔焓变 $\Delta_r H_m^\ominus$ 和标准摩尔熵变 $\Delta_r S_m^\ominus$。

12. $NH_4HCO_3(s)$ 的分解反应为

$$NH_4HCO_3(s) \rightleftharpoons NH_3(g) + H_2O(g) + CO_2(g)$$

试根据附录 3 热力学数据,求该反应在 298 K 时的平衡常数 $K^\ominus$ 和达到平衡状态时体系的总压。

13. 在一定温度下反应 $N_2(g) + 3H_2(g) \rightleftharpoons 2NH_3(g)$ 达到平衡状态后,改变下列条件时,N_2 的转化率是否改变?如何改变?

(1) 压缩混合气体,使体系的体积缩小。

(2) 升高温度(结合附录 3 的标准生成焓数据判断)。

(3) 恒压下引入惰性气体。

(4) 恒容下引入惰性气体。

14. 按照从高到低的顺序排列下列液体的性质：

(1) 298 K 时的蒸气压：纯 H_2O，1.0 $mol \cdot kg^{-1}$ 的葡萄糖溶液，0.5 $mol \cdot kg^{-1}$ 的葡萄糖溶液。

(2) 凝固点：0.01 $mol \cdot dm^{-3}$ 的葡萄糖溶液，0.01 $mol \cdot dm^{-3}$ 的 NaCl 溶液，0.01 $mol \cdot dm^{-3}$ 的 CH_3COOH 溶液，0.01 $mol \cdot dm^{-3}$ 的 $MgSO_4$ 溶液。

15. 根据酸碱质子理论写出下列分子或离子的共轭酸或(和)共轭碱：

SO_4^{2-}，S^{2-}，PO_4^{3-}，NH_3，CN^-，ClO^-，OH^-，$H_2PO_4^{2-}$，NH_4^+，H_2CO_3

16. 已知 0.01 $mol \cdot dm^{-3}$ 的 HAc 溶液的电离度为 4.2 %，试求该温度下 HAc 的电离常数，并计算溶液中的 H^+ 浓度、pH 及 0.1 $mol \cdot dm^{-3}$ 的 HAc 溶液的电离度。

17. 计算 0.10 $mol \cdot dm^{-3}$ 的氨水溶液的 pH，若将该溶液稀释 1 倍，其 pH 变为多少？

18. H_2CO_3 分步电离，已知其电离常数 $K_{a1}^{\ominus}=4.31\times10^{-7}$，$K_{a2}^{\ominus}=5.61\times10^{-11}$。试据此求下面两个反应的电离常数，并求 0.1 $mol \cdot dm^{-3}$ Na_2CO_3 溶液的 pH。

$$CO_3^{2-}+H_2O \rightleftharpoons HCO_3^-+OH^-$$

$$HCO_3^-+H_2O \rightleftharpoons H_2CO_3+OH^-$$

19. 将 0.10 $mol \cdot dm^{-3}$ 的 HAc 与 0.10 $mol \cdot dm^{-3}$ 的 HCN 等体积混合，试求该混合溶液中的 Ac^- 浓度和 CN^- 浓度。

20. 计算下列三种情况下溶液的 pH。

(1) 0.2 $mol \cdot dm^{-3}$ 的 HAc 和 0.2 $mol \cdot dm^{-3}$ 的 NaAc 等体积混合形成 1.0 dm^{-3} 的混合溶液。

(2) 向(1)中混合溶液中滴加 1.0 $mol \cdot dm^{-3}$ 的 HCl 溶液 1.0 cm^3 后。

(3) 向(1)中混合溶液中滴加 1.0 $mol \cdot dm^{-3}$ 的 NaOH 溶液 1.0 cm^3 后。

21. 将浓度为 0.01 $mol \cdot dm^{-3}$ 的 $BaCl_2$ 溶液 20 cm^{-3} 与浓度为 0.02 $mol \cdot dm^{-3}$ 的 H_2SO_4 溶液 20 cm^{-3} 在强烈搅拌下与 960 cm^{-3} 的 H_2O 混合，试根据附录的溶度积常数数据，通过计算判断是否有 $BaSO_4$ 沉淀生成。

22. 已知 $Ba_3(PO_4)_2$ 的溶度积常数为 3.4×10^{-23}，仅考虑沉淀-溶解平衡，试求 $Ba_3(PO_4)_2$ 的溶解度($mol \cdot dm^{-3}$)及溶液中的 Ba^{2+} 浓度和 PO_4^{2-} 浓度。

23. 某溶液中的 Mg^{2+} 浓度为 0.10 $mol \cdot dm^{-3}$，试根据附录 5 的溶度积常数数据，求开始沉淀时溶液的 pH。

24. 根据附录 5 中的溶度积常数数据，计算在下列情况下 AgCl 的溶解度($mol \cdot dm^{-3}$)：

(1) 在 H_2O 中。

(2) 在 0.05 $mol \cdot dm^{-3}$ 的 $AgNO_3$ 溶液中。

(3) 在 0.01 $mol \cdot dm^{-3}$ 的 NaCl 溶液中。

(4) 在 0.01 $mol \cdot dm^{-3}$ 的 $CaCl_2$ 溶液中。

25. 定量化学分析认为当溶液中某种离子浓度小于 1.0×10^{-6} $mol \cdot dm^{-3}$ 时，该离子就完全沉淀了。已知某混合溶液中，Zn^{2+} 和 Fe^{3+} 的浓度均为 0.01 $mol \cdot dm^{-3}$，通过计算说明调节溶液的 pH 为什么范围的时候，可使 Fe^{3+} 完全沉淀而 Zn^{2+} 不沉淀。

(中山大学　梁宏斌)

第 5 章　物 质 结 构
(Structure of matter)

在第 2～4 章从宏观角度研究物质变化规律的基础上，本章将从微观角度论述原子结构、分子结构和晶体结构的相关理论①。

物质的内部结构决定其物理性质和化学性质，而物质的宏观性质又是其内部结构的反映。这种“结构-性质”的互相依存，是化学科学最重要的基本关系。学习和了解物质的微观结构知识，将为理解物质的宏观性质提供基本的理论基础。

本章首先简要回顾人类揭示“原子结构”秘密的一些里程碑，以帮助了解电子等微观粒子运动的特点；然后，提出量子力学对原子结构的简要描述及薛定谔方程，重点讨论原子核外电子的排布规律及元素周期表；在“原子结构”基础上，介绍化学键理论（离子键理论、共价键理论、金属键理论）与分子结构；简要介绍分子间作用力及氢键；最后讨论晶体结构。

5.1　原 子 结 构
(Atomic structure)

5.1.1　原子结构发现简史与微观粒子运动的特点*

古希腊的哲学家德谟克利特(Democritus)首次提出“原子”(atom)的概念，意思是“不能再被分割的质点”。

1808 年，英国教师道尔顿首次对“原子”做了具有科学性的论述，认为一切物质都是由不可见的、不可再分的原子组成的，同种类的原子在质量、形状和性质上都完全相同，不同种类的原子则不同。道尔顿的“原子论”解释了化学反应中各物质之间的定量关系。

1879 年，英国人克鲁科斯(W. Crookes)发现阴极射线。18 年后，英国科学家汤姆孙(图 5.1)证实阴极射线是带负电荷的粒子流，称之为“电子”(electron)，指出原子并非不可再分，而是包括带正电的部分和带负电荷的电子。

1911 年，卢瑟福(E. Rutherford)(图 5.2)利用 α 粒子，即 He^{2+} 轰击金箔，周围由涂有荧光物质 ZnS 的薄片包围，荧光物质遇到 α 粒子而发光，从而得知 α 粒子被散射后的位置；实验发现只有少量 α 粒子被弹回和散射(图 5.3)，证明原子内正电部分集中在原子中心很小的空间，命名为“原子核”(nucleus)；而电子是在核外，原子内大部分空间是空的。这就是卢瑟福的“有核原子模型”。

1913 年瑞典物理学家里德伯(J. R. Rydberg)在研究氢原子光谱(图 5.4)时，提出了氢原子光谱线波长与光谱能量之间关系的经验公式：

$$E = R_{\mathrm{H}}\left(\frac{1}{n_1^2} - \frac{1}{n_2^2}\right) \tag{5.1}$$

---

① 近年化学家提出了“超分子”概念，是一种大于一般分子的结构层次。

式中，E 为光的能量，单位为 J；里德伯常量(Rydberg constant)$R_H=2.179\times10^{-18}$ J；n_1 和 n_2 为正整数，$n_1<n_2$。此外，通过上述公式还可计算出氢原子光谱中紫外区的谱线是 $n_2=2、3、4、5、6$，$n_1=1$ 的计算结果；红外区的谱线是 $n_2=4、5、6$，$n_1=3$ 的计算结果。

图 5.1　汤姆孙

(J. J. Thomson，1856—1940)

图 5.2　卢瑟福

(E. Rutherford，1871—1937)

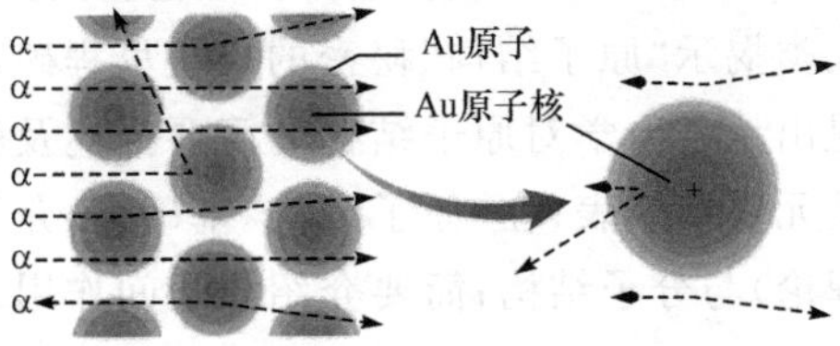

图 5.3　α 粒子散射实验

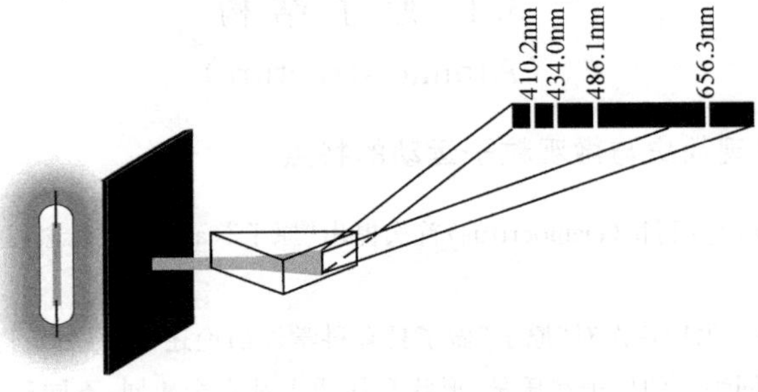

图 5.4　氢原子光谱实验示意图

氢原子光谱中紫外区、可见区、红外区的谱线根据其发现者的名字被命名为赖曼(Lyman)、巴尔末(Balmer)和帕邢(Paschen)线系，它们都很好地符合里德伯公式(5.1)。重要的是：任何元素的原子被激发时，都可以给出相应的原子光谱，而且每种元素的原子都有自己的特征光谱。因此，原子光谱与原子结构之间势必存在某种联系。

在进一步介绍原子结构理论前，必须先了解"光"和光的"波粒二象性"。"光"被认为是一种"电磁波"，光的干涉、衍射现象证明光具有波动性。20 世纪初发现"光电效应"(photoelectric effect)：当紫外线等波长较短的光线照射金属表面时，金属中便有电子逸出。这一实验结果无法用"光的波动性"解释，而是为光的粒子性提供了证据。

1900 年德国物理学家普朗克(M. Planck，1858—1947)提出"量子论"：微观领域能量是不连续的，物质吸收或放出的能量总是一个最小的能量单位的整数倍。这个最小的能量单位称为能"量子"(quantum)。1905 年爱因斯坦(A. Einstein，1879—1955)延伸了普朗克的量子理论，提出"光子学说"，认为光的最小单位是"光量子"，也称为"光子"(photon)，指出光具有"波粒二象性"："光"既是一种波，又是由"光子"这种粒子组成。光子的能量与光的频率成正比，与波长成反比：

$$E = h\nu = h\frac{c}{\lambda} \tag{5.2}$$

联立“相对论”中的质能联系定律公式 $E=mc^2$ 和 $P=mc$，得光量子动量 P：

$$P = \frac{h\nu}{c} = \frac{h}{\lambda} \tag{5.3}$$

式中，E 为光的能量，单位 J；ν 为频率，单位 Hz；λ 为波长，单位 m；h 为普朗克常量(Planck's constant)，$h=6.626\times10^{-34}$ J · s；真空中的光速 $c=2.998\times10^{8}$ m · s^{-1}。爱因斯坦的“光子学说”成功地解释了“光电效应”实验，说明“光子”既有“波动性”，又有“微粒性”。

【例 5.1】 计算氢原子光谱中 $n_2=3,4,5,6$，$n_1=2$ 时对应的光谱线波长是多少纳米。

解

$$E=R_H\left(\frac{1}{n_1^2}-\frac{1}{n_2^2}\right)=h\frac{c}{\lambda}$$

$$n_1=2 \quad n_2=3$$

$$2.179\times10^{-18}\text{J}\times\left(\frac{1}{2^2}-\frac{1}{3^2}\right)=6.626\times10^{-34}\text{J}\cdot\text{s}\times\frac{3\times10^{8}\text{m}\cdot\text{s}^{-1}}{\lambda}$$

$$\lambda=6.568\times10^{-7}\text{m}=656.8\text{ nm}$$

$$n_2=4,5,6$$

$$\lambda=486.5, 434.4, 410.5\text{ nm}$$

例 5.1 的计算值与实验值 656.3，486.1，434.0，410.2 nm 非常接近。

1913 年丹麦物理学家玻尔(N. Bohr，1885—1962) 在普朗克量子论、爱因斯坦光子论以及卢瑟福原子有核模型基础上，提出了原子结构的“行星式模型”，又称为“玻尔理论”。“玻尔理论”有三点假设：

(1) 电子不是在任意轨道上绕核运动，而是在一些符合一定条件的轨道上运动。轨道的能量为

$$E=-\frac{13.6}{n^2}\text{eV} \quad n=1,2,3,\cdots \tag{5.4}$$

$$E=-\frac{13.6}{n^2}\times1.602\times10^{-19}\text{J}=-\frac{2.179\times10^{-18}}{n^2}\text{J} \quad n=1,2,3,\cdots \tag{5.5}$$

这些轨道的角动量 P① 必须等于 $2h$(普朗克常量)的整数倍，满足公式：

$$P=mvr=n\frac{h}{2\pi} \quad n=1,2,3,\cdots \tag{5.6}$$

也就是说，轨道能量和角动量都是“量子化”的。符合这种量子化条件的“轨道”(orbit)称为“稳定轨道”。电子在稳定轨道运动时，既不吸收，也不辐射光子。

(2) 电子在离核越远的轨道上运动，其能量越大。所以在正常情况下，原子中的各电子总是尽可能地处在离核最近的轨道上，这时原子的能量最低，即处于“基态”(ground state)，相应的原子轨道半径称为玻尔半径($a_0=53$pm)。当原子从外界获得能量时，电子可以被激发到“激发态”(excited state)。

(3) 由于激发态的电子不稳定，可以跃迁到离核较近的轨道上，在跃迁的过程中以“光”的形式释放出能量，该能量等于相应的两轨道的能量差。

玻尔理论提出了原子轨道能量“量子化”的概念，成功地解释了氢原子光谱的实验结果并计算了氢原子的电离能。玻尔因此项成果荣获了 1922 年诺贝尔物理学奖。玻尔理论也可用于解释核外只有一个电子的类氢离子单电子体系，如 He^+，Li^{2+}，…轨道能量为

① 描述物体转动状态的量，又称动量矩。质点的质量为 m，速度为 v，它关于原点的矢径为 r，则质点对原点的角动量 $P=r\cdot mv$。

$$E = -\frac{Z^2}{n^2} \times 13.6\ \text{eV} \tag{5.7}$$

式中，Z 为核电荷数。

虽然玻尔理论开创性地引入了"量子化"的概念，但是由于没有彻底摆脱经典物理学和电磁学理论的束缚，量子化的条件是人为加入的，在讨论电子运动时仍采用宏观物体运动的固定轨道的概念，因此无法解释多电子原子光谱及单电子体系光谱的精细结构。

1924 年，年轻的法国物理学家德布罗意(L. de Bröglie)提出了电子等"实物粒子"像"光子"一样，也具有"波粒二象性"的假设。1927 年，美国物理学家戴维孙(C. J. Davisson)及革末(L. H. Germer)做的"电子衍射"实验证实了德布罗意的假设，他们发现让一束电子流加速并通过金属箔或晶体粉末时(晶体中质点是按一定方式排列的，因此相当于一个光栅)，电子像光波一样地发生衍射和干涉，在投射屏幕上出现明暗相间的衍射环纹(图 5.5)，而且电子波长服从德布罗意关系式

$$\lambda = \frac{h}{P} = \frac{h}{mc} \tag{5.8}$$

式中，h 为普朗克常量；P 为动量；m 为物质质量；c 为运动速率。德布罗意关系式的重要性在于把描述"波动性"的波长 λ 与描述"微粒性"的动量 P 联系起来，指出微观粒子运动具有"波粒二象性"。可以想像：如果电子一粒一粒地通过金属箔或晶体粉末，我们将无法预知它到达投射屏的具体位置；然而，大量电子形成的电子流却形成衍射环纹，这说明电子的运动必须用"统计规律"来描写。此后又发现质子射线、中子射线和原子射线这些实物粒子也可以发生衍射，从而证实了微观粒子的确具有波动性。

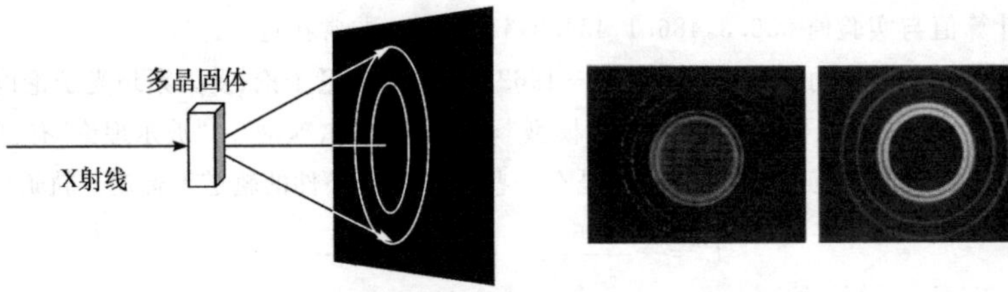

图 5.5　X 射线通过铝箔得到波的衍射条纹

1927 年，德国物理学家海森堡(W. Heisenberg)提出"测不准原理"(uncertainty principle)：微观粒子运动时，位置的测量偏差 Δx 与 动量的测量偏差 ΔP 乘积不小于$\frac{h}{4\pi}$。

$$\Delta x \cdot \Delta P \geqslant \frac{h}{4\pi} \tag{5.9}$$

这说明微观粒子运动的不确定性。然而，经典力学认为：Δx 和 ΔP 可以同时很小。

综上所述，可知**微观粒子(光子、电子、质子、中子等)的运动**不再符合描述宏观物体运动的经典力学定律和经典电磁理论，而是具有以下特点：

(1) **波粒二象性**，这是微观粒子运动区别于宏观物体的基本特点。

(2) **能量"量子化"**，而不是连续变化，这是因为微观粒子稳定态的每一个能级都是一定的。

(3) **只能以"统计规律"认识**，不能预知个别粒子的行为。

这样，完全不同于经典力学的新学说——"量子力学"诞生，并被用于描述微观粒子(包括原子核外电子)的运动规律。

5.1.2　量子力学对原子结构的描述及薛定谔方程

1. 薛定谔方程

1926 年，奥地利物理学家薛定谔(E. Schrödinger)(图 5.6)提出描述电子运动的一个

二阶偏微分方程，称为“薛定谔方程”(Schrödinger equation)：

$$\frac{\partial^2\psi}{\partial x^2}+\frac{\partial^2\psi}{\partial y^2}+\frac{\partial^2\psi}{\partial z^2}+\frac{8\pi^2 m}{h^2}(E-V)\psi=0 \qquad (5.10)$$

式中，ψ 为描写核外电子运动状态的一种数学函数式，称为“波函数”(wave function)；m 为电子质量，单位 kg；h 为普朗克常量；E 为电子总能量(动能、势能总和)，单位 J；V 是电子势能，单位 J；π 为圆周率。薛定谔因此项开创性研究而获得了 1933 年诺贝尔物理学奖。

图 5.6　薛定谔
(E. Schrödinger, 1887—1961)

2. 四个量子数

薛定谔方程是量子力学最重要的方程。解薛定谔方程已超出本课程的要求，以下将介绍求解薛定谔方程过程的简要思路和得到的主要结论，并用于解释原子结构问题。

薛定谔方程的数学解很多，但只有少数数学解是符合电子运动状态的，称为“合理解”。解薛定谔方程，就是求出波函数 ψ 的合理解(数学表达式)以及每一个波函数对应的能量。为解薛定谔方程，最初选择最简单的单电子原子，即氢原子的核外电子运动状态求方程的合理解；在解方程过程中，引入了 3 个参数，称为“量子数”(quantum number)，即 n、l、m 来作为条件限制。波函数 ψ 在这三个量子数的限制下得到的合理解称为“原子轨道”(orbital，区别于玻尔的轨道 orbit)，一组合理的三个量子数对应一个原子轨道。由于原子轨道是由这三量子数确定，所以首先介绍这三个量子数。

主量子数(principal quantum number)$\boldsymbol{n}$ 是用来描述原子中电子出现概率最大区域离核的远近，或者说它是决定电子层序的。主量子数的 n 的取值为 1，2，3，…正整数。例如，$n=1$ 代表电子离核的平均距离最近的一层，即第一电子层；$n=2$ 代表电子离核的平均距离比第一层稍远的一层，即第二电子层，以此类推。可见，n 越大，电子离核的平均距离越远。在光谱学上常用大写字母 K、L、M、N、O、P、Q 代表“电子层”。n 取值与电子层对应关系见表 5.1。主量子数 n 是决定电子能量高低的主要因素，对单电子体系来说，n 值越大，电子的能量越高。单电子原子体系轨道能量只由主量子数 n 决定：

$$E=-\frac{Z^2}{n^2}\times 13.6\ \text{eV} \qquad (5.11)$$

式中，n 为主量子数(对比：玻尔理论中 n 为原子轨道能级)；Z 为核电荷数(原子序数)。

表 5.1　主量子数与电子层关系

n	1	2	3	4	5	6	7
电子层	K	L	M	N	O	P	Q

但是对多电子原子来说，核外电子的能量除了同主量子数 n 有关以外，还与角动量量子数 l 有关。

角动量量子数(angular momentum quantum number)$\boldsymbol{l}$ 简称“角量子数”。角量子数决定电子空间运动的角动量以及原子轨道或电子云的形状，在多电子原子中与主量子数 n 共同决定电子能量高低。对于一定的 n 值，l 可取值是 0、1、2、3、4、…、$(n-1)$，共 n 个值,用光谱学符号相应表示为 s、p、d、f、g、…角量子数 l 表示电子的亚层或能级。一个 n 值可以有多个 l 值,如 $n=3$ 表示第三电子层(M 层),l 值可有 0、1、2,分别表示 3s、3p、3d 亚层,相应的电子分别称为 3s、3p、3d 电子。它们的原子轨道和电子云的形状分别为球形对称、哑铃形、四瓣梅花形。单电子原子中,$E_{3s}=E_{3p}=E_{3d}$;然而,对于多电子原子来说,这三个亚层能量为 $E_{3d}>E_{3p}>E_{3s}$,即 n 值一定时,l 值越大,亚层能级越高。在描述多电子原子系统的能量状态时,需要用 n 和 l 两个量子数。角动量量子数与电子亚层及相应原子轨道形状关系见表 5.2。

表 5.2　角动量量子数与电子亚层及相应原子轨道形状关系

l	0	1	2	3
符号	s	p	d	f
形状	球形	哑铃形	花瓣形	(复杂)

磁量子数(magnetic quantum number)$\boldsymbol{m_l}$ 描述原子轨道或电子云在空间的伸展方向。m_l 取值受角量子数 l 取值限制,对于给定的 l 值,$m_l=0$、±1、±2、…、$\pm l$,共 $2l+1$ 个值。这些取值意味着在角量子数为 l 的电子亚层共有 $2l+1$ 个取向,而每一个取向相当于一个"原子轨道"。例如,$l=2$ 的 d 亚层,$m_l=0$、±1、±2,共有 5 个取值,表示 d 亚层有伸展方向不同的 5 个原子轨道,即 d_{xy}、d_{xz}、d_{yz}、$d_{x^2-y^2}$、d_{z^2}。同一亚层(n 和 l 都相同)而伸展方向不同的原子轨道称为"等价轨道"或"能量简并轨道",因为它们的能量相同。磁量子数取值及对应轨道符号和轨道数见表 5.3。

表 5.3　磁量子数取值及对应轨道符号和轨道数

l	m_l	轨道符号	轨道数
0	0	s	1
1	+1,0,−1	p_x,p_z,p_y	3
2	+2,+1,0,−1,−2	d_{xy},d_{xz},d_{yz},d_{z^2},$d_{x^2-y^2}$	5
3	+3,+2,+1,0,−1,−2,−3	f(7 个)	7

自旋量子数(electron spin quantum number)$\boldsymbol{m_s}$ 由薛定谔方程求解,只能得到三个量子数 n、l 和 m_l。但是根据在强磁场下精密测定的多电子原子光谱实验,发现大多数谱线其实都是由靠得很近的两根谱线所组成。原因是核外运动的电子除了绕核运动以外,还做自旋运动;电子有两种不同方向的自旋(图 5.7),它决定了电子自旋角动量在外磁场方向上的分量。由此,引入第四个量子数"自旋量子数"m_s,它表示表示电子自旋运动有两种相反的方向;m_s 取值为 $+\dfrac{1}{2}$ 或 $-\dfrac{1}{2}$。通常用向上和向下的箭头来代表,即"↑"代表某方向自旋的电子,则"↓"代表相反方向自旋的电子。

总之,**$\boldsymbol{n}$、$\boldsymbol{l}$ 和 $\boldsymbol{m_l}$ 三个量子数确定一个原子轨道**,可标记为"ψ_{n,l,m_l}";在单电子原子体系中,主量子数 n 决定电子能量,而在多电子原子体系中,n 和 l 共同决定电子能量;**$\boldsymbol{n}$、$\boldsymbol{l}$、$\boldsymbol{m_l}$ 和 $\boldsymbol{m_s}$ 四个量子数决定电子运动状态**。根据四个量子数的取值规则,每一电子层中最多可容纳电子总数为 $2n^2$,如表 5.4 所示。

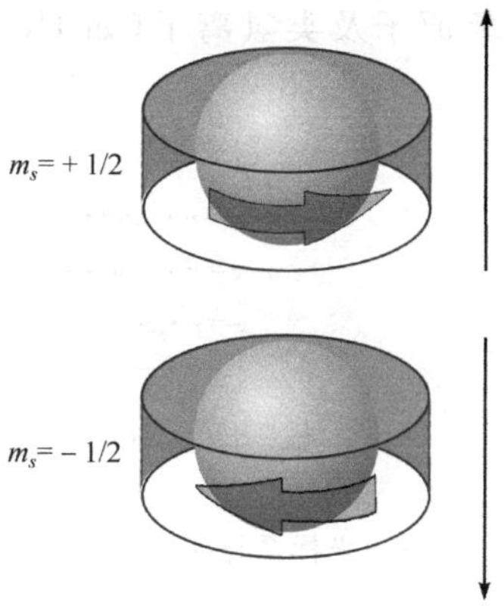

图 5.7　自旋量子数取值

表 5.4　主量子数与轨道数和容纳电子数关系

n	原子轨道符号	原子轨道数	m_s	容纳电子总数
1	1s	1		2
2	2s $2p_x$ $2p_y$ $2p_z$	4		8
3	3s $3p_x$ $3p_y$ $3p_z$ $3d_{xy}$ $3d_{xz}$ $3d_{yz}$ $3d_{x^2-y^2}$ $3d_{z^2}$	9	±1/2	18
4	4s $4p_x$ $4p_y$ $4p_z$ $4d_{xy}$ $4d_{xz}$ $4d_{yz}$ $4d_{x^2-y^2}$ $4d_{z^2}$ 7 个 f 轨道	16		32

3. 波函数 ψ_{n,l,m_l} 相关图形

波函数 $\psi_{n,l,m_l}(x,y,z)$ 就是原子轨道，原子轨道就是波函数，它既是一个数学函数式，又表示某一几何空间（"轨道"）。为求解薛定谔方程，需要把自变量分离，根据图 5.8 直角坐标系与球坐标系相互变换关系，将波函数由直角坐标系表达式 $\psi_{n,l,m_l}(x,y,z)$ 转换为球坐标系表达式 $\psi_{n,l,m_l}(r,\theta,\phi)$，并将与 r 有关的部分和与 θ 和 ϕ 有关的部分分别提取出来，使波函数表达式转换为以下形式：

$$\psi_{n,l,m_l}(r,\theta,\phi)=R_{n,l}(r)\cdot Y_{l,m_l}(\theta,\phi)$$

$\psi_{n,l,m_l}(r,\theta,\phi)$ 称为"空间波函数"，它与 n、l 和 m_l 3 个量子数有关；而 $R_{n,l}(r)$ 表示波函数 $\psi_{n,l,m_l}(r,\theta,\phi)$ 的径向部分（也称"径向波函数"）；$Y_{l,m_l}(\theta,\phi)$ 表示波函数 $\psi_{n,l,m_l}(r,\theta,\phi)$ 的角度部分（也称"角度波函数"）。$R_{n,l}(r)$ 受 n、l 限制，表示波函数随电子到核的距离 r 发生的变化，而与 θ 和 ϕ 无关；$Y_{l,m_l}(\theta,\phi)$ 受 l、m_l 限制，表示波函数随 θ 和 ϕ 发生的

变化，而与 r 无关。表 5.5 为氢原子及类氢离子(如 He^+、Li^{2+} 等)的一些波函数表达式①。

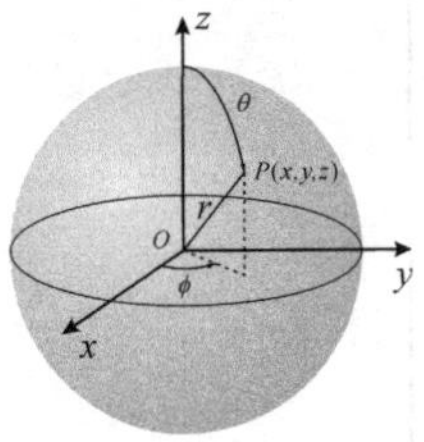

$$x=r\cdot\sin\theta\cdot\cos\phi$$
$$y=r\cdot\sin\theta\cdot\sin\phi$$
$$z=r\cdot\cos\phi$$
$$r=\sqrt{x^2+y^2+z^2}$$
$$0\leqslant\phi\leqslant360^\circ\quad 0\leqslant\theta\leqslant180^\circ$$

图 5.8　直角坐标系与球坐标系相互变换

由于波函数 $\psi_{n,l,m_l}(r,\theta,\phi)$ 的复杂性，需从不同角度图解，下面介绍与波函数有关的几种图形。

1) 波函数(原子轨道)的角度分布图

把不同 θ 和 ϕ 值代入具体的角度波函数 $Y_{l,m_l}(\theta,\phi)$ 表达式中，得到不同的空间点，得到波函数(原子轨道)的角度分布图。图 5.9 给出氢原子波函数角度分布图。$Y_{0,0}(\theta,\phi)$ 即 s 轨道，是半径为 $\sqrt{\frac{1}{4\pi}}$ 的球面；$Y_{1,1}(\theta,\phi)$、$Y_{1,-1}(\theta,\phi)$、$Y_{1,0}(\theta,\phi)$ 图为哑铃形，因为其波函数最大值及最小值分别出现在 x、y、z 轴上，所以相应的原子轨道符号以 p_x、p_y、p_z 表示；$Y_{2,m_l}(\theta,\phi)$($m_l=0,\pm1,\pm2$)图为花瓣形曲面，共有 5 个空间指向，原子轨道符号分别

① 表 5.5 中，$a_0=52.92$ pm，称为“玻尔半径”；Z 为核电荷数。径向波函数表达式规律为：n、l 都相同，则径向波函数表达式相同。例如，$2p_x$、$2p_y$、$2p_z$ 相同；$3p_x$、$3p_y$、$3p_z$ 相同；5 个 3d 轨道的也相同等。角度波函数表达式规律为：l、m_l 都相同，则角度波函数表达式相同。例如，1s、2s、3s、…相同；$2p_x$、$3p_x$、$4p_x$、…相同。

表 5.5　氢原子及类氢离子的一些波函数表达式

轨道符号	波函数	$R_{n,l}(r)$	$Y_{l,m_l}(\theta,\phi)$
1s	$\psi_{1,0,0}$	$2\sqrt{\frac{Z}{a_0^3}}\cdot e^{-Zr/a_0}$	$\sqrt{\frac{1}{4\pi}}$
2s	$\psi_{2,0,0}$	$2\sqrt{\frac{Z}{8a_0^3}}\left(2-\frac{Zr}{a_0}\right)e^{-Zr/(2a_0)}$	$\sqrt{\frac{1}{4\pi}}$
$2p_x$	$\psi_{2,1,1}$	$\sqrt{\frac{Z^3}{24}}\left(\frac{Zr}{a_0}\right)e^{-Zr/(2a_0)}$	$\sqrt{\frac{3}{4\pi}}\sin\theta\cos\phi$
$2p_y$	$\psi_{2,1,-1}$	$\sqrt{\frac{Z^3}{24}}\left(\frac{Zr}{a_0}\right)e^{-Zr/(2a_0)}$	$\sqrt{\frac{3}{4\pi}}\sin\theta\sin\phi$
$2p_z$	$\psi_{2,1,0}$	$\sqrt{\frac{Z^3}{24}}\left(\frac{Zr}{a_0}\right)e^{-Zr/(2a_0)}$	$\sqrt{\frac{3}{4\pi}}\cos\theta$
3s	$\psi_{3,0,0}$	$\frac{2}{27}\sqrt{\left(\frac{Z}{3a_0}\right)^3}\left[27-\frac{18Zr}{a_0}+2\left(\frac{Zr}{a_0}\right)^2\right]e^{-Zr/(3a_0)}$	$\sqrt{\frac{1}{4\pi}}$

标记为 d_{xy}、d_{xz}、d_{yz}、$d_{x^2-y^2}$、d_{z^2}。注意图上标出的“＋”、“－”代表角度波函数 Y 值在不同区域内正、负号，并非正、负电荷。波函数(原子轨道)角度分布图可以帮助我们判断原子轨道对称性是否匹配、可否形成共价键。

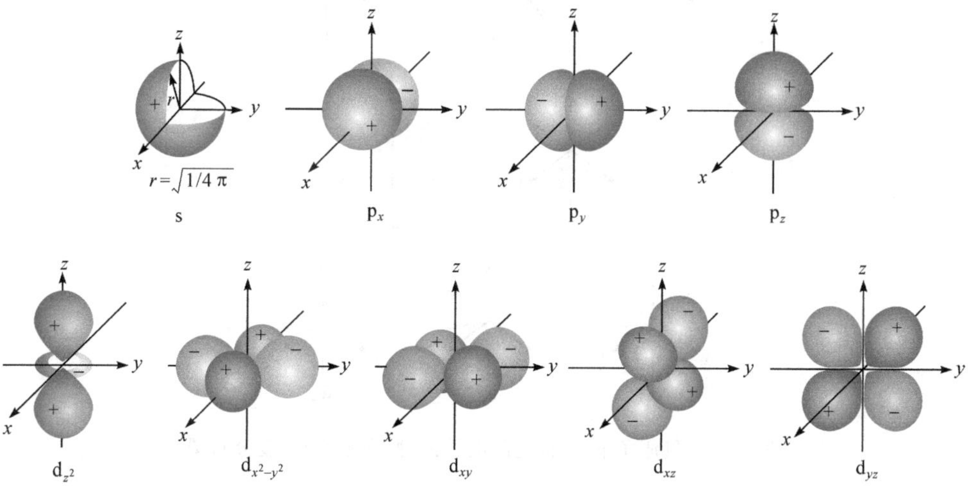

图 5.9　氢原子波函数角度分布示意图

2）电子云角度分布图

原子中的电子总是按一定的概率分布在核外空间各处，相应的波函数绝对值平方 $|\psi|^2$ 则代表电子在空间某点 (x,y,z) 波的强度。根据电子衍射实验，波函数的强度与电子在空间 (x,y,z) 点处单位体以内出现的概率密度成正比，因此 $|\psi|^2$ 就代表电子在核外空间出现的概率密度，即在单位体积内出现的概率。通常形象地将电子在空间的概率密度分布 $|\psi|^2$ 称为电子云。设核外空间微体积为 $d\tau$，则 $|\psi|^2 d\tau$ 则表示电子在此微体积空间出现的概率。

因为 $\psi_{n,l,m_l}(r,\theta,\phi)=R_{n,l}(r)\cdot Y_{l,m_l}(\theta,\phi)$，所以 $\psi^2_{n,l,m_l}(r,\theta,\phi)=R^2_{n,l}(r)\cdot Y^2_{l,m_l}(\theta,\phi)$。这就是说，可以分别用 $R^2_{n,l}(r)$-r 或 $Y^2_{l,m_l}(\theta,\phi)$-(θ,ϕ) 作图，即从径向或角度两个侧面来表示电子云在空间的分布规律。

电子云角度分布图即 $Y^2_{l,m_l}(\theta,\phi)$-(θ,ϕ) 图，表示电子在核外空间某处出现的概率密度随方向 (θ,ϕ) 发生的变化，与 r 数值大小无关。$Y^2_{l,m_l}(\theta,\phi)$-(θ,ϕ) 图是在 $Y_{l,m_l}(\theta,\phi)$-(θ,ϕ) 图基础上画出来的，图形相似，但是因为 $Y\leqslant 1$，Y^2 图比 Y 图“瘦小”一些。同时 Y^2 图均为正号，而 Y 图有＋、－号。图 5.10 给出了氢原子 s 轨道的 $Y^2_{(0,0)}$-(θ,ϕ) 图和 $Y_{(0,0)}$-(θ,ϕ) 图。

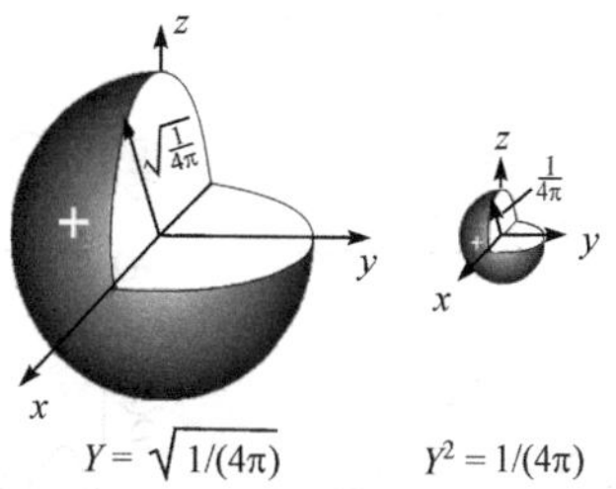

图 5.10　氢原子 s 轨道的 $Y^2_{(0,0)}$-(θ,ϕ) 图和 $Y_{(0,0)}$-(θ,ϕ) 图

图 5.11 给出了氢原子 p、d 轨道的电子云(概率密度)角度分布图。

3）电子云径向分布函数图

定义电子云“径向分布函数”$D(r)=4\pi r^2 R^2_{n,l}(r)$。由于 $R^2_{n,l}(r)$ 表示半径为 r 的球面

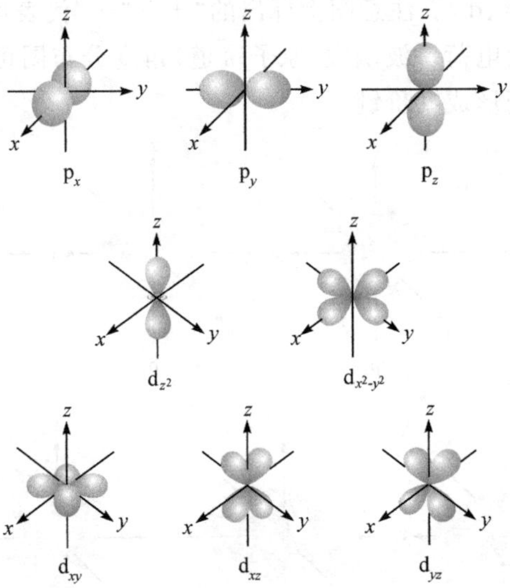

图 5.11　氢原子 p 、d 轨道的电子云(概率密度)角度分布图

内电子出现的概率密度,故 $D(r)$表示半径为 r 的球面内电子出现的概率,而 $D(r)\cdot dr$ 则表示从 r 到 $r+dr$ 在空间形成的球壳层内电子出现的概率,即“径向概率”。把不同 r 值代入 $D(r)$函数式,得电子云径向分布函数图[$D(r)$-r 图]。$D(r)$-r 图表示半径为 r 的球面上电子出现的概率随 r 的变化。图 5.12 给出氢原子电子云径向分布函数示意图,由图可见,$D(r)$-r 图都有极大值。例如,1s 电子在离核最近处出现的概率密度有极大值,但在相应的 $D(r)$-r 图中,由于离核最近处 $4\pi r^2$ 趋近于 0,所以 $D(r)$值趋近于零;当 r 增大时,$4\pi r^2$ 增大,但 $R_{n,l}^2(r)$在迅速地减少,这两种因素的作用就产生极大值。对于氢原子的基态,1s 态的 $D(r)$极大值处于玻尔半径 $r=52.9$ pm 处。对于氢原子各种轨道,显示 $D(r)$最大值的峰数为$(n-l)$,但主峰离核随 n 增大而远离核;对于同一 n 值,l 值越大,峰数越少,主峰离核越近,如氢原子的 4s、4p、4d 和 4f 轨道。从 $D(r)$-r 图我们出可以看到,

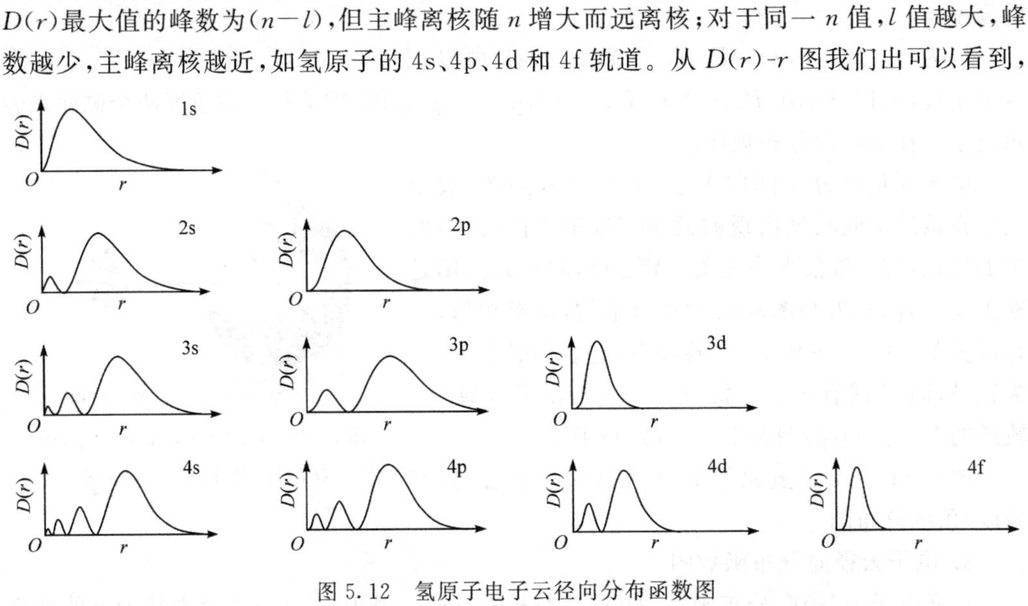

图 5.12　氢原子电子云径向分布函数图

不管是什么电子云，离核附近都有一定的概率分布，但是 s 态比 p 态和 d 态更多地在离核附近有较大的出现概率。这就表明外层电子有深入内层空间、钻入内层的倾向。因此，$D(r)$-r图反映了核外电子概率分布的层次及穿透性，显示电子运动的“波动性”。常用它来讨论多电子原子轨道的能量效应，即“屏蔽效应”和“钻穿效应”。

4）电子云空间分布图（电子云总体分布图，Ψ^2 图）

把 $R_{n,l}^2(r)$-r 和 $Y_{l,m_l}^2(\theta,\phi)$-(θ,ϕ)两种图组合起来，得到 Ψ^2 图，即“电子云空间分布图”。它用颜色的深浅程度或者小黑点的疏密来表示电子在核外空间出现的概率密度的大小，是一种近似的图像，形象地表示出电子云的形状和大小。图 5.13 表示氢原子 1s、2s、3s 电子云空间分布图。

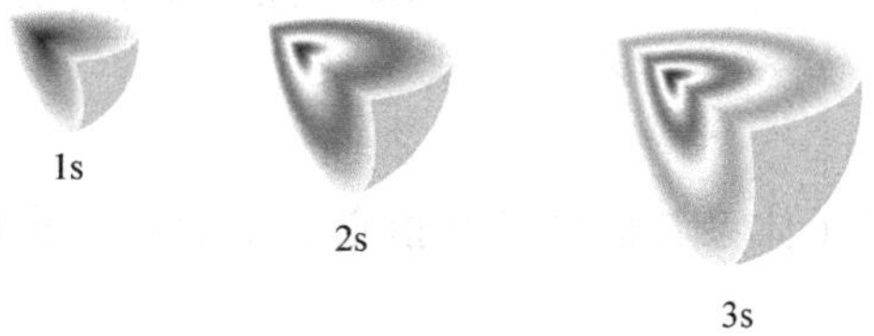

图 5.13　1s、2s、3s 电子云空间分布图(1/4 部分)

5.1.3　原子核外电子排布及元素周期表

1. 单电子原子核外电子能级

氢原子和类氢离子的单电子体系（H、He^+、Li^{2+}、Be^{3+} 等），原子轨道的能量（电子能量）E 只与主量子数 n 有关，即同一电子层的各亚层轨道能量相同。能量相同的轨道称为“能量简并轨道”，简称为“简并轨道”，一组简并轨道代表一个“能级”(energy level)。图 5.14 表示出类氢体系核外电子能级。当电子填充在最低能级 1s 轨道上时，体系能量最低最稳定，称为“基态”(ground state)；当电子吸收某种能量，跃迁到更高能级时，体系

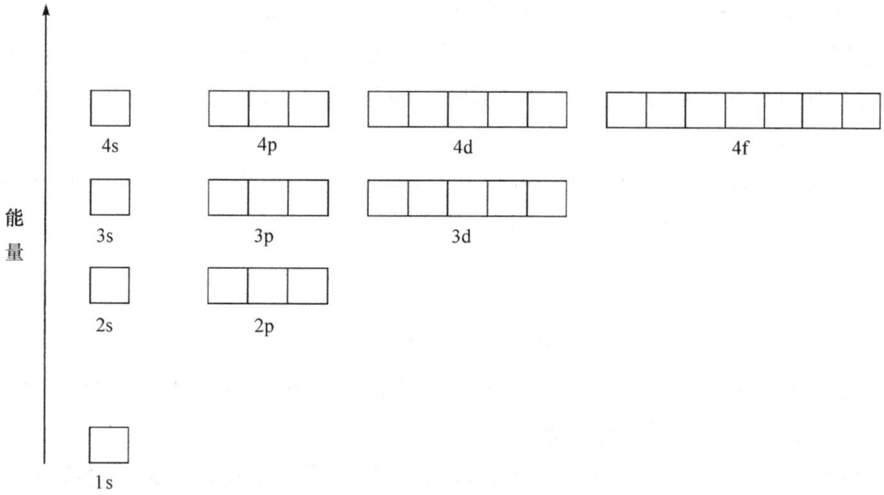

图 5.14　单电子原子体系核外电子能级示意图

不稳定，称为“激发态”(excited state)。处于较高激发态上电子跃迁回能量较低的激发态或基态时，则释放出能量，对于氢原子，前面已经讨论，结果得到氢原子发射光谱。

2. 多电子原子核外电子能级

1) 屏蔽效应(shielding effect)

多电子原子体系，核外电子除了受原子核对它的吸引作用外，还受到其他电子对它的排斥作用，使得薛定谔方程无法精确求解。因此，作为近似处理，把其他电子对指定电子的排斥力作用视为部分地抵消核电荷对该电子的吸引力，即其他电子起到了部分地屏蔽核电荷对某电子的作用力，而该电子只受到“有效核电荷”Z^* 的作用。于是，多电子原子体系就被简化为单电子原子体系，不同的是单电子原子体系采用的是核电荷 Z，近似后的多电子原子体系采用“有效核电荷”Z^*。二者关系是

$$Z^* = Z - \sigma$$

式中，σ 为“屏蔽常数”，表示体系其他电子对指定电子的屏蔽作用。这样，多电子体系指定电子的能级能量为

$$E = -\frac{(Z-\sigma)^2}{n^2} \times 13.6\ \text{eV} = -\frac{(Z^*)^2}{n^2} \times 13.6\ \text{eV} \tag{5.12}$$

这种由其他电子对选定电子产生排斥作用的效果称为“屏蔽效应”。n 相同时，其他电子对选定电子的屏蔽能力大小顺序为：s＞p＞d＞f。这是因为对于同一 n 值，l 值越小的电子，电子云径向分布函数图上第一个峰离核平均距离越近，故对选定电子产生更大的排斥作用。

2) 钻穿效应

由电子云的径向分布函数图(图 5.12)可知，对于 n 相同、l 不同的轨道，l 越小，电子穿过内层到达核附近以回避其他电子屏蔽的能力就越强，这就使 n 相同、l 不同的电子具有不同的能量。例如，4s 电子 $D(r)$-r 图上有 4 个峰，说明电子在离核附近有较大的出现概率，而 4f 只有一个峰，电子在核附近出现的概率较小，因此，$E_{4s} < E_{4f}$。

n 相同、l 不同(ns、np、nd、nf)的原子轨道，其轨道径向分布不同，电子穿过内层(n 更小的轨道)而回避其他电子屏蔽的能力不同，因而具有不同的能量的现象，称为“钻穿效应”(penetration effect)。

根据电子云的径向分布函数图(图 5.12)可知，钻穿作用 4s＞4p＞4d＞4f。ns 电子钻得最深，被内层电子屏蔽得最少，内层电子对其屏蔽作用大小顺序为

4s＜4p＜4d＜4f

相应的原子轨道能量最顺序为

$$E_{4s} < E_{4p} < E_{4d} < E_{4f}$$

显然，在多电子原子中，屏蔽效应和钻穿效应同时存在，共同影响原子轨道的能级。

3) 多电子原子中的原子轨道能级

鲍林(L. Pauling)根据大量光谱实验数据，提出了**原子轨道的近似能级图**(图 5.15)。图中，将能量相近的原子轨道划成一组。因此，多电子体系核外电子轨道能级按照能量由低到高的顺序，被划分为 7 个能级组，即(1s)、(2s 2p)、(3s 3p)、(4s 3d 4p)、(5s 4d 5p)、

(6s 4f 5d 6p)、(7s 5f 6d 7p)，依次对应于元素周期表的第一至第七周期。鲍林认为：该顺序即为电子填充顺序，这与由光谱实验得到的各元素原子核外填充顺序基本一致。

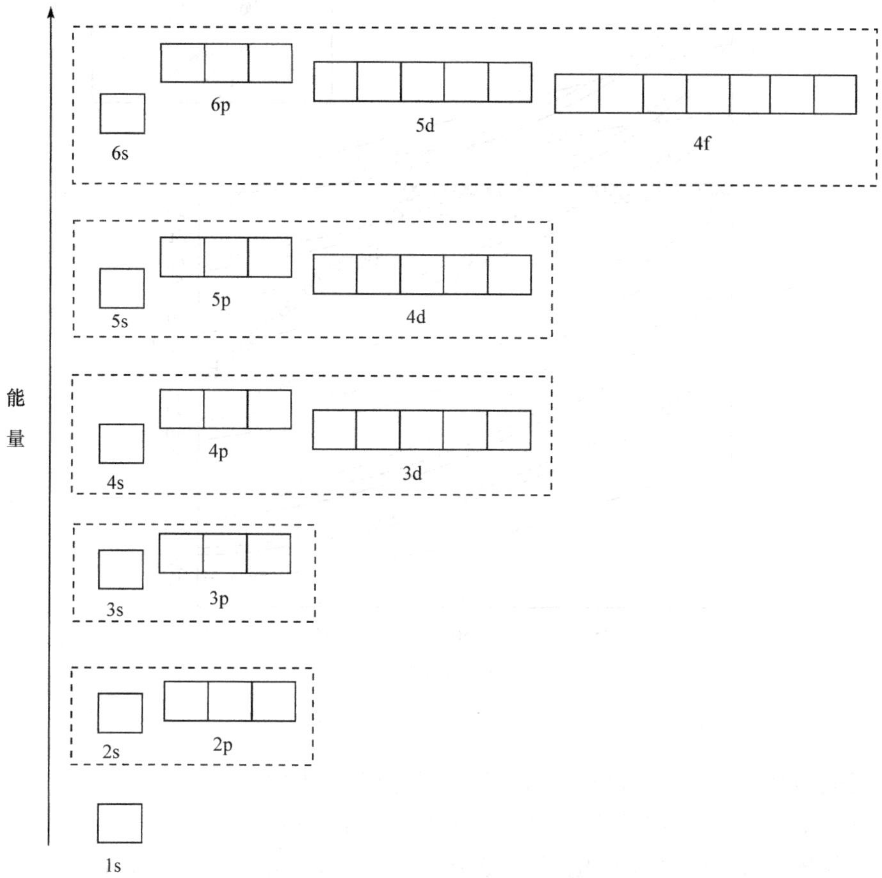

图 5.15　原子轨道的近似能级图

科顿(F. A. Cotton)认为：由于电子间的相互作用以及在不同轨道上电子钻穿作用的不同，s、p、d、f 轨道能量都会随原子序数(核电荷)的增加而下降，但它们下降的趋势不同，钻穿作用越大的原子轨道处于内层时，能量下降越大。他提出了中性原子的原子轨道随原子序数变化的近似能级图(图 5.16)。由图 5.16 可知，随着核电荷数增加，s、p 轨道能级由于轨道钻穿作用较大，轨道能量较急剧地下降，且下降趋势较为一致；d、f 轨道由于钻穿作用较差，受核电荷影响变化呈先平坦后急剧下降趋势。这是由于处于内层 $(n-1)$d或 $(n-2)$f 轨道在核电荷明显增大后，电子受核的吸引力大大地加强，使轨道能级急剧下降。由于这一变化趋势，导致出现"能级交错"的现象。例如，$Z=14\sim20$(Si～Ca)时，$E_{3d}>E_{4s}$，表现为能级交错；而在 $Z=1\sim13$ 和 $Z\geqslant21$(Sc 之后)，$E_{3d}<E_{4s}$，即影响能级高低的因素以 n 为主。

鲍林原子轨道的近似能级图可以解释电子填充顺序，如先填 ns，后填 $(n-1)$d，是因为在对应的 Z 值，ns 轨道能量低于 $(n-1)$d；**科顿近似能级图则能够解释，失电子时先失去 ns，再失去 $(n-1)$d**，这是因为 $Z\leqslant21$(Sc 之后)，$E_{3d}<E_{4s}$。总之，鲍林、科顿的多电子原

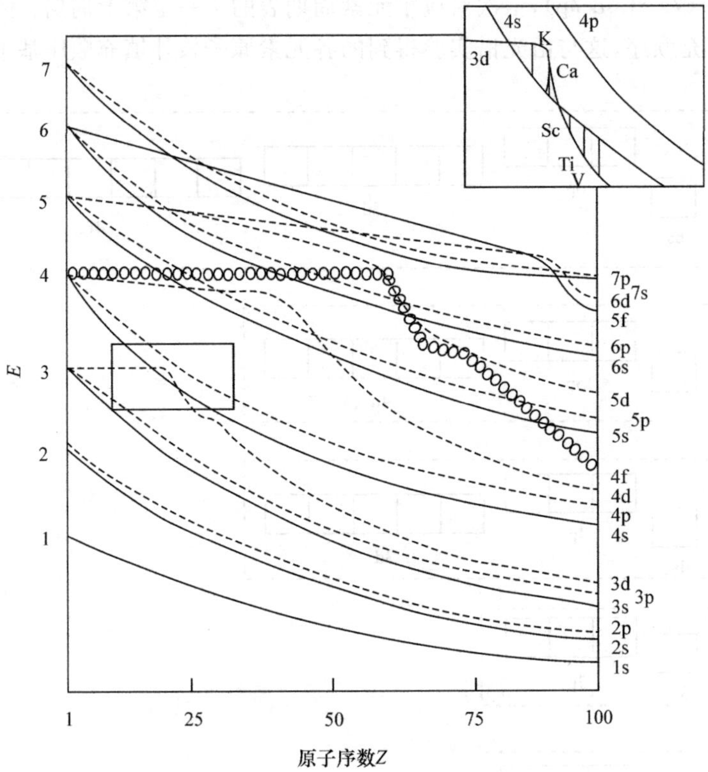

图 5.16 中性原子的原子轨道随原子序数变化示意图

子轨道近似能级图互为补充，分别解释了电子填充和失去的顺序。

我国化学家徐光宪也总结了核外电子能级的以下规律：

(1) 多电子原子体系外层电子的能级与$(n+0.7l)$有关，$(n+0.7l)$值越大，能级越高。

(2) 对于离子的外层电子，$(n+0.4l)$值越大，其能级越高。

(3) 对于原子或离子的内层电子来说，能级高低基本上由主量子数n确定。

7个能级组的划分，实际上就是把按原子轨道$(n+0.7l)$数值整数位相同的若干轨道划分为同一能级组。

根据这一规律，可以得到多电子原子核外电子填充次序及在化学反应中失去电子成为离子时的规律。例如，21号元素Sc以后各元素4s与3d轨道能级高低的判断如下：根据原子体系能级组划分公式$(n+0.7l)$计算，4s为4；3d为$3+0.7\times2$，等于4.4。因此原子体系能级顺序3d高于4s，电子先填充在4s再填在3d轨道上。根据离子体系能级组划分公式$(n+0.4l)$计算，4s为4；3d为$3+0.4\times2$，等于3.8。因此离子体系能级顺序4s高于3d，根据先失去能量高的电子判断Sc由原子到离子先失去4s轨道上电子。

3. 核外电子排布

1）核外电子排布式

核外电子排布通常用轨道排布式表示。例如，He 原子基态的核外电子排布式(electron distributing pattern)是 $1s^2$，式中，1 表示 $n=1$；s 表示 $l=0$；2 表示该轨道上有两个电子。对于原子序数较大的元素，可以采用简化写法，用稀有气体符号表示全充满的结构，称为“原子实”。例如，Ca($Z=20$)，$1s^2 2s^2 2p^6 3s^2 3p^6 4s^2$，简写为[Ar]$4s^2$；Cr($Z=24$)，$1s^2 2s^2 2p^6 3s^2 3p^6 3d^5 4s^1$，简写为[Ar]$3d^5 4s^1$。

核外电子排布还可以用电子填充的轨道图形(orbital digram)表示：用一个方框或圆圈代表一个轨道，下面标注出轨道名称；方框或圆圈里的朝上或朝下的箭头表示填充的电子，箭头方向表示电子自旋方向，高低表示能量高低。

例如，N 为 $1s^2 2s^2 2p^3$，用“轨道图形”表示为

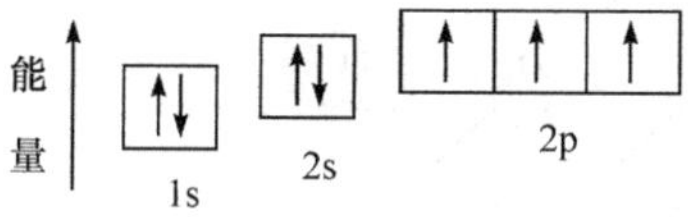

2）核外电子排布三原则

考虑“能量最低原理”和四个量子数限制条件，基态核外电子排布应遵循以下三个原则。

(1) **泡利不相容原理**(Pauli's exclusion principle)：“同一原子中，不可能有 2 个电子的运动状态完全相同。”或“同一原子中，不可能有 4 个量子数完全相同的 2 个电子同时存在。”即在 n、l、m_l 相同的原子轨道中的 2 个电子，其自旋状态必定不同，$m_s=+1/2$、$-1/2$。

(2) **能量最低原理**(the lowest energy principl)：在不违背泡利原理的前提下，核外电子的排布尽可能使整个原子的能量最低。

(3) **洪德规则**(Hund's rule)：电子在能量相同的原子轨道(“简并轨道”)上分布，总是尽可能分占不同的轨道且自旋平行。洪德规则可视为“最低能量原理”的补充。

例如，25 号元素 Mn 原子的基态电子排布：

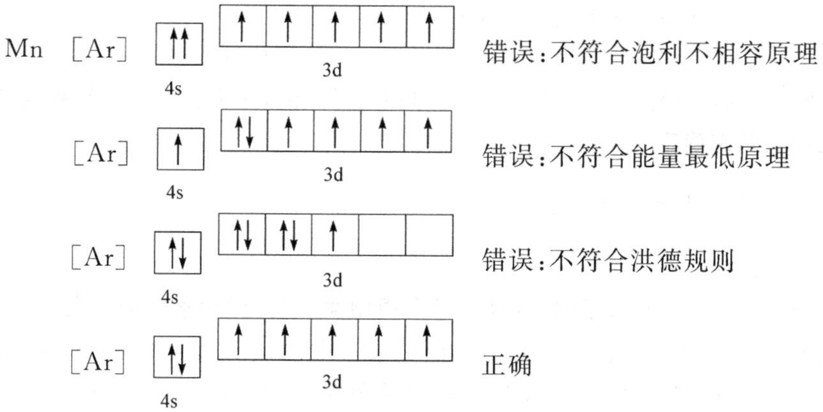

此外，量力力学还指出，**简并轨道全充满**（s^2、p^6、d^{10}、f^{14}）、半充满（s^1、p^3、d^5、f^7）或全空（s^0、p^0、d^0、f^0）**的状态能量较低，较稳定**。

例如，^{24}Cr，[Ar]$3d^5 4s^1$，而不是 $3d^4 4s^2$；^{29}Cu，[Ar]$3d^{10} 4s^1$，而不是 $3d^9 4s^2$；^{46}Pd，[Kr]$4d^{10} 5s^0$，而不是 $4d^9 5s^1$。

对照核外电子排布三原则，可知多电子原子基态核外电子填充顺序与鲍林能级组顺序相同，如图 5.17 所示。注意，当 $n=4\sim5$ 时，$ns(n-1)dnp$；当 $n\geqslant6$ 时，$ns(n-2)f(n-1)dnp$。

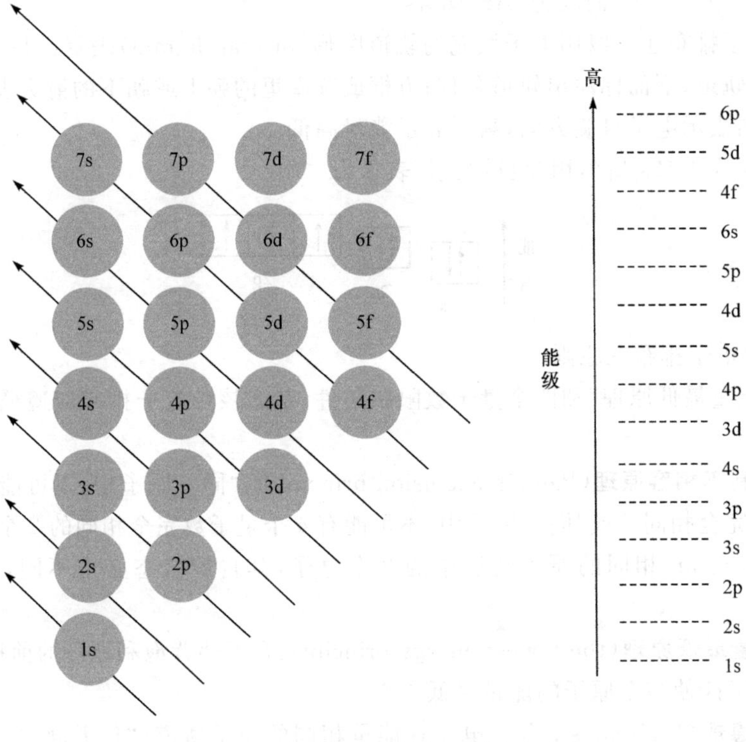

图 5.17　多电子原子核外电子填充顺序图

光谱实验结果证明多数元素原子基态的电子构型符合上述 3 项排布规则，但也有例外：

铌^{41}Nb，[Kr]$4d^4 5s^1$，而不是 $4d^5 5s^0$；

铂^{78}Pt，[Xe]$4f^{14} 5d^9 6s^1$，而不是 $4f^{14} 5d^{10} 6s^0$，也不是 $4f^{14} 5d^8 6s^2$。

这表明，上述核外电子排布规则仅是粗略的、近似的，还不够完善。**最终的电子构型，只能由光谱实验来确定**。

4. 元素周期律与元素周期表

1) 元素周期律

1869 年，俄国化学家门捷列夫提出“**元素周期律**”，指出“元素性质随着相对原子质量的递增而发生周期性的变化”，据此，他提出了第一张“元素周期表”(the periodic table of the elements)。随着原子结构被人类认识，我们知道“元素周期律”的准确表达是“**元素性**

质随着原子序数的递增而发生周期性的变化”。这是因为：当元素按原子序数递增顺序依次排列时，原子最外层电子数目总是从 1 到 8 发生周期性的变化，即最外层电子构型重复 s^1 到 s^2p^6 的变化。因此，元素周期表中元素总是从碱金属（s^1）开始，以稀有气体（s^2p^6）结束（第一周期 s^2）。而每一次这样的重复，都是一个旧周期的结束和一个新周期的开始。同时，原子最外层电子数目的每一次重复出现，元素的性质就重复地表现出某些相似性，因为元素的化学性质主要取决于元素本身的电子层结构，尤其是最外层电子的构型。所以元素最外层电子构型的周期性变化，决定了元素性质的周期性变化。

2）元素周期表

书末附有目前通用的化学元素周期表，同时给出了原子的基态价电子构型和元素的一些基本性质。元素周期表从横向分为 7 个周期（period），从纵向分为 18 个族（group），目前对 18 个族有两种标记方法，即 **1～18 族标记法和主族（A）、副族（B）**标记法；**按元素原子的价电子构型**，周期表又可划分为 **s、p、d、ds 和 f 区 5 个分区（block）**，如图 5.18 所示。

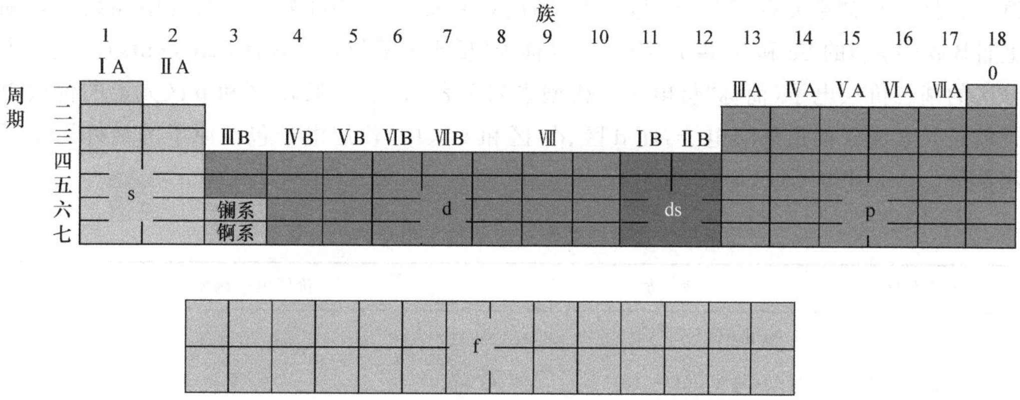

图 5.18　元素周期表按照元素原子的价电子构型分区

（1）在元素周期表中，周期的划分就是核外电子能级组的划分，七个周期与七个能级组相对应。每个周期的元素数量等于各能级组对应的原子轨道所能够容纳的最多电子数。元素周期表中的周期与各周期元素的数目见表 5.6。根据所含元素种类的多少分为短周期（第一、二、三周期）、长周期（第四、五周期）和特长周期（第六、七周期）。

表 5.6　元素周期表中的周期与各周期元素的数目

周　期	能级组	能级组内原子轨道	所能容纳的最多电子数	周期内元素数目	周期特点
一	1	1s	2	2	短周期
二	2	2s2p	8	8	短周期
三	3	3s3p	8	8	短周期
四	4	4s3d4p	18	18	长周期
五	5	5s4d5p	18	18	长周期
六	6	6s4f5d6p	32	32	特长周期
七	7	7s5f6d	32	32	特长周期

(2) 在元素周期表中，“族”即是元素周期表中的列，族的划分基本上取决于元素的价层电子构型。“价层电子”是指化学反应中可能发生变化或参与成键的电子。1970 年国际纯粹与应用化学联合会(International Union of Pure and Applied Chemistry，IUPAC)将元素周期表分为 7 个主族(ⅠA～ⅦA 族)、零族、7 个副族(ⅠB～ⅦB 族)和Ⅷ族(含 3 列)。各主族元素(ⅠA～ⅦA)、ⅠB、ⅡB 副族元素的最外层电子数等于族序数；零族元素最外层电子数为 2 或 8，是全充满结构；ⅢB 至ⅦB 族元素的族的序数等于最外层 s 电子数与次外层 d 电子数之和；Ⅷ族元素的最外层 s 电子数与次外层 d 电子数之和为 8，9，10。1986 年 IUPAC 提出 18 族命名法，将周期表中族数由左到右按顺序从 1 到 18 标出 18 族。

(3) 根据元素的价电子构型特点将元素周期表分为五个区：s 区、p 区、d 区、ds 区和 f 区。元素周期表分区与元素的价电子构型关系总结于表 5.7。d 区和 ds 区称为“过渡金属元素”(transition metal elements)，第四、五和六周期过渡金属分别称为第一、二和三过渡系；f 区包括镧系元素(57～71 号元素)和锕系元素(89～103 号元素)，其中镧系元素加上ⅢB 族(3 族)的 Sc 和 Y 共 17 种元素合称为“稀土元素”(rare earth elements)。这 5 个分区的基态价层电子(简称“价电子”)构型也列于表 5.7。显然，s 区和 p 区元素的价层电子就是元素原子的最外层电子，而 d 区、ds 区和 f 区中，价层电子包括原子的最外层电子和部分$(n-1)$d 电子或$(n-2)$f 电子。

表 5.7 元素周期表按原子价层电子构型分区

元素分区	含 族	价层电子构型
s 区	ⅠA、ⅡA(1～2)	$ns^{1\sim2}$
p 区	ⅢA～ⅦA，0(13～18)	$ns^2np^{1\sim6}$
d 区	ⅢB～ⅦB，Ⅷ(3～10)	$(n-1)d^{1\sim10}ns^2(n=4、5、6)$，个别$(n-1)d^{1\sim10}ns^{0\sim2}$
ds 区	ⅠB～ⅡB(11～12)	$(n-1)d^{10}ns^{1\sim2}(n=4、5、6)$
f 区	镧系和锕系	$(n-2)f^{1\sim14}(n-1)d^{0\sim1}ns^2(n=6、7)$

5. 元素的基本性质及其周期性的变化规律

元素的基本性质包括原子半径、电离能、电子亲和能及电负性等，它们又称为“原子参数”。这些基本性质都与原子结构有密切关系。由于元素的原子结构呈现周期性的变化，这些基本性质也呈现周期性的变化。

1) 原子半径

从量子力学理论观点考虑，电子云没有明确的界限，因此严格来讲原子半径(atomic radii)有不确定的含义，也就是说要给出一个准确的原子半径是不可能的。原子半径是假设原子为球形，根据实验测定和间接计算方法求得的。常用的原子半径有三种，即“共价半径”、“范德华半径”和“金属半径”，可用于不同的情况下。“共价半径”是指同种元素的两个原子以共价单键连接时如 H_2、O_2、Cl_2，它们核间距离的一半称为“共价半径”；“金属半径”是把金属晶体看成是由球状的金属原子堆积而成，如 Cu、Ag，假定相邻的两个原子彼此互相接触，它们核间距离的一半称为“金属半径”；“范德华半径”指稀有气体等单原子分子晶体中，当两个原子之间没有形成化学键而只靠分子间作用力(范德华力)互相接近时，两个原子核间距离的一半，称为“范德华半径”，这种半径因无化学键而偏大。

s区和p区元素原子半径的递变规律是：同一周期中，随着原子序数增加，原子半径依次减小，如图5.19所示(0族元素为范德华半径，金属元素为金属半径，其他元素为共价半径)。这是因为有效核电荷数增大，原子核对核外电子吸引力增强，其影响超过电子数目增加引起的电子互相排斥增大。

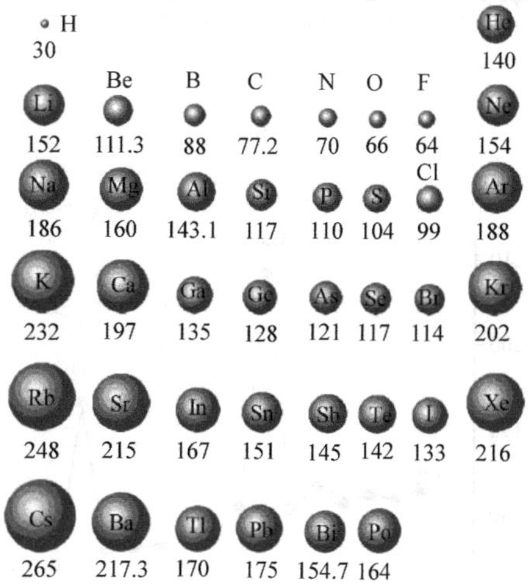

图5.19 s区和p区元素原子半径变化规律(单位：pm)

s区、p区元素同一族中，自上而下各元素的原子半径依次增大，这是因为原子的电子层数增多，其影响超过核电荷数逐渐增加的影响。可见s区、p区元素原子半径取决于两个因素：核电荷数增加，原子核对核外电子吸引力增强，导致原子半径减小；电子层数增多(或同周期电子数目增多)，电子之间排斥增大，导致原子半径增大。这两个因素是互相竞争的。

d区、ds区、f区元素原子半径的递变规律并不十分明显。同一周期中从左到右，过渡元素原子半径变化总的趋势是降低。例如，Sc到Zn从162 pm降低到134 pm，Y到Cd从180 pm降低到148.9 pm，Hf到Hg从159 pm降低到151 pm；La系La到Lu从183 pm降低到173.8 pm。d区、ds区、f区元素原子半径变化同样是从原子核对核外电子吸引力和电子之间排斥力两方面因素的互相竞争来考虑，与s区、p区元素区别在于d区、ds区、f区元素原子核对核外电子吸引力是由“有效核电荷”Z^*的大小而不是由“核电荷”(原子序数)Z的大小来决定。从第四、第五、第六周期(第一、第二、第三过渡系列)d区、f区元素开始，随着“有效核电荷”Z^*的增加，原子半径逐渐减小，到该过渡系列快结束时($d^8 \sim d^{10}$)，电子数目增加引起的电子之间排斥力增大的影响超过“有效核电荷”Z^*增加的影响，原子半径又有所增大，如图5.20(a)所示。

镧系元素是从Ce开始填充4f电子($4f^1 \sim 4f^{14}$)的，4f轨道虽然处在内层，但电子云形

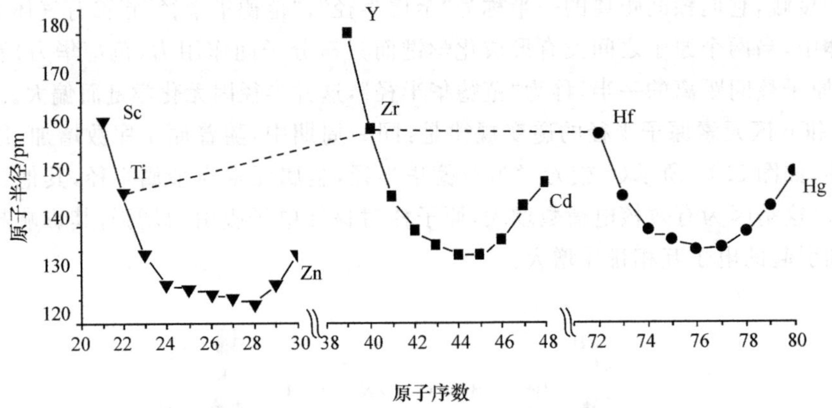

(a)

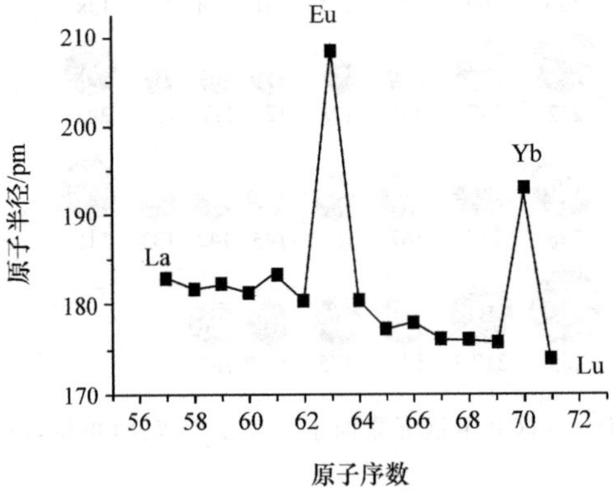

(b)

图 5.20　d 区、ds 区、f 区元素原子半径变化规律

状太分散，在空间伸展得太远，使 4f 电子对原子核的屏蔽不完全，对最外层 6s 电子屏蔽作用较弱，不能像轨道形状比较集中的内层 s 或 p 电子那样有效地屏蔽核电荷，结果随着原子序数的增加，相邻元素外层电子所受的有效核电荷只有轻微递增，因而使原子半径稍缩小；然而，从 Ce 到 Lu，整个 4f 亚层原子序数累计增加 14，原子半径依次收缩的积累总计达 14 pm，造成了"镧系收缩"(lanthanide contraction)，如图 5.20(b)所示。

"镧系收缩"影响了后面的众多元素的性质，使镧系元素之后几个族的第三过渡系元素的原子半径接近于同族第二过渡系同族元素：ⅣB 族中的 Zr(160 pm)和 Hf(156.4 pm)，ⅤB 族的 Nb(142.9 pm)和 Ta(143 pm)，ⅥB 族的 Mo(136.2pm)和 W(137.0 pm)，以及第Ⅷ族中的铂系和重铂系(即 Ru-Os、Rh-Ir、Pd-Pt)，它们的化学性质相似，在矿物中共生并分离困难。

镧系元素的原子半径收缩过程中 Eu 和 Yb 的原子半径突然增大，这是由于 Eu 和 Yb 的价电子构型分别是 $4f^7 6s^2$ 和 $4f^{14} 6s^2$，半充满的 $4f^7$ 和全充满的 $4f^{14}$ 比 4f 电子层其他状态来说对原子核有较大的屏蔽作用。

2）电离能

使元素基态的气态原子或离子失去电子所需要的最低能量称为“电离能”（ionization energy）。

$$M(g) \longrightarrow M^{+}(g) + e^{-} \qquad I_1 = \Delta H$$

使基态的气态原子失去一个电子形成＋1 价气态正离子时所需要的最低能量称为“第一电离能”，以 I_1 表示；从＋1 价离子失去一个电子形成＋2 价气态正离子时所需的最低能量称为“第二电离能”，以 I_2 表示，以此类推。电离能的单位为 $kJ \cdot mol^{-1}$。由于正离子对电子的吸引使正离子失去电子所需要的能量高于中性原子，正离子所带电荷越高，对电子的吸引越强，电离能越大。因此，同一元素 $I_1 < I_2 < I_3 < \cdots$

图 5.21 为第一电离能与原子关系图，由该图可以清楚看出以下几点：

（1）电离能越小，表示该元素的原子在气态时越易失去电子，金属性越强，电离能最小的元素是 Cs。

（2）同周期自左至右，电离能逐渐增大，表明气态时失去电子越来越难，非金属性越强。稳定的电子层结构 He、Ne、Ar、Kr、Rn，全充满 Be、Mg，半充满 N、P、As 的电离能较高。

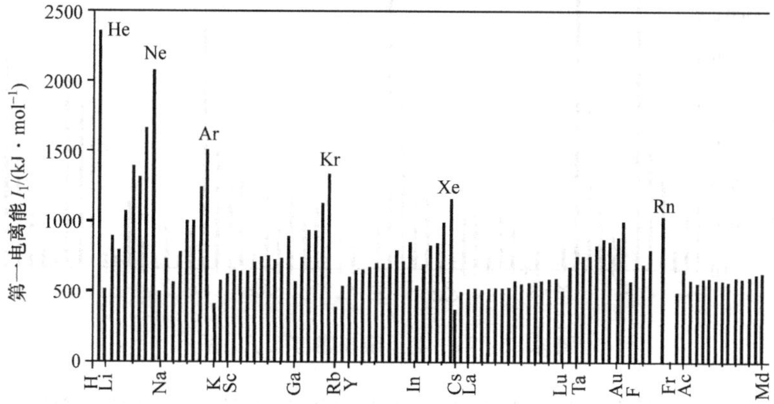

图 5.21　第一电离能与原子关系

（3）族由上而下，半径增大，I 降低。I_1 最大的是 He，最小的是 Cs。这是因为随着原子序数的增加，原子半径增大，原子核对最外层电子的吸引能力减弱，价电子容易失去，故电离能依次减小。

电离能可用于判断元素最稳定的氧化态：若 $I_{n+1} \gg I_n$，则元素最稳定的氧化态为 n；电离能数据也是元素原子电子层结构的实验佐证，I 突然改变很大，表示另一电子层开始，即由 ns^2np^6 变为 $(n+1)s^1$。

3）电子亲和能

元素的第一电子亲和能（electron affinity，EA）是某元素的一个基态的气态原子得到一个电子形成－1 价气态负离子时所放出的能量，常用相应过程焓变的相反数表示①，符

① 有的教科书定义为 $EA = \Delta H$。

号 EA_1，SI 单位为 $kJ \cdot mol^{-1}$。

$$A(g) + e^- \longrightarrow A^-(g) \qquad EA_1 = -\Delta H$$

与此相类似，有元素的"第二电子亲和能"EA_2 以及"第三电子亲和能"EA_3。

一般元素 $EA_1>0$，表示其气态原子得到一个电子形成负离子时放出能量；个别元素 $EA_1<0$，表示得电子时要吸收能量，这说明该元素的原子变成负离子很困难。通常 $EA_1>0$（放热），$EA_2<0$（吸热），这是因为由－1 价离子到－2 价离子，电子云密度增大，电子间斥力增大，得到电子需要吸收能量。

电子亲和能数值可用来衡量基态的气态原子获得电子的难易：EA 值越大，越容易得到电子，生成气态负离子倾向越大，气态时非金属性越强。同周期从左至右，EA 逐渐增大，同周期 EA 最大的是卤素。但是 EA_1 最大的元素是 Cl，而不是 F，因为 F 原子半径太小，接受外来电子后，电子密度增大，互斥作用增强，使释出能量降低。同理，第二周期元素 EA_1 小于同族第三周期元素。元素第一电子亲和能与原子关系如图 5.22 所示。

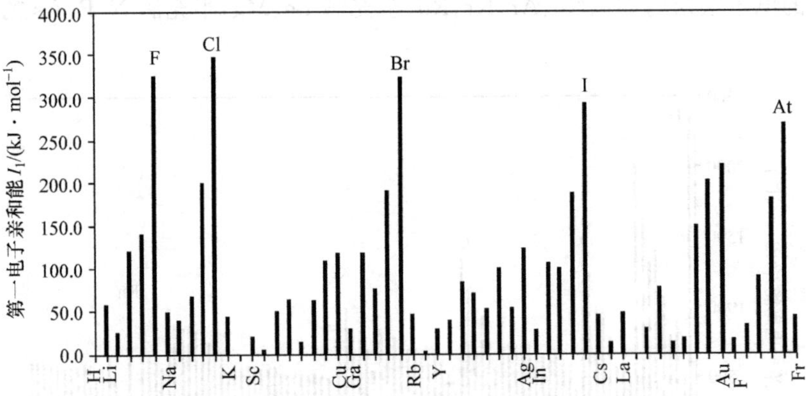

图 5.22 第一电子亲和能与原子关系

元素电子亲和能和电离能都从孤立的基态的气态原子的角度考虑它们得、失电子的能力，未考虑物质中原子之间的成键情况，使其应用受到限制。

4）电负性

"电负性"(electronegativity)是元素的原子在分子中吸引电子能力的一种相对标度，符号χ。元素的电负性越大，吸引电子的倾向越强，非金属性也越强。电负性的定义和计算方法有多种①，最常用的是鲍林提出的电负性。他根据热化学数据和分子的键能，指定氟元素的电负性为 3.98，计算其他元素的相对电负性。全部元素的鲍林电负性值见书末元素周期表。

周期表中元素电负性的变化规律为：

(1) 同周期，从左到右电负性逐渐增大（至卤素）。

---

① 密立根(R. S. Mulliken)从元素电离势和电子亲和能计算出元素的电负性。阿莱-罗周(Allred-Rochow)以核与成键原子的电子静电作用为基础计算元素的电负性。

(2) s 区、p 区元素：同族，从上到下电负性逐渐减小。d 区、ds 区、f 区电负性变化较不规则。

(3) 电负性越大，非金属性越强；电负性越小，金属性越强。电负性小于 2 为金属，大于 2 为非金属。电负性最大的元素是 F，最小的是 Cs。

(4) 成键两原子电负性差 $\Delta\chi>1.7$ 趋向形成离子键，$\Delta\chi<1.7$ 趋向形成共价键。

5) 元素的金属性和非金属性

同周期元素从左至右，由于核电荷依次增多，原子半径逐渐减小，最外层电子数也依次增多，电负性依次增大，因此，元素的金属性依次减弱，非金属性逐渐增强。以第三周期为例，从活泼金属钠到活泼非金属氯。

s 区和 p 区同族元素自上而下电负性减小，非金属性减弱，金属性增强。例如，第ⅤA 族，从典型的非金属 N 变为金属 Bi。一般非金属元素(除硅外)$\chi>2.0$ 以上，金属元素(除铂系元素和金)$\chi<2.0$。B、Si、As、Se 和 Te 也称为“半金属”。d 区、ds 区同族元素自上而下电负性变化较不规则，有效核电荷 Z^* 增加对元素性质的影响超过原子半径变化的影响，故金属性递减(ⅢB 族规律同 s 区，除外)。图 5.23 显示元素周期表中金属到非金属的过渡。

非金属性增强 →

1 H																	2 He
3 Li	4 Be											5 B	6 C	7 N	8 O	9 F	10 Ne
11 Na	12 Mg											13 Al	14 Si	15 P	16 S	17 Cl	18 Ar
19 K	20 Ca	21 Sc	22 Ti	23 V	24 Cr	25 Mn	26 Fe	27 Co	28 Ni	29 Cu	30 Zn	31 Ga	32 Ge	33 As	34 Se	35 Br	36 Kr
37 Rb	38 Sr	39 Y	40 Zr	41 Nb	42 Mo	43 Tc	44 Ru	45 Rh	46 Pd	47 Ag	48 Cd	49 In	50 Sn	51 Sb	52 Te	53 I	54 Xe
55 Cs	56 Ba	57 La	72 Hf	73 Ta	74 W	75 Re	76 Os	77 Ir	78 Pt	79 Au	80 Hg	81 Tl	82 Pb	83 Bi	84 Po	85 At	86 Rn
87 Fr	88 Ra	89 Ac	104 Rf	105 Db	106 Sg	107 Bh	108 Hs	109 Mt									

图 5.23　元素周期表中金属到非金属的过渡(深色部分为半金属元素)

5.2　化学键与分子结构
(Bonding theories and molecular structure)

从物质结构的层次来看，结晶的固态物质即“晶体”，可以分为“离子晶体”、“金属晶体”、“原子晶体”和“分子晶体”四大类以及它们之间的“过渡型晶体”，其中，只有分子晶体中实际存在“分子”(molecule)；另外，从构成晶体的微粒之间的相互作用力来看，前三种晶体内存在“化学键”，分别称为“离子键”、“金属键”和“共价键”，对分子晶体而言，微粒之间的作用力是“分子间力”，但“分子”内的原子之间以“共价键”结合，如表 5.8 所示。

表 5.8 构成晶体的微粒及微粒之间的作用力

晶 体	离子晶体	金属晶体	原子晶体	分子晶体
构成晶体的微粒	正、负离子	原子、正离子、电子	原子	分子
是否存在分子	否	否	否	是
构成晶体的微粒之间的作用力（化学键）	离子键	金属键	共价键	分子间力（分子内的原子之间以"共价键"结合）
实例	NaCl、KF、K_2SO_4 等	Na、Ca、Cu、Fe、Co、Mn 等	硅、金刚石、二氧化硅、SiC 等	H_2、Cl_2、O_2、H_2O、C_2H_4、H_2SO_4 等

"化学键理论"与"分子结构"是互相联系的两大问题。化学键理论包括离子键理论、共价键理论和金属键理论；分子结构只涉及"分子"的内部结构，分子内的原子之间以"共价键"结合。只有属于"分子晶体"的物质，才存在"晶体"—"分子"—"原子"三个结构层次，"分子"是这一类物质保持其性质的最小微粒。在讨论"共价键"时，主要涉及"分子"，同时原子晶体内的原子之间也是以"共价键"结合。

本节将简要介绍离子键理论和金属键理论，重点论述共价键理论及分子结构（包括原子之间的共价成键以及分子的几何形状），最后简要介绍分子间力和氢键。

5.2.1 离子键理论

1916 年，德国化学家科塞尔（W. Kossel）提出了"离子键理论"，其要点是：电负性小的活泼金属与电负性大的活泼非金属原子相遇时，都有达到稀有气体原子稳定结构的倾向，因此电子容易从活泼金属原子转移到活泼非金属原子而形成"正离子"（又称为"阳离子"，cation）和"负离子"（又称为"阴离子"，anion），这两种离子通过静电引力形成"离子键"。

由于原子间发生电子的转移，生成正、负离子，并通过静电库仑作用力作用而形成的化学键称为"离子键"。

"离子键理论"与相应化合物在熔融状态或在水溶液中溶解后具有导电性的实验事实相符合；同时 X 射线衍射实验也证实，NaCl 晶体确实是由钠离子（Na^+）和氯离子（Cl^-），并按一定的方式排列而成。

通常，生成离子键的条件是两元素的电负性差大于 1.7。**离子键本质是静电引力，它具有无方向性和无饱和性**（空间允许即可）的特点。

由离子键形成的化合物称为"离子化合物"，如 NaCl、KF、Na_2SO_4、$KMnO_4$ 等都是"离子化合物"。离子化合物的特点是：主要以晶体的形式存在，具有较高的熔点和沸点，在熔融状态或其水溶液均能导电。

当两个正、负离子接近的时候既有相互吸引又有相互排斥，当正、负离子核间的距离达到某一个特定值时，正、负离子间的引力和斥力达到平衡，整个体系的总能量降至最低。这时体系处于一种相对稳定状态，正、负离子间形成一种稳定牢固的结合，也就是说在正、负离子间形成了化学键。

离子键的强度用"晶格能"(lattice energy,U)衡量。晶格能定义为"1 mol 离子晶体离解成自由的气态正、负离子的过程所吸收的能量"。"晶格能"数值等于该过程的焓变,$U=\Delta H$。以 NaCl 晶体为例:

$$NaCl(s) \xlongequal{} Na^+(g) + Cl^-(g) \qquad U=\Delta H=786\ kJ \cdot mol^{-1}$$

晶格能越大,离子化合物越稳定。对纯离子化合物来说,离子电荷越高,离子半径越小,晶格能越大。例如,晶格能 $CaCl_2$>KCl>RbCl。晶格能越大,化合物的熔、沸点越高。晶格能无法直接测得,只能通过热力学循环求得。

离子的特征主要用"离子电荷"、"离子半径"和"离子的电子层构型"表示。

1) 离子电荷

离子电荷是由中性原子形成正、负离子时所失去或得到的电子数。例如,NaCl 中 Na^+ 离子电荷为+1,Cl^- 离子电荷为−1;CaO,Ca^{2+} 离子电荷为+2,O^{2-} 离子电荷为−2。

2) 离子半径

离子半径是指在把离子视为"刚性球"的情况下,在离子晶体中相邻正、负离子的接触半径,如图 5.24 所示。

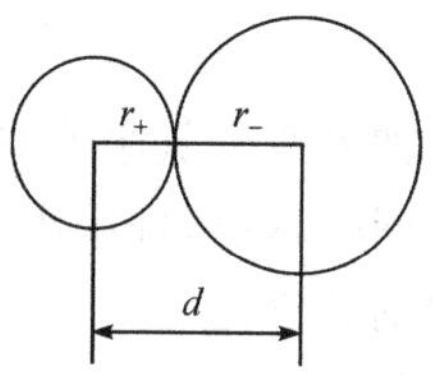

图 5.24 正、负离子半径与其核间距离的关系示意图

同一元素中性原子的半径大于其正离子的半径,而且正离子电荷越高,半径越小,这是因为中性原子失去电子后,核电荷数超过了核外电子总数,导致电子云明显收缩。例如,半径 Na(154 pm)>Na^+(97 pm),Ca(197 pm)>Ca^{2+}(99 pm),Fe(124 pm)>Fe^{2+}(74 pm)>Fe^{3+}(64 pm)。

同一元素中性原子的半径小于其负离子的半径,这是因为中性原子获得电子后,核电荷数小于核外电子总数,导致电子云明显扩展。例如,半径 F(64 pm)<F^-(133 pm),O(66 pm)<O^{2-}(132 pm),N(70 pm)<N^{3-}(171 pm)。

3) 离子的电子层构型

指正、负离子的价电子层结构。正离子的价电子层结构有 2e、8e、(9~17)e 、18e 和(18+2)e 构型,简单负离子的价电子层结构为 8e 构型。例如,Li^+($1s^2$)为 2e 构型,Na^+($2s^22p^6$)、Ca^{2+}($3s^23p^6$)、O^{2-}($2s^22p^6$)和 Cl^-($3s^23p^6$)均为 8e 构型,Fe^{2+}($3s^23p^63d^6$)和 Fe^{3+}($3s^23p^63d^5$)为(9~17)e 构型,Ag^+($4s^24p^64d^{10}$)和 Zn^{2+}($3s^23p^63d^{10}$)为 18e 构型,Sn^{2+}($4s^24p^64d^{10}5s^2$)和 Pb^{2+}($5s^25p^65d^{10}6s^2$)为(18+2)e 构型。

5.2.2 价键理论

1927 年德国化学家海特勒(W. Heitler)和伦敦(F. London)应用量子力学处理 H_2 分子的结构,指出:核外电子自旋方式相反的两个氢原子相互接近到一定距离,氢原子核外电子开始受到另一氢原子核的吸引,引力大于电子之间的斥力,两个氢原子开始自发靠近,核间形成电子概率密度较大的区域,体系能量降低。直到距离小于 74 pm 时,电子之间的斥力开始增加,体系能量升高。因此,原子核间距离为 74 pm 时,两个氢原子组成的体系能量最低,处于稳定状态,称为"基态"。74 pm 远远小于两个"孤立的"氢原子的玻尔半径(53 pm)之和,说明两个氢原子的原子轨道发生重叠,形成了稳定的化学键,称为"共价键”(covalent bond)。如图 5.25 所示。

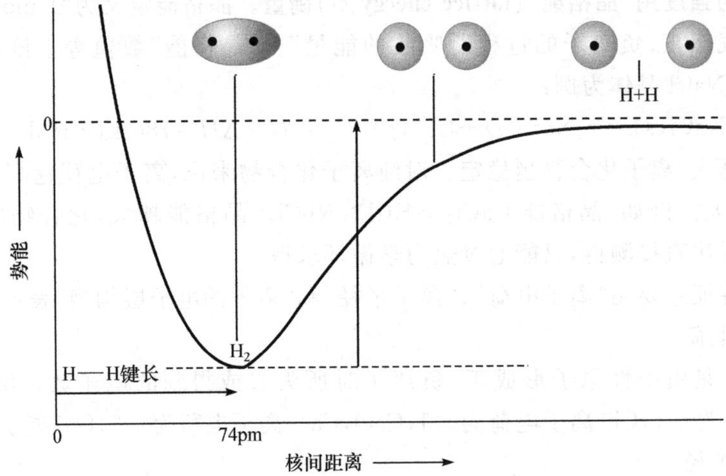

图 5.25 H_2 分子能量与核间距离关系

如果两个氢原子的电子自旋平行,量子力学证明当它们相互靠近时,就互相排斥,而且核间距越小,排斥作用越大,体系能量始终高于两个单独存在的氢原子能量,不能形成稳定的共价键。

把处理 H_2 分子的结果推广到其他分子中,就形成了“价键理论”(valence bonding theory,VB),其要点如下。

1. 电子配对原理

两个原子各有一个未成对电子且自旋相反时,它们可以互相配对形成共价键。

例如,Cl 原子($3s^2 3p_x^1 3p_y^2 3p_z^2$)有一个未成对电子,故 2 个 Cl 原子形成 Cl—Cl 单键;H 原子有一个未成对电子,O 原子有 2 个未成对电子,故 2 个 H 原子与 1 个 O 原子形成 H—O—H 键;N 原子有三个未成对电子,故 2 个 N 原子形成 N≡N 键。

2. 原子轨道最大重叠原理

成键时,两原子轨道尽可能达到最大重叠,重叠越多,体系能量越低,形成的共价键也越稳定。原子轨道都有一定的空间指向,它们必须按一定的方向重叠才能构成最大重叠,这就使得共价键具有方向性。根据量子力学原理,参与成键的原子轨道波函数的符号必须相同才能有效重叠。

共价键的形成以原子共用电子对为基础,其特点是具有方向性和饱和性,因此与离子键有本质的区别。

共价键的强度取决于原子轨道成键时重叠的程度、共用电子对的数目和原子轨道重叠的方式等因素。**共价键的强度用“键能”来表示。**

按原子轨道重叠成键方式,**共价键分为 σ 键、π 键和 δ 键三种类型。**

1) σ 键

原子轨道沿着键轴(成键两原子核间的连线)方向进行波函数同号区域的重叠,即以“头碰头”的方式重叠,轨道重叠部分沿键轴呈圆柱形对称分布,符号不变,这种重叠所形成的共价键称为“σ 键”。对于成键的 s、p 轨道上的电子可以沿 x 轴方向靠近形成 s-s、s-p_x、p_x-p_x 的 σ 键,如图 5.26 所示,H_2、HF 和 F_2 就是这类 σ 键的例子。

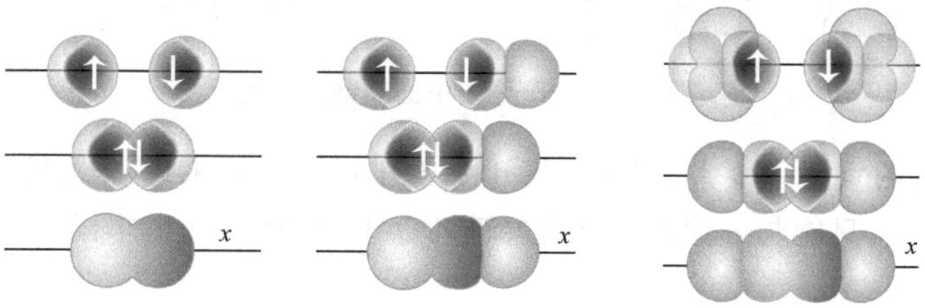

图 5.26 原子轨道以“头碰头”方式重叠形成 σ 键

2) π 键

原子轨道沿着垂直于键轴方向进行波函数同号区域的重叠,即以“肩并肩”的方式重叠,轨道重叠部分对垂直于包含键轴的平面呈镜面反对称分布(原子轨道在镜面两侧波区的符号相反),这种重叠所形成的共价键称为“π 键”。其中,成键电子定域在两个原子之间运动称为“定域 π 键”,如乙烯分子 $H_2C{=}CH_2$ 中的 π 键;成键电子在 3 个或更多个原子之间运动称为“离域 π 键”,也称“大 π 键”,如苯环中 6 个电子在 6 个 C 原子之间运动称为 6 中心 6 电子大 π 键,记作 π_6^6(图 5.27)。大 π 键的形成条件是:①有相互平行的 p 轨道(或 d 轨道,或 p、d 轨道);②参与成键的电子数目小于轨道数目的 2 倍;③形成大 π 键的原子轨道能量相近。

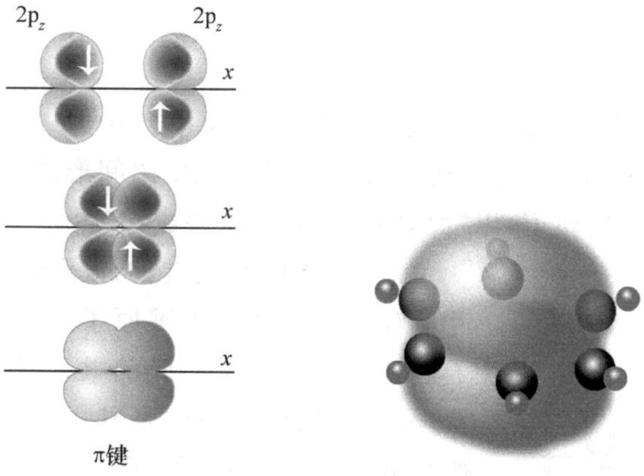

图 5.27 定域 p-pπ 键和苯环中的 π_6^6

(1) p-p π 键。例如,在 N_2 分子中,每个 N 原子的 $2p_x$、$2p_y$、$2p_z$ 轨道上各有 1 个单电子,其中两个 $2p_x$ 轨道以“头碰头”方式沿键轴方向重叠形成一个 σ 键,两个 $2p_y$ 轨道和两个 $2p_z$ 轨道只能分别以“肩并肩”的方式沿着垂直于键轴的方向进行重叠,形成两个 π 键,所以 N_2 分子中有一个 σ 键和两个 π 键,如图 5.28 所示。

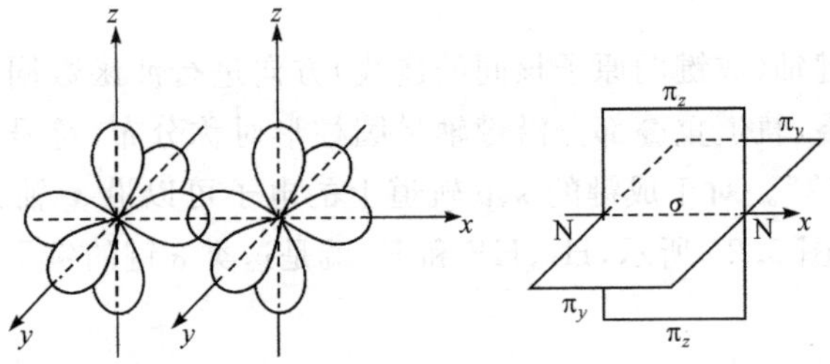

图 5.28 N_2 分子中的 σ 键和 π 键

σ 键比 π 键的重叠程度大，因而 σ 键比 π 键牢固。一般来说，π 键较易断开，稳定性差，不能单独存在，只能与 σ 键以双键或叁键共存于分子中。σ 键牢固，不易断开，可以单独存在。

(2) p-d π 键和 d-d π 键。成键时轨道重叠情况如图 5.29 所示。

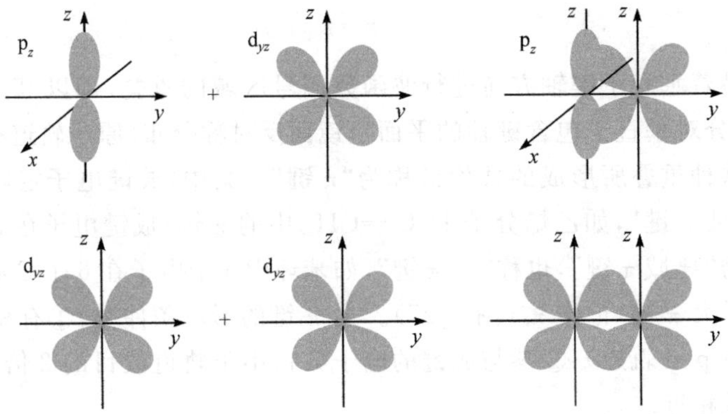

图 5.29 p-d π 键和 d-d π 键形成

3) δ 键

原子轨道以“面对面”方式重叠成键。例如，$[Re_2Cl_8]^{2-}$ 中 Re—Re 键长 224 pm，比金属 Re 晶体中 Re—Re 键长 275 pm 还小，这说明 Re—Re 之间形成了共价键。分析表明，每个 Re 原子各以一个 d_{xy} 轨道，以“面对面”的方式重叠成键(图 5.30)。

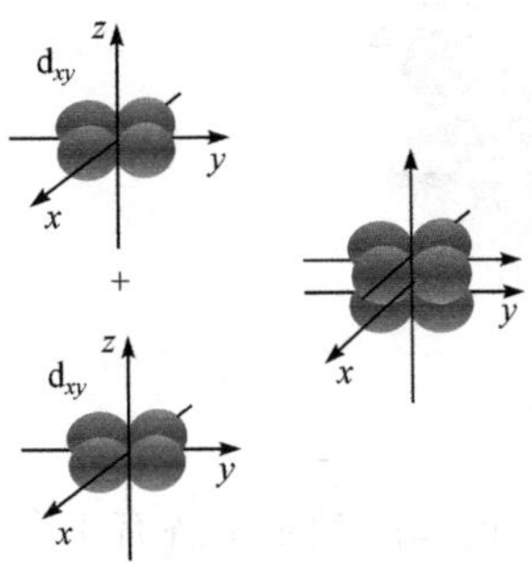

图 5.30 δ 键形成的轨道重叠示意图

此外，当两个成键的原子形成化学键时，若共用电子对不是分别由成键原子双方提供，而只由某一原子单独提供时，则形成的共价键称为“配位键”。显然，配位键的形成条件是其中一个原子的价电子层有孤对电子，而另一个原子有可接受电子对的空轨道。例如，在 CO 分子中，C 原子与 O 原子之间形成一个 σ 键、一个 π 键和一个配位键，配位键的电子来自于 O，空轨道由 C 提供。一般共价键用短横线表示，配位键用箭头表示，箭头由给出电子的原子指向接受电子的原子，如 CO 的分子结构可以表示为 $C \leftleftarrows O$。配位键

有配位 σ 键和配位 π 键两种。应该指出：正常共价键与配位共价键只是在形成过程上存在不同，一旦形成后，所有的键都是完全等价的。以配位键形成了一大类化合物，称为“配位化合物”或“配合物”，将在第7章详细介绍。

共价键通常用“化学键参数”(bond parameter)来描述，包括键能、键长、键角、键级和键极性。

(1) 键能(bond energy, B. E.)：标准状态及298 K，把1 mol理想气体AB拆开，成为理想气体A和B过程的焓变，称为AB键的键能，实质上是AB键的离解能。键能反映键的强度，键能越大，键越牢固。书末元素周期表列出了部分共价键键能。

$$AB(g, 1\times10^5\ Pa) = A(g, 1\times10^5\ Pa) + B(g, 1\times10^5\ Pa)$$

$$\Delta H_m^{\ominus}(298\ K) = B.E.(A—B)$$

(2) 键长(bond length)：成键两原子核之间的平衡距离。平衡距离是因为分子处于振动之中，核间距离在不断变化。

(3) 键角(bond angle)：同一原子参与形成的两个键之间的夹角，反映分子空间结构。例如，H_2O 中 O—H—O 键角是104.5°，说明 H_2O 分子构型为“V”形，而不是直线形。

(4) 键级(bond order)：成共价键两原子间键的数目。例如，H_2 中 H—H 键的键级是1；N_2 中 N≡N 键的键级是3。键级反映键的强度，键级越高，键越牢固。

(5) 键极性(bond polarity)：反映成共价键中共用电子对的偏移。看两种极限情况：①H_2、O_2 等同核双原子分子以及金刚石、晶体硅中的共价键，电子对等价共享；②NaCl，Cl夺走了Na的外层电子，通常表示为 Cl^-、Na^+，电子对为 Cl^- 占有。

对于大多数共价键，电子对享有情况介于以上两种极限情况之间。

按照共价键中共用电子对是否发生偏移，共价键可分为非极性共价键(nonpolar covalent bond)和极性共价键(polar covalent bond)。非极性共价键中，成键两原子等价共享电子对的共价键，成键两原子的正负电荷中心重合，如 H_2、O_2、N_2、F_2、Cl_2 等。

极性共价键中，电子对偏向成键两原子中电负性更大的一方。成键两原子的正、负电荷中心不重合，如 HF、HCl、H_2O、NH_3、NO、CO、CO_2、CH_4 等。成键两元素电负性差越大，正、负电荷中心偏离程度就越高，共价键极性越大。

分子也可能有极性。分子的极性并非化学键参数，但它与键极性密切相关。分子的正、负电荷重心重合的分子是非极性分子；正、负电荷重心不重合的分子是极性分子。分子的极性是由化学键的极性引起的，组成分子的化学键若都无极性，则分子肯定无极性；而若组成分子的化学键有极性，则要看分子的几何构型情况以判断有无极性，若整个分子的正、负电荷重心重合则无极性，否则有极性。双原子分子的极性与其化学键极性一致：H_2、O_2、N_2、F_2、Cl_2 等化学键为非极性键，则分子为非极性分子；HF、HCl、NO、CO 等化学键为极性键，则分子为极性分子。对于多原子分子，分子的极性除了与其化学键极性有关，还取决于分子的几何构型。例如，H_2O 化学键为 H—O 键为极性键，分子也为极性分子，因为 H_2O 为V形分子，正、负电荷重心不重合；CO_2、CH_4 化学键为极性键，但分子为非极性分子，因为 CO_2 为直线形分子，而 CH_4 为正四面体形分子，二者的正、负电荷重心都重合。

分子的极性通常用“偶极矩”(dipole moment, μ)表示，偶极矩的大小等于分子中偶极上电荷(q)与正、负电荷重心之间的平衡距离(l)的乘积：

$$\mu = q \times l$$

偶极矩的SI单位是C·m,非SI单位是D(Debye)：

$$1\ D = 3.336 \times 10^{-30}\ C \cdot m$$

偶极矩是矢量,化学规定其方向是由正电荷重心到负电荷重心,表示为$\delta^+ \rightarrow \delta^-$,如$\overset{\delta+}{H}—\overset{\delta-}{Cl}$。显然,分子的偶极矩可由它所含有的全部化学键的“偶极矩”作矢量加和得到,这就解释了为什么H_2O是极性分子,而CO_2和CH_4为非极性分子。

价键理论成功地说明了共价键的本质及形成过程,说明共价键的方向性及饱和性,以及共价键的类型等。但是人们在利用共价键理论解释某些分子的形成过程及它们的空间结构时,仍遇到不少困难。例如,C原子的电子层结构为$1s^2 2s^2 2p^2$,只有两个未成对电子,因此预期应能形成CH_2的化合物,但实际上CH_2从未发现过,C与H的最简单化合物是CH_4,而且在CH_4分子中四个C—H键的键长是完全等同的,键角为109°28′,是正四面体结构,这些都是价键法不能解释的。

前面已经介绍了“离子键”和“共价键”两类化学键。实际上,具有100%离子键的物质并不存在。成键两原子电负性差别决定共用电子对偏移程度:差别越大,偏移程度也越大,离子键成分增多。只有100%的共价键(H_2、O_2、N_2、Cl_2等),而无100%离子键,故共价键成分总是存在的。CsF中离子键成分占92%,共价键成分占8%。根据元素电负性差可预测化学键的性质。一般说来,两元素的电负性差大于1.7,形成离子键,电负性相近形成共价键,介于两者之间则形成过渡键型。

5.2.3 杂化轨道理论

为了解释多原子分子的空间结构及形成过程,1931年,美国化学家鲍林在VB法的基础上提出了“**杂化轨道理论**”(hybrid orbital theory),其要点是：

(1) 原子轨道在成键时,参与成键的几个轨道重新组合成数目相同的等价(简并)轨道,这个过程称“杂化”(hybridization)。

(2) 只有能量相近的轨道才能进行杂化;杂化后的各个轨道成分、形状和能量完全一样,但方向不同,并因此决定了所形成分子的空间几何构型。

(3) 杂化前、后轨道总数目不变,总能量不变;杂化以后的轨道电子云更加集中在某一方向上,故其成键能力强于未杂化的轨道。杂化轨道只能以“头碰头”方式形成σ键。

“杂化轨道理论”很好地解释了一些多原子分子的成键过程和分子的几何构型。例如,在形成CH_4分子时,C原子上一个2s电子先激发到2p轨道上,形成$2s^1 2p^3$激发态结构,然后1个2s轨道与3个2p轨道杂化,组成4个等价的sp^3杂化轨道,形成$(sp^3)^1(sp^3)^1(sp^3)^1(sp^3)^1$结构,4个$sp^3$杂化轨道分别与H原子1s轨道成键,形成$CH_4$分子(图5.31),因此4个C—H键的键长完全相同,键角为正四面体中的夹角(109°28′)(表5.9)。

表 5.9　参与杂化的轨道与杂化轨道构型关系表

杂化类型	参与杂化的轨道类型和数目	杂化轨道构型	例
sp	1 个 s+1 个 p	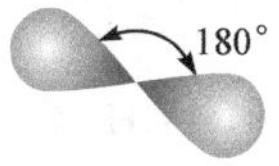 直线形	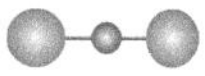 $BeCl_2$
sp^2	1 个 s+2 个 p	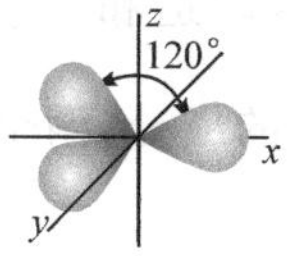 正三角形	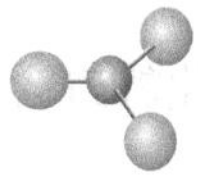 BF_3
sp^3	1 个 s+3 个 p	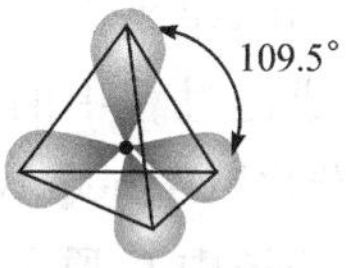 正四面体	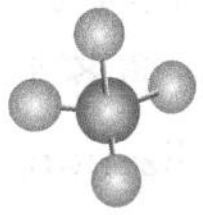 CH_4
dsp^2	1 个$(n-1)$d+1 个 ns+2 个 np	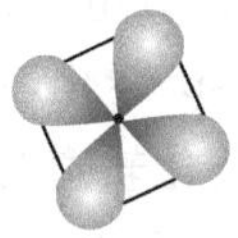 正方形	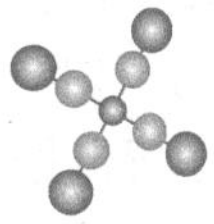 $[Ni(CN)_4]^{2-}$
sp^3d	1 个 s+3 个 p+1 个 d	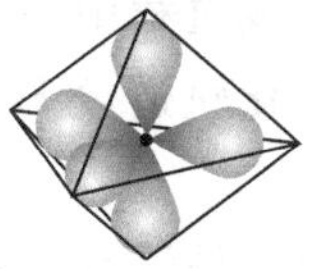 三角双锥体	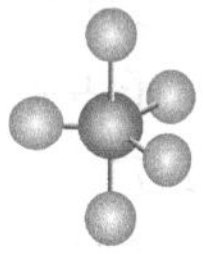 PF_5
sp^3d^2	1 个 s+3 个 p+2 个 d	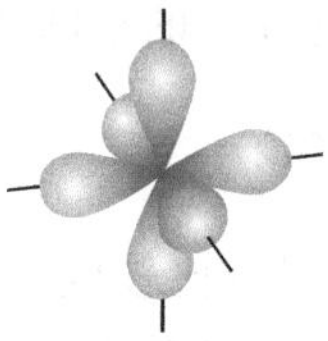 正八面体	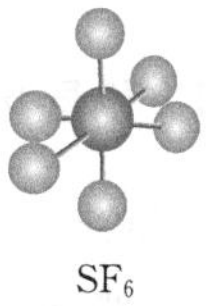 SF_6
d^2sp^3	2 个$(n-1)$d+1 个 ns+3 个 np	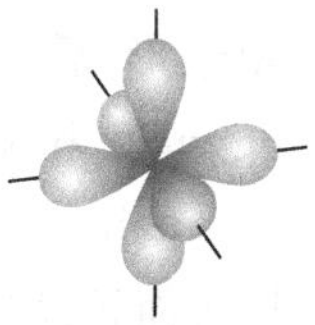 正八面体	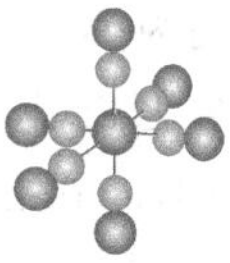 $[Fe(CN)_6]^{3-}$

$$\mathrm{C}\quad 2s^2 2p^2 \xrightarrow{\text{激发}} 2s^1 2p_x^1 2p_y^1 2p_z^1 \xrightarrow{sp^3\text{杂化}} (sp^3)^1 (sp^3)^1 (sp^3)^1 (sp^3)^1$$

$$\begin{array}{cccc} |\sigma & |\sigma & |\sigma & |\sigma \\ 1s^1 & 1s^1 & 1s^1 & 1s^1 \\ \mathrm{H} & \mathrm{H} & \mathrm{H} & \mathrm{H} \end{array}$$

图 5.31 CH_4 分子 C 原子的杂化成键过程示意图

根据参与杂化的原子轨道的种类及数目的不同，杂化轨道分为以下不同类型：

(1) sp 杂化。由一个 s 轨道和一个 p 轨道进行 sp 杂化，组合成两个 sp 杂化轨道，每个杂化轨道含有$\frac{1}{2}$s 和$\frac{1}{2}$p 的成分，两个杂化轨道间的夹角为 180°，呈直线形。

(2) sp^2 杂化。一个 s 轨道和两个 p 轨道杂化，每个杂化轨道都含有$\frac{1}{3}$s 和$\frac{2}{3}$p 的成分，杂化轨道间的夹角为 120°，呈平面三角形。依次类推，各种杂化轨道类型列于表 5.9。

按照各个杂化轨道在成键过程中的作用是否相同，又划分为"等性杂化"(equivalent hybridization)和"不等性杂化"(nonequivalent hybridization)两类：

(1) 等性杂化。CH_4 分子中 C 原子采取 sp^3 杂化，四个 sp^3 杂化轨道全部用来与氢的 1s 轨道成键，每个杂化轨道都是等同的，具有完全相同的特性。

(2) 不等性杂化。由于孤对电子的存在而造成的各个杂化轨道不等同。例如，形成 H_2O 分子时，O 原子也采取 sp^3杂化，在四个 sp^3 杂化轨道中，有两个杂化轨道被两对孤对电子所占据，剩下的两个杂化轨道为两个成单电子占据，与两个 H 原子的 1s 轨道形成两个共价单键。因此，H_2O 分子的空间构型为 V 形结构，同时由于占据两个 sp^3 杂化轨道的两对孤对电子之间排斥作用较大，使两个 O—H 键间的夹角不是 109°28′而是 104.5°。同样，NH_3 分子形成过程中，N 原子也采取 sp^3 不等性杂化，由于 N 原子的一对孤对电子占据了一个 sp^3杂化轨道，NH_3 分子的空间构型为三角锥形，N—H 键之间的夹角为 107°18′。

应该指出：杂化轨道理论是没有实验基础的，它本身对于一个共价型多原子分子的中心原于采取什么类型的杂化轨道，并不能预言；但它可以解释一些共价型多原子分子的形成过程、键的性质及化合物分子的空间构型、键长、键角等键参数。

5.2.4 价层电子对互斥理论

价键理论和杂化轨道理论比较成功地说明了共价键的方向性和解释了一些分子的空间构型，然而却不能预测某分子采取何种类型杂化，分子具体呈现什么形状。例如，H_2O、CO_2 都是 AB_2 型分子，H_2O 分子的键角为 104°45′，而 CO_2 分子是直线形。又如，NH_3 和 BF_3 同为 AB_3 型，前者为三角锥形，后者为平面三角形。为了解决这一问题，1940 年英国化学家西奇威克(N. V. Sidgwick)和鲍威尔(H. M. Powell)提出"价层电子对互斥理论"模型(valence-shell electron-pair repulsion，VSEPR)，可以较简单、准确地判断一些共价型多原子分子的几何构型，从而帮助判断中心原子的杂化态。

"价层电子对互斥理论"要点如下：在 AX_m 共价型分子(或离子)中，分子总是采用使各电子对排斥作用最小的几何构型。这在本质上是"能量最低原理"。

对于 AX_m 共价型分子(或离子)，判断其几何构型的步骤为：

(1) 计算价电子对数：

价电子对数=(中心原子价电子数+配体提供电子数±电荷数) /2

氢和卤素为配位原子，提供电子数为 1；氧族原子为配位原子，提供电子数为 0。氧族原子为中心原子，提供电子数为 6。对于阴离子，价电子除内部原子提供以外还有外来电子，所以总价电子数还要加电荷数；反之，阳离子总价电子数要减电荷数。

(2) 根据价电子对数确定中心原子价层电子对排列的几何形状(表 5.10)。

表 5.10　价层电子对数与中心原子杂化轨道类型关系表

价层电子对数	2	3	4	5	6
价层电子对排列的几何形状	直线形	三角形	正四面体	三角双锥体	正八面体
对应杂化轨道理论的中心原子杂化轨道类型[1]	sp	sp^2	sp^3	sp^3d	sp^3d^2 或 d^2sp^3

1) VSEPR 本身不涉及成键过程，无所谓“杂化”，此处列出“中心原子杂化轨道类型”只是为了方便把 VSEPR 与杂化轨道理论比较。

(3) 电子的相互排斥力依以下顺序减小：孤对电子-孤对电子＞孤对电子-成键电子对＞成键电子对-成键电子对。按此顺序，考虑各种方式的电子对几何排列，确定电子对互斥作用最小的构型为分子构型。

(4) 双键、叁键或单个电子均按单键处理，而且对成键电子对排斥作用：单键＜双键＜叁键。

(5) 有三个以上原子的多原子分子，以电负性小的原子作为中心原子，如 $[BrICl]^-$，I 是中心原子。

AX_mE_n 共价型分子(A 代表中心原子，X 代表配位原子，E 代表孤对电子)中心原子价电子对排布方式和分子的几何构型总结于表 5.11。

表 5.11　AX_mE_n 共价型分子中心原子价层电子对排布方式和分子的几何构型[1]

价层电子对数	分子组成类型	价层电子对几何构型	分子几何构型	例
2	AX_2	直线	 直线形(linear)	CS_2，CO_2，BeF_2
3	AX_3	平面三角形	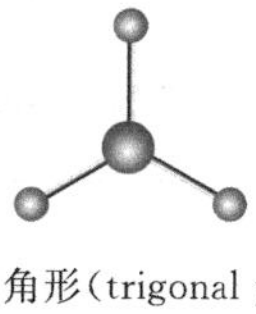 平面三角形(trigonal planar)	BX_3(X：卤素)，SO_3，NO_3^-，CO_3^{2-}
	AX_2E		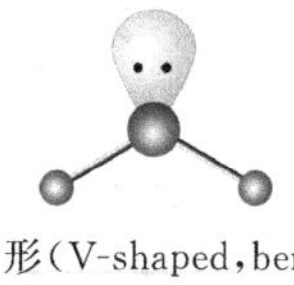 V 形(V-shaped，bent)	SO_2，O_3，$SnBr_2$，$PbCl_2$

续表

价层电子对数	分子组成类型	价层电子对几何构型	分子几何构型	例
	AX_4		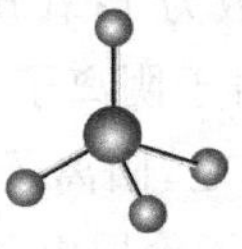 正四面体(tetrahedral)	CH_4,$SiCl_4$,SO_4^{2-},NH_4^+,XeO_4
4	AX_3E	正四面体	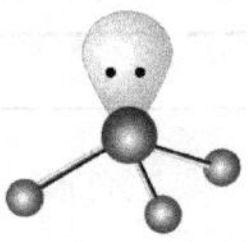 三角锥(trigonal pyramidal)	NH_3,PF_3,H_3O^+,ClO_3^-
	AX_2E_2		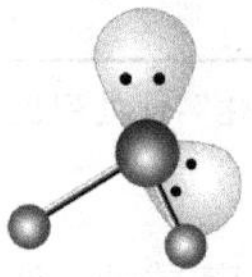 V形(V-shaped,bent)	H_2O,OF_2,SCl_2
	AX_5		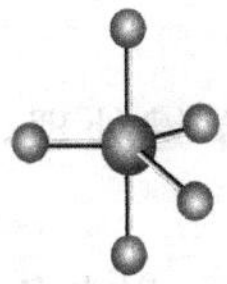 三角双锥(trigonal bipyramidal)	PF_5,PCl_5,AsF_5
5	AX_4E	三角双锥	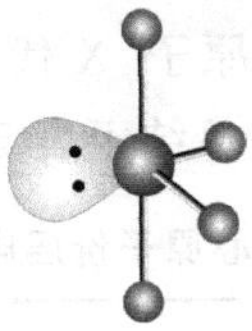 变形四面体(seesaw 板)	SF_4,$TeCl_4$
	AX_3E_2		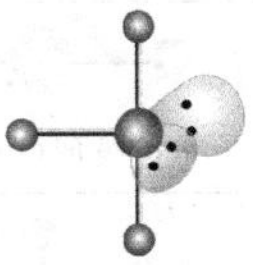 T形(T-shaped)	ClF_3
	AX_2E_3		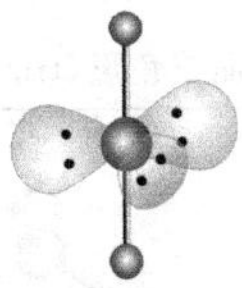 线形(linear)	I_3^-,ICl_2^-,XeF_2

续表

价层电子对数	分子组成类型	价层电子对几何构型	分子几何构型	例
6	AX_6	正八面体	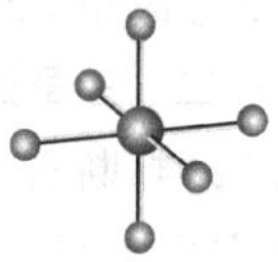 八面体(soctahedral)	SF_6,PF_6^-,SiF_6^{2-}
	AX_5E		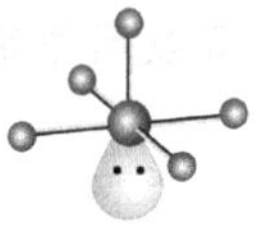 四方锥(square pyramidal)	IF_5,BrF_5,$XeOF_4$
	AX_4E_2		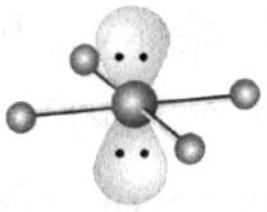 平面正方形(square pyramidal)	XeF_4
7	AX_7	五角双锥体	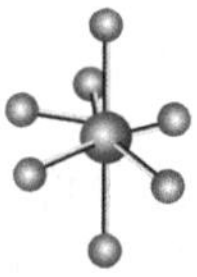 五角双锥(pentagonal bipyramidal)	IF_7

1) A 代表中心原子;X 代表配原子;*m* 代表配原子数;E 代表孤对电子;*n* 代表孤对电子数。

以 AX_3E_2 为例,进一步说明如何应用 VSEPR 判断分子的几何构型。AX_3E_2 分子中的孤对电子可能在三种位置上(表 5.12)。根据价层电子对互斥作用的顺序:孤对电子-孤对电子>孤对电子-成键电子对>成键电子对-成键电子对,首先比较孤对电子-孤对电

表 5.12　AX_3E_2 键型键角分析

类　型	a 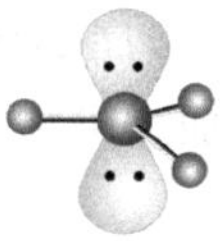	b 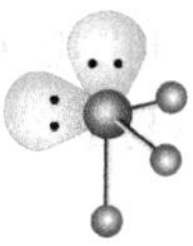	c 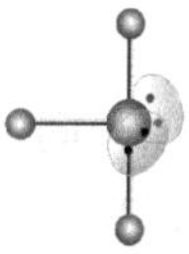
孤对-孤对	1　180°	1　90°	1　120°
孤对-键对	6　90°	3　90° 2　120° 1　180°	4　90° 2　120°
键对-键对	3　120°	2　90° 1　120°	2　90° 1　180°

子间夹角，b 情况孤对电子-孤对电子有 1 个 90°，排斥大于 a、c 两种，b 分子构型是不稳定构型。接下来比较孤对电子-成键电子对，情况 a 有 6 个 90°，而情况 c 只有 4 个 90°，所以情况 c(T 形)为稳定构型。因此，分子最终结构是价层电子对排斥最小的结构。而斥力最大的两对价层电子的角度是 90°，故通常只要考虑呈 90°价层电子对相互作用的数目就可以了。

总之，应用 **VSEPR 理论判断第一、二、三周期元素所组成的一些共价型分子或离子的空间几何构型比较简单和方便**，但讨论判断有 d 电子的过渡金属以及长周期 s 区、p 区元素所组成的共价化合物结构却与事实出入较大，对于 4 对价层电子而形成正方形配合物分子等情况无法预判；同时，**VSEPR 理论本身不涉及共价键的形成过程和键的稳定性，严格来说，它不是一种化学键理论，但可以用作杂化轨道理论的有效补充。**

5.2.5　金属键理论

元素周期表的 112 种元素中，有 80％为金属(90 种)，非金属占 20％。除金属汞在室温下为液态外，其他金属在常温下都是晶体，其共同特征是：普遍具有金属光泽、能导电传热、有延展性。金属的这些特性都是由金属内部特有的化学键的性质所决定。关于金属键，主要有自由电子理论(free-electron theory)及能带理论(energy-band theory)，以下只简要介绍自由电子理论。

1. 自由电子理论

金属原子对其价电子的束缚较弱，部分价电子易脱离金属原子而成为自由电子，在晶格中自由运动，电子可以自由地从一个原子流向另一个原子，价电子为许多金属原子(或离子)所共有，而金属键就是由这些共用的能够自由流动的自由电子把许多原子(或离子)黏合在一起组成的“改性共价键”，形象地说，金属原子或离子是被浸沉于电子的“海洋中”。这种“多中心少电子”键即为金属键，它是一种离域的共价键，因此它既无方向性，又无饱和性。

金属的通性可以用自由电子理论来解释：由于自由电子并不受某种具有特征能量和方向的键的束缚，因此它们能够吸收并重新发射波长范围很宽的光线，使金属不透明，并具有金属光泽；由于自由电子在外加电场作用下可以定向流动而形成电流，因而金属具有导电性；由于自由电子在运动中不断地和金属阳离子发生碰撞而产生能量交换，因此金属具有导热性；由于在结构上自由电子只有胶合作用，当金属晶体受外力作用时，金属阳离子及原子间易产生滑动而不易断裂，因此金属经机械加工可加工成薄片或拉成金属细丝，表现出良好的延展性。

但是，金属键的自由电子理论只能定性地说明金属的某些特性，难以定量解释。对于金属的光电效应、导体、绝缘体和半导体的解释，对于某些金属导电性的解释(例如，对金属锗导电性随温度升高而增大这一特殊性的解释)都存在一些困难。因此，关于金属键本质的更加确切的阐述则需借助于量子力学为基础的“能带理论”，可参阅有关论著。

2. 金属键的强度

金属键的强弱与各金属原子的大小、电子层结构等因素有关：通常，金属键的强弱可以用“金属原子化热”来衡量，金属原子化热是指出 1 mol 的金属在 298 K 时转变为气态原子所吸收的能量(气化热)，即 $M(s) \longrightarrow M(g)$ 过程的焓变 $\Delta_r H_m^{\ominus}$。一般来说，金属原于化热数值较小时，这种金属质地较软，熔点较低；反之，金属质地软硬，熔点较高。

5.2.6 分子间作用力及氢键

由于共价键的方向性及饱和性，有些共价结合的物质以小分子的形式存在，如 H_2O、H_2S、NH_3 分子。小分子物质在常温、常压下多为气体(如 CO_2、O_2)，或为易气化的液体(如 Br_2)，或固体(如 I_2)。当它们受压或冷却时，可以形成以小分子为单元的规则排列的晶体，称为“分子晶体”。小分子能聚集，在一定条件下又能规则地排列成分子晶体，各种分子晶体形成过程又是放热过程，且各种分子晶体的熔点、硬度都不同，这充分说明了分子之间存在吸引力，这种吸引力最先为荷兰物理学家范德华(van der Waals)注意到，因此分子间力(intermolecular force)称为“范德华力”。理论证明，分子间力也是一种电性作用力，它取决于分子的极性、变形性及分子间距离大小等因素。分子间力的大小约几十千焦每摩，比化学键要弱得多，化学键键能为 150～650 $kJ \cdot mol^{-1}$。化学键是分子内部原子与原子间的强相互作用力，决定分子反应活性高低；分子间作用力的存在，是物质表现出不同聚集态(气态、液态和固态)形式的主要原因，决定着物质的熔点、沸点、溶解度、硬度等物理化学性质，对分子的极化和变形起到重要作用。

1. 分子的极化

极性分子固有的偶极矩，称为“永久偶极”(permanent dipole)。当有外电场存在时，无论是极性分子还是非极性分子，都会发生正、负电荷重心的相对位移，这样产生的偶极矩称为“诱导偶极”(induced dipole)，这种作用称为“分子的极化”。在外电场作用下，正、负电荷重心发生暂时的位移，电子云密度分布发生变化，分子发生变形，这种性质称为“分子的变形性”。

分子的极化不仅在外电场作用下能够产生，分子之间相互作用时也会发生，这正是分子间普遍存在相互作用力的重要原因。

2. 范德华力

范德华力是分子之间普遍存在的作用力，比化学键要弱，这种分子间的作用力对物质的一些物理性质(如沸点、熔点、表面吸附、溶解度等)都有重要影响。范德华力包括取向力(orientation force)、诱导力(inducation force)和色散力(dispersion force)。

1) 取向力

取向力是指存在于极性分子和极性分子之间的作用力。当极性分子相互接近时，由于极性分子固有偶极间的静电作用，本处于杂乱无章状态的极性分子发生定向排列并相互吸引，这种永久偶极之间的静电作用力称为“取向力”(图 5.32)。

2) 诱导力

极性分子和非极性分子之间也存在着相互作用力。当极性分子和非极性分子相互接近时，极性分子的永久偶极所产生的微电场对非极性分子的极化作用，使非极性分子发生

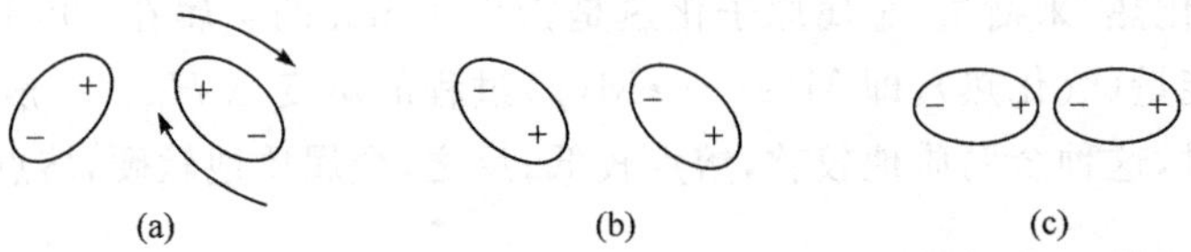

图 5.32　取向力示意图

变形而产生诱导偶极，然后极性分子的永久偶极与非极性分子的诱导偶极相互吸引。这种由诱导偶极和永久偶极之间的作用力称为“诱导力”(图 5.33)。极性分子相互接近时，因永久偶极的相互作用，也产生诱导偶极，使其偶极矩增大，因此，极性分子间除了存在取向力外，还存在诱导力。

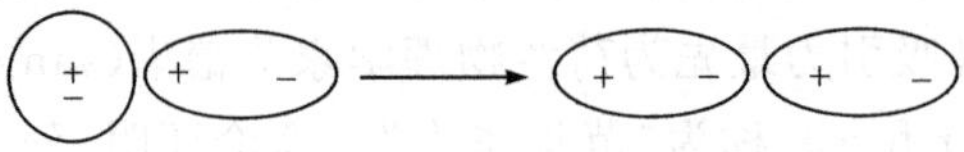

图 5.33　诱导力示意图

3）色散力

非极性分子之间也有相互作用力，这种作用力的大小，对分子的一些性质起着重要作用。例如，Cl_2、Br_2、I_2 都是非极性分子，但在常温下，Cl_2 是气体，Br_2 是液体，I_2 是固体，这是由于 Cl_2、Br_2、I_2 分子之间作用力大小不同造成的。

对所有分子而言，由于原子核在不停地振动，电子在不断地运动，分子中正、负电荷重心不断发生瞬时相对位移，产生瞬时间的偶极，称为“瞬时偶极”。瞬时偶极将诱导其相邻的分子产生偶极，并发生偶极间的相互作用。瞬时偶极间相互作用产生的作用力称为“色散力”(图 5.34)。当用量子力学处理色散力时发现，这种分子间作用力的理论关系式与光的色散公式相似，色散力因此而得名。

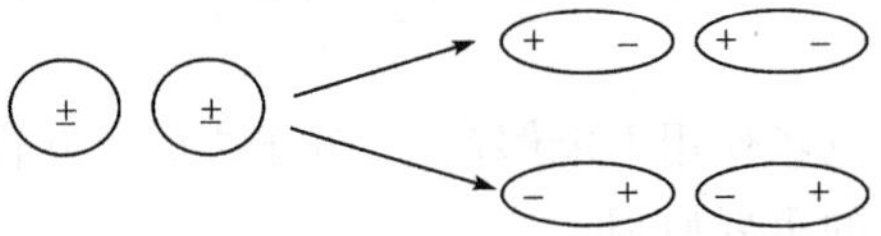

图 5.34　色散力示意图

瞬时偶极的产生虽然时间极短，相互间的作用也比较微弱，但其却不断地重复发生，并不断地相互诱导和相互作用，所以，色散力在所有分子之间都始终存在。

综上所述，在极性分子之间同时存在取向力、诱导力和色散力；在极性分子和非极性分子之间，既有诱导力也有色散力；而在非极性分子之间只存在色散力。一些分子间三种作用力大小的比较见表 5.13。

表 5.13　分子间力的分布情况(单位：$kJ \cdot mol^{-1}$)

分　子	取向力	诱导力	色散力	总能量
Ar	0.000	0.000	8.49	8.49
CO	0.003	0.008	8.74	8.75

续表

分　子	取向力	诱导力	色散力	总能量
HI	0.025	0.113	25.86	26.00
HBr	0.686	0.502	21.92	23.11
HCl	3.305	1.004	16.82	21.13
NH_3	13.31	1.548	14.94	29.80
H_2O	36.38	1.929	8.996	47.31

总之,范德华力是分子之间的作用力的一种,不属于化学键。其特点是:①它是静电引力,作用能只有几到几十千焦每摩,比化学键小 1～2 个数量级;②它是近距离作用力,作用范围只有几十到几百皮米;③它不具有方向性和饱和性;④对多数分子,色散力是主要的,只有极性大的分子,取向力才比较显著。诱导力通常都很小。

物质的一些物理性质如沸点、熔点、相对密度、溶解度、表面张力等都与分子间作用力有关。一般说来,分子间作用力越强,物质的熔点、沸点越高。例如,CF_4、CCl_4、CBr_4、CI_4 都是非极性分子,分子间只存在色散力。由于色散力随它们的相对分子质量依次增大而递增,所以,它们的沸点依次递增。溶解度的大小也受分子间作用力大小的影响,所谓"相似相溶",就是指溶剂分子和溶质分子的极性相似时,溶质更容易溶解,溶解度就会更大。

3. 氢键

范德华力随相对分子质量的增大而增强。在同系物(如 H_2O、H_2S、H_2Se)中,H_2S、H_2Se 符合上述变化规律。H_2O 的相对分子质量最小,但它的熔、沸点却最高。同样,HF 在卤化氢系列中、NH_3 在氮族氢化物系列中也有类似的反常现象。由此可见,在 H_2O、HF、NH_3 中,分子间除有范德华力外,还有其他的作用力,这就是"氢键"(hydrogen bond)。

在 HF 分子中,H 原子与 F 原子以极性共价键结合,由于 F 原子的电负性大,原子半径小,使 HF 分子中的电子云强烈偏向 F 原子,H 原子带正电荷。由于 H 原子只有一个电子,成键后已无内层电子,使 H 原子几乎变成裸露的核,具有很强的正电性,它能与另一个 HF 分子中 F 原子的孤对电子相互吸引,产生较强的定向作用力,我们把这种作用称为氢键。所以,氢键是 H 原子与电负性大、原子半径小的原子 X 结合后,又与另一个分子中电负性大的原子 Y 相互作用而形成的,X 和 Y 可以是相同的原子,也可以是不同的原子。

氢键可表示为:H—X…Y。

氢键的强弱与 X、Y 原子的电负性大小以及原子半径有关。X、Y 原子的电负性越大,半径越小,形成的氢键就越强。所以,较强的氢键均出现在 F、O、N 原子间。

常见氢键的强弱顺序是

$$F—H\cdots F > O—H\cdots O > O—H\cdots N > N—H\cdots N > O—H\cdots Cl > O—H\cdots S$$

图 5.35 是 H_2O、HF 分子间氢键形成的示意图。

由 X—H…Y—R 分解为 X—H 和 Y—R 时所需要的能量称为氢键的键能。氢键的

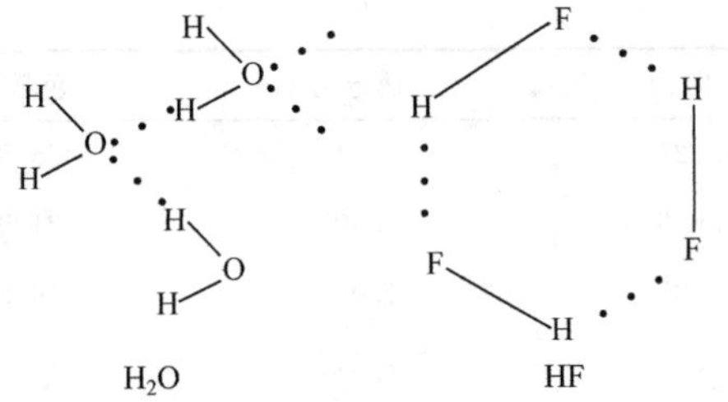

图 5.35　H_2O、HF 分子间氢键示意图

键能一般小于 42 kJ · mol^{-1}，比化学键弱，但比分子间的范德华力要强。

氢键的键长是指 X—H…Y 中 X 原子到 Y 原子的核间距，比范德华半径要小，但比共价键要长得多，氢键 F—H…F 的键长约为 255 pm。

氢键具有方向性和饱和性。氢键的饱和性是指 H 原子与一个电负性大的原子 X 结合成分子后，只能与一个其他分子的电负性大的原子形成一个氢键。方向性是指 H 原子在形成氢键时，总是沿着另一个分子中电负性大的原子的孤对电子云伸展方向去接近，即形成的氢键 X—H…Y 尽可能在一条直线上。这样才可保证 X 原子与 Y 原子间距离最远，斥力最小，形成的氢键更稳定。

氢键可分为“分子间氢键”和“分子内氢键”。一个分子的 H 原子与另一个分子电负性大的原子相互吸引而形成的氢键称为分子间氢键；一个分子中的 H 原子与同一分子上的另一电负性大的原子相互吸引而形成的氢键称为分子内氢键。分子内氢键一般不在同一直线上，但大多数分子内氢键是形成了环状的稳定结构。

例如，邻硝基苯酚形成分子内氢键，而对硝基苯酚形成分子间氢键(图 5.36)。

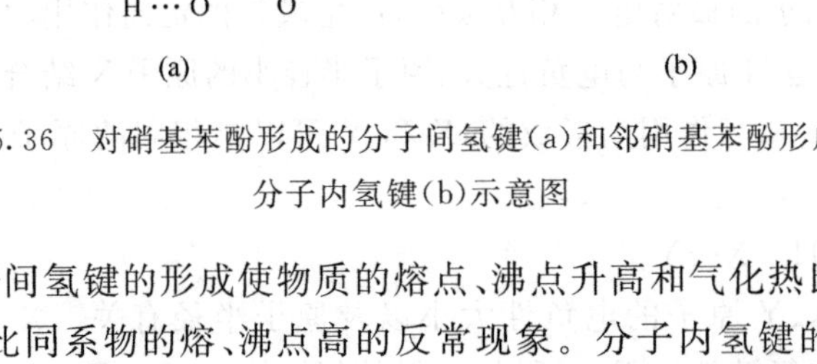

图 5.36　对硝基苯酚形成的分子间氢键(a)和邻硝基苯酚形成的分子内氢键(b)示意图

通常说来，分子间氢键的形成使物质的熔点、沸点升高和气化热比同系物增大，如水、氨和氟化氢等分子比同系物的熔、沸点高的反常现象。分子内氢键的形成常使其熔沸点比同系物低。例如，邻硝基苯酚的熔点是 318 K，而对硝基苯酚的熔点是 387 K。因为前者形成分子内氢键，而后者则形成的是分子间氢键，根据氢键的饱和性，邻位形成分子内氢键后就不能再形成分子间氢键，所以，邻硝基苯酚的熔点比对硝基苯酚的熔点低。

氢键的形成也影响着一些物质的溶解度。例如，乙醇、丙三醇等可以同水混溶，氢键起着重要作用。大分子溶质与溶剂分子可以形成多个氢键，溶液的相对密度和黏度增加，流动性减弱。但如果溶质分子存在分子内氢键，则溶液的相对密度和黏度就不会有明显提高。

生物体内也广泛存在氢键，如蛋白质分子、核酸分子中均有分子内氢键。在蛋白质的 α 螺旋结构中，螺旋之间羰基上的氧和亚胺基上的氢形成分子内氢键。又如，脱氧核糖核酸(DNA)是由磷酸、脱氧核糖和碱基组成的具有双螺旋结构的生物大分子，两条链通过碱基间氢键配对而保持双螺旋结构，维系并增强其稳定性，一旦氢键遭到破坏，分子双螺旋结构也将发生变化，生物活性也将丧失或改变。因此，氢键在生物化学、分子生物学和医学生理学的研究方面有着重要意义。

5.3 晶体结构
(Crystal structure)

物质主要有三种聚集态：气体、液体和固体。有些分子结构特殊的物质在从固态转变为液态的过程中，先要经历液晶态。气体分子随着温度升高，电离形成呈电中性等离子态。因此有时也将物质聚集状态扩展为五种：等离子体、气体、液体、液晶和固体。

固态物质又可分为晶体、准晶体和非晶体。仅从外观上，用肉眼很难区分晶体、准晶体和非晶体。食盐($NaCl$)、味精(谷氨酸钠)、冰(H_2O)、砂子(SiO_2)、牙齿、骨骼[$Ca_{10}(PO_4)_6(OH)_2$]、各种金属是晶体。玻璃、琥珀、珍珠等是非晶体。

5.3.1 晶体的特征

晶体是由组成它的微粒(原子、离子、分子等)在三维空间按一定规则做周期性排列而形成的固态物质。晶体与非晶体主要区别是：

(1) 晶体有固定的几何外形，非晶体没有。例如，食盐晶体是立方体，冰雪晶体为六角形等，而非晶体没有一定的外形。

(2) 晶体有固定的熔点，非晶体没有。当温度高到某一温度晶体即熔化；而玻璃及其他非晶体则没有固定的熔点，从软化到熔化是一个较大的温度范围。

(3) 晶体有固定的各向异性，非晶体各向同性。云母的结晶薄片，在外力的作用下，很容易沿平行于薄片的平面裂开。但要使薄片断裂，则困难得多。这说明晶体在各个方向上的力学性质不同，而非晶体玻璃在破碎时，其碎片的形状是完全任意的。又如，在云母片上，涂上一层薄薄的石蜡，然后用炽热的钢针去接触云母片的反面，则石蜡沿着以接触点为中心，向四周熔化成椭圆形，这表明云母晶体在各方向上的导热性不同；如果用玻璃板代替云母片重做上面实验，发现熔化了的石蜡在玻璃板上总成圆形，这说明非晶体的玻璃在各个方向上的导热性相同。

晶体和非晶体之间无绝对界线。同一物质在不同条件下既可形成晶体，又可形成非晶体。自然界中的二氧化硅有晶态的石英、水晶，也有非晶态的燧石。如把水晶的结晶熔化，再使它冷却，可得非晶体的石英玻璃。非晶态的玻璃若经加热冷却反复处理，可使其结构有序化，变为多晶体。玻璃经过相当长的时间后，里面可生成微小晶体，形成透明性减弱的模糊斑点。传统的金属晶体经过急冷处理，则可制得非晶态金属或金属玻璃，而具有许多通常金属材料所不曾具备的特性，如既具有较高的强度，又有很好的韧性、优异的耐蚀性和磁性等。

5.3.2 晶体结构的描述

1. 晶格与晶胞

组成晶体的微粒（看作几何学的"点"）按照一定的规则在三维空间做周期性排列，组成的几何图形称为"晶格"(lattice)，晶体中的最小重复单位称为"晶胞"(cell)，它必须既代表晶体的组成，又具有与整个晶体相同的对称性。也可以说，"晶胞"在三维空间做周期性排列，就形成"晶体"。

图 5.37 是一个 NaCl 晶胞结构示意图。以此晶胞在三维空间做周期性排列，就形成 NaCl 晶体。

通常选取一个平行六面体作为晶胞，但也有例外（如六方晶胞）。

晶胞的特征可以用 6 个"晶胞参数"来表示，包括 3 条棱边的长度 a、b、c 和 3 条棱边的夹角 α、β、γ，其中 α 是 b 、c 边夹角；β 是 a 、c 边夹角；γ 是 a 、b 边夹角（图 5.38）。

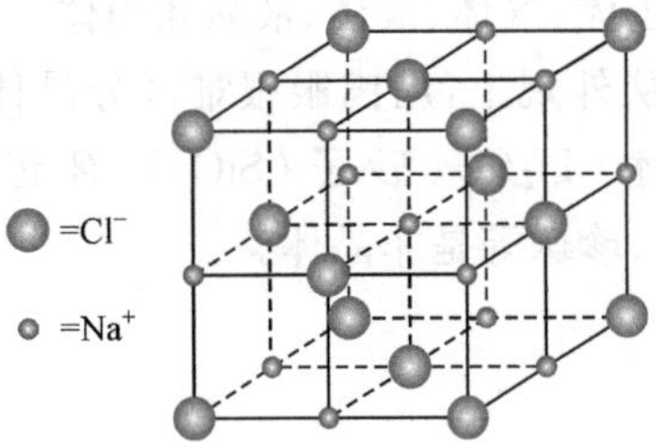

图 5.37 NaCl 晶胞结构示意图

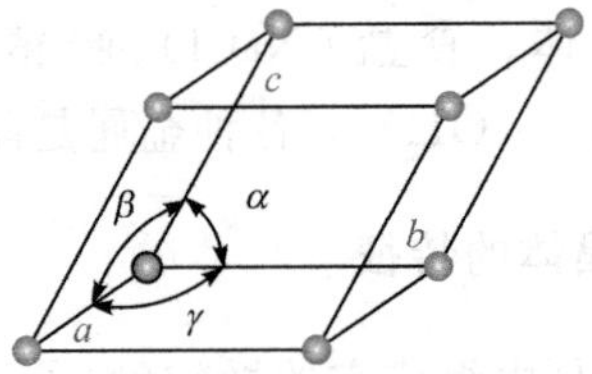

图 5.38 晶胞参数

2. 晶系

根据晶体结构的对称性，将晶体的空间结构划分为七大晶系（表 5.14）。

表 5.14 七大晶系

晶　系	晶系英文名称	晶胞参数特征
立方晶系	cubic	$a=b=c$　　$\alpha=\beta=\gamma=90°$
四方晶系	tetragonal	$a=b\neq c$　　$\alpha=\beta=\gamma=90°$
正交晶系	orthorhombic	$a\neq b\neq c$　　$\alpha=\beta=\gamma=90°$
六方晶系	hexagonal	$a=b\neq c$　　$\alpha=\beta=90°$　$\gamma=120°$
三方晶系	trigonal	$a=b=c$　　$\alpha=\beta=\gamma\neq 90°$
单斜晶系	monoclinic	$a\neq b\neq c$　　$\alpha=\gamma=90°$　$\beta\neq 120°$
三斜晶系	triclinic	$a\neq b\neq c$　　$\alpha\neq\beta\neq\gamma\neq 90°$

5.3.3 晶体的类型

按照组成晶体的微粒不同，通常把晶体划分为“离子晶体”(ionic crystal)、“金属晶体”(metallic crystal)、“原子晶体”(atomic crystal)和“分子晶体”(molecular crystal)，同时也存在介于它们之间的“过渡型晶体”。

1. 离子晶体

阳离子与阴离子间通过离子键结合形成的晶体，称为“离子晶体”。在离子晶体中，阴、阳离子按照一定的格式交替排列，具有一定的几何外形。例如，NaCl是正立方体晶体(图5.37)，Na^+与Cl^-相间排列，每个Na^+同时吸引6个Cl^-，每个Cl^-同时吸引6个Na^+。不同的离子晶体，离子的排列方式可能不同，形成的晶体类型也不一定相同。离子晶体中不存在分子，通常根据阳离子与阴离子的数目比，用化学式表示该物质的组成，如NaCl表示氯化钠晶体中Na^+与Cl^-个数比为1∶1，$CaCl_2$表示氯化钙晶体中Ca^{2+}与Cl^-个数比为1∶2。

离子晶体中，阳离子与阴离子间的相互作用是离子键。离子晶体具有较高的熔、沸点，常温呈固态；硬度较大，比较脆，延展性差；在熔融状态或水溶液中易导电；大多数离子晶体易溶于水，并形成水合离子。离子晶体中，若离子半径越小，离子带电荷越多，离子键越强，该物质的熔、沸点一般就越高，如下列三种物质，其熔、沸点由低到高排列的顺序为KCl<NaCl<MgO。

2. 原子晶体

相邻原子间以共价键结合而形成的空间网状结构的晶体，称为“原子晶体”，也称“共价晶体”(covalent crystal)。例如，金刚石晶体是“原子晶体”(图5.39)，晶体中每个碳原子作中心，通过共价键连接另4个碳原子，形成正四面体的空间结构，每个碳环由6个碳原子组成，所有的C—C键键长为155 pm，键角为109°28′，键能也都相等，金刚石是典型的原子晶体，熔点高达3550 ℃，是硬度最大的单质。原子晶体中，组成晶体的微粒是原子，原子间的相互作用是共价键，共价键结合牢固，所以原子晶体的熔、沸点高，硬度大，不溶于一般的溶剂，多数原子晶体为绝缘体，有些原子晶体(如硅、锗等)是优良的半导体材料。原子晶体中不存在分子，用化学式表示物质的组成，单质的化学式直接用元素符号表示，两种以上元素组成的原子晶体，按各原子数目的最简比写化学式。常见的原子晶体是周期系ⅣA族元素的一些单质和某些化合物，如金刚石、硅晶体、SiO_2、SiC等。对不同的原子晶体，组成晶体的原子半径越小，共价键的键长越短，即共价键越牢固，晶体的熔、沸点越高，如金刚石、碳化硅、硅晶体的熔、沸点依次降低。

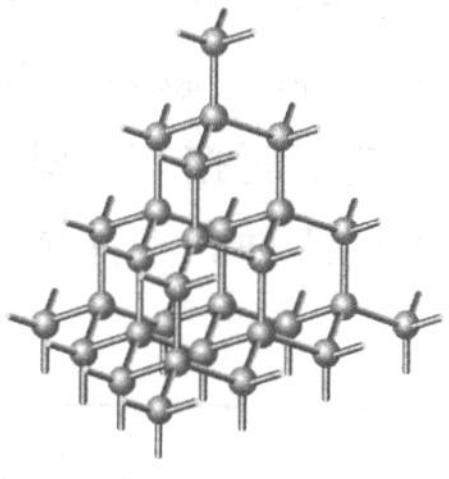

图5.39 金刚石晶体结构示意图

3. 分子晶体

分子间以范德华力相互结合形成的晶体称为“分子晶体”。大多数非金属单质及其形成的化合物如 O_2、N_2、Cl_2、I_2、冰(H_2O)、干冰(CO_2)(图 5.40)、大多数有机物，其结晶态为分子晶体。DNA 晶体也是分子晶体。分子晶体是由分子组成，可以是极性分子，也可以是非极性分子。分子间的作用力很弱，所以分子晶体具有较低的熔、沸点，硬度小、易挥发，许多物质在常温下呈气态或液态，如 O_2、CO_2 是气体，乙醇、冰醋酸是液体。同系列分子的晶体，其熔、沸点随相对分子质量的增加而升高。例如，卤素单质的熔、沸点按 F_2、Cl_2、Br_2、I_2 顺序递增；非金属元素的氢化物，s 区、p 区元素同族由上而下熔、沸点升高；有机物的同系物随碳原子数的增加，熔、沸点升高。但 HF、H_2O、NH_3、CH_3CH_2OH 等分子间，除存在范德华力外，还有氢键的作用力，它们的熔、沸点较高。

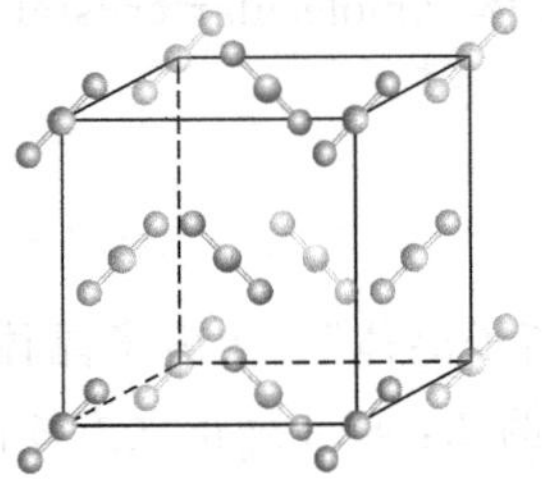

图 5.40　CO_2 晶体结构示意图

4. 金属晶体

由金属键形成的单质晶体称为“金属晶体”。金属单质及一些金属合金都属于金属晶体，如镁、铝、铁和铜(图 5.41)等。金属晶体中存在金属原子、金属离子和自由电子，金属离子和金属原子总是紧密地堆积在一起，金属离子和自由电子之间存在较强烈的金属键，自由电子在整个晶体中自由运动，金属具有共同的特性，如金属有光泽、不透明，是热和电的良导体，有良好的延展性和机械强度。大多数金属具有较高的熔点和硬度，金属晶体中，金属离子排列越紧密，金属离子的半径越小、离子电荷越高，金属键越强，金属的熔、沸点越高。例如，Ⅰ族金属由上而下，随着金属离子半径的增大，熔、沸点递减。第三周期金属按 Na、Mg、Al 顺序，熔、沸点递增。

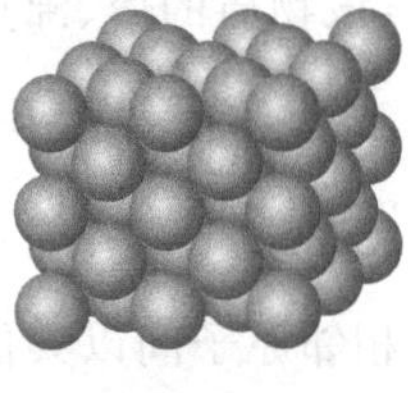

图 5.41　金属 Cu 晶体结构示意图

上述四种典型晶体结构类型与性质的关系总结于表 5.15。

表 5.15　晶体结构类型与性质比较表

类　型	离子晶体	原子晶体	分子晶体	金属晶体
构成微粒	阴、阳离子	原子	分子	原子、阳离子、电子
微粒相互作用	离子键	共价键	分子间作用力	金属键
硬度	较大	很大	很小	较大
熔、沸点	较高	很高	很低	较高
导电性	溶液或熔化导电	一般不导电	不导电	导电
溶解性	一般易溶于水	难溶于水和其他溶剂	相似相溶	难溶于水和其他溶剂
实例	NaCl、CaF_2、K_2SO_4、$NaNO_3$ 等	金刚石、硅晶体、SiO_2、SiC	单质：H_2、O_2 等 化合物：干冰、H_2SO_4	钠、钙、镁、铝、铁、钴、镍、铜、银、金、稀土金属等

5. 过渡型晶型

以上介绍了四种典型的晶体。实际上在多数晶体中，组成晶体的微粒间作用力常常不是一种，化学键也会有过渡型键型，因此会存在一系列过渡型晶型，又称为“混合型晶体”。例如，石墨(图5.42)就是一种过渡型晶体，每个C原子采取 sp^2 杂化，与相邻的三个碳原子以三个 σ 键相连接，形成平面六边形片层结构；C原子未参与杂化的p轨道单电子在同一平面上形成一个覆盖整个平面的离域大 π 键；相邻片层之间为分子间力。在结构上横向与纵向的距离有一定的差别。由于石墨具有层状结构，它显示导电性、有光泽、层间可滑动。

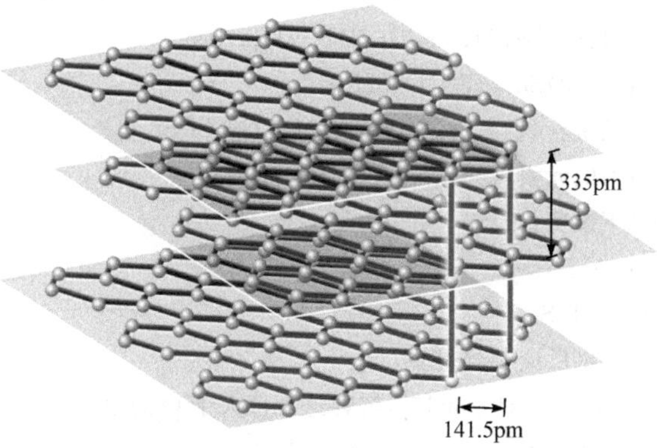

图5.42 石墨晶体结构示意图

本章教学要求

1. 了解原子结构发现简史；了解量子力学对原子结构的描述及薛定谔方程，理解四个量子数的物理意义；了解并能应用波函数/原子轨道角度分布图、电子云角度分布图和径向分布函数图。

2. 熟练掌握原子核外电子基态排布；理解元素周期律，认识屏蔽效应和钻穿效应及多电子原子轨道能级交错现象。

3. 了解离子键理论和晶格能；理解并应用价键理论和杂化轨道理论解释共价分子的形成、性质及几何构型；能应用价层电子对互斥理论预测一些共价分子的几何构型。

4. 理解并掌握分子间作用力及氢键，能够应用其解释物质的物理性质，如熔、沸点等。

5. 了解金属键自由电子理论。

6. 了解晶体结构的特征、类型、晶体结构的描述。

习 题

1. X射线一光子能量为 4.70×10^{-16} J，此光子波的频率、波长分别是多少？

2. 画出 $3p_z$ 轨道波函数径向分布图、电子云径向分布图和电子云径向分布函数图。在合适的图上标出电子出现概率为 0 和最大处。若 $3p_z$ 轨道为原子的最外层轨道，在合适的图上标出原子半径大小的位置。
3. 画出 $3d_{xy}$、$3d_{z^2}$ 轨道波函数角度分布图、电子云角度分布图示意图。
4. 指出 1s、3d、5p 的 n、l 值及轨道最多容纳电子数。
5. 根据里德伯经验公式：$E=R_H\left(\frac{1}{n_1^2}-\frac{1}{n_h^2}\right)$，计算电子从 4p 轨道跃迁到 2s 轨道所释放的能量。
6. 写出下列原子基态电子排布式：

C、Mg、Mn、Se、Cu、Xe、Ba、Os、Pb

7. 写出下列离子基态电子排布式：

Be^{2+}、N^{3-}、Al^{3+}、H^-、O^{2-}、Zn^{2+}、W^{6+}、Cu^{2+}、Gd^{3+}、Se^{2-}

8. 指出原子半径最大的元素：(1) Ba、Ti、Ra、Li；(2) F、Al、In、As

指出离子半径最大的离子：(3) Se^{2-}、F^-、O^{2-}、Rb^+

指出第一电离能最小的元素：(4) Tl、Po、Se、Ga；(5) Cs、Ga、Bi、Se

指出第一电子亲和能最大的元素：(6) Be、N、O、F

9. 根据元素周期律解释以下事实：

(1) 第一电离能 Se 小于 As。

(2) 第一电子亲和能 Br 大于 Se。

(3) Rb 与水反应比 Na 与水反应剧烈得多。

(4) F 的第一电子亲和能是 332 kJ·mol^{-1}，解释这个值大于 O 的第一电子亲和能。

(5) 由 F 的第一电子亲和能很大解释 F_2 化学性质非常活泼。

(6) 由 Xe 的第一电离能 1170 kJ·mol^{-1}，解释 Xe 化学性质惰性。

10. 已知 M^{2+} 3d 轨道中有 5 个电子，试推出：

(1) M 原子的核外电子排布。

(2) M 原子的最外层和最高能级组中电子数。

(3) M 元素在周期表中的位置。

11. 乙炔的标准生成焓为 226.6 kJ·mol^{-1}，H—H、C—H 键键能 D(H—H)、D(C—H)分别为 436 kJ·mol^{-1}、415 kJ·mol^{-1}，石墨的升华能 $\Delta_{sub}H$[C(s)]为 717 kJ·mol^{-1}，求 C≡C 的键能 D(C≡C)。
12. 氰为一种有毒气体，其分子式为 NCCN。根据下列键能数据（单位：kJ·mol^{-1}）计算反应 $NCCN(g)+2O_2(g) \longrightarrow N_2(g)+2CO_2(g)$ 的焓变。

C—N	293	C—O	358	C—C	348	N—N	163
C=N	615	C=O	799	O—O	146	N=N	418
C≡N	891	C≡O	1072	C=O	495	N≡N	941

13. 画出下列分子路易斯结构式，指出中心原子价层电子对数、中心原子价电子杂化方式、中心原子价层电子空间几何构型以及分子空间几何构型：CO_2、ONF、BF_3、ICl_3。
14. 画出下列离子路易斯结构式，指出中心原子价层电子对数、中心原子价电子杂化方式、中心原子价层电子空间几何构型以及分子空间几何构型：IF_4^-、PCl_4^-、SeO_3^{2-}、I_3^-。
15. 根据杂化轨道理论说明下列分子成键过程：$BeCl_2$、NCl_3、XeF_4、SF_6、CO_3^{2-}、SO_4^{2-}、SO_3^{2-}、NO_3^-。
16. 指出下列分子间存在的分子间作用力类型：

(1) 乙醇和水。

(2) 氨和水。

(3) 苯和四氯化碳。

(4) 溴化氢 HBr 和碘化氢 HI。

(5) H_2S 气体分子。

17. 丙烷($CH_3CH_2CH_3$)、乙醚(CH_3OCH_3)、一氯甲烷(CH_3Cl)、乙醛(CH_3CHO)、乙腈(CH_3CN)偶极矩分别为 0.1 D,1.3 D,1.9 D,2.7 D 和 3.9 D,比较它们的沸点高低。

18. 乙腈(CH_3CN)和一碘甲烷(CH_3I)偶极矩分别为 3.9 D 和 1.62 D,问:

(1) 比较 CH_3CN 和 CH_3I 取向力大小。

(2) 比较 CH_3CN 和 CH_3I 色散力大小。

(3) 比较 CH_3CN 和 CH_3I 总的分子间作用力大小,并判断 CH_3CN 和 CH_3I 熔、沸点高低。

19. 下列化合物哪些存在氢键?是什么类型的氢键?

(1) NH_3。

(2) HNO_3。

(3) H_3BO_3(固体)。

(4) CF_3H。

(5) C_2H_6。

(6) 邻硝基苯酚。

(7) 对硝基苯酚。

20. 判断下列物质熔点高低顺序:

(1) 金刚石、单晶硅、硅甲烷(SiH_4)。

(2) 单质碘、单晶硅、五氯化碘(ICl_5)。

(3) 生石灰(CaO)、膦(PH_3)、萤石(CaF_2)。

(中山大学　乔正平)

第6章　氧化还原与电化学
(Redox reactions and electrochemistry)

按照反应过程中有无电子转移(或偏移),化学反应可以划分为氧化还原反应和非氧化还原反应两大类。后者包括酸碱电离、酸碱中和、沉淀生成与溶解、配位反应等;按照酸碱质子理论和酸碱电子理论,这几类反应均属于酸碱反应范围。

氧化还原反应广泛存在于自然界、工业生产过程和人类日常生活中,如雷电条件下空气中生成氮氧化物、钢铁的锈蚀、矿物燃料的燃烧、氨的合成、合金的冶炼、各种电池的放电或充电反应、生物细胞内各种物质的氧化等。因此,学习氧化还原反应及相关的电化学知识,不仅在化学上具有理论意义,而且可以应用于工业生产过程和日常生活中。

电化学是研究化学能与电能之间互相转化规律及其应用的化学分支,与氧化还原反应密切相联系。

本章首先介绍氧化还原的基本概念,然后重点叙述原电池、电动势与电极电势及相应的热力学原理,最后简要介绍氧化还原与电化学理论在化学电源和电解中的应用情况。

6.1　氧化还原的基本概念
(Basic concepts of redox)

6.1.1　氧化数

按照IUPAC的定义,**氧化数(oxidation number)是指某元素一个原子的荷电数**,它可以通过假定把成键电子对中的电子划归电负性较大的元素的原子而求得。按此规定,元素的氧化数有如下规律:①单质中,元素的氧化数为0;②化合物中,各元素的氧化数之代数和为0。

元素的氧化数的本质,就是它的原子在具体的物质中的表观荷电数:在离子化合物中,氧化数即正离子、负离子所带的电荷数;在共价极性化合物中,氧化数即元素的一个原子提供参与共价键的电子数,其中电负性小、共用电子对离得较远的元素为正氧化数,而电负性大、共用电子对离得较近的元素为负氧化数。当然,在单质分子中,由于都是同一元素的原子,元素的电负性相同,其原子的表观荷电数为0,故氧化数也为0。

例如,在H_2、Cl_2、N_2、He、Ne、O_2、O_3、S_8、C_{60}、C_{140}等单质中,各元素的氧化数都为0。

在离子化合物NaCl中,Na元素的氧化数为+1,而Cl元素的氧化数为−1。在CaF_2中,Ca元素的氧化数为+2,而F元素的氧化数为−1。

在共价极性化合物HCl中,H元素的氧化数为+1,而Cl元素的氧化数为−1。在H_2O中,H元素的氧化数为+1,而O元素的氧化数为−2。

氧化数可以是正整数、负整数或0,也可以是分数。例如,在连四硫酸钠$Na_2S_4O_6$中,在指定 Na 元素的氧化数为＋1、而 O 元素的氧化数为－2 后，按照“化合物中，各元素的氧化数之代数和为 0”的原则，可以算出 S 元素的(平均)“氧化数”为＋2.5。显然，计算元素的“氧化数”只需按物质的化学式，而无需知道物质的分子结构。对于连四硫酸钠 $Na_2S_4O_6$，其阴离子 $S_4O_6^{2-}$ 的结构是

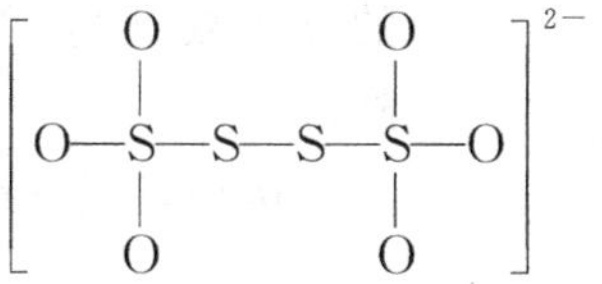

从结构看，有两种 S 原子，中间的 2 个 S 原子的氧化数可视为 0，而与 O 原子成键的 2 个 S 原子的氧化数应为＋5。实际上，这里的“氧化数”就是中学学习过的化合价。化合价表示元素的一定数目的原子与一定数目的其他元素的原子结合的性质，故应为整数，而且与具体物质的分子结构有关。当使用氧化数的概念时，它只是元素的原子在具体物质中的表观荷电数，通常无需知道物质的分子结构，而使用平均氧化数，在 $S_4O_6^{2-}$ 中，4 个 S 原子的平均氧化数为＋2.5。下文将使用氧化数的概念。

氧化数并非只是人为的概念，而是源于实验事实。例如，把 1 mol MnO_4^- 还原为 MnO_2 时，需要 3 mol 电子；而还原为 Mn^{2+} 时，需要 5 mol 电子，正好是 Mn 元素在相应化合物中的氧化数之差。

氧化数与元素的原子结构密切相关。例如，Cl 元素原子的基态价电子构型为 $3s^2 3p^5$，则它的常见氧化数为－1、0、＋1、＋3、＋5、＋7；Mn 元素的基态价电子构型为 $3d^5 4s^2$，则它的常见氧化数为 0、＋2、＋3、＋4、＋6、＋7。对于主族元素，在多数情况下元素的最高氧化数等于它在元素周期表所在的族数，但是，也有的主族元素最高氧化数大于它在元素周期表所在的族数。例如，$S_2O_8^{2-}$ 中 S 元素的氧化数是＋7；多数副族元素的最高氧化数也等于它在元素周期表所在族数(实际上是价层电子数之和)，但Ⅷ族部分元素例外(如 FeO_4^{2-} 中 Fe 元素的氧化数是＋6)。

多数化合物中 H 元素的氧化数为＋1，而 F 元素的氧化数为－1，O 元素的氧化数为－2。但也有例外，如在 H_2O_2 和 Na_2O_2 中，O 元素的氧化数为－1；在 KO_2 中，O 元素的氧化数为－0.5；在 OF_2 中，O 元素的氧化数为＋2；在 NaH 中，H 元素的氧化数为－1。

同一元素可以与其他元素形成不同组成的各种化合物，从而显示不同的氧化态(oxidation state)。例如，氧元素在 H_2O 和 H_2O_2 中显示不同的氧化态，分别用氧化数表示为－2 和－1。可以说，元素的氧化态用氧化数表示，通常不再区分这两个概念。

6.1.2　氧化还原反应

凡有电子转移(electron transfer)的化学反应称为氧化还原反应(redox reaction)，其中，失去电子的变化过程称为氧化(oxidation)，获得电子的变化过程称为还原(reduction)；失去电子的物质称为还原剂(reductant)，获得电子的物质称为氧化剂(oxidant)。由于电子转移涉及失去电子和获得电子双方，所以氧化和还原总是同时发生：在反应中，还原剂失去电子被氧化(be oxidized)，而氧化剂获得电子被还原(be reduced)。

在氧化还原反应过程中，还原剂失去电子被氧化，相应元素的氧化数升高，氧化剂获

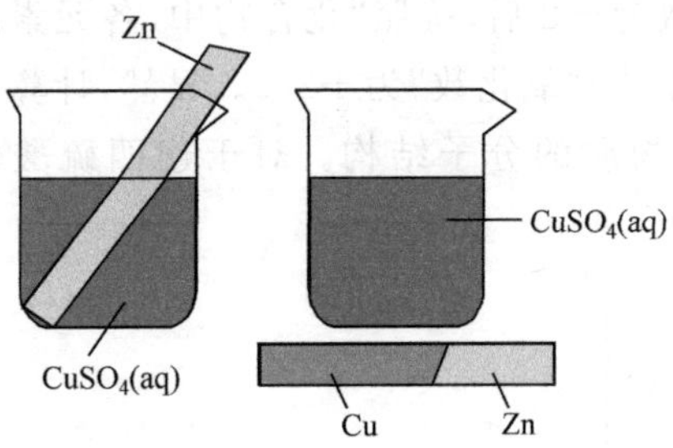

图 6.1　锌从硫酸铜溶液中置换出铜

得电子被还原，相应元素的氧化数降低。因此，也可以说：凡有元素氧化数发生变化的反应，就是氧化还原反应，氧化数升高的变化称为还原，氧化数降低的变化称为氧化，还原剂中相应元素的氧化数升高，而氧化剂中相应元素的氧化数降低。

例如，锌从硫酸铜溶液中置换出铜（图 6.1）：

$$\overset{2e^-}{\overbrace{Zn(s)+Cu^{2+}}}(aq) = Zn^{2+}(aq)+Cu(s)$$

在反应中，每个 Zn 原子失去 2 个电子，传递给 Cu^{2+}；Zn 原子被氧化，锌是还原剂，Cu^{2+} 被还原，硫酸铜是氧化剂；Zn 元素的氧化数由 0 升高到 +2，Cu 元素的氧化数由 +2 降低到 0。

再如，氢气与氯气化合成氯化氢：

$$H_2(g)+Cl_2(g) = 2HCl(g)$$

在这个反应中，并没有发生完全的电子转移，因为生成的 HCl 是极性共价化合物，可认为是电子偏移，它仍然属于氧化还原反应。在反应中，H_2 分子被氧化，$H_2(g)$ 是还原剂，Cl_2 分子被还原，$Cl_2(g)$ 是氧化剂；氢元素的氧化数由 0 升高到 +1，氯元素的氧化数由 0 降低到 −1。

如果氧化和还原发生在同一物质内，也就是说，该物质既是氧化剂，又是还原剂，则这样的反应称为自氧化还原反应。例如，下面两个反应：

$$2KClO_3(s) \xrightarrow{\triangle} 2KCl(s)+3O_2(g)$$

$$2HgO(s) \xrightarrow{\triangle} 2Hg(l)+O_2(g)$$

注意这两个例子中，氧化、还原发生在同一物质内的不同元素的原子上。

如果氧化和还原发生在同一物质内的同一元素的原子上，这样的自氧化还原反应称为歧化反应。例如，氯气在酸性水溶液中发生歧化反应：

$$\text{氧化数}\quad \overset{0}{Cl_2}(g)+H_2O(l) = H\overset{+1}{O}Cl(aq)+H\overset{-1}{Cl}(aq)$$

可见，同一物质中同一元素 Cl 的原子，有的氧化数升高，有的氧化数降低，$Cl_2(g)$ 既是氧化剂，又是还原剂。“歧化反应”的逆反应称为“逆歧化反应”或“归中反应”。

6.1.3　氧化还原反应方程式的配平

配平氧化还原反应方程式的基本方法有两种：氧化数法和离子-电子法。

1. 氧化数法

氧化数法适用于任何氧化还原反应。其依据是：氧化还原反应中，还原剂失去电子总数＝氧化剂获得电子总数；与得、失电子相联系，还原剂氧化数的升高总值＝氧化剂氧化数降低总值。

下面以 $KMnO_4$ 与 $FeSO_4$ 在稀 H_2SO_4 介质中反应为例，说明配平反应方程式的步骤。

1）据实验事实，写出反应产物，注意介质酸碱性

$$KMnO_4 + FeSO_4 + H_2SO_4 —— MnSO_4 + Fe_2(SO_4)_3 + K_2SO_4 + H_2O$$

2）调整计量系数，使氧化数升高值＝氧化数降低值

$$\overset{+7}{KMnO_4} + 5\overset{+2}{FeSO_4} + H_2SO_4 —— \overset{+2}{MnSO_4} + 5/2\overset{+3}{Fe_2}(SO_4)_3 + K_2SO_4 + H_2O$$

若出现分数，可调整为最小正整数：

$$2KMnO_4 + 10FeSO_4 + H_2SO_4 —— 2MnSO_4 + 5Fe_2(SO_4)_3 + K_2SO_4 + H_2O$$

3）配平各元素原子数（观察法）

先配平非 H、O 原子，后配平 H、O 原子。

（1）配平 K^+、SO_4^{2-} 数目。

SO_4^{2-}：右边 18 个，左边 11 个，应为 $8H_2SO_4$。

K^+：右边 2 个，左边 2 个。

$$2KMnO_4 + 10FeSO_4 + 8H_2SO_4 —— 2MnSO_4 + 5Fe_2(SO_4)_3 + K_2SO_4 + H_2O$$

（2）配平 H^+ 数目。

H^+：左边 16 个，右边 2 个，应为 $8H_2O$。

$$2KMnO_4 + 10FeSO_4 + 8H_2SO_4 —— 2MnSO_4 + 5Fe_2(SO_4)_3 + K_2SO_4 + 8H_2O$$

（3）配平（或核对）O 原子数目。

已平衡，把"——"改为"══"：

$$2KMnO_4 + 10FeSO_4 + 8H_2SO_4 ══ 2MnSO_4 + 5Fe_2(SO_4)_3 + K_2SO_4 + 8H_2O$$

对于电解质在水溶液中的反应，也可以用离子方程式表示，而且更加简洁，配平步骤类似：

$$MnO_4^- + Fe^{2+} + H^+ —— Mn^{2+} + Fe^{3+} + H_2O$$

$$MnO_4^- + 5Fe^{2+} + H^+ —— Mn^{2+} + 5Fe^{3+} + H_2O$$

$$MnO_4^- + 5Fe^{2+} + 8H^+ —— Mn^{2+} + 5Fe^{3+} + H_2O$$

$$MnO_4^- + 5Fe^{2+} + 8H^+ ══ Mn^{2+} + 5Fe^{3+} + 4H_2O$$

上述反应若写为 $MnO_4^- + 3Fe^{2+} + 4H^+ ══ MnO_2(s) + 3Fe^{3+} + 2H_2O$，是错误的，因为产物与实验事实不符，在酸性介质中，MnO_4^- 被还原生成 Mn^{2+}，不是生成 MnO_2。若写为 $MnO_4^- + 5Fe^{2+} + 4H_2O ══ Mn^{2+} + 5Fe^{3+} + 8OH^-$，也是错误的，因为反应介质不符。

总之，在符合实验事实生成的产物和酸碱介质的基础上，要达到物料平衡和电荷平衡。

歧化反应方程式的配平，以 $I_2(s)$ 在碱性水溶液中歧化为例说明。

$$I_2(s) + OH^- \longrightarrow I^- + IO_3^-$$

I_2 既是氧化剂，又是还原剂。为了方便配平，可以分开写氧化剂和还原剂：

$$I_2(s) + I_2(s) + OH^- \longrightarrow I^- + IO_3^-$$

按上例方法配平氧化剂和还原剂的系数：

$$I_2(s)+5I_2(s)+OH^- \longrightarrow 10I^- +2IO_3^-$$

再配平 H、O 原子数目：

$$I_2(s)+5I_2(s)+12OH^- \longrightarrow 10I^- +2IO_3^- +6H_2O$$

合并 $I_2(s)$：

$$6I_2(s)+12OH^- \longrightarrow 10I^- +2IO_3^- +6H_2O$$

约简计量系数：

$$3I_2(s)+6OH^- \xlongequal{} 5I^- +IO_3^- +3H_2O$$

2. *离子-电子法*

离子-电子法只适用于发生在水溶液中的氧化还原反应。

仍以 $KMnO_4$ 与 $FeSO_4$ 在稀 H_2SO_4 介质中反应为例，说明离子-电子法配平步骤。

$$MnO_4^- +Fe^{2+} +H^+ —— Mn^{2+} +Fe^{3+} +H_2O$$

(1) 把反应分为氧化反应和还原反应两个半反应(又称为电极反应)，每个半反应都配平：

$$MnO_4^- +8H^+ +5e^- \longrightarrow Mn^{2+} +4H_2O \qquad \text{(还原反应)}$$

$$Fe^{2+} \longrightarrow Fe^{3+} +e^- \qquad \text{(氧化反应)}$$

(2) 调整两个半反应的计量系数，使得电子总数＝失电子总数。$5e^-$ 和 e^- 的计量系数最小公倍数是 5：

$$MnO_4^- +8H^+ +5e^- \longrightarrow Mn^{2+} +4H_2O \qquad \text{(还原反应)}$$

$$5\times(Fe^{2+} \longrightarrow Fe^{3+} +e^-) \qquad \text{(氧化反应)}$$

(3) 合并上述 2 个半反应：

$$MnO_4^- +5Fe^{2+} +8H^+ \xlongequal{} Mn^{2+} +5Fe^{3+} +4H_2O$$

6.2　原电池、电动势与电极电势

(Galvanic cells, electromotive forces and electrode potentials)

6.2.1　原电池

1. *原电池的组成与工作原理*

氧化还原反应是电子转移的反应。同一溶液内的氧化还原反应过程，电子转移是做非定向运动，不会产生电流，只放热，即化学能转化为热能，如图 6.1 所示为锌与硫酸铜溶液的反应。

$$\overset{\quad 2e^- \quad}{\overbrace{Zn(s) + Cu^{2+}}}(aq) \xlongequal{} Zn^{2+}(aq)+Cu(s)$$

若把 $Zn(s)/Zn^{2+}(aq)$ 和 $Cu(s)/Cu^{2+}(aq)$ 分为两组电极/溶液，称为半电池，中间以电解质溶液组成的“盐桥”相连，就组成了一个“原电池”；当接通外电路时，它可以使氧化还原反应中转移的电子发生定向运动，形成电流。英国科学家丹尼尔(J. F. Daniel，图 6.2)利用这一原理，制备了第一个原电池，称为丹尼尔电池(Daniel cell)，如图 6.3 所示。

图 6.2　丹尼尔(J. F. Daniel，1790—1845)

原电池就是把化学能转化为电能的装置。现以丹尼尔电池为例，说明原电池的工作原理。Zn 电极称为“负极”，Cu 电极称为“正极”①，当外电路接通时，Zn 电极表面的 Zn 原子失去电子，成为 Zn^{2+} 进入 $ZnSO_4$ 溶液，Zn 原子释出的电子则经外电路流出，做定向运动而形成电流，Zn 电极表面与 $ZnSO_4$ 溶液界面发生氧化反应：

$$Zn(s) = Zn^{2+}(aq) + 2e^-$$

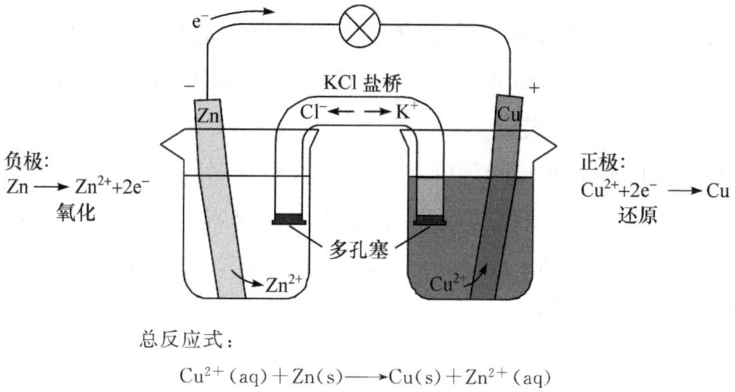

图 6.3　丹尼尔电池的构造示意图

与 Cu 电极表面相邻的 $CuSO_4$ 溶液中的 Cu^{2+}，获得从外电路经 Cu 电极表面流入的电子，发生还原反应：

$$Cu^{2+}(aq) + 2e^- = Cu(s)$$

在电极与溶液的相界发生的反应称为“电极反应”(或“半反应”)。把上述两个“电极反应”方程式合并，就得到原电池放电的总反应式：

$$Zn(s) + Cu^{2+}(aq) = Zn^{2+}(aq) + Cu(s)$$

显然，要维持电路接通，“盐桥”是必不可少的。“盐桥”通常由强电解质(KCl、K_2SO_4 或 Na_2SO_4 等)与琼胶调制成胶冻状，连接正、负电极两边溶液，它维持电路畅通，并作为正、负离子通道，保持正、负电极两边溶液的电荷平衡，使 $Zn/ZnSO_4$ 和 $Cu/CuSO_4$ 这两个“半电池”的溶液都保持电中性。以饱和 KCl 水溶液与琼胶组成的“盐桥”为例，当电路接通时，从负极 Zn 表面失去的电子经外电路为向正极(Cu)定向运动，而在两个“半电池”的溶液和“盐桥”内部则为正、负离子的定向运动，“盐桥”内负离子 Cl^- 和 SO_4^{2-} 移向 $ZnSO_4$

① 在英文书刊中，无论是原电池，还是电解池，通常把发生氧化反应的电极记为“anode”，而发生还原反应的电极记为“cathode”。这样，在原电池中，中文的“负极”在英文书刊中记作“anode”，而“正极”记作“cathode”；而在电解池中，中文的“阳极”在英文书刊中记作“anode”，而“阴极”记作“cathode”。

溶液，以平衡新生成的Zn^{2+}的正电荷，正离子K^+和Zn^{2+}移向$CuSO_4$溶液，以补偿被还原的Cu^{2+}的正电荷。

2. 原电池表达式

为了简便，用"原电池表达式"（又称为"原电池符号"）来代表上述丹尼尔电池：

$$(-)Zn(s)|ZnSO_4(1\ mol\cdot dm^{-3})\|CuSO_4(1\ mol\cdot dm^{-3})|Cu(s)(+)$$

原电池表达式从左到右的顺序与实际装置的顺序相同，即负极符号"(−)"，负极材料Zn(s)，相界"|"，负极半电池溶液化学式（或离子表达式）和浓度（或活度）$ZnSO_4$(1 mol·dm^{-3})，盐桥符号"‖"，正极半电池溶液化学式（或离子表达式）和浓度（或活度）$CuSO_4$(1 mol·dm^{-3})，相界"|"，正极材料Cu(s)，正极符号"(+)"。

Zn^{2+}/Zn和Cu^{2+}/Cu称为"电对"，写法顺序是"氧化型物质/还原型物质"。

上述电池表达式在省略未参与反应的SO_4^{2-}后，可以简化为

$$(-)Zn(s)|Zn^{2+}(1\ mol\cdot dm^{-3})\|Cu^{2+}(1\ mol\cdot dm^{-3})|Cu(s)(+)$$

又如，"氢铁电池"的表达式为

$$(-)(Pt),H_2(1p^{\ominus})|H^+(1\ mol\cdot dm^{-3})\|Fe^{3+}(1\ mol\cdot dm^{-3}),Fe^{2+}(1\ mol\cdot dm^{-3})|(Pt)(+)$$

由于H_2(g)和Fe^{3+}、Fe^{2+}溶液本身不能作为电极材料，必须加上不参加电池反应、可导电的惰性电极，如金属Pt、Ag或Au等，记作(Pt)、(Ag)、(Au)，两相交界和同一溶液的不同溶质，也可以用","分隔。

负极反应： $H_2 = 2H^+ + 2e^-$

正极反应： $Fe^{3+} + e^- = Fe^{2+}$

总反应： $H_2 + 2Fe^{3+} = 2H^+ + 2Fe^{2+}$

原电池均由两个电极和相应电解质组成。常见的电极分为4类，见表6.1。更多的原电池例子将在"6.5.1 化学电源"中列举。

表6.1 原电池的电极类型

电极类型	电对例	电极符号①	电极反应式②
金属-金属离子电极	Cu^{2+}/Cu	$Cu\|Cu^{2+}$	$Cu^{2+}+2e^-=Cu$
	Zn^{2+}/Zn	$Zn\|Zn^{2+}$	$Zn^{2+}+2e^-=Zn$
非金属-非金属离子电极	H^+/H_2	$(Pt)\|H_2\|H^+$	$2H^++2e^-=H_2(g)$
	O_2/OH^-	$(Pt)\|O_2\|OH^-$	$O_2(g)+2H_2O+4e^-=4OH^-$
金属-金属难溶盐电极	Hg_2Cl_2/Hg	$(Pt)\|Hg\|Hg_2Cl_2(s)\|Cl^-$	$Hg_2Cl_2(s)+2e^-=2Hg(l)+2Cl^-$
	$AgCl/Ag$	$Ag(s)\|AgCl(s)\|Cl^-$	$AgCl(s)+e^-=Ag(s)+Cl^-$
氧化还原电极	Fe^{3+}/Fe^{2+}	$(Pt)\|Fe^{3+},Fe^{2+}$	$Fe^{3+}+e^-=Fe^{2+}$
	Sn^{4+}/Sn^{2+}	$(Pt)\|Sn^{4+},Sn^{2+}$	$Sn^{4+}+2e^-=Sn^{2+}$

① 电极符号在原电池表达式中的实际写法，取决于它作正极还是负极。

② 电极反应式单独写出时，全部写成"还原反应"形式；而在具体原电池中，则按正极发生"还原反应"、负极发生"氧化反应"来书写。

6.2.2　电动势与电极电势

1. 原电池的电动势

用电位差计接通上述丹尼尔电池(图 6.3)的 Cu 电极和 Zn 电极，显示两电极间的电势差为 1.10 V，即 Cu^{2+}/Cu 电极电势比 Zn^{2+}/Zn 电极高 1.10 V。这就是丹尼尔电池的电动势(electromotive force)。

原电池的电动势是指原电池正、负电极之间的平衡电势差：

$$E_{池}=E_{+}-E_{-} \tag{6.1}$$

式中，$E_{池}$ 和 E_{+}、E_{-} 分别代表原电池的电动势和正、负电极的电势。在热力学标准态下，有

$$E^{\ominus}_{池}=E^{\ominus}_{+}-E^{\ominus}_{-} \tag{6.2}$$

2. 电极电势

电极电势(electrode potential，又称为“电极电位”)的产生可以用“双电层模型”来解释。把金属晶体插入它的盐的水溶液中，金属表面的部分金属正离子受极性水分子的作用，会克服金属原子和电子的作用，进入溶液，成为水合金属离子，相应的电子留在金属表面，这一过程称为“金属的溶解”，这时形成金属晶体表面带负电荷、邻近溶液带正电荷的“双电层”[图 6.4(a)]，显然，金属还原性越强或(和)M^{n+}(aq)浓度越小，这种倾向就越大；同时，金属/溶液相界面附近的溶液中的水合金属离子，会捕获金属表面的电子，还原为金属原子，沉积在金属的表面，这一过程称为“金属的沉积”，形成金属晶体表面带正电荷、邻近溶液带负电荷的“双电层”[图 6.4(b)]，金属 M 还原性越弱或(和)M^{n+}(aq)浓度越大，这种倾向就越大。用方程式表示为

$$M(s) \rightleftharpoons M^{n+}(aq)+ne^{-}$$

在一定温度下，这两个相反方向的反应达到“平衡”时，有两种可能：

(1) 金属 M 还原性强或(和)M^{n+}(aq)浓度小，“金属的溶解”倾向占优，形成图 6.4(a)所示的“双电层”。

(2) 金属 M 还原性弱或(和)M^{n+}(aq)浓度大，“金属的沉积”倾向占优，形成图 6.4(b)所示的“双电层”。

例如，对 Zn/Zn^{2+}(aq)而言，“金属溶解”占优势，形成图 6.4(a)所示的“双电层”；对 Cu/Cu^{2+}(aq)而言，“金属沉积”占优势，形成图 6.4(b)所示的“双电层”。

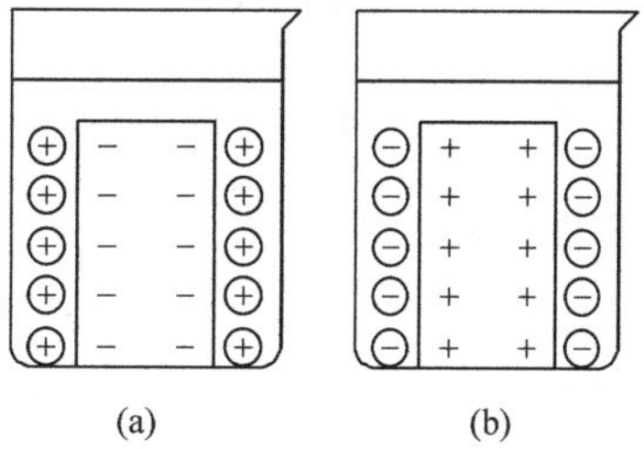

图 6.4　金属/金属盐溶液“双电层”的形成示意图

(a) Zn/Zn^{2+}；(b) Cu/Cu^{2+}

金属与其盐溶液之间产生的这种电势差，称

为“电极电势”，符号为 E①，SI 制单位为 V。

由于 $E^{\ominus}(Zn^{2+}/Zn) < E^{\ominus}(Cu^{2+}/Cu)$，当以盐桥连接这两个溶液且外电路接通构成回路时，就有电子从 Zn 电极流出，经外电路流入 Cu 电极，产生电流。因此，在原电池中，“负极”是电极电势低的电极，而“正极”是电极电势高的电极；当外电路接通时，就有电子从负极流出，经外电路流入正极，原电池内部溶液和盐桥，则是由正、负离子导电。

3. 标准电极电势

单个电极的电势绝对值无法测量，只能测定两个电极的电势差。因此，电极电势只能采用相对标准。

标准氢电极(standard hydrogen electrode)：IUPAC 规定，以标准氢电极的电势作为电极电势的相对标准，规定 $E^{\ominus}(H^+/H_2)=0$ V。标准氢电极符号是

$$(Pt), H_2(1p^{\ominus}) | H^+(1\ mol \cdot dm^{-3})$$

电极反应为

$$2H^+(aq) + 2e^- \longrightarrow H_2(g)$$

图 6.5 表示标准氢电极的构造，其中铂电极表面镀有一层多孔的铂黑，以吸附氢气。

由于使用标准氢电极不够方便，常用甘汞电极作为“二级标准”，其构造见图 6.6，Cl^- 来自 KCl。

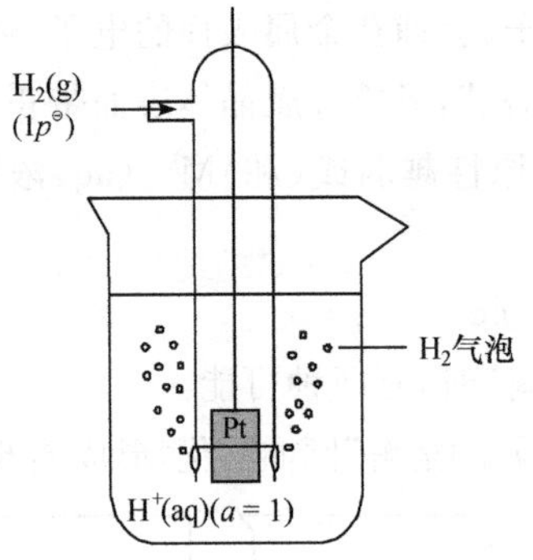

图 6.5　标准氢电极构造示意图

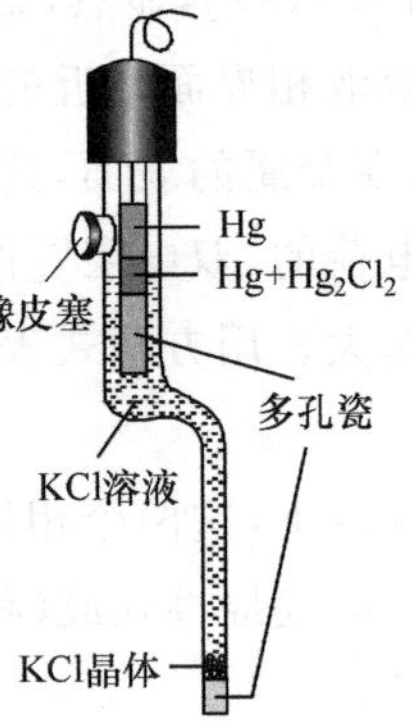

图 6.6　甘汞电极

电极符号：

$$(Pt), Hg_2Cl_2(s) | Hg(l), Cl^-$$

电极反应：

$$Hg_2Cl_2(s) + 2e^- \longrightarrow Hg(l) + 2Cl^-$$

标准甘汞电极(电极内 KCl 溶液中 Cl^- 活度 $a=1$)：

$$E^{\ominus}[Hg_2Cl_2(s)/Hg(l)] = +0.280\ V$$

① 有的书刊把电极电势的符号写为 φ，相应的电池电动势写为 E。本书以 E 和 $E_{池}$ 分别表示电极电势和电池电动势。

饱和甘汞电极(电极内 KCl 溶液为饱和溶液)：

$E[Hg_2Cl_2(s)/Hg(l),饱和]=+0.241\ V$

此外,常用玻璃电极(图 6.7)测定水溶液的 pH。

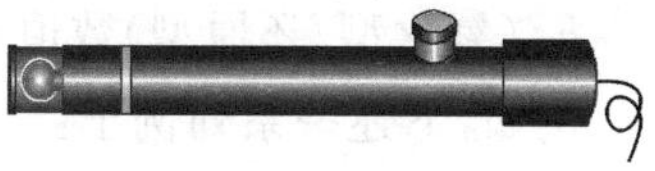

图 6.7　玻璃电极

其他电极的标准电极电势(standard electrode potential)由该电极与标准氢电极组成原电池来测定。

【例 6.1】　测定 Zn^{2+}/Zn 电极的标准电极电势。

解　设计一原电池(图 6.8)：

$$(-)Zn(s)|Zn^{2+}(1\ mol\cdot dm^{-3})\|H^+(1\ mol\cdot dm^{-3})|H_2(1p^\ominus),Pt(+)$$

测得该电池的标准电动势 $E^\ominus=+0.76\ V$,代入式(6.2)：

$$E^\ominus_{池}=E^\ominus_+-E^\ominus_-$$
$$=0\ V-E^\ominus(Zn^{2+}/Zn)=0.76\ V$$

得 Zn^{2+}/Zn 电极的标准电极电势：

$$E^\ominus(Zn^{2+}/Zn)=-0.76\ V$$

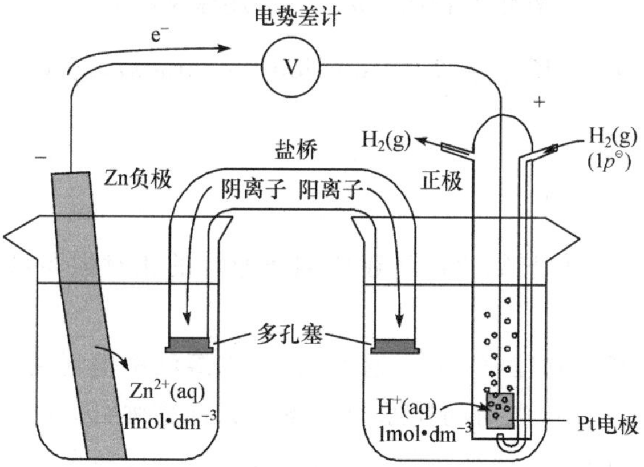

图 6.8　标准锌电极与标准氢电极组成的原电池

【例 6.2】　测定 Cu^{2+}/Cu 电极的标准电极电势。

解　设计一原电池：

$$(-)(Pt),H_2(1p^\ominus)|H^+(1\ mol\cdot dm^{-3})\|Cu^{2+}(1\ mol\cdot dm^{-3})|Cu(s)(+)$$

测得该电池的标准电动势 $E^\ominus=+0.34\ V$,代入式(6.2)：

$$E^\ominus_{池}=E^\ominus_+-E^\ominus_-$$
$$=E^\ominus(Cu^{2+}/Cu)-0\ V=0.34\ V$$

得 Cu^{2+}/Cu 电极的标准电极电势

$$E^\ominus(Cu^{2+}/Cu)=+0.34\ V$$

标准电极电势的物理意义是表示相应电对的氧化型/还原型物质在标准状态下在水溶液中得、失电子的能力,即氧化性/还原性的相对强弱：

$E^\ominus$(氧化型/还原型)数值越大,表示电对的氧化型物质氧化性越强；

$E^{\ominus}$(氧化型/还原型)数值越小,表示电对的还原型物质还原性越强。

例如,下述一系列例子:

电对	Na^+/Na	Al^{3+}/Al	Zn^{2+}/Zn	Fe^{2+}/Fe	H^+/H_2	Cu^{2+}/Cu	Ag^+/Ag
$E^{\ominus}/V$	−2.71	−1.66	−0.76	−0.447	0	+0.34	+0.7996

从左到右,随着 $E^{\ominus}$ 增大,电对的还原型物质的还原性减弱,而氧化型物质氧化性增强。这正好与中学学习过的"金属活动性顺序表"一致,从而揭示了该表的实质。

4. 标准电极电势表

一些电对在水溶液中的标准电极电势列于附录 7,该表分为酸性介质水溶液[$a(H^+)=1$]和碱性介质水溶液[$a(OH^-)=1$]两类。

显然,任意态的电极电势表示相应电对的氧化型/还原型物质在该状态下在水溶液中得、失电子的能力。

在描述单个电极反应及其标准电极电势时,国际上通用写成"还原反应"的形式,即

$$\text{氧化型物质} + ne^- \text{══} \text{还原型物质}$$

相应的电极电势称为"还原电势"(reduction potentials),记作 $E^{\ominus}$(氧化型物质/还原型物质)。①

5. 标准电极电势的应用

(1) 判断水溶液中氧化剂氧化性和还原剂还原性的相对强弱,以及有关氧化还原反应自发进行的方向。

基于标准电极电势的物理意义,$E^{\ominus}$ 越大,表示水溶液中电对的氧化型物质的氧化性越强,$E^{\ominus}$ 越小,表示水溶液中电对的还原型物质还原性越强;因此,氧化还原反应自发进行的方向,总是由较强的氧化剂与较强的还原剂反应,生成较弱的还原剂和较弱的氧化剂,即

$$\text{强氧化剂 1} + \text{强还原剂 2} \longrightarrow \text{弱还原剂 1} + \text{弱氧化剂 2}$$

例如,从有关电对的 $E^{\ominus}$ 值知道,标准态下,下述反应将自发向右进行:

$$2H^+(aq) + Zn(s) \text{══} H_2(g) + Zn^{2+}(aq)$$

$$Cu^{2+}(aq) + Zn(s) \text{══} Cu(s) + Zn^{2+}(aq)$$

$$X_2 + 2I^-(aq) \text{══} 2X^-(aq) + I_2(s) \qquad (X = F、Cl、Br)$$

---

① 有的英文书刊写成"氧化反应"的形式:

$$\text{还原型物质} \text{══} \text{氧化型物质} + ne^-$$

相应的电极电势称为"氧化电势"(oxidation potentials),记作 $E^{\ominus}$(还原型物质/氧化型物质),其值与"还原电势"的符号相反、绝对值相同。例如,$E^{\ominus}(Cu/Cu^{2+}) = -0.34$ V,而 $E^{\ominus}(Cu^{2+}/Cu) = +0.34$ V。

(2) 合理选择氧化剂或还原剂。

【例 6.3】 有一混合溶液含 I^-、Br^-、Cl^- 各 1 mol · dm^{-3},欲使 I^- 氧化而不使 Br^-、Cl^- 氧化,试从 $Fe_2(SO_4)_3$ 和 $KMnO_4$ 中选出合理的氧化剂。

解 查出各有关 $E^{\ominus}$ 值:$E^{\ominus}(I_2/I^-)=0.535\ V$,$E^{\ominus}(Br_2/Br^-)=1.07\ V$,$E^{\ominus}(Cl_2/Cl^-)=1.36\ V$,$E^{\ominus}(Fe^{3+}/Fe^{2+})=0.77\ V$,$E^{\ominus}(MnO_4^-/Mn^{2+})=1.51\ V$,可知,$Fe^{3+}$ 是合适的氧化剂,标准态下,Fe^{3+} 会把 I^- 氧化,但不会把 Br^- 和 Cl^- 氧化:

$$2Fe^{3+}+2I^- = 2Fe^{2+}+I_2(s)$$

而 MnO_4^- 会把 I^-、Br^-、Cl^- 都氧化,不合要求。

(3) 计算反应平衡常数,揭示反应的极限。

先推导标准电动势 $E^{\ominus}_{池}$ 与标准平衡常数(相对平衡常数)$K^{\ominus}(K^r)$的关系。

设一原电池电动势为 $E_{池}$,放电、输送 n mol 电子所做的电功为 $W=-QE^{\ominus}_{池}$,则

任意态下:

$$W=-nFE_{池} \tag{6.3}$$

标准态下:

$$W=-nFE^{\ominus}_{池} \tag{6.4}$$

式中,W 为电功;Q 为 n mol 电子的电量;n 为原电池放电总反应方程式中电子转移的计量系数,量纲是 1;F 为纪念著名电化学家法拉第(M. Faraday,图 6.9)的常量,称“法拉第常量”(Faraday constant),即 1 mol 电子的电量:

$$F=1.602\,191\,7\times10^{-19}\ C\cdot e^{-1}\times6.022\times10^{23}\ e\cdot mol^{-1}$$
$$=96\,484\ C\cdot mol^{-1}\approx96\,500\ C\cdot mol^{-1}$$

图 6.9　法拉第(M. Faraday,1791—1867)

由于体系(原电池)对环境做功,按热力学规定,W 取负值。

在等温、等压、只做电功的条件下,原电池体系放电过程的吉布斯自由能变化值全部用于做电功,即 $W=-nFE_{池}$,则

任意态下:

$$\Delta_r G=-nFE_{池} \tag{6.5}$$

标准态下:

$$\Delta_r G^{\ominus}=-nFE^{\ominus}_{池} \tag{6.6}$$

上述两式的重要性在于它们建立了热力学与电化学之间的桥梁。

把 $\Delta_r G^{\ominus}=-RT\ln K^{\ominus}$ 代入式(6.6),得

$$-RT\ln K^{\ominus}=-nFE^{\ominus}_{池}$$

整理得

$$\ln K^{\ominus}=\frac{nFE^{\ominus}_{池}}{RT}$$

换底为常用对数,得

$$\lg K^{\ominus}=\frac{nFE^{\ominus}_{池}}{2.303RT} \quad (6.7)$$

$$E^{\ominus}_{池}=\frac{2.303RT\lg K^{\ominus}}{nF} \quad (6.8)$$

在 $T=298$ K 时，把 $R=8.314\ \text{J}\cdot\text{mol}^{-1}\cdot\text{K}^{-1}$ 和 $F=96\ 500\ \text{C}\cdot\text{mol}^{-1}$ 代入，$(2.303RT/F)=0.059\ 16$ V，得

$$\lg K^{\ominus}=\frac{nE^{\ominus}_{池}}{0.059\ \text{V}} \quad (298\ \text{K})$$

在热力学标准态、等温、等压、只做电功的条件下，正反应自发的判据是 $\Delta_r G^{\ominus}<0$，称为"自由能判据"；由 $\Delta_r G^{\ominus}=-RT\ln K^{\ominus}=-nFE^{\ominus}_{池}$ 的关系式，可得此时 $E^{\ominus}_{池}>0$，称为"电动势判据"。$\Delta_r G^{\ominus}$、$\ln K^{\ominus}$、$E^{\ominus}_{池}$ 三者与反应自发性的关系是：

反应自发性	$\Delta_r G^{\ominus}/(\text{kJ}\cdot\text{mol}^{-1})$	$\ln K^{\ominus}$	$E^{\ominus}_{池}/\text{V}$
正反应自发	<0	>1	>0
逆反应自发	>0	<1	<0

$\Delta_r G^{\ominus}$、$\ln K^{\ominus}$、$E^{\ominus}_{池}$ 的关系，总结为图 6.10。

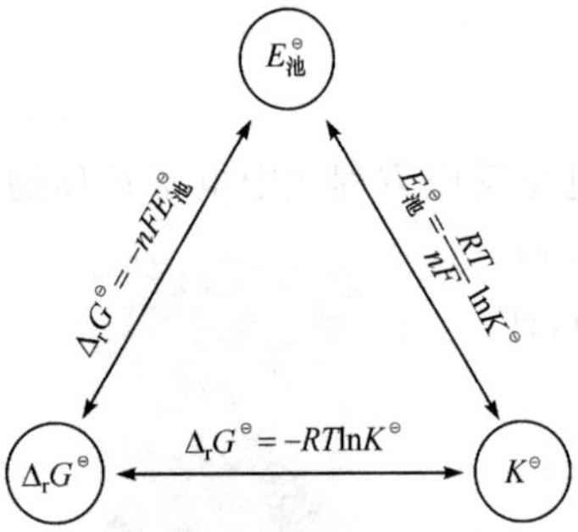

图 6.10　$\Delta_r G^{\ominus}$、$\ln K^{\ominus}$、$E^{\ominus}_{池}$ 的关系

对于单个电极反应：

$$氧化型物质+ne^{-} \rlap{=}= 还原型物质$$

可以得到与原电池放电总反应式(6.5)和式(6.6)类似的关系式。

任意态下：

$$\Delta_r G=-nFE \quad (6.9)$$

标准态下：

$$\Delta_r G^{\ominus}=-nFE^{\ominus} \quad (6.10)$$

此时 E 和 $E^{\ominus}$ 分别代表与该电极反应相应电对的电极电势和标准电极电势。

用热力学函数可以计算电对的标准电极电势，下面举例说明。

【例 6.4】 用热力学函数计算下列反应对应电极的标准电极电势：

$$ClO_3^- + 6H^+ + 6e^- \rlap{=}= Cl^- + 3H_2O$$

解　查得各有关物质的标准生成自由能 $\Delta_f G^{\ominus}$ 值：

	ClO_3^-	+	$6H^+$	+	$6e^-$	$\rlap{=}=$	Cl^-	+	$3H_2O$
$\Delta_f G^{\ominus}/(\text{kJ}\cdot\text{mol}^{-1})$	-3.3		0				-131.26		-237.19

电极反应的标准自由能变为

$$\Delta_r G^{\ominus}=-131.26\ \text{kJ}\cdot\text{mol}^{-1}+3\times(-237.19\ \text{kJ}\cdot\text{mol}^{-1})-(-3.3\ \text{kJ}\cdot\text{mol}^{-1})-6\times0\ \text{kJ}\cdot\text{mol}^{-1}$$
$$=-839.53\ \text{kJ}\cdot\text{mol}^{-1}$$

由式(6.10)，得

$$E^{\ominus}(ClO_3^-/Cl^-)=\frac{\Delta_r G^{\ominus}}{-nF}=\frac{-839.53\ \text{kJ}\cdot\text{mol}^{-1}}{-6\times96\ 500\ \text{C}\cdot\text{mol}^{-1}}=1.45\ \text{V}$$

以电化学方法可以计算或测定反应的平衡常数。

【例 6.5】 利用 $E^\ominus_{池}$ 计算下列反应在 298 K 的平衡常数：

$$2Cu(s)+2HI(aq)=2CuI(s)+H_2(g)$$

解 把题示反应设计为一个原电池：

$$(-)\ Cu(s),CuI(s)\,|\,H^+(1\ mol\cdot dm^{-3}),I^-(1\ mol\cdot dm^{-3})\,|\,H_2(1p^\ominus)\,|,Pt(+)$$

负极反应：　$2Cu(s)+2I^-(aq)=2CuI(s)+2e^-$

正极反应：　$2H^+(aq)+2e^-=H_2(g)$

放电总反应：　$2Cu(s)+2H^+(aq)+2I^-(aq)=2CuI(s)+H_2(g)$

$$E^\ominus_{池}=E^\ominus_+-E^\ominus_-=E^\ominus(H^+/H_2)-E^\ominus(CuI/Cu)=0\ V-(-0.1852\ V)=+0.1852\ V$$

$$\lg K^\ominus=\frac{nFE^\ominus_{池}}{2.303RT}=\frac{2\times 96\ 500\ C\cdot mol^{-1}\times 0.1852\ V}{2.303\times 8.314\ J\cdot mol^{-1}\cdot K^{-1}\times 298\ K}=6.264$$

$$K^\ominus=1.84\times 10^6$$

【例 6.6】 利用有关标准电极电势值，求 AgCl(s)在 298 K 的溶度积常数。

解　$Ag^++Cl^-=AgCl(s)$　　$K=\dfrac{1}{K_{sp}(AgCl)}$

该反应是非氧化还原反应，但可改写为

$$Ag^++Cl^-+Ag(s)=AgCl(s)+Ag(s)$$

设计为原电池：

$$(-)Ag(s),AgCl(s)\,|\,Cl^-(1\ mol\cdot dm^{-3})\parallel Ag^+(1\ mol\cdot dm^{-3})\,|\,Ag(s)(+)$$

负极反应：　$Ag(s)+Cl^-=AgCl(s)+e^-$

$$E^\ominus(AgCl/Ag)=+0.2223\ V$$

正极反应：　$Ag^++e^-=Ag(s)$

$$E^\ominus(Ag^+/Ag)=+0.7996\ V$$

放电总反应：　$Ag^++Cl^-=AgCl(s)$

$$E^\ominus_{池}=E^\ominus(Ag^+/Ag)-E^\ominus(AgCl/Ag)=0.7996\ V-0.2223\ V=0.5773\ V$$

$$\lg K^\ominus=\frac{nE^\ominus_{池}}{0.059\ V}=\frac{1\times 0.5773\ V}{0.059\ V}=9.77$$

$$K^\ominus=5.9\times 10^9$$

$$K_{sp}(AgCl)=\frac{1}{K^\ominus}=1.7\times 10^{-10}$$

显然，与氧化还原反应一样，表观的非氧化还原反应也可以设计为原电池，并通过测定电池的电动势来计算相应反应的平衡常数。这是用电化学方法测定反应的平衡常数。

6.2.3　影响电极电势因素，能斯特方程

一般书刊提供标准电极电势($E^\ominus$)表，而多数实际体系并不在热力学标准态。任意状态体系的电极电势 E 与其标准电极电势 $E^\ominus$ 的关系，具有重要的理论意义和实际应用价值。

影响电极电势的因素，首先取决于组成电对的氧化型物质/还原型物质自身的性质，即不同电对有不同的标准电极电势数值；其次是电对体系具体条件的影响，包括溶液浓

图 6.11 能斯特(W. Nernst, 1864—1941)

度、气体分压力和温度等。能斯特(W. Nernst,图 6.11)总结了任意状态体系的电极电势 E 与其标准电极电势 $E^{\ominus}$、溶液浓度、气体分压力和温度之间的关系,提出了能斯特方程,推导过程如下:

设一氧化还原反应为

$$a\mathrm{Ox}_1 + ne^- \longrightarrow c\mathrm{Red}_1$$

$$b\mathrm{Red}_2 \longrightarrow d\mathrm{Ox}_2 + ne^-$$

总反应为

$$a\mathrm{Ox}_1 + b\mathrm{Red}_2 \longrightarrow c\mathrm{Red}_1 + d\mathrm{Ox}_2$$

式中,“Ox”代表氧化型(oxidizing state)物质的化学式;而 Red 代表还原型(reducing state)物质的化学式;下标 1 和 2 表示相应电对;a、b、c 和 d 为方程式中的系数,量纲是 1。

据范特霍夫化学反应等温式:

$$\Delta_r G_T = \Delta_r G_T^{\ominus} + 2.303RT\lg Q$$

式中,Q 为反应商。在等温、等压、只做电功条件下,把 $\Delta_r G = -nFE_{池}$ 和 $\Delta_r G^{\ominus} = -nFE_{池}^{\ominus}$ 代入上式,得

$$-nFE_{池} = -nFE_{池}^{\ominus} + 2.303RT\lg Q$$

$$E_{池} = E_{池}^{\ominus} - \frac{2.303RT}{nF}\lg Q \tag{6.11}$$

这就是原电池的能斯特方程,它表明任意状态原电池电动势 $E_{池}$ 与其标准电动势 $E_{池}^{\ominus}$ 以及原电池中各物质的浓度、气体分压力和温度之间的关系。其中,$E_{池}^{\ominus}$ 反映了组成电对的氧化型物质/还原型物质自身的性质对 $E_{池}$ 的影响,“$-\frac{2.303RT}{nF}\lg Q$”可视为因实际电对体系偏离热力学标准态而对 $E_{池}^{\ominus}$ 的修正项,反映了电对体系具体条件(包括溶液浓度、气体分压力和温度)对 $E_{池}$ 的影响。

把 $T=298$ K、$R=8.314\ \mathrm{J\cdot mol^{-1}\cdot K^{-1}}$、$F=96\ 500\ \mathrm{C\cdot mol^{-1}}$代入式(6.11),整理后,得 298 K 时原电池的能斯特方程:

$$E_{池} = E_{池}^{\ominus} - \frac{0.059\ \mathrm{V}}{n}\lg Q \quad (298\ \mathrm{K}) \tag{6.11a}$$

式(6.11)展开反应商 Q:

$$E_{池} = E_{池}^{\ominus} - \frac{2.303RT}{nF}\lg\frac{(\mathrm{Red}_1)^c(\mathrm{Ox}_2)^d}{(\mathrm{Ox}_1)^a(\mathrm{Red}_2)^b} \tag{6.11b}$$

式中,(i)表示物质 i 的任意态浓度(或气体分压力)。把 $E_{池} = E_+ - E_-$ 和 $E_{池}^{\ominus} = E_+^{\ominus} - E_-^{\ominus}$ 代入式(6.11b),并按电对 1 和电对 2 分别整理,得

$$\begin{aligned} E_+ - E_- &= E_+^{\ominus} - E_-^{\ominus} - \frac{2.303RT}{nF}\lg Q \\ &= E_+^{\ominus} - E_-^{\ominus} - \frac{2.303RT}{nF}\lg\frac{(\mathrm{Red}_1)^c(\mathrm{Ox}_2)^d}{(\mathrm{Ox}_1)^a(\mathrm{Red}_2)^b} \\ &= \left[E_+^{\ominus} - \frac{2.303RT}{nF}\lg\frac{(\mathrm{Red}_1)^c}{(\mathrm{Ox}_1)^a}\right] - \left[E_-^{\ominus} - \frac{2.303RT}{nF}\lg\frac{(\mathrm{Red}_2)^b}{(\mathrm{Ox}_2)^d}\right] \end{aligned}$$

对照 $E_{池}=E_{+}-E_{-}$，不难发现

$$E_{+}=E_{+}^{\ominus}-\frac{2.303RT}{nF}\lg\frac{(\mathrm{Red_1})^{c}}{(\mathrm{Ox_1})^{a}}$$

$$E_{-}=E_{-}^{\ominus}-\frac{2.303RT}{nF}\lg\frac{(\mathrm{Red_2})^{b}}{(\mathrm{Ox_2})^{d}}$$

普遍地，对于电极反应 $m\mathrm{Ox}+ne^{-}=\!=\!=q\mathrm{Red}$，有

$$E=E^{\ominus}-\frac{2.303RT}{nF}\lg\frac{(\mathrm{Red})^{q}}{(\mathrm{Ox})^{m}} \tag{6.12}$$

或

$$E=E^{\ominus}+\frac{2.303RT}{nF}\lg\frac{(\mathrm{Ox})^{m}}{(\mathrm{Red})^{q}} \tag{6.12a}$$

式(6.12)和式(6.12a)是任意温度 T 下电极反应的**能斯特方程**，表明任意状态下电对的电极电势 E 与其标准电极电势 $E^{\ominus}$ 以及浓度、温度之间的关系，其中气体浓度由其分压力代替。

把 $T=298$ K、$R=8.314\ \mathrm{J\cdot mol^{-1}\cdot K^{-1}}$、$F=96\ 500\ \mathrm{C\cdot mol^{-1}}$ 代入式(6.12a)，整理后，得 298 K 时电极反应的能斯特方程：

$$E=E^{\ominus}+\frac{0.059\ \mathrm{V}}{n}\lg\frac{(\mathrm{Ox})^{m}}{(\mathrm{Red})^{q}}\qquad(298\ \mathrm{K}) \tag{6.12b}$$

原电池和电极反应的**能斯特方程是电化学最重要的方程之一**。

下面举例说明能斯特方程的应用。

【例 6.7】 分别求 $[\mathrm{H^+}]=10.0\ \mathrm{mol\cdot dm^{-3}}$ 及 $[\mathrm{H^+}]=1.00\times10^{-3}\ \mathrm{mol\cdot dm^{-3}}$ 时，电对 $Cr_2O_7^{2-}/Cr^{3+}$ 的电极电势。

解 电极反应式：

$$Cr_2O_7^{2-}+14H^{+}+6e^{-}=\!=\!=2Cr^{3+}+7H_2O$$

当 $[\mathrm{H^+}]=10.0\ \mathrm{mol\cdot dm^{-3}}$ 时，代入电极反应的能斯特方程式(6.12b)：

$$E(Cr_2O_7^{2-}/Cr^{3+})=E^{\ominus}(Cr_2O_7^{2-}/Cr^{3+})+\frac{0.059\ \mathrm{V}}{6}\lg\frac{(Cr_2O_7^{2-})(H^{+})^{14}}{(Cr^{3+})^{2}}$$

$$=1.33\ \mathrm{V}+\frac{0.059\ \mathrm{V}}{6}\lg\frac{1\times10.0^{14}}{1^{2}}=1.33\ \mathrm{V}+0.14\ \mathrm{V}=1.47\ \mathrm{V}$$

当 $[\mathrm{H^+}]=1.00\times10^{-3}\ \mathrm{mol\cdot dm^{-3}}$ 时，同法得 $E(Cr_2O_7^{2-}/Cr^{3+})=0.92$ V。

在计算(Ox)和(Red)时，必须包括电极反应式中除电子外的所有物质，而且各物质浓度均以“相对浓度”计算，但纯固体和水溶液中的 H_2O 的“相对浓度”视为 1，**气体的“相对浓度”则用“相对分压力”来代替**。

可见：(Ox)增加[包括(H^{+})增加]或(和)(Red)减少，则电极电势 E 增大；(Ox)减少[包括(H^{+})减少]或(和)(Red)增加，则 E 减小。

值得注意的是：当电极反应式中出现 H^{+} 或 OH^{-} 时，它们的浓度必须包括在能斯特方程的(Ox)或(Red)中，这表示溶液的酸度将影响有关电对的电极电势值，如例 6.7 所

示。此外，在一些氧化还原反应中，溶液的酸度的变化还可能导致生成不同的产物。例如，$KMnO_4$ 在酸性、中性或碱性溶液中，会被同一还原剂分别还原为 Mn^{2+}、MnO_2 或 MnO_4^{2-}：

$$2MnO_4^- + 5SO_3^{2-} + 6H^+ = 2Mn^{2+} + 5SO_4^{2-} + 3H_2O$$

$$2MnO_4^- + 3SO_3^{2-} + H_2O = 2MnO_2(s) + 3SO_4^{2-} + 2OH^-$$

$$2MnO_4^- + SO_3^{2-} + 2OH^- = 2MnO_4^{2-} + SO_4^{2-} + H_2O$$

电极电势与溶液酸度的关系将在 6.4.1 小节做进一步的论述。

【例 6.8】 求下列电池的电动势，并写出电极反应式和放电总反应式：

$$(-)Cu(s)|Cu^{2+}(1.0\times10^{-4}\ mol\cdot dm^{-3})\ \|\ Cu^{2+}(1.0\ mol\cdot dm^{-3})|Cu(s)(+)$$

解 应用 298 K 温度下电极反应的能斯特方程式(6.12b)：

$$E_-(Cu^{2+}/Cu) = E^\ominus(Cu^{2+}/Cu) + \frac{0.059\ V}{2}\lg[Cu^{2+}] = E^\ominus(Cu^{2+}/Cu) + \frac{0.059\ V}{2}\lg(1.0\times10^{-4})$$

$$= 0.34\ V + (-0.12\ V) = 0.22\ V$$

$$E_+(Cu^{2+}/Cu) = E^\ominus(Cu^{2+}/Cu) = 0.34\ V$$

$$E_{池} = E_+(Cu^{2+}/Cu) - E_-(Cu^{2+}/Cu) = 0.34\ V - 0.22\ V = 0.12\ V$$

负极反应： $Cu(s) = Cu^{2+}(1.0\times10^{-4}\ mol\cdot dm^{-3}) + 2e^-$

正极反应： $Cu^{2+}(1.0\ mol\cdot dm^{-3}) + 2e^- = Cu(s)$

电池放电总反应：

$$Cu^{2+}(1.0\ mol\cdot dm^{-3}) \longrightarrow Cu^{2+}(1.0\times10^{-4}\ mol\cdot dm^{-3})$$

这一类电池中，两个电极的电对物质相同，只是有的物质的浓度不同，称为“浓差电池”。

6.3 原电池的热力学
(Thermodynamics in galvanic cells)

原电池放电反应的 $\Delta_r G$ 和 $K^\ominus$ 与 $E_{池}$ 的关系，可以用式(6.1)、式(6.2)以及式(6.5)～式(6.10)表示，这些公式建立了热力学与电化学之间的基本关系，它涉及热力学的反应自发性和反应极限(平衡常数)，但不涉及动力学的反应速率和反应机理。下面再作进一步的讨论。

6.3.1 反应自发性的电动势判据

$\Delta_r G$ 适用于判断任意状态下过程的自发性。对于原电池，由 $\Delta_r G = -nFE_{池}$ 可知：

	$\Delta_r G/(kJ\cdot mol^{-1})$	$E_{池}/V$	E_+ 与 E_- 大小比较
平衡态	$=0$	$=0$	$E_+ = E_-$
正反应自发	<0	>0	$E_+ > E_-$
逆反应自发	>0	<0	$E_+ < E_-$

$\Delta_r G$ 称为“自由能判据”，$E_{池}$ 称为“电动势判据”。注意原电池体系放电反应达到平

衡态时，$E_+ = E_-$。这意味着随着原电池放电反应的进行，正极电对和负极电对的氧化型物质和还原型物质的浓度（或气体分压力）都发生变化，使 E_+ 逐步减小，而 E_- 逐步增大，最后 $E_+ = E_-$，$E_{池} = 0$，达到平衡态。

【例 6.9】 欲用 $K_2Cr_2O_7(aq)$ 氧化 $HCl(aq)$ 制备 $Cl_2(g)$，需用盐酸的最低浓度是多少？

解　设需用盐酸的浓度大于 x mol · dm^{-3} 时，下列反应可自发进行：

	$Cr_2O_7^{2-}$	+ $14H^+$	+ $6Cl^-$	$=$ $2Cr^{3+}$	+ $3Cl_2(g)$	+ $7H_2O$
相对浓度（分压）：	1	x	x	1	1	1

当 $E_{池} > 0$ 时，正反应可自发进行。

应用原电池在 298 K 的能斯特方程式(6.11a)：

$$E_{池} = E^{\ominus}_{池} - \frac{0.059\ \mathrm{V}}{n}\lg Q > 0\ \mathrm{V}$$

代入数据：

$$E_{池} = E^{\ominus}(Cr_2O_7^{2-}/Cr^{3+}) - E^{\ominus}(Cl_2/Cl^-) - \frac{0.059\ \mathrm{V}}{n}\lg\frac{1}{x^{20}}$$

$$= 1.33\ \mathrm{V} - 1.36\ \mathrm{V} - \frac{0.059\ \mathrm{V}}{6}\lg\frac{1}{x^{20}} > 0\ \mathrm{V}$$

解不等式，得

$$x > 1.42$$

需用盐酸的浓度大于 1.42 mol · dm^{-3}时，上述反应可自发进行。

【例 6.10】 求下列反应在 pH=0 和 pH=6.00 时，反应自发进行的方向：

$$H_3AsO_4 + 2I^- + 2H^+ \xlongequal{} H_3AsO_3 + I_2 + H_2O$$

分析　把题示反应设计为原电池，H_3AsO_4/H_3AsO_3 为正极电对，I_2/I^- 为负极电对，其放电反应涉及下列 2 个电对的电极电势：

$$H_3AsO_4 + 2H^+ + 2e^- \xlongequal{} H_3AsO_3 + H_2O \qquad E^{\ominus} = 0.56\ \mathrm{V}$$

$$I_2 + 2e^- \xlongequal{} 2I^- \qquad E^{\ominus} = 0.535\ \mathrm{V}$$

其中，$E(H_3AsO_4/H_3AsO_3)$ 数值随溶液 pH 而变化，而 $E(I_2/I^-)$ 在一定 pH 范围内(pH ≤ 9.0)，其数值不随溶液 pH 变化。

解　(1) pH=0，$c^r(H^+) = 1$：

$$E(H_3AsO_4/H_3AsO_3) = E^{\ominus}(H_3AsO_4/H_3AsO_3) = 0.56\ \mathrm{V}$$

$$E(I_2/I^-) = E^{\ominus}(I_2/I^-) = 0.535\ \mathrm{V} < E(H_3AsO_4/H_3AsO_3)$$

$$E_{池} = E(H_3AsO_4/H_3AsO_3) - E(I_2/I^-) > 0\ \mathrm{V}$$

正反应自发进行。

(2) pH=6.00，$c^r(H^+) = 1.0 \times 10^{-6}$：

$$E(H_3AsO_4/H_3AsO_3) = E^{\ominus}(H_3AsO_4/H_3AsO_3) + \frac{0.059\ \mathrm{V}}{2}\lg(1.0\times10^{-6})^2$$

$$= 0.56\ \mathrm{V} + (-0.032)\ \mathrm{V} = 0.528\ \mathrm{V}$$

$$E(I_2/I^-) = E^{\ominus}(I_2/I^-) = 0.535\ \mathrm{V} > E(H_3AsO_4/H_3AsO_3)$$

$$E_{池} = E(H_3AsO_4/H_3AsO_3) - E(I_2/I^-) < 0\ \mathrm{V}$$

逆反应自发进行。

可见，控制溶液的 pH 可以使反应自发进行的方向逆转。在 pH=5.0～9.0 条件下，逆反应可定量进行，并在分析化学中用于对 As 的定量分析。

6.3.2 氧化还原平衡与其他平衡共存的多重平衡

真实的化学反应体系经常多于一种化学平衡存在。下面研究包括氧化还原平衡与其他平衡共存的多重平衡情况。

1. 氧化还原平衡与酸碱平衡共存

【例 6.11】 把氢电极置于 1.0×10^{-3} mol · dm^{-3} 的乙酸溶液中，求氢电极的电势(设氢气分压力为 $1p^{\ominus}$)。

分析 属氧化还原平衡与酸碱平衡共存，表明弱酸生成对电极电势的影响。

解

$$HAc \rightleftharpoons H^+ + Ac^- \qquad K_a = 1.8\times10^{-5}$$

$$[H^+] = \sqrt{K_a\times c} = \sqrt{1.8\times10^{-5}\times1.0\times10^{-3}} = 1.34\times10^{-4}$$

代入 298 K 温度下电极反应的能斯特方程式(6.12b)：

$$2H^+ + 2e^- \rightleftharpoons H_2(g)$$

$$E(H^+/H_2) = E^{\ominus}(H^+/H_2) + \frac{0.059\ V}{2}\lg\frac{[H^+]^2}{p(H_2)}$$

$$= 0\ V + \frac{0.059\ V}{2}\lg\frac{(1.34\times10^{-4})^2}{1}$$

$$= -0.019\ V$$

可见，弱酸 HAc 生成使得氧化型物质 H^+ 浓度降低，导致 $E(H^+/H_2)$ 变小。

2. 氧化还原平衡与沉淀-溶解平衡共存

【例 6.12】 计算 $E^{\ominus}(Cu^{2+}/CuI)$，判断标态下下列反应可否自发进行，并求 $K^{\ominus}$。

$$2Cu^{2+} + 4I^- \rightleftharpoons 2CuI(s) + I_2(s)$$

分析 属氧化还原平衡与沉淀-溶解平衡共存，表明沉淀生成对有关电对电极电势的影响。把 $E^{\ominus}(Cu^{2+}/Cu^+)$ 视为“母体电势”，则 $E^{\ominus}(Cu^{2+}/CuI)$ 是 $E^{\ominus}(Cu^{2+}/Cu^+)$ 的衍生电势。

解 查表：$E^{\ominus}(Cu^{2+}/Cu^+) = 0.158$ V，$E^{\ominus}(I_2/I^-) = 0.535$ V，$K_{sp}(CuI) = 5.06\times10^{-12}$。

$E^{\ominus}(Cu^{2+}/CuI)$ 对应于电极反应：

$$Cu^{2+} + I^- + e^- \rightleftharpoons CuI(s)$$

其中 $CuI(s) \rightleftharpoons Cu^+ + I^-$，$[Cu^+]$ 受 $K_{sp}(CuI)$ 控制，不在标准态：

$$K_{sp}(CuI) = [Cu^+][I^-]$$

$$[Cu^+] = \frac{K_{sp}(CuI)}{[I^-]} = \frac{5.06\times10^{-12}}{1} = 5.06\times10^{-12}$$

$$E^{\ominus}(Cu^{2+}/CuI) = E(Cu^{2+}/Cu^+) = E^{\ominus}(Cu^{2+}/Cu^+) + 0.059\ V\lg\frac{[Cu^{2+}]}{[Cu^+]}$$

$$= 0.158\ V + 0.059\ V\lg\frac{1}{5.06\times10^{-12}} = 0.158\ V + 0.668\ V = 0.826\ V$$

可见，生成 CuI(s)使还原型物质浓度(Cu^+)减少，导致相应电极电势增大，即 $E^\ominus(Cu^{2+}/CuI) > E^\ominus(Cu^{2+}/Cu^+)$。

电池放电总反应：

$$2Cu^{2+} + 4I^- = 2CuI(s) + I_2(s)$$

$$E^\ominus_{池} = E^\ominus(Cu^{2+}/CuI) - E^\ominus(I_2/I^-) = 0.826\ V - 0.535\ V = 0.291\ V > 0\ V$$

故标准态下，正反应自发。

$$\lg K^\ominus = \frac{nE^\ominus_{池}}{0.059\ V} = 2 \times \frac{0.291\ V}{0.059\ V} = 9.841$$

$$K^\ominus = 6.93 \times 10^9$$

前已指出，若 $K^\ominus = 1 \times 10^7$，可视为正反应完全。由 $E^\ominus_{池} = (0.059\ V \lg K^\ominus)/n$，当 $n=1$ 时，$E^\ominus_{池} = (0.059\ V \lg K^\ominus)/1 = 0.41\ V$，可视为正反应完全。

此外，还有“氧化还原平衡与配位平衡共存”以及“含氧化还原平衡、配位平衡的 3 重以上平衡共存”等平衡体系，将在 7.5.2 小节论述。

6.4　与电极电势有关的图形
(Graphics concerning electrode potentials)

本节用图解方法进一步论述热力学与电化学的关系，包括与电极电势有关的 2 种图形：电极电势-pH 图(E-pH 图)和元素电势图(W. M. Latimer 图)。

6.4.1　电极电势-pH 图

许多氧化还原反应在水溶液中进行，对于有 H^+ 或 OH^- 参与的反应，溶液酸度的变化将影响相关电对的电极电势数值，并可以定量地由电极反应的能斯特方程[式(6.12)和式(6.12b)]来确定。以 298 K 时的能斯特方程为例：

$$E = E^\ominus + \frac{0.059\ V}{n}\lg\frac{(Ox)^m}{(Red)^q} \quad (298\ K) \qquad (6.12b)$$

电对的电极反应如有 H^+ 或 OH^- 参与，其电极电势 E 与溶液 pH 的关系可由式(6.12b)导出。现以与 H_2O 有关的 2 个氧化还原反应为例，说明 E-pH 图的作图方法。

H_2O 作氧化剂的反应：

$$2H_2O(l) + 2e^- = H_2(g) + 2OH^- \qquad E^\ominus(H_2O/H_2) = -0.828\ V \qquad ①$$

H_2O 作还原剂的反应：

$$O_2(g) + 4H^+ + 4e^- = 2H_2O \qquad E^\ominus(O_2/H_2O) = +1.23\ V \qquad ②$$

对于反应①，假定除 H^+ 和 OH^- 外，其他物质均在热力学标准态，应用能斯特方程：

$$E(H_2O/H_2)=E^{\ominus}(H_2O/H_2)+\frac{0.059\ V}{2}\lg[p(H_2)^{-1}[OH^-]^{-2}]$$

$$=E^{\ominus}(H_2O/H_2)+0.059\ V\ pOH$$

$$=-0.828\ V+0.059\ V(14-pH)$$

$$=-0.828\ V+0.828\ V-0.059\ V\ pH$$

$$E(H_2O/H_2)=-0.59\ V\ pH \qquad ③$$

方程③为一直线方程，以 E 为纵坐标、pH 为横坐标作图，即 E-pH 图。方程③的 E-pH图为一直线，其斜率为－0.059，截距为 0。此 E-pH 图表示 $H_2O(l)$ 被还原为 $H_2(g)$，电对的电极电势 E 随溶液 pH 的变化趋势，简称为“氢线”。

对于反应②，同样假定除 H^+ 和 OH^- 外，其他物质均在热力学标准态，应用能斯特方程：

$$E(O_2/H_2O)=E^{\ominus}(O_2/H_2O)+\frac{0.059\ V}{4}\lg\{p(O_2)[H^+]^4\}$$

得

$$E(O_2/H_2O)=1.23\ V-0.59\ V\ pH \qquad ④$$

方程④也是直线方程，以 E 为纵坐标、pH 为横坐标作图，即 E-pH 图。方程④的 E-pH图也是直线，其斜率为－0.059，截距为 1.23。此 E-pH 图表示 $H_2O(l)$ 被氧化为 $O_2(g)$，电对的电极电势 E 随溶液 pH 的变化趋势，简称为“氧线”。“氧线”与“氢线”的斜率相同，因此两直线互相平行。

H_2O 的 E-pH 图见图 6.12。其他电对的 E-pH 图同法作出，并可以与 H_2O 的 E-pH 图画在同一图上，以方便对水溶液中的氧化还原反应情况作判断，如图 6.13 所示。

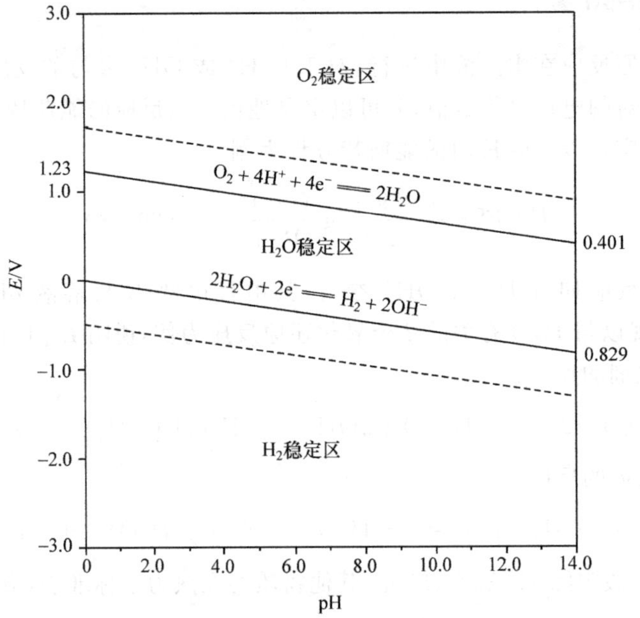

图 6.12　H_2O 的 E-pH 图

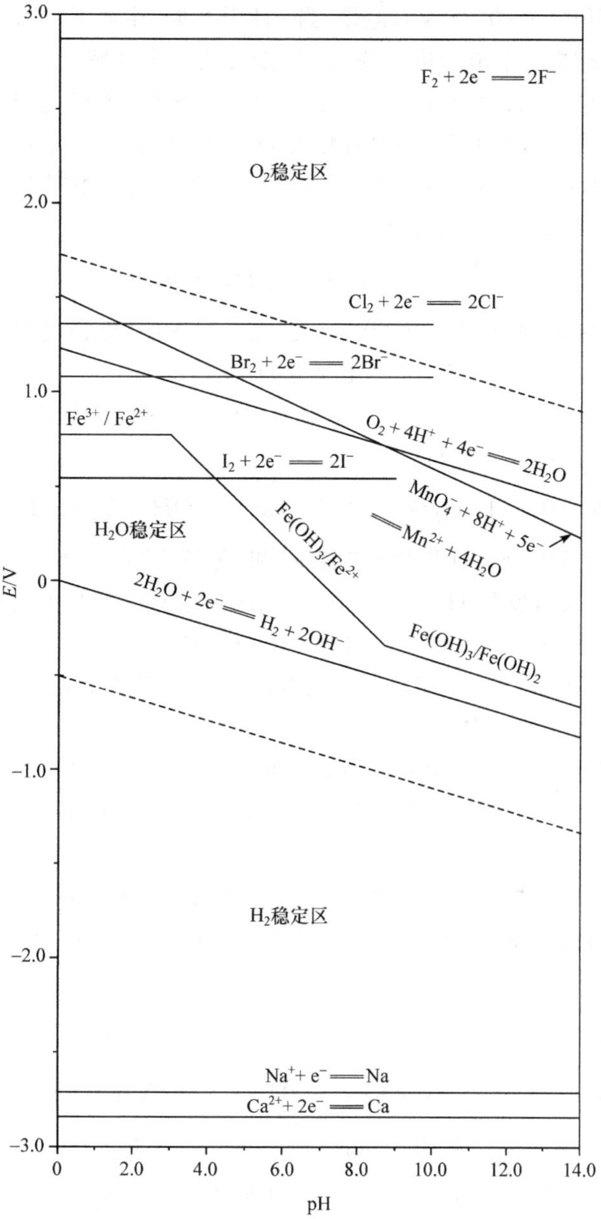

图 6.13　一些电对和 H_2O 的 E-pH 图

E-pH 图反映各电对电极电势 E 随溶液 pH 的变化趋势。

对于电极反应中无 H^+ 和 OH^- 参与或生成的电对，在研究的 pH 范围内，其电极电势 E 不随溶液 pH 而变化，因此它们的 E-pH 图是斜率为 0 的直线。例如

$$F_2(g) + 2e^- = 2F^-(aq)$$

$$I_2(s) + 2e^- = 2I^-(aq)$$

$$Cu^{2+}(aq) + 2e^- = Cu(s)$$

当 E-pH 图出现拐点时，意味着生成新的物质。例如，Fe^{3+}/Fe^{2+} 在酸性水溶液中稳

定存在[$E^\ominus(Fe^{3+}/Fe^{2+})=0.77$ V]，但是，当 pH 升高时，生成 $Fe(OH)_3/Fe(OH)_2$。

“氧线”和“氢线”把水溶液中电对的 E-pH 图分为 3 个区域：

(1) 一个电对的 E-pH 图如果位于“氧线”之上。按照“电极电势”的物理意义，该电对的氧化型物质将可以自发把 $H_2O(l)$ 氧化为 $O_2(g)$，$O_2(g)$ 在“氧线”之上的区域在热力学上是稳定的，该区域称为“氧稳定区”，简称为“氧区”。例如，电对 $F_2(g)/F^-$ 的 E-pH 图位于“氧区”，下列反应将自发进行：

$$2F_2(g)+2H_2O(l)=\!=\!=4HF(aq)+O_2(g)$$

(2) 一个电对的 E-pH 图如果位于“氢线”之下。按照“电极电势”的物理意义，该电对的还原型物质将可以自发把 $H_2O(l)$ 还原为 $H_2(g)$，$H_2(g)$ 在“氢线”之下的区域在热力学上是稳定的，该区域称为“氢稳定区”，简称为“氢区”。例如，电对 Na^+/Na 的 E-pH 图位于“氢区”，下列反应将自发进行：

$$2Na(s)+2H_2O(l)=\!=\!=2Na^+(aq)+2OH^-(aq)+H_2(g)$$

(3) 如果一个电对的 E-pH 图位于“氧线”和“氢线”之间。不论它是氧化型物质，还是还原型物质，都不会自发与 $H_2O(l)$ 反应，在该区域电对的氧化型物质和还原型物质以及 $H_2O(l)$ 在热力学上都是稳定的，因此把该区域称为“水稳定区”，简称为“水区”。例如，电对 Cu^{2+}/Cu 和 I_2/I^- 的 E-pH 图落入此区内，不论其氧化型物质或是还原型物质，均不与 $H_2O(l)$ 反应，故在水溶液中可以稳定存在。

实际上，由于“电化学极化”引起的动力学原因，产生“过电势”，“氧线”向上平行移动约 0.5 V，而“氢线”向下平行移动约 0.5 V(图 6.12 中的虚线)，导致实际的“水稳定区”扩大。

例如，$KMnO_4$ 在酸性-中性水溶液中，其 E-pH 图都在扩大的“水稳定区”内(但在理论上的“氧稳定区”内、“水稳定区”外)，室温下 $KMnO_4$ 水溶液可以稳定存在若干天，但会缓慢地把水氧化为氧气：

$$MnO_4^-+8H^++5e^-=\!=\!=Mn^{2+}+4H_2O \qquad E^\ominus(MnO_4^-/Mn^{2+})=1.51\ V$$

$$MnO_4^-+4H^++3e^-=\!=\!=MnO_2(s)+2H_2O \qquad E^\ominus(MnO_4^-/MnO_2)=1.68\ V$$

久置的 $KMnO_4$ 水溶液会析出 MnO_2 沉淀，需过滤并重新标定 $KMnO_4$ 浓度。

再如，Fe^{2+}/Fe 和 Sn^{2+}/Sn 在酸性水溶液中的 E-pH 图都在理论上的“氢稳定区”内，但是在扩大的“水稳定区”内，因此理论上 Fe 和 Sn 可以从 H_2O 中置换出 $H_2(g)$，而实际上室温下反应速率很小，只是与热水或水蒸气才会较快反应，析出氢气：

$$Fe^{2+}+2e^-=\!=\!=Fe \qquad E^\ominus(Fe^{2+}/Fe)=-0.44\ V$$

$$Sn^{2+}+2e^-=\!=\!=Sn \qquad E^\ominus(Sn^{2+}/Sn)=-0.14\ V$$

应用 E-pH 图，可以方便地了解不同电对的氧化型物质和还原型物质在水溶液中的热力学稳定性及其随溶液 pH 的变化；而且，根据电极电势的物理意义，很容易理解：在 E-pH 图中位于上方的电对的氧化型物质，可以自发地把位于下方的另一电对的还原型物质氧化。例如

$$MnO_4^- + 5Fe^{2+} + 8H^+ = Mn^{2+} + 5Fe^{3+} + 4H_2O$$
$$Cl_2(g) + 2Br^-(aq) = 2Cl^-(aq) + Br_2(l)$$
$$Cl_2(g) + 2I^-(aq) = 2Cl^-(aq) + I_2(s)$$
$$Br_2(l) + 2I^-(aq) = 2Br^-(aq) + I_2(s)$$

6.4.2　元素电势图

同一元素不同氧化态的物质，按照氧化数由高至低的顺序写出化学式，中间以“—”相连，并在“—”上方写出该电对的标准电极电势值，就称为该元素的元素电势图。按水溶液酸碱性不同，元素电势图分为酸性溶液图[$a(H^+)=1$]（记为 $E_A^\ominus$）和碱性溶液图[$a(OH^-)=1$]（记为 $E_B^\ominus$）两类。

例如，溴元素碱性溶液的元素电势图：

$$E_B^\ominus/V \qquad BrO_3^- \xrightarrow{0.519} Br_2(l) \xrightarrow{1.065} Br^-$$

应用元素电势图，可以方便地判断元素歧化反应或逆歧化反应自发进行的方向。

【例 6.13】 试由上述溴元素在碱性溶液的元素电势图，判断溴元素歧化反应或逆歧化反应自发进行的方向。

解　溴元素在碱性溶液的元素电势图：

$E^\ominus$(右)$=E^\ominus(Br_2/Br^-)$，对应

$$Br_2(l) + 2e^- = 2Br^- \tag{1}$$

$E^\ominus$(左)$=E^\ominus(BrO_3^-/Br_2)$，对应

$$BrO_3^- + 3H_2O + 5e^- = \frac{1}{2}Br_2(l) + 6OH^- \tag{2}$$

式(1)×5－式(2)×2，得

$$3Br_2(l) + 6OH^- = 5Br^- + BrO_3^- + 3H_2O$$

这是溴元素的歧化反应，设计为原电池，其标准电动势为

$$E_{池}^\ominus = E_+^\ominus - E_-^\ominus = E^\ominus(右) - E^\ominus(左) = 1.065\ V - 0.519\ V = 0.546\ V > 0\ V$$

所以，标准态下，正反应（歧化反应）自发进行。

由例 6.13 可知：热力学标准态下，若 $E^\ominus$(右)＞$E^\ominus$(左)，则歧化反应自发进行；若 $E^\ominus$(右)＜$E^\ominus$(左)，则逆歧化反应自发进行。

如在酸性介质中、标准态下，则 Br^- 和 BrO_3^- 将自发逆歧化为 $Br_2(l)$：

$$BrO_3^- + 5Br^- + 6H^+ = Br_2(l) + 3H_2O$$

这可以从溴元素在酸性溶液的“元素电势图”中 $E^\ominus$(右)＜$E^\ominus$(左)作判断：

$$E_A^\ominus/V \qquad BrO_3^- \xrightarrow{1.52} Br_2(l) \xrightarrow{1.065} Br^-$$

工业生产从海水中制备溴，就应用了先让溴元素在碱性溶液中歧化为 Br^- 和 BrO_3^-，以分离杂质，再让 Br^- 和 BrO_3^- 在酸性介质中逆歧化为 Br_2 的原理。

根据元素电势图，还可以由已知的标准电极电势计算未知的标准电极电势。

【例 6.14】 由氯元素在酸性溶液的元素电势图，试求 $E^\ominus(ClO_3^-/Cl^-)$。

$$E_A^\ominus/V \qquad ClO_3^- \xrightarrow{1.47} Cl_2(g) \xrightarrow{1.36} Cl^-$$

$$E_1^\ominus, n_1, \Delta G_1^\ominus \quad E_2^\ominus, n_2, \Delta G_2^\ominus$$

$$E^\ominus, n, \Delta G^\ominus$$

解 吉布斯自由能是广度性质，其变化量具有加和性，故

$$\Delta G^\ominus = \Delta G_1^\ominus + \Delta G_2^\ominus$$

$$-nFE^\ominus = (-n_1 FE_1^\ominus) + (-n_2 FE_2^\ominus) \qquad (其中 n = n_1 + n_2)$$

$$E^\ominus = \frac{n_1 E_1^\ominus + n_2 E_2^\ominus}{n} = \frac{5 \times 1.47\ \mathrm{V} + 1 \times 1.36\ \mathrm{V}}{6} = 1.45\ \mathrm{V}$$

6.5 化学电源与电解

(Chemical power sources and electrolysis)

本节叙述电化学理论在化学电源、电解与电化学锈蚀防护方面的应用。

6.5.1 化学电源

化学电源是指把化学能转变为电能的装置。原则上说，任何一个氧化还原反应都可以设计成为原电池，从而把化学能转变为电能。

原电池的工作原理已在 6.2 节详细论述。下面列举一些化学电源(原电池)及其应用的例子。

1. 锌锰干电池

常见的锌锰干电池(图 6.14)的正极是石墨(带铜帽)，负极是锌(外壳)，两电极之间以 NH_4Cl、$ZnCl_2$ 和 MnO_2 浆状物填充。其电池表达式是

$$(-)\ Zn(s)\,|\,ZnCl_2, NH_4Cl, MnO_2\,|\,C(石墨), Cu(s)\ (+)$$

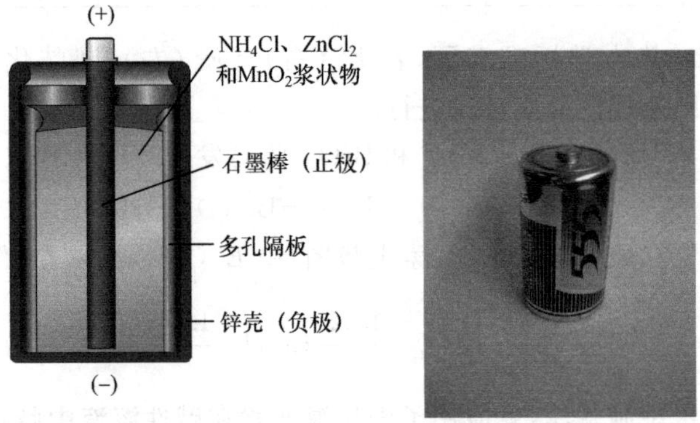

图 6.14 锌锰干电池

不同“相”之间也可以用“,”分隔。这种电池中没有“盐桥”。

放电时,负极反应是

$$Zn(s) \longrightarrow Zn^{2+}(aq) + 2e^-$$

正极反应是

$$MnO_2(s) + H^+(aq) + e^- \longrightarrow MnO(OH)(s)$$

$$2MnO(OH)(s) \longrightarrow Mn_2O_3(s) + H_2O(l)$$

合并,得总的放电反应:

$$Zn(s) + 2MnO_2(s) + 2H^+(aq) \longrightarrow Zn^{2+}(aq) + Mn_2O_3(s) + H_2O(l)$$

2. 氢氧燃料电池

氢氧燃料电池构造如图 6.15 所示。

电池表达式是

$$(-)(Pt), H_2(p) | OH^-(c) | O_2(p), Pt(+)$$

p 和 c 分别表示气体压力和溶液浓度。

负极反应:

$$2H_2(g) + 4OH^-(aq) \longrightarrow 4H_2O(l) + 4e^-$$

正极反应:

$$O_2(g) + 2H_2O(l) + 4e^- \longrightarrow 4OH^-(aq)$$

放电总反应:

$$2H_2(g) + O_2(g) \longrightarrow 2H_2O(l)$$

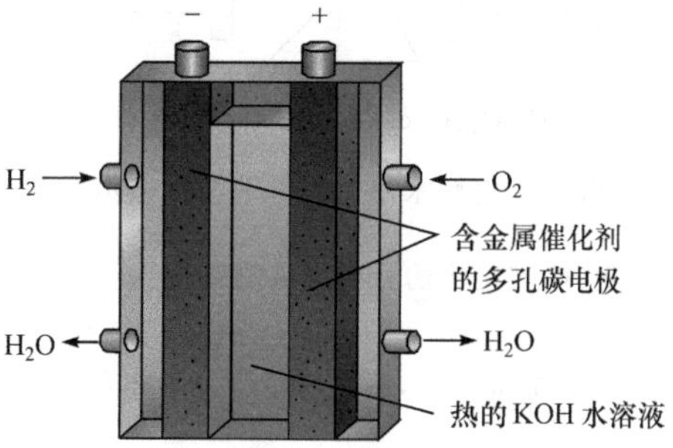

图 6.15　氢氧燃料电池构造示意图

由于反应物是 $H_2(g)$ 和 $O_2(g)$,产物是水,这种电池称为“最干净的能源”。国外已生产出氢氧燃料电池动力的汽车。

3. 固态锂电池*

一种固态锂电池的构造如图 6.16(a)所示。

负极反应:

$$Li(s) \longrightarrow Li^+ + e^-$$

正极反应:

$$TiS_2(s) + e^- \longrightarrow TiS_2^-$$

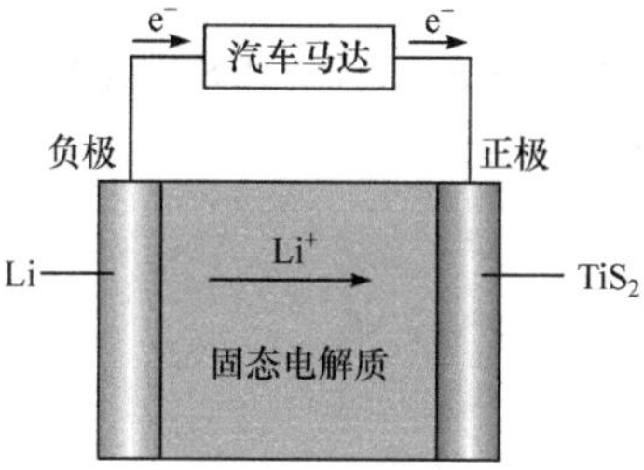

(a)

(b)

图 6.16　固态锂电池构造示意图(a)和使用锂离子电池的国产电动汽车(b)

放电总反应：

$$Li(s)+TiS_2(s)\longrightarrow Li^++TiS_2^-$$

国内[图 6.16(b)]外均生产出锂电池驱动汽车。

6.5.2 电解*

电解(electrolysis)是使用直流电促使热力学非自发的氧化还原反应发生的过程。相应的装置称为“电解池”，即把电能转化为化学能的装置。

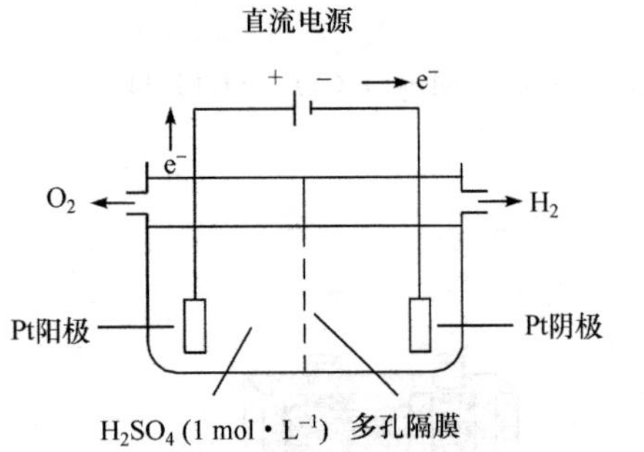

图 6.17　电解水使用的电解池构造示意图

电解水使用的电解池的构造见图 6.17。与直流电源正极相连的电解池电极称为“阳极”(anode)，“阳极”表面总是发生氧化反应；与直流电源负极相连的电解池电极称为“阴极”(cathode)，“阴极”表面总是发生还原反应。在电解池外电路，电子流动产生电流，而在电解池内部，则是正离子和负离子的定向运动。

以水的电解为例，说明“电解”的原理。水的分解反应为

$$H_2O(l)=\!=\!=H_2(g)+\frac{1}{2}O_2(g)$$

298 K 该反应的标准自由能变化为

$$\Delta_rG^\ominus=+237\ kJ\cdot mol^{-1}$$

可见，标准态下，该反应是热力学非自发的反应。由 $\Delta_rG^\ominus=-nFE^\ominus$，得

$$E^\ominus=-1.23\ V$$

理论上说，只要对上述体系施加大于 1.23 V 的外加直流电压，这个反应就可以向右进行。这种由 $\Delta_rG^\ominus$ 或 $E^\ominus$ 做理论上计算的、使热力学非自发的氧化还原反应得以进行的的最低外加电压，称为“理论分解电压”。但是，用铂作电极时，实验测得的分解电压约为 1.7 V，实验测得的分解电压称为“实际分解电压”。改变电极材料，“实际分解电压”也会发生变化。例如，用石墨作电极时，“实际分解电压”约为 2.02 V；而用铅作电极时，“实际分解电压”约为 2.2 V。

1. 过电势

对于同一个电解体系，“实际分解电压”与“理论分解电压”的差异起因于电池内阻($R_{内}$)引起的电压降($V=IR_{内}$)以及产生“过电势”(overpotential)，属于“反应延缓”引起的动力学问题。“过电势”的出现使阳极实际电极电势更大，而阴极实际电极电势更小，因而实际分解电压大于理论分解电压。

“过电势”的大小还与所使用的电极材料有关。对于同一电解液、在同一电流密度下，使用不同的电极材料，产生的“过电势”的大小不同(表 6.2)。

为了减少电解液的内阻，通常往水里加入低浓度的酸或碱电解质，如 H_2SO_4 或 NaOH 等。不过，电解时，SO_4^{2-} 或 Na^+ 并不放电。H_2O-H_2SO_4 体系的电解反应为

阳极反应：

$$H_2O(l)=\!=\!=\frac{1}{2}O_2(g)+2H^+(aq)+2e^-$$

阴极反应：

$$2H^+(aq)+2e^-=\!=\!=H_2(g)$$

阳极反应式和阴极反应式相加，得电解总反应：

$$H_2O(l)=\!=\!=H_2(g)+\frac{1}{2}O_2(g)$$

表 6.2　H_2、O_2 析出的“过电势”的大小与使用的电极材料的关系

电极材料	“过电势”η/V	
	H_2(1 mol·dm^{-3} H_2SO_4)	O_2(1 mol·dm^{-3} KOH)
Pt(镀铂黑)	0.048	0.77
Pt(光滑)	0.68	1.49
Ag	0.48	1.13
Au	0.24	1.63
Cu	0.48	0.79
Ni	0.56	0.85
石墨	0.60	1.24

注：电流密度 j=1.0 A·m^{-2}，T=298 K。

引自：迪安 J A. 兰氏化学手册. 2 版. 北京：科学出版社. 2003。

如果是 H_2O-NaOH 体系，则电解反应为

阳极反应：

$$2OH^-(aq) = \frac{1}{2}O_2(g) + H_2O(l) + 2e^-$$

阴极反应：

$$2H_2O(l) + 2e^- = H_2(g) + 2OH^-(aq)$$

阳极反应式和阴极反应式相加，得电解总反应：

$$H_2O(l) = H_2(g) + \frac{1}{2}O_2(g)$$

可见，电解 H_2O-H_2SO_4 体系和电解 H_2O-NaOH 体系的总反应相同，均是 $H_2O(l)$分解为 $H_2(g)$和 $O_2(g)$。H_2SO_4 和 NaOH 作为电解质，起着降低电解池内阻的作用。

再以电解 NaCl 水溶液和电解熔融 NaCl 为例，进一步说明电解的原理。

1) 电解 NaCl 水溶液

图 6.18 是电解 NaCl 水溶液电解池的示意图，阳极用石墨制成，连接直流电源的正极；阴极用铁网制成，连接直流电源的负极；电解液是 NaCl 水溶液，阳极区和阴极区之间用阳离子渗透膜(cation-permeable membrane)分隔，并分别设有氯气出口和氢气出口。

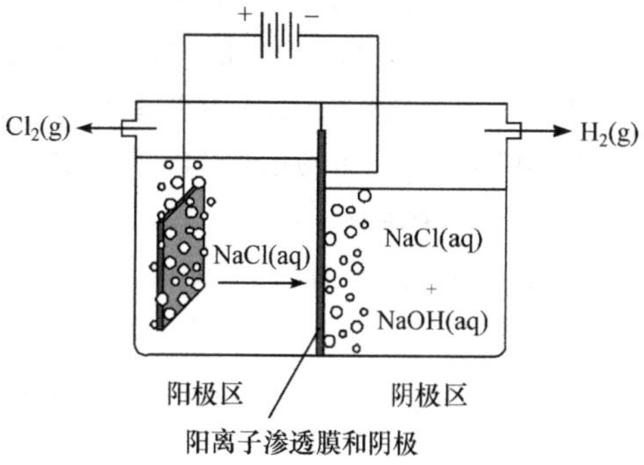

图 6.18　NaCl 水溶液电解池构造示意图

分析电解反应可能析出的产物：在阳极区溶液，是 H_2O 电离出来的 $OH^-(aq)$，还是 $Cl^-(aq)$被氧化、放电析出呢？由标准电极电势看，$E^\ominus(O_2/OH^-)$ = −0.401 V，$E^\ominus(Cl_2/Cl^-)$ = +1.36 V，似乎应该是 OH^- 被氧化，放电析出 $O_2(g)$。然而，由于 $O_2(g)$在石墨阳极的“过电势”大，$O_2(g)$在阳极析出的实际电极电势达 1.7 V(表 6.2)，因此，实际上在石墨阳极是 $Cl^-(aq)$被氧化，放电析出 $Cl_2(g)$。在阴极区溶液，由标准电极电势看，当然是 H_2O 电离出来的 $H^+(aq)$被还原、放电析出 $H_2(g)$，同时生成$OH^-(aq)$，而不是 $Na^+(aq)$被还原。电解过程两电极的反应为

阳极反应：　$2Cl^-(aq) \longrightarrow Cl_2(g) + 2e^-$

阴极反应：　$2H_2O(l) + 2e^- \longrightarrow H_2(g) + 2OH^-(aq)$

阴极区溶液中，由于消耗了 $H_2O(l)$ 电离出来的 $H^+(aq)$ 而生成 NaOH。

电解总反应：　$2Cl^-(aq) + 2H_2O(l) = H_2(g) + Cl_2(g) + 2OH^-(aq)$

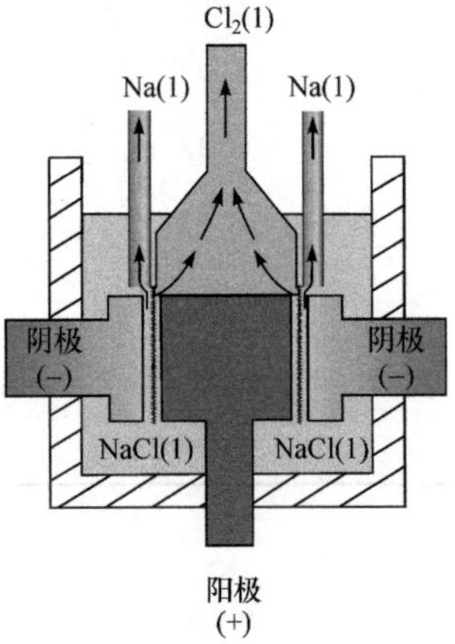

图 6.19　熔融 NaCl 电解池构造示意图

2) 电解熔融 NaCl

熔融 NaCl 电解池示意图见图 6.19。

阳极反应：　$2Cl^-(l) \longrightarrow Cl_2(g) + 2e^-$

阴极反应：　$2Na^+(l) + 2e^- \longrightarrow 2Na(l)$

电解总反应：　$2NaCl(l) = 2Na(l) + Cl_2(g)$

2. 电解的产物

从电解 NaCl 水溶液和电解熔融 NaCl 两个例子看，电解熔融盐的产物比较简单，而电解水溶液可能得到的产物则需要考虑多种因素，包括有关电对的标准电极电势和在具体电极产生的"过电势"(与电对物质本身、电极材料、电极表面状况、电流密度有关)，即必须按电对的实际电极电势考虑。在电解中，一定电流密度下电对的"实际电极电势"也称为"实际析出电势"。电解过程中，水溶液中的阳离子移向阴极，在阴极表面总是发生还原反应，而且总是"实际析出电势"最大的电对的氧化型物质首先获得电子被还原；阴离子移向阳极，在阳极表面总是发生氧化反应，而且总是"实际析出电势"最小的电对的还原型物质首先失去电子被氧化。根据这些原则，总结出电解不同电解质水溶液时两电极可能得到产物的一些规律。

阴极析出产物：①电对(M^{n+}/M)标准电极电势比 $E^\ominus(H^+/H_2)$ 大的金属阳离子首先在阴极被还原为金属析出，如 Cu、Ag、Au 等；②部分中等活泼金属的阳离子，如 Zn^{2+}、Ni^{2+} 和 Fe^{2+}，相应电对(M^{n+}/M)的标准电极电势虽然比 $E^\ominus(H^+/H_2)$ 小，但考虑 $H_2(g)$ 的"过电势"较大，(M^{n+}/M)实际电极电势仍然大于(H^+/H_2)实际电极电势，故 Zn^{2+}、Ni^{2+} 和 Fe^{2+} 被还原为金属 Zn、Ni、Fe 析出；③电对(M^{n+}/M)标准电极电势很小的活泼金属(Al 和比 Al 更活泼的金属，如 Na、K、Mg、Sr、Ba 等)，实际电极电势仍然是(H^+/H_2)的更大，故 H^+ 被还原为 $H_2(g)$ 析出。

阳极析出产物：①以金属材料作电极时，除了 Pt 等惰性电极不反应外，Zn、Cu、Ag 等金属会被氧化为金属离子而溶解，称为"阳极溶解"；②使用惰性电极(Pt、石墨等)且电解液中含有 S^{2-}、Br^-、Cl^- 等简单阴离子时，其相应电对的标准电极电势比 $E^\ominus(O_2/OH^-)$ 大，似乎应该是 OH^- 放电，但由于 O_2 在阳极的"过电势"很大，使得相应电对(M^{n+}/M)的"实际析出电势"仍然比(O_2/OH^-)的"实际析出电势"小，故 S^{2-}、Br^-、Cl^- 等被氧化生成 S(s)、Br_2 和 $Cl_2(g)$；③使用惰性电极(Pt、石墨等)且电解液中含有 SO_4^{2-}、ClO_4^- 等含氧酸根阴离子时，(O_2/OH^-)的"实际析出电势"较小，OH^- 被氧化生成 $O_2(g)$。

本章教学要求

1. 理解氧化还原的基本概念。

2. 熟练运用"氧化数法"和"离子-电子法"配平氧化还原反应方程式。

3. 熟练运用"标准电极电势"，判断各电对物质的氧化还原性质以及氧化还原反应自发进行的方向。

4. 掌握原电池工作原理；熟练掌握原电池电动势与其放电反应自由能变化和平衡常数的关系；掌握由热力学函数计算原电池的标准电动势及相应电极的标准电极电势；了解用电化学方法测定反应标准自由能变化和平衡常数；掌握把一个反应设计为原电池的方法。

5. 掌握影响电极电势因素，熟练运用能斯特方程作有关计算。

6. 掌握包括氧化还原平衡的多重平衡的有关计算。

7. 了解与电极电势有关的图形（E-pH 图、元素电势图）的物理意义及初步运用。

8. 了解化学电源和电解的原理。

习　题

1. 计算下列化合物中右上角带“*”元素的氧化态：

KCl^*O_3，$NaCl^*O$，$H_2O_2^*$，O_3^*，S_8^*，C_{60}^*，KO_2^*，$Na_2S_2^*O_3$，$Cr_2^*O_7^{2-}$，$S_4^*O_6^{2-}$，$N^*H_4^+$，$N_2^*H_4$，$Fe_3^*O_4$，$Ni^*(CO)_4$，$Na[Co^*(CO)_4]$，$H[Mn^*(CO)_5]$，$[Fe^*(CN)_6]^{4-}$，$[Fe(N^*CS)_6]^{3-}$

2. 用“氧化数法”和“离子-电子法”分别配平下列各氧化还原反应的方程式：

(1) $SO_2(g)+MnO_4^- \longrightarrow Mn^{2+}+SO_4^{2-}$

(2) $AgNO_3(s) \longrightarrow Ag(s)+NO_2(g)+O_2(g)$

(3) $CuS(s)+HNO_3$(浓)$\longrightarrow CuSO_4+NO_2(g)$

(4) $Cr_2O_7^{2-}+H_2O_2 \longrightarrow Cr^{3+}+O_2(g)$

(5) $Cl_2(g)+CN^-+OH^- \longrightarrow Cl^-+OCN^-$

(6) $I_2(s)+OH^- \longrightarrow I^-+IO_3^-$

3. 根据标准电极电位数值，排列标准态水溶液中下列电对的氧化型物质的氧化性强弱顺序和还原型物质的还原性强弱顺序：

Fe^{3+}/Fe^{2+}，Zn^{2+}/Zn，Cu^{2+}/Cu，Sn^{2+}/Sn，MnO_4^-/Mn^{2+}，F_2/F^-，Ca^{2+}/Ca，$S_4O_6^{2-}/S_2O_3^{2-}$，I_2/I^-，Cl_2/Cl^-，Br_2/Br^-，O_2/H_2O，$Cr_2O_7^{2-}/Cr^{3+}$，PbO_2/Pb^{2+}，$S_2O_8^{2-}/HSO_4^-$

4. 根据标准电极电位数值，判断以下反应在标准态下自发进行的方向，计算反应在 298 K 的标准平衡常数。

(1) $5Br^-(aq)+BrO_3^-(aq)+6H^+(aq) \xlongequal{} 3Br_2(l)+3H_2O(l)$

(2) $I_2(s)+2S_2O_3^{2-}(aq) \xlongequal{} 2I^-(aq)+S_4O_6^{2-}(aq)$

5. 写出以下电对在酸性介质的电极反应式和相应的能斯特方程：

Hg_2Cl_2/Hg，$HF(aq)/H_2$，CuI/Cu，$[Fe(CN)_6]^{3-}/[Fe(CN)_6]^{4-}$

6. 写出以下电对在碱性介质的电极反应式和 298 K 温度下相应的能斯特方程：

O_2/OH^-，$Fe(OH)_4^-/Fe(OH)_4^{2-}$，AsO_4^{3-}/AsO_2^-，H_2O/H_2

7. 把下列电对的标准电极电势由大至小排列，并简单说明判断依据：

$AgBr/Ag$，Ag^+/Ag，$AgCl/Ag$，$[Ag(NH_3)_2]^+/Ag$，$[Ag(CN)_2]^-/Ag$，$[Ag(S_2O_3)_2]^{3-}/Ag$

8. 解释以下事实：

(1) 金属铁能置换铜离子（Cu^{2+}），而 $FeCl_3$ 溶液又能腐蚀铜板。

(2) 硫化钠溶液久储存后颜色加深。

(3) 硫酸亚铁溶液久置后会变黄。

(4) 过氧化氢是实验室常用的理想氧化剂。

9. 实验室中，可以分别用 $KMnO_4$ 或 $K_2Cr_2O_7$ 或 MnO_2 为氧化剂，氧化 $Cl^-(aq)$，以制备氯气。假设以下反应中有关的离子浓度均为 1.00 mol·dm^{-3}，气体分压力均为 1.00×10^5 Pa，欲使下列反应向正反应方向自发进行，需要的 HCl(aq) 最低浓度为多少？这说明实验室制备氯气的反应条件有何区别？

(1) $KMnO_4 + HCl \longrightarrow MnCl_2 + KCl + Cl_2 + H_2O$

(2) $K_2Cr_2O_7 + HCl \longrightarrow KCl + CrCl_3 + Cl_2 + H_2O$

(3) $MnO_2 + HCl \longrightarrow MnCl_2 + Cl_2 + H_2O$

10. 写出以下原电池的电极反应式、电池放电反应方程式，并计算原电池电动势和放电反应的标准自由能变和标准平衡常数。

(1) $(-)(Pt)|H_2(1\ p^\ominus)|H^+(1.0\ mol\cdot dm^{-3})\parallel KCl(饱和)|Hg_2Cl_2(s)|Hg(l)|(Pt)(+)$

(2) $(-)(Pt)|H_2(1\ p^\ominus)|HAc(1.0\ mol\cdot dm^{-3})\parallel OH^-(1.0\ mol\cdot dm^{-3})|O_2(1\ p^\ominus)|(Pt)(+)$

(3) $(-)Ag(s)|AgCl(s)|Cl^-(1.0\ mol\cdot dm^{-3})\parallel Ag^+(1.0\ mol\cdot dm^{-3})|Ag(s)(+)$

(4) $(-)Ag(s)|CN^-(1.0\ mol\cdot dm^{-3}),[Ag(CN)_2]^-(1.0\ mol\cdot dm^{-3})\parallel Ag^+(1.0\ mol\cdot dm^{-3})|Ag(s)(+)$

11. 用电化学方法可以测定一些反应的热力学函数。把下列反应分别设计为原电池，写出电极反应式，求 298 K 原电池的标准电动势以及反应的标准自由能变和标准平衡常数。

(1) $5SO_2(g) + 2MnO_4^-(aq) + 2H_2O(l) \xlongequal{} 2Mn^{2+}(aq) + 5SO_4^{2-}(aq) + 4H^+(aq)$

(2) $H^+(aq) + OH^-(aq) \xlongequal{} H_2O(l)$

12. 设计下列原电池，测定 AgI(s) 的 K_{sp}：

$$(-)Ag(s),AgI(s)|I^-(0.0100\ mol\cdot dm^{-3})\parallel Ag^+(0.0100\ mol\cdot dm^{-3})|Ag(s)(+)$$

测得该电池的电动势为 0.713 V，求 AgI(s) 的 K_{sp}。

13. 已知：

$$H_3AsO_4(aq) + 2H^+(aq) + 2e^- \xlongequal{} HAsO_2(aq) + 2H_2O(l) \qquad E^\ominus = +0.560\ V$$

$$I_2(s) + 2e^- \xlongequal{} 2I^-(aq) \qquad E^\ominus = +0.5355\ V$$

(1) 作出上述反应的 E-pH 图(至 pH=9.00)。

(2) 设计一实验方案，用于定量检测溶液样品中 As 元素的含量。

14. 铬元素在酸性介质中的部分元素电势图如下：

$$E_A^\ominus/V \qquad Cr_2O_7^{2-} \xrightarrow{1.36} Cr^{3+} \xrightarrow{-0.424} Cr^{2+} \xrightarrow{-0.90} Cr(s)$$

(1) 求 $E^\ominus(Cr_2O_7^{2-}/Cr^{2+})$。

(2) 求下列逆歧化反应的标准平衡常数：

$$Cr_2O_7^{2-} + 6Cr^{2+} + 14H^+ \xlongequal{} 8Cr^{3+} + 7H_2O$$

(3) 在酸性水溶液介质中，Cr^{2+} 是否可以稳定存在？为什么？

15. 判断下列电解池电解的产物，写出阳极反应和阴极反应的方程式。

(1) 石墨作阳极，铁作阴极，电解 $ZnSO_4$ 溶液。

(2) 石墨作阳极，铜作阴极，电解 $CuSO_4$ 溶液。

(3) 金属镍作阳极和阴极，电解 $NiSO_4$ 溶液。

(4) 金属银作阳极和阴极，电解盐酸溶液。

(5) 石墨作阳极，铁作阴极，电解熔融 $MgCl_2$。

（中山大学　龚孟濂）

第7章　配位化学
(Coordination chemistry)

配位化合物(coordination compound),简称配合物,是配位化学研究的主要对象。其历史最早可追溯到1704年普鲁士人发现的第一个配合物——普鲁士蓝。1893年瑞士化学家维尔纳(Werner)在德国《无机化学学报》发表了论文"关于无机化合物的结构问题",成为配位化学分支学科建立的标志。在经过110多年发展后的今天,配位化学已打破传统的无机化学、有机化学、物理化学和生物化学的界限,成为各分支化学的交叉点,在化学学科中具有重要地位。现代分离技术、配位催化和化学模拟生物固氮等都与配位化学有着密切的关系,配位化合物也广泛应用于工业、农业、国防、医药和航空航天等许多重要领域。

本章首先介绍配位化合物的基本概念,然后重点叙述配位化合物的结构理论——价键理论和晶体场理论,论述配位-解离平衡及它与沉淀-溶解平衡、氧化还原平衡共存的相互关系,最后简要介绍配合物的实际应用。

7.1　配位化合物的基本概念
(Basic concepts of coordination compound)

7.1.1　配位化合物的定义

1980年中国化学会公布的《无机化学命名原则》,给"配合物"下的定义是:"配位化合物(简称配合物)是由可以给出孤对电子或多个不定域电子的一定数目的离子或分子(称为配体)和具有接受孤对电子或多个不定域电子的空位原子或离子(统称为中心原子)按一定组成和空间构型所形成的化合物。"可见,配合物是一种由配体和中心原子以配位键相结合而形成的复杂化合物;配位键的存在是配合物与其他物质最本质的区别。其中由配位共价键结合起来的、相对稳定的结构单元称为"配位单元"(coordination unit),它可以是阳离子物种{如$[Cu(NH_3)_4]^{2+}$、$[Co(NH_3)_6]^{3+}$}、阴离子物种{如$[Fe(CN)_6]^{4-}$、$[Co(SCN)_4]^{2-}$}或电中性物种{如$[Cu(NH_2CH_2COO)_2]$、$[Ni(CO)_4]$}。需要强调配位单元带电荷时,也可将其称为"配离子"。配位单元的存在是配合物的主要特征。为了突出配位单元的存在,习惯上用"[　]"将其标出。在配位单元中,中心原子(离子)提供空轨道,是电子对的接受体,即路易斯酸;配位体提供孤对电子,是电子对给予体,即路易斯碱。中心原子和配体间的结合形成了配位键,构成了配位单元。

配离子与异号电荷的离子结合即形成"配合物",如$[Co(NH_3)_6]Cl_3$、$K_4[Fe(CN)_6]$等,而电中性的配位单元本身即是配合物,如$[Ni(CO)_4]$。

7.1.2　配位化合物的组成

配合物一般由“内界”和“外界”两部分构成。配位单元为内界，而带有与内界异号电荷的离子为外界。例如，在配合物$[Co(NH_3)_6]Cl_3$中，内界为$[Co(NH_3)_6]^{3+}$，外界为Cl^-；而中性配位单元作为配合物的$[Ni(CO)_4]$则无外界。

1. 中心原子和配体

配合物的内界由中心原子和配体构成。处于配位单元结构中心部位的原子或离子统称为“中心原子”(central atom)。几乎所有元素的原子都可以作为中心原子，但最常见的中心原子是具有9～17电子构型的d区金属离子和具有18电子构型的ds区金属离子，如Fe^{3+}、Co^{3+}、Cu^{2+}、Ag^+等。一些高氧化态的非金属元素也是常见的中心原子，如BF_4^-中B(Ⅲ)、SiF_6^{2-}中的Si(Ⅳ)和PF_6^-中的P(Ⅴ)。

与中心原子结合的分子或离子称为“配位体”(ligand)，简称“配体”，如$[Co(NH_3)_6]Cl_3$中的NH_3分子、$[Ni(CO)_4]$中的CO分子以及$K_3[Fe(CN)_6]$中的CN^-。配体可以是分子，如NH_3、H_2O、CO、N_2、有机胺等；也可以是阴离子，如F^-、I^-、OH^-、CN^-、SCN^-、$C_2O_4^{2-}$、CH_3COO^-等。

只有一个配位原子的配体称为“单齿配体”，如X^-(卤素离子)、OH^-(羟基)、CN^-(氰根)、SCN^-(硫氰根)、CO(羰基)、NO_2^-(硝基)、H_2O、NH_3等。

含有两个或两个以上配位原子的配体称为“多齿配体”，相应地我们可以把乙二胺(en)、乙二酸根($C_2O_4^{2-}$)等含有两个配位原子的配体称为双齿配体；乙二胺四乙酸根(EDTA)中含有2个N、4个O均可配位，所以它是一个六齿配体。一些多齿配体的分子结构见图7.1。

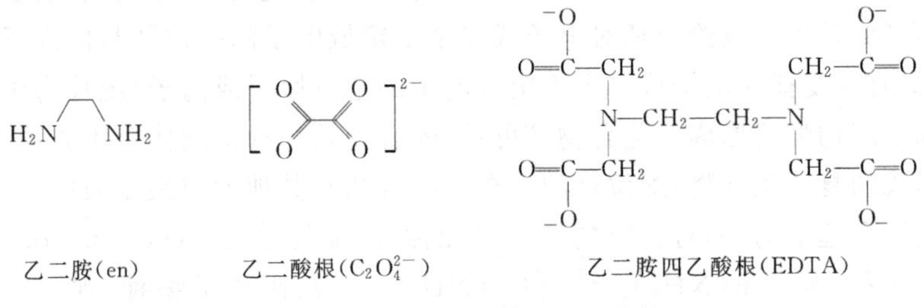

乙二胺(en)　　乙二酸根($C_2O_4^{2-}$)　　乙二胺四乙酸根(EDTA)

图7.1　一些多齿配体的分子结构

2. 配位原子和配位数

配位体中与中心原子直接键合的原子称为“配位原子”，如配位体NH_3中的N原子，配位体CN^-和CO中的C原子等。常见的配位原子是位于元素周期表右边电负性较大的一些非金属元素的原子，如C、N、O、S、P、F、Cl、Br等。配位单元中与中心原子直接成键的配位原子的个数称为“配位数”(coordination number，C. N.)。例如，$[CoCl_2(en)_2]^+$中Co(Ⅲ)的配位数为6，因为直接和Co(Ⅲ)配位的有两个Cl^-，以及分别来自于两个乙二胺上的四个氮原子。同样可知配离子$[Al(C_2O_4)_3]^{3-}$中Al(Ⅲ)的C. N. =6。

配位数一般为偶数(2、4、6、8),其中最常见的是 4 和 6;配位数为奇数(3、5、7)的配位单元较少。配位数的多少与中心原子的电荷、半径以及配体的电荷、半径有关。一般来说,中心原子的电荷越高、半径越大,则越有利于形成高配位数的配位单元。例如,氧化数为+1 的中心原子易形成二配位的配位单元,如$[Ag(CN)_2]^-$、$[Ag(S_2O_3)_2]^{3-}$;氧化数为+2 的中心原子易形成四配位或者六配位的配位单元,如$[Cu(NH_3)_4]^{2+}$、$[Zn(NH_3)_4]^{2+}$、$[Fe(CN)_6]^{4-}$;氧化数为+3 的中心原子易形成六配位的配位单元,如$[Co(NH_3)_6]^{3+}$、$[Fe(CN)_6]^{3-}$。另外,中心原子的半径大时,其周围才有足够的空间容纳多个配位原子。例如,$[Cr(CN)_6]^{3-}$中 Cr(Ⅲ)的配位数为 6,而同族的 Mo(Ⅲ)则可形成七配位的$[Mo(CN)_7]^{4-}$。

从配体角度看,配体的体积越大,在中心原子周围能容纳的配体就越少,利于形成低配位数的配位单元。例如,Fe^{3+}与半径小的 F^- 可以形成 6 配位的 FeF_6^{3-},但与半径较大的 Cl^- 只能形成 4 配位的 $FeCl_4^-$。配体的负电荷高时,增加了配体之间的斥力,结果使得配位数减少。例如,Fe^{3+}与 $C_2O_4^{2-}$ 形成 6 配位的$[Fe(C_2O_4)_3]^{3-}$,但与 PO_4^{3-} 只能形成 4 配位的$[Fe(PO_4)_2]^{3-}$。

7.1.3 配位化合物的命名

配合物的命名遵循无机化合物命名的一般原则:在内、外界之间先阴离子,后阳离子;但配位单元的结构比较复杂,需按统一的命名规则。根据 1979 年中国化学会无机专业委员会制定的汉语命名原则,把配位单元看成一个整体,在配位单元内先配体,后中心原子,中间加"合",同时中心原子后加(罗马数字)注明价态。例如

$[Co(NH_3)_6]Cl_3$ 三氯化六氨合钴(Ⅲ)

若配位单元为阴离子,则在内外界之间加"酸"字:

$K_2[SiF_6]$ 六氟合硅(Ⅳ)酸钾

在配体前加数字一、二、三表示配体的个数,不同配体之间用"·"隔开:

$[Co(NH_3)_5H_2O]Cl_3$ 三氯化五氨·一水合钴(Ⅲ)

对于不同的配体,通常遵循以下先后顺序:

(1) 先无机配体,后有机配体。

$PtCl_2(Ph_3P)_2$ 二氯·二(三苯基膦)合铂(Ⅱ)

(2) 先阴离子配体,后中性分子配体。

$K[PtCl_3(NH_3)]$ 三氯·氨合铂(Ⅱ)酸钾

(3) 同类配体中,先后顺序按配位原子的元素符号在英文字母表中的次序。

$[Co(NH_3)_5H_2O]Cl_3$ 三氯化五氨·一水合钴(Ⅲ)

【例 7.1】 命名下列配合物或配离子：

(1) $(NH_4)_3[SbCl_6]$　　(2) $[Cr(H_2O)_4Br_2]Br \cdot 2H_2O$

解 (1) 六氯合锑(Ⅲ)酸铵。

(2) 二水合溴化二溴・四水合铬(Ⅲ)。

7.1.4 配位化合物的异构现象

“异构”(isomerism)是指化学式相同但结构不同的现象。配合物的异构现象主要分两大类——“结构异构”(也称为“构造异构”)和“立体异构”(也称为“空间异构”)。

1. 结构异构

组成相同但键联关系不同，是结构异构的特点。配位化合物内外界之间完全解离，若内、外界之间交换成分，则得到的配合物与原来的配合物之间互为结构异构体。由于配合物中的阴离子在内外界的位置不同，因而它们在水溶液中解离出的离子也不相同，从而导致物理和化学性质的差异。例如

$$[Co(NH_3)_5Br]SO_4(\text{紫色}) \longrightarrow [Co(NH_3)_5Br]^{2+} + SO_4^{2-}$$

$$[Co(NH_3)_5SO_4]Br(\text{红色}) \longrightarrow [Co(NH_3)_5SO_4]^{+} + Br^{-}$$

2. 立体异构

立体异构的特点是键联关系相同，但配体在中心原子周围空间排列方式不同。其中配体相互位置不同的称为“顺反异构”或“几何异构”；而配体相互位置相同但配体在空间的取向不同的称为“旋光异构”或“对映异构”。

1) 顺反异构

顺反异构主要发生在配位数为 4 的平面正方配合物和配位数为 6 的正八面体配合物中。例如，$Pt(NH_3)_2Cl_2$ 为平面正方形结构，有顺式和反式两种异构体：

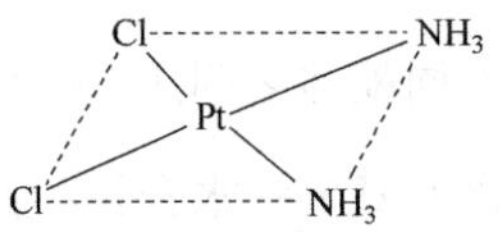

顺式

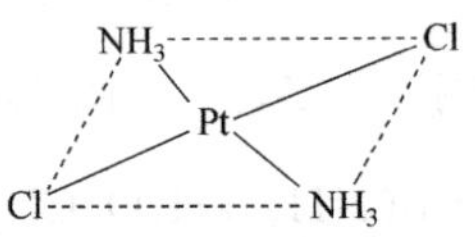

反式

其顺式异构体俗称“顺铂”，是抗癌药物。一般认为其抗癌机理是 DNA 双螺旋上的碱基取代顺铂的两个氯后使其得以固定下来，因而抑制了 DNA 的非正常生长和复制。

一般用“顺-”(*cis*-)表示顺式异构体，用“反-”(*trans*-)表示反式异构体。上图中左面的命名为顺-二氯・二氨合铂(Ⅱ)，或 *cis*-二氯・二氨合铂(Ⅱ)，右面的命名为反-二氯・二氨合铂(Ⅱ)，或 *trans*-二氯・二氨合铂(Ⅱ)。

配位数为 6 的八面体结构配位单元的几何异构现象更复杂。例如，有二种配体的 Ma_2b_4 和 Ma_3b_3 各有 2 种几何异构体，见图 7.2。

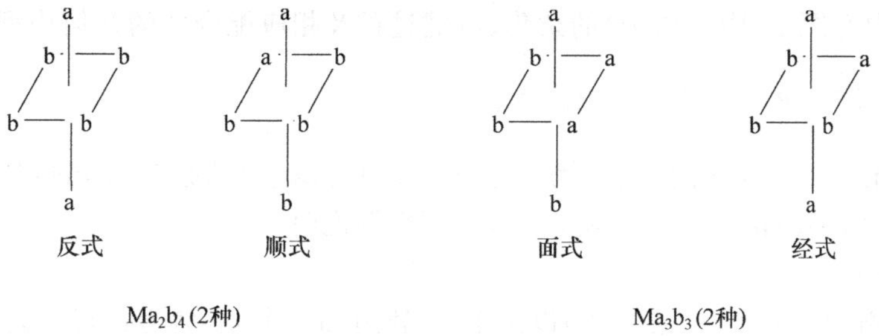

图 7.2　八面体配合物 Ma_2b_4 和 Ma_3b_3 的几何异构体

2）旋光异构

配体的相互位置相同而空间取向不同，可形成旋光异构体。旋光异构好比左右手一样，互为镜像却不能在三维空间中重合。互为镜像的两个配位单元，其配体的相互位置肯定是一致的，但因配体在空间的取向不同，两者不能重合，即为旋光异构体。旋光异构体熔点相同，但光学性质不同。

互为旋光异构体的两种物质，使偏振光偏转的方向不同。按一系列的规定，可将两种互为镜像的旋光异构体区分为左旋（符号用 l 表示）和右旋（符号用 d 表示）①。六配位的八面体配位单元中，顺式的 $Ma_2b_2c_2$ 有旋光异构体，如图 7.3 所示。

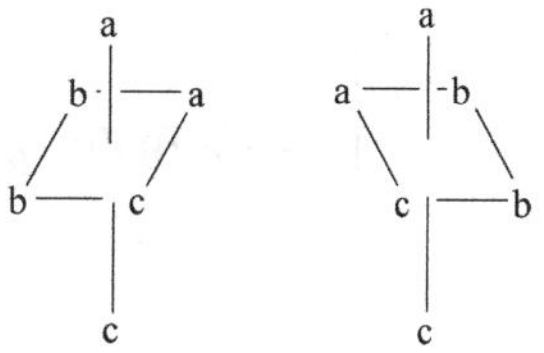

图 7.3　顺式的 $Ma_2b_2c_2$ 的旋光异构体

7.2　配位化合物的结构理论
(Structural theories of coordination compound)

描述配位化合物结构与成键的理论主要有价键理论、晶体场理论、分子轨道理论、配位场理论等。本节介绍前两种理论。

7.2.1　价键理论

把杂化轨道理论（5.2.3 小节）应用于配位化合物的结构与成键研究，就形成配位化合物的价键理论。与一般无机化合物相比，用杂化轨道理论分析配合物结构与成键的主要差异是：

(1) 配合物形成体多为阳离子（也可以是中性原子或阴离子），而一般无机化合物多为中性原子。

(2) 配合物中心原子（M）或中心离子（M^{n+}）有空的杂化轨道，配位体（L）有孤对电子，形成配位键 M←L，而一般无机化合物分子中不一定有配位键。

① 实验室中用非旋光物质合成旋光物质常得到“外消旋体”，即左旋体和右旋体各 50%的混合物，因此，要获得旋光纯的异构体需要经过拆分（resolution）。由于对映体的一般物理性质和化学性质都相同，因此不能用分馏、重结晶等方法将外消旋体分离成左旋体和右旋体，必须用特殊的方法。常见的拆分方法有化学拆分法、生物分离法、晶种结晶法等。

配合物中心原子(中心离子)的杂化、成键过程及相应配合物的几何构型讨论如下。

1. 中心原子(中心离子)的杂化、成键过程

与一般无机化合物相同,配合物中心原子(中心离子)的杂化方式包括 sp、sp^2、sp^3、dsp^2、sp^3d、sp^3d^2(d^2sp^3)等类型(表 5.9),下面举例说明。

1) sp 杂化

sp 杂化指中心原子(中心离子)以 1 个 ns 轨道和 1 个 np 轨道进行杂化。

【例 7.2】 讨论$[Ag(NH_3)_2]^+$中心原子的杂化与配离子中的成键情况。

解 Ag^+ 基态电子构型为 $4d^{10}$。由 Ag^+ 以 1 个 5s 轨道和 1 个 5p 轨道进行 sp 杂化,组成 2 个空的 sp 杂化轨道,2 个 NH_3 中 N 原子提供的孤对电子进入这 2 个空的 sp 杂化轨道形成 σ 配位键,生成$[Ag(NH_3)_2]^+$。配离子几何构型为直线形,成单电子数为 0。表示如下:

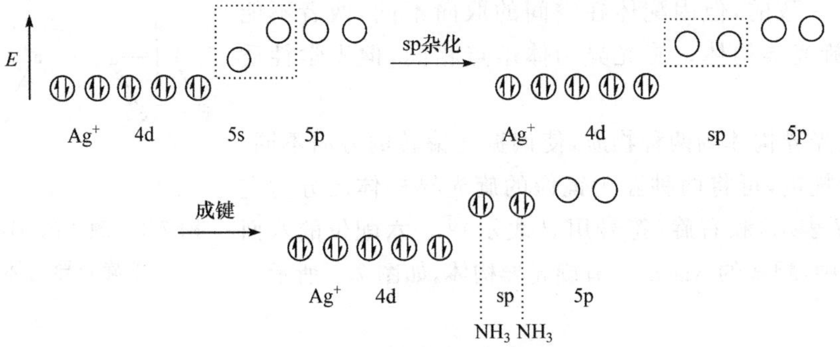

2) dsp^2 杂化

dsp^2 杂化指中心原子(中心离子)以 1 个$(n-1)$d 轨道、1 个 ns 轨道和 2 个 np 轨道进行杂化。

【例 7.3】 讨论$[Ni(CN)_4]^{2-}$中心原子的杂化与配离子中的成键情况。

解 Ni^{2+} 基态电子构型为 $3d^8$。在形成$[Ni(CN)_4]^{2-}$过程中,由于配体 CN^- 对中心离子 d 电子的作用强,迫使 Ni^{2+} 的 d 电子调整为只占 4 个 d 轨道并自旋配对,使 1 个 d 轨道空出来;然后由这个 3d 轨道与 1 个 4s 和 2 个 4p 轨道组成 4 个空的 dsp^2 杂化轨道,4 个 CN^- 中配位原子碳的孤对电子进入这 4 个空的 dsp^2 杂化轨道形成 σ 配位键,生成$[Ni(CN)_4]^{2-}$。配离子几何构型为平面正方形,成单电子数为 0。表示如下:

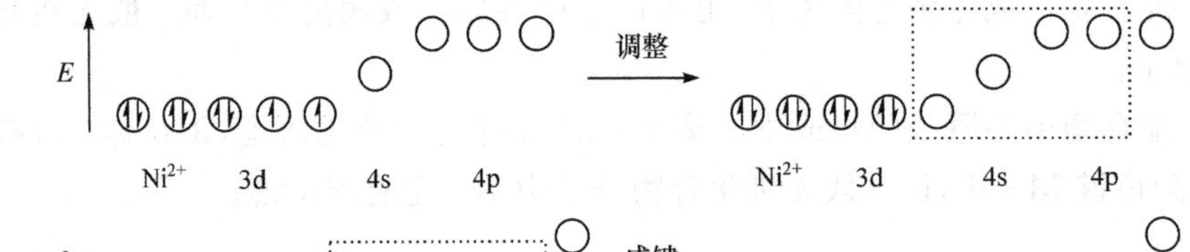

3) sp^3d^2 杂化

sp^3d^2 杂化指中心原子(中心离子)以 1 个 ns 轨道、3 个 np 轨道 2 个 nd 轨道进行杂化,即中心原子参与杂化的价层轨道属于同一电子层。

【例 7.4】 讨论$[FeF_6]^{3-}$中心原子的杂化与配离子中的成键情况。

解 Fe^{3+}基态电子构型为 $3d^5$。由 Fe^{3+} 进行 sp^3d^2 杂化,组成 6 个空的 sp^3d^2 杂化轨道,6 个 F^- 提供孤对电子进入这 6 个空的 sp^3d^2 杂化轨道形成 σ 配位键,生成$[FeF_6]^{3-}$。表示如下:

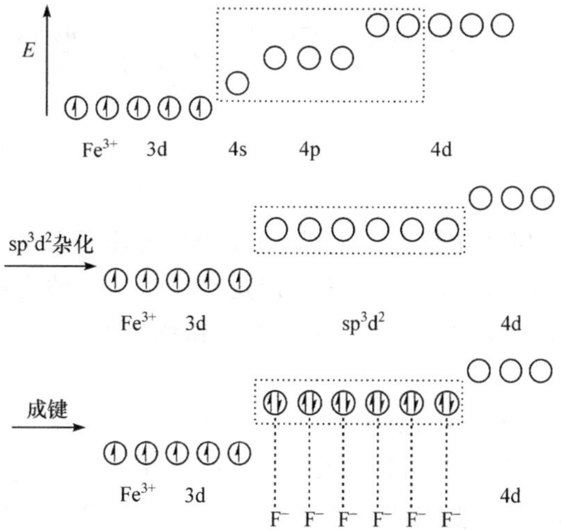

由于中心采取 sp^3d^2 杂化,$[FeF_6]^{3-}$形成正八面体构型的配位单元,成单电子数为 5。$[FeF_6]^{3-}$中配体的电子对进入中心原子的外层空轨道,即 sp^3d^2 杂化轨道,形成“外轨型配合物”。

如果配位原子的电负性很大(如卤素、氧原子等),不易给出孤对电子,中心离子的电子结构将不发生变化,仅用外层的空轨道 ns、np、nd 进行杂化,生成能量相同,数目相等的杂化轨道与配体结合。这种中心离子仍保持自由离子状态的电子构型,配体的孤对电子仅进入外层空轨道而形成 sp、sp^2、sp^3 或 sp^3d^2 等外层杂化轨道的配离子,称为“外轨型配离子”,相应的配合物称为“外轨型配合物”(outer orbital complex)。

4) d^2sp^3 杂化

d^2sp^3 杂化指中心原子(中心离子)以 2 个(n−1)d 轨道、1 个 ns 轨道和 3 个 np 轨道进行杂化,即中心原子参与杂化的价层轨道不属于同一电子层,d 轨道主量子数比 s 轨道和 p 轨道小 1,则形成的配合物称为“内轨型配合物”。

【例 7.5】 讨论$[Fe(CN)_6]^{3-}$的杂化与成键情况。

解 Fe^{3+} 基态电子构型为 $3d^5$。在形成$[Fe(CN)_6]^{3-}$过程中,配体 CN^- 对中心离子 d 电子的作用强,迫使 Fe^{3+} 的 d 电子调整为只占 3 个 d 轨道并自旋配对,使 2 个 d 轨道空出来;然后由这 2 个 3d 与 1 个 4s 和 3 个 4p 轨道形成 6 个空的 d^2sp^3 杂化轨道,6 个 CN^- 中配位原子碳的孤对电子进入这 6 个空的 d^2sp^3 杂化轨道形成 σ 配位键，生成$[Fe(CN)_6]^{3-}$。配离子几何构型为正八面体，成单电子数为 1。表示如下：

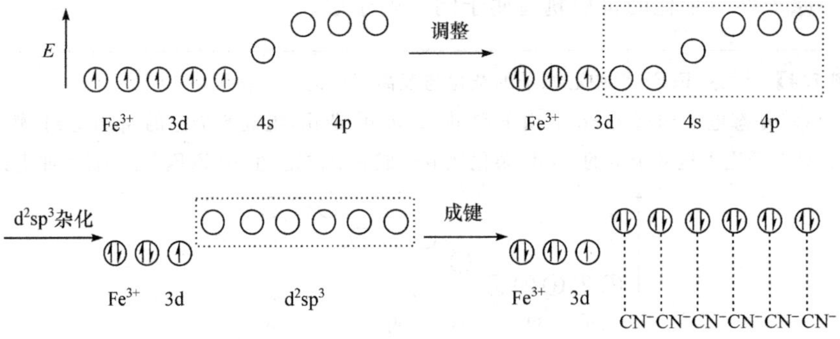

像 dsp^2、d^2sp^3 等内层杂化轨道的形成，是由于中心离子的电子结构改变，未成对的电子重新配对，从而在内层腾出空轨道来。用这种键型结合的配离子称为“内轨型配离子”，如$[Ni(CN)_4]^{2-}$和$[Fe(CN)_6]^{3-}$。这类配合物称为“内轨型配合物”(inner orbital complex)。

如果配位原子的电负性较小，如氰基(CN^-，以 C 配位)、氮(NO_2^-，以 N 配位)，较易给出孤对电子，对中心离子的影响较大，使其电子层结构发生变化，$(n-1)$d 轨道上的成单电子被强行“压缩”成对(需要的能量称为“电子成对能”，P)，空出内层能量较低的 d 轨道接受配位体的孤对电子，从而形成内轨配合物。

究竟是采取内轨成键，形成内轨配合物，还是采用外轨成键，形成外轨配合物，与配位数、中心原子电荷数和配体等因素有关。实验表明：配体 F^-、H_2O 常生成外轨型配合物；CN^-、NO_2^- 常生成内轨型；NH_3、Cl^-、RNH_2 等对于不同的中心原子(离子)，可能形成内轨型配合物，也可能形成外轨型配合物。

2. 配位化合物的几何构型

按照价键理论，中心原子必须有空的价层轨道，这些能量相近的价层空轨道经杂化后，形成特征空间构型的简并轨道，配体的孤对电子对向这些简并轨道配位，形成具有特定空间结构的配位单元。配位单元的几何构型由中心原子空轨道的杂化类型决定。常见配位单元的几何构型有直线形、三角形、平面正方形、正四面体、三角双锥、正八面体。

常见配位单元的几何构型与中心原子的轨道杂化方式之间的关系如表 7.1 所示，这种关系与一般无机化合物的情况一致(表 5.9)。

表 7.1　常见配位单元的几何构型与中心原子的轨道杂化方式

配位数	杂化轨道类型	几何构型	实　例
2	sp	直线形	$[Ag(CN)_2]^-$
3	sp^2	三角形	$[HgI_3]^-$
4	sp^3	正四面体	$[Zn(NH_3)_4]^{2+}$

续表

配位数	杂化轨道类型	几何构型	实　例
4	dsp^2	平面正方形	$[PtCl_4]^{2-}$
5	sp^3d	三角双锥	$[Fe(NCS)_5]^{2-}$
5	dsp^3	三角双锥	$Fe(CO)_5$
6	sp^3d^2	正八面体	$[Fe(H_2O)_6]^{2+}$
6	d^2sp^3	正八面体	$[Fe(CN)_6]^{4-}$

3. 配位化合物的磁性

一般可用磁性测量来决定配合物是“内轨型”还是“外轨型”。因为物质的磁性与组成物质的原子(或分子)中的成单电子的数目和运动状态有关。磁性可用磁性测量仪器，如磁天平、振动样品磁强计等测出。磁矩与原子或离子中未成对电子数之间的关系可用近似的关系式表示为

$$\mu/\mu_B \approx \sqrt{n(n+2)} \tag{7.1}$$

式中，μ 为磁矩，单位为 A · m^2(安 · 米^2)；μ_B 为玻尔磁子(也可记作 B. M.)，其值为 9.274×10^{-24} A · m^2；n 为未成对电子数。利用式(7.1)得到的第四周期过渡元素配合物的磁矩计算值和实验值基本相符。因此，测定配合物的磁矩就可以了解中心离子的电子结构。如果为外轨型配合物，电子结构没有发生变化，未成对电子数就和自由中心离子一样；而形成内轨型配合物时，中心离子的电子结构大多会发生变化，未成对的电子数也发生改变。

【例 7.6】 根据实验测得的有效磁矩，下列各种离子分别有多少个未成对电子？哪个是外轨型配离子？哪个是内轨型配离子？

(1) $[Fe(en)_3]^{2+}$　5.5 B. M.　(2) $[Mn(SCN)_6]^{4-}$　6.1 B. M.

(3) $[Mn(CN)_6]^{4-}$　1.8 B. M.　(4) $[Pt(CN)_4]^{2-}$　0 B. M.

解　(1) $5.5=[n(n+2)]^{1/2}$　$n=4$　是外轨型配离子

(2) $6.1=[n(n+2)]^{1/2}$　$n=5$　是外轨型配离子

(3) $1.8=[n(n+2)]^{1/2}$　$n=1$　是内轨型配离子

(4) $0=[n(n+2)]^{1/2}$　$n=0$　是内轨型配离子

7.2.2 晶体场理论

晶体场理论是一种改进了的静电理论，它将配位体看作点电荷或偶极子，着重讨论中心原子(中心离子)5 个等价 d 轨道在配体静电场作用下产生的能级分裂。其要点如下：

(1) 中心原子 M 处于带电的配位体 L 形成的静电场中，两者以静电作用结合。

(2) 晶体场对 M 的 d 电子产生排斥作用，使之发生能级分裂，分裂类型与配合物的空间构型有关，分裂的程度则与中心离子及配体的性质有关。

(3) 中心原子的 d 电子在能级分裂后仍然按泡利不相容原理，能量最低原理和洪德

规则三原则排布，有可能使体系总能量降低，其降低值称为“晶体场稳定化能”。

1. 晶体场中的中心原子 d 轨道

1）晶体场中中心原子 d 轨道的能级分裂

在配合物中，配体用电子对与中心原子配位，可以看成在中心原子周围形成负电场。而 d 轨道往往有电子，则 d 轨道与配体的负电场有排斥作用。5 个 d 轨道处于电场中，根据电场的对称性不同，各轨道能量升高的幅度不相同，即原来的简并轨道将发生“能级分裂”。分裂的程度可用晶体场分裂能(splitting energy)Δ 来表示，Δ 表示最高能级和最低能级之间的能量差。

在正八面体场中，如图 7.4 所示，中心离子的 $d_{x^2-y^2}$，d_{z^2} 轨道的波瓣与六个配体正面相对，受电场作用大，能量升高得多，高于球形场，分裂后这两个轨道的能量相等，为简并轨道，二重简并的 d 轨道，用群论符号记为 e_g 轨道，或用光谱学符号记为 d_γ 轨道；中心离子的 d_{xy}、d_{xz}、d_{yz} 轨道的波瓣则与配体错开，能量升高得少，低于球形场，分裂后这三个轨道的能量简并，三重简并的 d 轨道用群论符号记为 t_{2g} 轨道，或用光谱学符号记为 d_ε 轨道。分裂后两组 d 轨道 e_g 和 t_{2g} 的能量差为 Δ，即“晶体场分裂能”。

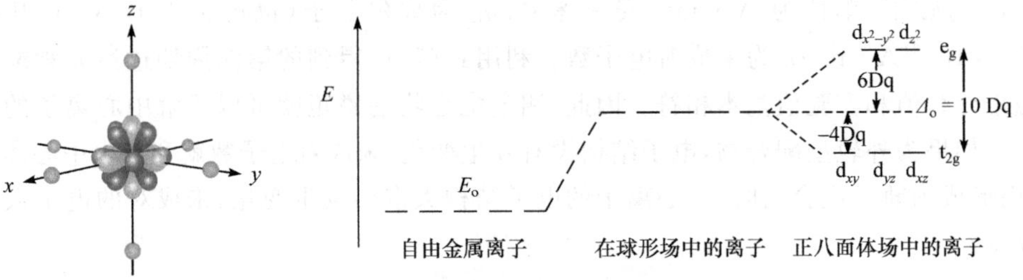

图 7.4　八面体场中的坐标系和中心原子 d 轨道的能级分裂

晶体场分裂能的大小和中心离子及配体的性质有关。中心离子的电荷高，与配体作用强，分裂能 Δ 值大。例如，$\Delta\{[Fe(CN)_6]^{3-}\} > \Delta\{[Fe(CN)_6]^{4-}\}$；中心原子(离子)的 d 轨道主量子数越大，分裂能 Δ 越大。分裂能 $\Delta\{[Hg(CN)_4]^{2-}\} > \Delta\{[Cd(CN)_4]^{2-}\} > \Delta\{[Zn(CN)_4]^{2-}\}$。配体中配位原子的电负性越小，给电子能力越强，分裂能大，这种配体称为“强场配体”；反之称为“弱场配体”。在同是八面体几何构型的一系列配合物中，常见配体按分裂能 Δ 递增次序为 $I^- < Br^- < Cl^- \approx SCN^- < F^- < OH^- < ONO^- < C_2O_4^{2-} < H_2O < NCS^- < NH_3 < en < NO_2^- < CN^- \approx CO$。这一顺序称为“光谱化学序列”。从配位原子来看，一般规律是卤素<氧<氮<碳，可看作是配位原子电负性的排列：氟(4.0)<氧(3.5)<氮(3.0)<碳(2.5)。例如，钴(Ⅲ)的八面体场配合物中的晶体场分裂能的比较如表 7.2 所示。

表 7.2　钴(Ⅲ)的八面体场配合物中的晶体场分裂能的比较

配离子	$[CoF_6]^{3-}$	$[Co(H_2O)_6]^{3+}$	$[Co(NH_3)_6]^{3+}$	$[Co(CN)_6]^{3-}$
Δ/cm^{-1}	13 000	18 600	22 900	34 000

2）d 轨道能级分裂后电子的排布

在分裂后的 d 轨道中排布电子时，仍须遵守"电子排布三原则"，即泡利不相容原理、能量最低原理和洪德规则。对相同金属离子而言，由于晶体场强度不同，可分为弱场和强场两种。前者由于晶体场排斥作用较弱，中心原子的电子结构前后没有变化，未成对的单电子数不变，总的自旋平行电子数较多，称为"高自旋配合物"（high-spin coordination compound）；后者由于晶体场排斥作用强，一般 d 电子多已自旋成对，总的自旋平行电子数较少，故称为"低自旋配合物"（low-spin coordination compound）。对于中心离子为 $d^4 \sim d^7$ 组态的八面体型配合物，若 $\Delta > P$，则电子排布采取低自旋方式；若 $\Delta < P$，电子排布采取高自旋方式。

Δ 和 P 的值通常用"波数"的形式给出。波数是波长的倒数，指 1 cm 的长度相当于多少个波长。可见波数越大，波长越小，频率越高。由 $E = h\nu$ 可知，波数越大，则能量越高。

【例 7.7】 $[Fe(H_2O)_6]^{2+}$ 中，$\Delta = 10\,400\ cm^{-1}$，$P = 15\,000\ cm^{-1}$；$[Fe(CN)_6]^{4-}$ 中，$\Delta = 26\,000\ cm^{-1}$，$P = 15\,000\ cm^{-1}$。讨论两种配离子中 Fe^{2+} 的 d 电子排布情况。

解　Fe^{2+} 为 $3d^6$ 组态，6 个 d 电子除 2 个成对外，还有 4 个成单电子。

$[Fe(H_2O)_6]^{2+}$ 中，$\Delta < P$，d 电子在分裂后的 d 轨道中采取高自旋排布 $(t_{2g})^4(e_g)^2$；

$[Fe(CN)_6]^{4-}$ 中，$\Delta > P$，d 电子在分裂后的 d 轨道中采取低自旋排布 $(t_{2g})^6(e_g)^0$。

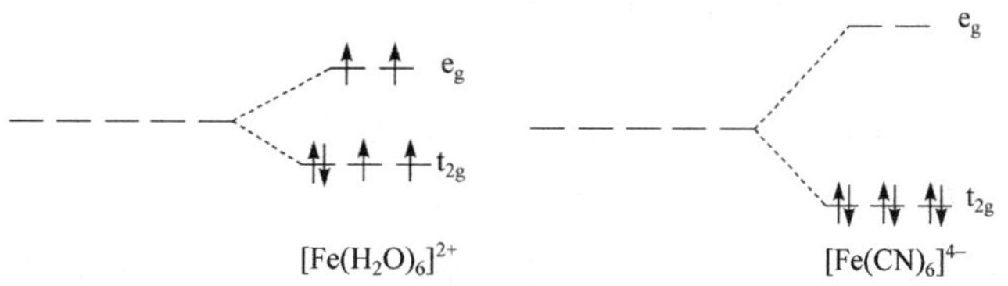

2. 晶体场稳定化能

以假定的球形场 5 个简并的 d 轨道的能量为零点，讨论分裂后的 d 轨道的能量。电场对称性的改变不影响 d 轨道的总能量，故 d 轨道能级分裂后，总的能量仍与球形场的总能量一致。

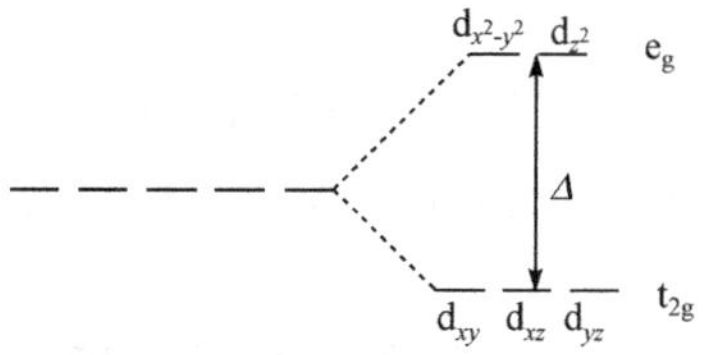

正八面体配合物中，t_{2g} 和 e_g 的能量差 $\Delta_o = E_{e_g} - E_{t_{2g}} = 10\ Dq$，其中 Dq 是一种假定的能量单位，即把 Δ 分为 10 等份，每一等份为 Dq，下标"o"表示"八面体"。量子力学原理指出，在外场作用下，d 轨道在分裂过程中应保持总能量不变。e_g 两个轨道共 4 个电子，t_{2g} 三个轨道共 6 个电子，因此有下列方程组：

$$\begin{cases} E_{e_g} - E_{t_{2g}} = 10\ Dq \\ 4E_{e_g} + 6E_{t_{2g}} = 0\ Dq \end{cases}$$

解得

$$E_{e_g}=+6\ \text{Dq}\qquad E_{t_{2g}}=-4\ \text{Dq}$$

可见在八面体场中，d 轨道分裂结果是 e_g 能量升高 6 Dq，t_{2g}能量降低 4 Dq。

d 电子在晶体场中分裂后的轨道中排布，其能量用 $E_{晶}$ 表示，在球形场中的能量用 $E_{球}$ 表示。因为晶体场的存在，中心原子的电子占据分裂后的 d 轨道而使体系总能量的降低值称为“晶体场稳定化能”(crystal field stabilization energy，CFSE)。由 $E_{球}=0$，则定义：晶体场稳定化能是指 $\text{CFSE}=E_{晶}-E_{球}=E_{晶}$①。CFSE 取负值，其热力学含义是形成配合物后，与假想的球形场相比，体系的能量降低。

【例 7.8】 计算八面体强场中，中心离子 d^5 构型的配合物的 CFSE。

解 5 个 d 电子在八面体强场中的电子排布为

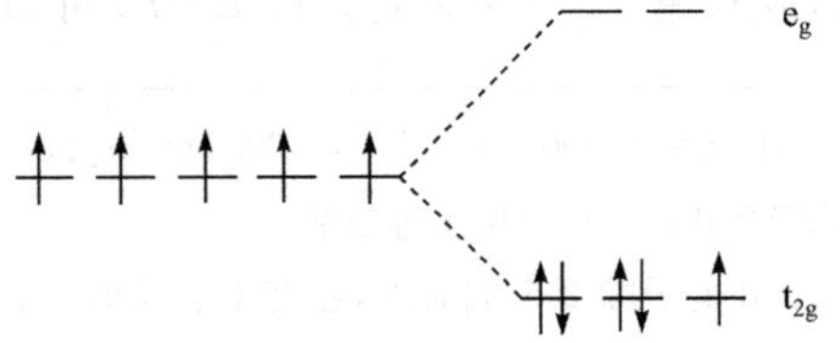

$$E_{晶}=(-4\ \text{Dq})\times5+2P=-20\ \text{Dq}+2P$$

$$\text{CFSE}=E_{晶}-E_{球}=E_{晶}=-20\ \text{Dq}+2P$$

通过类似计算，把八面体场中配离子的稳定化能列于表 7.3。可见，八面体弱场和强场仅中心离子构型为 $d^4\sim d^7$ 对应的 CFSE 表达式不同。

表 7.3　八面体外场中过渡金属离子($d^1\sim d^9$)的晶体场稳定化能

d^n	d^1	d^2	d^3	d^4	d^5	d^6	d^7	d^8	d^9
弱场 ($\Delta<P$)	−4 Dq	−8 Dq	−12 Dq	−6 Dq	0 Dq	−4 Dq+P	−8 Dq+2P	−12 Dq+3P	−6 Dq+4P
强场 ($\Delta>P$)	−4 Dq	−8 Dq	−12 Dq	−16 Dq+P	−20 Dq+2P	−24 Dq+3P	−18 Dq+3P	−12 Dq+3P	−6 Dq+4P

7.3　配 位 平 衡
(Coordination equilibrium)

配位平衡是一种化学平衡，第 2 章化学热力学原理和第 4 章化学平衡原理适用于讨论配合物体系。

7.3.1　配位-解离平衡与配合物稳定常数

配合物的内、外界之间在水中完全解离，而配位单元只部分解离，即存在配位-解离平

① 有的书刊定义 $\text{CFSE}=E_{球}-E_{晶}$，故其 CFSE 值与表 7.3 中的值符号相反。

衡。例如，将氨水加入到硫酸铜溶液中，即有$[Cu(NH_3)_4]^{2+}$生成，其反应式为

$$Cu^{2+}+4NH_3 \rightleftharpoons [Cu(NH_3)_4]^{2+}$$

这类反应称为“配位反应”，其逆反应称为“解离反应”。在上述两个方向的反应速率相同、体系达到平衡状态时，称为“配位-解离平衡”，简称“配位平衡”。相应的平衡常数称为配合物的“稳定常数”，记作$K^{\ominus}_{稳}$，简记为$K_{稳}$。由化学平衡原理，得

$$K_{稳}=\frac{c[Cu(NH_3)_4^{2+}]/c^{\ominus}}{[c(Cu^{2+})/c^{\ominus}][c(NH_3)/c^{\ominus}]^4}$$

$K_{稳}$值越大，表示配位反应进行得越彻底，配合物越稳定。配位化合物的稳定性即配位单元的稳定性；一些常见配离子的稳定常数见附录6。

解离反应的平衡常数可用配位单元的“不稳定常数”$K^{\ominus}_{不稳}$（简记为$K_{不稳}$。）表示。例如

$$[Cu(NH_3)_4]^{2+} \rightleftharpoons Cu^{2+}+4NH_3$$

$$K_{不稳}=\frac{[c(Cu^{2+})/c^{\ominus}][c(NH_3)/c^{\ominus}]^4}{c[Cu(NH_3)_4^{2+}]/c^{\ominus}}$$

不稳定常数$K_{不稳}$越大，解离反应越彻底，配合物越不稳定。显然，不稳定常数$K_{不稳}$和稳定常数$K_{稳}$之间的关系为$K_{不稳}=\dfrac{1}{K_{稳}}$。

【例7.9】 将1.0 mL 2.0 mol·dm^{-3}的氨水溶液加入1.0 mL 0.040 mol·dm^{-3}硝酸银溶液中，计算平衡后溶液中的银离子浓度。

解 由于溶液的体积增大一倍，浓度减少一半，Ag^+为0.020 mol·dm^{-3}，氨溶液为1.0 mol·dm^{-3}，NH_3大大过量，故可以认为全部Ag^+都已生成$[Ag(NH_3)_2]^{2+}$。

	Ag^+	+	$2NH_3$	$\rightleftharpoons$	$[Ag(NH_3)_2]^+$
起始浓度/(mol·dm^{-3})	0.020		1.0		0
平衡浓度/(mol·dm^{-3})	x		$0.96+2x\approx0.96$		$0.020-x\approx0.020$

$$K_{稳}=\frac{c[Ag(NH_3)_2^+]/c^{\ominus}}{[c(Ag^+)/c^{\ominus}][c(NH_3)/c^{\ominus}]^2}=\frac{(0.020-x)}{x(0.96+2x)^2}\approx\frac{0.020}{0.96^2\cdot x}=1.1\times10^7$$

解得

$$x=2.0\times10^{-9}\ \mathrm{mol\cdot dm^{-3}}$$

所以，平衡后

$$c(Ag^+)=2.0\times0^{-9}\ \mathrm{mol\cdot dm^{-3}}$$

7.3.2 配位平衡的移动

如果在同一溶液中同时存在多重平衡关系，则相关物种的浓度必须同时满足多个平衡共存的条件，因此溶液中某一种组分浓度的变化，就会引起配位平衡的移动。

1. 配位平衡与沉淀-溶解平衡

若配位体、沉淀剂都可以和金属离子M^{n+}结合，生成配合物和沉淀物，这两种平衡关系的实质是配位体和沉淀剂争夺M^{n+}，当然与K_{sp}、$K_{稳}$的值以及配体、沉淀剂的浓度有关。

【例 7.10】 在室温下，在 100 mL 0.1 $mol \cdot dm^{-3}$ $AgNO_3$ 溶液中，加入等体积、同浓度的 NaCl，即有 AgCl 沉淀析出。要阻止沉淀析出或使它溶解，需要加入氨水的最低总浓度为多少？这时溶液中 Ag^+ 平衡浓度为多少？

解 Ag^+ 需要同时满足两个平衡：

$$AgCl(s) \rightleftharpoons Ag^+ + Cl^- \qquad K_{sp}(AgCl)$$

$$Ag^+ + 2NH_3 \rightleftharpoons [Ag(NH_3)_2]^+ \qquad K_{稳}[Ag(NH_3)_2^+]$$

对反应	$AgCl(s)$	$\rightleftharpoons$	Ag^+	+	Cl^-
平衡时浓度/$(mol \cdot dm^{-3})$			x		0.05

$$K_{sp}(AgCl) = [c(Ag^+)/c^\ominus] \cdot [c(Cl^-)/c^\ominus] = x \cdot 0.05 = 1.77 \times 10^{-10}$$

解得

$$x = 3.54 \times 10^{-9}\ mol \cdot dm^{-3}$$

溶液中 Ag^+ 平衡浓度为 $3.54 \times 10^{-9}\ mol \cdot dm^{-3}$。

对反应	Ag^+	+	$2NH_3$	$\rightleftharpoons$	$[Ag(NH_3)_2]^+$
平衡时浓度/$(mol \cdot dm^{-3})$	3.54×10^{-9}		y		$0.05 - 3.54 \times 10^{-9} \approx 0.05$

$$K_{稳}[Ag(NH_3)_2^+] = \frac{c[Ag(NH_3)_2^+]/c^\ominus}{[c(Ag^+)/c^\ominus][c(NH_3)/c^\ominus]^2} = \frac{0.05}{3.54 \times 10^{-9} \cdot y^2} = 1.1 \times 10^7$$

解得

$$y = 1.13\ mol \cdot dm^{-3}$$

所以，需加入氨水的最低浓度为

$$1.13\ mol \cdot dm^{-3} + 2 \times 0.050\ mol \cdot dm^{-3} = 1.23\ mol \cdot dm^{-3}$$

2. 配位平衡与氧化还原平衡

配位平衡和氧化还原平衡间的关系，主要体现在配合物的生成对于半反应的电极电势 E 的影响上。

$$氧化型 + ne^- \longrightarrow 还原型$$

根据能斯特方程：

$$E = E^\ominus + \frac{0.059\ V}{n} \lg \frac{(Ox)^m}{(Red)^q}$$

若氧化型(Ox)生成配合物，则 E 值减小；还原型(Red)生成配合物，则 E 值增大；若氧化型物种和还原型物种同时生成各自的配合物，则要看哪种配合物稳定常数大。若氧化型生成的配合物稳定常数较大，E 值减小；若还原型生成的配合物稳定常数较大，则 E 值增大。

【例 7.11】 已知 $Hg^{2+} + 2e^- \longrightarrow Hg(l)$，$E^\ominus = 0.85$ V，$[HgI_4]^{2-}$ 的 $K_{稳} = 6.76 \times 10^{29}$。试求电对 HgI_4^{2-}/Hg 的标准电极电势值。

解 电对 HgI_4^{2-}/Hg 的半反应式为

$$HgI_4^{2-} + 2e^- \longrightarrow Hg(l) + 4I^-$$

将其标准电极电势作为“$Hg^{2+} + 2e^- \longrightarrow Hg(l)$”的非标准电极电势来求。

$$Hg^{2+} + 4I^- \longrightarrow HgI_4^{2-}$$

因为 $K_{稳}=\dfrac{c[HgI_4^{2-}]/c^\ominus}{[c(Hg^{2+})/c^\ominus][c(I^-)/c^\ominus]^4}$，所以当 $c[HgI_4^{2-}]=c(I^-)=1.0\ mol\cdot dm^{-3}$ 时：

$$c(Hg^{2+})/c^\ominus=\frac{1}{K_{稳}}=\frac{1}{6.76\times10^{29}}=1.48\times10^{-30}$$

代入 $Hg^{2+}+2e^-=\!=\!=Hg(l)$ 的能斯特方程中：

$$E(Hg^{2+}/Hg)=E^\ominus(Hg^{2+}/Hg)+\frac{0.059\ V}{2}\cdot lg[c(Hg^{2+})/c^\ominus]$$

$$=0.85\ V+\frac{0.059\ V}{2}\cdot lg(1.48\times10^{-30})=-0.030\ V$$

解得

$$E^\ominus(HgI_4^{2-}/Hg)=-0.030\ V$$

$E^\ominus(HgI_4^{2-}/Hg)$ 称为母体电极电势 $E^\ominus(Hg^{2+}/Hg)$ 的衍生电势。

7.4 配位化合物的应用
(Application of coordination compound)

配位化合物不仅种类繁多，应用也十分广泛。凡是与化学有关的领域，如冶金化学、环境化学、材料化学、染料化学、原子能化学、生物化学、药物化学和生物无机化学等都与配位化学有密切联系。

在分析化学中配合物广泛用于离子的鉴定和分离。例如，利用 $NH_3\cdot H_2O$ 与 Cu^{2+} 作用形成稳定的、深蓝色的配离子 $[Cu(NH_3)_4]^{2+}$ 以鉴定 Cu^{2+} 的存在；用 KSCN 与 Fe^{3+} 作用形成较稳定的、血红色的配离子 $[Fe(NCS)]^{2+}$ 以鉴定 Fe^{3+} 的存在；用丁二肟在弱碱性介质中与 Ni^{2+} 作用形成难溶性的、鲜红色的配合物以鉴定 Ni^{2+} 等。

又如，乙二胺四乙酸的二钠盐，简称 EDTA，能与绝大多数金属离子形成 1∶1 的稳定配合物，是化学分析，即容量分析中最常用的配位剂。

工业上常用多磷酸盐来处理锅炉用水，由于它能与水中的 Ca^{2+}、Mg^{2+} 离子形成稳定的、可溶性的配离子，可防止 Ca^{2+}、Mg^{2+} 与 SO_4^{2-} 或 CO_3^{2-} 结合成难溶盐沉积在锅炉内壁。

在冶金化学中，金的提取就是生成氰根的配合物，然后用金属锌还原：

$$4Au+8CN^-+2H_2O+O_2=\!=\!=4[Au(CN)_2]^-+4OH^-$$

$$2Au(CN)_2^-+Zn=\!=\!=2Au+[Zn(CN)_4]^{2-}$$

在生命科学中，许多反应与配位化学有关。在生物体内和呼吸有密切关系的血红素是铁的螯合物，在植物中的叶绿素是镁的螯合物，对人体有重要作用的维生素 B_{12} 是钴的螯合物。生物体内有一系列高效、专一的生物催化剂——酶，有不少是由生命金属和氨基酸侧链基团所形成的结构复杂的金属配合物，与各类酶分子结合的生命金属主要有铁、钴、锰、铜等。例如，固氮酶中含有两种容易分开的金属蛋白成分，即以铁和以钼为中心的复杂配合物——相对分子质量约 5 万的铁蛋白和约 27 万的钼蛋白。它们是固氮酶在常温常压下将氮转化为氨的催化过程中起着决定性作用的生物配合物。目前地球上植物生长所需的氮肥，估计88%是由自然界固氮酶的作用而生成。生物金属酶的研究，对现代化学工业和粮食生产都有重要意义。

配合物在医药上的应用也很广泛，一些配位剂与细菌生存所必需的金属离子结合为稳定的配合物，使细菌不能生存繁殖。利用生成配合物来解毒，如二巯基丙醇BAL是一种很好的解毒药，是因为它可以和砷、汞以及一些重金属形成稳定的配合物而解毒。柠檬酸钠可和Pb^{2+}结合生成稳定的螯合物，$[Ca(EDTA)]^{2-}$对治疗铅中毒也有良好的效果，因为Pb^{2+}可置换Ca^{2+}，生成无毒的$[Pb(EDTA)]^{2-}$，经肾排出体外。D青霉胺毒性小，它有O、N、S三种配位原子，是Hg、Pb和重金属的有效解毒剂。另外，许多药物本身就是配合物，如治疗血吸虫病的酒石酸锑钾、治疗糖尿病的胰岛素（锌螯合物）、治疗铊中毒的普鲁士蓝和抗恶性贫血的维生素B_{12}（钴的螯合物）等。此外，人们发现镉在体内的积聚是患肾性高血压的主要原因；体内缺铬和缺铜与患动脉粥状硬化有关。所以，合成高效配合物药物将是治疗高血压、心血管病等常见病、多发病的有效途径之一。

在工业上，如染料、颜料、湿法冶金、电镀、金属、防腐、过渡金属催化剂、元素分析和分离、硬水软化等方面，在农业上，如化肥、农药等许多方面都涉及配位物的应用。尤其在国防工业和高新、尖端科技等方面的需要，使配位物的应用范围日益扩大。

本章教学要求

1. 理解配合物的基本概念（中心原子、配位体和配位原子、内界与外界，单齿配体与多齿配体、配位数）；掌握配位单元的书写与命名方法。

2. 掌握价键理论的要点、中心原子价层轨道的杂化类型和配合物的几何构型之间的关系、内轨型和外轨型配合物的磁性；了解晶体场理论的要点、八面体场中金属d轨道的能级分裂、分裂能和电子成对能的相对大小与中心离子d电子高自旋或低自旋排布方式的关系。

3. 理解配合物稳定常数的概念；掌握与配位平衡有关的计算，能应用电离常数、K_{sp}、$K_{稳}$、能斯特方程对酸碱反应或沉淀反应对配位平衡的影响及配位平衡对氧化还原平衡的影响作定量计算。

习　题

1. $AgNO_3$能从$Pt(NH_3)_6Cl_4$中将所有的氯沉淀为AgCl，但在$Pt(NH_3)_3Cl_4$中仅能沉淀出1/4的氯，试根据这些事实讨论两种配合物的结构。

2. 指出下列各配合物中的配位单元、中心原子（离子）、配位体、配位数及配位原子：

$$K_2Cu(CN)_4,\ Ni(CO)_4,\ K_2Na[Co(ONO)_6],\ NH_4[Cr(SCN)_4(NH_3)_2]$$

3. $[FeF_6]^{3-}$为6配位，而$[FeCl_4]^-$为4配位，应如何解释？

4. 命名下列配合物和配离子：

(1) $(NH_4)_3[SbCl_6]$

(2) $[Co(en)_3]Cl_3$

(3) $NH_4[Cr(SCN)_4(NH_3)_2]$

(4) $[Pt(NH_3)(NO_2)(Py)(NH_2OH)]Cl$

(5) $[Cr(NH_3)_6][Co(CN)_6]$

(6) $Na_2[Cr(CO)_5]$

5. 根据下列配合物和配离子的名称写出其化学式：

(1) 四氯合铂(Ⅱ)酸六氨合铂(Ⅱ)

(2) 二羟基·四水合铝(Ⅲ)配离子

(3) 氯化二氯·四水合钴(Ⅲ)

(4) 羟基·水·乙二酸根·乙二胺合铬(Ⅲ)

(5) 五氰·羰基合铁(Ⅱ)配离子

(6) 二氨·乙二酸根合镍(Ⅱ)

6. 有两种钴(Ⅲ)配合物组成均为 $Co(NH_3)_5Cl(SO_4)$，但分别只与 $AgNO_3$ 和 $BaCl_2$ 发生沉淀反应。写出两个配合物的化学结构式，并指出它们属于哪一类异构现象。

7. 实验测得$[Fe(CN)_6]^{4-}$和$[Co(NH_3)_6]^{3+}$均为抗磁性物质(磁矩等于零)，它们的杂化轨道类型是什么？

8. 根据实验测得的有效磁矩，判断下列各配离子是低自旋还是高自旋，是内轨型还是外轨型，中心离子的杂化类型，配离子的空间构型。

$[Fe(en)_3]^{2+}$，5.5 B. M.；$[Co(SCN)_4]^{2-}$，4.3 B. M.；$[Mn(CN)_6]^{4-}$，1.8 B. M.；$[FeF_6]^{3-}$，5.9 B. M.；$[Ni(CN)_4]^{2-}$，0 B. M.

9. 已知下列配合物的磁矩，指出下列配离子的中心离子未成对电子数，给出中心 d 轨道分裂后的能级 t_{2g}、e_g 轨道电子数，求算相应的晶体场稳定化能。

$[CoF_6]^{3-}$，$\mu=4.9$ B. M.；$[Co(NO_2)_6]^{4-}$，$\mu=1.8$ B. M.；$[Mn(SCN)_6]^{4-}$，$\mu=6.1$ B. M.；$[Fe(CN)_6]^{3-}$，$\mu=2.3$ B. M.

10. 已知下列配离子的分裂能和中心离子的电子成对能。给出中心离子 d 电子在 t_{2g} 和 e_g 轨道上的分布，并估算配合物的磁矩。

配离子	分裂能 $\Delta/(kJ \cdot mol^{-1})$	电子成对能 $P/(kJ \cdot mol^{-1})$
$[Fe(H_2O)_6]^{2+}$	124	210
$[Fe(CN)_6]^{4-}$	395	210
$[Co(NH_3)_6]^{3+}$	275	251

11. 已知两个配离子的分裂能和成对能：

配离子	$[Fe(CN)_6]^{4-}$	$[Fe(H_2O)_6]^{2+}$
Δ/cm^{-1}	33 000	10 400
P/cm^{-1}	17 600	17 000

(1) 用价键理论及晶体场理论解释$[Fe(H_2O)_6]^{2+}$是高自旋的，$[Fe(CN)_6]^{4-}$是低自旋的。

(2) 计算出两种配离子的晶体场稳定化能。

12. 在 0.10 $mol \cdot dm^{-3}$ $K[Ag(CN)_2]$溶液中加入 KCl 固体，使 Cl^- 的浓度为 0.10 $mol \cdot dm^{-3}$，是否有 AgCl 沉淀从溶液中析出？已知：$K_{sp}^{\ominus}(AgCl)=1.8\times10^{-10}$，$K_{稳}^{\ominus}[Ag(CN)_2]=1.25\times10^{21}$。

13. 在 pH=10.00 时，欲使 0.10 mol·dm^{-3}的 Al^{3+}溶液不生成 $Al(OH)_3$ 沉淀，NaF 浓度至少要多大？
已知：$K_{sp}^{\ominus}[Al(OH)_3]=1.3\times10^{-33}$，$K_{稳}^{\ominus}[AlF_6^{3-}]=6.9\times10^{19}$。
14. 一个铜电极浸在含有 1.00 mol·dm^{-3}氨和 1.00 mol·dm^{-3}$[Cu(NH_3)_4]^{2+}$的溶液里。以标准氢电极为正极，测得它与铜电极之间的电势差为 0.030 V。试计算$[Cu(NH_3)_4]^{2+}$配离子的稳定常数。
已知：$E^{\ominus}(Cu^{2+}/Cu)=0.34$ V。
15. 已知：$E^{\ominus}(Au+/Au)=1.69$ V，$K_{稳}^{\ominus}[Au(CN)_2^-]=2\times10^{38}$。试求 $E^{\ominus}[Au(CN)_2^-/Au]$。
16. 计算在 1.5 dm^3 下列溶液中能溶解多少克 AgBr。
(1) 1.0 mol·dm^{-3}氨水。
(2) 1.0 mol·dm^{-3} $Na_2S_2O_3$ 溶液。
已知：$M_r(AgBr)=188$，$K_{稳}^{\ominus}[Ag(NH_3)_2^+]=1.1\times10^7$，$K_{稳}^{\ominus}[Ag(S_2O_3)_2^{3-}]=2.8\times10^{13}$，$K_{sp}^{\ominus}(AgBr)=5.0\times10^{-13}$。

（南开大学　王庆伦）

第 2 篇

元素无机化学

第8章　主族元素
(The main group elements)

无机化学的研究对象是除碳氢化合物及其衍生物之外的所有元素的单质和化合物，包括它们的组成、结构、性质、变化规律及应用。本章和第9章介绍元素无机化学，以无机化学理论，尤其是化学热力学原理、物质结构理论和元素周期律为指导，分析、说明所遇到的元素无机化学问题。

至2009年6月，经IUPAC确认，天然存在和人工制备的元素共有112种。按照“元素周期律”，它们被排列成“元素周期表”(5.1.3小节)。目前“元素周期表”主要有“主族元素与副族元素”和“18族元素”两种标记方法(图5.18)，按照前一标记方法，主族元素包括元素周期表中第ⅠA～ⅦA族和0族元素(按18族标记方法，即第1～2族和第13～18族)，副族元素包括第ⅠB～ⅦB族和Ⅷ族元素(按18族标记方法，即第3～12族)。

主族元素原子的电子层除最外层外，都具有稳定的结构。发生化学反应时，仅最外层的价电子参与反应。按照主族元素原子价电子的角量子数，可将其分为s区元素(ⅠA和ⅡA族)和p区(ⅢA～ⅦA族和0族)元素。其中s区元素除氢元素外均为金属元素，包括碱金属和碱土金属；而p区元素既有金属元素，也有非金属元素。0族元素以前称为“惰性气体”，在通常情况下难于参与化学反应，但在特殊条件下也可生成化合物，将在本章最后简要讨论。副族元素将在第9章讲述。

8.1　s区元素
(The s-block elements)

s区元素是周期表中第一列(ⅠA族)和第二列(ⅡA族)的元素，包括氢元素、碱金属(alkali metal)元素和碱土金属元素(alkaline earth metal)共13种元素。它们的价电子层构型是ns^1或ns^2，除氢原子外均易失去一或两个电子形成稳定的正离子，在自然界中不以单质形式存在。氢元素原子则除了可失去一个电子变成氢正离子外，在一定条件下也可获得一个电子形成氢负离子，在多数情况下是以共价键方式形成化合物。

8.1.1　氢

氢(hydrogen)是最丰富的元素之一，在自然界中绝大部分以化合物的形式存在。氢原子基态的电子构型为$1s^1$，与碱金属的价电子构型相同，但其物理化学性质与碱金属不同。例如，①氢是非金属元素；②在化学反应中，氢表现出+1和−1氧化态；③氢与氦相比少一个电子，与卤素类似，能形成双原子分子，但电负性与卤素又很大差别，从电负性的角度，氢与碳类似，易形成共价键而非离子键；④H^+具有氧化性，而H_2及H^-具有还原性。

1. 氢的性质

1) 物理性质

氢有三种同位素，分别为^1_1H(氕，H)、^2_1H(氘，D)和^3_1H(氚，T)，其化学性质基本相同，而物理性质有较大差异。氕和氘具有稳定的原子核，而氚容易衰变成氦和电子，其半衰期约为12年。

氢气分子是由两个氢原子以共价单键结合形成的双原子分子，键长为74 pm。在常温下氢气为无色、无臭气体，在标准状态下，密度为0.0895 $g \cdot dm^{-3}$。氢气在水中的溶解度约为21.5 $cm^3 \cdot dm^{-3}$。氢气在所有分子中相对分子质量最小，分子间作用力最弱，只有冷却到20 K时才能液化，低于14 K时凝固为无色固体。

2) 化学性质

还原性是氢气最重要的化学性质。$E^\ominus(H^+/H_2)=0$ V，可见氢气呈还原性；从热力学角度来说，$H_2(g)$被氧化的许多反应都是自发反应。由于氢气分子中H—H的键能为435.88 $kJ \cdot mol^{-1}$，接近双键的键能，因此氢气在常温下十分稳定，除了与少数单质[如F_2可直接反应生成HF(g)]外，与其余非金属单质需在光照、加热条件下进行反应，并放出大量的热。例如

$$2H_2(g)+O_2(g)\xlongequal{\triangle}2H_2O(l) \qquad \Delta_r H_m^\ominus=-571.66\ kJ \cdot mol^{-1}$$

只有在与碱金属、碱土金属等活泼金属在较高温度下反应，氢气才显示氧化性，生成离子型金属氢化物。例如

$$H_2(g)+2Li(l)\xlongequal{723\ K}2LiH(s)$$

$$H_2(g)+Ca(l)\xlongequal{573\ K}CaH_2(s)$$

2. 氢气的制备

1) 实验室制氢

在实验室中制备氢气通常采用锌等活泼金属与稀硫酸或稀盐酸反应：

$$Zn(s)+H_2SO_4(aq,稀)=\!=\!=ZnSO_4(aq)+H_2(g)$$

用电解水的方法得到纯度较高的氢气：

$$2H_2O(l)\xlongequal{电解}2H_2(g)+O_2(g)$$

2) 工业制氢

(1) 氯碱工业的副产物，即在电解食盐水的过程中阴极的产物：

$$2NaCl(aq)+2H_2O(l)\xlongequal{电解}2NaOH(aq)+Cl_2(g)+H_2(g)$$

(2) 催化裂解天然气：

$$CH_4(g)+H_2O(g)=\!=\!=CO(g)+3H_2(g)$$

(3) 水煤气法：

$$C(s,红热)+H_2O(g)\xlongequal{1273\ K}H_2(g)+CO(g)$$

在后两种方法中混合物通过红热的三氧化二铁可将一氧化碳转变成可溶性的二氧化

碳而除去：

$$CO(g)+H_2O(g)\xrightarrow[Fe_2O_3]{723\ K}CO_2(g)+H_2(g)$$

3. 氢气的用途

氢气是重要的化工原料。它可以用于合成氨、合成盐酸等；在有机工业中，用于有机合成（如合成甲醇、不饱和有机物的加成反应）、人造汽油等。

氢气是一种不会对环境造成污染的燃料。单位质量的氢气燃烧所提供的能量比汽油大得多。有航天飞机使用液氢作燃料。

氢气在空气（氧气）中燃烧时，火焰温度高达 3273 K，工业上可用于切割和焊接金属。

氢的还原性在冶金工业中被用于把金属化合物还原为金属单质。例如

$$TiCl_4(l)+H_2(g)=\!=\!=Ti(l)+4HCl(g)$$

4. 氢化物

氢化物可分为离子型、共价型和金属型三种。

活泼金属的氢化物是离子型氢化物，具有极强的还原性，遇水发生逆歧化反应，析出氢气，可用于救生器材和气球充气：

$$MH(s)+H_2O(l)=\!=\!=H_2(g)+M^+(aq)+OH^-(aq)$$

p 区元素的氢化物属于共价型氢化物，如 HX（X＝Cl、Br、I）、H_2S、NH_3 等，将在下面的相关章节中详述，此处需要指出的是它们均有还原性，且同族氢化物的还原能力随原子序数的增加而增强。

d 区和 f 区元素一般都形成金属型氢化物，如 CrH_2、NiH、CuH 和 ZnH_2 等，这些金属氢化物具有金属光泽、导电性等金属特有的物理性质。

8.1.2 碱金属

元素周期表ⅠA 族，除氢以外，包括锂（lithium）、钠（sodium）、钾（potassium）、铷（rubidium）、铯（caesium）、钫（francium）6 种金属元素，这 6 种金属元素因其氢氧化物均为强碱，故称为“碱金属”，其中钫为放射性元素。

碱金属化学性质活泼，在自然界以各种化合物的形式存在。锂主要以锂辉石（$LiAlSi_2O_6$）的形式存在。钠、钾在地壳中含量丰富。钠以氯化钠的形式大量存在于海水中，其矿物主要有钠长石（$NaAlSi_3O_8$）、岩盐（NaCl）、硝石（$NaNO_3$）等。钾的矿物主要有光卤石（$KCl\cdot MgCl_2\cdot 6H_2O$）、天然氯化钾（KCl）、钾长石（$KAlSi_3O_8$）等。铷和铯含量很低，属于稀有金属。铷与其他矿物共生，铯的主要存在形式为铯榴石［$(Cs,Na)_4Al_4Si_9O_{26}\cdot H_2O$］。

1. 单质

1）物理性质

碱金属单质都具有银白色金属光泽，具有良好的导电性和延展性。

碱金属的熔点都很低，除锂的熔点是 181 ℃，其余的都在 100 ℃以下。其中铯的熔点

最低，是放在手中就能融化的两种金属之一(另一种是镓)。

碱金属的硬度都很小，可以用刀子切割。

碱金属的密度都较小，其中钠和钾的相对密度比水小，而锂是最轻的金属，相对密度约为水的一半。

2) 化学性质

碱金属原子基态价电子构型为 ns^1，容易失去一个电子而形成稳定的一价阳离子，是活泼的金属元素；碱金属的标准电极电势 $E^\ominus(M^+/M)$ 都很小，因此碱金属单质都具有很强的还原性。碱金属能与多数非金属单质化合成离子型化合物。例如

$$2Na(s)+S(s)=\!=\!=Na_2S(s)$$

$$2Na(s)+Cl_2(g)=\!=\!=2NaCl(s)$$

金属锂可与氮气反应生成氮化物，其他碱金属与氮不能直接反应：

$$6Li(s)+N_2(g)\xlongequal{\text{加热}}2Li_3N(s)$$

碱金属与水反应放出氢气：

$$2M(s)+2H_2O(l)=\!=\!=2MOH(aq)+H_2(g)$$

根据标准电极电势，$E^\ominus(Li^+/Li)=-3.045$ V，在碱金属中是最负的，锂与水反应的热力学倾向最大。但锂与水实际反应比其他碱金属要缓和，原因在于锂单质较高的熔点和产物 LiOH 的溶解度较小，会覆盖在锂的表面，阻止进一步反应。钠等其他碱金属与水反应非常剧烈，量大时易发生爆炸。

总的来说，碱金属从上到下，随着原子半径递增，金属活泼性增强，表明与“有效核电荷”因素比较，原子半径因素对碱金属化学性质的影响占主导地位。

利用碱金属的强还原性可以制备稀有金属和贵金属。例如

$$NbCl_5(s)+5Na(s)=\!=\!=Nb(s)+5NaCl(s)$$

3) 制备

碱金属的单质一般通过熔盐电解法或热还原法制备。例如

$$2NaCl(l)\xlongequal{\text{电解}}2Na(l)+Cl_2(g)$$

在电解液中加入 $CaCl_2$ 可起到助熔的作用，使盐的熔点降低，从而减少能耗。

工业上金属钾一般不采用电解法制备，因为钾易溶于熔融的氯化物中，分离困难。而且金属钾的熔、沸点低，蒸气易从电解槽中逸出。工业上多采用热还原的办法制备钾单质，反应如下：

$$Na(g)+KCl(l)\xlongequal{850\ ℃}NaCl(l)+K(g)$$

由于钾的沸点 759 ℃低于钠的沸点 883 ℃，在反应过程中钾蒸气不断逸出使得反应向右进行。铷和铯的制备方法与此类似，在 750 ℃下用钙还原氯化铷和氯化铯。

2. 碱金属的重要化合物

1) 氧化物

碱金属的氧化物可分为普通氧化物(M_2O)、过氧化物(M_2O_2)、超氧化物(MO_2)和臭氧化物(MO_3)。

(1) 普通氧化物。锂在空气中燃烧得到普通氧化物 Li_2O：

$$4Li(s)+O_2(g)=\!=\!=2Li_2O(s)$$

其他碱金属在空气中燃烧通常得到普通氧化物 M_2O 和过氧化物 M_2O_2 的混合物。

碱金属的普通氧化物都是碱性氧化物，与水反应生成相应的氢氧化物，并放出大量的热。例如

$$Na_2O(s)+H_2O(l)=\!=\!=2NaOH(s) \qquad \Delta_r H_m^{\ominus}=-115.2\ kJ \cdot mol^{-1}$$

(2) 过氧化物。碱金属都能形成过氧化物，可视为过氧化氢(H—O—O—H)的盐。最重要的碱金属过氧化物是 Na_2O_2，它的制备需要控制反应条件：

$$4Na(l)+O_2(g)\xlongequal{180\sim200\ ℃}2Na_2O(s)$$

$$2Na_2O(s)+O_2(g)\xlongequal{300\sim400\ ℃}2Na_2O_2(s)$$

碱金属的过氧化物为粉末状固体，易吸潮，与水、稀酸或二氧化碳作用放出过氧化氢或氧气，因此可作为氧化剂和漂白剂。例如

$$Na_2O_2(s)+2H_2O(l)=\!=\!=H_2O_2(l)+2NaOH(aq)$$

$$Na_2O_2(s)+H_2SO_4(aq,稀)=\!=\!=H_2O_2(l)+Na_2SO_4(aq)$$

$$2Na_2O_2(s)+2CO_2(g)=\!=\!=2Na_2CO_3(s)+O_2(g)$$

利用 Na_2O_2 与 CO_2 的反应，可将 Na_2O_2 应用在防毒面具和潜水艇中，作为 CO_2 的吸收剂，并提供氧气。在宇航密封舱中常利用相对密度小的 Li_2O_2 作为氧气的储存体。

过氧化物具有强的氧化性，可利用这一性质使难溶的矿物转化为可溶物。例如

$$3Na_2O_2(s)+Cr_2O_3(s)=\!=\!=2Na_2CrO_4(s)+Na_2O(s)$$

当遇到更强的氧化剂时，过氧化物也可表现出还原性。例如

$$5Na_2O_2(s)+2KMnO_4(s)+8H_2SO_4(l)$$
$$=\!=\!=5O_2(g)+2MnSO_4(s)+5Na_2SO_4(s)+K_2SO_4(s)+8H_2O(l)$$

(3) 超氧化物。NaO_2 的稳定性差，从 KO_2 到 CsO_2 都比较稳定，且熔点逐渐增加。超氧化物中含有超氧阴离子 O_2^-，超氧阴离子比氧气分子多一个电子，具有单电子，显顺磁性。超氧化物都有颜色，KO_2 为橙色、RbO_2 为暗棕色、CsO_2 为橘黄色。

O_2^- 键能小于 O_2 分子，有获得外来电子的倾向，因此超氧化物是强氧化剂，与水剧烈反应生成氧气和过氧化氢。例如

$$2KO_2(s)+2H_2O(l)=\!=\!=O_2(g)+H_2O_2(l)+2KOH(s)$$

在高温下超氧化物分解为氧化物和氧气。例如

$$4KO_2(s)=\!=\!=2K_2O(s)+3O_2(g)$$

超氧化物与 CO_2 反应也放出氧气。例如

$$4KO_2(s)+2CO_2(g)=\!=\!=2K_2CO_3(s)+3O_2(g)$$

因此，超氧化物也是重要的氧气源。

(4) 臭氧化物。干燥的碱金属氢氧化物能与臭氧反应生成臭氧化物，如 KO_3。臭氧化物不稳定，易分解：

$$2KO_3(s)=\!=\!=2KO_2(s)+O_2(g)$$

$$4KO_3(s)+2H_2O(l)=\!=\!=4KOH(s)+5O_2(g)$$

2）氢氧化物

碱金属氢氧化物的一些基本性质列于表 8.1。

表 8.1 碱金属氢氧化物的一些基本性质

性 质	LiOH	NaOH	KOH	RbOH	CsOH
熔点/℃	471.2	323	406	301	272
溶解度/[g·(100 g H_2O)$^{-1}$]	12.4	108	112	180	386

碱金属氢氧化物固态时均为白色。除 LiOH 为中强碱，其余碱金属的氢氧化物都为强碱。

碱金属氢氧化物由电解相应碱金属氯化物饱和溶液制得。

NaOH 具有强的腐蚀性，能腐蚀衣物、玻璃、陶瓷等。不能用玻璃盛装 NaOH 溶液，因为会发生如下反应：

$$2NaOH(aq) + SiO_2(s) = Na_2SiO_3(aq) + H_2O(l)$$

工业上氢氧化钠熔融分解试样时用铁制的容器，在实验室则用银或镍制的坩埚。

固体氢氧化钠容易吸收空气中的水汽和酸性气体，如吸收 CO_2 生成 Na_2CO_3。配置不含 Na_2CO_3 的 NaOH 溶液时，可先配置饱和的 NaOH 溶液，Na_2CO_3 在饱和的 NaOH 溶液中溶解度极小而析出，取滤液，煮沸除去 CO_2 后用冷却的水稀释即可。

3）碱金属盐

除锂外，碱金属盐都为离子型化合物，属于离子晶体，具有较高的熔点，在熔融态下有很强的导电能力。碱金属盐在水中完全电离，是强电解质。

锂的强酸盐易溶于水而弱酸盐在水中的溶解度较小，如 LiF、Li_3PO_4 等。其他碱金属的难溶盐则较少，常见的有 $KClO_4$、$CsClO_4$ 等。

碱金属盐除卤化物外一般都带有结晶水，如 $Li_2SO_4 \cdot H_2O$、$Na_2SO_4 \cdot 10H_2O$ 等。

碱金属盐，尤其是卤化物和硫酸盐，具有形成复盐的能力。复盐的类型主要有光卤石类 $M^{I}Cl \cdot MgSO_4 \cdot 6H_2O$(M＝K、Rb、Cs)、矾类 $M_2^{I}SO_4 \cdot MgSO_4 \cdot 6H_2O$(M＝K、Rb、Cs)和 $M_2^{I}SO_4 \cdot M_2^{III}(SO_4)_3 \cdot 24H_2O$($M^{I}$＝Na、K、Rb、Cs；$M^{III}$＝Al、Cr、Fe 等)。

(1) 卤化物。氯化钠是最重要的碱金属盐，俗称食盐，在海水中储量高。氯化钠不仅是日常必需品，还是重要的化工原料，在生产 Na、NaOH、Na_2CO_3 和 HCl 等方面有重要应用。

(2) 含氧酸盐。碳酸钠是重要的化工原料，俗称苏打或纯碱。工业制备法有氨碱法和联合制碱法，联合制碱法由我国科学家侯德榜于 1942 年发明，基本反应如下：

$$NH_3(g) + CO_2(g) + H_2O(l) = NH_4HCO_3(s)$$

$$NH_4HCO_3(aq) + NaCl(aq) = NaHCO_3(s) + NH_4Cl(aq)$$

$NaHCO_3$ 又称为小苏打，因其溶解度较小在溶液中析出，加热即得 Na_2CO_3。

硝酸钾大量用作化肥，且具有氧化性，易爆炸，可用来制造炸药。

碱金属的硝酸盐热稳定性较差，加热分解。硝酸锂分解产物为氧化物、二氧化氮和氧气：

$$4LiNO_3(s) = 2Li_2O(s) + 4NO_2(g) + O_2(g)$$

而其他碱金属的硝酸盐受热分解产物为亚硝酸盐和氧气，在更高温度分解则生成氧化物、氮气和氧气：

$$2NaNO_3(s) \xlongequal{500\ ℃} 3NaNO_2(s) + O_2(g)$$

$$4NaNO_3(s) \xlongequal{800\ ℃} 3Na_2O(s) + 2N_2(g) + 5O_2(g)$$

8.1.3 碱土金属

元素周期表中的ⅡA 族包括铍(beryllium)、镁(magnesium)、钙(calcium)、锶(strontium)、钡(barium)和镭(radium)6 种元素，因其氧化物性质介于"碱性的"碱金属氧化物和"土性的"氧化铝之间，故称其为"碱土金属"。其中镭为放射性元素。

铍最重要的矿物是绿柱石($Be_2Al_2Si_6O_{18}$)，若其中含有 2%的铬即为祖母绿。镁的矿物丰富，如白云石($MgCO_3 \cdot CaCO_3$)、菱镁矿($MgCO_3$)、泻盐($MgSO_4 \cdot 7H_2O$)、光卤石($KCl \cdot MgSO_4 \cdot 6H_2O$)、尖晶石($MgAl_2O_4$)、无水钾镁矾($K_2SO_4 \cdot MgSO_4$)、滑石[$Mg_3Si_4O_{10}(OH)_2$]。钙在地壳中的分布排在第 5 位，主要矿物有方解石($CaCO_3$)、石膏($CaSO_4 \cdot 2H_2O$)、萤石(CaF_2)、磷灰石[$Ca_5(PO_4)_3F$]等。珊瑚、贝类和珍珠的主要成分是 $CaCO_3$。锶主要矿物有天青石($SrSO_4$)和菱锶矿($SrCO_3$)。钡主要矿物有重晶石($BaSO_4$)和毒重石($BaCO_3$)。

1. 单质

1) 物理性质

除 Be 呈钢灰色外，其余碱土金属都具有银白色光泽。

碱土金属与碱金属相比，由于其价电子数为 2，其金属键要比碱金属强得多，因而其熔点、沸点以及相对密度都比碱金属要高得多。

2) 化学性质

碱土金属原子基态的价电子构型为 ns^2，容易失去两个电子而形成稳定的二价阳离子。碱土金属也是活泼的金属元素，其还原性从 Be 到 Ra 随着原子半径的增大而依次增强，原因与碱金属相同，即原子半径因素的影响占主导地位；与同一周期的碱金属相比，因核电荷的增加，碱土金属的化学活泼性较低。

钙、锶和钡与水反应生成氢氧化物和氢气。但反应缓慢，原因与锂相同。铍和镁由于在金属表面生成致密的氧化膜在常温下不与水反应。镁可与热水反应生成氢气：

$$Mg(s) + H_2O(l,热) = Mg(OH)_2(s) + H_2(g)$$

利用碱土金属的强还原性可制备稀有金属和贵金属：

$$ZrO_2(s) + 2Ca(s) = Zr(s) + 2CaO(s)$$

$$TiCl_4(l) + 2Mg(s) = Ti(s) + 2MgCl_2(s)$$

碱土金属也有焰色反应，钙为橙红色，锶为洋红色，钡为绿色。可利用碱金属和碱土金属的焰色反应制备信号弹、烟花和焰火等。

镁的性质与锂相似，也能与氮气直接化合生成氮化物，其他碱土金属无此特性。这种相似性称为“斜角相似”，这主要是“原子半径”和“有效核电荷”两种因素竞争的结果。

$$3Mg(s) + N_2(g) \xlongequal{\quad} Mg_3N_2(s)$$

3）制备

由于碱土金属具有仅次于同一周期碱金属的活泼性，其单质制备方法与碱金属类似，可采用电解熔融的碱土金属氯化物 MCl_2 制备：

$$MCl_2(l) \xlongequal{电解} M(l) + Cl_2(g)$$

2. 碱土金属化合物

1）氧化物

碱土金属一般生成普通氧化物（MO），钙、锶、钡可形成过氧化物（MO_2）和超氧化物［$M(O_2)_2$］。

通过热分解碱土金属的碳酸盐、氢氧化物、硝酸盐等的方法可获得普通氧化物。

除 BeO 外，碱土金属氧化物都是 NaCl 型的离子型化合物。由于碱土金属离子的半径较小，电荷较高，导致其晶格能较大，因此碱土金属氧化物的熔点比碱金属氧化物高得多。

碱土金属氧化物能与 H_2O 和 CO_2 反应，反应能力从 BeO 到 BaO 依次增大。例如，BeO 不与水反应；MgO 与热水反应；CaO、SrO、BaO 与水反应生成 $M(OH)_2(s)$ 并放出大量的热。

碱土金属过氧化物的热稳定性从 MgO_2 到 BaO_2 逐渐增加，但稳定性不如碱金属高。实验室常用 BaO_2 与稀硫酸反应制备 H_2O_2。

$$BaO_2(s) + H_2SO_4(aq) \xlongequal{\quad} H_2O_2(l) + BaSO_4(s)$$

2）氢氧化物

碱土金属氢氧化物的一些基本性质列于表 8.2。

表 8.2　碱土金属氢氧化物的一些基本性质

性　质	$Be(OH)_2$	$Mg(OH)_2$	$Ca(OH)_2$	$Sr(OH)_2$	$Ba(OH)_2$
熔点/℃	93	分解	脱水	535	78
溶解度/[g·(100 g H_2O)$^{-1}$]	5.57×10^{-8}	0.001 25	0.17	0.8	3.9

碱土金属氢氧化物可通过相应的氧化物与水反应生成。例如

$$CaO(s) + H_2O(l) \xlongequal{\quad} Ca(OH)_2(s)$$

与碱金属氢氧化物相比，碱土金属的氢氧化物溶解度要小得多，溶解度依原子序数的增加而增加。$Be(OH)_2$ 和 $Mg(OH)_2$ 难溶于水，$Ba(OH)_2$ 可溶于水。

$Be(OH)_2$ 是典型的两性氢氧化物，它既溶于酸，也溶于强碱形成 $Be(OH)_4^{2-}$。$Mg(OH)_2$ 是中强碱，其余都是强碱。

3）碱土金属盐

碱土金属盐都是离子型化合物。碱土金属与一价阴离子形成的盐多数易溶于水，如氯化物、硝酸盐、碳酸氢盐等。碱土金属的氟化物以及与负电荷高的阴离子形成盐的溶解

度一般都较小，原因在于晶格能较大。

碱土金属盐更易带结晶水，也易形成复盐，如 $KCl \cdot MgCl_2 \cdot 6H_2O$ 等。

(1) 卤化物。碱土金属的卤化物，尤其是 BeX_2，带有明显的共价性，如 BeF_2 虽然溶于水，但在水中不完全电离。$BeCl_2$ 晶体具有无限长链结构(图 8.1)。

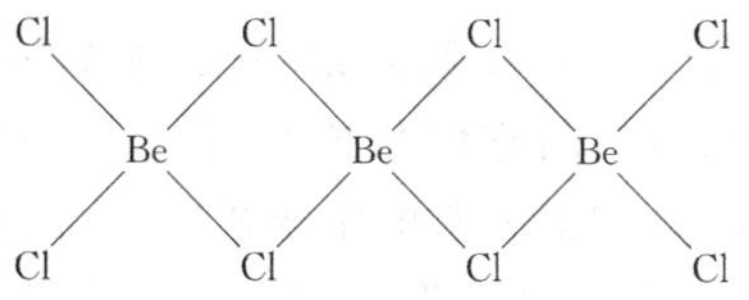

图 8.1　$BeCl_2$ 的无限长链结构

Be^{2+}、Mg^{2+} 易水解，如加热含结晶水的 $MgCl_2 \cdot 6H_2O$，只能得到碱式盐或氧化物：

$$MgCl_2 \cdot 6H_2O(s) \overset{\text{加热}}{=\!=\!=} Mg(OH)Cl(s) + HCl(g) + 5H_2O(g)$$

$$Mg(OH)Cl(s) \overset{\text{加热}}{=\!=\!=} MgO(s) + HCl(g)$$

因此，不能用加热脱水的方法使这一类含水盐脱水转化为无水盐，而应在 HCl 气氛下，加热或与 NH_4Cl 固体混合加热，或用干法由单质制备无水盐，如无水 $MgCl_2$ 可通过金属镁与干燥的氯气反应制备。

$MgCl_2$ 的水溶液俗称“卤水”，能使蛋白质凝固，在豆制品加工中有重要应用。无水氯化钙 $CaCl_2$ 是重要的干燥剂，与冰混合也可当作制冷剂。

(2) 含氧酸盐。碱土金属碳酸盐、磷酸盐和乙二酸盐都难溶于水，但它们都可以溶于盐酸。硫酸盐中，$BaSO_4$ 溶解度最小，$MgSO_4$ 溶解度最大。一些难溶的盐，如 $SrSO_4$ 虽不溶于酸，但可以利用“沉淀转化”，生成可溶于酸的盐。例如

$$SrSO_4(s) + CO_3^{2-}(aq) =\!=\!= SrCO_3(s) + SO_4^{2-}(aq) \qquad K^{\ominus} = 298$$

由于 M^{2+} 的极化作用比 M^+ 强，碱土金属的含氧酸盐热稳定性较碱金属含氧酸盐差。例如，标准状态下，碱土金属碳酸盐的分解温度分别是：

化合物	$BeCO_3$	$MgCO_3$	$CaCO_3$	$SrCO_3$	$BaCO_3$
分解温度/℃	<100	540	900	1290	1360

碱土金属硫酸盐热分解温度也符合这个顺序。

碱土金属硝酸盐和碳酸盐加热分解均得到氧化物：

$$2Mg(NO_3)_2(s) \overset{\triangle}{=\!=\!=} 2MgO(s) + 4NO_2(g) + O_2(g)$$

$$MgCO_3(s) \overset{\triangle}{=\!=\!=} MgO(s) + CO_2(g)$$

碳酸钙是自然界中的石灰石的主要成分，作为添加剂大量用于涂料的生产。

碱土金属的硫酸盐用途也很广泛。$CaSO_4 \cdot 2H_2O$ 俗称“生石膏”，加热即可转变成熟石膏 $2CaSO_4 \cdot H_2O$，主要用于制作模型、塑像以及室内装修材料等。硫酸钡俗称“重晶石”，是重要的白色涂料，由于毒性小，医学上常被用作“钡餐”检查胃部病变。

8.2 p 区 元 素
(The p-block elements)

8.2.1 卤素

卤素(halogens)是周期表中的ⅦA 族元素,包括氟(flurine)、氯(chlorine)、溴(bromine)、碘(iodine)和砹(astatine)。因它们易成盐,故统称为"卤素",其中砹为放射性元素。自然界中不存在游离态的氟和氯。氟的主要矿物是萤石 CaF_2、冰晶石 Na_3AlF_6 和氟磷灰石 $Ca_5F(PO_4)_3$。氯主要以氯化钠的形式存在。溴主要存在于海水中。碘主要存在于智利硝石中。

卤素元素的一些基本性质见表 8.3。

表 8.3　卤素元素的某些基本性质

基本性质	F	Cl	Br	I
价层电子结构	$2s^22p^5$	$3s^23p^5$	$4s^24p^5$	$5s^25p^5$
主要氧化态	−1	−1,+1,+3,+5,+7	−1,+1,+3,+5,+7	−1,+1,+3,+5,+7
熔点/℃	−219.61	−101.5	−7.25	113.60
沸点/℃	−188.13	−34.04	58.8	185.24
熔化热/($kJ\cdot mol^{-1}$)	0.510	6.406	10.57	150.66
气化热/($kJ\cdot mol^{-1}$)	6.62	20.41	29.96	41.6
解离能/($kJ\cdot mol^{-1}$) X_2 ══ X+X	156.9	242.580	193.870	152.549
溶解度	分解水	199 mL·(100g H_2O)$^{-1}$	3.4 g·(100g H_2O)$^{-1}$	0.029 g·(100g H_2O)$^{-1}$
共价半径/pm	64	99	114	133
X^- 离子半径/pm	131	181	196	220
第一电离能/($kJ\cdot mol^{-1}$)	1681	1251	1140	1008
第一电子亲和能/($kJ\cdot mol^{-1}$)	328.16	348.57	324.54	295.15
电负性/(Pauling 标度)	3.90	3.16	2.96	2.66

1. 单质

1) 物理性质

随着分子体积的增大,从 F_2 到 I_2 色散力也逐渐增大,其常温、常压下的存在状态也从气态的氟和氯,向液态的溴,到固态的碘变化,而且单质的熔、沸点也逐渐增大。固态碘受热可直接升华成气态碘,可用于碘的提纯。

气态卤素单质氟为浅黄色,氯为黄绿色,溴为棕红色,碘为紫色。

卤素单质的水溶性差别很大。氟与水剧烈反应:

$$2F_2(g)+2H_2O(l)═══4HF(aq)+O_2(g)$$

而其他卤素单质在水中溶解度较小。Cl_2、Br_2、I_2 的水溶液分别称为氯水、溴水、碘水。前两者颜色与气态分子颜色一致，说明它们在水中以分子的形式存在。而碘水颜色有所不同，说明碘与水形成了溶剂化分子。溴和碘都易溶于有机溶剂，如乙醇、乙醚、氯仿、四氯化碳和二硫化碳等。

卤素在同周期元素中原子半径最小，电子亲和能最大，电负性最大。同族从上到下原子半径依次增大，电离能、电负性依次减小，非金属依次减弱；电子亲和能大小顺序为 F＜Cl＞Br＞I，由于 F 原子半径小、电子互斥作用大，F 的电子亲和能小于 Cl。

2）化学性质

卤素原子基态的价电子构型为 ns^2np^5，容易获得 1 个电子而形成与稀有气体相同电子构型的－1 价阴离子，表现出典型的非金属元素特征和强氧化性。由表 8.3 得，氯的电子亲和能最大，但 F_2 的氧化性最强，这主要是 F 的半径小，电负性大，F—F 键能小。随着原子半径的增加，从 F_2 到 I_2 氧化性依次降低，化学活泼性依次减弱。卤素元素电势图列于图 8.2。

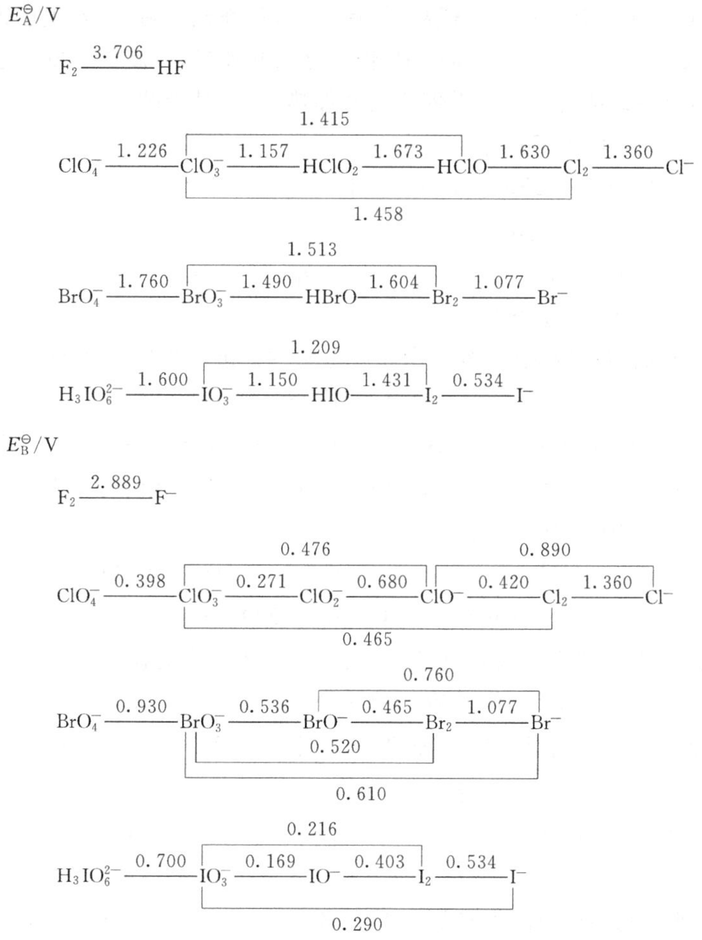

图 8.2　卤素元素电势图

由标准电极电势 $E^{\ominus}$ 可知：卤素单质都具有氧化性，氧化性顺序为 $F_2 > Cl_2 > Br_2 > I_2$。除 He、Ne、Ar 稀有气体及 O_2、N_2 外，氟可与所有单质反应，反应常常很激烈并伴随燃烧甚至爆炸。在室温或不高的温度下，氟与铜、镍、镁反应时会在金属表面生成薄层氟化物阻止反应进行，因此氟可储存于铜、镍、镁制成的容器中。

氯能与除 He、Ne、Ar 稀有气体及 O_2、N_2 外的单质反应，但反应的程度比 F_2 差，个别情况需加热。常温下干燥的氯气不与铁作用，因此可存储于铁罐中。例如

$$2P(s)+2Cl_2(g,\text{不足})=\!=\!=2PCl_3(l)$$

$$2P(s)+5Cl_2(g,\text{充足})=\!=\!=2PCl_5(l)$$

溴和碘在常温下只与活泼金属反应，与不活泼金属反应需要加热。溴和碘可以与许多非金属单质作用，反应不如 F_2、Cl_2 激烈，一般形成低价化合物。例如

$$2P(s)+3Br_2(l)=\!=\!=2PBr_3(l)$$

$$2P(s)+3I_2(s)=\!=\!=2PI_3(s)$$

卤素和氢气的反应可以充分说明卤素化学活泼性的变化顺序。例如

$F_2(g)+H_2(g)=\!=\!=2HF(g)$ 低温下，爆炸

$Cl_2(g)+H_2(g)=\!=\!=2HCl(g)$ 常温下缓慢反应，紫外光照射下，发生连锁反应爆炸

$Br_2(g)+H_2(g)=\!=\!=2HBr(g)$ 需用 Pt 作催化剂并加热，且高温下发生逆反应

$I_2(s)+H_2(g)=\!=\!=2HI(g)$ 需催化剂并加热，产物易分解

Cl_2、Br_2 可把 Fe^{2+} 氧化为 Fe^{3+}：

$$Br_2(aq)+2Fe^{2+}(aq)=\!=\!=2Br^-(aq)+2Fe^{3+}(aq)$$

而 I_2 则不能。相反，Fe^{3+} 可以氧化 I^-：

$$I^-(aq)+Fe^{3+}(aq)=\!=\!=I_2(aq)+Fe^{2+}(aq)$$

这也说明了 I_2 的氧化性比 Br_2、Cl_2 弱。

卤素与一些还原剂的反应倾向，容易由相应电对的标准电极电势判断。例如

$$H_2S(g)+I_2(s)=\!=\!=2HI(g)+S(s)$$

$$4X_2(aq)+S_2O_3^{2-}(aq)+5H_2O(l)=\!=\!=2SO_4^{2-}(aq)+10H^+(aq)+8X^-(aq)\quad (X=Cl、Br)$$

由卤素元素电势图(图 8.2)可以看出，在碱性条件下，X_2、XO^-($X=Br$、Cl、I)都处于热力学不稳态，会自发发生歧化反应：

$$X_2(aq)+2OH^-(aq)=\!=\!=X^-(aq)+XO^-(aq)+H_2O(l)$$

$$3XO^-(aq)=\!=\!=2X^-(aq)+XO_3^-(aq)$$

实际反应产物取决于动力学反应速率：在常温下 ClO^- 及低温下(0 ℃)BrO^- 进一步歧化反应的速率小，Cl_2 和 Br_2 歧化反应产物为 X^- 和 XO^-，而 Cl_2 在热水中或 Br_2 在 50～80 ℃，ClO^- 和 BrO^- 歧化反应速率加快，产物主要为 X^- 和 XO_3^-；对于碘而言，由于在任何温度 IO^- 歧化速率都很大，因此产物为 IO_3^-：

$$3I_2(aq)+6OH^-(aq)=\!=\!=5I^-(aq)+IO_3^-(aq)+3H_2O(l)$$

3) 制备

卤离子除 F^- 外，均具有还原性，还原性强弱顺序为 $F^-<Cl^-<Br^-<I^-$。由于氟单质的强氧化性，所以不能通过常规化学方法制备。利用电解熔融的 KHF_2 与 HF 的混合物制备氟气：

$$2KHF_2(l)\overset{\text{电解}}{=\!=\!=}2KF(l)+F_2(g)+H_2(g)$$

在实验室中可通过热分解含氟化合物来制备：

$$BrF_5(s) = BrF_3(l) + F_2(g)$$

氯的制备条件不像氟那样苛刻，工业上可通过电解饱和食盐水制备：

$$2NaCl(aq) + 2H_2O(l) \xlongequal{\text{电解}} 2NaOH(aq) + Cl_2(g) + H_2(g)$$

电解熔融氯化物也可得到高纯氯气：

$$MgCl_2(\text{熔融}) \xlongequal{\text{电解}} Mg(l) + Cl_2(g)$$

$$2NaCl(\text{熔融}) \xlongequal{\text{电解}} 2Na(l) + Cl_2(g)$$

在实验室中可采用强氧化剂氧化 Cl^- 的方法制备氯气。例如

$$MnO_2(s) + 4HCl(aq,\text{浓}) \xlongequal{\text{加热}} MnCl_2(aq) + Cl_2(g) + 2H_2O(l)$$

$$2NaCl(s) + 3H_2SO_4(aq,\text{浓}) + MnO_2(s) \xlongequal{\text{加热}} 2NaHSO_4(s) + MnSO_4(s) + Cl_2(g) + 2H_2O(l)$$

$$2KMnO_4(s) + 16HCl(aq,\text{浓}) = 2KCl(aq) + 2MnCl_2(aq) + 5Cl_2(g) + 8H_2O(l)$$

由于溴离子的还原性较强，可通过氧化反应来制备单质溴：

$$Cl_2(g) + 2NaBr(aq) = Br_2(l) + 2NaCl(aq)$$

在实验室中，主要用以下反应制备溴：

$$MnO_2(s) + 2NaBr(s) + 3H_2SO_4(aq) = Br_2(l) + MnSO_4(aq) + 2NaHSO_4(aq) + 2H_2O(l)$$

$$2NaBr(s) + 2H_2SO_4(aq,\text{浓}) = Br_2(l) + 2NaHSO_4(aq) + SO_2(g) + 2H_2O(l)$$

海水是碘的生产原料之一，但含量低。现代制碘方法是用氯气将海水中的 I^- 氧化，再用离子交换树脂富集。实验室制法如下：

$$2NaI(s) + MnO_2(s) + 3H_2SO_4(aq) = I_2(s) + MnSO_4(aq) + 2NaHSO(aq)_4 + 2H_2O(l)$$

$$8NaI(s) + 9H_2SO_4(\text{浓}) = 4I_2(s) + 8NaHSO_4(aq) + H_2S(g) + 4H_2O(l)$$

2. 卤素的化合物

1）卤化氢和氢卤酸

卤化氢是重要的卤化物，常温、常压下均为气态，极易溶于水，其水溶液称为氢卤酸(halogen acid)。纯的卤化氢液体不导电，说明卤素与氢之间为共价键。随着卤素电负性的减少，卤化氢中键的极性和分子的极性依次减小。卤化氢的一些物理性质见表 8.4。

表 8.4　卤化氢的一些物理性质

性　质	HF	HCl	HBr	HI
熔点/℃	−83.57	−114.18	−86.87	−50.8
沸点/℃	19.52	−85.05	−66.71	−35.1
熔化热/$(kJ \cdot mol^{-1})$	4.58	1.992	2.406	2.87
气化热/$(kJ \cdot mol^{-1})$	混溶	16.14	17.61	19.77
生成热 $\Delta_f H_m^{\ominus}/(kJ \cdot mol^{-1})$	−273.30	−92.31	−36.29	26.50
溶解度/$[g \cdot (100\ g\ H_2O)^{-1}]$	混溶	42.02^{20}	65.88^{25}	71^{0}

续表

性质		HF	HCl	HBr	HI
恒沸液	沸点/℃	393	383	399	400
	质量分数/%	25.37	20.24	47	57
	相对密度	1.14	1.10	1.49	1.70
键能/($kJ \cdot mol^{-1}$)		568.6	431.8	365.7	298.7

注：卤化氢溶解度数据中的上角标指测量温度(℃)。

由于分子间作用力从 HCl 到 HI 依次增大，所以卤化氢的熔、沸点依次升高。HF 的熔、沸点“反常”是由于存在分子间氢键。卤化氢可与空气中的水蒸气结合，形成白色酸雾。卤化氢是极性分子，在水中溶解度很大。HF 极性最大，可以任意比例溶于水。常压下蒸馏氢卤酸，溶液的沸点随着 HX 和 H_2O 的组成变化而变化。当沸点和组成恒定时，称为“恒沸溶液”。此时体系气相和液相组成相同，即在恒沸点时，HX 和 H_2O 按一定比例共同蒸出。

加热时，卤化氢可分解成卤素单质和氢气。由于卤化氢的生成焓不同，所以它们的热分解温度不同。HF 加热到 1000 ℃仍无明显分解，而 HI 加热到 300 ℃即分解为碘单质和氢气。卤化氢的热稳定性顺序为 HF＞HCl＞HBr＞HI。

无水卤化氢具有腐蚀性，能与金属、非金属、氢化物、氧化物等反应生成相对应的卤化物。此类反应是热力学允许的，但某些反应受动力学因素限制，反应速率小，常常要加入催化剂或光引发才能进行。

氢卤酸酸性按 HF、HCl、HBr、HI 顺序增强。除 HF 为弱酸外，其余 HX 都是强酸。可从结构角度讨论氢卤酸的酸性强弱。HX 的酸性取决于 HX 在水中的解离度的大小；X^- 对 H^+ 的吸引能力弱，则解离度大，酸性强；反之，解离度小，酸性弱。这种对 H^+ 的吸引能力取决于 X^- 本身所带的电荷和离子半径，即 X^- 本身的电子密度。从 F^- 到 I^-，电荷数相同，离子半径依次增大，电子密度依次减小，故对 H^+ 的吸引能力依次降低，因而酸性按 HF＜HCl＜HBr＜HI 的顺序增强。

HF 是弱酸，在水中存在两个平衡：

$$HF(aq) \xlongequal{} H^+(aq) + F^-(aq) \qquad K_a^\ominus = 6.3 \times 10^{-4}$$

$$HF(aq) + F^-(aq) \xlongequal{} HF_2^-(aq) \qquad K_2^\ominus = 5.2$$

当氢氟酸浓度大于 5 $mol \cdot dm^{-3}$ 时，由于 HF_2^- 的生成，H^+ 浓度增大，溶液的酸性增强。HF 可与玻璃或瓷器中的 SiO_2 或硅酸盐反应，生成 SiF_4 气体：

$$SiO_2(s) + 4HF(aq) \xlongequal{} SiF_4(g) + 2H_2O(l)$$

$$CaSiO_3(s) + 6HF(aq) \xlongequal{} CaF_2(s) + SiF_4(g) + 3H_2O(l)$$

因此，HF 溶液应保存于塑料容器中。利用此性质可用氢氟酸溶解硅酸盐矿物。

除 HF 外，卤化氢或氢卤酸均具有还原性，其还原能力次序为 HI＞HBr＞HCl＞HF。

HI 溶液可被空气中的氧所氧化，生成碘单质。HBr 和 HCl 的水溶液不被空气氧化。

$$4HI(aq) + O_2(g) \xlongequal{} 2I_2(s) + 2H_2O(l)$$

卤化氢可通过多种方式制备：

(1) 卤素和氢直接结合。由于 F_2 与 H_2 反应剧烈，而 Br_2、I_2 与 H_2 反应缓慢，所以工业上只采用 H_2 在 Cl_2 中燃烧制备 HCl。

(2) 卤化物的浓硫酸置换法。利用固体卤化物与浓硫酸直接反应，制备卤化氢：

$$CaF_2(s) + H_2SO_4(aq,浓) \xlongequal{\triangle} CaSO_4(s) + 2HF(g) \quad (在\ Pt\ 容器中进行)$$

$$NaCl(s) + H_2SO_4(aq,浓) \xlongequal{150\ ℃} NaHSO_4(s) + HCl(g)$$

$$NaCl(s) + NaHSO_4(s) \xlongequal{500\ ℃} Na_2SO_4(s) + HCl(g)$$

由于 HBr 和 HI 可被浓硫酸氧化为单质，所以需用无氧化性的浓磷酸代替浓硫酸：

$$NaBr(s) + H_3PO_4(aq,浓) \xlongequal{\triangle} NaH_2PO_4(s) + HBr(g)$$

$$NaI(s) + H_3PO_4(aq,浓) \xlongequal{\triangle} NaH_2PO_4(s) + HI(g)$$

(3) 卤化物水解法。HBr 和 HI 常用非金属卤化物水解法制备：

$$2P(s) + 6H_2O(l) + 3Br_2(l) \xlongequal{\quad} 2H_3PO_3(aq) + 6HBr(g)$$

$$2P(s) + 6H_2O(l) + 3I_2(s) \xlongequal{\quad} 2H_3PO_3(aq) + 6HI(g)$$

2) 卤化物

卤素能与除氦、氖、氩之外的其他元素形成卤化物，常见的卤化物按其价键类型可分为共价型和离子型两种。

金属卤化物的价键类型主要与离子极化有关。极化能力强的金属离子与卤素以形成共价键为主；极化能力弱的金属离子与卤素之间主要以形成离子键为主。由于氟的强氧化性，氟化物通常表现元素的最高氧化态。碘的氧化能力弱，在形成碘化物时多以低氧化态为主。

同一周期，随金属离子半径的减少和氧化数的增加，金属卤化物的共价性增强，离子性减弱；同一金属元素，高氧化态时共价性较强，低氧化态时离子性较显著；在相同金属和氧化态的卤化物中，由于 F^- 的电负性大，半径小，变形性小，不易被极化，所以其氟化物离子性强。而 I^- 的电负性小，半径大，变形性大，易被极化，所以其碘化物共价性强。

典型的离子型卤化物包括碱金属、碱土金属及较活泼金属、镧系和锕系元素的低氧化态卤化物，如 NaCl、CaF_2、$BaCl_2$、$FeCl_2$、$CeCl_2$ 等。大多数金属的高氧化态卤化物表现出较大的共价性性质，如 $AlCl_3$、$SnCl_4$、$FeCl_3$、$TiCl_4$ 等。

离子型卤化物和共价型卤化物之间的界限并不明显。通常一些卤化物在由离子键向共价键转移中，表现在晶体结构上，既不是典型的离子晶体，也不是典型的分子晶体或原子晶体，往往呈现层状(如 $CdCl_2$、$FeBr_2$、BiI_3)或链状结构(如 $PdCl_2$)。

金属卤化物可通过卤化氢或氢卤酸与活泼金属或其氧化物、氢氧化物以及金属难溶盐的反应制备：

$$Mg(s) + 2HCl(aq) \xlongequal{\quad} MgCl_2(aq) + H_2(g)$$

$$MgO(s) + 2HCl(aq) \xlongequal{\quad} MgCl_2(aq) + H_2O(l)$$

$$Mg(OH)_2(s) + 2HCl(aq) \xlongequal{\quad} MgCl_2(aq) + 2H_2O(l)$$

$$MgCO_3(s) + 2HCl(aq) \xlongequal{\quad} MgCl_2(aq) + H_2O(l) + CO_2(g)$$

也可通过金属氧化物与卤素单质的反应制得：

$$TiO_2(s)+C(s)+2Cl_2(g)=\!=\!=TiCl_4(l)+CO_2(g)$$

难溶的金属卤化物，可通过复分解反应制备：

$$AgNO_3(aq)+KX(aq)=\!=\!=AgX(s)+KNO_3(aq) \qquad (X=Cl^-、Br^-、I^-)$$

3）卤素的含氧化合物

由于卤素可呈现+1、+3、+5 和+7 氧化态，其含氧化物种类丰富。卤素的含氧化合物主要包括卤素氧化物、卤素的含氧酸及其盐。

（1）卤素的氧化物。卤素的氧化物大多不稳定。表 8.5 列出了一些卤素氧化物。因氟的电负性大于氧，共用电子对偏向氟原子，OF_2 和 O_2F_2 应认为是氧的氟化物。

表 8.5 一些卤素氧化物

氟	氯	溴	碘
OF_2无色气体	Cl_2O 黄棕色气体	Br_2O 深棕色	I_2O_4蓝色固体
O_2F_2红色气体	ClO_2黄绿色气体	BrO_2黄色固体	I_4O_9蓝色固体
	Cl_2O_6深红色液体	Br_2O_6固体	I_2O_5白色固体
	Cl_2O_7无色液体		

Cl_2O 是次氯酸的酸酐。Cl_2O_7 是高氯酸的酸酐。

Br_2O 具有氧化性，可将碘氧化为 I_2O_5。Br_2O 溶于碱得到相应的次溴酸盐。

I_2O_5 是卤素氧化物中最稳定的，可作为氧化剂氧化 CO、NO、H_2S 等。

$$I_2O_5(s)+5CO(g)=\!=\!=I_2(s)+5CO_2(g)$$

此反应可用于定量检测体系中 CO 的含量。

（2）卤素的含氧酸及其盐。在卤素含氧酸及其盐中，卤素原子采用 sp^3 杂化，含氧酸分子及其离子为正四面体构型。在含氧酸分子中，羟基氧与卤素间为 sp^3-pσ 单键，而端基氧与卤素原子间除了 sp^3-pσ 键外，还有 d-pπ 键。正高碘酸 H_5IO_6 是例外，其分子构型为八面体。

次卤酸及其盐：卤素氧化态为+1 的含氧酸称为“次卤酸”(hypohalous acid)，包括 HClO、HBrO 和 HIO，它们均不稳定，而相应的盐比较稳定。

HOF 遇水分解成氟化氢和过氧化氢。HClO、HBrO 和 HIO 在水中呈弱酸性。由于吸引电子能力的顺序为 Cl>Br>I，氯对氧原子的电子云吸引能力最强，导致氧原子对氢原子的吸引最弱，因此次卤酸的酸性顺序为 HClO>HBrO>HIO。

由元素电势图(图 8.2)可以看出，次卤酸根离子 XO^- 在碱性条件下，容易歧化形成卤离子和卤酸根离子：

$$3ClO^-(aq)=\!=\!=2Cl^-(aq)+ClO_3^-(aq) \qquad K^\ominus=10^{27}$$

$$3BrO^-(aq)=\!=\!=2Br^-(aq)+BrO_3^-(aq) \qquad K^\ominus=10^{15}$$

$$3IO^-(aq)=\!=\!=2I^-(aq)+IO_3^-(aq) \qquad K^\ominus=10^{20}$$

在光照条件下，次卤酸易分解：

$$2HClO(aq)\xlongequal{\text{光照}}2HCl(aq)+O_2(g)$$

次卤酸及其盐是强的氧化剂，在酸性或碱性介质中其氧化能力大小顺序为

$$HClO > HBrO > HIO \qquad ClO^- < BrO^- \approx IO^-$$

次氯酸的强氧化性表现为

$$HClO(aq) + HCl(aq) = Cl_2(g) + H_2O(l)$$

$$6HClO(aq) + S(s) \xlongequal{\text{加热}} H_2SO_4(aq) + 3Cl_2(g) + 2H_2O(l)$$

由于次卤酸盐比次卤酸氧化性弱，可在酸性介质中使用次卤酸盐作氧化剂，以提高其氧化能力。常见的次卤酸盐有次氯酸钙和次氯酸钠等。次氯酸钙的制备反应如下：

$$2Cl_2(g) + 3Ca(OH)_2(s) = Ca(ClO)_2(s) + CaCl_2 \cdot Ca(OH)_2 \cdot H_2O(s) + H_2O(l)$$

这个反应的产物就是漂白粉。

亚卤酸：卤素的氧化态为 +3 的含氧酸称为"亚卤酸"(halous acid)。亚卤酸是最不稳定的卤素含氧酸，$HClO_2$ 只能在稀溶液中存在，而 $HBrO_2$ 和 HIO_2 只能瞬间存在于溶液中。亚卤酸的酸性强于次卤酸。

亚卤酸易歧化分解，亚卤酸的盐相对稳定。$NaClO_2$ 主要用于织物漂白。

卤酸：卤素的氧化态为 +5 的含氧酸称为"卤酸"(halic acid)。卤酸的稳定性随着卤素原子序数的增加而增加，碘酸最稳定，可以固体状态存在；而氯酸和溴酸仅存在于溶液中，氯酸最大浓度为 40%，溴酸为 50%，超过此浓度则易发生分解。卤酸的酸性随着卤素原子序数的增加而减小，$HClO_3$ 和 $HBrO_3$ 是强酸，HIO_3 为中强酸。

从标准电极电势看，卤酸均为强氧化剂。氧化性 $HBrO_3 > HClO_3 > HIO_3$。这是因为在分子构型相同的情况下，有效离子势($\phi^* = Z^*/r$)决定吸引外来电子能力的大小，而 ϕ^* 由两个互相竞争的因素"有效核电荷"Z^* ($= Z - \sigma$)和"离子半径"r 决定。对于卤素，其顺序为 Br(Ⅴ)>Cl(Ⅴ)>I(Ⅴ)，即外层 18 电子的 Br(Ⅴ)吸引电子的能力大于外层 8 电子的 Cl(Ⅴ)，也大于外层 18 电子的 I(Ⅴ)。

卤酸氧化性体现在可以将一些非金属单质氧化为高价态含氧酸：

$$5HClO_3(aq) + 6P(s) + 9H_2O(l) = 6H_3PO_4(aq) + 5HCl(aq)$$

$$HClO_3(aq) + S(s) + H_2O(l) = H_2SO_4(aq) + HCl(aq)$$

$$5HClO_3(aq) + 3I_2(s) + 3H_2O(l) = 6HIO_3(aq) + 5HCl(aq)$$

卤酸及其盐的稳定性与它们的氧化能力相反，氧化能力越强，其对应的卤酸及盐越不稳定。

卤酸盐的稳定性要大于相对应的酸，但受热时会发生分解反应。例如

$$4KClO_3(s) \xlongequal{673\ K} KCl(s) + 3KClO_4(s)$$

$$2KClO_3(s) \xlongequal[\triangle]{MnO_2} 2KCl(s) + 3O_2(g)$$

卤酸盐一般可溶于水，溶解性的顺序为：氯酸盐 > 溴酸盐 > 碘酸盐。Ag(Ⅰ)、Pb(Ⅱ)、Ba(Ⅱ)的溴酸盐难溶。可溶性碘酸盐更少，如 Ag(Ⅰ)、Pb(Ⅱ)、Ba(Ⅱ)、Cu(Ⅱ)、Ca(Ⅱ)、Hg(Ⅱ)的碘酸盐均难溶。

高卤酸：卤素为最高氧化态 +7 的含氧酸称为"高卤酸"(perhalic acid)，分别为 $HClO_4$、$HBrO_4$ 和 H_5IO_6。

高氯酸在水中几乎完全解离,是最强的单一无机酸。高溴酸是强酸,而高碘酸为中强酸。纯的高氯酸不稳定,对震动敏感,易爆,会发生如下反应:

$$4HClO_4(l) = 2Cl_2(g) + 7O_2(g) + 2H_2O(l)$$

高氯酸易吸水形成多水合物,市售高氯酸浓度为60%~62%。

正高碘酸 H_5IO_6 是无色晶体,熔点为413 K。在酸中以 H_5IO_6 形式存在,在碱中以 $H_3IO_6^{2-}$ 形式存在。在正高碘酸分子中,I采取 sp^3d^2 杂化,分别与5个羟基氧和1个端基氧结合,呈八面体构型。正高碘酸在真空下加热脱水可得偏高碘酸 HIO_4。

高卤酸都具有氧化性,氧化性顺序为 $HBrO_4 > HIO_4 > HClO_4$,如 HIO_4 可将 Mn^{2+} 氧化成高锰酸根离子,而高氯酸不能。这是由于高氯酸根具有高的对称性,较稳定,导致高氯酸的氧化能力很弱。

$$2Mn^{2+}(aq) + 5IO_4^-(aq) + 3H_2O(l) = 2MnO_4^-(aq) + 5IO_3^-(aq) + 6H^+(aq)$$

8.2.2 氧族元素

氧族元素(oxygen group element)是周期表中的ⅥA族元素,包括氧(oxygen)、硫(sulfur)、硒(selenium)、碲(tellurium)和钋(polonium)5种元素。其中钋是放射性元素,显金属性,不作进一步介绍。

氧是地壳中分布最广泛的元素,占地壳含量的47.4%,主要以二氧化硅、硅酸盐及其他氧化物和含氧酸盐等形式存在;在海水中氧占质量的89%;大气中,氧以单质形式存在,占21%(体积分数)。硫在自然界中以单质硫、硫化物和硫酸盐的形式存在。含硫矿物主要有黄铁矿(FeS_2)、方铅矿(PbS)、朱砂矿(HgS)、闪锌矿(ZnS)、黄铜矿($CuFeS_2$)、石膏($CaSO_4 \cdot 2H_2O$)、重晶石($BaSO_4$)和芒硝($NaSO_4 \cdot 10H_2O$)。硒和碲是稀有分散元素,常与硫化物矿共生。

氧族元素的一些基本性质见表8.6。

表8.6 氧族元素的某些基本性质

基本性质	O	S	Se	Te
价层电子结构	$2s^22p^4$	$3s^23p^4$	$4s^24p^4$	$5s^25p^4$
主要氧化态	−1,−2	−2,+4,+6	−2,+4,+6	−2,+4,+6
常压下状态	气态	固态	固态	固态
熔点/℃	−218.4	106.8	217	449.8
沸点/($kJ \cdot mol^{-1}$)	−182.96	444.72	685	989.9
熔化热/($kJ \cdot mol^{-1}$)	0.444	1.727	6.69	17.49
气化热/($kJ \cdot mol^{-1}$)	6.820	45	95.48	114.1
溶解度/[$g \cdot (100\ g\ H_2O)^{-1}$]	0.044	溶于 CS_2、乙醇、苯	溶于乙醚	
原子半径/pm	66(共价半径)	106	116	142

续表

基本性质	O	S	Se	Te
X^{2-} 离子半径/pm	140	184	198	221
第一电离能/(kJ · mol^{-1})	1314	1000	941	869
第一电子亲和能/(kJ · mol^{-1})	141	200	195	190
第二电子亲和能/(kJ · mol^{-1})	−780	−590	−420	
电负性/(Pauling 标度)	3.44	2.58	2.55	2.1

1. 单质

1) 性质

氧族元素原子基态的价电子构型为 ns^2np^4，容易获得 2 个电子而形成−2 价阴离子，表现出典型的非金属元素特征，从上到下原子半径依次增大，电离能、电负性依次减小，非金属性逐渐减弱；同一周期，氧族元素的非金属活泼性弱于卤素。氧、硫的元素电势图见图 8.3。

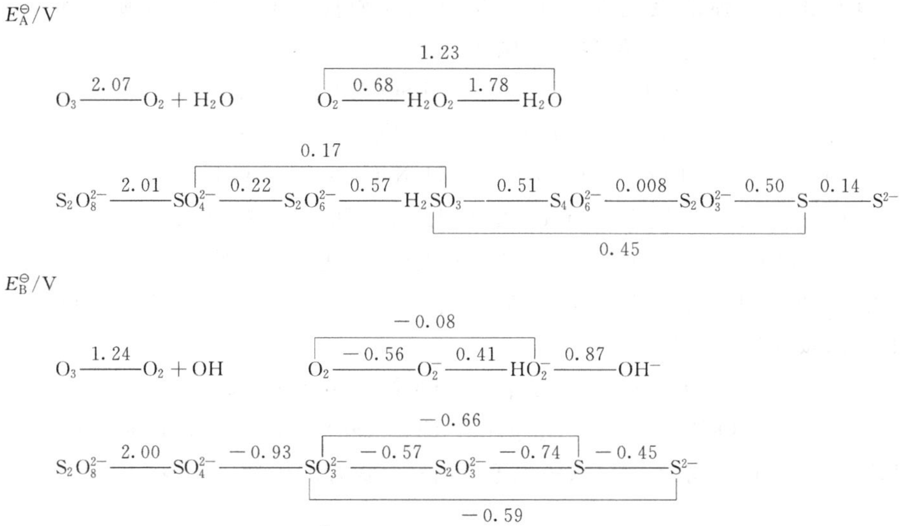

图 8.3　氧、硫的元素电势图

常温下氧气是一种无色、无臭的气体，沸点和熔点分别为 90 K 和 54 K。氧是非极性分子，不易溶于水，室温时 1 体积水只能溶解 0.03 体积的氧气。

价键理论认为 O_2 分子以 O═O 双键构成，这与氧气具有顺磁性的事实不符。分子轨道理论可以解释 O_2 分子的结构和顺磁性①。

① 根据分子轨道理论，O_2 的分子轨道式为 $O_2[KK(\sigma_{2s})^2(\sigma_{2s}^*)^2(\sigma_{2p_x})^2(\pi_{2p_y})^2(\pi_{2p_y})^2(\pi_{2p_y}^*)^1(\pi_{2p_z}^*)^1]$，氧分子中 O—O 的成键为 $1\sigma+2\pi_2^3$，在 2 个 π^* 轨道上具有两个单电子，故 O_2 分子具有顺磁性。

由氧的元素电势图可知：标准态下氧气(O_2)在酸性介质中有较强氧化性，但在常温下，氧的化学性质不活泼，仅与一些强还原性物质(如 NO、$SnCl_2$、H_2SO_3 等)反应；在加热条件下，氧可把许多单质和化合物氧化。

臭氧(ozone，O_3)是氧的同素异形体，蓝色气体，沸点和熔点分别为 161 K 和 80 K，因其本身带有特殊的鱼腥臭味而得名(在稀薄状态下，闻起来有清新之感)。自然界中的臭氧存在于大气层的最上层，能吸收太阳光中大量的紫外线，是人类的保护伞。雷雨时在电火花的作用下也有少量臭氧生成。臭氧分子呈 V 形，中心原子为 sp^2 杂化，三个原子之间有 Π_3^4 键，O—O 之间的键介于单键和双键之间，如图 8.4 所示。

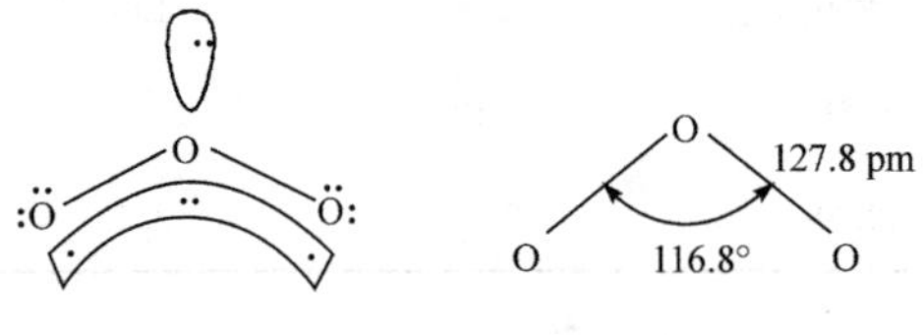

图 8.4　臭氧分子结构示意图

臭氧分子中没有单电子，具抗磁性。

O_3 不稳定，常温下即可分解成氧气，为放热反应：

$$2O_3(g) = 3O_2(g) \qquad \Delta H^\ominus = -285.4\ \text{kJ} \cdot \text{mol}^{-1}$$

由于 O_3 分子中 O—O 键能小于 O_2 分子中 O—O 键能，所以臭氧分子中 O—O 键更易断开；由标准电极电势值 $E^\ominus(O_3/H_2O) = +2.07$ V，$E^\ominus(O_3/OH^-) = +1.24$ V 也可知：臭氧具有比氧更强的氧化性。O_3 发生氧化还原反应时在碱性介质中生成 O_2 和 OH^-，在酸性介质中生成 O_2 和 H_2O。例如

$$PbS(s) + 4O_3(g) = PbSO_4(s) + 4O_2(g)$$

$$2Ag(s) + 2O_3(g) = Ag_2O_2(s) + 2O_2(g)$$

$$O_3(g) + XeO_3(s) + 2H_2O(l) = H_4XeO_6(s) + O_2(g)$$

臭氧可迅速且定量地氧化 I^- 成 I_2，可利用此反应测定 O_3 的含量：

$$O_3(g) + 2KI(aq) + H_2O(l) = I_2(s) + O_2(g) + 2KOH(aq)$$

利用臭氧的氧化性处理工业废气(如 SO_2、H_2S)或废水(如 CN^-、苯等)，既快速又彻底，而且可以减少二次污染：

$$O_3(g) + CN^-(aq) = OCN^-(aq) + O_2(g)$$

$$2OCN^-(aq) + 3O_3(g) = CO_3^{2-}(aq) + N_2(g) + 3O_2(g) + CO_2(g)$$

另外，臭氧在消毒、杀菌、漂白、脱色等方面具有极好的用途，其产物为氧气，不易导致二次污染。

现代科技产生的大量气体污染物是臭氧层的严重破坏者。例如，氟利昂、二氧化硫、硫化氢、氮氧化物等，它们同高空中的臭氧反应导致臭氧浓度下降，臭氧层变薄或出现空洞，导致更多的紫外线直接射向地面，对人类的生活造成严重的影响。

硫有多种同素异形体，其中常见的有斜方硫(菱形硫或 α-硫)和单斜硫(β-硫)，均由环状结构的 S_8 分子组成，各 S_8 分子之间以分子间力结合，故其熔点低。S_8 分子中 S 原子采取 sp^3 不等性杂化，键长为 206 pm，内键角为 108°，两个面之间的夹角为 98°(图 8.5)。斜方硫和单斜硫只是 S_8 分子在晶格中的排列不同。斜方硫是室

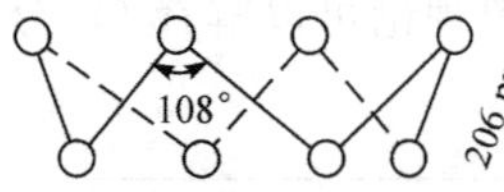

图 8.5　S_8 分子结构

温下唯一稳定存在的硫的同素异形体。当斜方硫加热到 369 K 时，不经熔化就可转变成单斜硫。单斜硫在低于 369 K 时又会缓慢转变成斜方硫。当把单质硫加热到 433 K 时，S_8 环状结构被破坏成链状并聚合成长链，此时液态硫的颜色变深，黏度增大。当温度高于 563 K 时，长链又会变成短链，黏度下降。

硫是活泼的非金属元素，常见的氧化态为 −2、0、+4 和 +6，但其活性不如氧。硫可与除金、铂外所有金属直接加热反应生成金属硫化物，显示氧化性：

$$Fe(s)+S(s)\xlongequal{\triangle}FeS(s)$$

$$Cu(s)+S(s)\xlongequal{\triangle}CuS(s)$$

$$Hg(s)+S(s)\xlongequal{\triangle}HgS(s)$$

硫可与除稀有气体、碘、氮以外的大多数非金属元素化合：

$$S(s)+O_2(g)\xlongequal{}SO_2(g)$$

$$S(s)+3F_2(g)\xlongequal{}SF_6(g)$$

$$2S(s)+C(s)\xlongequal{\triangle}CS_2(l)$$

硫与氧化性的酸反应，显示还原性，生成硫酸或二氧化硫：

$$S(s)+2HNO_3(aq,浓)\xlongequal{}H_2SO_4(aq)+2NO(g)$$

$$S(s)+2H_2SO_4(aq,浓)\xlongequal{\triangle}3SO_2(g)+2H_2O(l)$$

硫在浓的氢氧化钠溶液中加热发生歧化：

$$3S(s)+6NaOH(aq)\xlongequal{}2Na_2S(aq)+Na_2SO_3(aq)+3H_2O(l)$$

硒有晶态硒和无定形硒两类同素异形体。硒是半导体，在光照下导电性可提高近千倍，可用来制造整流器和光电池材料。碲是银白色晶体，也是半导体。硒和碲均有毒，硒的毒性较大，与砒霜相似。Se 和 Te 化学性质与 S 相似，但不如 S 活泼。

2）制备

氧气的制备方法很多，其化学实质是将化合物中 −2 价的氧氧化成单质。例如

$$2HgO(s)\xlongequal{\triangle}2Hg(l)+O_2(g)$$

$$2BaO_2(s)\xlongequal{\triangle}2BaO(s)+O_2(g)$$

实验室中常使用 $KClO_3$ 在 MnO_2 为催化剂的条件下热分解制备氧气：

$$2KClO_3(s)\xlongequal[MnO_2]{473\ K}2KCl(s)+3O_2(g)$$

工业上则采用分馏液态空气的办法制备氧气，其纯度可达 99.5%。

硫单质主要是从黄铁矿中提取的，反应为

$$3FeS_2(s)+12C(s)+8O_2(g)\xlongequal{}Fe_3O_4(s)+12CO(g)+6S(s)$$

2. 氧化物

在高温下，氧气能与除卤素、少数贵金属（如 Au、Pt 等）以及稀有气体外的几乎所有元素化合成相应的氧化物。

具有可变氧化态的元素单质在氧气充足的条件下可得到高氧化态的氧化物；若氧气

不足，则得到低价氧化物。例如

$$4P(s)+3O_2(g,不足)=\!=\!=P_4O_6(s)$$

$$4P(s)+5O_2(g,充足)=\!=\!=P_4O_{10}(s)$$

$$S(s)+O_2(g)=\!=\!=SO_2(g)$$

另外，具有还原性的气体在氧气中燃烧，得到相应氧化物：

$$2H_2S(g)+3O_2(g)\xlongequal{点燃}2SO_2(g)+2H_2O(l)$$

$$4NH_3(g)+3O_2(g)\xlongequal{点燃}2N_2(g)+6H_2O(l)$$

金属氧化物也可通过金属氢氧化物或含氧酸盐热分解获得：

$$Cu(OH)_2(s)=\!=\!=CuO(s)+H_2O(g)$$

$$CaCO_3(s)=\!=\!=CaO(s)+CO_2(g)$$

$$2Pb(NO_3)_2(s)=\!=\!=2PbO(s)+4NO_2(g)+O_2(g)$$

氧化物按组成，可分为金属氧化物和非金属氧化物；按化学键键型，可分为离子型氧化物和共价型氧化物；而按氧化物的酸碱性，则可分为以下四类。

1）酸性氧化物

多数非金属氧化物属于酸性氧化物，如 CO_2、SO_2、SO_3、P_4O_{10}、N_2O_3 等，它们与水反应生成相应的含氧酸：

$$SO_3(g)+H_2O(l)=\!=\!=H_2SO_4(l)$$

$$P_4O_{10}(s)+6H_2O(l)=\!=\!=4H_3PO_4(l)$$

只能与碱共熔生成盐的氧化物，如 SiO_2：

$$SiO_2(s)+2NaOH(l)=\!=\!=Na_2SiO_3(l)+H_2O(g)$$

2）碱性氧化物

多数金属氧化物属于碱性氧化物，如 Li_2O、Na_2O、MgO、Ag_2O 等，它们能与水反应生成相应的氢氧化物或与酸反应生成对应的盐：

$$Na_2O(s)+H_2O(l)=\!=\!=2NaOH(s)$$

$$MgO(s)+H_2O(l)=\!=\!=Mg(OH)_2(s)$$

$$Ag_2O(s)+2HNO_3(aq)=\!=\!=2AgNO_3(aq)$$

3）两性氧化物

两性氧化物是指既能与酸反应又能与碱反应生成对应的盐和水的氧化物，少数金属氧化物属于两性氧化物，如 BeO、Al_2O_3、Cr_2O_3、ZnO 等。

$$Al_2O_3(s)+6HCl(aq)=\!=\!=2AlCl_3(aq)+3H_2O(l)$$

$$Al_2O_3(s)+2NaOH(aq)=\!=\!=2NaAlO_2(aq)+H_2O(l)$$

4）中性氧化物

中性氧化物是指既不与酸反应也不与碱反应的氧化物，如 CO、NO、N_2O。

同一周期元素最高氧化态氧化物从左至右碱性依次减弱，而酸性依次增强。例如，碱性 $Na_2O>MgO>Al_2O_3$，酸性 $SiO_2<P_2O_5<SO_3<Cl_2O_7$。

同一主族元素，同氧化态，氧化物的碱性自上而下依次增强，而酸性依次减弱。例如，碱性 $BeO<MgO<CaO<SrO<BaO$，酸性 $N_2O_5>P_2O_5>As_2O_5>Sb_2O_5>Bi_2O_5$。

同一元素，高氧化态的氧化物的酸性强于低氧化态的氧化物，低氧化态的氧化物的碱性强于高氧化态的氧化物。例如，酸性 $Mn_2O_7>MnO_3>MnO_2$，碱性 $MnO>MnO_2$。

此外，还有一些氧化物是由不同氧化态的氧化物混合而成，如 $Fe_3O_4(FeO\cdot Fe_2O_3)$、$Pb_2O_3(PbO\cdot PbO_2)$ 和 $Pr_6O_{11}(Pr_2O_3\cdot 4PrO_2)$ 等。

3. 水和过氧化氢

水是最简单也是最重要的氧化物，由于氢和氧分别有三种同位素，所以自然界中有 9 种不同的水分子，其中以 $H_2^{16}O$ 最多。$D_2^{16}O$ 称为重水，是核反应中常用的中子减速剂，不能用于维持生命。

水分子中氧原子为 sp^3 不等性杂化，由于孤对电子的斥力导致 H—O—H 夹角为 104°30′。水分子之间由于氢键会自发地聚合成多聚体，该过程是一个放热过程。随着温度的降低，缔合度增大，在 273 K 液态水凝结成冰。

水对热表现出高的稳定性，加热至 2000 ℃以上才会有少量分解成氢气和氧气。

水是好的极性溶剂，能溶解很多盐类和部分共价化合物。

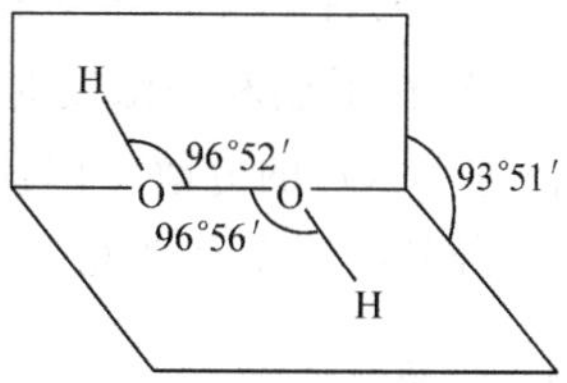

图 8.6　过氧化氢分子结构示意图

过氧化氢(hydrogen peroxide) H_2O_2，俗称“双氧水”，是重要的化学试剂和医疗消毒剂。过氧化氢分子中氧原子为 sp^3 不等性杂化，两个氧原子形成一个过氧键(—O—O—)，氢原子处于过氧键的两侧，但不共面，如图 8.6 所示。因此过氧化氢为极性分子，其极性比水大。纯的过氧化氢为淡蓝色的黏稠液体，分子间具有强的氢键，沸点比水高(423 K)，熔点则与水接近(272 K)。H_2O_2 可与水以任意比例互溶。

过氧化氢是一种比水稍强的弱酸，不能使石蕊试纸变红，但能与碱反应：

$$H_2O_2(aq)+Ba(OH)_2(aq)=\!=\!=BaO_2(s)+2H_2O(l)$$

过氧化氢中过氧键—O—O—是单键，键能小(204.2 kJ · mol⁻¹)，处于中间氧化态(−1)，因此过氧化氢既显氧化性，又显还原性。由标准电极电势：

$$H_2O_2(aq)+2H^+(aq)+2e^-=\!=\!=2H_2O(l)\qquad E_A^\ominus=1.776\ V$$

$$HO_2^-(aq)+H_2O(l)+2e^-=\!=\!=3OH^-(aq)\qquad E_B^\ominus=0.878\ V$$

可知在酸性和碱性条件下过氧化氢均为强氧化剂。例如

$$H_2O_2(aq)+2HI(aq)=\!=\!=I_2(s)+2H_2O(l)$$

此反应可用于定性和定量测定 H_2O_2 和过氧化物含量。

$$PbS(s)+4H_2O_2(aq)=\!=\!=PbSO_4(s)+4H_2O(l)$$

此反应把黑色的 PbS 氧化为白色的 $PbSO_4$，可用于油画的翻新。

$$H_2O_2(aq)+2FeSO_4(aq)+H_2SO_4(aq)=\!=\!=Fe_2(SO_4)_3(aq)+2H_2O(l)$$

$$H_2O_2(aq)+Mn(OH)_2(s)=\!=\!=MnO_2(s)+2H_2O(l)$$

利用过氧化氢的氧化性可漂白织物、杀菌消毒。纯的过氧化氢还可用作火箭燃料的氧化剂。

由下面的标准电极电势可看出：

$$O_2(g) + 2H^+(aq) + 2e^- \longrightarrow H_2O_2(l) \qquad E_A^\ominus = 0.695\ V$$

$$O_2(g) + H_2O(l) + 2e^- \longrightarrow HO_2^-(aq) + OH^-(aq) \qquad E_B^\ominus = -0.076\ V$$

H_2O_2 在酸性条件下还原性不强，在碱性条件下是一种中等强度的还原剂。例如

$$H_2O_2(aq) + Ag_2O(s) \longrightarrow 2Ag(s) + O_2(g) + H_2O(l)$$

$$H_2O_2(aq) + Cl_2(g) \longrightarrow 2HCl(aq) + O_2(g)$$

后一个反应可用于业上除氯。

从元素电势图看：

$$E_A^\ominus/V \qquad O_2 \overset{0.68}{\text{————}} H_2O_2 \overset{1.78}{\text{————}} H_2O$$

$$E_B^\ominus/V \qquad O_2 \overset{-0.08}{\text{————}} HO_2^- \overset{0.87}{\text{————}} OH^-$$

过氧化氢在酸性和碱性条件下均不稳定，会发生歧化。例如

$$2H_2O_2(l) \longrightarrow 2H_2O(l) + O_2(g) \qquad \Delta G^\ominus = -116.68\ kJ \cdot mol^{-1}$$

H_2O_2 在低温和高浓度时是较稳定的，426 K 以上猛烈分解。另外重金属离子、光照都会促进 H_2O_2 的分解。因此过氧化氢应装在棕色瓶存放于阴凉处，并加入锡酸钠、焦磷酸钠、8-羟基喹啉等作为稳定剂抑制杂质的催化作用。

4. 硫的化合物

硫的主要化合物包括硫化氢、硫化物、多硫化物以及含氧化合物等。

1）硫化氢

硫化氢是一种具有臭鸡蛋气味的无色、有毒气体，在空气中体积分数超过 0.1%就会引起头疼、晕眩等不适症状，吸入大量硫化氢会导致死亡。H_2S 分子构型为 V 形，键角为 92 °，表明 S 原子基本以 3p 轨道与氢原子成键。由于 S 原子半径比 O 大，电负性比 O 小，因此 H_2S 的热稳定性远比 H_2O 差，在 400 ℃时分解为 H_2 和 S。而且由于 S—H 键的极性比 O—H 键小，H_2S 分子的极性也小于 H_2O 的极性。在 H_2S 分子间基本上不存在氢键。

硫与氢气能直接化合生成硫化氢：

$$S(s) + H_2(g) \longrightarrow H_2S(g)$$

在实验室中常通过金属硫化物与稀酸反应来制备：

$$FeS(s) + H_2SO_4(aq, 稀) \longrightarrow H_2S(g) + FeSO_4(aq)$$

$$Na_2S(s) + H_2SO_4(aq, 稀) \longrightarrow H_2S(g) + Na_2SO_4(aq)$$

硫化氢中的硫处于其最低氧化态，由标准电极电势：

$$S + 2H^+ + 2e^- \longrightarrow H_2S \qquad E_A^\ominus = 0.144V$$

$$S + 2e^- \longrightarrow S^{2-} \qquad E_B^\ominus = -0.407\ V$$

可知 H_2S 在酸性和碱性条件下均显强的还原性。例如

$$H_2S(g) + I_2(aq) \longrightarrow S(s) + 2HI(aq)$$

$$H_2S(g) + 2Fe^{3+}(aq) \longrightarrow 2Fe^{2+}(aq) + S(s) + 2H^+(aq)$$

当遇到更强氧化剂时，H_2S 被氧化为硫酸：

$$H_2S(g)+4Br_2(l)+4H_2O(l)=\!=\!=H_2SO_4(aq)+8HBr(aq)$$

硫化氢可燃烧，燃烧产物随着氧气量的不同而不同：

$$2H_2S(g)+O_2(g,\text{不足})=\!=\!=2S(s)+2H_2O(l)$$

$$2H_2S(g)+3O_2(g,\text{充足})=\!=\!=2SO_2(g)+2H_2O(l)$$

硫化氢的水溶液称为氢硫酸。室温下，1 体积水可溶解 2.6 体积的硫化氢，浓度约为 0.10 $mol \cdot dm^{-3}$。氢硫酸是二元弱酸。氢硫酸暴露在空气中，由于部分 H_2S 被氧化成 S 易变浑浊，因此需用时临时配制。

2) 硫化物与多硫化物

硫化物中，主要以金属硫化物为主，非金属硫化物较少。金属硫化物可以看成是氢硫酸盐。因为 H_2S 为二元酸，可形成酸式盐和正盐。酸式盐皆溶于水，而正盐除碱金属、碱土金属和铵外，大多难溶于水，并具有特征颜色。这是因为 S^{2-} 半径大，变形性大，金属的极化能力越强，硫化物的共价性越显著，在水中的溶解度就越小。可利用硫化物小的溶解度除去溶液中的重金属离子。

可溶性的硫化物易水解。例如

$$Na_2S(aq)+H_2O(l)=\!=\!=NaOH(aq)+NaHS(aq)$$

$$2CaS(aq)+2H_2O(l)=\!=\!=Ca(OH)_2(s)+Ca(HS)_2(aq)$$

在可溶性硫化物的浓溶液中加入硫粉，可得到相应的多硫化物：

$$Na_2S(aq)+(x-1)S(s)=\!=\!=Na_2S_x(aq)$$

$$(NH_4)_2S(aq)+(x-1)S(s)=\!=\!=(NH_4)_2S_x(aq)$$

多硫化物的颜色随着硫的个数增加而加深，从无色到黄色、橙黄色到最深的红色。多硫阴离子一般具有链状结构，硫原子间通过共用电子对相连。

含有两个相连硫原子的硫化物称为"过硫化物"，如 Na_2S_2。与过氧化物相似，过硫化物也有氧化性，但弱于过氧化物，如过硫化钠能氧化硫化亚锡：

$$SnS(s)+Na_2S_2(aq)=\!=\!=Na_2SnS_3(aq)$$

多硫化物在酸性溶液中不稳定，易分解：

$$M_2S_x(aq)+2H^+(aq)=\!=\!=2M^+(aq)+(x-1)S(s)+H_2S(g)$$

多硫化物是分析化学中的常用试剂；Na_2S_2 是制革工业中的脱毛剂；黄铁矿 FeS_2 是硫酸工业的重要原料；CaS_4 是农业中的杀虫剂"石灰硫"。

硫化物酸碱性与氧化物相似，也可分为酸性、碱性、两性硫化物。例如

H_2S	NaHS	Na_2S	As_2S_3	As_2S_5	Na_2S_2
H_2O	NaOH	Na_2O	As_2O_3	As_2O_5	Na_2O_2
酸性	碱性	碱性	两性、还原性	酸性	碱性、氧化性

但通常硫化物酸性弱于对应的氧化物。它们的酸碱变化规律与氧化物类似。

3) 硫的含氧化合物

硫能形成多种含氧化合物，主要包括 SO_2、SO_3 以及它们作为酸酐形成的酸和盐。一些重要的硫的含氧酸列于表 8.7。

表 8.7　一些重要的硫的含氧酸

分　类	名　称	化学式	硫的平均氧化态	结构式	存在形式
亚硫酸系列	亚硫酸	H_2SO_3	+4	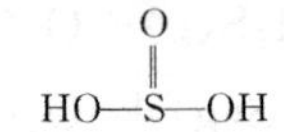	盐
	连二亚硫酸	$H_2S_2O_4$	+3	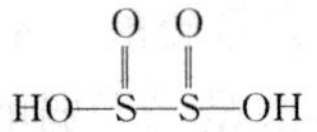	盐
硫酸系列	硫酸	H_2SO_4	+6	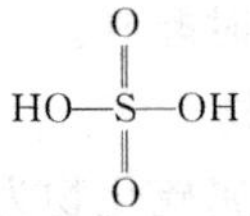	酸、盐
	焦硫酸	$H_2S_2O_7$	+6	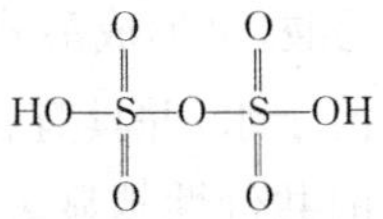	酸、盐
	硫代硫酸	$H_2S_2O_3$	+2	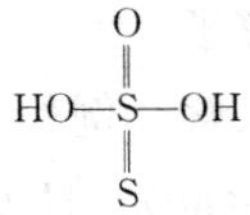	盐
连硫酸系列	连四硫酸	$H_2S_4O_6$	+2.5	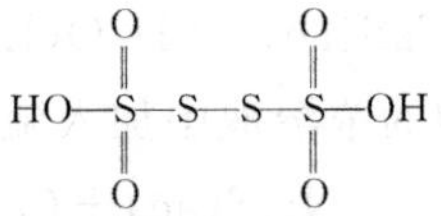	盐
	连多硫酸	$H_2S_xO_4$ $(x=3\sim6)$		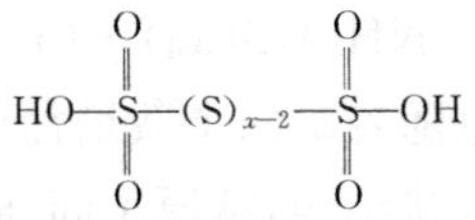	盐
过硫酸系列	过一硫酸	H_2SO_5	+6	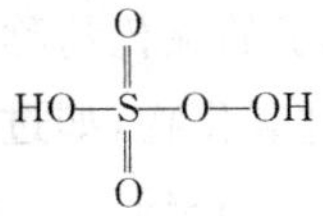	盐
	过二硫酸	$H_2S_2O_8$	+6	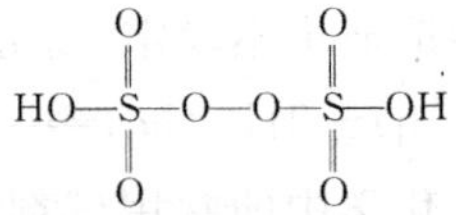	酸、盐

(1) 二氧化硫和亚硫酸。二氧化硫是一种具有刺激性和恶臭的无色气体。SO_2 分子结构与 O_3 相似，呈 V 形，中心硫原子为 sp^2 杂化，分子中存在 Π_3^4 键。

SO_2 是极性分子，易溶于水，1 体积水可溶解 40 体积的二氧化硫。

二氧化硫易液化，在液态中存在以下平衡：

$$2SO_2 \rightleftharpoons SO^{2+} + SO_3^{2-}$$

因此液态二氧化硫是一种良好的非质子性极性溶剂。

二氧化硫中的硫原子呈中间氧化态，因此二氧化硫既有氧化性，又有还原性，但以还原性为主。例如

$$I_2(s) + SO_2(g) + 2H_2O(l) = H_2SO_4(aq) + 2HI(aq)$$

$$2SO_2(g)+O_2(g)\xlongequal[723\ K]{V_2O_5}2SO_3(g)$$

在遇到强还原剂时二氧化硫表现出氧化性。例如

$$SO_2(g)+2H_2S(g)\xlongequal{\quad}3S(s)+2H_2O(l)$$

二氧化硫分子能与一些有机色素分子结合形成无色的有机物，可用作漂白剂。

二氧化硫是一种大气污染物，是酸雨的成因之一。

二氧化硫可通过以下多种方法制备：

$$S(s)+O_2(g)\xlongequal{\quad}SO_2(g)$$

$$4FeS_2(s)+11O_2(g)\xlongequal{\quad}2Fe_2O_3(s)+8SO_2(g)$$

$$Na_2SO_3(aq)+H_2SO_4(aq,稀)\xlongequal{\quad}Na_2SO_4(aq)+SO_2(g)+H_2O(l)$$

二氧化硫是亚硫酸的酸酐。亚硫酸不稳定，只能存在于水溶液中。亚硫酸是二元弱酸，可形成酸式盐和正盐。碱金属及铵的亚硫酸盐易溶于水，其他亚硫酸盐难(或微)溶于水，但溶于强酸。亚硫酸氢盐的溶解度大于相应的正盐。亚硫酸及其盐既有氧化性，又有还原性。例如

$$H_2SO_3(aq)+I_2(s)+H_2O(l)\xlongequal{\quad}H_2SO_4(aq)+2HI(aq)$$

$$2Na_2SO_3(aq)+O_2(g)\xlongequal{\quad}2Na_2SO_4(aq)$$

$$H_2SO_3(aq)+2H_2S(g)\xlongequal{\quad}3S(s)+3H_2O(l)$$

由硫的元素电势图(图 8.3)可以看出，亚硫酸及其盐在酸性或碱性条件下均可发生歧化：

$$4Na_2SO_3(s)\xlongequal{\triangle}3Na_2SO_4(s)+Na_2S(s)$$

$$3H_2SO_3(aq)\xlongequal{\triangle}2H_2SO_4(aq)+S(s)+H_2O(l)$$

亚硫酸盐遇酸分解放出 SO_2，这是实验室制备少量 SO_2 的方法。

(2) 三氧化硫和硫酸。二氧化硫在 V_2O_5 作催化剂，400 ℃时可被氧气氧化成三氧化硫。

纯的三氧化硫是无色易挥发的固体，熔点 289.8 K，沸点 317.8 K。气态的三氧化硫分子呈平面正三角形，中心硫原子为 sp^2 杂化，分子中存在 Π_4^6 键。

三氧化硫具有强氧化性，在高温下能将氧化磷、碘化物和铁、锌等金属氧化：

$$5SO_3(g)+2P(s)\xlongequal{\quad}5SO_2(g)+P_2O_5(s)$$

$$SO_3(g)+2KI(s)\xlongequal{\quad}K_2SO_3(s)+I_2(s)$$

三氧化硫极易与水反应生成硫酸，并放出大量的热。三氧化硫溶于硫酸中形成发烟硫酸(含 SO_3 20%～30%和 50%～53%两种)。

硫酸是重要的化工原料。我国目前主要采用接触法生产硫酸，产品浓度为 98.3%。在硫酸分子中，硫原子为 sp^3 不等性杂化，含两个单键和两个双键。纯的硫酸是无色油状液体，凝固点为 283 K，沸点为 611 K。硫酸分子间能形成氢键，是高沸点酸，可利用这一性质制备挥发性酸。

$$Na_2SO_3(s)+2H_2SO_4(aq,浓)\xlongequal{\quad}2NaHSO_4(s)+H_2O(l)+SO_2(g)$$

$$NaCl(s)+H_2SO_4(aq,浓)\xlongequal{\quad}NaHSO_4(s)+HCl(g)$$

在混合硫酸与水时，要注意只能在搅拌的过程中将硫酸缓缓倾入水中，而绝不能把水倒入硫酸中，否则会发生剧烈的反应，出现迸溅现象；在浓硫酸溶液中如果进行有水生成的反应也会发生迸溅。如不小心将硫酸洒在皮肤上，勿用力摩擦，应立即用大量的水冲洗，再用稀氨水浸润伤处后用水冲洗。浓硫酸可用来作干燥剂，干燥氯气、氢气和二氧化碳等气体。

浓硫酸具有强的吸水性和脱水性，可使有机物如葡萄糖等脱水碳化：

$$C_{12}H_{22}O_{11}(s)\xlongequal{\text{浓硫酸}}12C(s)+11H_2O(l)$$

稀硫酸的氧化性是由氢离子引起的：

$$Fe(s)+H_2SO_4(aq,\text{稀})=\!=\!=FeSO_4(aq)+H_2(g)$$

而浓硫酸的氧化性是由其+6价的硫引起的。在加热时浓硫酸的氧化性更强，其还原产物一般为二氧化硫：

$$C(s)+2H_2SO_4(aq,\text{浓})=\!=\!=CO_2(g)+2SO_2(g)+2H_2O(l)$$

$$Cu(s)+2H_2SO_4(aq,\text{浓})=\!=\!=CuSO_4(aq)+SO_2(g)+2H_2O(l)$$

金和铂在加热时也不与浓硫酸反应。

冷的浓硫酸与铁、铝等金属作用会在金属表面生成一层致密的保护膜，而使金属不继续与酸反应，这种现象称为“钝化”。所以可用铁、铝容器盛放浓硫酸。

硫酸是二元强酸，稀溶液中其第一步解离是完全的，第二步解离程度较低。硫酸能生成正盐和酸式盐。硫酸的酸式盐只有碱金属能形成固态盐。酸式盐易溶于水，因 HSO_4^- 的电离而呈酸性。

硫酸的正盐除硫酸锶、硫酸钡、硫酸铅难溶，硫酸钙和硫酸银微溶外，一般易溶于水。硫酸盐多带有结晶水，如蓝矾($CuSO_4\cdot 5H_2O$)、绿矾($FeSO_4\cdot 7H_2O$)、皓矾($ZnSO_4\cdot 7H_2O$)等。硫酸盐有形成复盐的趋势，如著名的莫尔盐[$(NH_4)_2SO_4\cdot FeSO_4\cdot 6H_2O$]、明矾[$K_2SO_4\cdot Al_2(SO_4)_3\cdot 24H_2O$]等。硫酸盐用途广泛。例如，明矾曾用作净水剂；蓝矾是消毒剂；绿矾是农药等。

由于硫酸根难以被极化而变形，所以硫酸盐均为离子晶体。硫酸盐的热稳定性和分解产物与阳离子的半径、电荷和电子构型有关。硫酸盐受热分解成金属氧化物和三氧化硫。例如

$$MgSO_4(s)=\!=\!=MgO(s)+SO_3(g)$$

具有8电子构型和低电荷的碱金属、碱土金属硫酸盐较稳定，如 K_2SO_4、$BaSO_4$ 在 1273 K 时也不分解。具有18电子构型、9～17电子构型和高电荷的金属硫酸盐，由于阳离子的离子极化作用很强，热稳定性较差。

与亚硫酸氢盐类似，两分子的硫酸氢盐脱水可得到焦硫酸盐，硫原子在此过程中氧化态不变：

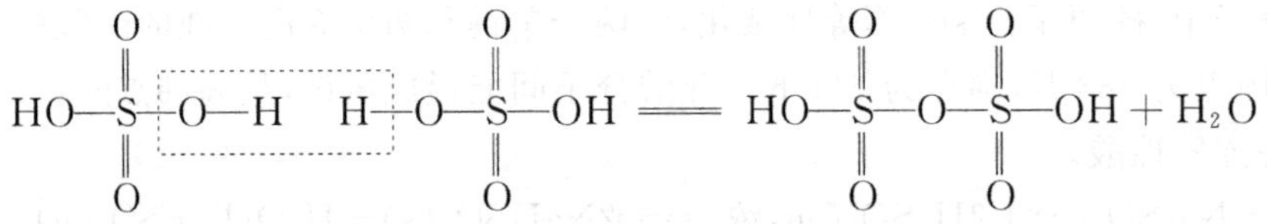

$$2NaHSO_4(s)\xlongequal{\triangle}Na_2S_2O_7(s)+H_2O(l)$$

焦硫酸比浓硫酸具有更强的氧化性、吸水性和腐蚀性，主要用来作熔矿剂，将矿物转变成可溶性盐：

$$Fe_2O_3(s)+3K_2S_2O_7(s)\xlongequal{\triangle}Fe_2(SO_4)_3(s)+3K_2SO_4(s)$$

$$Al_2O_3(s)+3K_2S_2O_7(s)\xlongequal{\triangle}Al_2(SO_4)_3(s)+3K_2SO_4(s)$$

(3) 硫代硫酸及其盐*。硫代硫酸 $H_2S_2O_3$ 可看成是硫酸分子中一个氧原子被硫原子取代的产物。硫代硫酸不稳定，易分解成单质硫和亚硫酸，得不到纯品，只能以盐的形式存在，如 $Na_2S_2O_3\cdot 5H_2O$。$S_2O_3^{2-}$ 的构型和 SO_4^{2-} 相似，均为四面体。

硫代硫酸钠俗称“海波”或“大苏打”，无色透明晶体，易溶于水，可通过亚硫酸钠与硫反应制备：

$$Na_2SO_3(aq)+S(s)\xlongequal{\triangle}Na_2S_2O_3(aq)$$

或者将 SO_2 通入 Na_2S 和 Na_2CO_3 的混合液中也可制得硫代硫酸钠：

$$2Na_2S(aq)+Na_2CO_3(aq)+4SO_2(g)=\!=\!=3Na_2S_2O_3(aq)+CO_2(g)$$

硫代硫酸钠在中性或碱性条件下稳定，在酸性条件下易分解出单质硫和 SO_2 气体：

$$Na_2S_2O_3(aq)+2HCl(aq)=\!=\!=2NaCl(aq)+S(s)+SO_2(g)+H_2O(l)$$

硫代硫酸钠具有还原性，分析化学中的“碘量法”就是利用硫代硫酸钠与单质碘定量反应生成连四硫酸钠：

$$2Na_2S_2O_3(aq)+I_2(s)=\!=\!=Na_2S_4O_6(aq)+2NaI(aq)$$

强的氧化剂可将硫代硫酸钠氧化成硫酸钠：

$$Na_2S_2O_3(aq)+4Cl_2(g)+5H_2O(l)=\!=\!=Na_2SO_4(aq)+H_2SO_4(aq)+8HCl(aq)$$

硫代硫酸根具有好的配位性能，可与一些金属离子形成稳定的配离子，如难溶的 AgBr 可溶于 $Na_2S_2O_3$ 溶液中，定影液就利用了这一反应：

$$AgBr(s)+2Na_2S_2O_3(aq)=\!=\!=Na_3[Ag(S_2O_3)_2](aq)+NaBr(aq)$$

(4) 过硫酸及其盐*。含有过氧键的含氧酸通常称为“过某酸”。过硫酸可看成是过氧化氢H—O—O—H分子中的氢原子被磺酸基(—SO_3H)取代的产物。一个氢被取代的产物称为过一硫酸，两个氢都被取代的产物称为过二硫酸。在过硫酸中，硫原子的氧化数为+6，其中过氧键的两个氧原子氧化数为−1，因此过硫酸及其盐通常显强的氧化性和不稳定性，其标准电极电势为 $E_A^{\ominus}(S_2O_8^{2-}/SO_4^{2-})=1.96\ V$，可将单质铜直接氧化成盐：

$$Cu(s)+K_2S_2O_8(s)=\!=\!=CuSO_4(s)+K_2SO_4(s)$$

在 Ag^+ 催化下，过二硫酸盐能将 Mn^{2+} 氧化成 MnO_4^-：

$$2Mn^{2+}(aq)+5S_2O_8^{2-}(aq)+8H_2O(l)=\!=\!=2MnO_4^-(aq)+10SO_4^{2-}(aq)+16H^+(aq)$$

过二硫酸盐不稳定，加热分解成硫酸盐、三氧化硫和氧气：

$$2K_2S_2O_8(s)\xlongequal{\triangle}2K_2SO_4(s)+2SO_3(g)+O_2(g)$$

(5) 连硫酸及其盐*。在含氧酸分子中如果超过 1 个成酸原子直接相连，称其为“连某酸”。根据相连的成酸原子数目，称为“连几某酸”。连硫酸的通式是 $H_2S_xO_6(x=2\sim6)$。常见的连硫酸有连二硫酸、连三硫酸、连四硫酸等。连二亚硫酸 $H_2S_2O_4$ 的结构为

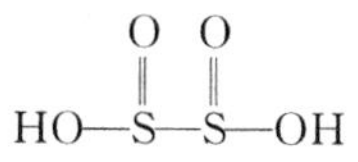

其中硫原子的氧化数为+3。$H_2S_2O_4$ 是二元弱酸，不稳定，遇水分解：

$$2H_2S_2O_4(l)+H_2O(l)=\!=\!=H_2S_2O_3(aq)+2H_2SO_3(aq)$$

连二亚硫酸盐较稳定。$Na_2S_2O_4\cdot 2H_2O$ 俗称“保险粉”，是常用的还原剂，可通过锌粉还原亚硫酸

氢钠制备：

$$2NaHSO_3(aq)+Zn(s)═══Na_2S_2O_4(aq)+Zn(OH)_2(s)$$

在碱性条件下，$Na_2S_2O_4$ 是强的还原剂，能把 MnO_4^-、IO_3^-、I_2、H_2O_2、O_2 等还原，还能把 Cu^+、Ag^+、Pb^{2+}、Bi^{3+}、Sb^{3+} 等还原为金属。$Na_2S_2O_4$ 能吸收空气中的氧，故常用于混合气体中氧的脱去，作脱氧剂：

$$2Na_2S_2O_4(s)+O_2(g)+2H_2O(l)═══4NaHSO_3(s)$$

$$Na_2S_2O_4(s)+O_2(g)+H_2O(l)═══NaHSO_3(s)+NaHSO_4(s)$$

由硫的元素电势图(图 8.3)可见，无论在酸性或碱性溶液中，$S_2O_4^{2-}$ 在热力学上是不稳定的，因此在固态和水中都易歧化分解：

$$2Na_2S_2O_4(s)\overset{\triangle}{═══}Na_2S_2O_3(s)+Na_2SO_3(s)+SO_2(g)$$

$$2Na_2S_2O_4(s)+H_2O(l)═══Na_2S_2O_3(aq)+2NaHSO_3(aq)$$

5. *硒和碲的化合物**

1) 氢化物

硒和碲均可与氢气化合生成氢化物。H_2Se 和 H_2Te 都是无色具有恶臭的气体，毒性比 H_2S 大。与卤化氢的水溶液类似，H_2S、H_2Se 和 H_2Te 水溶液的酸性依次增强，但都属于弱酸。

2) 硒和碲的含氧化合物

硒和碲及其氢化物在空气中燃烧的产物为 SeO_2 和 TeO_2，均为固体。SeO_2 溶于水得到亚硒酸 H_2SeO_3。TeO_2 难溶于水，制备亚碲酸可用如下反应：

$$TeO_2(s)+2NaOH(aq)═══Na_2TeO_3(aq)+H_2O(l)$$

$$Na_2TeO_3(aq)+2HNO_3(aq)═══2NaNO_3(aq)+H_2TeO_3(s)$$

亚硒酸与亚碲酸均为二元弱酸，酸性不如亚硫酸。但在酸性条件下，H_2SeO_3 氧化性比 H_2SO_3 更强，能氧化硫化氢，碘离子等。

硒酸 H_2SeO_4 是强酸，而原碲酸 H_6TeO_6 是弱酸。硒酸和原碲酸均具有强氧化性。

8.2.3 氮族元素

氮族元素(nitrogen group element)位于周期表中的ⅤA 族，包括氮(nitrogen)、磷(phosphorous)、砷(arsenic)、锑(antimony)和铋(bismuth)。氮和磷都是非金属元素，都是重要的生命元素。氮主要以单质的形式存在于大气中，占大气体积的 78.1%。氮在地壳中是以硝酸盐的形式存在，如智利硝石($NaNO_3$)等。磷在自然界中主要存在形式是磷酸盐，如磷灰石[$Ca_5(PO_4)_3F$]、磷酸钙矿[$Ca_3(PO_4)_2\cdot H_2O$]等。砷、锑和铋主要以硫化物形式存在，如雄黄(As_4S_4)、雌黄(As_2S_3)、砷硫铁矿(FeAsS)、辉锑矿(Sb_2S_3)、辉铋矿(Bi_2S_3)、黄锑矿($Sb_2O_3\cdot Sb_2O_5\cdot 2H_2O$)、铋华($Bi_2O_3$)。我国锑的储量占世界第一位。

氮族元素的一些性质列于表 8.8。

表 8.8　氮族元素的一些性质

基本性质	N	P	As	Sb	Bi
价层电子结构	$2s^22p^3$	$3s^23p^3$	$4s^24p^3$	$5s^25p^3$	$6s^26p^3$
主要氧化态	−3,−2,−1,+1, +2,+3,+4,+5	−3,+1,+3,+5	−3,+3,+5	+3,+5	+3,+5
常压下状态	气态	固态	固态	固态	固态

续表

基本性质	N	P	As	Sb	Bi
熔点/℃	−210.01	44.15(白磷)	817	630.7	271.5
沸点/℃	−195.79	280.3(白磷)	615(升华)	1586	1564
熔化热/(kJ·mol^{-1})	0.720	0.659(P_4)	24.44	19.87	11.30
气化热/(kJ·mol^{-1})	5.577	56.5(P_4)		193.43	151
共价、原子半径/pm	70	110	121	145	154.7
X^{3-}离子半径/pm	146	212		245	213
X^{3+}离子半径/pm	16	44		76	103
X^{5+}离子半径/pm	13	38	46	60	76
第一电离能/(kJ·mol^{-1})	1402	1012	947	834	703
电子亲和能/(kJ·mol^{-1})	58	75	58	59	33
电负性/(Pauling 标度)	3.04	2.19	2.01	1.96	1.8

氮族的元素电势图见图 8.7。

$E^{\ominus}_{A}/V$

$$NO_3^- \xrightarrow{0.803} N_2O_4 \xrightarrow{1.07} HNO_2 \xrightarrow{0.996} NO \xrightarrow{1.59} N_2O \xrightarrow{1.77} N_2 \xrightarrow{-1.87} NH_3OH^+ \xrightarrow{1.42} N_2H_5^+ \xrightarrow{1.27} NH_4^+$$

(NO_3^-—NO: 0.96；NO_3^-—HNO_2: 0.94；N_2—$N_2H_5^+$: −0.23)

$$H_3PO_4 \xrightarrow{-0.276} H_3PO_2 \xrightarrow{-0.50} H_3PO_2 \xrightarrow{-0.51} P \xrightarrow{-0.1} P_2H_4 \xrightarrow{-0.006} PH_3$$

$$H_3As_3O_4 \xrightarrow{0.56} H_3As_3O_3 \xrightarrow{0.25} As \xrightarrow{-0.60} AsH_3$$

$$Sb_2O_5 \xrightarrow{0.56} SbO^+ \xrightarrow{0.21} Sb \xrightarrow{-0.51} SbH_3$$

$$Bi_2O_3 \xrightarrow{1.6} BiO^+ \xrightarrow{0.32} Bi \xrightarrow{-0.97} BiH_3$$

$E^{\ominus}_{B}/V$

$$NO^{3-} \xrightarrow{-0.86} N_2O_4 \xrightarrow{0.88} NO_2^- \xrightarrow{-0.46} NO \xrightarrow{0.76} N_2O \xrightarrow{0.94} N_2 \xrightarrow{-0.34} NH_2OH \longrightarrow N_2H_4 \xrightarrow{0.1} NH_3$$

(NO^{3-}—NO: 0.15；NO^{3-}—NO_2^-: 0.01；N_2—N_2H_4: −1.16)

$$PO_4^{3-} \xrightarrow{-1.12} HPO_3^{2-} \xrightarrow{-1.57} H_2PO_2^- \xrightarrow{-2.05} P \xrightarrow{-0.9} P_2H_4 \xrightarrow{-0.8} PH_2$$

$$AsO_4^{3-} \xrightarrow{-0.67} As_2O_3^{2-} \xrightarrow{-0.68} As \xrightarrow{-1.43} AsH_3$$

$$Sb(OH)_6^- \xrightarrow{0.56} Sb(OH)_4^- \xrightarrow{0.21} Sb \xrightarrow{-0.51} SbH_3$$

$$BiO_3^- \xrightarrow{0.56} BiO^+ \xrightarrow{-0.46} Bi \longrightarrow BiH_3$$

图 8.7　氮族元素的元素电势图

1. 单质

氮族元素由氮到铋，体现了活泼非金属—非金属—半金属—金属的完整过渡，这正是原子半径与有效核电荷两种因素竞争、影响元素性质所致。

1）氮

氮气是无色、无味气体，微溶于水，熔点 −210 ℃，沸点 −196 ℃。

在氮分子中每个氮原子提供 3 个价电子形成三重键，键能为 941.68 kJ · mol^{-1}，故氮气分子稳定性极高，在 3000 ℃时离解率仅为 0.1%，是已知双原子分子中最稳定的分子之一，可用作保护性气体。氮的化学活性主要在高温下表现。

在高温、高压并有催化剂存在的条件下，氮气可与氢气反应生成氨气：

$$N_2(g)+3H_2(g)\xlongequal[\text{催化剂}]{\text{高温、高压}}2NH_3(g)$$

在放电条件下氮气可与氧气化合成一氧化氮：

$$N_2(g)+O_2(g)\xlongequal{\text{放电}}2NO(g)$$

氮气能与碱金属和碱土金属反应形成离子型氮化物：

$$6Li(s)+N_2(g)\xlongequal{\triangle}2Li_3N(s)$$

$$3Ca(s)+N_2(g)\xlongequal{\triangle}Ca_3N_2(s)$$

硼在高温下可与氮气反应生成具有金刚石结构的$(BN)_n$大分子化合物。其他非金属元素的单质与氮气反应困难，仅在高温下才能反应。

工业上采用分馏法分离液态空气制备氮气。氮气中含有少量的水和氧气，可通过烧红的铜网和五氧化二磷分别除去，得到高纯氮气。

实验室中采用加热分解亚硝酸铵来制取少量氮气。由氮元素电势图（图 8.7）可见，NH_4^+ 和 NO_2^- 可自发发生逆歧化反应，生成 N_2。由于直接加热亚硝酸铵反应剧烈，所以通常用饱和的亚硝酸钠和氯化铵混合溶液加热制取：

$$NH_4Cl(aq)+NaNO_2(aq)\xlongequal{\triangle}NaCl(aq)+2H_2O(l)+N_2(g)$$

2）磷

磷有多种同素异形体，其中最重要的是白磷、红磷和黑磷。白磷（P_4）为正四面体构型，因表面易氧化成黄色的氧化物也称为黄磷，易溶于非极性溶剂中，熔点为 44 ℃，沸点为 280 ℃。白磷的燃点很低，为 40 ℃，在空气中会自燃，故应保存在水中。白磷剧毒，服入 0.1 g 即可致人死亡。

将白磷密闭加热可转化成红磷并放出热量。红磷是以共价键相连的链状巨分子，较稳定，室温下不与氧气反应。

将白磷密闭高压加热可获得黑磷。黑磷比红磷要稳定，具有片层结构。

白磷分子中磷与磷原子之间的化学键有较大的张力，不稳定，化学性质较活泼。白磷的蒸气与空气中的氧气反应发出可见光的现象称为磷光现象，红磷和黑磷的化学性质稳定，无此现象。在氧气不足的情况下生成 P_4O_6，而在氧气充足的情况下生成 P_4O_{10}：

$$P_4(s)+3O_2(g,\text{不足})=\!=\!=P_4O_6(s)$$

$$P_4(s)+5O_2(g,充足)=\!=\!=P_4O_{10}(s)$$

由磷元素电势图(图 8.7)可以看出,磷单质不稳定,遇水歧化分解,但此反应进行得很缓慢,因此可在水中保存磷。在碱性条件下,磷的歧化反应更易进行:

$$P_4(s)+6H_2O(l)=\!=\!=PH_3(g)+3H_3PO_2(aq)$$

$$P_4(s)+3NaOH(aq)+3H_2O(l)=\!=\!=3NaH_2PO_2(aq)+PH_3(g)$$

白磷与卤素单质能剧烈反应,生成三卤化物或五卤化物:

$$P_4(s)+6Cl_2(g,不足)=\!=\!=4PCl_3(l)$$

$$P_4(s)+10Cl_2(g,充足)=\!=\!=4PCl_5(s)$$

白磷具有强的还原性[$E_A^{\ominus}(PO_4^{3-}/P)=0.41\ V$],能与具有氧化性的金属离子反应,将其还原为单质:

$$P_4(s)+10CuSO_4(aq)+16H_2O(l)=\!=\!=10Cu(s)+4H_3PO_4(aq)+10H_2SO_4(aq)$$

白磷还可进一步与铜反应生成磷化物:

$$P_4(s)+12Cu(s)=\!=\!=4Cu_3P(s)$$

因此,可用硫酸铜作为白磷的解毒剂。

磷单质可通过如下反应制备:

$$2Ca_3(PO_4)_2(s)+6SiO_2(s)+10C(s)\xlongequal{1100\sim1450\ ℃}6CaSiO_3(s)+P_4(g)+10CO(g)$$

将生成的磷蒸气通入水中即可得到白磷。

3) 砷、锑、铋

砷具有金属特性,属于半金属,灰砷属于金属晶体,灰色,614 ℃升华,主要用于制造杀虫剂和木材防腐。锑和铋是金属元素。

常温下砷、锑和铋较稳定,不与水或空气中的氧气反应,也不与非氧化性酸反应。

高温下砷、锑和铋能与氧气、硫、卤素等非金属单质化合,形成+3 价化合物:

$$4As(s)+3O_2(g)=\!=\!=2As_2O_3(s)$$

$$2As(s)+3Cl_2(g)=\!=\!=2AsCl_3(s)$$

$$2As(s)+5F_2(g)=\!=\!=2AsF_5(s)$$

砷、锑和铋能与多数金属形成合金型化合物,如与碱金属形成 Na_3M 型化合物,与碱土金属形成 Mg_3M_2 型化合物。砷、锑和铋与镓、铟和铊形成的 GaAs、InAs、GaSb 是碳族元素硅、锗的等电子体,是重要的半导体材料。

由砷、锑和铋的元素电势图(图 8.7)可知,砷、锑和铋的金属活性介于氢和铜之间,在加热的条件下能与氧化性酸反应:

$$As(s)+HNO_3(aq,稀)+H_2O(l)=\!=\!=H_3AsO_3(aq)+NO(g)$$

$$Sb(s)+4HNO_3(aq,稀)=\!=\!=Sb(NO_3)_3(aq)+NO(g)+2H_2O(l)$$

$$3As(s)+5HNO_3(aq,浓)+2H_2O(l)=\!=\!=3H_3AsO_4(aq)+5NO(g)$$

$$3Sb(s)+5HNO_3(aq,浓)+8H_2O(l)=\!=\!=3HSb(OH)_6(aq)+5NO(g)$$

$$2As(s)+3H_2SO_4(aq,浓)=\!=\!=As_2O_3(s)+3SO_2(g)+3H_2O(l)$$

$$2Sb(s)+6H_2SO_4(aq,浓)=\!=\!=Sb_2(SO_4)_3(aq)+3SO_2(g)+6H_2O(l)$$

$$Bi(s)+4HNO_3(aq)=\!=\!=Bi(NO_3)_3(aq)+NO(g)+2H_2O(l)$$

$$2Bi(s)+6H_2SO_4(aq,浓)=Bi_2(SO_4)_3(aq)+3SO_2(g)+6H_2O(l)$$

砷是两性元素，还可与碱反应：

$$2As(s)+6NaOH(熔融)=2Na_3AsO_3(s)+3H_2(g)$$

砷、锑和铋主要以硫化物矿藏存在，工业上将硫化物煅烧成氧化物，再用还原剂还原成单质：

$$2Sb_2S_3(s)+9O_2(g)=2Sb_2O_3(s)+6SO_2(g)$$
$$Sb_2O_3(s)+3C(s)=2Sb(s)+3CO(g)$$

2. 氮族的氢化物

由标准电极电势可以看出，氮族氢化物都具有还原性，还原能力顺序是 $AsH_3>SbH_3>PH_3>NH_3$。以下只介绍氮的氢化物。

1）氨

常温、常压下氨(NH_3，ammonia)是无色、有刺激性气味的气体。氨气极易溶于水，室温时 1 体积水可溶解 700 体积的氨气。氨的水溶液称为"氨水"。液氨是一个很好的极性溶剂，它自身存在弱的电离平衡：

$$2NH_3(l)=NH_4^+(l)+NH_2^-(l) \qquad K^\ominus=1.9\times10^{-33}(-50\ ℃)$$

活泼的碱金属溶解在液氨中形成一种可导电的蓝色溶液。该溶液中可能存在氨合电子，具有强的还原性。在钠的液氨溶液中：

$$Na=Na^++e^-$$
$$nNH_3+e^-=e(NH_3)_n^-$$

该溶液放置时会缓慢放出氢气：

$$2Na+2NH_3=2NaNH_2+H_2(g)$$

工业上在高温高压铁为催化剂的条件下使氢气与氮气化合制备氨气。在实验室中则利用非氧化性酸的铵盐和强碱的反应来制备：

$$NH_4Cl(aq)+NaOH(aq)\xlongequal{\triangle}NaCl(aq)+NH_3(g)+H_2O(l)$$

氨的主要化学反应可分为配位反应、氧化反应、取代反应和氨解反应。

氨分子中的孤对电子易与其他分子或离子形成配位键，得到配合物，如 $[Ag(NH_3)_2]^+$、$[Cu(NH_3)_4]^{2+}$、$[Cr(NH_3)_6]^{3+}$ 等。可利用这一性质用氨水溶解一些难溶于水的过渡金属盐或氢氧化物等。例如

$$AgCl(s)+2NH_3(aq)=[Ag(NH_3)_2]^+(aq)+Cl^-(aq)$$
$$Cu(OH)_2(s)+4NH_3(aq)=[Cu(NH_3)_4]^{2+}(aq)+2OH^-(aq)$$

氨是路易斯碱，与有空轨道的化合物(路易斯酸)，形成酸碱合物。例如，氨与三氟化硼反应：

$$NH_3(g)+BF_3(g)=H_3N\cdot BF_3(s)$$

氨分子或氨根离子中氮原子氧化数为-3，具有还原性，可与氧化剂发生氧化反应，如氨气可在氧气中燃烧：

$$4NH_3(g)+3O_2(g)=6H_2O(l)+2N_2(g)$$

在铂作催化剂的条件下，氨可被氧气氧化成一氧化氮：

$$4NH_3(g)+5O_2(g)\xlongequal{Pt}4NO(g)+6H_2O(l)$$

高温下，氨的还原性更强，可与氧化铜反应：

$$2NH_3(g)+3CuO(s)\xlongequal{}N_2(g)+3Cu(s)+3H_2O(l)$$

氨分子中的氢原子可被依次取代，生成相应的取代产物，称为氨的“取代反应”。如前面介绍的金属钠在液氨中缓慢放出氢气的反应即可看成是钠取代了氨分子中的一个氢原子生成了氨基钠。两个氢原子被取代的产物称为亚氨基化物，三个氢原子被取代的产物则为氮化物。例如

$$3Mg(s)+2NH_3(l)\xlongequal{}Mg_3N_2(s)+3H_2(g)$$

有的化合物在液氨中发生与“水解”类似的反应，称为“氨解”。例如

$$HgCl_2+2NH_3\xlongequal{}HgNH_2Cl+NH_4Cl$$

氨解反应的实质是氨解离出 NH_4^+ 和 NH_2^-，NH_4^+ 与某化合物中带负电的基团结合，而 NH_2^- 与带正电的基团结合。

氨与酸反应能形成对应的铵盐。铵盐通常易溶于水，是强电解质。NH_4^+ 与 K^+ 电荷相同、半径相近，因此铵盐通常具有碱金属盐的性质。铵盐的热稳定性较差，加热会分解成对应的酸和氨气，如果酸根具有氧化性，还能发生氧化还原反应。例如

$$2NH_4NO_3(s)\xlongequal{\triangle}2N_2(g)+O_2(g)+4H_2O(g)$$

2）联氨*

联氨 N_2H_4(hydrazina)，又称为“肼”，可看成是氨分子中的一个氢原子被氨基—NH_2 取代的产物，有顺式、反式之分，分子结构如图 8.8 所示。

图 8.8 联氨分子结构

联氨为无色液体，熔点为 1.4 ℃，沸点为 114 ℃。联氨分子是极性分子，可与水以任意比例互溶。在水溶液中，联氨是二元弱质子碱，其碱性比氨要弱：

$$N_2H_4+H_2O\xlongequal{}N_2H_5^++OH^- \qquad K_1^\ominus=8.5\times10^{-7}$$

$$N_2H_5^++H_2O\xlongequal{}N_2H_6^++OH^- \qquad K_2^\ominus=8.9\times10^{-15}$$

根据氮的元素电势图（图 8.7），联氨分子热力学上不稳定，易分解成氮气和氢气，在催化剂存在的条件下分解迅速，如用镍作催化剂分解产物为氮气和氨气。联氨在酸性溶液中具有较强氧化性，在碱性溶液中具有较强还原性。但联氨作为氧化剂的反应速率都很慢，因此联氨通常用作还原剂。例如

$$N_2H_4(aq)+2I_2(s)\xlongequal{}4HI(aq)+N_2(g)$$

$$N_2H_4(aq)+4AgBr(s)\xlongequal{}4Ag(s)+N_2(g)+4HBr(aq)$$

联氨与氧气或过氧化氢反应能放出大量的热，是高能燃料，可用作火箭的推进剂：

$$N_2H_4(l)+O_2(g)\xlongequal{}N_2(g)+2H_2O(l)$$

$$N_2H_4(l)+2H_2O_2(l)\xlongequal{}N_2(g)+4H_2O(l)$$

联氨分子中 2 个氮原子均为不等性 sp^3 杂化，每个氮上有一对孤对电子，因此联氨也是路易斯碱；它的配位能力较弱，能与过渡金属形成配合物，如$[Pt(NH_3)_2(N_2H_4)_2]Cl_2$、$[Co(N_2H_4)_6]Cl_3$ 等。在配

位时，联氨分子既可以用一个氮原子配位作为单齿配体，也可用两个氮原子分别与两个或两个以上的金属离子配位作为桥联配体。

3）羟胺*

羟胺（NH_2OH，hydroxyamine），又称为“胲”，白色固体，不稳定，熔点 32 ℃、沸点 58 ℃。

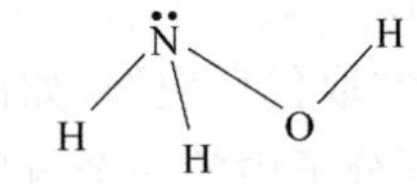

图 8.9　羟氨分子结构

羟胺分子可看作是氨分子中的一个氢原子被羟基取代的产物，分子结构如图 8.9 所示。其中氮原子为 sp^3 不等性杂化，具有一对孤对电子，N 氧化数为－1，但配位能力和碱性均比联氨更弱。

羟胺是比 NH_3 还弱的一元弱碱：

$$NH_2OH(aq)+H_2O(l)=\!=\!=NH_3OH^+(aq)+OH^-(aq)\qquad K_b^\ominus=6.6\times10^{-9}$$

根据氮的元素电势图（图 8.7），羟胺不稳定，易分解。羟胺的水溶液和盐相对较稳定。

羟胺的标准电极电势表明，无论在酸性或碱性溶液中，它既有氧化性又有还原性。但由于其氧化反应进行的缓慢，因此只用作还原剂，在碱性溶液中还原性很强。例如

$$2AgBr(s)+2NH_2OH(aq)=\!=\!=2Ag(s)+2HBr(aq)+2H_2O(l)+N_2(g)$$

$$HNO_2(aq)+NH_2OH(aq)=\!=\!=N_2O(g)+2H_2O(l)$$

羟胺和联氨还原能力强且产物易脱离体系，不给反应体系引入杂质，是一类优良的还原剂，但价格较贵。

3. 氮的氧化物

常见氮的氧化物的分子结构和性质列于表 8.9。

表 8.9　常见氮的氧化物的结构和性质

化学式	N_2O	NO	N_2O_3
结构	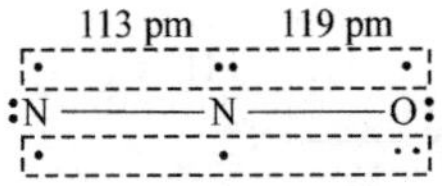 $2\Pi_3^4$	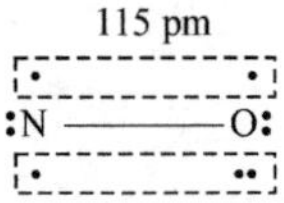	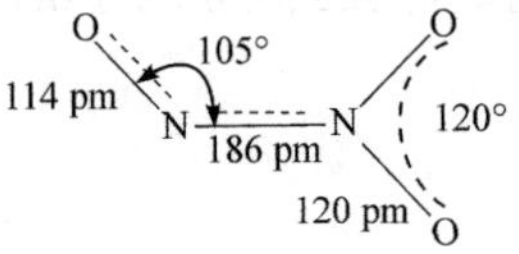 Π_5^6
熔点/℃	－90.81	－163.64	－100.7
沸点/℃	－88.46	－151.76	2
氮的氧化数	＋1	＋2	＋3
常温下的状态	无色气体	无色气体	熔（沸）点下蓝色固（液）体

化学式	NO_2	N_2O_4	N_2O_5
结构	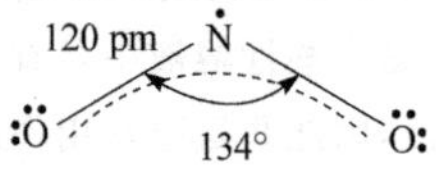 Π_3^4	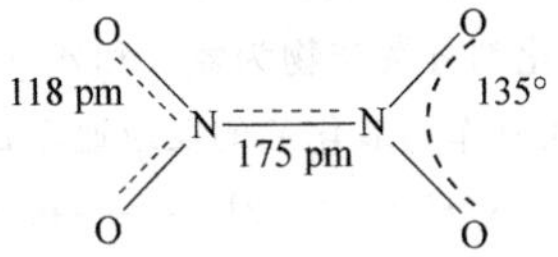 Π_6^8	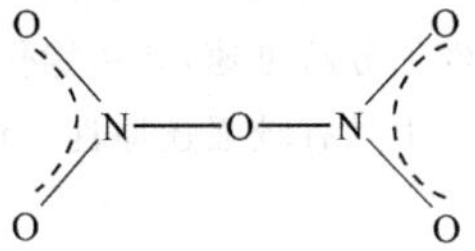 $2\Pi_3^4$
熔点/℃		－9.3	30
沸点/℃		21.15（分解）	47
氮的氧化数	＋4	＋4	＋5
常温下的状态	红棕色气体	无色气体	无色固体

1）一氧化氮

一氧化氮(NO，nitric oxide)为中性氧化物，在水中溶解度很小。NO分子中N—O键介于双键和叁键之间，有单电子，呈顺磁性，低温下可二聚成N_2O_2分子。

在高压放电的条件下氮气与氧气可直接反应生成一氧化氮气体。工业上则用氨的催化氧化反应来制备一氧化氮。在实验室中可通过稀硝酸与铜的反应制备一氧化氮：

$$3Cu(s)+8HNO_3(aq,稀)=3Cu(NO_3)_2(aq)+2NO(g)+4H_2O(l)$$

一氧化氮中氮原子上有孤对电子，与金属离子可生成配合物。例如

$$Fe^{2+}(aq)+NO(g)=[Fe(NO)]^{2+}(aq)$$

根据氮的元素电势图(图8.7)，一氧化氮既具有氧化性，也具有还原性。当遇到强的还原剂时，NO被还原：

$$2NO(g)+SO_2(g)+H_2O(l)=SO_4^{2-}(aq)+N_2O(g)+2H^+(aq)$$

$$NO(g)+3Cr^{2+}(aq)+3H^+(aq)=NH_2OH(aq)+3Cr^{3+}(aq)$$

当遇到强的氧化剂时，NO被氧化：

$$2NO(g)+O_2(g)=2NO_2(g)$$

$$3MnO_4^-(aq)+5NO(g)+4H^+(aq)=3Mn^{2+}(aq)+5NO_3^-(aq)+2H_2O(l)$$

2）二氧化氮和四氧化二氮

二氧化氮(NO_2，nitrogen dioxide)是红棕色有毒气体。在NO_2分子中氮原子为sp^2杂化，存在π_3^4键，氮原子上还有一个单电子，反应活性很高。两个二氧化氮分子上的氮原子共用两个单电子后容易聚合成无色的四氧化二氮(N_2O_4，dinitrogen tetroxide)气体，该反应存在平衡：

$$2NO_2(g)\rightleftharpoons N_2O_4(g) \qquad \Delta_r H_m^\ominus=-57\ kJ\cdot mol^{-1}$$

正反应放热，故降低温度有利于生成$N_2O_4(g)$。

一氧化氮与氧气反应生成二氧化氮，加热分解某些硝酸盐也可得到二氧化氮：

$$2NO(g)+O_2(g)=2NO_2(g)$$

$$2Pb(NO_3)_2(s)=2PbO(s)+4NO_2(g)+O_2(g)$$

NO_2在酸性条件下主要显氧化性。例如

$$4NO_2(g)+H_2S(g)=4NO(g)+SO_3(g)+H_2O(l)$$

只有遇强氧化剂，才显还原性：

$$MnO_4^-(aq)+5NO_2(g)+H_2O(l)=Mn^{2+}(aq)+5NO_3^-(aq)+2H^+(aq)$$

NO_2在碱性条件下的还原性都较为显著，且易发生歧化：

$$2NO_2(g)+2NaOH(aq)=NaNO_3(aq)+NaNO_2(aq)+H_2O(l)$$

3）五氧化二氮

五氧化二氮(N_2O_5，dinitrogen pentoxide)分子在气态时存在两个π_3^4键，作为桥的氧不参与大π键的形成。固态时N_2O_5为离子型晶体$NO_2^+NO_3^-$。五氧化二氮是硝酸的酸酐。

4. 氮的含氧酸及其盐

1）亚硝酸及其盐

三氧化二氮是亚硝酸(HNO_2，nitrous acid)的酸酐。亚硝酸有顺式和反式两种结构(图 8.10)，其中反式比顺式稳定。

图 8.10　亚硝酸的分子结构

将等物质的量的一氧化氮和二氧化氮的混合物通入冰水中可制得亚硝酸的水溶液：

$$NO_2(g)+NO(g)+H_2O(l)=\!=\!=2HNO_2(aq)$$

在实验室中可通过亚硝酸盐与强酸的反应制备亚硝酸：

$$NaNO_2(s)+H_2SO_4(aq,浓)=\!=\!=HNO_2(aq)+NaHSO_4(s)$$

亚硝酸不稳定，超过 0 ℃时即发生分解，所以仅存在于水中。亚硝酸是弱酸，$K_a^\ominus=7.24\times10^{-4}$，酸性比乙酸稍强。在强酸性溶液中亚硝酸还可按如下方式电离：

$$HNO_2(aq)+H^+(aq)=\!=\!=NO^+(aq)+H_2O(l)\qquad K_a^\ominus=2\times10^{-7}$$

亚硝酸盐具有相对较高的稳定性，尤其以碱金属和碱土金属的亚硝酸盐稳定。具有强极化能力阳离子的亚硝酸盐不稳定，易分解。例如

$$AgNO_2(s)\xlongequal{\triangle}Ag(s)+NO_2(g)$$

亚硝酸根 NO_2^- 与臭氧互为“等电子体”，结构类似，分子中存在 π_3^4 键。亚硝酸盐通常易溶于水，只有浅黄色的 $AgNO_2$ 微溶。亚硝酸盐有毒，是致癌物。

加热活泼金属的硝酸盐可以制备亚硝酸盐：

$$2NaNO_3(s)\xlongequal{\triangle}2NaNO_2(s)+O_2(g)$$

根据有关亚硝酸及其盐的标准电极电势可知，亚硝酸及其盐既有氧化性又有还原性。在酸性条件下，HNO_2 的氧化性显著，可将 I^- 氧化成碘单质：

$$2HNO_2(aq)+2H^+(aq)+2I^-(aq)=\!=\!=2NO(g)+I_2(s)+2H_2O(l)$$

而 HNO_3 则不能，其原因在于亚硝酸的酸性溶液中存在 NO^+，容易得到一个电子形成还原产物一氧化氮，又带有一个正电荷易于和 I^- 接近，在动力学上十分有利。相同浓度的亚硝酸与硝酸相比，亚硝酸的氧化能力强于硝酸。

HNO_2 作为氧化剂时，还原产物以 NO 常见，但所用还原剂不同，产物也可以是 N_2O、N_2、NH_2OH 或 NH_3。

在强氧化剂存在的情况下，亚硝酸也能表现出还原性：

$$5HNO_2(aq)+2MnO_4^-(aq)+H^+(aq)=\!=\!=5NO_3^-(aq)+2Mn^{2+}(aq)+3H_2O(l)$$

以上两个反应可用于定量分析亚硝酸盐的含量。

亚硝酸根中氮原子和氧原子上都有孤对电子，因而可作为路易斯碱与大多数过渡金属离子形成配离子，如与 Co^{3+} 生成低自旋的 $[Co(NO_2)_6]^{3-}$ 等。

2）硝酸及其盐

纯硝酸 HNO_3(nitric acid)为无色透明油状液体，熔点为 −42 ℃、沸点为 83 ℃，与水互溶，市售硝酸的浓度约为 15 mol · dm^{-3}。

工业上采用氨氧化法制备硝酸：

$$4NH_3(g)+5O_2(g)\xlongequal{Pt}4NO(g)+6H_2O(l)$$

$$2NO(g)+O_2(g)=\!=\!=2NO_2(g)$$

$$3NO_2(g)+H_2O(l)=\!=\!=2HNO_3(aq)+NO(g)$$

硝酸是挥发性酸，在实验室中可通过硝酸钠与浓硫酸的反应制备：

$$NaNO_3(s)+H_2SO_4(aq,浓)=\!=\!=NaHSO_4(s)+HNO_3(aq)$$

溶解了过量二氧化氮的浓硝酸呈棕黄色，称为“发烟硝酸”。浓硝酸受热或光照会分解，溶液变黄，需避光保存。

$$4HNO_3(aq,浓)=\!=\!=2H_2O(l)+4NO_2(g)+O_2(g)$$

硝酸 HNO_3 及硝酸根 NO_3^- 的结构见图 8.11。在 HNO_3 分子中，氮原子为 sp^2 杂化，含有一个 π_3^4 键。而在 NO_3^- 中，含有 π_4^6 键。

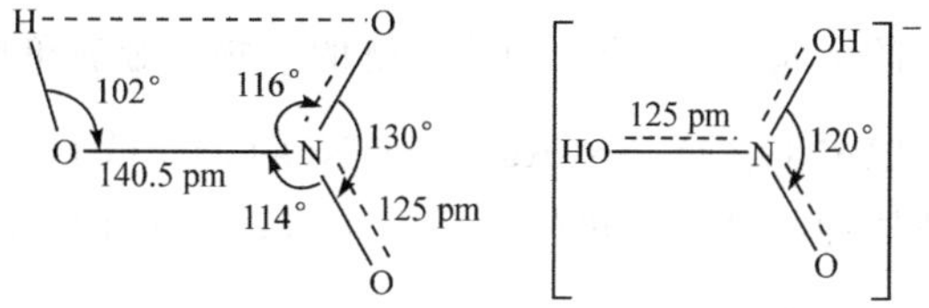

图 8.11 硝酸及硝酸根的结构

硝酸是强酸，在水溶液中完全电离。

浓硝酸具有强的氧化性，能被还原成二氧化氮、一氧化氮、铵离子等，其还原反应受动力学和热力学因素共同影响，不能仅凭电极电势来预测其还原产物。

浓硝酸与金属反应还原产物多为二氧化氮，而与非金属反应还原产物多为一氧化氮：

$$Cu(s)+4HNO_3(aq,浓)=\!=\!=Cu(NO_3)_2(aq)+2NO_2(g)+2H_2O(l)$$

$$3P(s)+5HNO_3(aq,浓)+2H_2O(l)=\!=\!=3H_3PO_4(aq)+5NO(g)$$

$$S(s)+2HNO_3(aq,浓)=\!=\!=H_2SO_4(aq)+2NO(g)$$

Fe、Cr、Al 等与冷的浓硝酸作用会在金属表面生成一层致密的氧化物，阻止进一步反应，称为钝化。钝化后的金属与稀硝酸也不反应。

稀硝酸的氧化作用弱于浓硝酸，还原产物多为一氧化氮。硝酸的浓度越小，金属越活泼，还原产物的氧化数越低，极稀的硝酸甚至可被还原成铵离子：

$$3Cu(s)+8HNO_3(aq,稀)=\!=\!=3Cu(NO_3)_2(aq)+2NO(g)+4H_2O(l)$$

$$2Zn(s)+6HNO_3(aq,稀)=\!=\!=2Zn(NO_3)_2(aq)+N_2O(g)+3H_2O(l)$$

$$4Zn(s)+10HNO_3(aq,稀)=\!=\!=4Zn(NO_3)_2(aq)+NH_4NO_3(aq)+3H_2O(l)$$

金、铂等贵金属不与浓硝酸反应，但可溶于“王水”。“王水”是浓盐酸和浓硝酸的混合物，其中浓盐酸和浓硝酸的体积比为 3∶1。“王水”是强酸，而且 HCl 电离出来的氯离子能与一些金属离子配位，降低金属离子的电极电势，增强其还原能力，浓硝酸又具有强的氧化性，故可溶解金、铂：

$$Au(s) + HNO_3(aq,浓) + 4HCl(aq,浓) = HAuCl_4(aq) + NO(g) + 2H_2O(l)$$

$$3Pt(s) + 4HNO_3(aq,浓) + 18HCl(aq,浓) = 3H_2PtCl_6(aq) + 4NO(g) + 8H_2O(l)$$

硝酸能与常见的绝大多数金属成盐。硝酸根电荷低，对称性高且不易发生变形，大部分硝酸盐易溶于水。硝酸盐不稳定，加热易分解，分解产物与阳离子的极化能力有关，极化能力越强，硝酸盐越不稳定。硝酸盐热分解方式主要有以下几种：

(1) 活泼的碱金属和碱土金属的硝酸盐中金属离子的电场弱，其热分解产物多为亚硝酸盐和氧气，因此硝酸盐可助燃。

$$2NaNO_3(s) \xlongequal{\triangle} 2NaNO_2(s) + O_2(g)$$

(2) 活泼性在镁与铜之间的金属，其无水硝酸盐热分解产物为金属氧化物、二氧化氮和氧气：

$$2Mg(NO_3)_2(s) \xlongequal{\triangle} 2MgO(s) + 4NO_2(g) + O_2(g)$$

$$2Pb(NO_3)_2(s) \xlongequal{\triangle} 2PbO(s) + 4NO_2(g) + O_2(g)$$

(3) 活泼性比铜差的金属，其硝酸盐加热分解的产物为金属单质、二氧化氮和氧气：

$$2AgNO_3(s) \xlongequal{\triangle} 2Ag(s) + 2NO_2(g) + O_2(g)$$

(4) 阳离子具有还原性的硝酸盐热分解反应伴随着氧化还原反应：

$$NH_4NO_3(s) \xlongequal{\triangle} N_2O(g) + 2H_2O(l)$$

(5) 含结晶水的硝酸盐热分解时伴随着水解反应，产物为碱式硝酸盐或金属氧化物：

$$Cu(NO_3)_2 \cdot 2H_2O(s) \xlongequal{\triangle} Cu(OH)NO_3(s) + HNO_3(g) + H_2O(g)$$

$$Cu(OH)NO_3(s) \xlongequal{\triangle} CuO(s) + HNO_3(g)$$

5. 磷的氧化物

1) 三氧化二磷

磷在空气中不充分燃烧的产物为三氧化二磷(P_4O_6，phosphorus trioxide)。三氧化二磷是白色蜡状固体，有滑腻感，易吸潮，有毒，熔点为 24 ℃，沸点为 173 ℃。

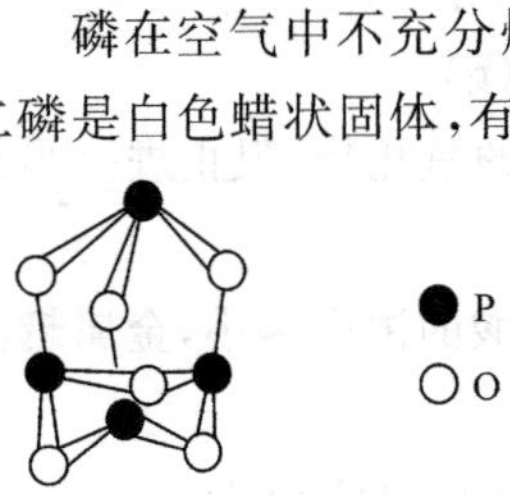

图 8.12　P_4O_6 分子结构

三氧化二磷分子是在 P_4 四面体的基础上形成的。P_4 中 P—P 键由于张力而易于断裂，氧气分子进攻 P—P 键，会在每两个磷原子间加入一个氧原子，形成 P_4O_6 分子(图 8.12)。

三氧化二磷分子极性小，易溶于有机溶剂，与水反应，在冷水中缓慢生成亚磷酸：

$$P_4O_6(s) + 6H_2O(l,冷) = 4H_3PO_3(aq)$$

三氧化二磷与热水反应时会发生歧化，生成磷酸、单质磷或磷化氢：

$$P_4O_6(s) + 6H_2O(l,热) = PH_3(g) + 3H_3PO_4(aq)$$

$$5P_4O_6(s)+18H_2O(l,热)=\!=\!=8P(s)+12H_3PO_4(aq)$$

2）五氧化二磷

磷在空气中充分燃烧生成的是五氧化二磷(P_4O_{10}，phosphorus pentoxide)。五氧化二磷是白色粉末状固体，熔点为 173 ℃，易升华。五氧化二磷具有强的吸水性，是效果最好的干燥剂之一。

P_4O_{10}是在 P_4O_6 分子的基础上形成的。在形成球形的 P_4O_6 分子后，每个磷原子上还有一对孤对电子，可以向氧原子空的 p 轨道配位，形成 σ 键。在氧气充足时，四个磷原子与四个端基氧原子形成四个配键，再加上原来作桥的六个氧原子，形成 P_4O_{10} 分子。需要指出的是在磷原子与氧原子间除了磷原子向氧原子提供孤对电子形成 σ 键外，氧原子上 p 轨道中的电子还能向磷原子空的 d 轨道配位，形成d-p键，因此磷与端基氧之间是双键(图 8.13)。

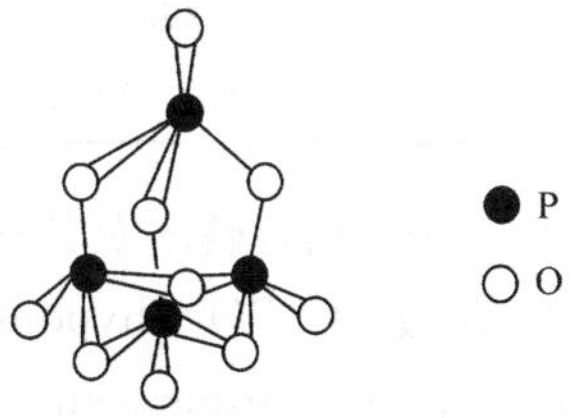

图 8.13　P_4O_{10}分子结构

五氧化二磷是磷酸的酸酐，但它与水反应的产物随着水量和催化剂而不同。五氧化二磷和少量水作用生成的是偏磷酸。当水略多时，生成焦磷酸：

$$P_4O_{10}(s)+2H_2O(l)=\!=\!=4HPO_3(l)$$

$$4HPO_3(l)+2H_2O(l)=\!=\!=2H_4P_2O_7(aq)$$

在有硝酸作催化剂且水量充足时，生成磷酸：

$$P_4O_{10}(s)+6H_2O(l)=\!=\!=4H_3PO_4(aq)$$

五氧化二磷除了作为干燥剂外，还是强的脱水剂，可使硫酸脱水：

$$P_4O_{10}(s)+6H_2SO_4(aq,浓)=\!=\!=6SO_3(g)+4H_3PO_4(aq)$$

6. 磷的含氧酸及其盐

常见磷的含氧酸的结构和性质列于表 8.10。

表 8.10　常见磷的含氧酸的结构和性质

名　称	次磷酸	亚磷酸	正磷酸	焦磷酸
分子式	H_3PO_2	H_3PO_3	H_3PO_4	$H_4P_2O_7$
磷的氧化数	+1	+3	+5	+5
结构式	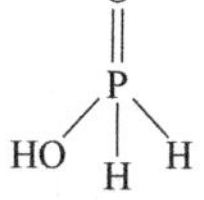	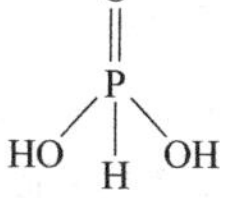	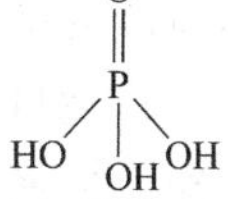	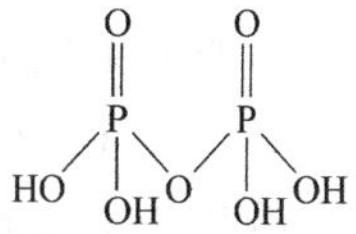
P 的杂化态	sp^3	sp^3	sp^3	sp^3
$K_{a1}^{\ominus}$	5.89×10^{-2}	3.72×10^{-2}	7.11×10^{-3}	1.23×10^{-1}
$K_{a2}^{\ominus}$		2.09×10^{-7}	6.34×10^{-8}	7.94×10^{-3}
$K_{a3}^{\ominus}$			1.26×10^{-12}	1.99×10^{-7}
$K_{a4}^{\ominus}$				4.47×10^{-10}

续表

名　称	次磷酸	亚磷酸	正磷酸	焦磷酸
氧化还原性	还原性	还原性	无	无
$E_A^\ominus$	$E^\ominus(H_3PO_4/H_3PO_2) = -0.39$ V	$E^\ominus(H_3PO_4/H_3PO_3) = -0.28$ V		
$E_B^\ominus$	$E^\ominus(PO_4^{3-}/H_2PO_2^-) = -1.31$ V	$E^\ominus(PO_4^{3-}/H_3PO_3) = -1.05$ V		
熔点/℃	26.5	74.4	42	
状态	无色晶状固体	无色固体	无色固体	白色晶体

1）次磷酸、亚磷酸及其盐

次磷酸（H_3PO_2，hypophosphorous acid）有毒，易吸潮，是一元中强酸。亚磷酸（H_3PO_3，phosphorous acid）为二元中强酸，易溶于水，可以形成正盐和酸式盐。

次磷酸盐可通过单质磷与热的浓碱液作用歧化制得：

$$P_4(s)+3NaOH(aq)+3H_2O(l)=\!=\!=3NaH_2PO_2(aq)+PH_3(g)$$

三氧化二磷缓慢与水反应或三卤化磷水解均生成亚磷酸：

$$P_4O_6(s)+6H_2O(l)=\!=\!=4H_3PO_3(aq)$$

$$PCl_3(l)+3H_2O(l)=\!=\!=H_3PO_3(aq)+3HCl(aq)$$

亚磷酸受热会发生歧化：

$$4H_3PO_3(s)\overset{\triangle}{=\!=\!=}3H_3PO_4(s)+PH_3(g)$$

由标准电极电势可知，次磷酸和亚磷酸及其盐都是强的还原剂。例如

$$H_3PO_2(aq)+I_2(s)+H_2O(l)=\!=\!=H_3PO_3(aq)+2HI(aq)$$

$$H_3PO_3(aq)+I_2(s)+H_2O(l)=\!=\!=H_3PO_4(aq)+2HI(aq)$$

$$4AgNO_3(aq)+H_3PO_2(aq)+2H_2O(l)=\!=\!=4Ag(s)+H_3PO_4(aq)+4HNO_3(aq)$$

$$2AgNO_3(aq)+H_3PO_3(aq)+H_2O(l)=\!=\!=2Ag(s)+H_3PO_4(aq)+2HNO_3(aq)$$

次磷酸盐的强还原性，被用于还原过渡金属离子，如 Ni^{2+}、Cu^{2+} 等，称为“化学镀”：

$$Ni^{2+}(aq)+H_2PO_2^-(aq)+H_2O(l)=\!=\!=Ni(s)+HPO_3^{2-}(aq)+3H^+(aq)$$

2）磷酸及其盐

磷酸 H_3PO_4，又称为正磷酸（orthophosphoric acid），是三元中强酸。加热磷酸会逐渐脱水，因此它自身没有沸点。磷酸能与水以任意比例互溶。

工业上采用磷酸钙与硫酸的反应制备磷酸：

$$Ca_3(PO_4)_2(s)+3H_2SO_4(aq,浓)=\!=\!=3CaSO_4(s)+2H_3PO_4(aq)$$

磷酸几乎没有氧化性。磷酸根具有强的配位能力，如三价铁离子与磷酸反应时先生成黄色沉淀：

$$Fe^{3+}(aq)+H_3PO_4(aq)=\!=\!=FePO_4(s)+3H^+(aq)$$

当磷酸过量时沉淀溶解，生成$[Fe(PO_4)_2]^{3-}$：

$$FePO_4(s)+PO_4^{3-}(aq)=\!=\!=[Fe(PO_4)_2]^{3-}(aq)$$

利用此反应 PO_4^{3-} 可作为三价铁离子的掩蔽剂。

正磷酸可形成三种盐，分别为磷酸盐、磷酸一氢盐和磷酸二氢盐。钠、钾和铵的这三种盐都易溶于水。锂和多数二价金属的磷酸盐一般难溶于水，而磷酸二氢盐一般易溶于水。二价或高价金属盐的溶解度顺序为

磷酸二氢盐＞磷酸一氢盐＞磷酸盐

磷酸盐类在水中水解。Na_3PO_4 溶液呈碱性 pH＞12.0，Na_2HPO_4 溶液呈弱碱性 pH＝9.0～10.0，NaH_2PO_4 溶液呈酸性 pH＝4.0～5.0。

可溶性的正磷酸根与饱和的钼酸铵溶液反应生成黄色的磷钼酸铵沉淀，是鉴定磷酸根离子的重要反应。

磷酸在 200～300 ℃脱水生成焦磷酸(pyrophosphoric acid)。再脱水聚合可以生成链状多磷酸 $H_{n+2}P_nO_{3n+1}$ 和环状偏磷酸$(HPO_3)_n$ 等，如图 8.14 所示。

链状三磷酸　　　　环状三聚偏磷酸$(HPO_3)_3$

图 8.14　多磷酸和偏磷酸的结构

可用硝酸银鉴别各种磷酸根离子。磷酸钠、磷酸一氢钠和磷酸二氢钠与硝酸银反应均生成黄色的磷酸银沉淀。偏磷酸根与焦磷酸根与硝酸银反应则生成白色沉淀。这两种白色沉淀中，只有偏磷酸根生成的沉淀能使乙酸酸化的蛋清凝聚。

7. 砷、锑、铋的化合物*

1) 砷、锑、铋的硫化物

砷、锑和铋的次外层有 18 个电子，其阳离子具有强的极化作用和变形性，是亲硫元素。砷、锑、铋的硫化物主要包括黄色的三硫化二砷 As_2S_3 和五硫化二砷 As_2S_5，橙色的三硫化二锑 Sb_2S_3 和五硫化二锑 Sb_2S_5 以及黑色的三硫化二铋 Bi_2S_3。由于 Bi(Ⅴ)强的氧化性，五硫化二铋 Bi_2S_5 不存在。

砷、锑、铋硫化物的性质列于表 8.11。

表 8.11　砷、锑、铋硫化物的性质

性　质		As_2S_3	As_2S_5	Sb_2S_3	Sb_2S_5	Bi_2S_3
酸碱性		酸性	酸性	两性	两性	碱性
溶解性	在浓 HCl 中	不溶	不溶	溶解	溶解	溶解
	在 Na_2S 中	溶解	溶解	溶解	溶解	不溶
	在 Na_2S_2 中	溶解	溶解	溶解	溶解	不溶
	在 NaOH 中	溶解	溶解	溶解	溶解	不溶
	在 $NH_3 \cdot H_2O$ 中	溶解	溶解	不溶	溶解	不溶

As_2S_3(s)可溶于碱溶液，Sb_2S_3(s) 可溶于酸、碱溶液，Bi_2S_3(s)只可溶于酸溶液；As_2S_3(s)可被 Na_2S_2(aq)氧化为 As_2S_5(s)。As_2S_5(s)、Sb_2S_5(s) 比相应的＋3 价硫化物酸性增加，只可溶于碱溶液。

2) 砷、锑、铋的含氧化合物

(1) +3 价含氧化合物。三氧化二砷为两性化合物，偏酸性，俗称砒霜，剧毒。三氧化二锑为两性化合物。三氧化二铋为碱性氧化物，它们与盐酸和氢氧化钠溶液的反应如下：

$$As_2O_3(s)+6HCl(aq,浓)=\!=\!=2AsCl_3(aq)+3H_2O(l)$$
$$As_2O_3(s)+6NaOH(aq)=\!=\!=2Na_3AsO_3(aq)+3H_2O(l)$$
$$Sb_2O_3(s)+6HCl(aq)=\!=\!=2SbCl_3(aq)+3H_2O(l)$$
$$Sb_2O_3(s)+6NaOH(aq)=\!=\!=2Na_3SbO_3(aq)+3H_2O(l)$$
$$Bi_2O_3(s)+6HCl(aq)=\!=\!=2BiCl_3(aq)+3H_2O(l)$$

由元素电势图，氧化数为+3 的砷、锑、铋是比较稳定的，不易歧化。

(2) +5 价含氧化合物。砷、锑和铋+5 价的氧化物均为酸性氧化物，与水反应生成对应的酸，它们的酸性从砷到铋依次减弱。

砷酸 H_3AsO_4 是三元酸，酸性与磷酸类似。

砷(Ⅴ)、锑(Ⅴ)和铋(Ⅴ)的含氧酸及其盐都有氧化性，以铋(Ⅴ)的氧化性最强。铋酸钠在酸性介质中可将二价的锰离子氧化成紫色的高锰酸根：

$$10NaBiO_3(s)+4MnSO_4(aq)+14H_2SO_4(aq)$$
$$=\!=\!=5Bi_2(SO_4)_3(aq)+4NaMnO_4(aq)+3Na_2SO_4(aq)+14H_2O(l)$$

该反应可用于定性检验溶液中的 Mn^{2+}。

溶液的酸碱性对砷酸和锑酸的氧化还原性质有重要影响。只有在酸性条件下，砷酸和锑酸的氧化性才能体现，如砷酸和锑酸在酸性条件下可以氧化 HI：

$$H_3AsO_4(aq)+2HI(aq)=\!=\!=H_3AsO_3(aq)+I_2(s)+H_2O(l)$$

8.2.4 碳族元素

碳族元素(carbon group element)位于周期表中的ⅣA 族，包括碳(carbon)、硅(silicon)、锗(gemanium)、锡(tin)和铅(lead)5 种元素。

碳在自然界分布很广，在地壳中的质量分数为 0.048%。游离态的碳有石墨和金刚石。碳的化合物存在于石油、煤炭、天然气、动植物以及石灰石、白云石、二氧化碳中。硅的含量仅次于氧，在地壳中的质量分数为 27.7%。在自然界中它主要以二氧化硅、硅酸盐、铝硅酸盐等形式存在。锗、锡和铅在自然界中多以矿物形式存在，如锗石矿($Cu_2S\cdot FeS\cdot GeS_2$)、锡石矿($SnO_2$)、方铅矿(PbS)。我国锡储量丰富，云南个旧是著名的锡都。

碳族元素的一些基本性质见表 8.12。锡、铅的元素电势图如图 8.15 所示。

表 8.12 碳族元素的一些性质

基本性质	碳 C	硅 Si	锗 Ge	锡 Sn	铅 Pb
价层电子结构	$2s^22p^2$	$3s^23p^2$	$4s^24p^2$	$5s^25p^2$	$6s^26p^2$
主要氧化态	−4,+2,+4	+2,+4	+2,+4	+2,+4	+2,+4
原子半径/pm	77.2	117	128	151	175
熔点/℃	3500 (63.5 atm[1])	1412	937.3	231.928	327.43
沸点/℃	3930	3265	2830	2602	1749

续表

基本性质	碳 C	硅 Si	锗 Ge	锡 Sn	铅 Pb
熔化热/($kJ \cdot mol^{-1}$)	117	50.21	36.94	7.03	4.77
气化热/($kJ \cdot mol^{-1}$)		359	334	296.1	179.5
M^{2+}离子半径/pm			73	118	119
M^{4+}离子半径/pm	15	26	53	69	78
第一电离能/($kJ \cdot mol^{-1}$)	1086	786	762	709	716
第一电子亲和能/($kJ \cdot mol^{-1}$)	121.85		119	107.3	35.1
电负性/(Pauling 标度)	2.55	1.90	2.01	1.96	1.8

1) 1 atm=$1.013\ 25\times10^5$ Pa,下同。

$E_A^\ominus$/V

$$Sn^{4+} \xrightarrow{0.15} Sn^{2+} \xrightarrow{-0.14} Sn \qquad PbO_2 \xrightarrow{1.46} Pb \xrightarrow{-0.13} Pb$$

$E_B^\ominus$/V

$$Sn(OH)_6^{2-} \xrightarrow{-0.96} HSnO_2^- \xrightarrow{-0.91} Sn \qquad Pb \xrightarrow{0.28} PbO \xrightarrow{-0.54} Pb$$

图 8.15 锡、铅的元素电势图

1. 单质

碳族元素由碳到铅,同样体现了非金属—半金属—金属的完整过渡,碳是非金属,硅和锗都是著名的"半导体",锡和铅是金属。

1) 碳

碳常见的同素异形体有金刚石、石墨和碳原子簇。

金刚石俗称"钻石",是原子晶体,属立方晶系,硬度为 10,是硬度最高的物质。金刚石的熔点为 3823 ℃,是熔点最高的单质。在金刚石中每个 C 原子都采用 sp^3 杂化,其晶体结构如图 5.39 所示。除用作装饰品外,金刚石主要用于钻头、精密轴承等。

石墨是具有片层结构的原子晶体,硬度为 1,是最软的晶体之一。在石墨中每个 C 原子都采用 sp^2 杂化,未参与杂化的 p 电子形成 π_n^n 键,使得石墨具有很好的导电性。图 5.42 显示石墨的层状结构。在石墨的层与层之间仅存在分子间作用力,容易滑动,可用作润滑剂。

以 C_{60} 为代表的碳原子簇(C_n,$n<200$)是 20 世纪末期人类发现的碳的第三种同素异形体。C_{60} 分子是由 60 个碳原子构成的 32 面体,即 12 个五边形和 20 个六边形组成,相当于截角的正二十面体。图 1.2 是 C_{60} 的结构图。每个 C 原子都采用 sp^2 杂化,未参与杂化的 p 轨道在 C_{60} 球面形成大 π 键,C_{60} 的形状与足球类似,又称为"足球烯"或"富勒烯"。

单质碳不活泼,化学性质主要表现在其还原性上。碳在空气中燃烧可生成一氧化碳 CO 或二氧化碳 CO_2:

$$C(s)+O_2(g,充足)=\!=\!=CO_2(g) \qquad ①$$

$$2C(s)+O_2(g,不足)=\!=\!=2CO(g) \qquad ②$$

将二氧化碳通过红热的碳层可获得一氧化碳：

$$CO_2(g)+C(s)\!=\!=\!=2CO(g)$$

碳是冶金工业中重要的还原剂，可还原金属氧化物为单质。例如

$$MnO(s)+C(s)\!=\!=\!=Mn(s)+CO(g)$$

$$ZnO(s)+C(s)\!=\!=\!=Zn(s)+CO(g)$$

2）碳还原金属氧化物的产物分析*

以上 ZnO(s)与 C(s)的反应要在 1200 K 温度下进行，产物是 CO 而不是 CO_2，原因如下：这个反应可以看成是反应②和以下反应④的组合：

$$CO(g)+O_2(g)\!=\!=\!=2CO_2(g) \qquad ③$$

$$2Zn(s)+O_2(g)\!=\!=\!=2ZnO(s) \qquad ④$$

由吉布斯-亥姆霍兹方程 $\Delta_r G_m^\ominus=\Delta_r H_m^\ominus-T\Delta_r S_m^\ominus$ 得出，在无相变、ΔT 不大条件下，$\Delta_r G_m^\ominus$ 随温度变化是一条直线，斜率是 $-\Delta_r S_m^\ominus$。画出反应①、②、③和④的 $\Delta_r G_m^\ominus$-T 图[埃林汉姆图(Ellingham 图)，图 8.16]，反应①的 $\Delta_r S_m^\ominus$ 较小，$\Delta_r G_m^\ominus$ 基本不随温度变化；反应② $\Delta_r G_m^\ominus$ 随温度升高而减小；反应③和④ $\Delta_r G_m^\ominus$ 随温度升高而增大。反应②－反应④，得

$$ZnO(s)+C(石墨)\!=\!=\!=Zn(s)+CO(g)$$

在②和④两线交点对应的温度 T_1(大约 1200 K)，该反应的 $\Delta_r G_m^\ominus=0$，高于这个温度碳还原氧化锌的反应可以自发进行，反应产物是 CO。只有温度高于①和④两线交点对应的温度 T_2 时，反应产物才是 CO_2。

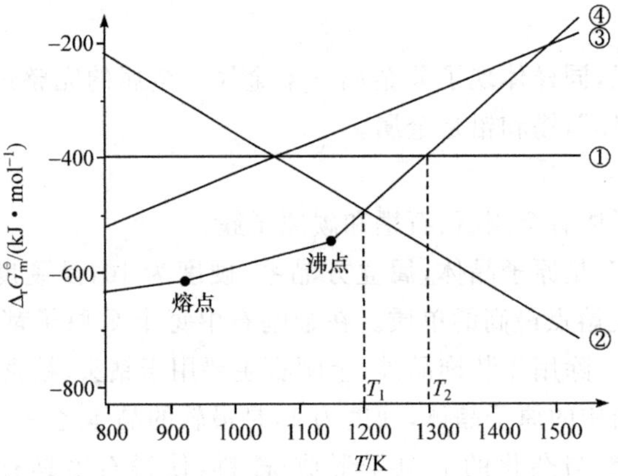

图 8.16 反应①、②、③和④的 $\Delta_r G_m^\ominus$-T 图(埃林汉姆图)

2）硅

单质硅呈灰黑色，硬度和熔点均高，晶体硅的结构类似于金刚石，硅的所有的价电子均参与成键，不导电。高纯硅中掺入百万分之一的 P 原子，成键后有多余的电子，称为 n-Si；掺入 B 原子，成键后有空轨道，称为 p-Si。高纯单晶硅是最重要的半导体材料，广泛用于集成电路和电子计算机中。

硅化学性质不如碳活泼。常温下硅仅与氟化合，高温下硅的活泼性较大。例如

$$Si(s)+2F_2(g)\!=\!=\!=SiF_4(g)$$

$$Si(s)+2Cl_2(g)\xlongequal{673\ K}SiCl_4(l)$$

$$Si(s)+O_2(g)\xlongequal{873\ K}SiO_2(s)$$

$$3Si(s)+2N_2(g)\xlongequal{1573\ K}Si_3N_4(l)$$

Si—F 和 Si—O 键能很大，因此硅具有强的亲氟性和亲氧性。但由于硅的表面有一层 SiO_2 保护膜，阻止了氧气与硅的进一步反应，只有达到在 1000 ℃以上才能反应。高温下单质硅也可以同硫、磷和碳等非金属反应。

常温下硅可与强碱溶液反应放出氢气：

$$Si(s)+4NaOH(aq)=\!=\!=Na_4SiO_4(aq)+2H_2(g)$$

但硅不与水和酸作用。

在加热或有氧化剂存在的条件下，单质硅可以和氢氟酸反应：

$$3Si(s)+18HF(aq)+4HNO_3(aq)=\!=\!=3H_2SiF_6(aq)+4NO(g)+8H_2O(l)$$

在自然界中硅主要以二氧化硅的形式存在，单质硅可用碳还原二氧化硅得到，但需要在电炉中加热至 1800 ℃：

$$SiO_2(s)+2C(s)=\!=\!=Si(s)+2CO(g)$$

将得到的粗硅与氯气反应转化成液态的 $SiCl_4$：

$$Si(s)+2Cl_2(g)=\!=\!=SiCl_4(l)$$

可通过精馏来提纯 $SiCl_4$，再用活泼金属还原 $SiCl_4$ 即可得纯度较高的硅：

$$SiCl_4(l)+2Zn(s)=\!=\!=Si(s)+2ZnCl_2(s)$$

如要得到生产半导体用高纯硅，还要用区域熔融法来进一步提纯。

3）锗、锡、铅

锗是灰白色金属，硬度和熔点均高，是一种好的半导体材料。

锡有三种常见的同素异形体，分别为灰锡、白锡和脆锡。它们之间的转化关系为

$$\underset{\alpha\text{-型}}{\text{灰锡}}\xrightleftharpoons{13.2\ ℃}\underset{\beta\text{-型}}{\text{白锡}}\xrightleftharpoons{161\ ℃}\underset{\gamma\text{-型}}{\text{脆锡}}\xrightleftharpoons{231.9\ ℃}\text{液态锡}$$

在常温下白锡稳定，是银白色金属，有延展性，可制成器皿。白锡制品若长期处于低温下，由于白锡转化为灰锡而会自行毁灭，先从某点开始，然后迅速蔓延，这一现象称为“锡疫”(tin disease)。

铅是暗灰色的金属，质软，相对密度高。

锗、锡、铅属于中等活泼金属。锗、锡常温下不与空气中的氧气反应，也不与水反应。铅在空气中迅速被氧化，形成保护膜。在空气存在下，铅能与水缓慢反应：

$$2Pb(s)+O_2(g)+2H_2O(l)=\!=\!=2Pb(OH)_2(s)$$

锗、锡、铅都能与卤素和硫形成相应的卤化物和硫化物。

锗、锡、铅可溶于氢氧化钠溶液中放出氢气，但锗需要氧化剂存在，且生成 H_2O：

$$Ge(s)+2NaOH(aq)+2H_2O_2(aq)=\!=\!=Na_2GeO_3(aq)+3H_2O(l)$$

$$Sn(s)+2NaOH(aq)+2H_2O(l)=\!=\!=Na_2[Sn(OH)_4](aq)+H_2(g)$$

$$Pb(s)+2NaOH(aq)=\!=\!=Na_2PbO_2(aq)+H_2(g)$$

锗、锡、铅与酸的反应归纳于表 8.13。

表 8.13 锗、锡、铅与酸的反应

元 素	锗	锡	铅
HCl	不反应	与稀酸反应缓慢，与浓酸反应生成 $SnCl_2$	与稀酸反应生成 $PbCl_2$，与浓酸反应生成 H_2PbCl_4
H_2SO_4	只与浓硫酸反应生成 $Ge(SO_4)_2$	与稀酸反应生成 $SnSO_4$，与浓酸反应生成 $Sn(SO_4)_2$	与稀酸反应生成 $PbSO_4$，与浓酸反应生成 $Pb(HSO_4)_2$
HNO_3	溶于浓硝酸中形成水合氧化物 $GeO_2 \cdot H_2O$	与稀酸反应生成 $Sn(NO_3)_2$，与浓酸反应生成锡酸 H_2SnO_3	与稀酸反应生成 $Pb(NO_3)_2$

锗、锡和铅单质的制备一般是将矿物转变成氧化物，如硫化物矿藏可通过煅烧将其转变成氧化物：

$$SnS(s) + 2O_2(g) \xlongequal{} SnO_2(s) + SO_2(g)$$

再用还原剂将氧化物还原成金属单质：

$$GeO_2(s) + 2H_2(g) \xlongequal{} Ge(s) + 2H_2O(g)$$

$$SnO_2(s) + 2H_2(g) \xlongequal{} Sn(s) + 2H_2O(g)$$

$$PbO(s) + C(s) \xlongequal{} Pb(s) + CO(g)$$

2. 碳的化合物

1）一氧化碳

一氧化碳(CO，carbon monoxide)是无色、无臭有毒气体，是碳在氧气不充足的条件下燃烧的产物。在工业上用发生炉煤气或水煤气法制备 CO 气体：

$$2C(s) + O_2(g) \xlongequal{} 2CO(g)$$

$$C(s) + H_2O(g) \xlongequal{} CO(g) + H_2(g)$$

在实验室中制备一氧化碳气体可采用甲酸滴加到热浓 H_2SO_4 中，或将乙二酸晶体与浓 H_2SO_4 共热制备：

$$HCOOH(l) \xlongequal{\text{浓硫酸}} CO(g) + H_2O(l)$$

$$H_2C_2O_4(s) \xlongequal{\text{浓硫酸}} CO_2(g) + CO(g) + H_2O(l)$$

在这两个反应中，热的浓硫酸起的是脱水作用。

一氧化碳具有还原性。在冶金过程中一氧化碳是重要的还原剂，可将金属氧化物还原成金属单质。例如，CO 气体可以还原溶液中的二氯化钯，使溶液变黑，可以用该反应来检验 CO：

$$CO(g) + PdCl_2(aq) + H_2O(l) \xlongequal{} CO_2(g) + 2HCl(aq) + Pd(s)$$

CO 与 CuCl 酸性溶液的配位反应进行得很完全，可以用来吸收 CO：

$$CO(g) + CuCl(s) + 2H_2O(l) \xlongequal{} Cu(CO)Cl \cdot 2H_2O(aq)$$

一氧化碳的另一重要化学性质是配位性。一氧化碳分子与 N_2 互为“等电子体”，碳氧之间为叁键，不过有一个 π 键是由氧原子单方面提供电子对，称为“π 配键”，如图 8.17 所示。

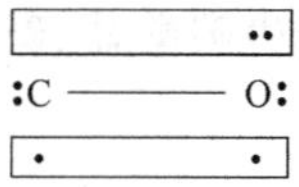

图 8.17　CO 的成键情况

这导致 CO 分子的偶极矩很小，仅为 0.11 D(对比 H_2O 分子的偶极矩 1.85 D)；其次，C 原子上的电子密度增加，导致 CO 具有路易斯碱性，这是 CO 具有配位性的原因。在高温下，一氧化碳能与许多过渡金属单质反应生成金属羰基配合物，如 $Fe(CO)_5$、$Ni(CO)_4$。羰基配合物一般是剧毒的。CO 分子能与血红素中的铁(Ⅱ)结合成羰基配合物，从而使血液失去输送氧的作用，这是 CO 使人中毒的原因。

2) 二氧化碳

二氧化碳(CO_2，carbon dioxide)是碳单质充分燃烧的产物。常温、常压下二氧化碳是无色气体，降温减压 CO_2 较易液化或固化。固态二氧化碳(干冰)易升华，常用来作制冷剂。

工业上用煅烧石灰石的方法生产 CO_2：

$$CaCO_3(s) = CaO(s) + CO_2(g)$$

在实验室中则用碳酸盐和稀酸的反应来制备 CO_2：

$$CaCO_3(s) + 2HCl(aq) = CaCl_2(aq) + H_2O(l) + CO_2(g)$$

CO_2 是非极性、直线形分子，可认为在 C 和 O 之间有双键存在。事实上，二氧化碳分子中的碳氧键长 C—O(116 pm)介于碳氧双键 C＝O(124 pm)和叁键 C≡O(112.8 pm)之间，存在两个互相垂直的 π_3^4 键，如图 8.18。CO_2 具有高的热稳定性。

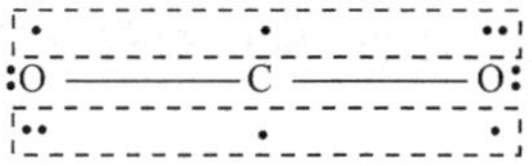

图 8.18　CO_2 的成键情况

若将 CO_2 气体通入澄清的石灰水中，首先会产生浑浊沉淀；当 CO_2 气体过量时沉淀又会消失，发生了如下反应：

$$CO_2(g) + Ca(OH)_2(aq) = CaCO_3\downarrow + H_2O(l)$$

$$CaCO_3(s) + CO_2(g) + H_2O(l) = Ca(HCO_3)_2(aq)$$

可利用这一反应可以用来检验 CO_2 气体。

3) 碳酸及碳酸盐

二氧化碳溶于水生成碳酸(H_2CO_3，carbonic acid)。在碳酸分子中，中心碳原子采用 sp^2 杂化。在碳酸根离子中，中心碳原子仍采用 sp^2 等性杂化，形成平面三角形构型。另外，在垂直于碳酸根离子所在平面的方向上，中心碳原子未参与杂化的 p_z 轨道和 3 个氧原子的 p_z 轨道上各有一个电子，组成 π_4^6 键。

碳酸在水中微弱电离，是二元弱酸，可形成碳酸盐和碳酸氢盐。

除锂以外的碱金属碳酸盐和碳酸铵易溶于水，其他金属的碳酸盐难溶于水。对于难溶的碳酸盐，其对应的碳酸氢盐的溶解度通常要高一些，如 $CaCO_3$ 难溶于水，而 $Ca(HCO_3)_2$ 可溶于水。而对于易溶的碳酸盐如碳酸钠或碳酸铵，其对应的碳酸氢盐的溶解度反而较小。

碳酸根作为质子碱，会与作为质子酸的水发生如下反应：

$$CO_3^{2-}(aq) + H_2O(l) = HCO_3^-(aq) + OH^-(aq)$$

阿伦尼乌斯称之为“水解反应”。所以碳酸根离子在水溶液中与其他金属离子相遇时可能产生碳酸盐、碱式碳酸盐或氢氧化物不同类型的沉淀物，具体生成物由“溶度积规则”决定：

(1) Ca^{2+}、Sr^{2+}、Ba^{2+} 等强碱阳离子，其碳酸盐的溶度积远小于氢氧化物的溶度积，因此与碳酸根相遇时生成碳酸盐沉淀。例如

$$Ba^{2+}(aq)+CO_3^{2-}(aq)=\!=\!=BaCO_3(s)$$

(2) Al^{3+}、Fe^{3+}、Cr^{3+} 等，其氢氧化物的溶度积远小于其碳酸盐的溶度积，与碳酸根相遇时生成氢氧化物沉淀。例如

$$2Al^{3+}(aq)+3CO_3^{2-}(aq)+3H_2O(l)=\!=\!=2Al(OH)_3(s)+3CO_2(g)$$

(3) Mg^{2+}、Co^{2+}、Ni^{2+}、Cu^{2+} 等，其碳酸盐的溶度积与氢氧化物的溶度积接近，与碳酸根相遇时将生成碱式碳酸盐沉淀。例如

$$2Ni^{2+}(aq)+2CO_3^{2-}(aq)+H_2O(l)=\!=\!=Ni_2(OH)_2CO_3(s)+CO_2(g)$$

对于这些金属离子如要得到正盐，用碳酸氢钠溶液代替碳酸钠溶液作沉淀剂即可。例如

$$Mg^{2+}(aq)+HCO_3^-(aq)=\!=\!=MgCO_3(s)+H^+(aq)$$

碳酸盐的热稳定性不是很高，低于相应的硫酸盐和硅酸盐。从热力学角度看，碳酸盐的热分解反应是吸热、熵驱动反应：

$$MCO_3(s)\xlongequal{\triangle}MO(s)+CO_2(g) \qquad \Delta_r H_m^{\ominus}>0,\Delta_r S_m^{\ominus}>0$$

因此提高温度有利于反应的进行。但由于阳离子的极化能力不同，碳酸盐的分解温度差异很大。表 8.14 列出了某些碳酸盐的热分解温度。

表 8.14 某些碳酸盐的热分解温度

化合物	$BeCO_3$	$MgCO_3$	$CaCO_3$	$SrCO_3$	$BaCO_3$	$MnCO_3$	$CdCO_3$	$PbCO_3$
温度/℃	<100	540	900	1290	1360	400	350	340

碳酸氢盐的热稳定性低于对应的碳酸正盐，加热会分解成碳酸盐和二氧化碳：

$$2NaHCO_3(s)\xlongequal{\triangle}Na_2CO_3(s)+H_2O(g)+CO_2(g)$$

3. 硅的化合物

1) 二氧化硅

二氧化硅(SiO_2，silicon dioxide)属于原子晶体，硬度高，熔点高，在自然界中广泛存在，如石英等。

二氧化硅及其他硅的含氧化合物，都以硅氧四面体作为基本结构单元，每个 Si—O 四面体共用顶角的氧原子按一定规律连接，构成了 SiO_2 的空间三维结构。石英的各种晶型的转化，就是内部硅氧四面体排列方式的变化结果。

二氧化硅是硅酸的酸酐，不溶于水，常温下也不与盐酸、硫酸及碱反应，但可与氢氟酸反应生成四氟化硅或六氟硅酸，因此不能用玻璃瓶储存氢氟酸：

$$SiO_2(s)+4HF(aq)=\!=\!=SiF_4(g)+2H_2O(l)$$

$$SiO_2(s)+6HF(aq)=\!=\!=H_2SiF_6(aq)+2H_2O(l)$$

二氧化硅可溶于热的强碱溶液或熔融的碳酸钠，生成可溶性的硅酸盐：

$$2NaOH(aq)+SiO_2(s)=\!=\!=Na_2SiO_3(aq)+H_2O(l)$$

$$Na_2CO_3(\text{熔融})+SiO_2(s)=\!=\!=Na_2SiO_3(\text{熔融})+CO_2(g)$$

二氧化硅是石英光导纤维的主要成分（SiO_2 含量 > 99.99%）。华裔科学家高锟（图 8.19）解决了光在光导纤维中远距离传输的理论问题，促使光纤通信系统问世，为互联网的发展铺平了道路。他因此获得了 2009 年诺贝尔物理学奖。

图 8.19 高锟（C. K. Kao，1933—）

2）硅酸、硅胶和硅酸盐*

将可溶性的硅酸盐酸化可得到硅酸（H_4SiO_4，silicic acid）：

$$Na_2SiO_3(aq)+2HCl(aq)+H_2O(l)=\!=\!=H_4SiO_4(s)+2NaCl(aq)$$

硅酸是二元弱酸，酸性比碳酸弱。硅酸可以看成是 SiO_2 的水合物，可写为 $x SiO_2 \cdot y H_2O$ 的形式，常见的有偏硅酸[$H_2SiO_3(SiO_2 \cdot H_2O)$]、二偏硅酸[$H_2Si_2O_5(2SiO_2 \cdot H_2O)$]、正硅酸[$H_4SiO_4(SiO_2 \cdot 2H_2O)$]、焦硅酸[$H_6Si_2O_7(2SiO_2 \cdot 3H_2O)$]等。

将偏硅酸钠溶液酸化至 pH=7.0～8.0 时，可得胶体；胶体静止老化 24 h，可得凝胶。用热水洗去凝胶中的钠盐，60～70 ℃烘干，300 ℃活化，即可得到多孔硅胶，其组成为 SiO_2。多孔硅胶具有强的吸附小分子的能力，可用作干燥剂、吸附剂或催化剂的载体。为了指示凝胶的吸水量，可将凝胶浸泡在 $CoCl_2$ 溶液中，再烘干，则得到变色硅胶。

硅酸盐种类繁多，其基本结构单元与二氧化硅一样，均为硅氧四面体。这些硅氧四面体通过共用氧原子形成链状[Si_nO_{3n}]$^{2n-}$，片层状[$Si_nO_{2.5n}$]$^{n-}$ 或网状$(SiO_2)_n$ 结构。其中网状的硅酸盐含有规则的孔道，可用于吸附小分子或作为催化剂载体，也称为沸石型分子筛。

常见可溶性的硅酸盐有 Na_2SiO_3 和 K_2SiO_3。Na_2SiO_3 的水溶液俗称“水玻璃”，工业上称为泡花碱，是黏合剂和防腐剂。可溶性的硅酸盐在水中强烈水解，呈碱性：

$$Na_2SiO_3(aq)+2H_2O(l)=\!=\!=NaH_3SiO_4(aq)+NaOH(aq)$$

4. 锗、锡、铅的化合物*

1）卤化物

锗、锡和铅能形成二卤化物和四卤化物。由于四价铅具有强氧化性，其相应的四碘化铅和四溴化铅不能稳定存在。四卤化物都是共价化合物。

将氯气通入熔融的锡中可得四氯化锡：

$$Sn(\text{熔融})+2Cl_2(g)=\!=\!=SnCl_4(l)$$

四氯化锡是无色液体，易水解，在潮湿空气中会发烟，所以要隔绝水汽保存。

四氯化铅只存在于低温中，遇热迅速分解为 $PbCl_2$ 和氯气。四氯化铅是黄色油状液体。

由标准电极电势可知，Sn^{2+} 的还原性很强。例如

$$Sn^{2+}(aq)+2Fe^{3+}(aq)=\!=\!=Sn^{4+}(aq)+2Fe^{2+}(aq)$$

$$2HgCl_2(aq)+SnCl_2(aq)+2HCl(aq)=\!=\!=Hg_2Cl_2(s)+H_2SnCl_6(aq)$$

$$SnCl_2(aq)+Hg_2Cl_2(s)=\!=\!=SnCl_4(l)+2Hg(l)$$

上面两个反应常用来检验汞盐。

Ge^{2+}、Sn^{2+}、Pb^{2+} 的还原性随着元素所在周期的增加而依次减弱。

$SnCl_2$ 溶液易水解和被空气中的氧气氧化，因此配置二氯化锡溶液要加金属锡保护二价锡离子，还要加盐酸抑制水解：

$$SnCl_2(aq)+H_2O(l)=\!=\!=Sn(OH)Cl(s)+HCl(aq)$$

2）硫化物

锗和锡都有一硫化物与二硫化物，铅只有硫化铅 PbS。它们的性质见表 8.15。

表 8.15 锗、锡、铅硫化物的性质

性质		GeS	GeS_2	SnS	SnS_2	PbS
颜色		红色	白色	暗棕色	黄色	黑色
溶解性	在水中	有一定溶解度	有一定溶解度	不溶	不溶	不溶
	在浓 HCl 中	溶解	溶解	溶解	溶解	溶解
	在 Na_2S 或 $(NH_4)_2S$ 中	不溶	溶解	不溶	溶解	不溶
	在 Na_2S_2 或 $(NH_4)_2S_2$ 中	溶解	不溶	溶解	溶解	不溶
	在 NaOH 中	不溶	溶解	不溶	溶解	不溶
酸碱性		碱性	酸性	碱性	两性	碱性

二硫化锗和二硫化锡是酸性硫化物，可与氢氧化钠或硫化钠溶液反应：

$$3GeS_2(s)+6NaOH(aq)=\!=\!=Na_2GeO_3(aq)+2Na_2GeS_3(aq)+3H_2O(l)$$

$$GeS_2(s)+Na_2S(aq)=\!=\!=Na_2GeS_3(aq)$$

$$SnS_2(s)+Na_2S(aq)=\!=\!=Na_2SnS_3(aq)$$

硫化亚锗和硫化亚锡具有强的还原性，可被过硫化钠氧化成二硫化物：

$$GeS(s)+Na_2S_2(aq)=\!=\!=GeS_2(s)+Na_2S(aq)=\!=\!=Na_2GeS_3(aq)$$

$$SnS(s)+Na_2S_2(aq)=\!=\!=SnS_2(s)+Na_2S(aq)=\!=\!=Na_2SnS_3(aq)$$

3）含氧化合物

锗、锡和铅都分别由两种氧化物 MO 和 MO_2，都是两性氧化物，前者偏碱性，碱性从 Ge 到 Pb 依次增强；后者偏酸性。

氧化锗 GeO 为黑色固体，二氧化锗 GeO_2 为白色固体。

氧化锡 SnO 呈蓝黑色，是二价锡盐水解后脱水的产物。在空气中燃烧金属锡可得二氧化锡 SnO_2，呈灰色。

铅在空气中燃烧可得黄色的氧化铅 PbO，俗称密陀僧。

二氧化铅是黑色的粉末，具有强的氧化性，可将酸性溶液中的 Mn^{2+} 氧化成 MnO_4^-：

$$5PbO_2(s)+2Mn^{2+}(aq)+4H^+(aq)\xlongequal{Ag^+}5Pb^{2+}(aq)+2MnO_4^-(aq)+2H_2O(l)$$

二氧化铅与盐酸反应生成氯气：

$$PbO_2(s)+4HCl(aq)=\!=\!=PbCl_2(s)+Cl_2(g)+2H_2O(l)$$

Pb(Ⅳ)的强氧化性同样可用"$6s^2$ 惰性电子对效应"解释。

铅还有两种混合价的氧化物，红色的四氧化三铅 Pb_3O_4（俗称红铅或铅丹）和黄色的三氧化二铅 Pb_2O_3。可将这两种铅的氧化物看成是 $2PbO \cdot PbO_2$ 和 $PbO \cdot PbO_2$。

8.2.5 硼族元素

硼族元素(boron group element)属于周期表中的Ⅲ A 族，包括硼(boron)、铝(aluminium)、镓(gallium)、铟(indium)和铊(thallium)5 种元素。

硼有富集的矿藏，如硼镁矿 $Mg_2B_2O_5 \cdot H_2O$，另外还以硼硅酸盐（如黄晶

$CaO \cdot B_2O_3 \cdot SiO_2$)、硼酸盐(如硼砂 $Na_2B_4O_7 \cdot 10H_2O$、方硼石 $2Mg_3B_8O_{15} \cdot MgCl_2$)等形式存在。铝在自然界分布很广,在地壳中的质量分数为 8.2%,仅次于氧和硅,在金属元素中位列第一。镓、铟、铊具有亲硫性,在地壳中多以硫化物形式存在。

硼族元素的一些性质列于表 8.16。

表 8.16　硼族元素的一些性质

基本性质	硼 B	铝 Al	镓 Ga	铟 In	铊 Tl
价层电子结构	$2s^22p^1$	$3s^23p^1$	$4s^24p^1$	$5s^25p^1$	$6s^26p^1$
主要氧化态	+3	+1,+3	+1,+3	+1,+3	+1,+3
原子半径/pm	88	143.1	135	167	170
熔点/℃	2076	660.323	29.7646	156.60	303.5
沸点/℃	3864	2518	2203	2072	1457
熔化热/($kJ \cdot mol^{-1}$)	50.2	10.71	5.59	3.28	4.14
气化热/($kJ \cdot mol^{-1}$)	480	294.0	254	231.8	165
M^+离子半径/pm	35		120(M^{2+})	140	150
M^{3+}离子半径/pm	11	53.5	62.0	80.0	88.5
电离能 I_1/($kJ \cdot mol^{-1}$)	801	578	579	558	589
电离能 I_2/($kJ \cdot mol^{-1}$)	2427	1817	1979	1821	1971
电离能 I_3($kJ \cdot mol^{-1}$)	3660	2745	2963	2704	2878
电子亲和能/($kJ \cdot mol^{-1}$)	26.7	42.5	29	29	19
电负性/(pauling)	2.04	1.61	1.81	1.78	1.8
密度/($kg \cdot dm^{-3}$)	2.50	2.70	5.904	7.31	11.85
$E_A^\ominus(M^{3+}/M)/V$	−0.73(H_3BO_3/B)	−1.66	−0.517	−0.35	+0.713

1. *硼*

硼族元素除了硼是非金属,其余四种元素均为金属。由于硼原子只有两层电子,原子半径小,B 主要以共价键成键,其单质和化合物性质与 Al、Ga、In 和 Tl 相比有较大区别,而与 Si 相似。

1) 单质

单质硼有晶体和无定形两类。晶体硼是原子晶体,呈黑灰色,高硬度、高熔点。无定形硼为棕色粉末。

晶体硼的结构*:晶体硼的结构单元 B_{12} 为正十二面体,B 原子占据顶点位置,如图 8.20 所示。这种结构单元称为 B_{12}。B_{12} 在空间排布方式不同,则形成晶体硼的不同晶型。其中最普通的一种是 α-菱形硼,如图 8.21 所示。每个 B_{12} 单元与同一层的 6 个 B_{12} 单元成键,这种键联属于三中心二电子键,如图 8.21 中的虚线三角形 1 和 2。通过 B—B 键再将 B_{12} 组成的片层结合起来,若处于上层的 B_{12} 结构单元对准虚线三角形 1,则处于下层的 B_{12} 对准虚线三角形 2。

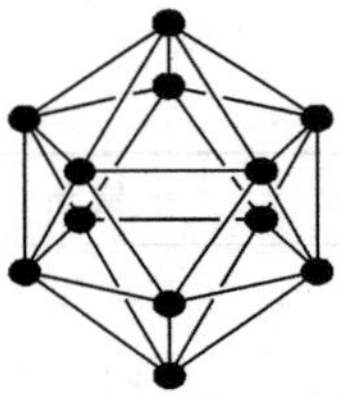

图 8.20　晶体硼的结构单元 B_{12}

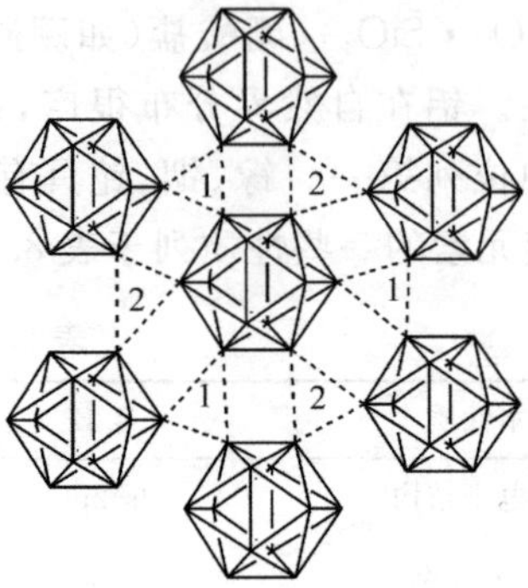

图 8.21　α-菱形硼结构示意图

作为"原子晶体",晶体硼单质的化学性质不活泼,而无定形硼则较活泼。

单质硼的化学性质与硅相似,称为"斜角相似",这是 B 和 Si 二者原子半径和有效核电荷两个因素竞争的结果,表现在常温下可与 $F_2(g)$ 反应、与 NaOH(aq) 作用放出氢气等。

$$2B(s)+3F_2(g)=\!=\!=2BF_3(g)$$

$$Si(s)+2F_2(g)=\!=\!=SiF_4(g)$$

$$2B(s)+2NaOH(浓,热)+2H_2O(l)=\!=\!=2NaBO_3(aq)+3H_2(g)$$

$$Si(s)+2NaOH(aq)+H_2O(l)=\!=\!=Na_2SiO_3(aq)+2H_2(g)$$

在高温下,硼可与氮气、硫、卤素等非金属元素反应:

$$2B(s)+N_2(g)=\!=\!=2BN(s)$$

$$2B(s)+3S(s)=\!=\!=B_2S_3(s)$$

$$2B(s)+3Br_2(l)=\!=\!=2BBr_3(l)$$

硼与金属反应生成硼化物,如 Nb_3B_4、ZrB_2 等。

无定形硼在加热条件下可与氧化性酸反应,与非氧化性酸不反应:

$$B(s)+3HNO_3(aq,浓)=\!=\!=B(OH)_3(s)+3NO_2(g)$$

$$2B(s)+3H_2SO_4(aq,浓)=\!=\!=2B(OH)_3(s)+3SO_2(g)$$

工业上用碱法分解硼镁矿制备单质硼。

2) 硼的化合物

(1) 硼的含氧化合物。三氧化二硼(B_2O_3,boron trioxide)是白色固体,分子为 V 字形,键连方式为 O═B—O—B═O。

三氧化二硼易溶于水形成硼酸(boric acid):

$$B_2O_3(s)+3H_2O(l)=\!=\!=2H_3BO_3(aq)$$

三氧化二硼与水蒸气反应则生成易挥发的偏硼酸:

$$B_2O_3(s)+H_2O(g)=\!=\!=2HBO_2(s)$$

三氧化二硼是酸性氧化物,与碱性金属氧化物在熔融条件下反应,得到有特定颜色的偏硼酸盐:

$$CuO(s)+B_2O_3(s)=\!=\!=Cu(BO_2)_2(s,蓝色)$$

$$Cr_2O_3(s)+3B_2O_3(s)=\!=\!=2Cr(BO_2)_3(s,绿色)$$

$$MnO(s)+B_2O_3(s)=\!=\!=Mn(BO_2)_2(s,紫色)$$

此类反应可用于鉴定金属氧化物，是分析化学“硼珠实验”的基础。

硼酸 H_3BO_3 是白色片状物，微溶于水，是一元路易斯弱酸，其成酸机理如下：

$$B(OH)_3(s)+H_2O(l)=\!=\!=[B(OH)_4]^-(aq)+H^+(aq) \qquad K_a=5.81\times10^{-10}$$

硼酸是典型的路易斯酸。在硼酸溶液中加入甘油，可使其酸性增强，原因在于甘油与 $[B(OH)_4]^-$ 反应生成稳定的物质，使平衡右移。

当硼酸遇到强酸时，显碱性：

$$B(OH)_3(aq)+H_3PO_4(aq)=\!=\!=BPO_3(s)+3H_2O(l)$$

硼酸受热失水先后生成偏硼酸和三氧化二硼：

$$H_3BO_3(s)\xlongequal{\triangle}HBO_2(s)+H_2O(g)$$

$$2H_3BO_3(s)\xlongequal{\triangle}B_2O_3(s)+3H_2O(g)$$

硼砂 $Na_2[B_4O_5(OH)_4]\cdot8H_2O$(borax；sodium tetraborate)是重要硼的含氧酸盐。硼砂在空气中易失水风化。加热到 400 ℃时会失去 8 个结晶水和 2 个羟基水，因此其化学式又可写为 $Na_2B_4O_7\cdot10H_2O$。

硼砂的酸根离子 $[B_4O_5(OH)_4]^{2-}$ 的结构如图 8.22 所示，它是由两个 BO_3 原子团(平面三角形)和两个 BO_4 原子团(四面体)共用顶角氧原子连接而成。硼砂也能用在硼珠实验中。

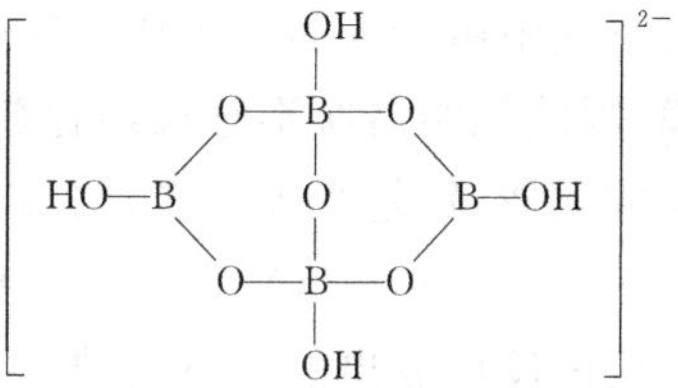

图 8.22 硼砂的酸根离子 $[B_4O_5(OH)_4]^{2-}$ 的结构

硼砂是弱酸强碱盐，在水中发生水解：

$$[B_4O_5(OH)_4]^{2-}(aq)+5H_2O(l)=\!=\!=2H_3BO_3(s)+2[B(OH)_4]^-(aq)$$

产物 H_3BO_3 和 $[B(OH)_4]^-$ 物质的量比为 1∶1，构成了缓冲溶液。稀的硼砂溶液是 pH=9.24 的缓冲溶液，可作定量分析的基准物。

(2) 硼的卤化物*。卤化硼 BX_3 都是共价化合物。它们的一些性质列于表 8.17。

表 8.17 卤化硼 BX_3 的一些性质

化合物	BF_3	BCl_3	BBr_3	BI_3
状态(室温)	气	加压下液态	液态	固态
熔点/℃	−127.1	−107	−46.0	43
沸点/℃	−100.4	12.7	91.3	210
$\Delta_f H_m^{\ominus}/(kJ\cdot mol^{-1})$	−1136.0	−403.8	−239.7	
键能/$(kJ\cdot mol^{-1})$	766	536	435	384
键长/pm	129	172	187	
结构	平面三角形	平面三角形	平面三角形	平面三角形

在三卤化硼分子 BX_3 中，硼原子为 sp^2 杂化，硼原子空的 p_z 轨道与三个卤素原子上的 p_z 轨道形成 π_4^6 键。尽管有 π_4^6 键电子密度的补充，三卤化硼还是呈现“缺电子性”，是典型的路易斯酸，易与路易斯碱反应。例如

$$BF_3(g)+NH_3(g)=\!=\!=H_3N\rightarrow BF_3(s)$$

BCl_3 的路易斯酸性比 BF_3 弱。

将三氯化硼或三氟化硼与氨气在 1000 ℃反应，可得到具有石墨结构的大分子氮化硼：

$$BCl_3(g)+NH_3(g)=\!=\!=BN(s)+3HCl(g)$$

2. 铝

1) 单质

铝是银白色金属。铝的相对密度小，机械性能出众，是重要的结构材料，可用于飞机和宇航器的制造。铝具有好的延展性，但导电性不如铜。

铝与同族的硼性质上有较大的差异：①铝是金属，而硼是非金属；②硼是成酸元素，铝是两性元素；③硼只能以共价键和电负性更大的元素结合，而铝既能生成共价键化合物，也能生成离子化合物；④硼的最大配位数是 4，而铝的最大配位数是 6。

无论在酸、碱介质中，铝都表现出强的还原性。铝的化学性质与铍相似，是活泼金属。但铝在空气中由于表面会生成致密的氧化膜而阻止进一步的反应。食盐可腐蚀铝表面的氧化膜，因此铝制器皿不宜长期存放咸的菜品等。

与硼类似，铝是亲氧元素，与氧结合可放出大量的热。

$$4Al(s)+3O_2(g)=\!=\!=2Al_2O_3(s)\qquad \Delta_r H_m^{\ominus}=-3351.4\ kJ\cdot mol^{-1}$$

利用该反应放出的大量的热，铝可从其他金属氧化物中置换出金属，如著名的铝热反应，可用于焊接铁轨：

$$2Al(s)+Fe_2O_3(s)=\!=\!=2Fe(s)+Al_2O_3(s)$$

铝易溶于酸和碱：

$$2Al(s)+6HCl(aq)=\!=\!=2AlCl_3(aq)+3H_2(g)$$

$$2Al(s)+2NaOH(aq)+6H_2O(l)=\!=\!=2NaAl(OH)_4(aq)+3H_2(g)$$

但遇到冷的浓硝酸或浓硫酸时，会发生“钝化”。

在高温下，铝与非金属单质如硫、磷等反应：

$$2Al(s)+3S(s)=\!=\!=Al_2S_3(s)$$

铝用电解法制备。铝矾土是铝的重要矿藏，其主要成分是三氧化二铝。将粉碎的铝矾土用碱浸取，转变成可溶的铝酸钠：

$$Al_2O_3(s)+2NaOH(aq)+3H_2O(l)=\!=\!=2Na[Al(OH)_4](aq)$$

过滤后向铝酸钠的溶液中通入二氧化碳析出氢氧化铝：

$$2Na[Al(OH)_4](aq)+CO_2(g)=\!=\!=2Al(OH)_3(s)+Na_2CO_3(aq)+H_2O(l)$$

再分离煅烧氢氧化铝可得较纯净的三氧化二铝：

$$2Al(OH)_3(s)=\!=\!=Al_2O_3(s)+3H_2O(g)$$

由于铝的强还原性，只能用电解法从其化合物还原。在熔融的冰晶石中电解三氧化二铝，即可得到纯铝：

$$2Al_2O_3(\text{熔融})\xlongequal{\text{电解}}4Al(s)+3O_2(g)$$

其中冰晶石是“助熔剂”，起降低电解质熔点的作用。

2）化合物

(1) 卤化物。铝可与卤素形成三卤化物，其中三氟化铝是离子型化合物，其余均为共价型。三氯化铝、三溴化铝和三碘化铝由于 Al 的缺电子性，均为二聚体结构，如图 8.23 所示。在二聚的三氯化铝中，铝为 sp^3 杂化，每个铝原子分别与两个作为端基的氯原子和两个作为桥基的氯原子相连，形成双核结构。

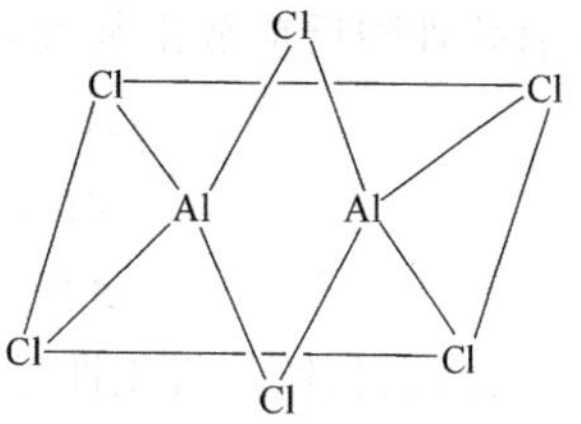

图 8.23 $AlCl_3$ 的二聚体分子

三氯化铝在水中强烈水解：

$$AlCl_3(s)+3H_2O(l)=\!=\!=Al(OH)_3(s)+3HCl(aq)$$

(2) 含氧化合物。氧化铝有两种主要晶型，α-型和γ-型。在较低温度下使氢氧化铝脱水可得 γ-型氧化铝，其化学性质活泼，能溶于酸和碱中：

$$\gamma\text{-}Al_2O_3(s)+6HCl(aq)=\!=\!=2AlCl_3(aq)+3H_2O(l)$$

$$\gamma\text{-}Al_2O_3(s)+2NaOH(aq)+3H_2O(l)=\!=\!=2Na[Al(OH)_4](aq)$$

铝在空气中燃烧或将 γ-型氧化铝加强热时可获得 α-型氧化铝。α-型氧化铝不溶于水，也不与酸或碱反应。自然界中的刚玉就属于 α-型氧化铝，是红宝石（含 Cr^{3+}）或蓝宝石（含 Fe^{3+}、Fe^{2+} 或 Ti^{4+}）的主要成分，硬度高，仅次于金刚石。

在可溶性的铝盐中加入氨水，生成白色的氢氧化铝沉淀，该沉淀不溶于过量氨水：

$$Al^{3+}(aq)+3NH_3(aq)+3H_2O(l)=\!=\!=Al(OH)_3(s)+3NH_4^+(aq)$$

氢氧化铝是两性化合物。氢氧化铝既可以与酸反应又可以与碱反应：

$$Al(OH)_3(s)+3HCl(aq)=\!=\!=AlCl_3(aq)+3H_2O(l)$$

$$Al(OH)_3(s)+NaOH(aq)=\!=\!=Na[Al(OH)_4](aq)$$

$Na[Al(OH)_4]$脱水可生成偏铝酸钠 $NaAlO_2$。向铝酸钠溶液中通入二氧化碳，可得到白色的氢氧化铝沉淀：

$$Na[Al(OH)_4](aq)+CO_2(g)=\!=\!=NaHCO_3(aq)+Al(OH)_3(s)$$

3. 镓、铟和铊

镓是银白色金属，质软。金属镓熔点为 29.8 ℃，沸点为 2403 ℃，利用其大的熔点、沸点之差可制造高温温度计。铟和铊的物性与镓类似。

与同族的硼和铝相比，镓、铟、铊除了能生成三价的化合物外，还能生成一价的化合物，且从 B 到 Tl，随着有效核电荷变大，+3 氧化态化合物的稳定性下降，而+1 氧化态化合物的稳定性增加。

由附录 7 酸性介质的标准电极电势 $E_A^{\ominus}(M^{3+}/M)$可知，硼族元素单质还原性顺序是：B>Al>Ga>In>Tl，即先出现非金属，再出现活泼金属，然后金属性减弱。后四种元素金属性递变规律与副族元素相同，表明从 Al 到 Tl，与“原子半径”因素相比，“有效核电荷”因素占主导地位。注意在元素周期表中，ⅢA 族就在ⅡB 族右边，副族元素金属性递变规律延续到ⅢA 族就不难理解。

1）单质

镓的化学性质活泼，但不如铝，表面也能形成致密氧化膜而钝化。镓、铟和铊都能与非氧化性酸反应放出氢气，但反应速率较慢，需要加热：

$$2Ga(s)+6HCl(aq)=\!=\!=2GaCl_3(aq)+3H_2(g)$$

$$2In(s)+6HCl(aq)=\!=\!=2InCl_3(aq)+3H_2(g)$$

$$2Tl(s)+2HCl(aq)=\!=\!=2TlCl(aq)+H_2(g)$$

镓、铟和铊与氧化性酸反应不放出氢气：

$$Ga(s)+6HNO_3(aq)=\!=\!=Ga(NO_3)_3(aq)+3NO_2(g)+3H_2O(l)$$

$$Tl(s)+2HNO_3(aq)=\!=\!=TlNO_3(aq)+NO_2(g)+H_2O(l)$$

镓能与碱反应放出氢气，因此镓是两性金属，而铟和铊不是两性金属：

$$2Ga(s)+2NaOH(aq)+2H_2O(l)=\!=\!=2NaGaO_2(aq)+3H_2(g)$$

常温下，镓、铟和铊的单质可与氯和溴化合，但与氧气、硫、磷等非金属单质反应需要高温条件：

$$2Ga(s)+3Br_2(l)=\!=\!=2GaBr_3(s)$$

$$2Ga(s)+3S(s)=\!=\!=2Ga_2S_3(s)$$

2）化合物

氢氧化镓 $Ga(OH)_3$ 与氢氧化铝一样，是两性氢氧化物，但其酸性强于氢氧化铝，可溶于氨水中。氢氧化铟与氢氧化镓相比更易脱水形成氧化物 In_2O_3，而 $Tl(OH)_3$ 不存在。

镓、铟的氮化物 GaN 和 $In_xGa_{1-x}N$ 在 20 世纪 90 年代中被证明是新的半导体发光材料，在 3～10 V 直流电激发下发出可见光和近紫外光，可用于制备发光二极管(LED)，用作照明和显示。“半导体照明”被誉为“新一代照明光源”(10.1 小节)。

Tl(Ⅲ)的价电子构型为 $6s^0$，它的强氧化性可归因于“$6s^2$ 惰性电子对效应”：Tl(Ⅲ)高的“有效离子势”($\phi^*=Z^*/r$)，使它具有很强的“回收”电子、重新变回 Tl(Ⅰ)的趋势。因此三价的铊盐具有强的氧化性：

$$Tl_2(SO_4)_3(aq)+4FeSO_4(aq)=\!=\!=Tl_2SO_4(aq)+2Fe_2(SO_4)_3(aq)$$

$$Tl(NO_3)_3(aq)+SO_2(g)+2H_2O(l)=\!=\!=TlNO_3(aq)+H_2SO_4(aq)+HNO_3(aq)$$

Tl(Ⅰ)化合物都有强的生物毒性。

8.3 稀有气体*

(Rare gases)

稀有气体包括氦(helium)、氖(neon)、氩(argon)、氪(krypton)、氙(xenon)和氡(radon)6 种元素，在周期表中处于最右一列，又称为“零族元素”(或第 18 族元素)。稀有气体元素基态价电子均为满壳层稳定结构(ns^2np^6，$n=1\sim6$)，故在自然界中以原子状态存在，其中氡是放射性元素。按照原子价电子层结构划分，零族元素属于 p 区。

8.3.1 稀有气体的性质

稀有气体的原子间作用力很小，因而熔、沸点都很低，且随原子序数的增加而升高。稀有气体的蒸发热和水中溶解度也都很小，呈现与溶沸点同样的规律。稀有气体的一些物理性质列于表 8.18。

表 8.18 稀有气体的物理性质

性 质	氦	氖	氩	氪	氙	氡
价层电子结构	$1s^2$	$2s^2 2p^6$	$3s^2 3p^6$	$4s^2 4p^6$	$5s^2 5p^6$	$6s^2 6p^6$
熔点/℃	−272.15	−248.67	−189.87	−157.36	−111.8	−71
沸点/℃	−268.935	−246.05	−189.38	−153.22	−108.04	−62
第一电离能/($kJ \cdot mol^{-1}$)	2372	2081	1521	1351	1170	1037
临界温度/℃	−267.96	−228.71	−122.3	−63.75	16.583	104
293 K 时水中的溶解度/($mL \cdot L^{-1}$)	0.861	1.05	3.36	5.94	10.8	23
气体密度(标准状态)/($g \cdot L^{-1}$)	0.176	0.8999	1.7824	3.7493	5.761	9.73

氦是所有气体中最难液化的，在 2.2 K 以下时，液氦具有超导性，2.2 K 以上只是普通的液体。

稀有气体可通过分离空气获得。以 Ar 为例，首先将空气液化，再进行分馏。77 K 时得到的馏分是氮气，87 K 时得到的馏分是氩气，而 90 K 时得到的馏分是氧气，因此控制温度是分馏稀有气体的关键步骤。通过此法得到的氩气中含有少量的氧气和氮气，可通过红热的铜丝和灼热的镁粉除去。

8.3.2 稀有气体的化合物

稀有气体的第一个化合物是 Clathrates“笼”化物，稀有气体原子被捕获到笼中。1962 年加拿大巴特利特(Neil Bartlett)注意到 Xe 的电离能与 O_2 的相近，参照 $O_2^+[PtF_6]^-$ 的合成在室温下制得了 $Xe^+[PtF_6]^-$。随后，其他稀有气体元素化合物被陆续合成。已知稳定的稀有气体元素化合物包括氪、氙和氡的共价化合物，而氦和氖的化合物极不稳定。目前研究最多的是氙的化合物。

Xe 与 F_2 在不同的反应条件下，可以得到不同组成的氙的氟化物：

$$Xe(g) + F_2(g) \xlongequal{光照\triangle} XeF_2(g)$$

$$Xe(g) + 2F_2(g) \xlongequal{600\ kPa, 673\ K} XeF_4(g)$$

$$Xe(g) + 3F_2(g) \xlongequal{5000\ kPa, >523\ K} XeF_6(g)$$

这三种氙的氟化物均是强氧化剂：

$$XeF_2(g) + 2Cl^-(aq) \xlongequal{} Xe(g) + Cl_2(g) + 2F^-(aq)$$

$$XeF_4(g) + 2H_2 \xlongequal{} Xe(g) + 4HF(g)$$

$$XeF_4(g) + Ce(s) \xlongequal{} Xe(g) + CeF_4(s)$$

$$XeF_4(g) + Pt(s) \xlongequal{} Xe(g) + PtF_4(s)$$

它们都与水反应：

$$XeF_2(g) + H_2O(l) \xlongequal{} Xe(g) + 1/2O_2(g) + 2HF(g)$$

$$6XeF_4(g) + 12H_2O(l) \xlongequal{} 2XeO_3(s) + 4Xe(g) + 24HF(g) + 3O_2(g)$$

$$XeF_6(g) + H_2O(l) \xlongequal{} XeOF_4(l) + 2HF(aq)$$

它们还是良好的、温和的氟化剂：

$$2XeF_6(g) + SiO_2(s) \xlongequal{} 2XeOF_4(l) + SiF_4(g)$$

所以不能用玻璃或石英容器来盛装氟化氙。

氙的含氧化合物主要有 XeO_3、XeO_4、氙酸和高氙酸及其盐。在酸性条件下，Xe(Ⅵ)较稳定；而在碱性条件下，Xe(Ⅷ)较稳定。

XeO_3 是白色、易潮解、易爆炸固体，具有强氧化性。

向 XeO_3 的水溶液中通入 O_3，将生成高氙酸：

$$XeO_3(aq)+O_3(g)+2H_2O(l)=\!=\!=H_4XeO_6(aq)+O_2(g)$$

向 XeO_3 的碱性溶液中通入 O_3，将生成高氙酸盐：

$$XeO_3(aq)+4NaOH(aq)+O_3(g)+6H_2O(l)=\!=\!=Na_4XeO_6\cdot 8H_2O(aq)+O_2(g)$$

Na_2XeO_4 和 Na_4XeO_6 都是很强的氧化剂。

8.3.3 稀有气体的用途

稀有气体的用途主要分为三个方面：①为反应提供惰性环境，如在冶炼某些高熔点金属如钛的过程中需要使用氩气或氦气保护；②利用氦气相对密度低的性质，可以用来代替氢气，避免了在某些条件下使用氢气的危险性，如用氦气来填充飞艇和高空气球；③用于获得超低温，这是超导技术的必要条件。

稀有气体在人造光源方面有重要应用，如氙灯称为“人造小太阳”；而氖灯俗称“霓虹灯”，广泛用于广告和标牌等。氩用于钨丝灯的填充气体，以减少钨丝的蒸发，延长灯的使用寿命。

本章教学要求

1. 认识主族元素重要单质的物理性质、化学性质，了解其制备方法。
2. 认识主族元素重要化合物的化学性质，了解其制备方法。
3. 能用“元素周期律”认识主族元素化学性质的变化规律，了解元素性质变化与原子结构以及周期和族的关系；了解各主族重要单质和化合物性质的特殊性。
4. 了解常见主族元素在生产、生活中的应用。

习　题

1. 在实验室中如何制取氢气？工业上呢？写出方程式。
2. 完成并配平下列反应方程式：

   (1) 过氧化钠与水反应。

   (2) 过氧化钠与二氧化碳反应。

   (3) 过氧化钠与稀盐酸反应。

   (4) 臭氧化钾投入水中。
3. 鉴别下列物质：

   硝酸锂与硝酸钾；碳酸钙与乙二酸钙；碳酸钠与碳酸氢钠；硫酸钙与氢氧化钙；氯化锂与氯化钠；氢氧化钠与氢氧化钡。
4. 如何从六水合氯化镁制备无水氯化镁？
5. 简述氯气的实验室制法和工业制法，写出方程式。
6. 写出下列化学反应的方程式：

   (1) 氢氟酸与二氧化硅反应。

   (2) 在碘化钾溶液中通入过量的氯气。

   (3) 在碘化钾溶液中加入过氧化氢。

   (4) 碘单质溶于碘化钾溶液。

   (5) 溴水与碳酸钠溶液反应。

7. 为什么稀的氢氟酸是弱酸而浓的氢氟酸却是强酸？
8. 以氯化钠为原料制备次氯酸钠、次氯酸钙和氯酸钾。
9. 完成并配平下列反应方程式：
(1) 硝酸锌热分解
(2) $MnSO_4 + K_2S_2O_8 + H_2O \longrightarrow$
(3) $AlCl_3 + Na_2CO_3 + H_2O \longrightarrow$
10. 在氧族元素的氢化物中，哪一个熔点最高？为什么？
11. 除去下列物质中的少量杂质：
氢气中少量的硫化氢和二氧化硫；氢气中的少量一氧化碳；一氧化碳中少量的二氧化碳；氮气中少量氧气；一氧化氮中少量二氧化氮。
12. 写出并配平下列化学反应：
(1) $P_4 + NaOH \longrightarrow$
(2) $Sb(OH)_3 + NaOH \longrightarrow$
(3) $AgCl + NH_3 \cdot H_2O \longrightarrow$
(4) $Li + N_2 \longrightarrow$
(5) $NaBiO_3 + MnSO_4 + H_2SO_4 \longrightarrow$
(6) $BCl_3 + LiAlH_4 \longrightarrow$
(7) $Tl + HNO_3 \longrightarrow$
(8) $C + H_2SO_4$(浓)$\longrightarrow$
(9) $Si + NaOH \longrightarrow$
(10) $Si + HF \longrightarrow$
(11) $SnS + Na_2S_2 \longrightarrow$
(12) $PbO_2 + MnSO_4 + H_2SO_4 + K_2SO_4 \longrightarrow$
(13) $SiO_2 + C + Cl_2 \longrightarrow$
(14) $B + NaOH \longrightarrow$
(15) $Al + NaOH + H_2O \longrightarrow$
(16) $BF_3 + NH_3 \longrightarrow$
13. 硼酸是几元酸？为什么？为什么硼酸易溶于含羟基的有机溶剂中？
14. 如何从二氧化硅出发制备纯硅？
15. 为什么冷的浓硝酸不与铝反应？
16. 用价层电子对互斥理论判断下列稀有气体化合物的结构：

$$XeOF_2, XeOF_4, XeO_3F_2, XeF_2, XeF_4, XeF_6$$

（南开大学　师　唯）

第9章　副族元素
(The subgroup elements)

副族元素包括元素周期表ⅢB～ⅦB族、Ⅷ族和ⅠB、ⅡB族元素(按“18族”分法,为第3～12族),共68种元素(至第112号元素)(图5.18)。它们都是金属元素。按照元素原子的价层电子构型,副族元素划分为d区、ds区和f区元素。d区元素包括ⅢB至ⅦB族和第Ⅷ族元素(第3～10族),ds区包括ⅠB～ⅡB族元素(第11族和第12族),f区元素包括镧系元素和锕系元素。

副族元素原子结构的最大特点是:随着原子序数递增,对d区和ds区元素,新增加的电子进入$(n-1)$d亚层,即$(n-1)d^1 \sim (n-1)d^{10}$,对镧系元素和锕系元素,进入$(n-2)$f亚层,即$(n-2)f^1 \sim (n-2)f^{14}$;故d区和ds区元素称为“过渡元素”(transition element),而镧系元素和锕系元素称为“内过渡元素”(inner-transition element)。

9.1　d区元素
(The d-block elements)

d区元素和ds区元素位于元素周期表的中部,左邻s区元素而右邻p区元素,可以看成是s区和p区间的桥梁。根据所在周期不同,d区过渡元素可分为3个过渡系。

(1) 第一过渡系:第四周期元素,从钪(Sc)到镍(Ni)8种元素。

(2) 第二过渡系:第五周期元素从钇(Y)到钯(Pd)8种元素。

(3) 第三过渡系:第六周期元素从镧(La)到铂(Pt)8种元素,但不包括镧系元素。

9.1.1　通性

d区元素中,第一过渡系元素在自然界的储量较多,它们的用途也最广泛。第二、三过渡系元素,除银(Ag)和汞(Hg)外,相对来说丰度较小。钪(Sc)、钇(Y)与镧系元素的性质相似,在自然界中它们也常共生于同一矿石中,通常把钪(Sc)、钇(Y)与镧系元素一起讨论,它们统称为“稀土元素”。

1. 过渡金属元素的原子结构特点

d区元素原子结构的特点是:它们的原子最外层ns轨道大多有2个电子,而次外层$(n-1)$d轨道尚未充满,分别有1～8个电子,价层电子构型一般为$(n-1)d^{1\sim8}ns^{1\sim2}$。个别例外包括Pd $4d^{10}5s^0$、Pt $5d^9 6s^1$,这表明$(n-1)$d轨道与ns轨道能量相近。

与同周期的ⅠA、ⅡA族元素相比,过渡元素的原子半径一般比较小。由于过渡金属元素的d电子层是未满的电子层,未充满的d电子其屏蔽作用较小,因而随原子序数的增加,有效核电荷是依次增大。所以从左至右,随原子序数的增加,原子半径依次减小,但随着成对 d 电子数增多，电子之间斥力逐渐增大，使得原子半径减小幅度放缓；最后当电子之间斥力因素占优时，原子半径还略有增加。

同族过渡元素的原子半径，总趋势是自上而下随主量子数（电子层数）的增加而增大，其中第二过渡系元素比第一过渡系元素的原子半径增加较多，但是由于“镧系收缩”的影响，第三过渡系元素比第二过渡系元素原子半径增大幅度很小，表明电子层数增加的因素和有效核电荷增加的因素对原子半径的影响接近互相抵消，镧系之后的第三过渡系元素的原子半径与同族的第二过渡系元素非常相近，如 Zr 与 Hf、Nb 与 Ta、Mo 与 W。过渡元素的原子半径随原子序数呈周期性变化如图 9.1 所示。

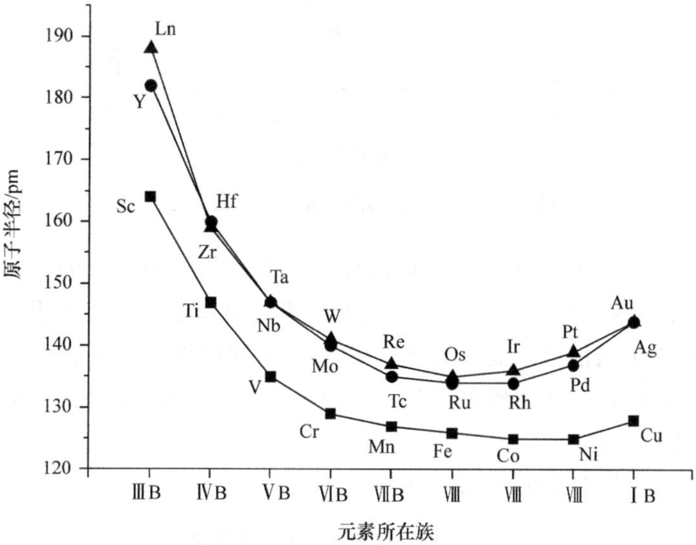

图 9.1 过渡元素的原子半径随原子序数变化图

2. 过渡金属元素的物理性质

过渡金属元素的电负性一般都比较小，容易失去电子呈金属性。过渡金属元素的单质通常是高熔点、高沸点、相对密度大、导电性和导热性良好的金属。在同周期中，它们的熔点，从左到右一般是先逐渐升高，然后又缓慢下降，如图 9.2 所示。但第一过渡过渡系元素的熔点随原子序数的增加出现了两个“峰值”，最低值出现在 Mn 元素，这主要是因为元素 Mn 为半充满的稳定构型。应当指出，金属的熔点与参与成键的未成对 d 电子数目、金属原子半径的大小、晶体结构等因素有关。

同族中，第二过渡系元素的熔、沸点大多高于第一过渡系，而第三过渡系的熔、沸点又高于第二过渡系（ⅢB 族除外），熔点最高的是 W(3415 ℃)，仅次于金刚石(4000 ℃)。过渡元素单质的硬度也有类似的变化规律，硬度最大铬 Cr(9)，仅次于金刚石(10)。

各过渡系元素电离能随原子序数的增大，总的变化趋势是逐渐增大的。从第一电离能来看，这种递增的幅度并不很大；而第二、第三电离能这种递增的幅度依次变大。与形成 d 轨道全满或半满状态离子相对应的电离能数值常常表现得低一些。例如，Fe 的第三

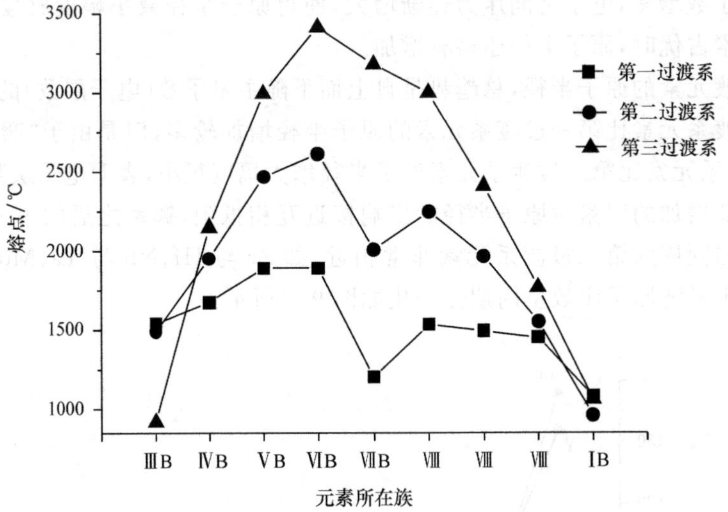

图 9.2　过渡元素熔点随原子序数变化图

电离能相对较低，这是由于 Fe^{3+} 为半充满的 d^5 构型。Zn、Cd、Hg 的第二电离能也相对低一些，这有利于形成相应的 M^{2+}。同族过渡元素的电离能的递变不很规则。正常变化倾向是前几族元素电离能自上而下依次升高，后几族则出现交错现象。

另外，许多 d 区和 ds 区金属单质及其化合物具有顺磁性，这是由它们原子的价层具有的未成对 d 电子引起的。

d 区元素的一些基本性质，总结于表 9.1～表 9.3 中。

表 9.1　第一过渡系金属的基本性质

性　质	Sc	Ti	V	Cr	Mn	Fe	Co	Ni	Cu
电子层结构	$3d^1 4s^2$	$3d^2 4s^2$	$3d^3 4s^2$	$3d^5 4s^1$	$3d^5 4s^2$	$3d^6 4s^2$	$3d^7 4s^2$	$3d^8 4s^2$	$3d^{10} 4s^1$
原子半径 r/pm	162	147	134	128	127	126	125	124	128
M^{2+}离子半径/pm		86	79	80(73)	83(67)	78(61)	74.5(65)	69	73
第一电离能 I_1/(kJ·mol^{-1})	631	658	650	653	717	759	758	737	745
熔点/℃	1541	1668	1917	1907	1244	1535	1494	1453	1084.62
沸点/℃	2836	3287	3421	2679	2095	2861	2927	2884	2561.5
气化热/(kJ·mol^{-1})	332.7	425	459	339.5	221	340	377	377.5	300.4
电负性/(Pauling 标度)	1.36	1.54	1.63	1.66	1.55	1.83	1.88	1.91	1.90
密度/(g·cm^{-1})	2.985	4.506	6.11	7.15	7.21	7.86	8.90	8.908	8.96
常见氧化态	+3	+2、+3、+4	+2、+3、+4、+5	+2、+3、+6	+2、+3、+4、+6、+7	+2、+3、+6	+2、+3	+2、+3	+1、+2

引自：迪安 J A. 兰氏化学手册. 北京：科学出版社，2003

表 9.2　第二过渡系金属的基本性质

性　质	Y	Zr	Nb	Mo	Tc	Ru	Rh	Pd	Ag
电子层结构	$4d^15s^2$	$4d^35s^1$	$4d^45s^1$	$4d^55s^1$	$4d^65s^1$	$4d^75s^1$	$4d^85s^1$	$4d^{10}5s^0$	$4d^{10}5s^1$
原子半径 r/pm	193.3	160	146	139	136	134	134	137	144
离子半径/pm	102 (Y^{2+})	72 (Zr^{4+})	72 (Nb^{2+})	69 (Mo^{3+})	64.5 (Tc^{4+})	68 (Ru^{3+})	66.5 (Rh^{3+})	86 (Pd^{2+})	115 (Ag^+)
第一电离能 I_1/(kJ · mol^{-1})	616	660	664	685	702	711	720	805	731
熔点/℃	1522	1852	2468	2622	2157	2334	1963	1555	961.78
沸点/℃	3345	3577	4860	4825	4265	4150	3727	3167	2164
气化热/(kJ · mol^{-1})	365	573	689.9	617	585.2	591.6	494	362	258
电负性/(Pauling 标度)	1.22	1.33	1.60	2.16	2.10	2.20	2.28	2.20	1.93
密度/(g · cm^{-1})	4.472	6.52	8.57	10.28	11	12.45	12.41	12.023	10.49
常见氧化态	+3	+2、+3、+4	+2、+3、+4、+5	+2、+3、+4、+5、+6	+2、+3、+4、+5、+6、+7	+2、+3、+4、+5、+6、+7、+8	+2、+3、+4、+5、+6	+2、+3、+4	+1、+2

引自：迪安 J A. 兰氏化学手册. 北京：科学出版社，2003

表 9.3　第三过渡系金属的基本性质

性　质	La	Hf	Ta	W	Re	Os	Ir	Pt	Au
电子层结构	$5d^16s^2$	$5d^26s^2$	$5d^36s^2$	$5d^46s^2$	$5d^56s^2$	$5d^64s^2$	$5d^74s^2$	$5d^96s^1$	$5d^{10}6s^1$
原子半径 r/pm	183	159	146	139	137	135	135.5	138.5	144
第一电离能 I_1/(kJ · mol^{-1})	538	680	761	770	760	840	880	870	890
熔点/℃	920	2227	2996	3387	3180	3045	2447	1769	1064.18
沸点/℃	3464	4450	5429	5900	5678	5225	2550	3824	2856
气化热/(kJ · mol^{-1})	402.1	571	732.8	806.7	704	738	231.8	545	324
电负性/(Pauling 标度)	1.10	1.3	1.5	1.7	1.9	2.2	2.2	2.2	2.4
密度/(g · cm^{-1})	6.162	13.31	16.69	19.25	21.02	22.61	22.65	21.09	19.3
常见氧化态	+3	+3、+4	+2、+3、+4、+5	+2、+3、+4、+5、+6	+3、+4、+5、+6、+7	+2、+3、+4、+5、+6、+8	+2、+3、+4、+5、+6	+2、+4	+1、+3

引自：迪安 J A. 兰氏化学手册. 北京：科学出版社，2003

3. 过渡金属元素的化学性质

表 9.4 给出了第一过渡系金属在酸性和碱性溶液中的标准电极电势。可以看出，第一过渡系的标准电极电势值 $E^\ominus(M^{2+}/M)$都是负值，金属单质具有还原性，能从非氧化性

酸中置换出氢；同一周期元素自左向右标准电极电势值总的趋势逐渐增大，金属活泼性逐渐减弱，但 Mn 的还原性强于 Cr，这与 Mn 原子失去两个 4s 电子后形成稳定的 $3d^5$ 构型有关。

表 9.4　第一过渡系元素的标准电极电势

性　质	Sc	Ti	V	Cr	Mn	Fe	Co	Ni
$E^{\ominus}(M^{2+}/M)/V$		−1.63	−1.13	−0.90	−1.17	−0.44	−0.277	−0.257
$E^{\ominus}(M^{3+}/M)/V$	−2.03	−1.21		−0.74				
$E^{\ominus}[M(OH)_2/M]/V$				−1.40	−1.57	−0.87	−0.72	−0.72
可溶解该金属的酸	各种酸	热 HCl、HF	HNO_3、HF、浓 H_2SO_4	稀 HCl、H_2SO_4	稀 HCl、H_2SO_4 等	稀 HCl、H_2SO_4 等	缓慢溶解于稀 HCl 等酸	稀 HCl、H_2SO_4 等

由第一过渡系元素在酸性、碱性条件下的标准电极电势，可以方便地了解第一过渡系元素各氧化态物质的热力学稳定性和氧化还原性质。

钪分族的钪、钇、镧是过渡元素中最活泼的金属，在空气中能够迅速被氧化，与水作用放出氢，活泼性接近碱土金属；而且从钪到镧金属活泼性增强，这延续了ⅡA 族的变化规律，说明与有效核电荷增加的因素相比，原子半径增大的因素占主导地位。然而，除钪分族外，d 区同族元素的活泼性都是自上而下逐渐降低。同族元素自上而下原子半径增加不大(图 9.1)，而有效核电荷增加较多，使电离能和升华焓增加显著，金属活泼性减弱，很难与非氧化性酸反应。例如，在第二、三过渡系中有些元素的单质仅能溶于王水和氢氟酸中，如锆、铪等，有些甚至不溶于王水，如钌、锇、铑、铱等。但它们可和浓碱溶液或熔融碱发生反应。

过渡金属元素不同于主族金属的特征是表现出多种氧化态(表 9.1～表 9.3)。这是因为过渡金属元素最外层的 s 电子、次外层的 d 电子能量相近，ns 电子、部分或全部 $(n-1)$d 电子都可以作为价电子参加成键。对于ⅢB～ⅦB 族元素，一般可由 +2 或 +3 依次增加到与族数相同的氧化态，但Ⅷ族除 Ru、Os 外，其他元素尚未发现 +8 氧化态化合物。在第一过渡系中元素所呈现的正氧化态是先随原子序数增加而增加，到 Mn 元素之后，元素的氧化态又逐渐下降。这种情况是与 d 轨道中的电子数有关。d^1～d^5 电子构型过渡元素的电子都未成对，都能参与成键，所以可以出现与所在族数相同的最高氧化态。超过 d^5 构型的过渡元素，随原子序数增加，原子半径逐渐减小，有效核电荷逐渐增大，其影响超过电子互相排斥作用的增加，失去电子所需能量增大，所以Ⅷ族大多数元素都不呈现与所在族数相同的最高氧化态。

过渡金属元素易于形成配合物。从过渡金属元素原子的电子结构看，过渡金属的离子具有能量相近的 $(n-1)$d、ns、np 轨道，其中 ns、np 轨道是空的，$(n-1)$d 轨道部分填充或全空，这有利于它们作为路易斯酸，接受配体的孤对电子。另外，$(n-1)$d 轨道上的电子屏蔽效应较小而过渡金属离子半径小于主族元素，使过渡金属离子极化力较强；同时过渡金属离子(9～17)或 18 电子构型又使它们具有较大的变形性，所以过渡金属具有较强的形成配合物的能力。

许多过渡元素可以参与一些化学反应的反应过程，形成不稳定的配合物中间产物，从而起到催化作用。有些过渡元素可以通过提供适宜的反应表面，起到催化作用，如以 V_2O_5 为催化剂制 SO_3 即为一例。因此许多过渡元素及其化合物往往具有独特的催化性能。

过渡元素另一个特征是其阳离子在水溶液中常显出一定的颜色(表 9.5)。通常认为其颜色与未充满的 d 电子有关，过渡元素离子吸收特定波长的可见光，发生 d-d 电子跃迁，从而显示出“互补色”。

表 9.5　第一过渡系元素低氧化态水合离子的颜色

元　素	Sc	Ti	V	Cr	Mn	Fe	Co	Ni
M^{2+} d 电子数		2	3	4	5	6	7	8
$[M(H_2O)_6]^{2+}$ 颜色		褐色	紫色	天蓝色	肉色	浅绿色	粉红色	绿色
元　素	Sc	Ti	V	Cr	Mn	Fe	Co	Ni
M^{3+} d 电子数	0	1	2	3	4	5	6	7
$[M(H_2O)_6]^{3+}$ 颜色	无色	紫红色	绿色	蓝紫色	红色	浅紫色	绿色	粉红色

9.1.2　钛

钛在地壳中的丰度为 0.56%(质量分数)，在所有元素中居第 10 位。在过渡金属元素中，占第二位，仅次于铁，高于常见的锌、铅、锡、铜等。自然界中，含钛矿物有 140 多种，其中主要矿物有钛铁矿($FeTiO_3$)、金红石(TiO_2)、钙钛矿($CaTiO_3$)、钛磁铁矿和钒钛铁矿等。我国的钒钛铁矿储量居世界首位。

1. 钛单质

1) 单质的制备

钛是银白色金属，熔点高于铁，而密度只有钢的 57%，强度和硬度与钢相近，是铝硬度的两倍。钛有较好的可塑性，其韧性超过纯铁的 2 倍。另外，钛的表面易形成致密的氧化物保护膜，使其具有良好的抗腐蚀性能，特别是对湿的氯气和海水有良好的抗腐蚀性能。

钛主要是从钛铁矿提取。首先用磁选法富集得到钛精矿，然后用硫酸法处理钛铁矿：

$$FeTiO_3(s)+2H_2SO_4(aq) = TiOSO_4(aq)+FeSO_4(aq)+2H_2O(l)$$

将所得固体产物用水浸取，同时加入铁屑防止 Fe^{2+} 被氧化，然后在低温下结晶出 $FeSO_4 \cdot 7H_2O$。过滤，滤液稀释、加热，$TiOSO_4$ 水解得到 H_2TiO_3。加热 H_2TiO_4，得到纯度达到 97% 以上的 TiO_2：

$$TiOSO_4(aq)+2H_2O(l) \xlongequal{\triangle} H_2TiO_3(s)+H_2SO_4(aq)$$

$$H_2TiO_3(s) \xlongequal{\triangle} TiO_2(s)+H_2O(g)$$

从 TiO_2 制备金属钛，有以下两种方法：

(1) 还原法。将 TiO_2 与焦炭混合，通入氯气并加热生成 $TiCl_4$：

$$TiO_2(s)+2C(s)+2Cl_2(g)\xrightarrow{\triangle}TiCl_4(g)+2CO(g)$$

以上反应应用了“反应耦联”原理。

蒸馏出 $TiCl_4$ 并提纯，然后在氩气保护下用镁或者钠还原得到金属钛：

$$TiCl_4(g)+2Mg(l)\xrightarrow{800\ ℃}Ti(s)+2MgCl_2(s)$$

用稀盐酸除去过量的 Mg 和可溶盐，得到海绵状钛，再在惰性气氛下熔化铸成钛锭。

(2) 熔盐电解。以熔融 $CaCl_2$ 为熔剂，在惰性气氛下直接电解 TiO_2，即可得金属钛。

2）化学反应活性

钛是活泼金属，但在室温或低温下，钛在空气是十分稳定的，不与水、酸、碱反应，呈现不活泼性。这主要是因为钛金属表面生成了一层薄的致密氧化物膜。不过，它能缓慢地溶解在热的浓盐酸或浓硫酸中，生成 Ti^{3+}：

$$2Ti(s)+6HCl(浓)\xrightarrow{\triangle}2TiCl_3(aq)+3H_2(g)$$

$$2Ti(s)+3H_2SO_4(浓)\xrightarrow{\triangle}Ti_2(SO_4)_3(aq)+3H_2(g)$$

钛与热的浓硝酸反应很缓慢，最终生成不溶性的 $TiO_2\cdot nH_2O$。在室温下，钛可溶于氢氟酸，这是因为钛与氟离子可以形成配合物，它破坏了表面氧化膜，改变了电极电势，促进了金属的溶解：

$$Ti(s)+6HF(aq)=\!=\!=TiF_6^{2-}(aq)+2H_2(g)+2H^+(aq)$$

高温(600 ℃以上)状态，钛金属很活泼，能与许多非金属反应。例如，与氧、卤素、氮、碳作用分别生成氧化物 TiO_2、卤化物 TiX_4、间充型氮化物 TiN 和碳化物 TiC。在高温下，钛能与水蒸气反应，生成 TiO_2 和 H_2。金属钛能在空气中燃烧，且是唯一能在氮气中燃烧的元素。粉末状金属钛可以吸附氢气，并生成间充型化合物。

2. 钛的重要化合物

钛具有＋4、＋3、＋2 氧化态。由标准电极电势可知，钛元素最稳定的氧化态是＋4；而 Ti^{3+}、Ti^{2+} 在水溶液中极易被氧化。在特定条件下，钛还可能出现 0 和－1 的低氧化态。

图 9.3　TiO_2(金红石)的晶体结构

在 Ti(Ⅳ)的化合物中，比较重要的是二氧化钛(TiO_2)、四氯化钛($TiCl_4$)和硫酸钛酰($TiOSO_4$)。

自然界中，TiO_2 具有三种晶型：金红石、锐钛矿和板钛矿。其中最重要的是金红石型。金红石是一种典型的 MX_2 型晶体构型，属四方晶系(图 9.3，表 5.15)，Ti 的配位数为 6，周围有 6 个 O 原子与 Ti 配位形成八面体结构；O 原子的配位数为 3。

纯净的 TiO_2 俗称“钛白”，主要制备方法是：在 923～1023 K，$TiCl_4$ 与干燥的氧气反应：

$$TiCl_4(g)+O_2(g)=\!=\!=TiO_2(s)+2Cl_2(g)$$

无水二氧化钛不溶于水，也不溶于稀酸，但能缓慢溶解于氢氟酸和浓硫酸中：

$$TiO_2(s)+6HF(aq)=\!=\!=H_2[TiF_6](aq)+2H_2O(l)$$
$$TiO_2(s)+2H_2SO_4(浓)=\!=\!=Ti(SO_4)_2(aq)+2H_2O(l)$$
$$TiO_2(s)+H_2SO_4(浓)=\!=\!=TiOSO_4(aq)+H_2O(l)$$

二氧化钛的水合物($TiO_2 \cdot xH_2O$)可视为钛酸。钛酸有两种类型:α-型和β-型。两种钛酸都是白色固体,不溶于水,是两性化合物。α-钛酸的反应活性比β-钛酸大得多。两种钛酸不同之处是其粒子大小及聚结程度。

由于 Ti^{4+} 电荷多,半径小(68 pm),具有强烈的水解作用,所以甚至在强酸溶液中也未发现有$[Ti(H_2O)_6]^{4+}$存在。在水溶液中时以钛氧离子(TiO^{2+})的形式存在。钛氧离子常成为链状聚合形式的离子(—Ti—O—Ti—O—),如固态的 $TiOSO_4$ 中的钛氧离子。

四氯化钛($TiCl_4$)是以共价键为主的化合物。它是无色、有刺激性气味的无色液体。四氯化钛与水猛烈作用,部分水解而生成氯化钛酰 $TiOCl_2$,完全水解时生成 $TiO_2 \cdot nH_2O$。四氯化钛是制备金属钛的中间物。

3. 钛的应用和生理功能*

钛是工业上最重要的金属之一,被用来制造航空航天器、船只以及具有特殊功能的设备,如利用钛耐热、耐低温性能好,用于制造耐热和低温设备。液体钛几乎能溶所有金属,所以可以和多种金属形成合金。如钛铌合金,由于在低于临界温度 4 K 时呈现零电阻的超导功能,是目前制造高场超导磁体的主要材料;钛镍合金则是最佳形状记忆合金。

TiO_2 由于具有折射率高、性能稳定、着色力强、无毒等特点,广泛用作白色涂料和增白剂。此外,TiO_2 还可作为许多化学反应的催化剂,如乙醇脱水和脱氢反应。

纳米二氧化钛是良好的光催化半导体材料或新型太阳能电池材料。这主要是因为当光(紫外光)照射在 TiO_2 表面时,内部的电子即获得光子的能量而跃迁,形成光生电子,并相应地形成光生空穴,这样就在二氧化钛内部形成电子-空穴对。如果电子被捕获,则可做成太阳能电池。若电子被吸附在 TiO_2 表面的 O_2 捕获,就形成超氧离子,在溶液中通过一系列的反应进一步形成 H_2O_2;而光生空穴与 TiO_2 表面吸附的 H_2O 或 OH^- 反应生成氧化能力极强的羟基自由基。利用光生电子-空穴对的还原氧化性能,可以降解周围环境中的有机、无机污染物;用于生活用水的杀菌消毒;负载 TiO_2 光催化剂的玻璃、陶瓷等是医院、宾馆、家庭等各种卫生设施抗菌除臭的理想材料。TiO_2 不仅光催化活性高,而且廉价无毒、光腐蚀性小、无二次污染,所以 TiO_2 被誉为"环境友好催化剂"。

另外,钛无磁性、无毒,易于和肌肉生长在一起,可用于制造人造关节和接骨,所以也称为"生物金属"。

9.1.3 钒

钒在自然界中的存在极为分散,很少见到钒的富矿。主要有绿硫钒石(VS_2)、钒铅矿$[Pb_5(VO_4)_3Cl]$等。我国的钒矿总储量居世界第3位。

1. 钒单质

单质钒化学活性较低,常温下表面易形成氧化膜而钝化。单质钒只与浓 H_2SO_4、HNO_3、王水等氧化性酸反应,但有氧存在时,它在熔融的强碱中逐渐溶解形成钒酸盐。

钒在加热时与氢氟酸反应形成配合物而溶解并放出氢气：

$$2V(s)+12HF(aq) \xlongequal{\triangle} 2H_3VF_6(aq)+3H_2(g)$$

高温下，钒能与大多数非金属化合。钒与氧气、氟气反应生成 V_2O_5、VF_5，与氯气反应仅生成 VCl_4，与溴、碘反应则生成 VBr_3、VI_3。与碳、氮、硅反应生成间充型化合物 VN、VC、VSi。

通过 Na、H_2 还原 VCl_3，或 Mg 还原 VCl_4 来制备单质钒。

2. 钒的重要化合物

钒原子的价电子构型为 $3d^34s^2$。在钒的化合物中，钒的最高氧化态为 +5，此外还有 +4、+3 和 +2 氧化态。V(Ⅴ)的化合物都是反磁性的，部分化合物是无色的。其他氧化态的钒化合物则都是顺磁性的，常具有颜色。

在钒的化合物中，V(Ⅴ)的化合物比较重要，其中五氧化二钒和钒酸盐尤为重要。它们是制取其他钒的化合物的重要原料，也是从矿石提取钒的主要中间产物。V_2O_5 也是一种重要的催化剂。V_2O_5 呈橙黄色至砖红色，无味、有毒、微溶于水。

V_2O_5 是偏酸性的两性氧化物。溶于强碱溶液中，生成钒酸盐：

$$V_2O_5(s)+6NaOH(aq) = 2Na_3VO_4(aq)+3H_2O(l)$$

溶于强酸(pH<1.0)生成 VO_2^+：

$$V_2O_5(s)+2H^+(aq) = 2VO_2^+(aq)+H_2O(l)$$

五氧化二钒具有较强的氧化性，与浓盐酸发生以下反应：

$$V_2O_5(s)+6HCl(aq) = 2VOCl_2(aq)+Cl_2(g)+3H_2O(l)$$

钒酸盐有正钒酸盐 $M_3^IVO_4$ 和偏钒酸盐 M^IVO_3。在钒酸盐中只有钠、钾等少数金属的钒酸盐是易溶于水的，水溶液无色或呈黄色。

钒酸盐只能存在于强碱溶液中。在 pH>13.5 时，水溶液中主要是 VO_4^{3-}。随着 pH 的降低，单钒酸根离子 VO_4^{3-} 或 VO_3^- 会发生逐步聚合，生成一系列多钒酸根离子。当 pH<1.0 时，溶液中主要是淡黄色的 VO_2^+。例如，1 mol·dm^{-3} 的 VO_4^{3-} 溶液，其随 pH 变化的过程如下(箭头上方为 pH)：

$$\underset{\text{无色}}{VO_4^{3-}} \xrightarrow{13.5} \underset{\text{无色}}{V_2O_7^{4-}} \xrightarrow{9.5} \underset{\text{无色}}{V_3O_9^{3-}} \xrightarrow{7.0} \underset{\text{橘红}}{V_{10}O_{28}^{6-}} \xrightarrow{2.0} \underset{\text{砖红色}}{V_2O_5} \xrightarrow{0.5} \underset{\text{淡黄}}{VO_2^+}$$

当溶液变为酸性后，聚合度不再增加，只是作为路易斯碱俘获 H^+：

$$V_{10}O_{28}^{6-}+H^+ = [HV_{10}O_{28}]^{5-} \longrightarrow [H_2V_{10}O_{28}]^{4-} \cdots$$

在酸性溶液中，钒酸盐是中等强度氧化剂，$E^\ominus(VO_2^+/VO^{2+})=1.00\ V$。$VO_2^+$(黄色)可以被 Fe^{2+}、乙二酸、酒石酸和乙醇等还原为 VO^{2+}(蓝色)：

$$2VO_2^+(aq)+H_2C_2O_4(aq)+2H^+(aq) = 2VO^{2+}(aq)+2CO_2(g)+2H_2O(l)$$

$$VO_2^+(aq)+Fe^{2+}(aq)+2H^+(aq) = VO^{2+}(aq)+Fe^{3+}(aq)+H_2O(l)$$

此反应可用于氧化还原容量法测定钒。

3. 钒的应用和生理功能*

钒是银灰色金属，在金属中是稳定的，其硬度比钢大。钒主要用来制造钒钢。钒钢具有很高的强度、良好的弹性和优良的抗磨损、抗冲击性能，因此它是汽车和飞机制造中的重要材料。

钒广泛存在于动植物和人的脂肪中，与脂肪的新陈代谢有关。钒能降低血清中的胆固醇。在海鞘类动物的血液中，钒含量高达4%。这些动物中运载氧的是钒血红素，它使血液变为绿色。在某些海洋动物中，钒可以代替铁、铜作为呼吸链中的色素组分。另外，研究表明，钒能降低血糖浓度。

五氧化二钒在硫酸工业中用作催化剂，石油工业中用作设备的缓蚀剂。

9.1.4 铬、钼、钨

自然界不存在游离状态的铬。铬矿主要有铬铁矿 $FeCr_2O_4$（$FeO \cdot Cr_2O_3$）。钼的主要矿物有辉钼矿（MoS_2）、钼钙矿（$CaMoO_4$）和钼铅矿（$PbMoO_4$）。我国钼矿资源丰富，居世界第2位。钨的主要矿物有黑钨矿[（Fe、Mn）WO_4]、白钨矿（$CaWO_4$）。我国钨矿的储量估计约占世界总储量的75%，产量居世界首位。

1. 铬、钼、钨单质

铬、钼、钨都是高熔点、高沸点的灰白色金属。铬是金属中最硬的。而钨是所有金属中熔点最高的。

在室温条件下，铬、钼、钨的化学性质相当稳定的。由于铬在潮湿空气中不会被腐蚀，所以用于保护其他活泼金属免受侵蚀。升高温度，它们的反应性增强。

纯铬能溶于稀盐酸或硫酸溶液中。钼和钨能溶于硝酸和氢氟酸的溶液中，钨溶解得较慢。在高温下，铬、钼、钨都能与活泼的非金属反应，与碳、氮、硼也能形成化合物。

铬单质可通过铬铁矿制取：

$$4FeCr_2O_4(s)+8Na_2CO_3(aq)+7O_2(g)=\!=\!=2Fe_2O_3(s)+8Na_2CrO_4(aq)+8CO_2(g)$$

$$Na_2Cr_2O_7(aq)+2C(s)=\!=\!=Cr_2O_3(s)+Na_2CO_3(aq)+CO(g)$$

$$Cr_2O_3(s)+2Al(l)=\!=\!=2Cr(s)+Al_2O_3(s)$$

将辉钼矿灼烧形成 MoO_3，再在高温下用 H_2、Al 或 C 还原而制得金属钼。金属钨可以通过钨矿与无烟煤或焦炭一起在电炉中加热还原制得。

2. 铬的化合物

铬原子的价层电子构型为 $3d^54s^1$。铬的最高氧化态为+6。铬也能形成氧化态为+3、+2的化合物。由标准电极电势 $E^\ominus$ 可知：在酸性条件下，$Cr_2O_7^{2-}$ 具有较强的氧化性，而 Cr^{3+} 处于稳定态；在碱性条件下，Cr(Ⅲ)易被氧化成 CrO_4^{2-}；Cr(Ⅱ)在酸性或碱性条件下，都具有强还原性。

1) Cr(Ⅲ)化合物

(1) 氧化物和氢氧化物。Cr_2O_3 是一种高熔点的绿色固体，俗称铬绿。Cr_2O_3 与 Al_2O_3 同晶，不溶于水，是两性氧化物，溶于硫酸生成蓝紫色 $Cr_2(SO_4)_3$，溶于强碱 NaOH 生成绿色亚铬酸钠 $Na[Cr(OH)_4]$或 $NaCrO_2$。

向 Cr(Ⅲ)盐的溶液中加入碱，得到灰绿色的 $Cr(OH)_3$ 胶状沉淀。$Cr(OH)_3$ 具有两性，与 $Al(OH)_3$ 相似。在溶液中存在以下平衡：

$$Cr^{3+}(aq) \underset{H^+}{\overset{OH^-}{\rightleftharpoons}} Cr(OH)_3(s) \underset{H^+}{\overset{OH^-}{\rightleftharpoons}} Cr(OH)_4^-(aq)[H^+(aq)+CrO_2^-(aq)+2H_2O]$$

紫色　　灰绿色　　亮绿色

加热 $Cr(OH)_4^-$ 溶液，由于水解重新产生 $Cr(OH)_3$ 沉淀，而 $Al(OH)_4^-$ 在热溶液中十分稳定，这说明 $Cr(OH)_3$ 的酸性较弱。

(2) 盐类和配合物。常见 Cr(Ⅲ)盐有氯化铬($CrCl_3 \cdot 6H_2O$)、硫酸铬[$Cr_2(SO_4)_3 \cdot 18H_2O$]和铬钾矾[$KCr(SO_4)_2 \cdot 12H_2O$]。它们与相应的铝盐组成相同。

Cr^{3+} 具有较小的离子半径，为 62 pm，与 Al^{3+}(51 pm)、Fe^{3+}(64 pm)相近，因此它们的性质有相似之处。M^{3+} 易水解，故溶液显酸性：

$$Cr^{3+}(aq)+3H_2O(l) = Cr(OH)_3(s)+3H^+(aq)$$

由 $E_A^\ominus(Cr_2O_7^{2-}/Cr^{3+})=1.33\ V$、$E_B^\ominus(CrO_4^{2-}/CrO_2^-)=-0.13\ V$ 可知，碱性条件下 Cr(Ⅲ)具有较强的还原性：

$$2Cr(OH)_4^- + 3H_2O_2 + 2OH^- = 2CrO_4^{2-} + 8H_2O$$

而在酸性条件下，只有强氧化剂，如 PbO_2、$KMnO_4$，可以氧化 Cr(Ⅲ)：

$$10Cr^{3+}(aq)+6MnO_4^-(aq)+11H_2O(aq) = 6Mn^{2+}(aq)+5Cr_2O_7^{2-}(aq)+22H^+(aq)$$

Cr(Ⅲ)的价层电子结构为 $3d^3$，由于 Cr^{3+} 半径较小，有较强的正电场，因此容易形成 d^2sp^3 型配合物。例如，在水溶液中 Cr^{3+} 是不存在的，而是以配离子 $[Cr(H_2O)_6]^{3+}$ 形式存在。

2) Cr(Ⅵ)化合物

常见的 Cr(Ⅵ)化合物主要有三氧化铬 CrO_3、铬酸盐(如 K_2CrO_4)和重铬酸盐(如 $K_2Cr_2O_7$)。

(1) 氧化物。三氧化铬 CrO_3 是红色针状晶体，有强的吸水性，溶于水生成铬酸和重铬酸，故称为铬酐。CrO_3 具有较强的氧化性。

(2) 铬酸盐和重铬酸盐。溶液中 CrO_4^{2-} 与 $Cr_2O_7^{2-}$ 之间存在以下平衡：

$$2CrO_4^{2-}(aq)+2H^+(aq) \rightleftharpoons Cr_2O_7^{2-}(aq)+H_2O(l)$$

黄色　　橙色

平衡常数为

$$K^\ominus = \frac{[Cr_2O_7^{2-}]}{[CrO_4^{2-}]^2[H^+]^2} = 1.0\times10^{14}$$

$$\frac{[Cr_2O_7^{2-}]}{[CrO_4^{2-}]^2} = 1.0\times10^{14}[H^+]^2$$

由上式看出，溶液中 CrO_4^{2-} 与 $Cr_2O_7^{2-}$ 的平衡浓度比取决于$[H^+]$。

H_2CrO_4 是一个较强的二元酸，只存在于溶液中。它的电离平衡如下：

$$H_2CrO_4(aq) \rightleftharpoons H^+(aq)+HCrO_4^-(aq) \qquad K_{a1}^\ominus=4.1$$

$$HCrO_4^-(aq) \rightleftharpoons H^+(aq)+CrO_4^{2-}(aq) \qquad K_{a2}^\ominus=3.2\times10^{-7}$$

由以上平衡关系计算出不同 pH 下 Cr(Ⅵ)溶液中的离子浓度。表 9.6 列出了不同 pH 条件下 $1\ mol \cdot dm^{-3}$ K_2CrO_4 溶液中各物种的浓度。可见，在 pH＞7.0 时，以 CrO_4^{2-} 为主；在 pH＜6.0 时，以 $Cr_2O_7^{2-}$ 为主。

表 9.6　不同 pH 时 1 mol · dm^{-3} K_2CrO_4 溶液中各离子浓度

pH	4.0	5.0	6.0	7.0	8.0	9.0
$[CrO_4^{2-}]$	0.000 30	0.0030	0.030	0.27	0.90	0.996
$[HCrO_4^-]$	0.102	0.101	0.10	0.086	0.028	0.0030
$[Cr_2O_7^{2-}]$	0.45	0.44	0.43	0.32	0.035	0.000 40
$\frac{[CrO_4^{2-}]}{[Cr_2O_7^{2-}]}$	6.67×10^{-4}	6.8×10^{-3}	7×10^{-2}	0.84	25.71	2490

除碱金属、铵和镁的铬酸盐易溶外，其他铬酸盐均难溶。常见的难溶铬酸盐有 Ag_2CrO_4（砖红色）、$BaCrO_4$（黄色）、$PbCrO_4$（黄色）和 $SrCrO_4$（黄色）。但由于 CrO_4^{2-} 与 $Cr_2O_7^{2-}$ 的相互转化关系，这些铬酸盐均溶于强酸中，故向 $Cr_2O_7^{2-}$ 溶液中加入这些阳离子不会生成重铬酸盐沉淀。

另外，$PbCrO_4$ 不但溶于强酸，而且还可溶于碱：

$$2PbCrO_4(s)+2H^+(aq)═══2Pb^{2+}(aq)+Cr_2O_7^{2-}(aq)+H_2O(l)$$

$$PbCrO_4(s)+4OH^-(aq)═══PbO_2^{2-}(aq)+CrO_4^{2-}(aq)+2H_2O(l)$$

此反应可用于区分 $PbCrO_4$ 与其他黄色铬酸盐沉淀。

由 $E_A^\ominus(Cr_2O_7^{2-}/Cr^{3+})=1.33$ V 可知，酸性条件下，$Cr_2O_7^{2-}$ 是强氧化剂，可以把许多具有还原性的物质氧化。例如

$$Cr_2O_7^{2-}(aq)+\begin{cases}Cl^-\\ I^-\\ SO_3^-(aq)\\ Fe^{2+}\\ H_2S\end{cases}\xrightarrow{H^+(aq)}Cr^{3+}(aq)+\begin{cases}Cl_2\\ I_2\\ SO_4^{2-}(aq)\\ Fe^{3+}\\ S\end{cases}$$

3. 钼、钨的化合物

钼和钨原子的价电子构型分别为 $4d^55s^1$ 和 $5d^46s^2$，其中以 +6 氧化态为主。Mo、W 高氧化态处于热力学稳定态，且无氧化性。

室温下，MoO_3 是白色粉末，WO_3 是深黄色粉末。加热时 MoO_3 变为黄色，WO_3 变为橙黄色。与 CrO_3 相同，MoO_3 和 WO_3 都是酸性氧化物，但不同的是它们都不溶于水，只溶于氨水和强碱，生成相应的含氧酸盐：

$$WO_3(s)+2NaOH(aq)═══Na_2WO_4(aq)+H_2O(l)$$

$$MoO_3(s)+2NH_3\cdot H_2O(aq)═══(NH_4)_2MoO_4(aq)+H_2O(l)$$

在 $(NH_4)_2MoO_4$ 和 Na_2WO_4 的溶液中加入适量的盐酸，则析出难溶于水的钼酸 $H_2MoO_4\cdot H_2O$（黄色）和钨酸 $H_2WO_4\cdot xH_2O$（白色）。

4. 铬、钼、钨的应用和生理功能*

铬有良好的光泽度和抗腐蚀性，是工业中常用的防腐材料。铬在炼钢工业中广泛应用，铬钢是硬度大而富有韧性的钢，不锈钢通常是铬、镍、钛的合金。另外，铬镍丝是一种常用的电热丝，可用作热电偶。

铬是人体必需的微量元素，是胰岛素激素系统中的一种“辅助元素”，是维持正常胆固醇代谢和糖代谢所必需的。铬还能促进机体的生长。缺铬会造成葡萄糖耐量受损，并可能伴随高血糖、尿糖。目前已确定Cr(Ⅵ)有致癌性。此外，重铬酸钾还应用于染料、颜料、电镀、火柴、制革和医药工业中。

钼的主要用途是制造合金。很多有特殊用途的合金工具钢、高速钢、模具钢、结构钢、弹簧钢、耐热钢、磁钢都是钼的合金钢。在航空航天工业中钼有极其重要的地位。钼是目前第二、第三过渡元素中唯一的生物体必需的微量元素，是大脑必需七种微量元素(Fe、Cu、Zn、Mn、Mo、I、Se)之一。钼还存在于一些酶中，如醛氧化酶、硝酸还原酶、黄嘌呤氧化酶等。钼是一种较好的微量元素肥料，因为它是固氮酶的组分。缺钼会导致神经异常，智力发育迟缓，肝脏解毒功能下降。

钨的主要用途也是制造各种用途的合金，如轴承钢、耐热钢。钨钢广泛用于国防工业，制造枪炮筒、装甲板。碘化钨、溴化钨用于新光源的研制，钨酸钠用于研制防火布，钨酸铅、氧化钨可用作颜料。

9.1.5 锰

锰(manganese)在地壳中的含量在过渡元素中占第三位，仅次于铁和钛。锰在自然界主要以软锰矿 $MnO_2 \cdot xH_2O$ 的形式存在。已经发现在深海中大量的锰矿——“锰结核”。

1. 单质

锰是白色金属，质硬而脆。

纯锰可通过铝热反应，用 Al 还原 MnO_2 或 Mn_3O_4 来制备。

单质 Mn 比较活泼。在空气中被氧化，加热时生成 Mn_3O_4。高温下可与卤素、硫、碳、磷作用。锰与热水作用生成 $Mn(OH)_2$，并放出氢气：

$$Mn(s)+2H_2O(l)=\!=\!=Mn(OH)_2(s)+H_2(g)$$

在氧化剂的存在下，锰与熔融的碱作用生成锰酸盐：

$$2Mn(s)+4KOH(aq)+3O_2(g)=\!=\!=2K_2MnO_4(aq)+2H_2O(l)$$

2. 锰的化合物

锰原子的价层电子构型为 $3d^5 4s^2$。锰的最高氧化态为+7，此外还有+6、+4、+3、+2氧化态。由锰元素电势图(图 9.4)可知：在酸性条件下，Mn(Ⅱ)处于热力学稳定态；碱性条件下，MnO_2 较为稳定，而 $Mn(OH)_2$、$Mn(OH)_3$ 都易被氧化。

$E_A^\ominus/V$

$$MnO_4^- \xrightarrow{0.56} MnO_4^{2-} \xrightarrow{2.26} MnO_2 \xrightarrow{0.95} Mn^{3+} \xrightarrow{1.5} Mn^{2+} \xrightarrow{-1.17} Mn$$

(MnO_2—Mn^{2+}：1.224；MnO_4^-—Mn^{2+}：1.51)

$E_B^\ominus/V$

$$MnO_4^- \xrightarrow{0.56} MnO_4^{2-} \xrightarrow{0.62} MnO_2 \xrightarrow{-0.2} Mn(OH)_3 \xrightarrow{0.15} Mn(OH)_2 \xrightarrow{-1.55} Mn$$

图 9.4　锰元素电势图

1) Mn(Ⅱ)化合物

常见 Mn(Ⅱ)化合物有氧化物 MnO、氢氧化物 $Mn(OH)_2$、Mn(Ⅱ)盐和其他含氧酸盐。

Mn(Ⅱ)强酸盐都易溶于水，如 $MnSO_4$、$MnCl_2$、$Mn(NO_3)_2$ 等。氢氧化物 $Mn(OH)_2$（白色）和多数弱酸盐难溶，如 $MnCO_3$（白色）、MnS（绿色）、$MnCO_3$（白色）、MnC_2O_4（白色）、$Mn_3(PO_4)_2$（白色）等，它们均溶于强酸中。

碱性条件下，Mn(Ⅱ)具有较强的还原性。$Mn(OH)_2$ 极易被氧气氧化，甚至溶于水的少量氧气也能将其氧化成棕色的亚锰酸 $MnO(OH)_2$ $\{E_B^\ominus[MnO_2/Mn(OH)_2]=-0.05\ V$, $E_B^\ominus(O_2/OH^-)=0.40\ V\}$：

$$2Mn(OH)_2(s)+O_2(g)=\!=\!=2MnO(OH)_2(s)$$

此反应在水质分析中用于测定水中的溶解氧。

在酸性条件下，Mn(Ⅱ)的还原性较弱$[E_A^\ominus(MnO_4^-/Mn^{2+})=1.51\ V]$，只有强的氧化剂，如$(NH_4)S_2O_8$、$NaBiO_3$、$PbO_2$、$H_5IO_6$ 等才能氧化 Mn^{2+}：

$$Mn^{2+}(aq)+\begin{cases}S_2O_8^{2-}(aq)\\NaBiO_3(s)\\PbO_2(s)\\H_5IO_6(aq)\end{cases}\xrightarrow{H^+(aq)}MnO_4^-(aq)+\begin{cases}SO_4^{2-}(aq)\\Bi^{3+}(aq)\\Pb^{2+}(aq)\\I_2(s)\end{cases}$$

这些反应是 Mn^{2+} 的特征反应。由于生成的 MnO_4^- 呈紫红色，因此常用前两个反应来检验溶液中是否存在微量 Mn^{2+}。

Mn^{2+} 的价层电子构型为 $3d^5$，其配合物呈八面体构型。与 H_2O、Cl^- 等弱场配体形成高自旋配合物，如$[Mn(H_2O)_6]^{2+}$、$[MnCl_6]^{4-}$，d 电子在八面体场中排布$(t_{2g})^3(e_g)^2$，其晶体场稳定化能 0 Dq。Mn^{2+} 与 CN^- 等强场配体形成低自旋配合物，如$[Mn(CN)_6]^{4-}$，d 电子在八面体场中排布$(t_{2g})^5(e_g)^0$，其晶体场稳定化能 $CFSE=(-4\ Dq)\times5+2P=-20\ Dq+2P$。

2) Mn(Ⅳ)化合物

在 Mn(Ⅳ)化合物中，最重要的是二氧化锰 MnO_2。它是黑色粉末状固体，不溶于水。MnO_2 是两性氧化物，由于其酸碱性都很弱，因此难溶于稀酸和稀碱。

由 $E_A^\ominus(MnO_2/Mn^{2+})=1.23\ V$ 可知，MnO_2 在酸性条件下是强氧化剂：

$$2MnO_2(s)+2H_2SO_4(浓)=\!=\!=2MnSO_4(aq)+2H_2O(l)+O_2(g)$$

$$MnO_2(s)+4HCl(浓)=\!=\!=MnCl_2(aq)+2H_2O(l)+Cl_2(g)$$

在碱性条件下，MnO_2 可被氧化至 Mn(Ⅵ)$[E_B^\ominus(MnO_4^{2-}/MnO_2)=0.60\ V]$，如与氯酸钾等氧化剂加热熔融，或与 KOH 在空气中共融，均可以得到深绿色的锰酸钾：

$$3MnO_2+6KOH+KClO_3\xrightarrow{熔融}3K_2MnO_4+KCl+3H_2O(g)$$

$$2MnO_2+4KOH+O_2(g)\xrightarrow{熔融}2K_2MnO_4+2H_2O(g)$$

3) Mn(Ⅵ)化合物

Mn(Ⅵ)的化合物以锰酸盐比较稳定，如深绿色的锰酸钾(K_2MnO_4)。

由标准电极电势可见，在酸性、中性及碱性条件下，MnO_4^{2-} 都会自发歧化成 MnO_4^- 和 MnO_2：

$$3MnO_4^{2-}(aq)+4H^+(aq)=\!=\!=2MnO_4^-(aq)+MnO_2(s)+2H_2O(l)$$

$$3MnO_4^{2-}(aq)+2H_2O(l)=\!=\!=2MnO_4^-(aq)+MnO_2(s)+4OH^-(aq)$$

4) Mn(Ⅶ)化合物

Mn(Ⅶ)化合物最重要的是高锰酸钾 $KMnO_4$，深紫色晶体，水溶液呈紫红色。

$KMnO_4$ 晶体在 200 ℃下分解：

$$2KMnO_4(s)=\!=\!=K_2MnO_4+MnO_2+O_2(g)$$

在水的 $E^\ominus$-pH 图中，$E^\ominus(MnO_4^-/MnO_2)$处于氧区，因此 $KMnO_4$ 在酸性水溶液中缓慢而明显地分解：

$$4MnO_4^-(aq)+4H^+(aq)=\!=\!=4MnO_2(s)+2H_2O(l)+3O_2(g)$$

在中性、弱碱性溶液中，这种分解的速度更慢。但光和产物 MnO_2 对此分解反应有催化作用，因此 $KMnO_4$ 溶液必须保存在棕色瓶中。

另外，在强碱性溶液中，MnO_4^- 会分解成 MnO_4^{2-} 和 O_2：

$$4MnO_4^-(aq)+4OH^-(aq)=\!=\!=4MnO_4^{2-}(aq)+2H_2O(l)+O_2(g)$$

$KMnO_4$ 是最重要和最常用的强氧化剂。它的还原产物随介质的酸碱性不同而异，在酸性溶液中，MnO_4^- 被还原为 Mn^{2+}；在中性溶液中，MnO_4^- 被还原为 MnO_2；在碱性溶液中，MnO_4^- 被还原为绿色的 MnO_4^-：

$$2MnO_4^-(aq)+5SO_3^{2-}(aq)+6H^+(aq)=\!=\!=2Mn^{2+}(aq)+5SO_4^{2-}(aq)+3H_2O(l)$$

$$2MnO_4^-(aq)+3SO_3^{2-}(aq)+H_2O(l)=\!=\!=2MnO_2(s)+3SO_4^{2-}(aq)+2OH^-(aq)$$

$$2MnO_4^-(aq)+SO_3^{2-}(aq)+2OH^-(aq)=\!=\!=2MnO_4^{2-}(aq)+SO_4^{2-}(aq)+H_2O(l)$$

在酸性介质中，$KMnO_4$ 可与许多还原剂反应，在分析化学中广泛应用：

$$MnO_4^-(aq)+5Fe^{2+}(aq)+8H^+(aq)=\!=\!=Mn^{2+}(aq)+5Fe^{3+}(aq)+4H_2O(l)$$

(定量测定 Fe^{2+} 含量)

$$2MnO_4^-(aq)+5H_2C_2O_4(aq)+6H^+(aq)=\!=\!=2Mn^{2+}(aq)+10CO_2(g)+8H_2O(l)$$

(标定 $KMnO_4$ 溶液浓度)

$$2MnO_4^-(aq)+10Cl^-(aq)+16H^+(aq)=\!=\!=2Mn^{2+}(aq)+5Cl_2(g)+8H_2O(l)$$

(实验室制备氯气)

$$2MnO_4^-(aq)+5H_2O_2(aq)+6H^+(aq)=\!=\!=2Mn^{2+}(aq)+5O_2(g)+8H_2O(l)$$

3. 锰的应用和生理功能*

锰的主要用途是制造锰合金。锰钢坚硬而富有韧性，具有良好的抗冲击、耐磨损、耐蚀性，广泛用于轴承制造和钢盔、坦克、穿甲弹头等军事工业。锰钢合金具有良好的机械强度，能吸收振动能，使音响变小，故称为“哑金属”，用于消除噪声。另外，在钢铁生产中，锰用作脱氧剂和脱硫剂。

锰是人体和植物生长必需微量元素，特别是对植物的光合作用和呼吸作用有重要的作用，叶绿素中含有丰富的锰。锰是生物体中多种酶的组成部分，如精氨酸酶、丙醇酸羧化酶，影响酶的活性。还有一些锰离子激活酶，如水解酶、脱羧酶、激酶、转移酶、肽酶。锰的生理功能主要有：维持糖和脂肪的正常代谢；改善肌体造血功能；促进骨骼发育；保持正常脑功能等。缺锰会引起神经衰弱，影响糖代谢，动脉硬化等。锰含量过高，会引起锰中毒、头痛头晕、肌肉痉挛、疲乏无力、语言障碍等。

锰化合物也有重要用途。硫酸锰、硝酸锰等可溶性锰盐可作为锰肥使用。高锰酸钾是常用氧化剂，能消毒、杀菌。二氧化锰用作干电池的去极化剂、火柴的助燃剂、有机反应的催化剂、油漆工业中的催干剂，以及合成磁性材料铁氧体的原料。

9.1.6 铁系元素

周期系Ⅷ族元素包括铁、钴、镍、钌、铑、钯、锇、铱、铂等 9 种元素。其中铁(iron)、钴(cobalt)、镍(nickel)通常称为“铁系元素”(iron group elements)，其他 6 种元素称为“铂系元素”。本节讨论铁系元素及其化合物。

铁在地球的丰度居第 4 位。主要矿物有赤铁矿(Fe_2O_3)、磁铁矿(Fe_3O_4)、褐铁矿($2Fe_2O_3 \cdot 3H_2O$)、菱铁矿($FeCO_3$)和黄铁矿(FeS_2)。重要的钴矿是砷化物矿和硫化物矿，如砷钴矿($CoAs_2$)、辉钴矿(CoAsS)和硫钴矿(Co_2S_4)等。镍是一种相当丰富的元素，在地壳中其含量大于铜、锌、铅三者的总和。镍的重要矿物有硅镁镍矿[$(Ni,Mg)_6Si_4O_{10}(OH)_8$]、镍黄铁矿[$(Ni,Fe)_9S_8$]、红砷镍矿(NiAs)等。

1. 铁系元素的单质

铁、钴、镍都是银白色、具有光泽的金属，都表现出强磁性。铁和镍有良好的延展性，钴则硬而脆。依 Fe、Co、Ni 的顺序，原子半径略有减小，相对密度略有增大，熔点降低。

铁、钴、镍是中等活泼的金属，活泼性按 Fe、Co、Ni 的顺序递减。钴、镍、铁的纯单质在空气和纯水中都是稳定的，虽然钴和镍也能被空气氧化，但由于生成了薄而致密的氧化膜，保护金属不会进一步被腐蚀。含有杂质的铁在潮湿的空气中慢慢形成棕色的铁锈 $Fe_2O_3 \cdot xH_2O$。用强氧化性物质如浓硝酸等处理铁表面，也可形成致密的氧化膜，从而保护铁表面受潮湿空气的锈蚀。

铁易与稀硫酸、盐酸作用，与浓硫酸、冷的浓硝酸作用使铁的表面纯化。钴、镍很缓慢地溶于稀硫酸、盐酸，在冷的浓硝酸中纯化。但钴与稀硝酸有作用，镍与热的浓、稀硝酸都有作用。因此可用铁制品运输浓硝酸或用铁器盛放浓硫酸。

在加热的条件下，铁、钴、镍能与许多非金属剧烈反应。例如，在 150 ℃以上铁与 O_2 生成 Fe_2O_3 和 Fe_3O_4；钴在 500 ℃以上与 O_2 反应生成 Co_2O_3；镍在加热时与 O_2 反应仅能生成 NiO。

铁、钴、镍都不易与强碱作用。铁能被热的浓碱溶液侵蚀，而钴和镍在碱性溶液中的稳定性比铁高，故熔融强碱时最好使用镍制坩埚。

2. 铁系元素的化合物

铁、钴、镍原子的价层电子构型分别为 $3d^64s^2$、$3d^74s^2$、$3d^84s^2$。虽然它们的 3d 和 4s 电子的总和分别是 8、9、10，但最高氧化态却分别是 +6、+5、+4。这主要是因为随着原子序数增加，原子的有效核电荷增加，增强了核对 3d 电子的束缚作用，使 3d 电子很难全部失去或参与成键。铁系元素常见 +2、+3 两种氧化态。其中 Fe^{3+} 较为稳定，是因为 Fe^{2+}($3d^6$)再失去一个电子能形成半充满的稳定结构($3d^5$)。由标准电极电势(表 9.4)可知：在酸性条件下，Fe^{2+}、Co^{2+}、Ni^{2+} 均处于热力学稳定态，Fe^{3+} 有温和氧化性，而 Co^{3+}、Ni^{3+} 氧化性都很强；在碱性条件下，Fe(Ⅱ)、Co(Ⅱ)极易被氧化为 Fe(Ⅲ)、Co(Ⅲ)，但是

Ni(Ⅱ)较难被氧化为 Ni(Ⅲ)，即氧化性：Ni(Ⅲ)＞Co(Ⅲ)＞Fe(Ⅲ)；还原性：$Fe(OH)_2$＞$Co(OH)_2$＞$Ni(OH)_2$。

另外，由于铁系金属离子的 d 轨道处于未充满状态，发生 d-d 跃迁，它们的水合离子和化合物均具有不同的颜色，如$[Fe(H_2O)_6]^{3+}$呈淡紫色，$[Fe(H_2O)_6]^{2+}$呈浅绿色，$[Co(H_2O)_6]^{2+}$呈粉红色，$[Ni(H_2O)_6]^{2+}$呈亮绿色。

1）氧化物和氢氧化物

铁、钴、镍的氧化物和氢氧化物的基本性质见表 9.7。

表 9.7　铁、钴、镍的氧化物和氢氧化物的基本性质

氧化物	FeO	Fe_2O_3	Fe_3O_4	CoO	Co_2O_3	NiO	Ni_2O_3
颜色	黑色	砖红色	黑色	灰绿色	黑色	暗绿色	黑色
氧化还原性					强氧化性		强氧化性
酸碱性	碱性	碱性、弱酸性		碱性		碱性	
氢氧化物	$Fe(OH)_2$	$Fe(OH)_3$		$Co(OH)_2$	$Co(OH)_3$	$Ni(OH)_2$	$Ni(OH)_3$
颜色	白色			粉红	棕色	绿色	黑色
氧化还原性	还原性			还原性	氧化性[1]	弱还原性	强氧化性[1]
酸碱性	碱性	碱性、弱酸性		碱性	碱性	碱性	碱性

1）在碱性条件下不具有氧化性。

铁系元素电势图见图 9.5。

$E_A^\ominus/V$

$$FeO_4^{2-} \xrightarrow{2.20} Fe^{3+} \xrightarrow{0.771} Fe^{2+} \xrightarrow{-0.44} Fe$$

$$Co^{3+} \xrightarrow{1.83} Co^{2+} \xrightarrow{-0.277} Co$$

$$NiO_2 \xrightarrow{1.593} Ni^{2+} \xrightarrow{-0.257} Ni$$

$E_B^\ominus/V$

$$FeO_4^{2-} \xrightarrow{0.72} Fe(OH)_3 \xrightarrow{-0.56} Fe(OH)_2 \xrightarrow{-0.92} Fe$$

$$Co(OH)_3 \xrightarrow{0.17} Co(OH)_2 \xrightarrow{-0.73} Co$$

$$NiO_2 \xrightarrow{0.49} Ni(OH)_2 \xrightarrow{-0.72} Ni$$

图 9.5　铁系元素电势图

可知，在酸性溶液中，Co_2O_3、Ni_2O_3 呈现强氧化性：

$$Co_2O_3(s)+6HCl(aq) = 2CoCl_2(aq)+Cl_2(g)+3H_2O(l) \quad (Ni同)$$

$$2Co_2O_3(s)+4H_2SO_4(aq) = 4CoSO_4(aq)+O_2(g)+4H_2O(l) \quad (Ni同)$$

在隔绝空气的条件下，向 M^{2+} 的溶液中加入碱可得到相应的 $M(OH)_2$ 沉淀。遇到空气时，$Fe(OH)_2$、$Co(OH)_2$ 被氧化成 $Fe(OH)_3$、$Co(OH)_3$，氧化的速率前者明显快于后者；$Ni(OH)_2$ 很难被空气中的氧气氧化，只有在更强的氧化剂(如溴水、NaClO 等)作用下才会氧化成 $Ni(OH)_3$。另外，在强氧化剂(如 H_2O_2)作用下，$Co(OH)_2$ 迅速被氧化成

$Co(OH)_3$：

$$4M(OH)_2(s) + O_2(g) + 2H_2O(l) = 4M(OH)_3(s) \quad (M = Fe、Co)$$

$$2Co(OH)_2(s) + H_2O_2(aq) = 2Co(OH)_3(s)$$

$$2Ni(OH)_2(s) + NaClO(aq) + H_2O(l) = 2Ni(OH)_3(s) + NaCl(aq)$$

向 Fe^{3+} 的溶液中加入碱可得到相应的 $Fe(OH)_3$ 沉淀。新制备的 $Fe(OH)_3$ 具有弱酸性，可与浓强碱作用，但不与弱碱如氨水作用：

$$Fe(OH)_3(s) + KOH(浓) = KFeO_2(aq) + 2H_2O(l)$$

在强碱中 $Fe(OH)_3$ 可以被氧化成紫色的 FeO_4^{2-}：

$$2Fe(OH)_3(s) + 3Cl_2(g) + 10OH^-(aq) = 2FeO_4^{2-}(aq) + 6Cl^-(aq) + 8H_2O(l)$$

$M(OH)_3$（M=Fe、Co、Ni）与酸的反应因 M(Ⅲ)氧化性差异而不同：

$$Fe(OH)_3(s) + 3HCl(aq) = FeCl_3(aq) + 3H_2O(l)$$

$$2M(OH)_3(s) + 6HCl(aq) = 2MCl_2(aq) + Cl_2(g) + 6H_2O(l) \quad (M = Ni、Co)$$

2）盐类

铁系元素的碳酸盐、磷酸盐和硫化物等弱酸盐都难溶于水。

铁系金属 M(Ⅱ)的强酸盐都易溶于水，并因水解而略显酸性。二价铁系金属形成复盐 $M_2(Ⅰ)SO_4 \cdot MSO_4 \cdot 6H_2O$，其中硫酸亚铁铵 $(NH_4)_2SO_4 \cdot FeSO_4 \cdot 6H_2O$，又称为莫尔盐，常温下相当稳定。

酸度越低，Fe^{2+} 越易被氧化，故实验室配置亚铁盐溶液时，除了应在酸性条件下，还应加入少量铁屑。

$CoCl_2 \cdot 6H_2O$ 是常用的钴盐。晶体由于结晶水数目不同而呈现不同的颜色：

$$\underset{粉红色}{CoCl_2 \cdot 6H_2O} \xrightleftharpoons{52\ ℃} \underset{紫红色}{CoCl_2 \cdot 2H_2O} \xrightleftharpoons{90℃} \underset{蓝紫色}{CoCl_2 \cdot H_2O} \xrightleftharpoons{120℃} \underset{蓝色}{CoCl_2}$$

因此常将 $CoCl_2$ 掺入硅胶中，作为含水量指示剂。

铁系金属 M(Ⅲ)的可溶盐中，由于 Co^{3+}、Ni^{3+} 氧化性很强，在热力学上不稳定，因此只有铁能形成稳定的可溶性 Fe(Ⅲ)盐，如 $Fe_2(SO_4)_3 \cdot 12H_2O$、$Fe(NO_3)_3 \cdot 6H_2O$、$FeCl_3 \cdot 6H_2O$（橘黄色）。Co(Ⅲ)只存在于固体化合物和配合物中。

$E_A^{\ominus}(Fe^{3+}/Fe^{2+}) = 0.77\ V$，可知 Fe(Ⅲ)盐是中等强度的氧化剂：

$$Fe^{3+}(aq) + \left\{\begin{array}{l} I^-(aq) \\ Sn^{2+}(aq) \\ H_2S(aq) \\ Cu(s) \\ SO_2(g) \end{array}\right. \longrightarrow Fe^{2+}(aq) + \left\{\begin{array}{l} I_2(s) \\ Sn^{4+}(aq) \\ S(s) \\ Cu^{2+}(aq) \\ SO_4^{2-}(aq) \end{array}\right.$$

Fe^{3+} 因半径小、电荷高，而易水解，所以 Fe(Ⅲ)仅能存在于酸性较强的溶液中。$FeCl_3$ 溶液与氨水、碳酸盐、硫化物等作用，都生成 $Fe(OH)_3$ 沉淀。

Fe(Ⅲ)强酸盐溶于水，是得不到紫色的 $[Fe(H_2O)_6]^{3+}$，而是逐步水解生成黄色 $[Fe(OH)(H_2O)_5]^{2+}$ 和 $[Fe(OH)_2(H_2O)_4]^+$，在较浓的溶液中，其水解产物主要是二聚体 $[(H_2O)_4Fe(OH)_2Fe(H_2O)_4]^{4+}$。随着 pH 的增大，生成棕色 β-FeO(OH)胶体，在更

高 pH 下，则最终生成 $Fe_2O_3 \cdot xH_2O$，通常也写作 $Fe(OH)_3$。$FeCl_3$ 的净水作用，就是由于 Fe^{3+} 水解产生的胶体沉淀 FeO(OH)能有效吸附水中悬浮的油、聚合物等杂质，并能沉淀重金属离子、降低磷酸盐浓度。

$E_A^{\ominus}(FeO_4^{2-}/Fe^{3+})=2.20$ V，故高铁酸盐（FeO_4^{2-}）具有比 $KMnO_4$ 更强的氧化性，在酸中不稳定，会分解放出氧：

$$4FeO_4^{2-}(aq)+20H^+(aq)=\!=\!=4Fe^{3+}(aq)+3O_2(g)+10H_2O(l)$$

在浓碱溶液中，用 NaClO 或 Cl_2 可以把 $Fe(OH)_3$ 氧化为紫红色的 FeO_4^{2-}：

$$2Fe(OH)_3(s)+3ClO^-(aq)+4OH^-(aq)=\!=\!=2FeO_4^{2-}(aq)+3Cl^-(aq)+5H_2O(l)$$

3. 铁系元素的配合物

铁、钴、镍的价层电子结构决定了它们是很好的配合物形成体。铁系元素常见配合物列于表 9.8。

表 9.8　铁系元素的一些配合物

	H_2O	$NH_3 \cdot H_2O$	CN^-	NCS^-	F^-	CO
Fe						$Fe(CO)_6$ 黄、液
Co						$Co_2(CO)_6$ 橙、固
Ni						$Ni(CO)_4$ 无色、液
Fe^{2+}	$[Fe(H_2O)_6]^{2+}$ 浅绿		$[Fe(CN)_6]^{4-}$ 浅黄			
Co^{2+}	$[Co(H_2O)_6]^{2+}$ 浅红	$[Co(NH_3)_6]^{2+}$ 棕黄	$[Co(CN)_6]^{4-}$ 紫	$[Co(NCS)_4]^{2-}$ 蓝		
Ni^{2+}	$[Ni(H_2O)_6]^{2+}$ 绿	$[Ni(NH_3)_6]^{2+}$ 紫	$[Ni(CN)_4]^{2-}$ 杏黄 $[Ni(CN)_5]^{3-}$ 红			
Fe^{3+}	$[Fe(H_2O)_6]^{3+}$ 浅紫		$[Fe(CN)_6]^{3-}$ 橘黄	$[Fe(NCS)_n]^{3-n}$ 血红	$[FeF_6]^{3-}$ 无色	
Co^{3+}		$[Co(NH_3)_6]^{3+}$ 红褐	$[Co(CN)_6]^{3-}$			
Ni^{3+}					$[NiF_6]^{3-}$ 紫	

1）氨配合物

Fe^{2+} 和 Fe^{3+} 在氨水中都生成氢氧化物沉淀，在水中不存在氨的配合物。

向 Co^{2+} 盐的溶液中加入过量的氨水，生成棕黄的$[Co(NH_3)_6]^{2+}$，它易被空气中的氧缓慢氧化为红褐色的$[Co(NH_3)_6]^{3+}$，由能斯特方程计算得 $E^{\ominus}\{[Co(NH_3)_6]^{3+}/[Co(NH_3)_6]^{2+}\}=0.10$ V，故下列反应自发进行：

$$4[Co(NH_3)_6]^{2+}(aq)+O_2(g)+2H_2O(l)=\!=\!=4[Co(NH_3)_6]^{3+}(aq)+4OH^-(aq)$$

也可用 H_2O_2 代替 $O_2(g)$作为氧化剂。Co(Ⅲ)配合物比 Co(Ⅱ)配合物稳定。例如，$K_{稳}[Co(NH_3)_6^{3+}]=4.6\times10^{33}$，比 $K_{稳}[Co(NH_3)_6^{2+}]=7.9\times10^4$ 大很多。$[Co(NH_3)_6]^{3+}$

的稳定性，可以用价键理论和晶体场理论解释。

Ni^{2+}在过量的氨水中可生成稳定的$[Ni(NH_3)_6]^{2+}$。

2）氰配合物

氰根CN^-是CO的等电子体，是一个有强配位能力的强场配体。

Fe^{2+}与过量的CN^-反应生成淡黄色的$[Fe(CN)_6]^{4-}$，其钾盐$K_4[Fe(CN)_6]\cdot 3H_2O$为黄色晶体，又称为“黄血盐”。它在溶液中遇到Fe^{3+}生成蓝色$KFe[Fe(CN)_6]$沉淀，即“普鲁士蓝”(Prussian blue)，常用来鉴定Fe^{3+}。另外，$[Fe(CN)_6]^{4-}$可以与Cu^{2+}、Cd^{2+}、Co^{2+}、Mn^{2+}、Ni^{2+}、Pb^{2+}、Zn^{2+}等离子形成有色沉淀$M_2[Fe(CN)_6]$。

用氯气、过氧化氢、过硫酸钾等氧化剂氧化$[Fe(CN)_6]^{4-}$，生成$[Fe(CN)_6]^{3-}$：

$$2Fe[(CN)_6]^{4-}(aq)+Cl_2(g)=\!=\!=2[Fe(CN)_6]^{3-}(aq)+2Cl^-(aq)$$

从溶液中结晶可得到$K_3[Fe(CN)_6]$深红色晶体，称为“赤血盐”。

往Fe^{2+}的溶液中加入$K_3[Fe(CN)_6]$溶液，也能生成蓝色沉淀$KFe[Fe(CN)_6]$，称为“腾氏蓝”(Turnbull’s blue)，这可常用来鉴定Fe^{2+}。

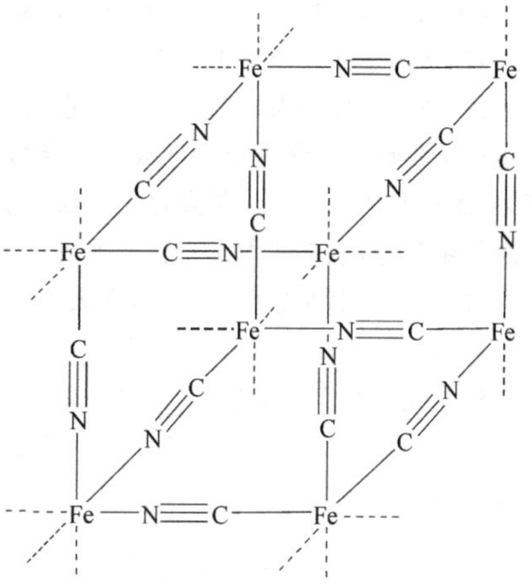

图 9.6 普鲁士蓝的结构

研究表明，“普鲁士蓝”和“腾氏蓝”是具有完全相同的结构(图 9.6)，配体CN^-中C原子与低自旋的Fe(Ⅱ)配位，而N原子与高自旋的Fe(Ⅲ)配位。K^+和结晶水位于铁原子组成的立方体的中心上。

$[Fe(CN)_6]^{4-}$和$[Fe(CN)_6]^{3-}$的稳定常数$K_{稳}$都特别大(分别为1.0×10^{35}和1.0×10^{42})，难于解离出剧毒的CN^-，因而毒性都很低。虽然热力学上$[Fe(CN)_6]^{3-}$比$[Fe(CN)_6]^{4-}$稳定，但由于动力学的因素，前者在溶液中解离速率比后者大，因此$[Fe(CN)_6]^{3-}$毒性比$[Fe(CN)_6]^{4-}$大。

由$E_A^\ominus(Fe^{3+}/Fe^{2+})=0.77$ V 和 $E_A^\ominus\{[Fe(CN)_6]^{3-}/[Fe(CN)_6]^{4-}\}=0.36$ V 看出，Fe(Ⅲ)因形成配合物氧化性降低，如Fe^{3+}会被I^-还原，而I_2却能氧化$[Fe(CN)_6]^{4-}$：

$$2Fe^{3+}+2I^-=\!=\!=2Fe^{2+}+I_2$$

$$2[Fe(CN)_6]^{4-}+I_2=\!=\!=2[Fe(CN)_6]^{3-}+2I^-$$

Co^{2+}与KCN溶液反应，先生成浅棕色的$Co(CN)_2$沉淀，继续加入KCN，则形成紫色的$K_4[Co(CN)_6]$溶液。

Ni^{2+}与KCN溶液反应，先生成灰蓝色的$Ni(CN)_2$沉淀，KCN适量时，则形成橘黄色的$K_2[Ni(CN)_4]$溶液。继续加入KCN溶液，最后生成$[Ni(CN)_5]^{3-}$红色溶液。$[Ni(CN)_4]^{2-}$是抗磁性的，为平面正方形结构，而$[Ni(CN)_5]^{3-}$有变形四角锥和变形三角双锥两种构型。

3）其他重要配合物

Fe^{3+}的其他重要配合物有$[Fe(NCS)_n]^{3-n}$、$[FeF_6]^{3-}$、$[Fe(PO_4)_2]^{3-}$(无色)、

$[Fe(C_2O_4)_3]^{3-}$等。$[Fe(NCS)_n]^{3-n}$是血红色物质，常用于 Fe^{3+} 的鉴定。F^-、PO_4^{3-} 对 Fe^{3+} 的配位作用常用于分析化学中对 Fe^{3+} 的掩蔽：

$$[Fe(NCS)_6]^{3-}(aq) + 6F^-(aq) = [FeF_6]^{3-}(aq) + 6NCS^-(aq)$$

4. 铁系元素的应用和生理功能*

铁是现代工业的基础，是人类进步与文明不可缺少的金属之一。铁、钴、镍合金是很好的磁性材料。

在无色玻璃中加入钴的化合物制成深蓝色玻璃，由于这种玻璃可很好地吸收紫外线，常用作电焊工人和炼钢工人的保护镜。钴的化合物常用作颜料和催化剂。

镍主要用于其他金属的保护层或用来生产耐腐蚀的合金钢、硬币及耐热元件。镍也是一种很好的有机反应催化剂。镍还广泛用于电镀工业和电池工业中，如铁镍蓄电池，又称碱性电池，以涂有 Ni_2O_3 的镍为正极，铁为负极，30%的 KOH 为电解液。镉镍碱性电池，以 NiOOH 的镍为正极，镉为负极，KOH 为电解液。此类电池牢固、耐冲击和抗振动，能以脉冲式大电流(2000～5000 A)放电，可在低温下使用，故常用于航天航空工业中。

铁、钴是人体必需的微量元素。它们的配合物在生命过程中起着非常重要的作用。血红蛋白和肌红蛋白都是铁与血红素蛋白形成的配合物，起着载氧和储氧的作用。铁也是许多重要酶系的重要组成部分，维持肌体的正常生长发育。缺铁会引起缺铁性贫血。摄入过量的铁将产生铁中毒，导致肝硬化、胰腺纤维化等，急性铁中毒胃肠道上皮坏死，最终导致死亡。

维生素 B_{12} 就是钴的配合物，在人体红细胞的形成过程中起着重要作用，具有治疗贫血病的功能。无机钴盐都有一些毒性，钴中毒会引起甲状腺肿大，严重的引起心力衰竭，损害心脏。

镍是人体必需的微量元素，最先发现存在于辅酶 F340 中。镍具有加强胰岛素的作用、协助制造血液等生理功能。Ni^{2+} 还能激活一些酶的活性，如肽酶。缺镍会影响铁的吸收。过量的镍有致癌作用，如肝癌、鼻咽癌。

5. 一些离子的分离与鉴定*

一些过渡金属阳离子与其他金属阳离子半径相近，电荷相同，具有相似的离子势，因此化学性质相似。以 Fe^{3+}、Cr^{3+}、Al^{3+} 的混合溶液为例，说明其分离方法。

Fe^{3+}、Cr^{3+}、Al^{3+} 性质相似之处主要表现在：在水溶液中强烈水解；它们的硝酸盐、硫酸盐、氯化物易溶于水，其余则难溶；硫酸盐和碱金属硫酸盐易形成矾。

Fe^{3+}、Cr^{3+}、Al^{3+} 性质不同之处主要有：$Fe(OH)_3$ 以碱性为主的弱两性，而 $Cr(OH)_3$、$Al(OH)_3$ 为两性，溶于强碱生成 $M(OH)_4^-$；Al(Ⅲ)无氧化还原性，Cr(Ⅲ)在碱性条件下可被氧化，Fe(Ⅲ)还原性极弱；Cr(Ⅲ)在浓 NH_3 条件下形成配合物，Al(Ⅲ)、Fe(Ⅲ)则不会形成配合物。

分离方法举例如下：

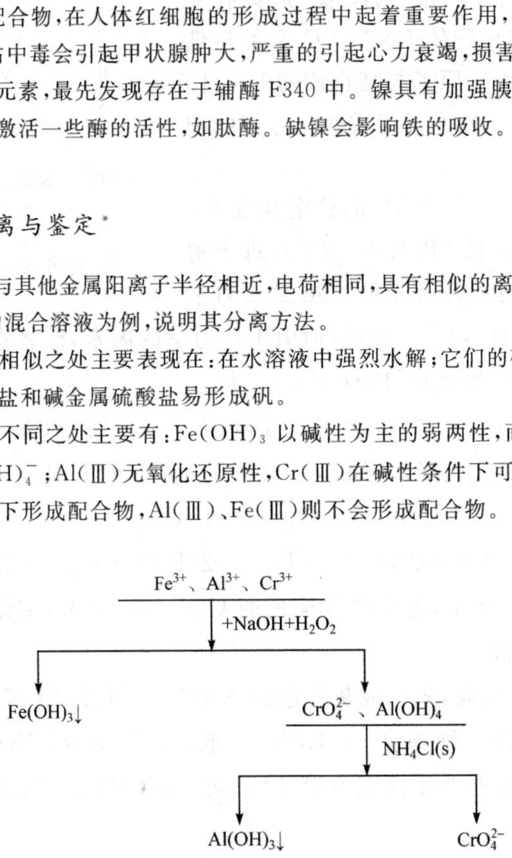

（南开大学　顾　文）

9.2 ds 区元素
(The ds-block elements)

ds 区元素包括 I B(铜族)和 II B(锌族)两副族的 6 种元素,即铜(copper)、银(silver)、金(gold)、锌(zinc)、镉(cadmium)、汞(mercury)。

铜族元素在自然界中均可以以单质形式存在,是人类最早熟悉的金属,称为"货币金属"。铜、银在自然界中主要以硫化物矿和氧化物矿形式存在,铜的硫化物矿主要有辉铜矿(Cu_2S)、黄铜矿($CuFeS_2$ 或 $Cu_2S \cdot Fe_2S_3$)等,氧化物矿主要有赤铜矿(Cu_2O)、黑铜矿(CuO)、孔雀石{$CuCO_3 \cdot Cu(OH)_2$}、蓝铜矿{$Cu(OH)_2 \cdot 2CuCO_3$}和胆矾($CuSO_4 \cdot 5H_2O$)等,我国铜矿储量居世界第三位;银的硫化物矿主要为存量较少的闪银矿(Ag_2S)和硫化银与方铅矿共存的矿物,我国银矿资源居世界第 7 位,多为伴生银矿。金主要以单质形式存在,包括散布于岩石中的岩脉金和存在于沙砾中的冲击金两大类。世界上南非的金矿资源最丰富。

锌族元素在自然界中主要以硫化物形式存在,主要有闪锌矿(ZnS)、菱锌矿($ZnCO_3$)、辰砂(朱砂,HgS)等。

9.2.1 通性

ds 区元素的价层电子构型为$(n-1)d^{10}ns^{1\sim2}$。虽然最外层电子构型分别与碱金属、碱土金属相同,但性质却有很大区别,如铜族元素第一电离能高,标准电极电势也比碱金属大,金属活泼性却远比碱金属弱。这是由于$(n-1)$d 亚层 10 个电子的填充以及 d 电子对核电荷屏蔽不完全,造成有效核电荷显著增加,核对外层 ns 电子吸引力增强,原子半径比同周期的 I A、II A 族元素小得多,因而导致性质的显著差异。

同一周期的元素从左到右,原子半径总的来说呈减小的趋势,但在 I B、II B 族出现反常,II B 族元素的原子半径大于 I B 族元素的原子半径。I A 和 II A 族元素自上而下金属活泼性增大,但 I B、II B 族元素自上而下金属活泼性却依次减弱,这表明与原子半径因素相比,自上而下的有效核电荷递增因素占优势;而同一周期,II B 族元素的化学活泼性比 I B 族元素强。

铜族元素呈现多种氧化态,如 Cu 为+1、+2,银、金为+1、+3,这是因为$(n-1)$d 与 ns 轨道能量相近,在化学反应中除了失去 1 个 s 电子,还可以失去 1 或 2 个 d 电子,如铜的第一电离能 745.5 $kJ \cdot mol^{-1}$,第二电离能 1970 $kJ \cdot mol^{-1}$。相比碱金属因 s 轨道与次外层 p 轨道能量相差很大,而通常只能为+1 价,如钠第一电离能 495.8 $kJ \cdot mol^{-1}$,第二电离能 4951 $kJ \cdot mol^{-1}$。锌族元素次外层$(n-1)d^{10}$电子比较稳定,不易失去,故主要呈现+2 氧化态。

I B 族的+1 氧化态离子 Cu^+、Ag^+、Au^+ 和 II B 族的+2 氧化态离子 Zn^{2+}、Cd^{2+}、Hg^{2+} 为$(n-1)d^{10}$构型,故皆为无色。I B 族的其他氧化态离子为 d^8、d^9 构型,在水溶液中有颜色,如 Cu^{2+} 为蓝色、Au^{3+} 为棕色。

由于$(n-1)$d、ns、np 轨道能量相近,易于杂化提供空轨道,形成一系列配合物,如

$[Cu(NH_3)_4]^{2+}$、$AuCl_3^-$、HgI_4^{2-}。

ds 区元素的一些基本性质，总结于表 9.9 中。

表 9.9 ds 区元素的一些基本性质

性 质	铜	银	金	锌	镉	汞
价电子层结构	$3d^{10}4s^1$	$4d^{10}5s^1$	$5d^{10}6s^1$	$3d^{10}4s^2$	$4d^{10}5s^2$	$5d^{10}6s^2$
原子半径 r/pm	128	144	144	134	148.9	151
M^+离子半径/pm	77	115	137			119
M^{2+}离子半径/pm	73	94		74	95	102
电离能 I_1/(kJ·mol^{-1})	745	731	890	906	868	1007
电离能 I_2/(kJ·mol^{-1})	1958	2073	1980	1733	1631	1810
电离能 I_3/(kJ·mol^{-1})	3555	3361		3833	3616	3300
M^+(g)离子水合热/(kJ·mol^{-1})	−582	−485	−644	—	—	—
M^{2+}(g)离子水合热/(kJ·mol^{-1})	−2121			−2058	−1828	−1845
升华热/(kJ·mol^{-1})	337.4	284.9	366.1	130.4	111.8	61.4
电负性/(Pauling 标度)	1.9	1.93	2.4	1.65	1.69	1.9
密度/(g·cm^{-1})	8.96	10.49	19.3	7.14	8.65	13.534
莫尔硬度	3	2.7	2.5	2.5	2	
导电性(Hg=1)	58.6	61.7	41.7	16.6	14.4	1
熔点/℃	1084.62	961.78	1064.18	419.527	321	−38.83
沸点/℃	2561.5	2164	2856	907	765	356.7
常见氧化态	+1、+2	+1	+1、+3	+2	+2	+1、+2

引自：迪安 J A. 兰氏化学手册. 北京：科学出版社，2003

铜族元素和锌族元素电势图见图 9.7。

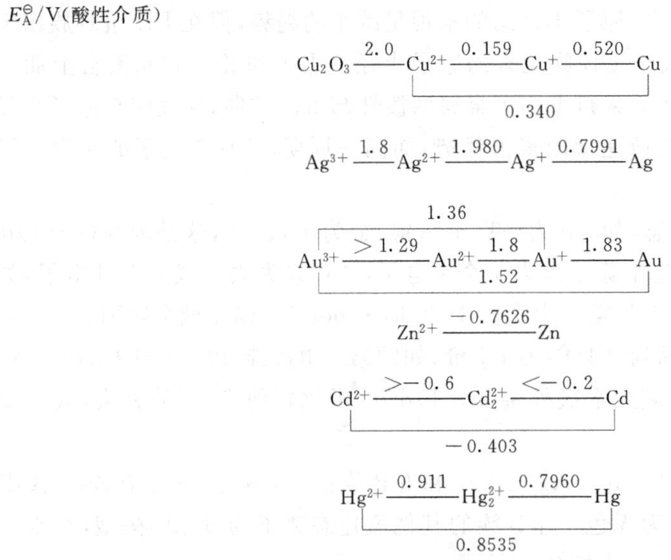

图 9.7 铜族元素和锌族元素电势图

$E_B^\ominus$/V

$$\overbrace{Cu(OH)_2 \xrightarrow{-0.08} Cu_2O \xrightarrow{-0.360} Cu}^{-0.222}$$

$$Ag_2O_3 \xrightarrow{0.739} AgO \xrightarrow{0.607} Ag_2O \xrightarrow{0.342} Ag$$

$$Au(OH)_3 \xrightarrow{1.45} Au$$

$$Zn(OH)_2 \xrightarrow{-1.249} Zn$$

$$Cd(OH)_2 \xrightarrow{-0.809} Cd$$

$$HgO \xrightarrow{0.0977} Hg$$

图 9.7(续)

9.2.2　铜、锌族元素的提取*

1. 铜的冶炼

从矿石中提取铜需要根据矿石的不同种类选择适当的冶炼方法，如氧化物矿可直接采用碳还原法；也可采用“湿法”冶炼：酸性矿用硫酸溶解，碱性矿用氨水溶解，然后电解或以铁置换出铜。

2. 银的提取

以游离态和以化合态形式存在的银都可用氰化钠浸取，再用锌等较活泼金属还原得到单质银，最后用电解法精炼得到纯银：

$$4Ag(s)+8NaCN(aq)+2H_2O(l)+O_2(g) = 4Na[Ag(CN)_2](aq)+4NaOH(aq)$$

$$Ag_2S(s)+4NaCN(aq) = 2Na[Ag(CN)_2](aq)+Na_2S(aq)$$

$$2[Ag(CN)_2]^-(aq)+Zn(s) = 2Ag(s)+[Zn(CN)_4]^{2-}(aq)$$

3. 金的提取

淘金是人类从自然获取黄金较为古老的方法。含金的岩石受风化和水的冲击逐渐变为金砂，利用金与砂石相对密度的差别，用水淘洗即可将单质金分离出来。

从矿石中提取金通常有两种方法，即汞齐法和氰化法。汞齐法是将矿粉与汞混合，使金与汞生成汞齐，加热使汞挥发掉，从而得到单质金。氰化法原理与提取银相同，用氰化钠溶液浸取矿粉，将金溶出，再以较活泼金属还原得到单质金，再经电解法精炼得到 99.95%(质量分数)的纯金。

4. 锌、镉的冶炼

锌的矿石(闪锌矿 ZnS)经气浮浮选、煅烧得到氧化锌：

$$2ZnS(s)+3O_2(g) \xlongequal{煅烧} 2ZnO(s)+2SO_2(g)$$

再在鼓风炉中用焦炭加热还原、蒸馏制得粗锌[纯度 98%(质量分数)]：

$$2C(s)+O_2(g) = 2CO(g)$$

$$ZnO(s)+CO(g) \xlongequal{1100\sim1300\ ℃} Zn(g)+CO_2(g)$$

粗锌中含有 Cd、Pb、Fe、Cu 等杂质，利用它们熔、沸点的不同，通过精馏的方法将杂质去掉，得到纯度 99.9%（质量分数）的锌。

另外，也可以将煅烧得到的 ZnO 用稀硫酸溶解转化为 $ZnSO_4$，调节 pH 使 Fe、As、Sb 等生成沉淀除去；再加入 Zn 粉除去溶液中的 Cd、Cu 等杂质：

$$Zn(s) + Cu^{2+}(aq) = Cu(s) + Zn^{2+}$$

$$Zn(s) + Cd^{2+}(aq) = Cd(s) + Zn^{2+}$$

最后再电解 $ZnSO_4$ 溶液得到纯度 99.99% 的锌。

镉主要存在于锌矿中，大部分是在炼锌时作为副产物得到的。由于镉的沸点（767 ℃）低于 Zn 的沸点（907 ℃），在精馏粗锌时镉先被蒸出而得到粗镉。将粗镉溶于 HCl，用 Zn 置换，可得到较纯的镉。

5. 汞的提取

汞主要是以辰砂 HgS 形式存在，利用以下方法制得汞：

$$HgS(s) + O_2(g) \xrightarrow[\text{空气中灼烧}]{600\sim700\ ℃} Hg(g) + SO_2(g)$$

$$4HgS(s) + 4CaO(s) = 4Hg(l) + 3CaS(s) + CaSO_4(s)$$

最后经蒸馏得到纯度 99.9%（质量分数）的金属汞。

9.2.3 铜族、锌族的单质和重要化合物

1. 单质

铜、锌族单质除汞在常温下呈液态外，其余均为固态。铜族元素属于重金属，单质密度较大；熔、沸点较高，但低于同周期的 d 区金属元素。铜族元素导电性、导热性在所用金属中是最好的，同时具有良好的延展性和可塑性。锌族元素与过渡金属相比，熔、沸点较低，汞的熔点是所有金属最低的。铜、银、金能与许多金属形成合金，如黄铜[60%Cu（质量分数，下同）、40%Zn]、青铜（80%Cu、15%Sn、5%Zn）、白铜（50%～70%Cu、13%～15%Ni、13%～25%Zn）等。

铜在常温下不与干燥空气中的氧反应，加热时与空气中的氧反应生成氧化铜（CuO），高温下又分解为氧化亚铜（Cu_2O）。铜在潮湿的空气中会在表面慢慢生成一层“铜绿”（碱式碳酸铜），铜绿可以防止铜进一步腐蚀，反应如下：

$$2Cu(s) + O_2(g) + H_2O(l) + CO_2(g) = Cu(OH)_2 \cdot CuCO_3(s)$$

银和金的金属活泼性差，不会发生上述反应。但空气中有 H_2S 存在时，银的表面很快会生成一层 Ag_2S 的黑色薄膜而使银失去金属光泽，反应如下：

$$4Ag(s) + 2H_2S(g) + O_2(g) = 2Ag_2S(s) + 2H_2O(l)$$

由铜族、锌族元素电势图（图 9.7）可见，ⅡB 元素比同周期的ⅠB 元素有更强的电正性，Zn、Cd 可从非氧化性酸中置换出氢气，而 Cu、Ag、Au、Hg 均不能与稀的非氧化性酸反应，Cu、Ag、Hg 溶于硝酸、热浓硫酸等氧化性酸：

$$Cu(s) + 4HNO_3(\text{浓}) = Cu(NO_3)_2(aq) + 2NO_2(g) + 2H_2O(l)$$

$$3Cu(s) + 8HNO_3(\text{稀}) = 3Cu(NO_3)_2(aq) + 2NO(g) + 4H_2O(l)$$

$$Cu(s) + 2H_2SO_4(\text{浓}) \xlongequal{\triangle} CuSO_4(aq) + SO_2(g) + 2H_2O(l)$$

$$3Hg(l) + 8HNO_3(\text{过量}) = 3Hg(NO_3)_2(aq) + 2NO(g) + 4H_2O(l)$$

$$6Hg(l)+8HNO_3(冷)=\!=\!=3Hg_2(NO_3)_2(aq)+2NO(g)+4H_2O(l)$$

而 Au 只溶于“王水”：

$$Au(s)+4HCl(aq)+HNO_3(aq)=\!=\!=H[AuCl_4](aq)+NO(g)+2H_2O(l)$$

加热时，浓盐酸也能与铜反应，这是因为 Cl^- 和 Cu^+ 形成了较稳定的配离子 $[CuCl_4]^{3-}$，使 $Cu^+ + e^- =\!=\!= Cu(s)$ 平衡向左移动：

$$2Cu(s)+8HCl(浓)\xlongequal{\triangle}2H_3[CuCl_4](aq)+H_2(g)$$

在碱性条件下，只有 Zn 溶于强碱和氨水：

$$Zn(s)+2NaOH(aq)+2H_2O(l)=\!=\!=Na_2[Zn(OH)_4](aq)+H_2(g)$$

$$Zn(s)+4NH_3(aq)+2H_2O(l)=\!=\!=[Zn(NH_3)_4](OH)_2(aq)+H_2(g)$$

2. 氧化物和氢氧化物

铜、锌族氧化物及其性质列于表 9.10 中。

表 9.10 铜、锌族氧化物及其性质

性 质	Cu_2O	CuO	Ag_2O	ZnO	CdO	HgO
颜色	红	黑色	暗棕	白	棕红	黄或红色
酸碱性	弱碱	两性	中强碱	两性	碱性	碱性
$\Delta_f H_m^\ominus/(kJ \cdot mol^{-1})$	−166.61	−155.23	−30.57	−347.48	−254.64	−90.71
氧化性		有	有			有
在稀 H_2SO_4 中	歧化	溶解	Ag_2SO_4 沉淀	溶解	溶解	溶解
在 $NH_3 \cdot H_2O$ 中	$[Cu(NH_3)_2]^+$ 并被空气中 O_2 氧化成$[Cu(NH_3)_4]^{2+}$	$[Cu(NH_3)_4]^{2+}$	$[Ag(NH_3)_2]^+$	$[Zn(NH_3)_4]^{2+}$	$[Cd(NH_3)_4]^{2+}$	不反应

由表 9.10 可见，Ag_2O、HgO 的生成热较小，所以受热易分解：

$$2Ag_2O(s)\xlongequal{\triangle}4Ag(s)+O_2(g) \qquad \Delta_r H_m^\ominus=60.14\ kJ\cdot mol^{-1}$$

$$2HgO(s)\xlongequal{\triangle}2Hg(l)+O_2(g) \qquad \Delta_r H_m^\ominus=181.42\ kJ\cdot mol^{-1}$$

因 $\Delta_r H_m^\ominus>0$，$\Delta_r S_m^\ominus>0$，所以这两个反应是熵驱动的反应。

其他氧化物热稳定性较好，并且锌族热稳定性大于铜族。CuO 在 1000 ℃分解，同样属于熵驱动的反应，故高温下 Cu_2O 比 CuO 更稳定：

$$4CuO(黑)\xlongequal{\triangle}2Cu_2O(红)+O_2(g)$$

CuO、Ag_2O、HgO 都具有一定的氧化性，如 CuO 在加热条件下容易被 H_2、C、CO、NH_3 等还原剂还原：

$$3CuO(s)+2NH_3(g)=\!=\!=3Cu(s)+3H_2O(l)+N_2(g)$$

$$Ag_2O(s)+H_2O_2(aq)=\!=\!=2Ag(s)+H_2O(l)+O_2(g)$$

$$HgO(s)+SO_2(g)=\!=\!=Hg(l)+SO_3(g)$$

铜、锌族常见氢氧化物及其性质列于表 9.11 中。

表 9.11 铜、锌族常见氢氧化物及其性质

性质	CuOH	$Cu(OH)_2$	AgOH	$Zn(OH)_2$	$Cd(OH)_2$
颜色	浅黄	淡蓝	白	白	白
酸碱性	碱性	弱两性	碱性	两性	碱性(极弱酸性)
$\Delta_f H_m^\ominus/(kJ \cdot mol^{-1})$		−443.92		−642.24	−557.56
热稳定性	极不稳定,分解为 Cu_2O	80～90 ℃分解	−45 ℃以下存在	125 ℃分解	200 ℃分解
氧化性		有	有		
在 NaOH 中	不溶	溶解	不溶	溶解	不溶
在 $NH_3 \cdot H_2O$ 中	$[Cu(NH_3)_2]^+$	$[Cu(NH_3)_4]^{2+}$	$[Ag(NH_3)_2]^+$	$[Zn(NH_3)_4]^{2+}$	$[Cd(NH_3)_4]^{2+}$
K_{sp}	1×10^{-14}	2.6×10^{-19}	2.0×10^{-8}	1.2×10^{-17}	2.5×10^{-14}

$Hg(OH)_2$ 不能稳定存在。

$Cu(OH)_2$ 具有氧化性,如$[Cu(OH)_4]^{2-}$可被葡萄糖还原为暗红色的 Cu_2O:

$$2[Cu(OH)_4]^{2-} + \underset{\text{葡萄糖}}{CH_2OH(CHOH)_4CHO} = Cu_2O + 4OH^- + CH_2OH(CHOH)_4COOH + 2H_2O$$

医学上以此反应检测尿样中的糖分,以帮助诊断糖尿病。

3. 卤化物

1) 铜的卤化物

铜的卤化物及其性质列于表 9.12 中。

表 9.12 铜的卤化物及其性质

性质	CuCl	CuBr	CuI	$CuCl_2$	$CuBr_2$
颜色	白	白	白	棕色	黑色
水中溶解性	水解氧化为 Cu^{2+}			溶解	溶解
$\Delta_f H_m^\ominus/(kJ \cdot mol^{-1})$	−135.98	−105.02	−67.78	−218.82	−141.42
K_{sp}	2.0×10^{-6}	2.0×10^{-9}	1.1×10^{-12}		
磁性	抗磁	抗磁	抗磁	顺磁	顺磁

CuI_2 不存在。

往硫酸铜溶液中逐滴加入 KI 溶液,可以看到生成的白色碘化亚铜和棕色的碘:

$$2Cu^{2+}(aq) + 4I^-(aq) = 2CuI(s) + I_2(s)$$

Cu^{2+} 显氧化性,还原剂就是 I^- 本身,由于这个反应能够迅速定量地进行,反应析出的碘可用标准 $Na_2S_2O_3$ 溶液滴定,分析化学常用此法定量测定铜。

2) 银的卤化物

卤化银中只有 AgF 是离子型化合物,易溶于水,其他卤化银均难溶于水,且 K_{sp} 按 AgCl、AgBr、AgI 次序减小,颜色依次加深。

卤化银有感光性,在光的作用下分解:

$$2AgBr(s) \xlongequal{\text{光照}} 2Ag(s) + Br_2(l)$$

难溶卤化银 AgX 能和相应的卤离子 X^- 形成溶解度较大的配离子：

$$AgX(s)+(n-1)X^-(aq)=\!=\!=AgX_n^{(n-1)-}(aq) \qquad (X=Cl、Br、I;n=2,3,4)$$

3）锌的卤化物

ZnF_2 是离子化合物，随着 X^- 半径的增大，极化作用显著加强，使 ZnX_2（X=Cl、Br、I）表现出明显共价性，不但溶于水，也溶于乙醇、乙醚等有机溶剂中。

在浓 $ZnCl_2$ 的溶液中，因生成羟基二氯合锌酸而显酸性：

$$ZnCl_2(aq)+H_2O(l)=\!=\!=H[Zn(OH)Cl_2](aq)$$

羟基二氯合锌酸能溶解金属氧化物，如 FeO。在焊接金属时用 $ZnCl_2$ 浓溶液清除金属表面氧化物，$ZnCl_2$ 浓溶液也称为"熟镪水"。

4）汞的卤化物

汞的卤化物及其性质列于表 9.13 中。

在 Hg_2X_2 化合物中，Hg 的氧化态是+1，这类化合物称为亚汞化合物，其中汞是以双聚体 Hg_2^{2+} 形式存在，两个 Hg^+ 以共价键的形式结合，形成了 Hg—Hg 键（$6s^1$-$6s^1$），Hg^+ 的 6s 单电子结合成对，所以亚汞化合物是抗磁性的。

表 9.13　汞的卤化物及其性质

性　质	Hg_2F_2	Hg_2Cl_2	Hg_2Br_2	Hg_2I_2	HgF_2	$HgCl_2$	$HgBr_2$	HgI_2
颜色	黄	白	白	黄	白	白	白	红(α)黄(β)
熔点/℃	570 分解				>645(分解)	280	238	257
沸点/℃	分解	383(升华)	350(升华)	140(升华)		303	318	351
$\Delta_f H_m^\ominus$/(kJ·mol^{-1})	−485.34	−264.93	−206.77	−120.96	−422.58	−230.12	−169.45	−105.44
K_{sp}		1.3×10^{-18}	4.0×10^{-22}	4.5×10^{-29}				

Hg_2Cl_2 又称为"甘汞"，常用它制造甘汞电极。Hg_2Cl_2 可由 $HgCl_2$ 与还原剂，如 Hg、$SnCl_2$、SO_2 反应制得：

$$2HgCl_2(aq)+SnCl_2(适量)=\!=\!=Hg_2Cl_2(s)+SnCl_4(aq)$$

在一定条件下，Hg_2Cl_2 会发生氨解反应：

$$Hg_2Cl_2(s)+2NH_3(aq)=\!=\!=Hg_2(NH_2)Cl(s)+NH_4Cl(aq)$$

$Hg_2(NH_2)Cl$ 见光或受热时发生自氧化还原反应，分解为氨基氯化汞 $Hg(NH_2)Cl$ 和 Hg。

$HgCl_2$ 俗称为"升汞"，可用以下反应制备：

$$Hg^{2+}(aq)+2Cl^-(aq)=\!=\!=HgCl_2(s)$$

在水溶液中，$HgCl_2$ 以分子的形式存在，是弱电解质：

$$HgCl_2 \rightleftharpoons HgCl^+ + Cl^- \qquad K_1=3.2\times10^{-6}$$

$$HgCl^+ \rightleftharpoons Hg^{2+} + Cl^- \qquad K_2=1.8\times10^{-7}$$

在酸性条件下 $E_A^\ominus(Hg^{2+}/Hg)=0.855$ V，$HgCl_2$ 是一种中等强度的氧化剂，它与过量的 $SnCl_2$ 反应生成黑色 Hg 沉淀：

$$Hg^{2+}(aq)+Sn^{2+}(aq)+6Cl^-(aq)=\!=\!=Hg(l)+SnCl_6^{2-}(aq)$$

$HgCl_2$ 遇到氨水，则立即产生氨基氯化汞白色沉淀：

$$HgCl_2(aq)+2NH_3(aq)═══Hg(NH_2)Cl(s)+NH_4Cl(aq)$$

HgX_2 由于键的共价性,易溶于有机溶剂,如甲醇、乙醇和丙酮。

HgX_2 和 X^- 形成较稳定的配离子 HgX_4^{2-},其稳定常数从 I→Cl 依次减小。

4. 硫化物

铜、锌族的硫化物及其性质列于表 9.14 中。

表 9.14 铜、锌族硫化物及其性质

性 质	Cu_2S	CuS	Ag_2S	ZnS	CdS	HgS
颜色	黑色	黑色	黑色	白	黄色	黑或红
酸碱性	碱性	碱性	碱性	碱性	碱性	碱性
$\Delta_f H_m^\ominus/(kJ \cdot mol^{-1})$	−79.50	−48.53	−31.80	−202.92	−144.35	−58.16
K_{sp}	2.5×10^{-48}	6.3×10^{-36}	6.3×0^{-50}	2.5×10^{-22}	8.0×10^{-27}	4.0×10^{-53}
溶解于	热、浓 HNO_3	热的稀 HNO_3	热、浓 HNO_3	HCl	浓酸	王水

因为硫化物中 S^{2-} 有还原性,所以较易溶于氧化性酸中:

$$3Cu_2S(s)+16HNO_3(浓)═══6Cu(NO_3)_2(aq)+3S(s)+4NO(g)+8H_2O(l)$$

$$3CuS(s)+8HNO_3(稀)═══3Cu(NO_3)_2(aq)+2NO(g)+3S(s)+4H_2O(l)$$

HgS 还可溶于浓的 Na_2S 溶液或 HCl-KI 溶液中:

$$HgS(s)+Na_2S(浓)═══Na_2[HgS_2](aq)$$

$$HgS(s)+2H^+(aq)+4I^-(aq)═══[HgI_4]^{2-}(aq)+H_2S(g)$$

HgS 是唯一溶于 Na_2S 水溶液的 ds 区元素硫化物。

Cu_2S、Ag_2S、CuS 能溶于氰化钠或氰化钾的溶液,原因是生成稳定的氰配合物:

$$Cu_2S(s)+4CN^-(aq)═══2Cu(CN)_2^-(aq)+S^{2-}(aq)$$

$$Ag_2S(s)+4CN^-(aq)═══2Ag(CN)_2^-(aq)+S^{2-}(aq)$$

$$2CuS(s)+10CN^-(aq)═══2[Cu(CN)_4]^{3-}(aq)+(CN)_2(g)+2S^{2-}(aq)$$

运用“多重平衡原理”,可以计算出上述反应的平衡常数。

5. 含氧酸盐

硫酸铜($CuSO_4 \cdot 5H_2O$)是最常见的含氧酸铜盐,俗名“胆矾”或“蓝矾”,是蓝色斜方晶体。$CuSO_4 \cdot 5H_2O$ 晶体受热至 531 K 可脱去全部结晶 H_2O,得到无水 $CuSO_4$。

无水 $CuSO_4$ 为白色粉末,易溶于水,不溶于乙醇和乙醚,吸水性强,吸水后即显出特征的蓝色,可利用这一性质检验有机溶液(如乙醇、乙醚)中的微量水分。无水 $CuSO_4$ 也可用作干燥剂,从有机物中除去水分。

硝酸银 $AgNO_3$ 是一种常见的重要试剂。在光照或加热到 713 K 时,$AgNO_3$ 分解:

$$2AgNO_3(s)\xlongequal{见光或受热}2Ag(s)+2NO_2(g)+O_2(g)$$

因此 $AgNO_3$ 要保存在棕色瓶中。

9.2.4 铜族、锌族的配合物

1. 铜族配合物

Cu(Ⅰ)能够形成配位数为 2、3、4 的配合物。常见的 Cu(Ⅰ)主要有$[CuCl_3]^{2-}$、$[Cu(NH_3)_2]^+$、$[Cu(CN)_4]^{3-}$。由于 Cu^+ 的电子构型为 d^{10}，不存在 d-d 跃迁，所以配离子都是无色。

$[Cu(NH_3)_2]^+$不稳定，在空气存在时迅速被氧化为蓝色的$[Cu(NH_3)_4]^{2+}$，利用此性质除去气体中的氧。

无色的$[Cu(CN)_4]^{3-}$极稳定($K_{稳}=3\times10^{30}$)。在 Cu^{2+} 溶液中加入 CN^-，溶液由蓝色转化为无色，可视为 Cu^{2+} 和 CN^- 的氧化还原反应与 Cu^+ 和 CN^- 的配位反应的耦联：

$$2Cu^{2+}+10CN^- = 2[Cu(CN)_4]^{3-}+(CN)_2(g)$$

多数 Cu(Ⅰ)配合物溶液具有吸收烯烃、炔烃和 CO 的能力，用于从石油气中分离出 C_2H_4，以及在合成氨的铜洗工段吸收可使催化剂中毒的 CO 气体。

Cu(Ⅱ)价电子构型为 d^9，有一个成单电子，所有其化合物具有顺磁性。由于 Cu^{2+} 有两个正电荷，比 Cu^+ 更容易形成配合物。Cu^{2+} 有配位数为 2、4、6 的配离子，配位数为 2 的很少。由于可以发生 d-d 跃迁，Cu(Ⅱ)配合物大多有颜色，如深蓝色的$[Cu(NH_3)_4]^{2+}$。变形八面体构型在 Cu(Ⅱ)配合物中比较常见，如$[Cu(NH_3)_4(H_2O)_2]^{2+}$，但由于姜-泰勒(Jahn-Teller)效应这个配合物实际具有正方形结构，常用$[Cu(NH_3)_4]^{2+}$表示。

Ag(Ⅰ)配离子中配位数为 2 的直线形最为常见，如$[Ag(NH_3)_2]^+$、$[Ag(CN)_2]^+$、$[Ag(S_2O_3)_2]^{3-}$。它们的稳定性大小可通过以下实验得出，并可从"多重平衡"理解：

$$AgCl(s)\xrightarrow[2\ mol\cdot dm^{-3}]{NH_3\cdot H_2O}[Ag(NH_3)_2]^+\xrightarrow{Br^-}AgBr(s)\xrightarrow[0.5\ mol\cdot dm^{-3}]{Na_2S_2O_3}[Ag(S_2O_3)_2]^{3-}$$

$$\xrightarrow{I^-}AgI(s)\xrightarrow{CN^-}[Ag(CN)_2]^-\xrightarrow{S^{2-}}Ag_2S(s)$$

Ag(Ⅰ)配离子因无 d-d 跃迁而呈无色。

$[Ag(NH_3)_2]^+$具有一定的氧化性，有机化学用它鉴定醛，工业上用于制造保温瓶和镜子镀银，称为"银镜反应"：

$$[Ag(NH_3)_2]^+(aq)+RCHO+3OH^-(aq) = 2Ag(s)+RCOO^-(aq)+4NH_3(aq)+2H_2O(l)$$

2. 锌族配合物

Zn^{2+} 和 Cd^{2+} 的配合物中，配位数为 4 和 6，构型为四面体和八面体。Zn^{2+} 和 Cd^{2+} 都是 d^{10} 构型，同样不会发生 d-d 跃迁，故其配离子都是无色的。$[Zn(NH_3)_6]^{2+}$不稳定，只存在于固态化合物中。

Hg(Ⅱ)能形成配位数为 4 的配合物。由于 Hg(Ⅱ)具有 18 电子构型，极化能力强，半径又很大，易变形，所以很容易与配体之间发生电荷迁移跃迁，造成一些 Hg(Ⅱ)呈较深的颜色。

根据软硬酸碱规则，$[HgI_4]^{2-}$ 具有特殊稳定性，$[HgI_4]^{2-}$ 的 KOH 溶液称为奈斯勒

(Nessler)试剂，遇见 NH_4^+ 立即产生红棕色沉淀，所以用来检测 NH_4^+。

四硫氰合汞(Ⅱ)酸铵$(NH_4)_2[Hg(SCN)_4]$可用来鉴定 Co^{2+}：

$$Co^{2+} + [Hg(SCN)_4]^{2-} = Co[Hg(SCN)_4](s)(\text{蓝色})$$

3. Cu(Ⅰ)-Cu(Ⅱ)、Hg(Ⅰ)-Hg(Ⅱ)的相互转化*

1) Cu(Ⅰ)-Cu(Ⅱ)的相互转化

由铜元素的电极电势图：

$$E_A^\ominus/V \qquad Cu^{2+} \xrightarrow{0.159} Cu^+ \xrightarrow{0.520} Cu$$

可知 $E^\ominus_{A,右} > E^\ominus_{A,左}$，酸性溶液中 Cu^+ 处于热力学不稳定态，自发歧化：

$$2Cu^+(aq) = Cu^{2+}(aq) + Cu(s)$$

Cu^+ 歧化的趋势非常大($K^\ominus = 1.70 \times 10^6$)。例如

$$Cu_2O(s) + H_2SO_4(aq) = Cu(s) + CuSO_4(aq) + H_2O(l)$$

但有一些难溶的 Cu(Ⅰ)化合物，如 CuI($K_{sp} = 1.1 \times 10^{-12}$)、$Cu_2S$($K_{sp} = 2.5 \times 10^{-50}$)，在水溶液中稳定，不会歧化。

为使 Cu(Ⅱ)转化为 Cu(Ⅰ)，在有还原剂存在的同时，加入沉淀剂或配位剂，生成 Cu(Ⅰ)难溶物或难离解的配离子，从而降低 Cu^+ 浓度，使平衡向有利于生成 Cu(Ⅰ)的方向移动。例如

$$Cu^{2+}(aq) + Cu(s) + 2Cl^-(aq) = 2CuCl(s)$$

$$2Cu^{2+}(aq) + 4I^-(aq) = 2CuI(s) + I_2(s)$$

2) Hg(Ⅰ)-Hg(Ⅱ)的相互转化

由汞元素的电极电势图：

$$E_A^\ominus/V \qquad Hg^{2+} \xrightarrow{0.911} Hg_2^{2+} \xrightarrow{0.7960} Hg \quad (Hg^{2+} \to Hg: 0.8535)$$

$E^\ominus_{A,右} < E^\ominus_{A,左}$，在酸性介质中，$Hg_2^{2+}$ 处于热力学稳定态，标准态下，Hg^{2+} 和 Hg(l)会自发逆歧化为 Hg_2^{2+}：

$$Hg(l) + Hg^{2+}(aq) = Hg_2^{2+}(aq)$$

由有关的 $E^\ominus$ 值，计算出该反应的平衡常数 $K^\ominus = [Hg_2^{2+}]/[Hg^{2+}] = 81.28$。在实验室中制备 Hg_2^{2+}，只要向 Hg^{2+} 溶液中滴加汞滴，振荡即可。

要使 Hg_2^{2+} 发生歧化反应，根据平衡移动原理，通过加入沉淀剂或配位剂降低 Hg^{2+} 的浓度，使平衡向有利于歧化反应的方向移动。例如，往 Hg_2^{2+} 溶液中通入 $H_2S(g)$，得不到硫化亚汞沉淀：

$$Hg_2^{2+}(aq) + H_2S(g) = Hg(l) + HgS(s) + 2H^+(aq)$$

若溶液中存在 Hg^{2+} 的配位剂，也易发生 Hg_2^{2+} 的歧化：

$$Hg_2^{2+}(aq) + 4CN^-(aq) = [Hg(CN)_4]^{2-}(aq) + Hg(l)$$

$$Hg_2^{2+}(aq) + 4I^-(aq) = [HgI_4]^{2-}(aq) + Hg(l)$$

4. 铜、锌分族阳离子的分离与鉴定*

综合考虑铜、锌副族离子相应化合物的沉淀-溶解性质、配位性质和氧化还原性质，可以设计出分离溶液中共存的多种铜、锌副族离子的不同方案。下面只举一例。

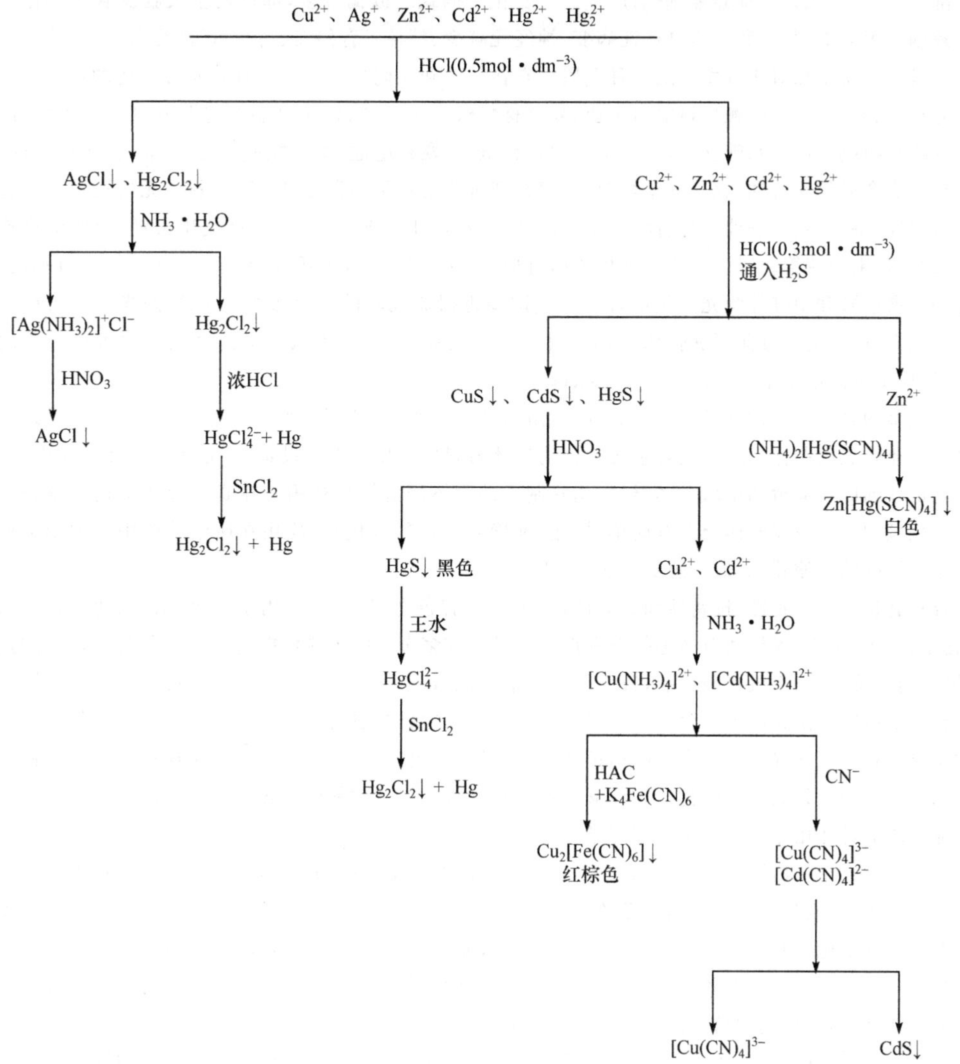

9.2.5　铜、锌分族元素的应用和生物无机化学*

铜有着极其广泛的用途。铜的导电性仅次于银，居金属中的第二位，大量用于电气工业。铜易与其他金属形成合金，如青铜[80%(质量分数，下同)Cu、15%Sn、5%Zn]质坚韧，硬度高，易铸造；黄铜(60% Cu、40%Zn)广泛用于制作仪器零件；白铜(50%～70%Cu、18%～20%Ni、13%～15%Zn)主要用作刀具。铜还是所有金属中最易再生的金属，目前再生铜约占世界铜总供应量的40%。铜和铁、锰、钼、硼、锌、钴等元素都可用作微量元素肥料。微量元素是植物正常生命活动所不可缺少的，它可以提高酶的活动性，促进糖、淀粉、蛋白质、核酸、维生素和酶的合成，有利于植物的生长。硫酸铜用作纺织品媒染剂、农业杀虫剂、水的杀菌剂，饲料添加剂。氯化铜主要用于制造玻璃、陶瓷用的颜料、消毒剂、媒染剂和催化剂。

铜在生命系统中有重要作用，人体中有30多种蛋白质和酶含有铜元素，如人血清中的铜蓝蛋白，现已知铜的最重要生理功能是参与造血过程及催化铁的生理代谢过程、参与色素的形成。铜还可以提高白细胞消灭细菌的能力，增强某些药物的治疗效果。动物缺铜时形成“低血铜症”，引起心肌细胞氧化代谢紊乱,线粒体及肌原纤维异常,进而产生生理变化。铜缺乏或铜过多,都可发生大脑及脑干部位的病变可致脑组织萎缩、灰质和白质退行性病变、神经元减少、精神发育停滞、嗜睡、运动受限等。

银是贵金属中相对比较便宜的一种金属。它在工业和人们日常生活中有着非常广泛的用途。卤化银感光材料、装饰材料、接触材料电器工业、复合材料银合金焊料、银浆是制造与开发电子元器件、厚膜混合电路和触摸元件的基础材料,能源工业用银锌电池、燃料电池、太阳能的利用、银催化剂可把 H_2 和 CO_2 转变成合成气甲烷和乙醇(汽车燃料)。银系列抗菌材料是一类无机抗菌材料。无机载银抗菌材料具有持续性、持久性、广谱性、耐热性好、安全性高、不易产生耐药性等特点、针灸用银针、银线缝合伤骨和结缔组织、银引流管。银在诊断和分析方面有应用、卤化银多晶光纤($AgCl_xBr_{1-x}$)($0\leqslant x\leqslant 1$)有良好的红外光谱信号和中红外激光能量的性能。我国新近研制成功的卤化银光纤 CO_2 激光手术刀已在口腔、咽喉、妇科、肛肠等方面开展临床应用。科学家们发现,银在纳米状态下的杀菌能力可产生质的飞跃,只用极少量的纳米银便可产生强力的杀菌作用。

金及金的合金具有优良导电性、稳定的电阻以及优良的耐蚀性、可加工性、热稳定性等,广泛地应用于电子工业触点的制作。金及其合金等被作为导体材料广泛用于电子设备、半导体器材和微型电路中。金也是最佳的固体润滑剂中软金属材料,用它制成的固体润滑材料被用作在真空及些不良气氛条件下运转的机械润滑。免疫胶体金具有简单、快速、准确和无污染等优点,应用在医学检验中。纳米金材料用来制造更好的过滤器、高效传感器、快速催化剂。

锌具有良好的压延性、抗腐性和耐磨性,是重要的有色金属,广泛应用于有色、冶金、建材、轻工、机电、化工、汽车、军工、煤炭和石油等行业和部门。锌和许多金属能组成性能优良的各种合金,如锌与铜、锡、铅等制成黄铜,用于机械制造业;锌与铝、镁、铜等制成压铸合金,用于制造各种精密铸件;钢铁及各种铸铁表面镀锌能防止腐蚀。含锌喷涂材料和各种抗腐蚀材料也得到广泛应用。锌加工材是制造干电池的主要材料。氧化锌是一种优良的白色颜料,它具有一定的杀菌能力,用作医用橡皮膏。溴化锌和碘化锌用于医药和分析试剂。硫化锌和硫酸镍混合物制得的白色颜料的遮盖力强、没有毒性,大量用于油漆工业。硫酸锌还用作木材防腐剂和媒染剂。

由于锌存在于蛋白质及各种金属酶中,因此细胞内的锌量直接调节着这些锌酶的活性,也就控制着各种代谢过程,特别是蛋白质、脂肪、糖的代谢过程,以及核酸的合成降解作用。少量锌的存在,可改善脱氧镰刀状红细胞的栽氧能力。锌影响胰岛素、生长素和性激素。当锌缺乏时,引起血氨升高(蛋白质及核酸的降解加速),食欲下降。锌也是参与免疫功能的一种重要元素。体内含锌量的减少均可引起细胞免疫功能低下,对疾病的易感性增强。锌与其他元素具有相互作用,如 $Zn/Cu\geqslant 10$ 时,Cu 的吸收被抑制,可导致贫血。反之,Cu 高不影响 Zn 的吸收。锌与镉电子构型与化学性质近似,可相互置换。但许多酶中锌被镉置换后,致使酶失活。锌可拮抗镉的毒性。当镉中毒的动物注射锌后,中毒症状明显减轻。

镉能形成很多合金,如含镉 0.5%～1.0% 的硬铜合金,有较高的抗拉强度和耐磨性;镉(98.65%)镍(1.35%)合金是飞机发动机的轴承材料。很多低熔点合金中含有镉,著名的伍德易熔合金中含有镉达 12.5%。镍镉和银镉电池具有体积小、容量大等优点。镉具有较大的热中子俘获截面,因此含银(80%)铟(15%)镉(5%)的合金可作原子反应堆的控制棒。镉的化合物曾广泛用于制造颜料、塑料稳定剂、荧光粉等。镉还用于钢件镀层防腐,但因其毒性大,对环境会造成污染,镉的用途有减缩趋势。对人体来说,镉是一种重毒元素,镉(Cd)在人体中含量偏高时,主要引起强烈的骨痛和骨骼严重畸形。慢性中毒可引起以肾小管重吸收功能障碍为主的肾脏损害。急性吸入中毒主要影响呼吸系统。

汞广泛用于日常生活和工业生产中。例如,体温计中装的就是汞;家庭用的日光灯里有汞;汞是最好的金属溶剂,许多金属都能溶于其中,生成汞齐。汞的化合物雷汞,是顶有名的一种起爆药,是国防工业的重要原料。但汞是环境的主要汞污染源之一,对汞的应用已减少。作为一种对人体有毒的物质,汞可以通过饮食、呼吸、皮肤接触等途径进入人体，人体内汞含量超标会引起人的心脏功能、肝功能、神经功能等多方面的疾病，从而威胁人类健康，甚至危及生命。

（南开大学　刘　欣）

9.3 f区元素
(The f-block elements)

周期表中，f区元素包括原子数序数57～71及89～103号两个系列元素。其中，57号元素镧La到71号元素镥Lu共15个元素称为"镧系元素"(lanthanide)，用Ln表示。89号元素锕Ac到103号元素铹Lr共15个元素称为"锕系元素"(actinide)。它们的价电子填充在外数第三层$(n-2)$f轨道上，因此镧系元素和锕系元素也称为"内过渡元素"。"锕系元素"都具有放射性，而且铀元素之后的第93～103号元素均是用人工核反应方法合成，本书不作进一步介绍。

由于ⅢB族元素钪(Sc)、钇(Y)与镧系元素在自然界常共生于某些矿石之中，它们之间也有许多相似之处，故将钪、钇与镧系元素称为"稀土元素"(rare earth element，RE)。依据稀土元素相对原子质量等因素将其分为轻稀土元素(铈组)La、Ce、Pr、Nd、Pm、Sm、Eu和重稀土元素(钇组)Gd、Tb、Dy、Ho、Er、Tm、Yb、Lu、Sc、Y。

大部分稀土元素在地壳中的丰度比银多10倍以上，其中铈的丰度在所有元素中排26位，它的丰度是氯的一半或是铅的5倍，甚至除钷(Pm)之外最稀少的铥(Tm)也比碘的丰度还稍大些。我国是世界稀土储量和生产量最多的国家，主要稀土矿物有独居石、磷钇矿、氟碳铈矿、褐钇铌矿等。

9.3.1 镧系元素通性

镧系元素基态的价层电子构型为$4f^{0\sim14}5d^{0\sim1}6s^2$。按鲍林电子能级图，电子应按6s—4f—5d顺序填充，但4f与5d轨道能量非常接近，按洪德规则等价轨道全空、半满和全满状态是相对比较稳定的，所以镧La、铈Ce、钆Gd和镥Lu的5d轨道上只有一个电子，而镧La($4f^0$)、铕Eu($4f^7$)、钆Gd($4f^7$)、镱Yb($4f^{14}$)的f轨道处于全空、半满和全满的稳定状态。

由于随着元素原子序数递增，增加的电子填充到内层4f轨道上，而4f电子受外层$6s^2$电子屏蔽，较少受邻近环境的影响，所以镧系各元素的化学性质比较相似。然而，由于Eu($4f^7 6s^2$)和Yb($4f^{14}6s^2$)的4f亚层处于半满或全满状态，它们的熔点、原子半径、第三电离能等性质与相邻的镧系元素有较大差别。在金属晶体中铕和镱都只有2个6s电子参与成键，故其熔点、相对密度比相邻其他镧系元素的低；Eu的$4f^7$和Yb的$4f^{14}$为"球形"电子云，对核电荷屏蔽作用强，使其最外层$6s^2$电子受到作用的有效核电荷变小，故原子半径比相邻的元素"异常"地变大；由Eu($4f^7 6s^2$)和Yb($4f^{14}6s^2$)的价层电子结构不难理解，它们的第三电离能也较大。

镧系元素在酸性介质中的标准电极电势$E^\ominus(Ln^{3+}/Ln)$均为负值，介于-2.37～

-1.99 V，而碱性介质中 $E^{\ominus}[Ln(OH)_3/Ln]$ 介于 $-2.90 \sim -2.72$ V。这表明镧系金属都是较强的还原剂，其还原能力仅次于ⅠA、ⅡA 族金属。

镧系元素中可变价态的元素的不同价态物质的热力学稳定性和氧化还原性质如下：

(1) Ln^{3+} 处于热力学稳定态，可以在溶液中稳定存在。

(2) Ce(Ⅳ)、Pr(Ⅳ)、Tb(Ⅳ)、Dy(Ⅳ)都具有氧化性。Ce(Ⅳ)氧化性比 Pr(Ⅳ)、Tb(Ⅳ)、Dy(Ⅳ)弱，因此 Ce^{4+} 有可能在溶液中稳定存在，如在 H_2SO_4 溶液中，$(NH_4)_2S_2O_8$ 可将 Ce^{3+} 氧化为 Ce^{4+}（Ag^+ 催化）。Pr(Ⅳ)、Tb(Ⅳ)、Dy(Ⅳ)因氧化性强而只能以复合氧化物、氟化物等形式存在，如 Pr_6O_{11}、Tb_4O_7、Cs_2DyF_7 等。

(3) Sm(Ⅱ)、Tm(Ⅱ)、Yb(Ⅱ)还原性强而在溶液中不存在。Eu(Ⅱ)还原性较弱，但易被空气氧化。所以 Ln(Ⅱ)只存在于固体中，如 SmO、TmI_2。

镧系元素的一些基本性质列于表 9.15 中。

表 9.15 镧系元素的一些基本性质

元 素	电子构型	电离能 $I_1+I_2+I_3$/(kJ·mol^{-1})	r_{Ln}/pm	$r_{Ln^{3+}}$/pm	密度/(g·cm^{-1})	$E^{\ominus}(Ln^{3+}/Ln)$/V $E_A^{\ominus}$	$E_B^{\ominus}$	电负性
镧 La	$5d^16s^2$	3455	183	103.2	6.162	−2.38	−2.90	
铈 Ce	$4f^26s^2$	3524	181.8	102	6.773	−2.34	−2.87	1.12
镨 Pr	$4f^36s^2$	3627	182.4	99	6.475	−2.35	−2.85	1.13
钕 Nd	$4f^46s^2$	3695	181.4	98.3	7.01	−2.32	−2.84	1.14
钷 Pm	$4f^56s^2$	3737	183.4	97	7.22	−2.42	−2.84	
钐 Sm	$4f^66s^2$	3871	180.4	95.8	7.52	−2.30	−2.83	1.17
铕 Eu	$4f^76s^2$	4032	208.4	94.7	5.244	−1.99	−2.83	
钆 Gd	$4f^75d^16s^2$	3749	180.4	93.8	7.90	−2.28	−2.82	1.20
铽 Tb	$4f^96s^2$	3790	177.3	92.3	8.23	−2.31	−2.79	
镝 Dy	$4f^{10}6s^2$	3898	178.1	91.2	8.540	−2.29	−2.78	1.22
钬 Ho	$4f^{11}6s^2$	3924	176.2	90.1	8.79	−2.23	−2.77	1.23
铒 Er	$4f^{12}6s^2$	3934	176.1	89	9.066	−2.32	−2.75	1.24
铥 Tm	$4f^{13}6s^2$	4044	175.9	88.0	9.32	−2.32		1.25
镱 Yb	$4f^{14}6s^2$	4194	193.3	86.8	6.90	−2.22		
镥 Lu	$4f^{14}5d^16s^2$	3886	173.8	86.1	9.841	−2.30		1.0

引自：迪安 J A. 兰氏化学手册. 北京：科学出版社，2003

9.3.2 镧系元素的氧化态

镧系元素最稳定的氧化态是+3。由于离子的电子结构倾向于保持或接近全空、半满和全满的稳定电子构型，因此有些元素还存在其他稳定氧化态，如 Ce、Pr、Tb、Dy 常呈现+4 氧化态；Sm、Eu、Tm、Yb 则有+2 氧化态。

镧系离子 Ln^{3+} 的颜色*：镧系离子 Ln^{3+} 常带有颜色（表 9.16）主要是由未充满电子的 4f 电子的 f-f 跃迁所致。具有 f^x 电子构型的离子与具有 f^{14-x} 电子构型的离子颜色相同或相似。4f 轨道全空和全满时无 f-f 跃迁，故$La^{3+}(4f^0)$和$Lu^{3+}(4f^{14})$无色；Ce^{3+}、Gd^{3+}的吸收峰在紫外区而不显颜色。Eu^{3+}、Tb^{3+}的吸收峰也仅有一部分在可见光区，故微显淡粉红色。Yb^{3+}的吸收峰则在红外区不显示颜色。$Ce^{4+}(4f^0)$的化合物呈橙红色，是Ce^{4+}的氧化性引致的电荷迁移跃迁的结果。

表 9.16　Ln^{3+}的颜色

离子($4f^x$)	未成对 4f 电子数	颜　色	未成对 4f 电子数	离子($4f^x$)
$La^{3+}(4f^0)$	0	无	0	$Lu^{3+}(4f^{14})$
$Ce^{3+}(4f^1)$	1	无	1	$Yb^{3+}(4f^{13})$
$Pr^{3+}(4f^2)$	2	绿	2	$Tm^{3+}(4f^{12})$
$Nd^{3+}(4f^3)$	3	浅红	3	$Er^{3+}(4f^{11})$
$Pm^{3+}(4f^4)$	4	粉红/淡黄	4	$Ho^{3+}(4f^{10})$
$Sm^{3+}(4f^5)$	5	黄	5	$Dy^{3+}(4f^9)$
$Eu^{3+}(4f^6)$	6	淡红	6	$Tb^{3+}(4f^8)$
$Gd^{3+}(4f^7)$	7	无	7	$Gd^{3+}(4f^7)$

9.3.3　镧系元素的原子半径、离子半径与镧系收缩

原子半径的“镧系收缩”现象已在 5.3.5 小节论述并示于图 5.20，这种现象同样出现在镧系离子半径的变化中，而且Ln^{3+}离子半径的收缩要比原子半径的收缩显著得多(图 9.8)，这是因为Ln^{3+}比 Ln 金属原子少一层 6s 电子，而且核电荷数超过电子数所致。

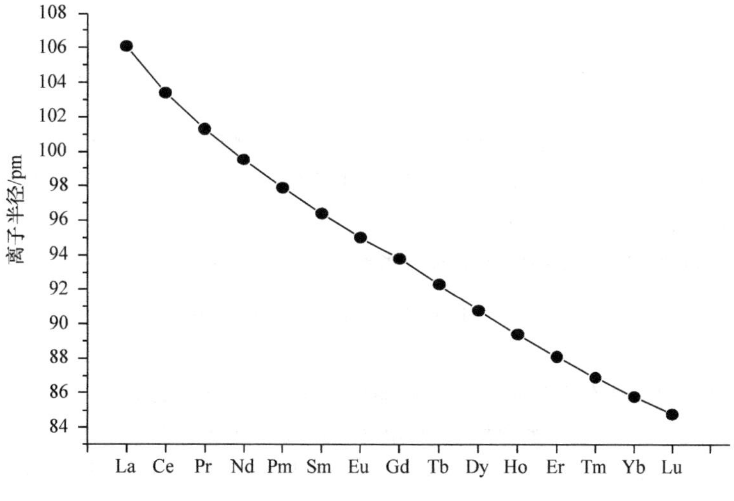

图 9.8　镧系元素Ln^{3+}离子半径的变化

9.3.4　镧系元素单质和化合物的性质

1. 单质

镧系单质都是具有延展性的银白色金属，其金属活泼性由镧到镥依次降低，这是“有效核电荷”递增和“原子半径”减小共同作用所致。在潮湿空气中镧系金属易被氧化，与热

水作用产生氢气。镧系金属易溶于稀酸，不溶于碱。

稀土元素与氧作用时放出大量的热，其氧化物的摩尔标准生成焓很负，如 La_2O_3 的 $\Delta_f H_m^\ominus = -1794\ kJ \cdot mol^{-1}$。

在加热下，镧系金属可与非金属化合。

2. 氧化物和氢氧化物*

镧系元素的氢氧化物、乙二酸盐、硝酸盐、硫酸盐经加热分解或将镧系金属直接氧化，都可生成相应的 Ln_2O_3。但 Ce、Pr、Tb 氧化则分别只能得到白色的 CeO_2、棕黑色的 Pr_6O_{11}、暗棕色的 Tb_4O_7。这 3 种氧化物经过还原，才能得到 Ln 氧化态为 +3 的氧化物。

Ln_2O_3 难溶于水和碱，而易溶于强酸。Ln_2O_3 在水中与水化合形成水合氧化物，若同时吸收空气中的 CO_2 而形成碱式碳酸盐。

在酸、碱中，Ce(Ⅳ)都具有强氧化性：

$$2CeO_2(s) + 6HCl(aq) + H_2O_2(aq) = 2CeCl_3(aq) + 4H_2O(l) + O_2(g)$$

$$2Ce(OH)_4(s) + 8HCl(aq) = 2CeCl_3(aq) + 8H_2O(l) + Cl_2(g)$$

Ln(Ⅲ)的盐与 NaOH、氨水反应，可以得到 $Ln(OH)_3$。$Ln(OH)_3$ 呈碱性，接近于碱土金属氢氧化物。但溶解度却比碱土金属氢氧化物小得多。$Ln(OH)_3$ 的碱性和溶解度都随着 Ln^{3+} 半径的减小而逐渐减弱。

由于 $E^\ominus[Ce(OH)_4/Ce(OH)_3] = -0.32\ V$ 比 $E^\ominus(Ce^{4+}/Ce^{3+}) = 1.70\ V$ 小得多，所以在微酸性介质中 $Ce(OH)_3$ 易被空气中 O_2 氧化变成黄色的 $Ce(OH)_4$。在实验室中，可以用 H_2O_2 将 $Ce(OH)_3$ 完全氧化为 $Ce(OH)_4$。

3. 盐类*

1) 易溶盐

镧系金属的易溶盐主要有氯化物、硝酸盐、硫酸盐。硫酸盐都含有结晶水，易与碱金属盐形成复盐，如 $xLn_2(SO_4)_3 \cdot yM_2SO_4 \cdot zH_2O$。硫酸盐的溶解度随温度升高而降低；铈组的硫酸盐复盐溶解度小于钇组，这种性质常用来分离铈和钇两组的盐类。

Ln^{3+} 水解能力在常温下较差，但加热会促进水解：

$$LnCl_3(aq) + H_2O(l) \xlongequal{\triangle} LnOCl(s) + 2HCl(g)$$

2) 难溶盐

镧系金属的难溶盐主要有乙二酸盐、碳酸盐、磷酸盐、铬酸盐及氟化物等。

镧系金属的乙二酸盐难溶于水和稀酸，利用这一点可易将镧系离子与其他多种离子分离。在 NaOH 中，$Ln_2(C_2O_4)_3$ 转化为 $Ln(OH)_3$。在 Ln^{3+} 溶液中加入 $H_2C_2O_4$，可生成 $Ln_2(C_2O_4)_3$ 沉淀。$Ln_2(C_2O_4)_3$ 受热分解：

$$Ln_2(C_2O_4)_3(s) \xrightarrow{\triangle} Ln_2(CO_3)_3(s) \xrightarrow{\triangle} La_2O_3(s)$$

镧系金属的碳酸盐、磷酸盐都溶于酸。$Ln_2(CO_3)_3$ 可以通过以下反应制备：

$$2Ln^{3+}(aq) + 3CO_3^{2-}(aq) = Ln_2(CO_3)_3(s)$$

$$2Ln^{3+}(aq) + 6HCO_3^{2-}(aq) = Ln_2(CO_3)_3(s) + 3CO_2(g) + 3H_2O(l)$$

镧系金属的氟化物难溶于水，K_{sp} 都较小。LnF_3 不溶于稀酸中，但可以溶于热的浓盐酸和浓硫酸中。

4. 配合物*

镧系元素的原子最高能级组为(6s,4f,5d,6p),内层 4f 电子被外层电子所掩盖而且能量低,与外部配体轨道之间的作用很弱,这决定 Ln^{3+} 与配体之间的作用主要是静电作用。

另外 Ln^{3+} 的离子半径比一般的过渡金属离子半径大,其形成配合物的能力小于过渡金属离子。

Ln^{3+} 半径大,外层空轨道多,所以 Ln^{3+} 所成的配离子会有较大的配位数,通常为 6～12。Ln^{3+} 属于"硬酸",易与 F、O 等"硬碱"类配位原子配位,而与 Cl、S、N 等"软碱"类配位原子生成的配位物稳定性较差。

5. 镧系元素的分离*

从其他元素中分离镧系元素的方法通常是利用以下镧系元素的性质:

(1) $Ln_2(CO_3)_3$ 可以在较强的酸性介质中(pH<2)沉淀,从而与 Na、Al、Fe、Mn、Ca、Mg 分离。

(2) 用氨水可以生成 $Ln(OH)_3$,从而与 Na、Mn、Ca、Mg 分离。

(3) 利用 LaF_3 的难溶性和酸不溶性分离。

(4) 利用生成 $LnPO_4$ 沉淀,与 Na、Mn、Co、Mg 分离。

(5) 利用轻稀土元素生成难溶硫酸复盐性质与 Al、Fe、Mg、U 分离。

9.3.5 稀土元素的用途*

稀土元素由于原子的结构特殊,电子能级异常丰富,具有独特的电、光、磁、热性能,常称为"现代工业的维生素"和神奇的"新材料宝库",广泛用于各种新材料,特别是电、光、磁功能材料;稀土功能材料已发展成为一个新兴的科学技术领域。稀土新材料主要包括稀土永磁材料、稀土发光材料、稀土超磁致伸缩材料、稀土陶瓷材料,以及其他稀土新材料,如巨磁阻材料、磁制冷材料、光制冷材料、磁光存储材料等。有关稀土光学材料和磁性材料,将在第 10 章介绍。

稀土镁合金可用于制造喷气式发动机的传动装置,直升机的变速箱飞机的着陆轮和座舱罩。在镁合金中添加稀土金属的优点是可提高其高很抗蠕变性,改善铸造性能和室温可焊性。稀土金属在这些有色金属及合金中的添加量一般小于 0.5%,但产生的效果极为显著。稀土能起到净化、变质、细化晶粒的作用。特别值得一提的是,在铝电线、电缆中添加稀土制造的铝记忆合金用作电线,消除了硅的不利影响,其特点是输出功率高、耐热、耐振动和耐腐蚀。其导电性能不仅高于国际电工委员会标准,而且强度提高 20%,抗腐蚀性能提高 1 倍以上,耐磨性能提高了 10 倍。

稀土在玻璃工业中有三个应用:玻璃着色、玻璃脱色和制备特种性能的玻璃。稀土光学玻璃品种已达 300 种,广泛地用于航空摄影、高级照相机、摄像机、望远镜、电影、显微镜和其他光学仪器中的光学玻璃。

稀土可以加入陶瓷和瓷釉之中,减少釉和破裂并使其具有光泽。稀土更主要用做陶瓷的颜料,由于稀土元素有未充满的 4f 电子,可以吸收或发射从紫外、可见到红外光区不同波长的光,发射每种光区的范围小。氧化钇是性能十分优异的结构陶瓷,可制作各种特殊用途的刀剪、汽车发动机。

稀土金属合金充当氢的载体,氢被储放在金属原子间的空隙中。这种方法可以获得比液态氢气的相对密度还大的储存密度,而且使用过程也很安全,是一种安全的储氢方法。例如,$LaNi_5$ 合金在室温及 2.5 atm 下,1 kg 的 $LaNi_5$ 合金能吸收 14 g 氢,而稍加热即可把储藏的氢完全放出。类似的储氢材料还有 $CeNi_5$、$LaMg_{17}$、$La_2Ni_5Mg_{13}$ 等。

近几年研究表明,许多单一稀土氧化物及其某些混合稀土氧化物是高温超导材料的重要原料,可以使临界温度大大提高,如超导体 $YBa_2Cu_3O_7$,T_c 达 95 K,可应用于采矿、电子工业、医疗设备、悬浮列车及能源方面等领域。

稀土元素容易与氧和硫生成高熔点且在高温下塑性很小的氧化物、硫化物以及硫氧化合物等，钢水中加入稀土，可起脱硫脱氧改变夹杂物形态作用，改善钢的常、低温韧性，断裂性，减少某些钢的热脆性并能改善热加工性和焊接件的牢固性。

稀土元素具有特殊的外层电子结构，其配位数的可变性决定了它们不仅具有催化活性，还可以作为添加剂或助催化剂提高其他催化剂的催化性能。稀土催化剂一般具有稳定性好、选择性高、加工周期短等优点，广泛用于石油裂化、汽车尾气净化、合成橡胶以及石油化工等。

合理施用微量稀土（主要是 La 和 Ce），可促进农作物生根发芽，增加叶绿素，促进作物对氮、磷、钾、钙的吸收，增加干物质的积累，从而增加产量改善品质。以铈为主的轻稀土作为植物生长调节剂和饲料添加剂，提高农作物和禽类、鱼虾的生产率。

稀土属低毒或中毒性物质，具有抗凝血、抗动脉硬化、抗肿瘤、降血糖等作用，常用于医药中。低浓度的稀土化合物还具有抗炎杀菌作用。稀土化合物也可作为烧伤药物。

在蓄电池中加入稀土有利于提高电极板铅基合金的抗拉强度、硬度、耐腐蚀性能和析氧过电位，活性组分中添加稀土可减少正极氧气析出量，提高正极活性物质的利用率，从而改善蓄电池的性能和使用寿命。

稀土也被应用于皮革鞣制和染色工业中。

本章教学要求

1. 掌握 d 区和 ds 区元素通性：都是金属元素；多数单质熔、沸点较高，硬度大；同一周期或同一族单质金属活泼性变化规律、存在多种氧化态、易形成配合物的倾向、单质及其化合物的顺磁性。

2. 认识铜、锌分族单质和重要化合物的主要性质：①单质与酸的反应；②氧化物的稳定性；③氢氧化物的酸碱性；④卤化物和硫化物的氧化还原性；⑤易形成配合物。

3. 认识 Ti 重要化合物的性质：①TiO_2 是两性氧化物；②$TiCl_4$ 属于分子晶体。

4. 认识 V 重要化合物的性质：①V_2O_5 是两性偏酸氧化物及 V_2O_5 氧化性；②形成多酸的倾向。

5. 认识 Cr 重要化合物的性质：①Cr^{3+} 在碱性条件下的还原性；②CrO_4^{2-} 与 $Cr_2O_7^{2-}$ 在溶液中互相转化和 $Cr_2O_7^{2-}$ 的强氧化性。

6. 认识 Mn 重要化合物的性质：①Mn^{2+} 的还原性；②MnO_2 是两性氧化物，在强酸中的氧化性；③MnO_4^{2-} 易歧化；④MnO_4^- 的强氧化性。

7. 认识铁系元素重要化合物的性质：①Fe^{3+} 中等氧化性，Co^{3+} 在酸性条件下是强氧化剂；②Fe^{3+} 易水解；③$M(OH)_3$ 氧化性按 Fe、Co、Ni 顺序依次增强；④易形成配合物；⑤运用元素电势图分析过渡金属不同氧化态物质的氧化还原性质和热力学稳定性。

8. 了解镧系元素的性质：①“镧系收缩”及对元素性质的影响；②稀土元素广泛用于各种新材料，特别是电、光、磁功能材料。

9. 了解副族元素的分离。

10. 了解副族元素的应用以及生理功能。

习　题

1. 解释以下事实：

(1) 将 $CuCl_2 \cdot 2H_2O$ 加热，得不到无水 $CuCl_2$。

(2) Cu^{2+}、Ag^{+}、Hg^{2+} 都有氧化性，但 HgO 在有机化学分析中一般不作氧化剂，而多使用 CuO 作氧化剂。

(3) $ZnCl_2$ 水溶液常称为熟镪水。

(4) H_2S 通入 $Hg_2(NO_3)_2$ 溶液中，最终得不到 HgS 沉淀。

2. 写出以下反应式及现象：

(1) 铜器在潮湿的空气中表面慢慢地生成一层铜绿。

(2) 银器在含有 H_2S 的空气中表面会慢慢变黑。

(3) 当 SO_2 通入 $CuSO_4$ 与 NaCl 的浓溶液中析出白色沉淀。

(4) 往 $AgNO_3$ 溶液中滴加 KCN 溶液时，先生成白色沉淀而后溶解，再加入 NaCl 溶液时并无沉淀生成，但加入少许 Na_2S 溶液时，就析出黑色沉淀。

3. 完成以下反应式：

(1) $Cu_2O + H_2SO_4$(稀)$\longrightarrow$

(2) $CuS + HNO_3$(浓)$\longrightarrow$

(3) $AgNO_3 + NaOH \longrightarrow$

(4) $AgBr + Na_2S_2O_3 \longrightarrow$

(5) $Zn(OH)_2 + NH_3 \longrightarrow$

(6) $HgS + HCl$(浓)$+ HNO_3$(浓)$\longrightarrow$

(7) $Hg_2^{2+} + I^- \longrightarrow$

(8) $HgCl_2$ 溶液加适量的 KI，再加过量的 KI 溶液

(9) Au＋王水$\longrightarrow$

(10) $HgS + Na_2S \longrightarrow$

4. 设计实验方案分离以下各组离子：

$$Zn^{2+}、Cd^{2+}；Cu^{2+}、Zn^{2+}；Ag^{+}、Pb^{2+}、Hg^{2+}$$

5. 化合物 A 是一种黑色固体，不溶于水，稀 HAc 和稀 NaOH 溶液中，而易溶于热 HCl 溶液中，生成一种绿色的溶液 B。如果溶液 B 与铜丝一起煮沸，即逐渐生成黄色溶液 C。若用较大量水稀释溶液 C，生成白色沉淀 D。D 可溶于氨溶液中生成无色溶液 E，E 暴露于空气中则迅速变成蓝色溶液 F。往 F 中加入 KCN 时，生成无色溶液 G。往 G 中加入锌粉，则生成红色沉淀 H。H 不溶于稀酸或稀碱中，但可溶于热 HNO_3 中生成蓝色溶液 I。往 I 中慢慢加入 NaOH 溶液则生成沉淀 J。将 J 过滤，取出后加热，又得到原来的化合物 A。试判断以上各字母表示的化合物，写出有关反应式。

6. 完成并配平以下反应：

(1) $KMnO_4 + H_2O_2 + H_2SO_4 \longrightarrow$

(2) $K_2Cr_2O_7 + FeSO_4 + H_2SO_4 \longrightarrow$

(3) $Co_2O_3 + HCl \longrightarrow$

(4) $V_2O_5 + NaOH \longrightarrow$

(5) $FeCl_3 + SnCl_2 \longrightarrow$

(6) $[Co(NH_3)_6]^{2+} + O_2 + H_2O \longrightarrow$

(7) $Fe(OH)_3 + KClO_3 + KOH \longrightarrow$

(8) $[Cr(OH)_4]^- + Cl_2 + OH^- \longrightarrow$

(9) $FeCl_3 + KI \longrightarrow$

(10) $V_2O_5 + HCl$(浓)$\longrightarrow$

(11) $VO_2^+ + SO_3^{2-} + H^+ \longrightarrow$

(12) $Mn^{2+} + NaBiO_3 + H^+ \longrightarrow$

(13) $MnO_2 + KClO_3 + KOH \longrightarrow$

(14) $TiO_2 + H_2SO_4$(浓)$\longrightarrow$

(15) $NiS + HCl \longrightarrow$

(16) $CoS + HNO_3 \longrightarrow$

(17) $Co(OH)_2 + H_2O_2 \longrightarrow$

(18) $Ni(OH)_2 + Br_2 + OH^- \longrightarrow$

(19) $MoO_3 + NaOH \longrightarrow$

(20) $WO_3 + NaOH \longrightarrow$

(21) $EuCl_2 + FeCl_3 \longrightarrow$

(22) $CeO_2 + HCl \longrightarrow$

7. 铬的某化合物 A 是橙红色溶于水的固体，将 A 用浓 HCl 处理产生黄绿色刺激气体 B 和生成暗绿色溶液 C，在 C 中加入 KOH 溶液，先生成灰绿色沉淀 D，继续加入过量的 KOH 溶液，则沉淀溶解，变成绿色溶液 E。在 E 中加入 H_2O_2，加热则生成黄色溶液 F，F 用稀酸酸化，又变成原来的化合物 A 的溶液。A、B、C、D、E、F 各是什么？写出各步变化的反应式。

8. 电镀废水中 Cr(Ⅵ)的毒性极高，必须设法变成毒性较小的 Cr(Ⅲ)的沉淀物再进行回收处理。试举例说明如何转化，并写出有关的反应方程式。

9. 有一固体，可能含有 $AgNO_3$、CuS、$AlCl_3$、$KMnO_4$、K_2SO_4 和 $ZnCl_2$。将该固体加入水中，并用几滴盐酸酸化，有白色沉淀生成，滤液 B 无色，沉淀 A 能溶于氨水中。将滤液 B 分成两份：一份加入少量 NaOH 溶液时有白色沉淀生成，再加入过量 NaOH 溶液白色沉淀溶解；另一份溶液加入少量 $NH_3 \cdot H_2O$时有白色沉淀生成，加入过量氨水及 NH_4Cl(s)沉淀也溶解。根据以上实验现象，请指出以上化合物中哪些一定存在、哪些肯定不存在、哪些可能存在。

10. 有一锰的化合物，是不溶于水且很稳定的黑色粉末状物质 A，该物质与浓硫酸反应则得到淡红色的溶液 B，且有无色气体 C 放出。向 B 溶液加入强碱，得到白色沉淀 D。此沉淀在碱性介质中很不稳定，易被空气氧化成棕色 E。若将 A 与 KOH、$KClO_3$ 一起混合加热熔融可得到一绿色物质 F。将 F 溶于水并通入 CO_2，则溶液变成紫色 G，且又析出 A。试问 A、B、C、D、E、F、G 各为何物，并写出相应的反应方程式。

11. 解释下列现象：

(1) 标准状态下，Fe^{3+} 能氧化 I^-，而 $[Fe(CN)_6]^{3-}$ 却不能氧化 I^-。

(2) 在 Fe^{3+} 溶液加入 KCNS 时，呈血红色，当加入少量铁粉后，红色即消失，写出有关反应。

(3) 在配制的 $FeSO_4$ 溶液中为什么需加一些金属铁？写出有关反应方程式。

(4) 变色硅胶含有什么成分？为什么干燥时呈蓝色，吸水后变粉红色？

12. 设法分离下列各组阳离子：

(1) Fe^{2+}、Mg^{2+}、Mn^{2+}

(2) Fe^{3+}、Cr^{3+}、Al^{3+}

(3) Sn^{2+}、Zn^{2+}、Fe^{2+}

(4) Fe^{3+}、Cr^{3+}、Ni^{2+}

13. 有一未知溶液，可能含有离子 Al^{3+}、Fe^{3+}、Cr^{3+}、Mn^{2+}、Co^{2+}、Ni^{2+}。

(1) 加入过量氨水和 NH_4Cl 时，有白色胶状沉淀生成。

(2) 加入 $(NH_4)_2S$ 溶液，生成灰黑色沉淀。此沉淀在稀 HCl 中部分溶解，但在王水中全部溶解。将此溶液加入过量 NaOH 中生成绿色沉淀，溶液无色。

试问溶液中可能有哪些离子存在、哪些离子不可能存在。

（南开大学　顾　文）

第3篇

无机化学进展

第 10 章　无机功能材料*
(Inorganic functional materials)

具有特定光、电、磁、热、吸收或催化等性能的无机物，称为“无机功能材料”，它们被广泛应用于工业、农业、医疗卫生、服务业、国防等领域和人类日常生活中。本章介绍无机光学材料和无机磁性材料。

10.1 节无机光学材料首先讲述可见光的频率、波长、能量和颜色等基本知识，发光的基本概念，然后简要介绍稀土发光材料在照明、信息显示和激光等方面的用途。

10.2 节无机磁性材料首先讲述磁学的磁矩、磁化强度、磁感应强度和磁化曲线等基本概念，物质磁性的起源及其分类，然后简要介绍几类重要的无机磁性材料及其用途。

10.1　无机光学材料
(Inorganic optical materials)

“无机光学材料”是指具有特定光学性能的无机物。

10.1.1　光的频率、能量、波长和颜色

光是一种电磁波，其能量 E、波长 λ 及频率 ν 之间符合式(10.1)所示的电磁波在真空中的一般关系：

$$E=h\nu=\frac{hc}{\lambda} \tag{10.1}$$

式中，h 为普朗克常量(6.626×10^{-34} J·s)；c 为真空中的光速(2.998×10^{8} m·s^{-1})。把这两个常量代入式(10.1)，并利用关系 1 eV＝1.602×10^{-19} J，可以得到如式(10.2)和式(10.3)所示的光的能量 E(eV)、波长 λ(nm)和波数 w(cm^{-1})间的常用换算关系：

$$E(\text{eV})=\frac{1240}{\lambda(\text{nm})}=1.24\times10^{-4}\times w(\text{cm}^{-1}) \tag{10.2}$$

$$w(\text{cm}^{-1})=\frac{10^{7}}{\lambda(\text{nm})}=8064.5\times E(\text{eV}) \tag{10.3}$$

本节讨论限定为可见(visible，VIS)和近可见[包括紫外(ultraviolet，UV)和红外(infrared，IR)]范围的光。

光的颜色对应于其频率(能量)，即一定频率的光有一定的颜色，是人眼对具有不同频率的光的视觉生理反应的结果。不同光色的光可以反映在图 10.1 的色度图(commission internationale de L’eclairage，international commission on illumination，CIE)上。在图 10.1 上，“马蹄”形区域中的每个点都对应一个确定的坐标，称为这种光的“色坐标”。每个特定光色的光都对应一个确定的色坐标值(x，y)；反过来，每个确定的色坐标都对应一个特定光色的光。例如，色坐标为(0.67，0.33)的光是红光，色坐标(0.21，0.71)是绿光，(0.14，0.08)是蓝光。

光的波长和速度都反比于介质的折射率，随介质不同而改变。但频率不因所通过的介质不同而改变。显然，在真空中，当光的频率一定时，波长也就确定了。所以，一般情况下所说的某个波长的光是什么颜色是针对真空而言的。与各种光色对应的真空中的光波波长见表 10.1。波长小于这个范围的光是紫外光，大于这个范围的光是红外光。波长更短的 X 射线、γ 射线及波长更长的电波等不属于本节讨论范围。

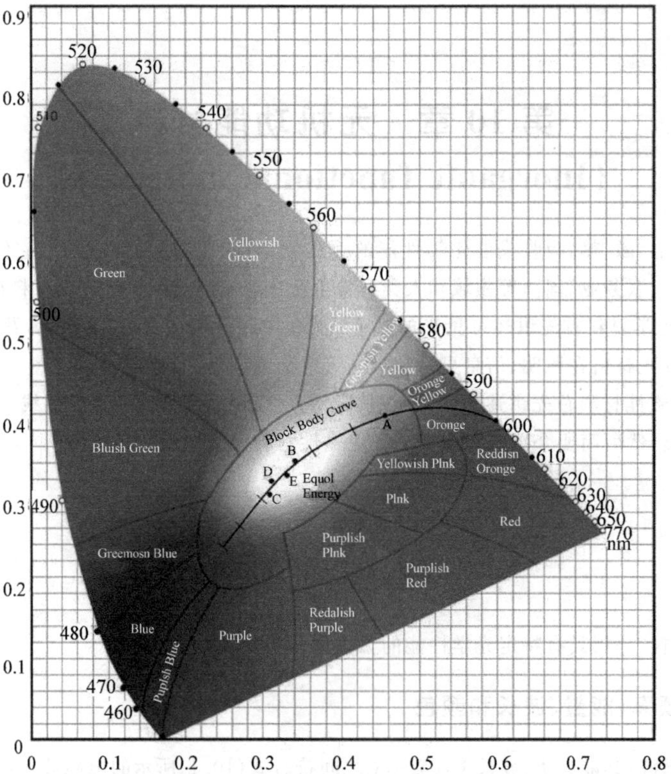

图 10.1 CIE 1931 色度图

表 10.1 各种光色对应的真空中的光波波长(单位:nm)

光色	紫光	蓝光	天蓝	绿光	黄绿	黄光	橙光	红光
波长	380～420	420～490	490～500	500～550	550～570	570～590	590～620	620～760

当光照射到固体上时,会发生各种现象,如反射、折射、吸收、发光、透过等。光与固体相互作用的每一种物理现象,都有自己的特性和规律,并形成各种各样的光学材料,如反光材料、漫反射材料、光吸收材料、透光材料、发光材料等。每一种材料的性质都各不相同。本节仅简单介绍有关发光材料,特别是稀土发光材料方面的一些基本知识。

10.1.2 发光的基本概念、稀土发光材料

1887 年爱迪生(T. A. Edison)发明了白炽灯,这是人类制造光源的一次革命。目前使用的白炽灯,明亮现象通过钨丝通电加热到 2000 ℃左右产生。但白炽灯的这种光发射是依靠热辐射产生的,不是发光现象。

热辐射是一种普遍现象,与物体受热后有较高的温度有关,是固体晶格在高温下剧烈振动产生的。实际上,任何温度的物体都有热辐射,只是温度较低时辐射较弱且主要是人眼看不见的红外线。

发光是由发光物质的电子在不同能级之间跃迁产生的。在吸收外界能量以前,一般认为发光物质处于能量最低的平衡状态,这个状态称为"基态"(ground state)。当发光材料吸收某种形式(如光、电、电离辐射、阴极射线等)的能量后,发光物质的电子被激发到能量较高的"激发态"(excited state),只要该物质没有因为被激发而发生化学变化,总要回到原来的平衡状态(基态),在这个过程中,多余的能量可能

以热或光等形式释放出来。如果这部分能量是以可见光或近可见光(包括紫外光和红外光)等电磁波形式发射出来,这种现象就是"发光"。发光过程仅伴有极少量的热辐射。

发光物质可以吸收多种不同形式的能量被激发而产生发光现象。例如,在可见光或近可见光激发下的发光称为"光致发光"(photoluminescence,PL);在电子束激发下的发光称为"阴极射线发光"(cathodoluminescence,CL);在电场激发下的发光称为"电致发光"(electroluminescence,EL)等。

在众多发光材料中,稀土发光材料占有十分重要的位置。稀土(rare earth,RE)元素是位于元素周期表中ⅢB族的钪($_{21}Sc$)、钇($_{39}Y$)和 15 个镧系元素的总称。我国是世界上储量最丰富的稀土资源国家之一。

稀土元素的特征氧化数是+3,常见氧化数还有+2 和+4,如 $Eu^{2+}(4f^7)$、$Yb^{3+}(4f^{14})$、$Sm^{3+}(4f^6)$、$Tm^{2+}(4f^{13})$、$Ce^{4+}(4f^0)$、$Tb^{4+}(4f^7)$、$Pr^{4+}(4f^1)$等。比较稳定的+2 和+4 氧化态稀土离子,均具有或接近全空($4f^0$)、半满($4f^7$)或全满($4f^{14}$)电子层结构。

稀土发光是其离子核外电子跃迁的结果。所以稀土离子的电子层结构、离子半径、在发光材料中稀土离子所处的晶体学格位对称性、配位环境和配位场等因素对稀土发光材料有重要影响。

10.1.3 稀土发光材料在照明方面的应用

1. 三基色节能荧光灯

三基色节能荧光灯出现于 20 世纪 70 年代。1971 年,有人提出了利用发射窄带的波长峰值分别为 450 nm、550 nm、610 nm 的蓝、绿、红三种基色混合,可以制得高光效、高显色性的荧光灯。1974 年三基色荧光灯研制成功,其发光示意图见图 10.2。在三基色荧光灯中,灯管内填充有汞(Hg)蒸气,它可在外加电场作用下产生 254 nm 的紫外(UV)光,进一步激发涂敷在灯管内壁上的红、绿、蓝三基色发光材料发光,通过红、绿、蓝三基色调配出白光,达到照明的目的。目前,三基色荧光灯的发光效率可达 80 lm·W^{-1}①,显色指数可大于 80。一支 11 W 的三基色荧光灯的发光效率相当于一支 60 W 的白炽灯,节能效果是很明显的。三基色荧光灯常用荧光粉为稀土发光材料,其中红光发射多利用 $Y_2O_3:Eu^{3+}$ 实现、绿光发射荧光粉主要有 $CeMgAl_{11}O_{19}:Tb^{3+}$ 或 $(Ce^{3+},Gd^{3+},Tb^{3+})MgB_5O_{10}$、蓝光发射材料一般是 $BaMgAl_{10}O_{17}:Eu^{2+}$ 等。利用这些荧光粉还可以制成冷阴极荧光灯(cold cathode fluorescent lamp,CCFL)。CCFL 是目前液晶电视、液晶显示器、笔记本电脑等液晶显示(liquid crystal display,LCD)器件的理想背光源。

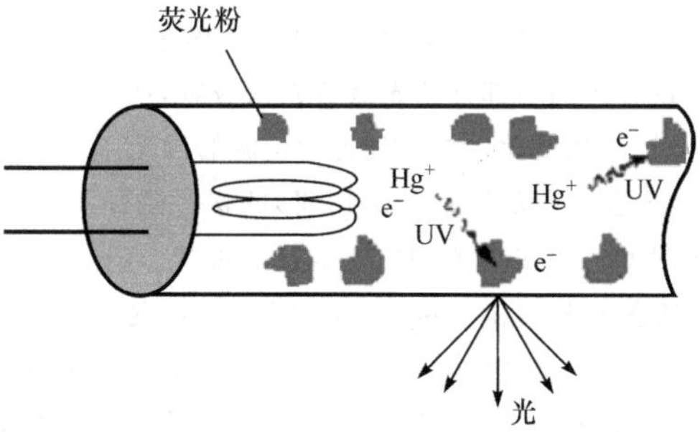

图 10.2　三基色荧光灯发光示意图

① 光源在单位时间内所发出的光量称为光源的"光通量",单位是流[明](lm);"发光效率"表示每消耗 1 W 功率可发出的光通量。"显色指数"是把日光作为标准的参照光源,认为在日光下物体的颜色是真实的颜色,显色指数为 100,用它去衡量物体在其他光源照射下颜色失真的程度;显色指数数值越大代表在该光源照射下,颜色失真程度越小。

以 $BaMgAl_{10}O_{17}$ ：Eu^{2+}（简称 BAM）为例，介绍“基质”和“激活剂”的概念。在发光材料 $BaMgAl_{10}O_{17}$ ：Eu^{2+}中，$BaMgAl_{10}O_{17}$称为“基质”，Eu^{2+}称为“激活剂”。表示式 $BaMgAl_{10}O_{17}$ ：Eu^{2+}代表在基质 $BaMgAl_{10}O_{17}$中掺杂有少量激活剂 Eu^{2+}，按照离子电荷和离子半径相似性考虑，一般认为 Eu^{2+}占据 $BaMgAl_{10}O_{17}$中 Ba^{2+}的晶格位置。其他很多发光材料也类似地由基质和激活剂组成，如在 Y_2O_3 ：Eu^{3+}中，Y_2O_3 称为基质，Eu^{3+}称为激活剂。基质是发光材料的主体化合物，大多数基质化合物本身并不发光或者发光很弱。掺杂在基质化合物中的激活剂是发光中心，一般含量很低（但也有例外，如 NdP_5O_{14}等）。

合成荧光粉的最重要方法是高温固相反应。制备过程包括原料的制备和提纯、配料、高温反应、后处理等阶段。制备发光材料的原料应有很高的纯度，以稀土离子为激活剂的稀土发光材料，稀土原料纯度通常要求在 99.99%以上。因为即使是极少量的杂质也可能明显影响材料的发光性能。在配料过程中，首先要精确称量出按照发光材料的化学式计算出的各种原料及添加的助熔剂、还原剂或疏松剂等，然后把这些原料混合研磨均匀。高温反应是在一定气氛（如空气气氛、还原气氛、惰性气氛等）、一定温度下加热一定时间，使原料组分间发生化学反应形成基质多晶体（粉末），并使掺杂离子进入基质晶格的过程。高温反应直接影响着材料的发光性能，制备不同材料所需的反应温度、时间、气氛不同，如制备 BAM 的反应一般要在 1200～1500 ℃下的还原气氛中加热至少 1 h。通过高温反应制备的发光材料一般还需进行后处理，如研磨、过筛（筛选一定粒度范围的荧光粉）、洗粉（洗去荧光粉中的助熔剂、杂质、杂相等）、包裹（在发光材料表面上包敷保护膜）等工艺。

除高温固相反应法外，发光材料也可以用水热法、微波法、燃烧法及软化学法（如溶胶-凝胶法、共沉淀法等）方法合成。

2. LED 用稀土发光材料

发光二极管（light emitting diode，LED）是半导体材料制成的固态光源，可将电能转换为光。LED 有使用寿命长、低功耗（比白炽灯节能约 90%，比荧光灯节能约 50%）等优点，由于 LED 避免了污染环境的汞的使用，与日光灯或三基色节能荧光灯相比，LED 还是一种对环境友好的“绿色”照明光源。由于具有上述优点，自 20 世纪 90 年代末以来，半导体材料固态照明被誉为新一代照明技术，各国纷纷投入巨资，发展 LED 照明产业。LED 已被用于移动电话、MP3、MP4 等手持式产品照明、汽车照明、交通指示、室内和室外照明、广告和装饰等各种场合，如图 10.3 所示。

目前，发射白光的 LED 产品，基本上是由蓝光 LED 半导体芯片（如 GaN、InGaN 等）和可被蓝光激发的黄光荧光粉组成的。LED 芯片的一部分蓝光被荧光粉吸收，产生黄光发射。荧光粉发射的黄光和 LED 芯片剩余的蓝光混合，调控其强度比即可得到各种色温的白光。

当前 LED 器件最常用的黄光发射荧光粉是掺铈（Ⅲ）的钇石榴石 $Y_3Al_5O_{12}$ ：Ce^{3+}，即 YAG：Ce^{3+}。YAG：Ce^{3+}的发光过程是通过 Ce^{3+}的电子的 4f-5d 跃迁实现的。Ce^{3+}的基态具有 $4f^1$ 电子构型，激发态具有 $5d^1$ 电子构型。Ce^{3+}基态 4f 轨道上的电子吸收 LED 芯片发射的蓝光，被激发到 5d 轨道上；当位于激发态（$5d^1$）的电子返回基态（$4f^1$）的时候，产生 Ce^{3+}的宽带（500～650 nm）发光，中心波长约为 550 nm，肉眼观察为黄光发射。由于 5d 轨道属于最外层轨道，所以配体场对其能量有较大的影响。

3. 稀土长余辉发光材料（夜光粉）

居里夫人发现了镭以后，曾利用镭涂于钟表上作为夜光钟表。但因镭有很强的放射性，后来停止使用了。

近年，发现了有些没有放射性的稀土可制成夜光粉。例如，同时掺有 Dy^{3+}和 Eu^{2+}的铝酸锶（$SrAl_2O_4$ ：Eu^{2+}，Dy^{3+}），它可以把被光照射后所吸收的能量储存起来，再慢慢地把存储的能量以发光

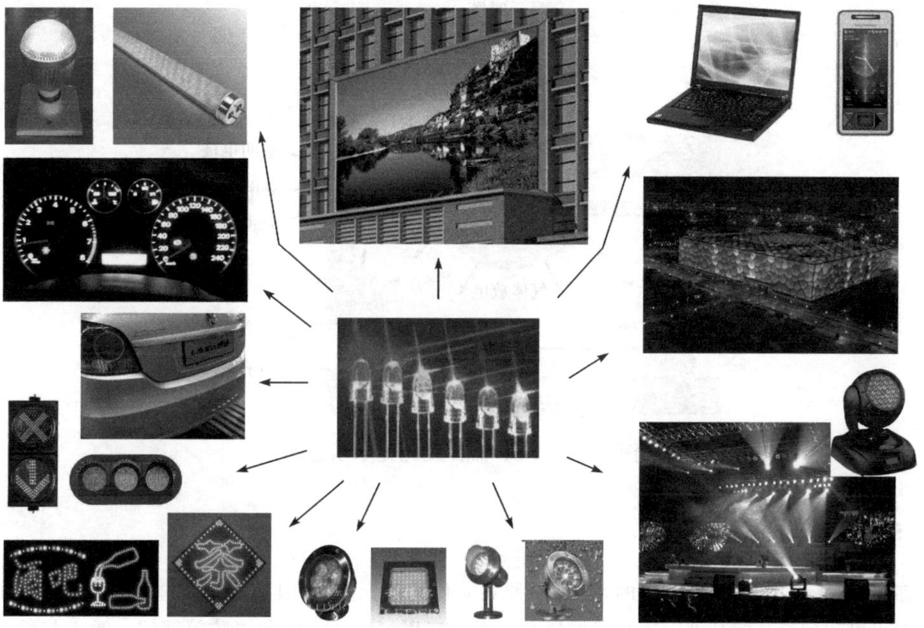

图 10.3　LED 的应用

的形式释放出来，称为长余辉发光材料。制成涂料以后，可用于夜光钟表、仪表、应急照明(如门牌、路标、指示牌)等地方。这些材料也是一种节能光源，可以把灯光或日光发射的能量存储起来，再慢慢释放出来，在黑暗中可观察到它发光。

10.1.4　稀土发光材料在信息显示方面的应用

1. 用于阴极射线管(cathode-ray tube，CRT)器件的红色发光材料

现在，彩色电视已成为居家生活必不可少的家用电器。在彩色电视的荧光屏上观察到的五彩缤纷的颜色是由红、绿、蓝三种基色组成的。20 世纪 60 年代中期，发现掺 Eu^{3+} 的硫氧化钇(Y_2O_2S:Eu^{3+})在阴极射线激发下发射出谱线窄、亮度高而鲜艳的红色荧光，适合用作彩色电视中的红色荧光粉，目前已大量生产使用，此外也应用于计算机及各种彩色显示器中。

2. 用于等离子体平板显示用红、蓝色发光材料

等离子体平板显示(plasma display panel，PDP)彩色电视是 20 世纪末商品化的一种平板显示器件。PDP 器件发光显示示意图见图 10.4。PDP 电视显示的基本过程可简述如下：低压稀有气体或其混合气体，在一定电压下电离，形成气态离子和电子组成的等离子体，气体离子和电子相互碰撞结合发出真空紫外光(vacuum ultraviolet，VUV，指波长小于 200 nm 的紫外光)。在目前商品化的 PDP 电视中，真空紫外光的波长主要在 147 和 172 nm 附近，真空紫外光激发红、绿、蓝三基色发光材料发光，通过红、绿、蓝三基色的调配达到显示不同颜色的目的。三基色节能荧光灯和 PDP 电视都是通过光致发光方式达到照明或显示目的，只是激发光的波长不同。

目前，PDP 器件常用的三基色荧光粉分别一般是$(Y,Gd)BO_3$ ∶ Eu^{3+}(红光发射荧光粉)、Zn_2SiO_4 ∶ Mn^{2+}(绿光发射荧光粉)和 $BaMgAl_{10}O_{17}$ ∶ Eu^{2+}(BAM，蓝光发射荧光粉)。

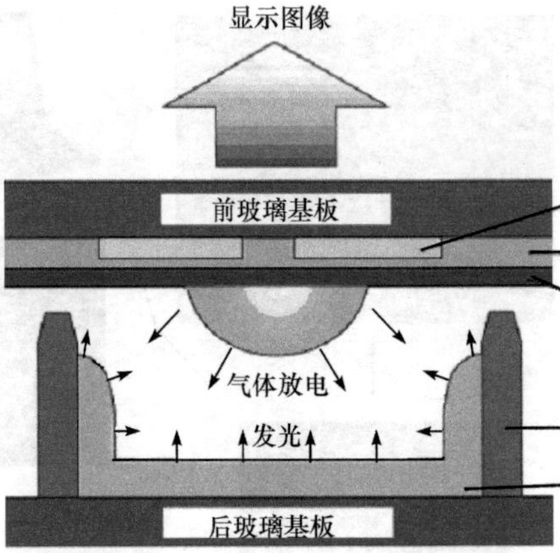

图 10.4　PDP 器件发光显示示意图

10.1.5　稀土激光材料

“激光”(laser)是 1960 年发现的，它是一种划时代的新型光源，具有很好的单色性、方向性和相干性，并且可以达到很高的亮度。这些特性使激光很快应用到工、农、医和国防等部门。激光与稀土激光材料是同时诞生的。自从 1960 年在红宝石中首先实现发射出激光以来，同年就发现用掺二价钐的氟化钙(CaF_2 ∶ Sm^{2+})可输出脉冲激光。1961 年首先使用掺钕的硅酸盐玻璃获得脉冲激光。1964 年又找出了在室温下可输出连续激光的掺钕(Nd)的钇铝石榴石晶体($Y_3Al_5O_{10}$ ∶ Nd^{3+}，YAG ∶ Nd)，这种晶体在以脉冲激光的方式使用时，重复频率可高达每秒几百次，每次输出功率可达 100 MW 以上；以连续激光的方式使用时，输出功率已超过 1000 W。钕玻璃是目前输出脉冲能量最大、输出功率最高的固体激光材料，它的大型激光器用于热核聚变的研究中。国内外现已广泛将 YAG ∶ Nd 激光晶体和钕玻璃用于激光热核聚变、激光制导、目标指示、激光测距、激光打孔与焊接、激光医疗机、激光光谱仪，以及激光微区分析仪等方面。例如，使用激光眼科医疗机可进行虹膜打孔，使眼疾患者重见光明。稀土离子是固体激光材料和无机液体激光材料的最主要的激活剂，目前已知的 300 多种激光晶体中，有近 300 种是掺入稀土离子作为激活剂的，也就是说，90％以上的激光晶体都是稀土激光晶体。

稀土在信息显示、新型照明光源、辐射检测、激光等众多领域发挥了关键作用。我们仅仅对其中一些方面作了基本介绍，以便读者对稀土发光材料有概略的了解。随着新材料的研发，稀土发光材料将获得更大的应用。现已查明，单是三价稀土离子的 $4f^n$ 电子组态就有 1639 个能级，能级对之间的可能跃迁数目高达 199 177 个。在这么多的可能跃迁中，目前只利用了为数极少的跃迁，还有很多跃迁有待开发利用。由此可见，稀土是一个巨大的光学材料宝库，更多有潜力的新型稀土光学材料正等待着我们去开发。

(中山大学　梁宏斌)

10.2　磁 性 材 料
(Magnetic materials)

能对磁场作出某种方式反应的材料称为磁性材料。按照物质在外磁场中表现出来磁性的强弱，可将其分为抗磁性物质、顺磁性物质、铁磁性物质、反铁磁性物质和亚铁磁性物质。磁性材料最初主要是应用在与电机相关的装置。随着材料科学与技术的发展，大量的新型磁性材料不断被研制出来，尤其是从 20 世纪 60 年代起，非晶态软磁材料、纳米晶软磁材料、稀土永磁材料等一系列的高性能磁性材料相继出现。现今磁性材料广泛应用于电子计算机及声像记录用大容量存储装置如磁盘、磁带，电工产品如变压器、电机，以及通信、无线电、电器和各种电子装置中，是电子和电工工业、机械行业和日常生活中不可缺少的材料之一，其应用涵盖了人类生产与生活的方方面面，在经济建设与日常生活中占有举足轻重的地位。

10.2.1　磁学基础

1. 磁矩、磁化强度、磁感应强度和磁化曲线

物理学中定义“磁矩”(magnetic moment)μ_m 为

$$\mu_m = I_s \cdot A \tag{10.4}$$

式中，I_s 为通过环形导体的电流；A 为环形导体的面积。磁矩是矢量，其方向与电流方向成右手螺旋关系。

根据玻尔(Bohr)原子模型，原子内的电子绕着原子核做旋转运动，同时还绕自身的轴线做自旋运动，这必然产生磁矩，称为“原子磁矩”。原子磁矩主要来源于原子核外电子的“轨道磁矩(μ_l)”与“自旋磁矩(μ_s)”：

$$\mu_l = \frac{eh}{4\pi m_e}\sqrt{l(l+1)} \tag{10.5}$$

$$\mu_s = \frac{eh}{2\pi m_e}\sqrt{s(s+1)} \tag{10.6}$$

式中，e 为粒子的电荷量；m_e 为电子质量；h 为普朗克常量[6.626196(50)$\times 10^{-14}$ J·s]；l 为轨道角量子数；s 为自旋量子数。

令 $\mu_B = \frac{e}{2m_e}h$，则 μ_B 称为“玻尔磁子”(也简记为 B. M.)。

物质的磁性则是源自于构成该物质的所有原子的磁矩的矢量加和。

单位体积磁性材料内各磁矩的矢量和称为“磁化强度”(magnetization)，符号 M，单位为 A·m^{-1}。磁化强度 M 表征物质被磁化的程度。对于一般磁介质，无外加磁场时，其内部各个磁矩的取向不一，宏观无磁性。但在外磁场作用下，各磁矩有规则的取向，使磁介质宏观显示磁性，这称为“磁化”(magnetization)。磁化强度 M 与外磁场强度 H 之比定义为磁化率χ(magnetic susceptibility)：

$$\chi = M/H \tag{10.7}$$

χ仅与磁介质性质有关，它反映材料的磁化能力。

物质在外磁场作用下，其内部原子磁矩的有序排列，产生一个附加磁场。在磁性材料内部外加磁场与附加磁场的和，称为“磁感应强度”(magnetic induction)，符号 B，单位为 T(特[斯拉])。

$$B \equiv \mu_0 (H+M) \tag{10.8}$$

式中，μ_0 为介质的“真空磁导率”。

物质的磁性质常常很方便的使用有效磁矩 μ_{eff}来表示。这一参数直接与原子中未成对的电子数目相联系，它与χ的关系如下：

$$\chi_M = \frac{N\mu_{eff}^2}{3kT} \tag{10.9}$$

式中，N 为阿伏伽德罗常量；k 为玻耳兹曼常量，将此常数代入式(10.9)，可导出：

$$\mu_{eff}=2.828\sqrt{\chi_M T} \tag{10.10}$$

磁化率和磁矩常常使用古埃(Gouy)天平测定，磁强计还可以测定变温磁化率。

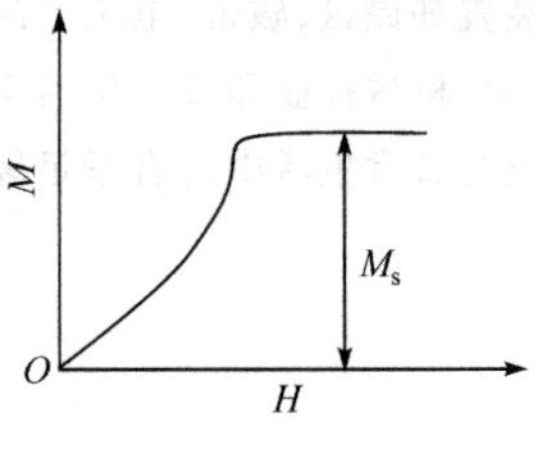

图 10.5　磁性材料的磁化曲线

将物质放入外磁场 H 中，其磁化强度 M 随外磁场 H 的增加而逐渐增加，在这一反映磁化过程中 M 与 H 关系的曲线称为"磁化曲线"(magnetization curve)，如图 10.5 所示。在 M-H 曲线中，M 随着 H 变大而急剧增大，当 H 增大到一定值时，M 逐渐趋近于一个定值 M_s，M_s 称为"饱和磁化强度"(saturation magnetization)。

2. 物质的磁性

按磁性的起源、磁化率的大小以及其随温度变化的关系，可将物质的磁性以分为 5 类：抗磁性(diamagnetism)、顺磁性(paramagnetism)、铁磁性(ferromagnetism)、反铁磁性(antiferromagnetism)和亚铁磁性(ferrimagnetism)。

1) 抗磁性

在原子或分子中，如果排布电子的每个轨道都有两个电子，根据泡利原理，这两个电子自旋一定相反，产生的自旋磁矩大小相等、方向相反，这种配对电子净自旋磁矩为零。对于满壳层组态的原子，如稀有气体原子，电子呈球对称分布，原子的轨道磁矩也为零。具有满壳层结构的化合物，如主族元素的化合物，磁矩为零。这种类型的物质在外加磁场中，可诱导产生一个磁偶极矩，其方向与外加磁场方向相反，它的磁性是"抗磁性"。该类物质称为"抗磁性物质"。

由自旋相反的成对电子在磁场中产生的诱导磁矩比较小，其磁化率 $\chi<0$，为 $-10^{-6}\sim-10^{-5}$(负号表示磁矩方向与外磁场方向相反)，且不随温度而改变。物质的抗磁磁化率具有加和性。属于抗磁性物质的有惰性气体、许多有机化合物、某些金属(如 Bi、Zn、Mg 等)和某些非金属(如 Si、P、S 等)。

2) 顺磁性

如果组成物质的原子或原子团的固有磁矩不为零，且原子间距离足够大，原子磁矩之间不存在相互作用。这种物质在无外磁场时，由于热运动，原子磁矩随机取向排列，它们相互抵消，不表现宏观磁矩。当有外界磁场存在时，这些原子磁矩在外磁场作用下，尽量沿外磁场方向取向，沿外场方向会产生一定强度的附加磁场，物质的这种磁性称为"顺磁性"。该类物质称为"顺磁性物质"。

顺磁性物质的磁化率 $\chi>0$，为 $10^{-5}\sim10^{-3}$，因此，顺磁性是一种弱磁性。顺磁性的起因是由于电子的轨道运动或自旋产生原子磁矩或分子磁矩，它的主要来源：①原子中的未成对电子；②奇电子数的分子(如 NO)或简并轨道半充满的分子(如 O_2 分子)。

过渡金属离子的磁性取决于基态时的电子组态。在配体场中，基态的未成对电子数 n 与配体场强度有关。在忽略轨道角动量对磁矩贡献的情况下，过渡金属离子的自旋磁矩 μ_s 为

$$\mu_s=\sqrt{n(n+2)}\mu_B \tag{10.11}$$

式中，μ_B 为"玻尔磁子"。当存在与未成对电子占据的轨道能量相近的空轨道或半满轨道，电子可以利用这些轨道运动，从而产生轨道角动量和轨道磁矩。角动量的自旋-轨道偶合作用，使金属离子的磁矩偏离 μ_s。表 10.2 列出了过渡金属离子的磁矩。表中，"HS"表示电子"高自旋排布"(high spin)，"LS"表示电子"低自旋排布"(low spin)。

表 10.2　过渡金属离子的磁矩

离　子	电子组态	未成对电子数	μ_s 计算值	μ_s 实验值
V^{4+}	$3d^1$	1	1.73	1.75～1.79
Ti^{2+}	$3d^2$	2	2.83	—
V^{3+}	$3d^2$	2	2.83	2.76～2.85
V^{2+}	$3d^3$	3	3.87	3.81～3.86
Cr^{3+}	$3d^2$	2	3.87	3.68～3.86
Mn^{4+}	$3d^3$	3	3.87	4.00
Cr^{2+}	$3d^4$(HS)	4	4.90	4.80
Mn^{3+}	$3d^4$(HS)	4	4.90	5.05
Mn^{2+}	$3d^5$(HS)	5	5.92	5.2～5.96
Fe^{3+}	$3d^5$(HS)	5	5.92	5.4～6.0
Co^{3+}，Fe^{2+}	$3d^6$(HS)	4	4.90	5.0～5.5
Co^{2+}	$3d^7$(HS)	3	3.87	4.4～5.2
Ni^{2+}	$3d^8$	2	2.83	2.9～3.4
Cu^{2+}	$3d^9$	1	1.73	1.8～2.2
Cr^{2+}	$3d^4$(LS)	2	2.83	3.2～3.3
Fe^{3+}	$3d^5$(LS)	1	1.73	2.0～2.5
Co^{3+}	$3d^6$(LS)	0	0	抗磁
Co^{2+}	$3d^7$(LS)	1	1.73	1.8

3）铁磁性

如果组成物质的原子中未成对电子数较多，原子固有磁矩较大，原子磁矩之间存在一定的相互作用，使得原子磁矩平行排列。它们只需要很小的磁场作用就能被磁化饱和，这种磁性称为“铁磁性”，该类物质称为“铁磁性物质”。铁磁性物质的磁化率$\chi>0$，为$10\sim10^6$。铁磁性物质与上两类物质相比，是一种磁性很强的物质，磁性材料也主要是这类物质，属于这类物质的金属有 Fe、Co、Ni 和某些稀土元素以及由 Fe、Co、Ni 组成的合金等。

铁磁性物质的磁化率和温度的关系服从居里-维斯定律(Curie-Weiss law)：

$$\chi=\frac{C}{T-T_C} \tag{10.12}$$

式中，C 为居里常量；T_C 为居里温度。当 $T>T_C$ 时，铁磁性将变为顺磁性。

4）反铁磁性

反铁磁性最显著的特点是磁化率χ在某个临界温度 T_N(称为奈尔温度)时会出现极大值。当温度大于 T_N 时，这类物质就呈顺磁性。当温度 T 小于 T_N 时，磁化率χ随温度的降低而减小。该类物质称为“反铁磁性物质”。反铁磁体与铁磁体相反，由于原子磁矩之间的相互作用，使得原子磁矩反平行排列的，并使整个晶体中磁矩自发有规则排列，两种相反方向的磁矩相互抵消，结果使总的磁矩为零。

反铁磁性物质的磁化率$\chi>0$，为$10^{-5}\sim10^{-3}$。属于反铁磁性物质的主要有某些金属(如 Mn、Cr)、部分铁氧体(如 $ZnFe_2O_4$)和某些化合物(如 MnO、NiO、FeF_2)。

5）亚铁磁性

亚铁磁性和反铁磁性的磁结构相同，但是反平行排列的磁矩不等量，因而在没有外加磁场时，仍具有一定的合成磁矩，这种磁性称为“亚铁磁性”。该类物质称为“亚铁磁性物质”。亚铁磁性强于反铁磁性而弱于铁磁性，其磁化率 $\chi \gg 0$。

亚铁磁性物质也是一类很重要的磁性材料，尖晶石型晶体、石榴石型晶体等几种结构类型的铁氧体，稀土-钴金属之间的化合物和一些过渡金属、非金属化合物都属于亚铁磁性物质。表 10.3 列出了四种物质磁性起源的磁结构及磁化强度、磁化率 χ 和温度的关系。

表 10.3　四种物质磁性起源的磁结构及磁化强度、磁化率 χ 和温度的关系

分　类	原子磁矩	M-H 特性	χ,$1/\chi$-T 图	实　例
铁磁性	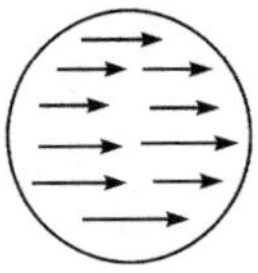	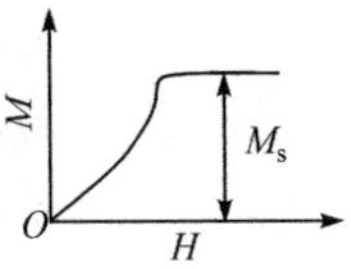	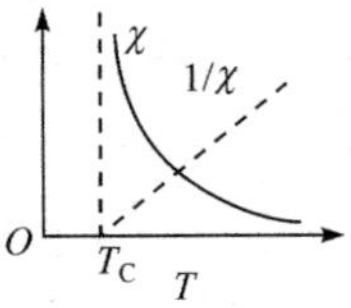	Fe、Co、Ni 等元素及其合金；FeSi、NiFe、CoCr 等金属间化合物等
亚铁磁性	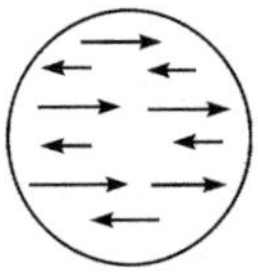	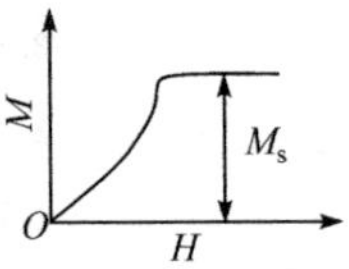	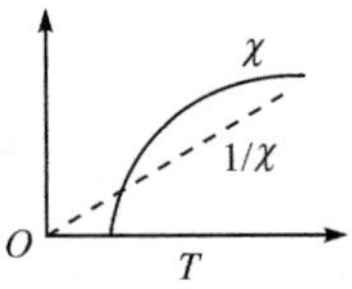	铁氧体系材料（Fe、Co、Ni 氧化物）；Fe、Co 等与重稀土形成的金属间化合物 TbFe 等
顺磁性	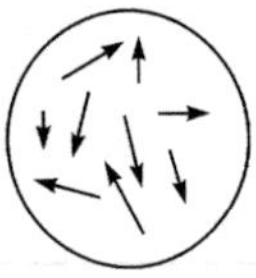	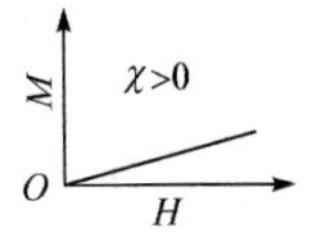	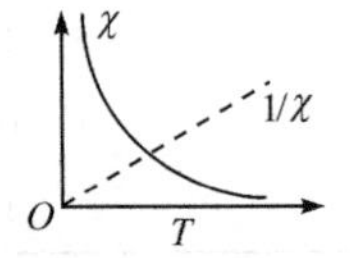	O_2、Pt、Rh、Pd 等；Ⅰ A、Ⅱ A 元素等
反铁磁性	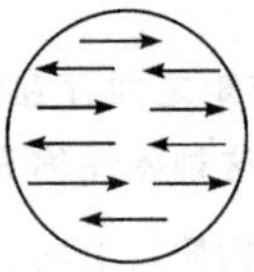	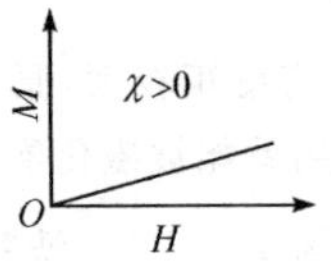	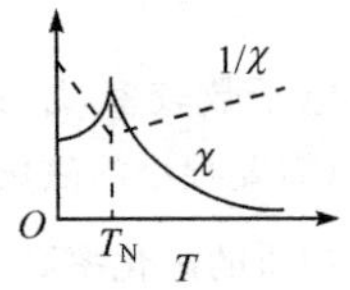	Cr、Mn 等 3d 过渡金属元素或 Nd、Sm、Eu 等稀土元素；MnO、MnF_2 等化合物

10.2.2　无机磁性材料

从具有磁矩的物体就是磁性体这层意义上讲，自然界的任何物质都是磁性体。但磁性材料通常指那些有实际意义的具有较强磁性的材料。铁磁物质和亚铁磁性物质都具有很强的磁性，属于强磁性材料，通常也称为磁性材料。

铁磁物质的特性主要分为两类：一是与其内部原子结构和组成有关的特性，也称为“内禀特性”；二是与其磁化过程有关的特性，称为“磁化特性”。根据磁特性和应用特点，磁性材料可分为永磁材料（magnetically hard material）、软磁材料（magnetically soft material）、磁信息材料和特种磁材料等。

磁性材料通常根据矫顽力的大小进行分类。矫顽力小于 100 A · m^{-2} 称为“软磁材料”，具有相应的导磁率；矫顽力介于 100～1000 A · m^{-2} 称为“半硬磁材料”；矫顽力大于 100 A · m^{-2} 称为“硬磁材料（永磁材料）”。

1. 永磁材料

永磁材料也称硬磁材料，是指一类在外加磁场中磁化后仍能长期保留很强的磁性的材料。永磁材料是最早发现和使用的磁性材料。

一般来说，永磁材料应具有高的剩余磁感应强度 M_r、高的矫顽力 H_c、高的最大磁能积 $(BH)_{max}$（它是永磁材料单位体积存储和可利用的最大磁能密度的度量）。另外，从实用角度考虑，一般还要求其具有高的稳定性，即对外加干扰磁场、温度和震动等环境因素变化的稳定性。

永磁材料的应用主要利用永磁体在气隙产生足够强的磁场，利用磁极与磁极的相互作用，磁场对带电物体或离子或载电流导体的相互作用来做功，而实现能量、信息的转换。永磁材料具有磁性强、保持磁性的能力强、磁性稳定（磁性能在长时间使用过程中或者在受到外加干扰磁场和温度、震动和冲击等外界环境因素影响时保持不变）等特点。永磁材料已经在通信、自动化、音像、计算机、电机、仪器仪表、石油化工、磁分离、磁生物、磁医疗与健身器械、玩具等技术领域得到广泛的应用。

当前常用的重要永磁材料主要有：

(1) 金属永磁材料。这是一大类发展和应用都较早的以铁和铁族元素（如镍、钴等）为重要组元的合金型永磁材料。主要有铝镍钴(AlNiCo)系和铁铬钴(FeCrCo)系两大类永磁合金。

(2) 铁氧体永磁材料。这是以 Fe_2O_3 为主要组元的复合氧化物强磁材料（狭义）和磁有序材料，如反铁磁材料（广义）。其特点是电阻率高，特别有利于在高频和微波应用，如钡铁氧体($BaFe_{12}O_{19}$)和锶铁氧体($SrFe_{12}O_{19}$)等都有很多应用。

(3) 稀土永磁材料。这是当前最大磁能积最高的一大类永磁材料，是稀土元素和铁系元素为主要成分的金属间化合物。从 20 世纪 60 年代起，稀土永磁材料已经研究和生产了三代材料，即第一代以 $SmCo_5$ 为代表。第二代以 Sm_2Co_{17} 为代表和第三代的 Nd—Fe—B 系材料。当前正在研究第四代材料，如微粉永磁材料、纳米永磁材料、胶塑永磁材料（可应用于电冰箱门的封闭）、可加工永磁材料等。

2. 软磁材料

软磁材料主要是指那些容易反复磁化，且在外磁场去掉后，容易退磁的磁性材料。它的主要特征是高的磁导率 μ、低的矫顽力、高的饱和磁化强度、低的磁（功率）损耗以及高的稳定性。

软磁材料主要用于制造发电机和电动机的定子和转子，变压器、电感器、电抗器、继电器和镇流器的铁芯，计算机磁芯，磁记录的磁头与磁介质，磁屏蔽，电磁铁的铁芯、极头与极靴，磁路的导磁体等。它们是电机工程、无线电、通信、计算机、家用电器和高新技术领域的重要功能材料。软磁材料制造的设备与器件大多数是在交变磁场条件工作，要求其体积小、质量轻、功率大、灵敏度高、发热量小、寿命长。

软磁材料的种类很多，主要有以下几类。

1) Fe-Si 合金

在纯铁中加入少量的 Si(小于 4%)，可提高材料的最大磁导率，增大电阻率，还可显著改善磁性时效。但 Si 加入量过多时，会严重影响磁性能。

2) Fe-Ni 合金

随 Ni 含量的增加，Fe-Ni 合金的磁导率增加、饱和磁感应强度下降。Fe-Ni 合金在弱场下具有很高的初始磁导率和最大磁导率，有较高的电阻率。

3) 铁氧体

铁氧体的化学式为 MFe_2O_4，其中 M 为离子半径与 Fe^{2+} 相近的二价金属离子(Mn^{2+}、Zn^{2+}、Cu^{2+}、Mg^{2+}、Ni^{2+}、Co^{2+} 等)或二价金属离子组(如 $[Li_{0.5}Fe_{0.5}]^{2+}$)，其结构呈尖晶石型，属立方晶系。目前应用较多的是 $(Mn,Zn)Fe_2O_4$、$(Ni,Zn)Fe_2O_4$。

4) 非晶软磁材料

早期软磁材料采用多晶合金，如高饱和磁化强度的 Fe-Si 体系、高磁导率的 Ni-Fe 体系。后来

Mn-Zn系和 Ni-Zn 系等铁氧体软磁材料。非晶软磁材料以其良好的软磁性能而得到了广泛应用。另外，非晶软磁合金经热处理可以得到晶粒大小为纳米数量级的纳米晶材料，其软磁性能在许多方面超越非晶软磁材料。近年来，纳米晶材料软磁材料的研究与应用受到广泛重视。

3. 其他磁材料

1）磁信息材料

在信息技术中应用的磁性材料统称"磁信息材料"。目前在电子计算机、微波通信和光通信等高新技术研究和应用的磁信息材料主要有磁记录材料、磁存储材料、磁微波材料和磁光效应材料等。磁记录材料是磁记录技术所用的磁性材料，包括磁记录介质材料，如 γ-Fe_2O_3 和掺 Co 的 γ-Fe_2O_3；和磁记录头材料（简称磁头材料），如铁氧体 $(MnO)_x(ZnO)_{6x}(Fe_2O_3)$、坡莫合金 Fe-Ni(Mo)-B(Si)。磁存储材料是电子计算机存储器所用的磁性材料。磁微波材料是微波电子学技术中常用的材料，广泛应用于雷达、卫星通信、电子战和射电天文学等。

2）特磁材料

除以上几种磁性材料外，还有多种具有各种特殊磁性功能和各种特别应用的磁性功能材料，统称为特种功能磁性材料，简称特磁材料。目前，研究和应用较多的特磁材料主要有磁致伸缩材料、磁电阻材料、磁性液体、磁制冷材料和复合磁件材料等。

10.2.3 分子基磁性材料

分子基磁性材料是由分子磁体构成的磁性材料。分子磁体(molecular magnet)或分子基磁体(molecular-based magnet)是在临界温度(T_C)以下能够自发磁化的分子或分子聚集体。

分子基铁磁体有别于传统的合金或氧化物磁体。前者以分子为构件，三维磁有序化的推动力来自分子间的磁相互作用；而后者以单原子或离子为构件，磁性主要来源于分子中具有未成对电子的离子之间的偶合，这些偶合相互作用既可以来自分子内，又可以来自分子间。对于分子磁性材料，一个分子内往往会包含一个或多个顺磁中心——自旋载体，两个自旋载体间磁偶合作用的类型和大小可以用交换常数 J 表征，$J>0$ 代表铁磁偶合，$J<0$ 则表明反铁磁偶合。在 1963 年 Wickman 在贝尔实验室合成了第一个分子铁磁体。

分子基磁体的分类列于表 10.4。

表 10.4 分子基磁体的分类

分类方法	分子基磁体的类别
磁性来源	自由基体系 顺磁性金属离子体系 自由基-顺磁性金属离子复合体系
磁性性质	顺磁体 铁磁体 亚铁磁体 反铁磁体 变磁体
组成	有机分子、有机聚合物 有机金属分子 金属配合物

金属配合物分子磁性材料是目前研究最广泛、最深入的一类分子磁性材料。其自旋载体为过渡金属，在其构建单元中，可以形成单核、双核及多核配合物。由这些高自旋的配位物进行适当的分子组装，可以形成一维、二维及三维分子磁体，也能够形成链状或层状结构。根据配合物的构筑方式的不同，这类分子磁体主要包括氰根类$[M(CN)_6]^{(6-n)-}$和$[M(CN)_8]^{(8-n)-}$(图 10.6)、乙二酸根类及其他桥联配合物类等(表 10.5)。

表 10.5　几种多维分子基磁体

桥联配体	配合物	空间维数	T_C/K
氰根	$CA^{II}[B^{III}(CN)_6]$[1)] $[M^{II}L_x][M'(CN)_6]$[2)]	二维、三维	9～320
乙二酸根	$\{[A][M^{II}M'^{III}(C_2O_4)_3]\}_n$[3)] $[M^{II}(bipy)_3][M'^{III}(C_2O_4)_3]$[4)]	二维 三维	6～43
自由基-金属配合物	$[Mn(F_5benz)_2]_2NITR$[5)]	二维	20～24
叠氮离子	$[Ni(N_3)_2(L)]_n$[6)]	二维或三维	4～40
EDTA	$M'M(M''EDTA)\cdot 24H_2O$[7)]	三维	0.44～0.1
混桥	$[Mn(N_3)_2(4,4'\text{-bipy})]_n$[8)] $(rad)_2Mn_2[Cu(opba)]_3(DMSO)_2\cdot 2H_2O$[9)]	三维	22.5

1) A^{II}、B^{III}分别为二价、三价顺磁金属离子，C 一价为非顺磁金属离子。

2) M＝Mn、Fe、Co、Ni、Cu，$M'=Fe^{3+}$、Cr^{3+}，L 为端基配体，如乙二胺、席夫(Schiff)碱大环。

3) A＝一价阳离子 K^+、Na^+、Li^+，M＝Mn、Fe、Co、Ni、Cu，M′＝Mn、Fe、Cr。

4) M＝Fe、Co、Ni、Cu，M′＝Ru、Fe、Cr。

5) F_5benz为五氟苯甲酸，NITR 为 2-取代的 4,4,5,5-四甲基咪唑啉-1-氧基-3-氧化物自由基。

6) L＝端基配体，如丙二胺、吡啶、乙酰丙酮。

7) M′、M、M″＝Co^{2+}、Ni^{2+}、Zn^{2+}。

8) 4,4′-bipy 为 4,4′-联吡啶。

9) rad 为 2-(1-甲基吡啶-4-基) 4,4,5,5-四甲基咪唑啉-1-氧基-3-氧化物自由基，opba 为邻苯二草酰胺。

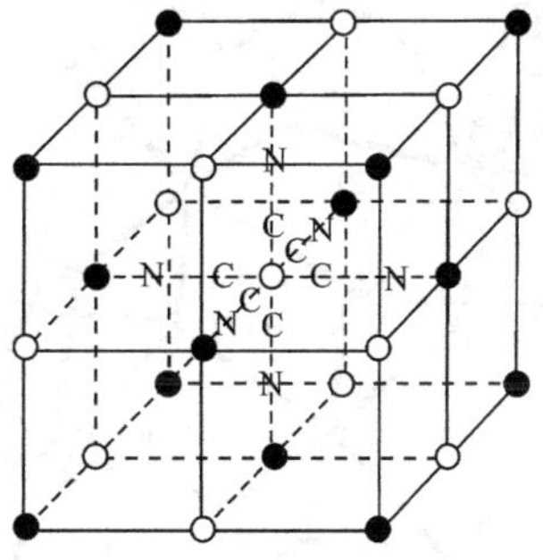

图 10.6　普鲁士蓝类化合物一般结构示意图

○表示 M 原子；●表示 M′原子

10.2.4　单分子磁体

1993年以来，科学家们发现一些纳米级的金属离子簇配合物分子具有异常的磁弛豫效应，开辟了分子磁学的一个崭新领域——单分子磁体(single-molecular magnet，SMM)。单分子磁体是介于分子基磁体和纳米磁性材料的学科交叉点。

与常规磁体的磁性来源于大量自旋载体在晶体中分子之间的相互作用及长程有序的结果不同，单分子磁体的磁性来源于单个分子本身，是一种真正意义上的单分子磁体。目前对于"单分子磁体"还没有统一、确切的定义，主要是通过磁学性质来确定，一般认为在交流磁化率中其虚部磁化率出现与频率有关的最大值，或低温磁化出现磁滞回线的单分子化合物称为"单分子磁体"。单分子磁体可以满足形状、尺寸、自旋的不同要求，对它的研究开辟了分子基纳米磁性材料科学的学术新领域并成为解释磁现象的量子力学和经典力学之间的桥梁。

一个分子要作为单分子磁体，必须具备两个条件：一是具有一个大的基态自旋，大的基态自旋的产生来源于分子内铁磁相互作用或由于特定的拓扑(topology)结构而导致的自旋失措(spin frustration)的结果。二是存在明显的负各向异性(negative anisotropy)。各向异性为负值以保证最大的自旋态能量最低。在以上条件满足时，单分子磁体在分子磁化强度矢量重新取向时存在一个明显的能量壁垒，从而导致低温下翻转速率减慢，即磁化强度弛豫作用(magnetization relaxation)的发生。

目前所发现的单分子磁体主要有如下几类：

(1) Mn-O簇合物。人们发现的第一个单分子磁体就是$[Mn_{12}O_{12}(O_2CCH_3)_{16}(H_2O)_4]\cdot 2(CH_3COOH)\cdot 4H_2O$，它的中心由一个$[Mn_4^{IV}O_4]$的立方烷结构构成，外围是8个$Mn^{III}$离子形成的一个非平面的环状结构，$Mn^{IV}$和$Mn^{III}$离子之间通过8个$\mu_3$-$O^{2-}$连接。它的基态自旋为$s=10$。另外还有具有变形的立方烷构型$[Mn_4O_3X]^{6+}$或菱形$[Mn_4(O_2CCH_3)(pdmH)_6]^{2+}$($pdmH_2$=2,6-pyridinedimethanol)(图10.7)核心结构的Mn_4配合物，在这些配合物中，Mn的氧化态可以为Ⅱ～Ⅳ，包括混价配合物，金属离子之间通过O^{2-}、HO^-、RO^-或羧酸基团的一个或两个氧原子桥联。近年报道的Mn-O簇单分子磁体还有Mn_9、Mn_{10}、Mn_{12}、Mn_{18}、Mn_{25}、Mn_{30}等离子簇，如$[Mn_{12}O_{12}(O_2CCHCl_2)_8(O_2CCH_{22}Bu')_8(H_2O)_3$、$[Mn_4O_3Cl(O_2CMe)_3(dbm)_3]$($dbm^-$=二苯甲酰甲烷阴离子)、$[Mn_9O_7(O_2CMe)_{11}(thme)(py)_3(H_2O)_2]$[$H_3thme$=1,1,1-三(羟甲基)乙烷]、$[Mn_{25}O_{18}(OH)_2(N_3)_{12}(pdm)_6(pdmH)_6]X_2$($X=Cl、N_3$；$pdmH_2$=

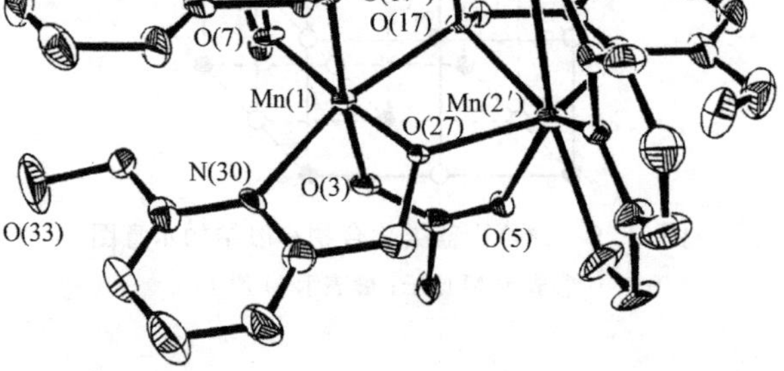

图10.7　核心阳离子$[Mn_4(O_2CCH_3)_2(pdmH)_6]^{2+}$的结构

2,6-吡啶二甲醇)、[$Mn_{30}O_{24}(OH)_8(O_2CCH_2But)_{32}(H_2O)_2(MeNO_2)_4$]等。

(2) Fe-O 簇合物。Fe_4 簇,如[$Fe_4(OCH_3)_6(dpm)_6$][dpmH=二(三甲基乙酰基)甲烷],它由一个等腰三角形的四核铁中心构成。

(3) V、Cr 都能形成类似于[$M_4O_2(O_2CR)_7(bpy)_2$](ClO_4)的磁性单簇(M:$V^{Ⅲ}$ 或 $Cr^{Ⅲ}$,R=Et、Ph)。

(4) 其他金属离子簇单分子磁体,如[$Mn_2^{Ⅲ}Ni_2^{Ⅱ}Cl_2(salpa)_2$]、[$Ni_{21}(cit)_{12}(OH)_{10}(H_2O)_{10}$]$^{16-}$。

单分子磁体是一种新型纳米磁体,它与通过粉碎块状磁体所得的传统纳米磁体有所不同:①传统纳米磁体的粒子大小有一个分布范围,影响材料的性能,而单分子磁体中的分子有确定的组成和大小,便于研究和应用;②单分子磁体一般能溶于普通有机溶剂,容易制备和纯化,且可通过化学方法调控组成和性质。单分子磁体与分子基磁体也有本质区别:前者的磁弛豫等行为是单个分子的内禀性质,而后者的磁行为是分子间协同作用的结果。在应用上,由单分子构成的纳米单分子磁体最终可能被用作高密度的量子存储元件而用于未来的量子计算机。

10.2.5　分子基磁性材料的前景

分子基磁性材料近十年来发展成为材料学科的一个前沿领域,如转换温度超过室温的分子基铁磁和亚铁磁体材料的发现,具有高自旋的多核配合物在低温下表现出磁性的单分子磁体的发现,在室温以上具有大的磁滞现象的自旋交叉配合物的发现,分子基磁体的光磁、热磁效应,以及分子基磁体的 GMR 效应、CMR 效应等。所有这些成果都预示着分子磁性材料光明的未来。相比于传统的磁性材料,分子磁性材料可以从分子级别上进行修饰和改良,而且具有体积小、质量轻、能耗小、结构多样、可塑性、透光性好以及容易加工成型等优点,其制备的方法大多为常规的化学方法,所体现的性质有些是传统的磁性材料不可替代的。分子磁性材料可能成为新一代信息存储材料、航空航天领域的电磁屏蔽材料和微波吸收材料。可以预见,分子基磁性材料将可能在高 T_c 温度的分子磁体,提高材料的物理稳定性,透明的绝缘磁体,易变、易加工的分子磁体,和其他物理性能结合的复合磁性材料,超硬和超软磁体,液体磁体等方面着重探索与得到发展。

(南开大学　顾　文)

本章教学要求

1. 认识可见光和近可见光的频率、波长、能量和颜色等的基本知识,了解发光的基本概念。
2. 了解稀土发光材料在照明、信息显示和激光等方面的用途。
3. 认识磁矩、磁化强度、磁场强度、磁感应强度、磁化曲线、磁化率等磁学基础知识。
4. 了解物质磁性的分类及其特点。
5. 了解磁性材料的分类及其特点。
6. 了解主要的无机永磁材料、软磁材料,以及它们的应用。
7. 了解分子磁性材料及其特点。
8. 了解单分子磁体的特点和所要具备的条件以及单分子磁体主要类型。

习　题

1. 二价铕离子掺杂的 $BaMgAl_{10}O_{17}:Eu^{2+}$(简称 BAM)是一种优良的蓝光发射发光材料,其发射波长位于 450 nm 左右，在真空中这一波长相当于多少波数(cm^{-1})？其能量约为多少电子伏特？

2. 在红、绿、蓝三基色发射中，能量最低的是什么颜色的发射？能量最高的是什么颜色的发射？
3. 镧系离子的特征氧化数是多少？从核外电子结构角度看，氧化数为＋2 的较稳定镧系离子有哪些？氧化数为＋4 的较稳定镧系离子有哪些？
4. Y_2O_3：Eu^{3+} 是一种重要的红色发光材料，可用于三基色荧光灯中。在 Y_2O_3：Eu^{3+} 中，什么是基质？什么是激活剂？
5. 解释下列名词：

   (1) 磁矩和磁化强度。

   (2) 磁场强度和磁感应强度。

   (3) 磁化曲线。

   (4) 磁化率。
6. 物质的磁性分为几类？各有什么特点？
7. 磁性材料分为几类？各有什么特点？
8. 常用的金属永磁材料有几种类型？各有什么特点？
9. 常用的金属软磁材料有哪些？它们各有什么特点？分别有哪些应用？
10. 什么是分子磁体、分子基磁性材料？分子基铁磁体与传统的合金或氧化物磁体的区别有哪些？
11. 一个分子要作为单分子磁体，必须具备哪两个条件？

（中山在学　梁宏斌，南开大学　顾　文）

第 11 章　生物无机化学*
(Bioinorganic Chemistry)

生物无机化学是一门年轻的学科。早期的研究工作始于 20 世纪四五十年代。1970 年在美国弗吉尼亚州举行了国际生物无机化学学术讨论会。1971 年，D. R. Williams 出版专著《生命金属》(*The Metal of Life*)。同年，美国著名化学家 G. N. Schrauzer 主编的杂志 *Bioinorganic Chemistry* 创刊(1979 年更名为 *Journal of Inorganic Biochemistry*)。这些事件标志生物无机化学作为一个独立学科的建立。

生物无机化学是介于生物化学与无机化学之间的内容广泛的边缘学科。广义地说，生物无机化学是在分子水平上研究生物体内与无机元素(包括生命金属与大部分生命非金属)有关的各种相互作用。长期以来，人们把绝大多数碳的化合物称为有机化合物，它们主要由碳、氢、氧、氮、卤素、硫、磷等元素组成，而把其余的化合物都划入无机化合物的范畴。现在，人们已经认识到很多生命过程都与过去认为"没有生命"的元素有关。这些无机元素包括很多金属和非金属。生物无机化学的研究范围是在分子水平上研究生物配体和无机元素的相互作用，生物配体包括蛋白质、核酸、酶、激素等，无机元素包括生命金属和大部分生命非金属，这些无机元素不仅对于维持生物大分子的结构至关重要，而且广泛参与各种生命过程，在物质输送、信息传递、生物催化和能量转换中都起着关键的作用，几乎每一个生命过程都和"没有生命"的金属离子有关，可以说：没有金属离子就没有生命。

本章主要介绍生物元素，氨基酸、蛋白质、核酸和酶等重要的生物大分子以及生物无机化学的应用研究。

11.1 生物元素
(Bioelements)

11.1.1 生物元素的种类

地球上生物界种类繁多，千差万别，但它们都处于地球表面的岩石圈、水圈和大气圈所构成的环境中，与环境进行物质交换，以维持生命活动，形成了生命体与自然环境形成紧密而和谐的联系。元素周期表中约有 90 种稳定元素，在天然条件下，地球表面或多或少都有它们的踪迹。但在漫长的进化历程中，生物体配备并逐步改善自身的一套控制系统，只选择了一部分元素来构成自身的机体和维持生存。

在 H. G. Seiler 和 H. Sigel 编写的 *Handbook on Toxicity of Inorganic Compounds* 一书中，对周期表里 103 种元素及其化合物的营养成分、毒性、允许剂量、解毒方法、生理作用、在自然界的分布及其分析方法都作了详细介绍。表 11.1 列举了人体的主要元素组成。

表 11.1　一个体重 70 kg 的人身体中元素平均含量

元　素	含量/g	元　素	含量/g	元　素	含量/g
H	6580	O	43 550	Na	70
C	12 590	P	680	K	250
N	1815	S	100	Mg	42

续表

元素	含量/g	元素	含量/g	元素	含量/g
Ca	1700	Mn	<1	Ni	<1
Cl	115	Mo	<1	I	<1
Fe	6	Co	<1		
Zn	1～2	Cu	<1		

宏量元素指含量占生物体总质量0.01%以上的元素。如H、C、O、N、P、S、Cl、Na、K、Ca和Mg，这些元素在人体中的质量分数均在0.04%～62.8%，这11种元素共占人体总质量的99.97%。

微量元素指占生物体总质量0.01%以下的元素，如Fe、Zn、Cu、Mn、Mo、Co、Cr、V、Ni、Sn、F、I、B、Si和Se等。这些微量元素占人体总质量的0.03%左右。这些微量元素在体内的含量虽小，但在生命活动过程中的作用是十分重要的。

人类是经过漫长的进化过程而逐渐形成的，有充分的科学根据认为：生物的初期进化是在海洋中进行的。若将海水中的元素按浓度分类，则可看出它们与人体必需元素含量的关系。

(1) $>10^6$ nmol/L：氢，氧，钠，氯，镁，硫，钾，钙，碳，氮等。

(2) $10^2\sim10^6$ nmol/L：溴，硼，硅，锶，氟，锂，磷，铷，碘，钡等。

(3) $5\sim10^2$ nmol/L：铝，铁，锌，铝，铜，钛，锡，钒，锰，镍，钴，硒，铬等。

(4) <5 nmol/L：其他元素。

显然，第(1)类组成人体常量必需元素；而第(2)类和第(3)类的若干元素构成人或生物体所必需的微量元素。这说明了生物不断地从环境中选择某种元素去完成所需的功能。

11.1.2 生物元素的功能

1. 生物非金属元素

H、C、O、N、P、S是生命的基础物质，生物体内的蛋白质、核酸、脂类、糖类、激素等有机物都主要是由这6种元素组成。

硅是骨骼、软骨形成的初期所必需的组分。同时，能使上皮组织和结缔组织保持必需的强度和弹性，保持皮肤的良好的化学和机械稳定性以及血管壁的通透性，还能排除机体内铝的毒害作用。

硒是谷胱甘肽过氧化物酶的必要构成部分，具有保护血红蛋白免受过氧化氢和过氧化物损害的功能，同时具有抗衰老和抗癌的生理作用。

氯离子的主要功能是参与调节体液的渗透压，电解质的平衡和酸碱平衡。碘参与甲状腺素和三碘甲状腺素的构成。溴以有机溴化物的形式存在于人和高等动物的组织和血液中，生物功能有待进一步确证。砷是合成血红蛋白的必需成分。硼对植物生长是必需的，尚未确证为人体必需的营养成分。

2. 生物金属元素

钠离子和钾离子的主要功能是调节体液的渗透压、电解质的平衡和酸碱平衡，通过钠钾泵，将钾离子、葡萄糖和氨基酸输入细胞内部，维持核糖体的最大活性，以便有效地合成蛋白质。钾离子也是稳定细胞内酶结构的重要辅因子。同时，钠离子、钾离子还参与神经信息的传递。

钙和氟是骨骼、牙齿和细胞壁形成时的必要结构成分(如磷灰石、碳酸钙等)，钙离子还在传送激素影响、触发肌肉收缩和神经信号、诱发血液凝结和稳定蛋白质结构中起着重要的作用。

镁离子参与体内糖代谢及呼吸酶的活性，是糖代谢和呼吸不可缺少的辅因子，与乙酰辅酶A的形成有关，还与脂肪酸的代谢有关。参与蛋白质合成时起催化作用。与钾离子、钙离子、钠离子协同作用共同维持肌肉神经系统的兴奋性，维持心肌的正常结构和功能。另外一个有镁参与的重要生物过程是光合作用，在此过程中含镁的叶绿素捕获光子，并利用此能量固定二氧化碳而放出氧。

铁(Ⅱ，Ⅲ)的主要功能是作为机体内运载氧分子的呼吸色素。例如，哺乳动物血液中的血红蛋白和肌肉组织中的肌红蛋白的活性部位都由铁(Ⅱ)和卟啉组成。其次，含铁蛋白(如细胞色素、铁硫蛋白)是生物氧化还原反应中的主要电子载体，它是所有生物体内能量转换反应中不可缺少的物质。

铜(Ⅰ、Ⅱ)的主要功能与铁相似，起着载氧色素(如血蓝蛋白)和电子载体(如铜蓝蛋白)的作用。另外，铜对调节体内铁的吸收、血红蛋白的合成以及形成皮肤黑色素、影响结缔组织、弹性组织的结构和解毒作用都有关系。

锌离子是许多酶的辅基或酶的击活剂。维持维生素 A 的正常代谢功能及对黑暗环境的适应能力，维持正常的味觉功能和食欲，维持机体的生长发育特别是对促进儿童的生长和智力发育具有重要的作用。

锰(Ⅱ、Ⅲ)是水解酶和呼吸酶的辅因子。没有含锰酶就不可能进行专一的代谢过程，如尿的形成。锰也是植物光合作用过程中光解水的反应中心。此外，锰还与骨骼的形成和维生素 C 的合成有关。

钼是固氮酶和某些氧化还原酶的活性组分，参与氮分子的活化和黄嘌呤、硝酸盐以及亚硫酸盐的代谢。阻止致癌物亚硝胺的形成，抑制食管和肾对亚硝胺的吸收，从而防止食道癌和胃癌的发生。

钴是体内重要维生素 B_{12} 的组分。维生素 B_{12} 参与体内很多重要的生化反应，主要包括脱氧核糖核酸(DNA)和血红蛋白的合成，氨基酸的代谢和甲基的转移反应等。

铬(Ⅲ)是胰岛激素的辅因子，也是胃蛋白酶的重要组分，还经常与核糖核酸(RNA)共存。它的主要功能是调节血糖代谢，帮助维持体内所允许的正常葡萄糖含量，并和核酸脂类、胆固醇的合成以及氨基酸的利用有关。

钒、锡、镍是人体有益元素，钒能降低血液中胆固醇的含量。锡可能与蛋白质的生物合成有关。镍能促进体内铁的吸收、红细胞的增长和氨基酸的合成等。

11.2　重要的生物大分子
(Important biomacromolecules)

11.2.1　氨基酸

氨基酸(amino acid)是蛋白质的基本结构单位。已发现自然界有百多种氨基酸，但从蛋白质水解产物中分离出来的氨基酸通常只有 20 种(表 11.2)。除脯氨酸外，这些氨基酸在结构上都有共同点，即与羧基相邻的 α-碳原子上都有一个氨基，因此称为 α-氨基酸，可以用通式 $NH_2CHRCOOH$ 表示。α-氨基酸都是白色的晶体，各有特殊的结晶形状。熔点较高，常在 200 ℃以上。大多数可溶于水中。

表 11.2　组成蛋白质的 20 种天然氨基酸

种　类	结构式	中文名	英文名	三字符号	一字符号	等电点 pI
非极性疏水性氨基酸	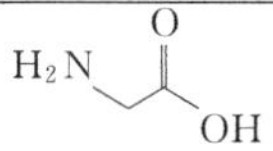	甘氨酸	glycine	Gly	G	5.97
	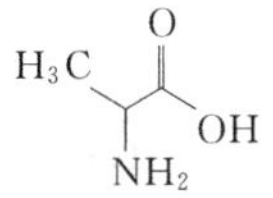	丙氨酸	alanine	Ala	A	6.00
	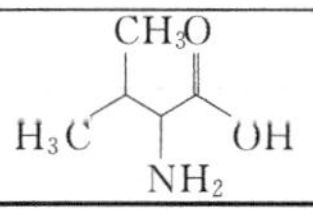	缬氨酸	valine	Val	V	5.96

续表

种 类	结构式	中文名	英文名	三字符号	一字符号	等电点 pI
非极性疏水性氨基酸	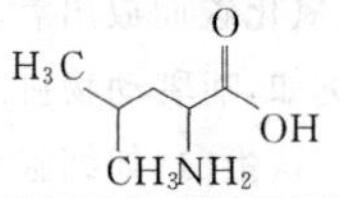	亮氨酸	leucine	Leu	L	5.98
	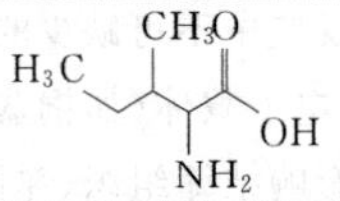	异亮氨酸	isoleucine	Ile	I	6.02
	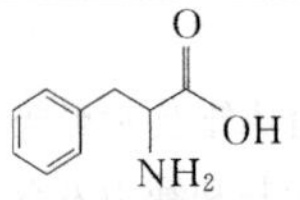	苯丙氨酸	phenlalanine	Phe	F	5.48
	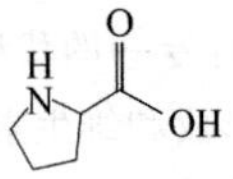	脯氨酸	proline	Pro	P	6.30
极性中性氨基酸	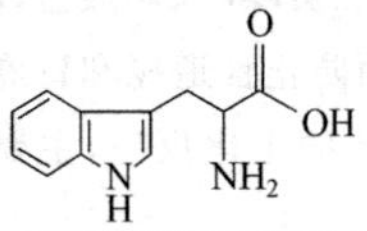	色氨酸	tryptophan	Trp	W	5.89
	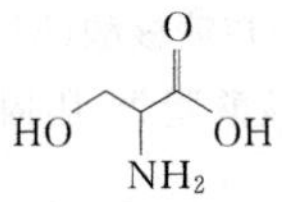	丝氨酸	serine	Ser	S	5.68
	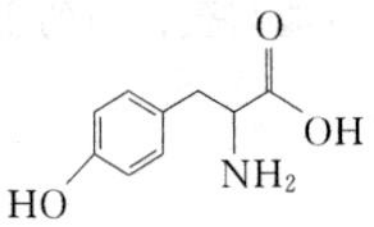	酪氨酸	tyrosine	Tyr	Y	5.66
	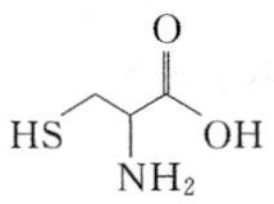	半胱氨酸	cysteine	Cys	C	5.07
	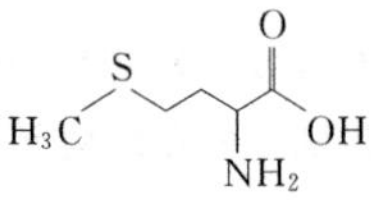	蛋氨酸	methionine	Met	M	5.74
	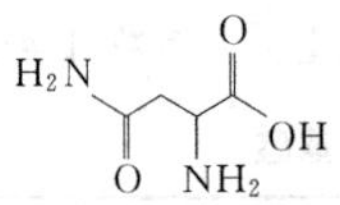	天冬酰胺	asparagine	Asn	N	5.41
	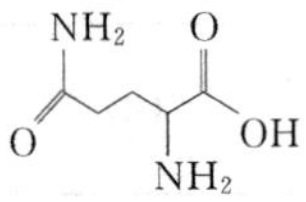	谷氨酰胺	glutamine	Gln	Q	5.65
	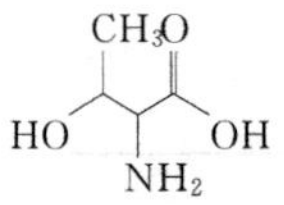	苏氨酸	threonine	Thr	T	5.60

续表

种　类	结构式	中文名	英文名	三字符号	一字符号	等电点 pI
酸性氨基酸	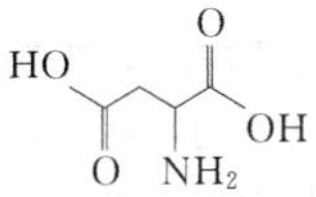	天冬氨酸	aspartic acid	Asp	D	2.97
	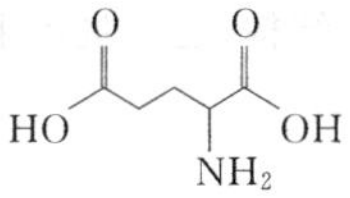	谷氨酸	glutamic acid	Glu	E	3.22
碱性氨基酸	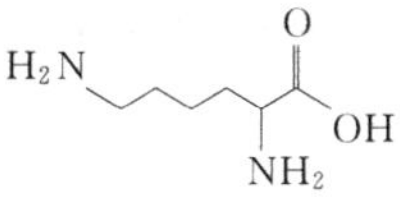	赖氨酸	lysine	Lys	K	9.74
	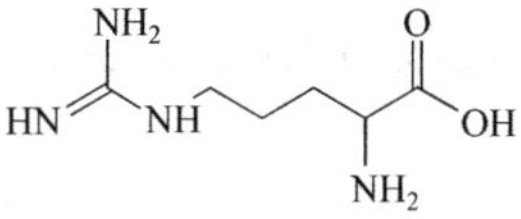	精氨酸	arginine	Arg	R	10.76
	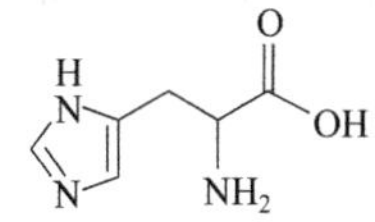	组氨酸	histidine	His	H	7.59

11.2.2　蛋白质

1. 蛋白质的一级结构

蛋白质由氨基酸构成，氨基酸连接的基本方式是彼此以“肽键”(peptide bond)结合成肽链(peptide chain)。再由一条或多条肽链按各种特殊方式组合成蛋白质分子。蛋白质的结构可以分为四级。蛋白质的一级结构(primary structure)就是指肽链的数目、肽链中氨基酸的连接方式和排列顺序，以及二硫键(disulfide bond)的数目与位置。二级以上是指空间结构。

肽链中的肽键是由一个氨基酸的氨基与另一氨基酸的羧基缩合去一分子水而成。例如，甘氨酸的羧基与甘氨酸的氨基缩合形成肽键，生成甘氨酰甘氨酸。

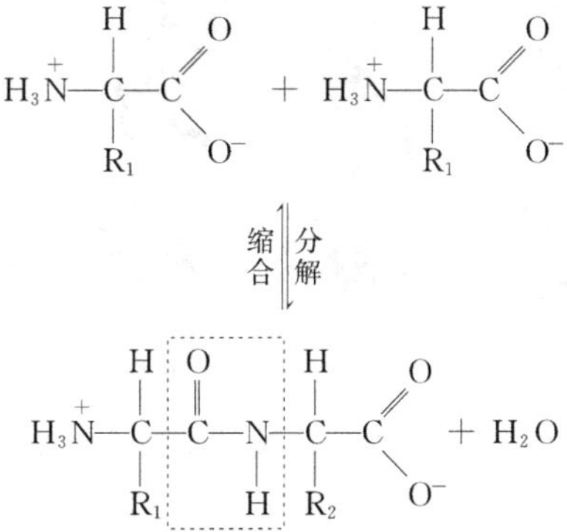

肽键

氨基酸通过肽键(—CO—NH—)相连而形成的化合物称为“肽”(peptide)。由两个氨基酸缩合成的肽称为二肽,三个氨基酸缩合成三肽,依此类推。一般由十个以下的氨基酸缩合成的肽统称为寡肽,由十个以上氨基酸形成的肽被称为多肽(polypeptide)或多肽链。肽链带自由氨基的一端称为氨基末端(aminoterminal)或 N-末端,带自由羧基的一端称为羧基末端(carboxylterminal)或 C-末端。

蛋白质就是多肽,多肽链中氨基酸的排列顺序称为蛋白质的一级结构。氨基酸排列顺序是由遗传信息决定的,氨基酸的排列顺序是决定蛋白质空间结构的基础,而蛋白质的空间结构则是实现其生物学功能的基础。目前可使用氨基酸自动分析仪和肽链氨基酸顺序自动测定仪来进行测定,工作简便迅速。1953 年,英国生物化学家 Fred Sanger 报道了胰岛素(insulin)的一级结构,这是世界上第一个被确定一级结构的蛋白质(图 11.1)。

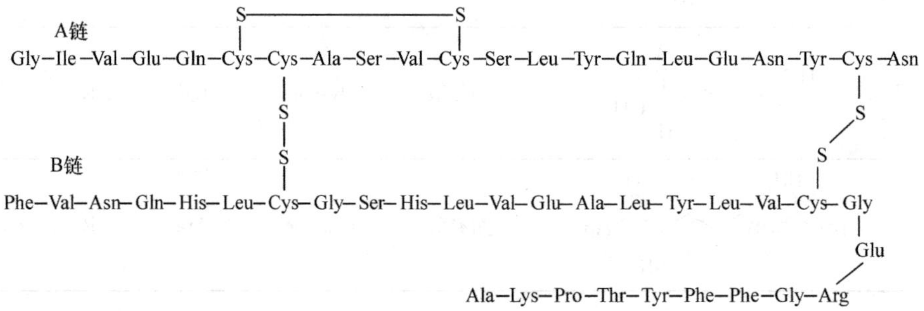

图 11.1　人胰岛素的一级结构

2. 蛋白质的二级结构

蛋白质分子的多肽链并非呈直线形伸展,而是盘曲和折叠成特有的空间构象。蛋白质的二级结构(secondary structure)是指多肽链盘曲折叠的方式。目前公认二级结构主要是 α-螺旋结构,其次是 β-折叠结构。氢键对于维持二级结构有重要意义。

1) α-螺旋结构

肽链的某段局部盘曲成螺旋形结构,称为 α-螺旋(图 11.2)。α-螺旋有右旋和左旋两种,右螺旋比较稳定。迄今研究过的天然蛋白质的 α-螺旋都是右螺旋。α-螺旋是蛋白质二级结构的主要形式,在纤维状蛋白和球状蛋白中广泛存在。

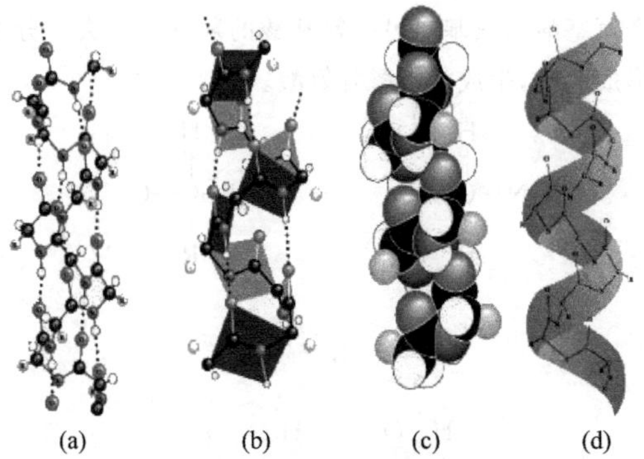

图 11.2　四种 α-螺旋结构示意图

2) β-折叠

β-折叠为一种比较伸展、呈锯齿状的肽链结构。两段以上的 β-折叠结构平行排布并以氢键相连所形成的结构称为 β-片层或 β-折叠层。β-折叠片有平行式(parallel)和逆平行式(antiparallel)两种。前者各条肽链的 N-末端都在同一边，而后者各条肽链的 N-末端一顺一倒排列(图 11.3)。在纤维状蛋白中，β-折叠片主要取逆平行式。在球状蛋白中，平行式与逆平行式存在大体均等。

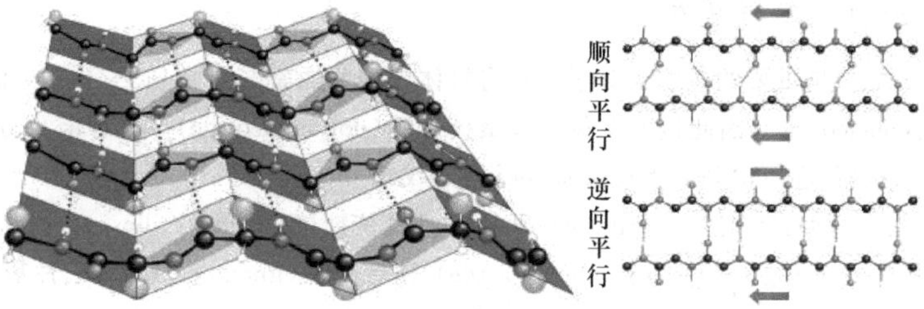

图 11.3　β-折叠结构示意图

3. 蛋白质的三级结构

蛋白质分子的三级结构(tertiary structure)是指肽链在二级结构基础上进一步折叠。它主要由盐键、氢键、疏水键，某些情况下还有配位键来维持。蛋白质的三级结构实质是由氨基酸排列顺序决定的，是多肽链主链上各个单键旋转自由度受到限制的总结果。这些限制包括肽键的平面性质，C_α—C 和 C_α—N 键旋转限度，亲水基(hydrophilic group) 和疏水基(hydrophobic group)的数目和位置，带正、负电荷的 R 基的数目和位置，介质等因素。这些因素与维持三级结构的各种作用力密切相关。肌红蛋白的三级结构示于图 11.4。

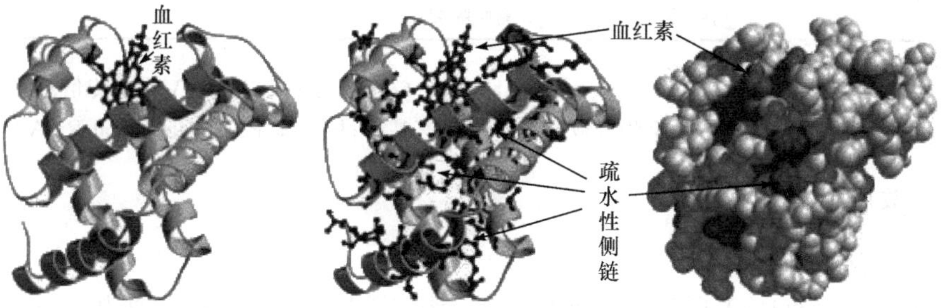

图 11.4　肌红蛋白的三级结构

4. 蛋白质的四级结构

许多蛋白质由两条或多条肽链构成。每条肽链都有各自的一、二、三级结构，相互以非共价键连接。这些肽链称为蛋白质的亚单位(subunit)。由亚单位构成的蛋白质称为寡聚蛋白质。四级结构(quaternary structure)就是各个亚单位在寡聚蛋白质的天然构象中的排布方式。四级结构由氢键、盐键、疏水键、范德华力等维持。单独存在的亚单位一般没有生物活性。具有四级结构的蛋白质分子的亚单位可以是相同的或不同的，数目从两个到上千个不等。例如，血红蛋白有四个亚单位，其中两条 α 链，两条 β 链(图 11.5)。单链蛋白没有四级结构。

图 11.5　血红蛋白的四级结构

11.2.3 核酸

1. 核酸的化学组成与分类

核酸(nucleic acid)是重要的生物大分子。在有机体内核酸通常与蛋白质结合成核蛋白。核酸降解产生多个核苷酸(nucleotide),因此核酸又称为多聚核苷酸(polynucleotide)。核苷酸再分解产生磷酸和核苷(nucleoside)。核苷进一步分解生成碱基(base) 和戊糖(pentose)。

核酸中的戊糖有两种:D-核糖(D-ribose) 和 D-2-脱氧核糖(D-2-deoxyribose)。核酸中的碱基主要有五种:两种嘌呤(purine)碱,即腺嘌呤(adenine,Ade) 和鸟嘌呤(guanine,Gua);三种嘧啶(pyrimidine)碱:胞嘧啶(cytosine,Cyt)、尿嘧啶(uracil,Ura) 和胸腺嘧啶(thymine,Thy)。

根据所含戊糖种类把核酸分为两大类:核糖核酸(ribonucleic acid,RNA) 和脱氧核糖核酸(deoxyribonucleic acid,DNA)。RNA 主要由含腺嘌呤、鸟嘌呤、胞嘧啶和尿嘧啶的核苷酸构成,而 DNA 主要由含腺嘌呤、鸟嘌呤、胞嘧啶和胸腺嘧啶的核苷酸构成,二者差别是 DNA 的胸腺嘧啶代替了 RNA 的尿嘧啶。两类核酸的基本化学组成列于表 11.3。

表 11.3 两类核酸的基本化学组成

类 型	嘌呤碱	嘧啶碱	戊糖	酸
RNA	腺嘌呤	胞嘧啶	D-核糖	磷酸
	鸟嘌呤	尿嘧啶		
DNA	腺嘌呤	胞嘧啶	D-2-脱氧核糖	
	鸟嘌呤	胸腺嘧啶		

RNA 又分三类:信使 RNA(messenger RNA,mRNA),其功能是传递 DNA 的遗传信息;转运 RNA(transfer RNA,tRNA),在蛋白质生物合成过程中转运氨基酸;核糖体 RNA(ribosomal RNA,rRNA)。

2. 核酸降解产物

1) 核糖和脱氧核糖

RNA 的 D-核糖和 DNA 的 D-2-脱氧核糖均为 β-型,如图 11.6 所示。在核苷酸中,为避免与碱基环的原子编号混淆,糖环碳原子的编号加撇号(如 1′、2′),以与碱基上不加撇号的碳原子相区别。

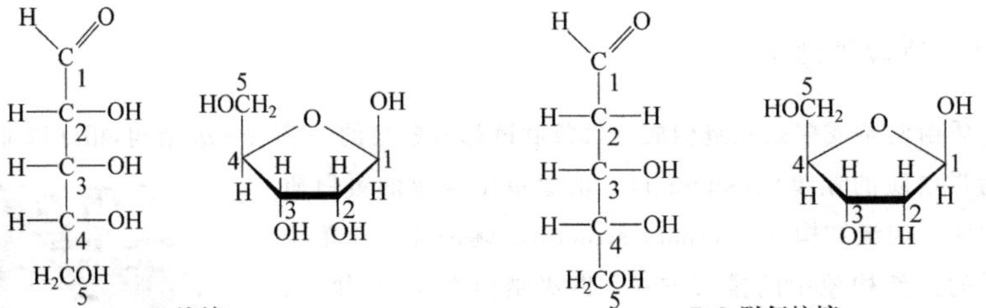

D-核糖　　D-2-脱氧核糖

图 11.6 核糖和脱氧核糖

2) 嘌呤碱和嘧啶碱

核酸中常见的腺嘌呤和鸟嘌呤都是嘌呤的衍生物,三种常见嘧啶碱则是嘧啶的衍生物,如图 11.7 所示。

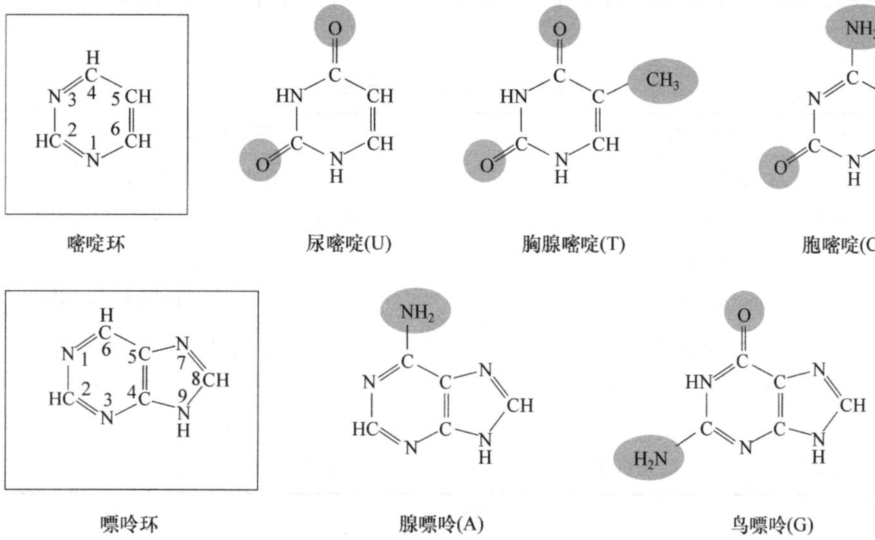

图 11.7 嘌呤碱和嘧啶碱

3）核苷

核苷由碱基和戊糖缩合而成。戊糖的第 1′位碳原子与嘌呤碱的第 9 位氮原子或嘧啶碱的第 1 位氮原子连接。连接碱基和戊糖的 N—C 键称为 N-糖苷键(glycosidic)。X 射线结构分析证实，核苷的碱基与糖环平面互相垂直，如腺嘌呤核苷和胞嘧啶脱氧核苷的结构(图 11.8)。根据所含戊糖不同，把核苷分为两类：核糖核苷(ribonucleoside)、脱氧核糖核苷(deoxyribonucleoside)(表 11.4)。

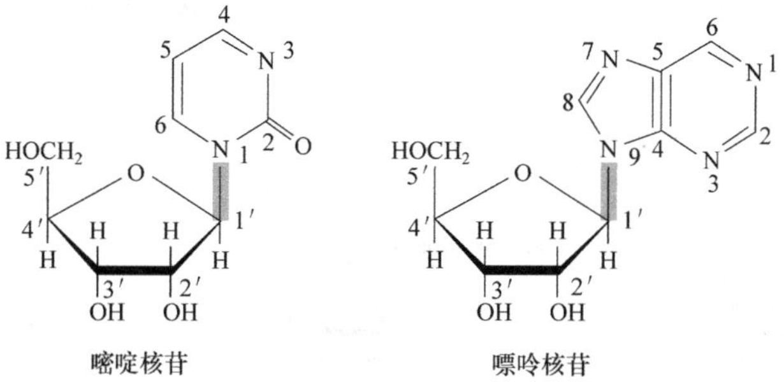

图 11.8 核苷结构模式

表 11.4 各种常见核苷

核糖核苷	脱氧核糖核苷
腺嘌呤核苷(adenosine, A)	腺嘌呤脱氧核苷(deoxyadenosine, dA)
鸟嘌呤核苷(guanosine, G)	鸟嘌呤脱氧核苷(deoxyguanosine, dG)
胞嘧啶核苷(cytidine, C)	胞嘧啶脱氧核苷(deoxycytidine, dC)
尿嘧啶核苷(uridine, U)	胸腺嘧啶脱氧核苷(deoxythymidine, dT)

4）核苷酸

核苷中的戊糖羟基被磷酸酯化就形成核苷酸。根据戊糖不同，把核苷酸分为两大类：核糖核苷酸(ribonucleotide)和脱氧核糖核苷酸(deoxyribonucleotide)。核糖核苷的糖环有三个自由羟基，能形成

2′-、3′-、5′-三种不同的核苷酸；脱氧核糖苷则只能形成 3′-和 5′-两种核苷酸。表 11.5 列举了常见的核苷酸。

表 11.5　常见的核苷酸

核糖核苷酸	脱氧核糖核苷酸
腺嘌呤核苷酸 (adenosine monophosphate,AMP)	腺嘌呤脱氧核苷酸 (deoxyadenosine monophosphate,dAMP)
鸟嘌呤核苷酸 (guanosine monophosphate,GMP)	鸟嘌呤脱氧核苷酸 (deoxyguanosine monophosphate,dGMP)
胞嘧啶核苷酸 (cytidine monophosphate,CMP)	胞嘧啶脱氧核苷酸 (deoxycytidine monophosphate,dCMP)
尿嘧啶核苷酸 (uridine monophosphate,UMP)	胸腺嘧啶脱氧核苷酸 (deoxythymidine monophosphate,dTMP)

核苷酸结构式如图 11.9 所示。

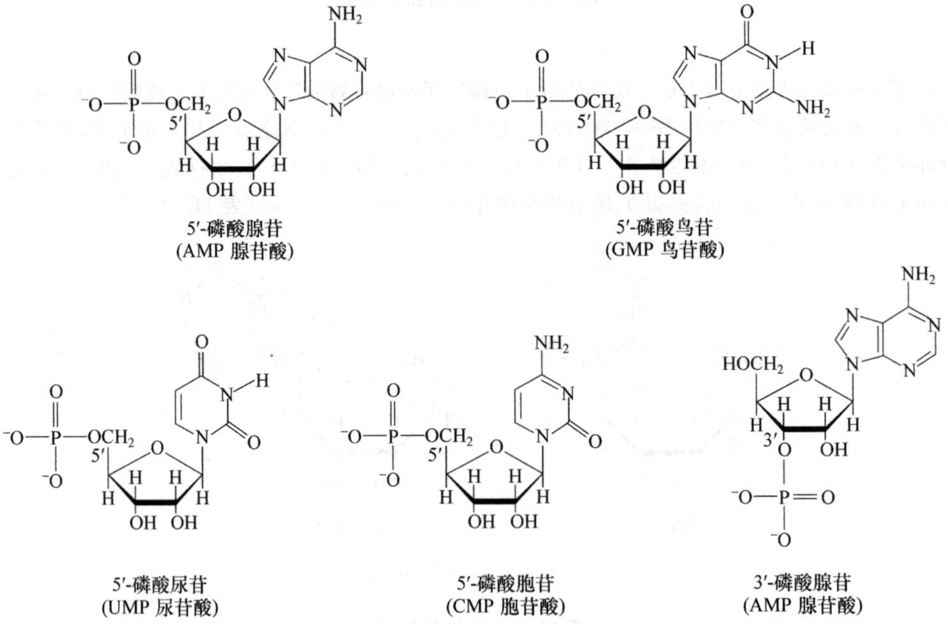

图 11.9　几种核苷酸的结构式

3. 核酸的结构

1）核酸的一级结构

核酸的一级结构是指组成核酸的核苷酸之间连键的性质和排列的顺序。RNA 和 DNA 分子中的核苷酸皆以 3′,5′-磷酸二酯键(phosphodiester bond) 连接，即一个核苷酸的戊糖环第 3 位羟基，与另一个核苷酸的戊糖环第 5′位的磷酸以酯键相连。RNA 和 DNA 的多核苷酸都没有支链。图 11.10 是两类多核苷酸的片段结构。

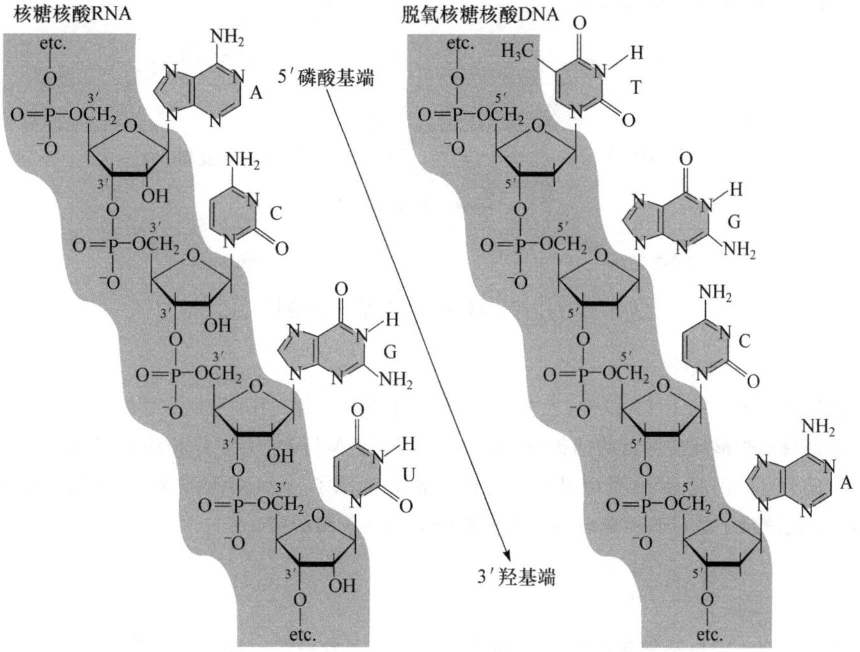

图 11.10　多聚核苷酸链

2）DNA 的双螺旋结构和三级结构

1953 年 Watson 和 Crick 在前人工作的基础上，提出了著名的 DNA 双螺旋(double helix)结构模型，也称标准 B-DNA 结构，如图 11.11 所示。

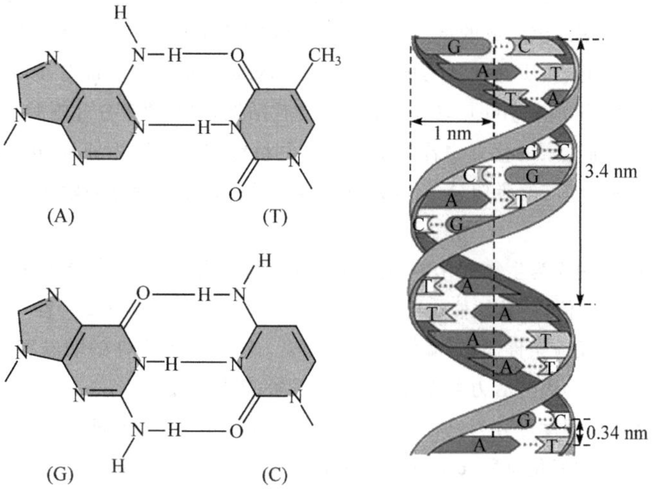

图 11.11　碱基互补配对和 DNA 双螺旋结构模型

在双螺旋结构(二级结构）的基础上，DNA 还可以形成三级结构。除了链状结构之外，生物体普遍采取双链环形 DNA(double-stranded cyclic DNA)的形式。完整的双链环形 DNA 在某些情况下可以扭曲成麻花状的超螺旋(superhelix)或超卷曲(supercoil)结构(图 11.12)。超螺旋是 DNA 三级结构的最常见的形式。超螺旋方向与双螺旋方向相反，使螺旋变松者，称为负超螺旋；超螺旋方向与双螺旋方向相同,使螺旋变紧者,称为正超螺旋。

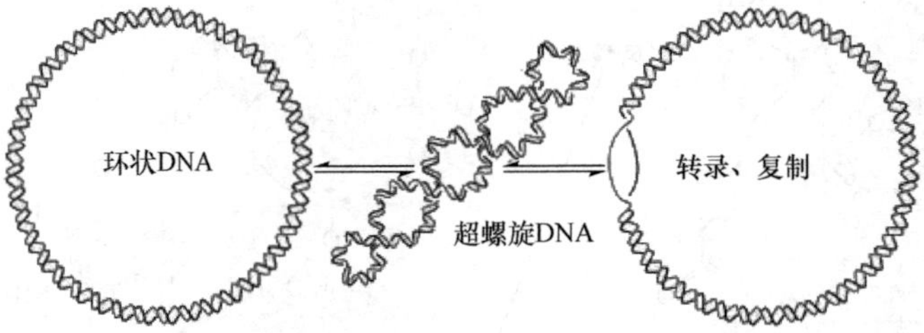

图 11.12　环状 DNA 结构示意图

3) RNA 的二、三级结构

除少数病毒(virus)的 RNA 以外,大多数 RNA 分子都是单链。RNA 分子有局部双螺旋结构,它是由核苷酸链自身回折形成的。链的回折使可以配对的碱基 A 与 U、G 与 C 相遇形成氢键;碱基不能配对的链段形成突环。因此 RNA 的碱基组成没有严格规律,除了 A、G、C、U 之外,还有几十种稀有碱基。20 世纪 70 年代测定了酵母苯丙氨酸 tRNA 具有倒 L 形的三级结构。

11.2.4　酶

酶(enzyme)是一类由活细胞产生,具有催化活性和高度专一性的特殊蛋白质。由于酶的化学本质是蛋白质,因此酶和其他蛋白质一样,主要由氨基酸构成,具有一、二、三、四级结构,也具有蛋白质的各种理化性质。酶的相对分子质量很大,其水溶液有亲水胶体性质。酶可以被蛋白酶(protease,proteinase)催化水解,受某些物理因素(加热、紫外线照射等)及化学因素(酸、碱、有机溶剂)作用而变性和失活(deactivation)。

按照酶的化学组成可将酶分为单纯酶和结合酶两大类。单纯酶分子中只有氨基酸残基组成的肽链,结合酶分子中则除了多肽链组成的蛋白质,还有非蛋白成分,如金属离子、铁卟啉或含 B 族维生素的小分子有机物。结合酶的蛋白质部分称为酶蛋白(apoenzyme),非蛋白质部分统称为辅助因子(cofactor),两者一起组成全酶(holoenzyme);只有全酶才有催化活性,如果两者分开则酶活力消失。非蛋白质部分如铁卟啉或含 B 族维生素的化合物若与酶蛋白以共价键相连的称为辅基(prosthetic group),用透析或超滤等方法不能使它们与酶蛋白分开;反之两者以非共价键相连的称为辅酶(coenzyme),可用上述方法把两者分开。

与一般催化剂相比,酶作为生物催化剂,有下列特性:①催化效率高,以分子比表示,酶促反应速率比非催化反应高 $10^8 \sim 10^{20}$ 倍,比其他催化反应高 $10^7 \sim 10^{13}$ 倍;②具有高度专一性,一种酶通常只作用于一类或一种特定物质;③反应条件温和,酶促反应在常温、常压、接近中性的酸碱度进行;④酶比一般催化剂脆弱,更易失去活性;⑤酶的活力可以受到多种形式的调节控制。

酶的专一性按其严格程度可分为三种:①绝对专一性(absolute specificity),是指一种酶只能催化一种底物进行一种反应,如过氧化氢酶(catalase)只催化过氧化氢分解;②相对专一性,是指一种酶能催化一类具有相同化学键或基团的底物进行某种类型的反应,如酯酶(esterase) 能催化各种含酯键物质水解;③立体异构专一性(stereospecificity),有两种。当底物有旋光异构体时,酶只能作用于其中一种,这称为旋光异构专一性,如 L-氨基酸氧化酶(amino acid oxidase)只催化 L-氨基酸氧化,对 D-氨基酸没有作用。当底物有顺反异构体时,酶只能作用于其中一种,称为几何异构专一性,如延胡索酸水化酶只能催化延胡索酸(反-丁烯二酸)水合成苹果酸或它的逆反应,而不能催化马来酸(顺-丁烯二酸)水合作用或它的逆反应。

11.3 生物无机化学的应用研究
(Research and application of bioinorganic chemistry)

与人类健康息息相关的许多问题，如元素（包括微量元素和常量元素）、无机药物、仿生材料、环境对人类健康的影响，金属蛋白和金属酶及其模拟化合物在工农业生产中的应用等，都引起生物无机化学工作者的极大兴趣。对这些问题的研究，就构成了生物无机化学应用研究的重要内容。本节将简要介绍若干生物无机化学的应用研究领域。

11.3.1 DNA 结构探针

20 世纪 80 年代生物无机化学家在研究金属离子与核酸的相互作用机理时，提出某些金属配合物可以作为 DNA 结构的探针(probe)。美国加州理工学院 J. K. Barton 教授发现具有八面体结构的配合物$[Zn(phen)_3]^{2+}$(phen＝邻菲咯啉)的不同异构体与 DNA 作用时存在选择性，由此在生物无机化学方面开辟了用金属配合物作为 DNA 结构探针的新的研究领域。由于$[Zn(phen)_3]^{2+}$异构体在溶液中易发生消旋化，随后她选用了更稳定的配合物$[Ru(phen)_3]^{2+}$，发现$[Ru(phen)_3]^{2+}$与 B-DNA 作用后，其电子吸收光谱出现减色，荧光增强。在相同条件下 Δ 型异构体比 Λ 型荧光增强更大，与 B-DNA 的结合力也更大。用外消旋的$[Ru(phen)_3]^{2+}$对小牛胸腺 DNA 透析，发现透析液富集 Λ 型异构体。她由此提出此类化合物与 DNA 的键合模型，即当 Δ 型配合物中一个 phen 分子插入 DNA 碱基之间，另外两个留在碱基外面的 phen 正好与 B-DNA 的右手螺旋在空间上相匹配，而 Λ 对映体的未插入的两个配体与 B-DNA 磷酸主链产生了位阻效应，不能很好的与之键合，这是导致金属配合物与 DNA 立体选择性作用的根源所在；而在左手螺旋的 Z-DNA 中，由于其大沟浅而宽，不存在像 B-DNA 中的空间位阻效应，故其与 Z-DNA作用没有立体选择性(图 11.13)。

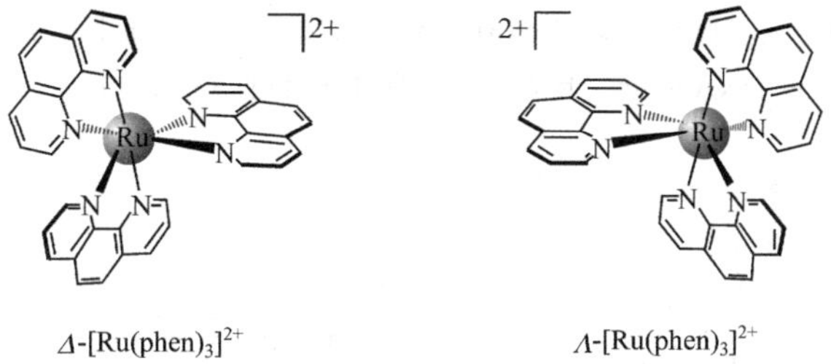

图 11.13 配合物$[Ru(phen)_3]^{2+}$的 Δ 和 Λ 两种对映体

具有荧光的金属配合物的两种对映体 Λ 和 Δ 与 B-DNA 和 Z-DNA 的作用研究，不但可以应用判断不同类型的 DNA，并且可以研究 DNA 的沟槽大小。这些研究成果不但在探索生命奥秘、病因等具有重大理论意义，而且在药物设计、识别 DNA 手性构象等方面具有重大应用价值。

11.3.2 化学核酸酶

分子生物学和基因工程技术的迅猛发展为不同学科背景的研究者涉足该领域提供了良好的机遇，化学家能做的就是设计、合成有望成为结构探针及化学治疗剂的核酸断裂剂。生理条件下借助于氧化或光活化产生活性氧中间产物导致核酸骨架断裂，即显示出与天然核酸酶相同或类似生物活性的过渡金属配合物及其载体衍生物称为化学核酸酶。化学核酸酶既有限制性内切酶的高度专一性，又能在人们预先设计的任何位点断裂 DNA，而且克服了传统的限制性内切酶识别位点仅为 4～8 个核苷酸的限制，还具有分子小、结构简单、易于提纯、成本低等优点，可用于基因分离、染色体图谱分析、大片段基因的序列分析以及 DNA 定位诱变、肿瘤基因治疗与新的化学疗法等领域。

合成的化学核酸酶由两部分构成：①DNA 识别系统，主要包括有多肽、DNA-结合蛋白质(DBP)、寡聚脱氧核苷酸(ODN)、药物等。它们通过非共价键与核酸分子的特定碱基序列、DNA 二级结构的特定区域识别结合，形成超分子体系，由此决定断裂位点、断裂产物。②化学断裂系统，通常为一个小分子过渡金属配合物，如 EDTA-Fe(Ⅱ)，$Cu(phen)_2^{2+}$，Ru(Ⅱ，Ⅲ)或 Rh(Ⅲ)配合物，水溶性金属卟啉，大环镍、铜配合物等。

绝大部分化学核酸酶的断裂系统是以氧化还原机理作用的。化学核酸酶以氧化作用攻击 DNA 的核糖环及碱基，产生各种氧化物，可以直接引起 DNA 的单链或双链发生断裂。而以水解机理断裂 DNA 时，仅影响磷酸二酯键，不造成碱基和核糖环损伤。

大多数多吡啶钌(Ⅱ)配合物通过光致自由基氧化断裂的方式使 DNA 断裂。基态多吡啶钌(Ⅱ)配合物受到光子激发，发生电子跃迁，成为激发态。激发态的多吡啶钌(Ⅱ)配合物可以与三线态氧发生能量转移，生成单线态氧($^1O_2$)，同时配合物回到基态。单线态氧具有很强的反应能力，通过不同的过程产生多种氧化性的自由基，如超氧阴离子($O_2^{\cdot -}$)、超氧自由基($OOH^{\cdot}$)或羟基自由基($OH^{\cdot}$)等。这些物质都能够氧化 DNA 的鸟嘌呤碱基，从而使 DNA 发生断裂。$[Ru(bpy)_3]^{2+}$、$[Ru(phen)_3]^{2+}$和许多其他 Ru(Ⅱ)配合物都可以通过引发单线态氧使 DNA 单链断裂。

有关过渡金属配合物水解断裂 DNA 的最早的报道是由 Barton 研究组合成的配合物 $[Ru(DIP)_2Macro]^{2+}$(图 11.14)，水解断裂的特点是 DNA 断裂之后可以通过连接酶重新连接。$[Ru(DIP)_2Macro]^{2+}$结合于 DNA 大沟。7×10^{-6} mol·dm^{-3} 该配合物在金属离子 160×10^{-6} mol·dm^{-3} Zn^{2+}、Cd^{2+}或 Pb^{2+}的催化下，反应 5～7 小时后，有约 30%的超螺旋 DNA 发生断裂。断裂 DNA 中的 40%可以通过 T4 DNA 连接酶重新连接，证明断裂过程是采用水解方式。最近，Barton 研究组将含有 16 个残基的多肽连接到配合物$[Rh(phi)_2bpy]^{3+}$上构建了 DNA 酶模型(Rh-P)，在有 Zn^{2+}存在时，可把 pBR322 DNA 转化成缺刻和线形 DNA，其断裂活性与$[Rh(phi)_2bpy]^{3+}$、多肽及 Zn^{2+}有关。聚丙烯酰胺电泳分析产物只有羟基末端，而没有磷酸根末端。只有羟基末端可能因为配合物从大沟处的水解进攻，说明配合物对 DNA 的断裂具有一定的立体选择性(图 11.14)。

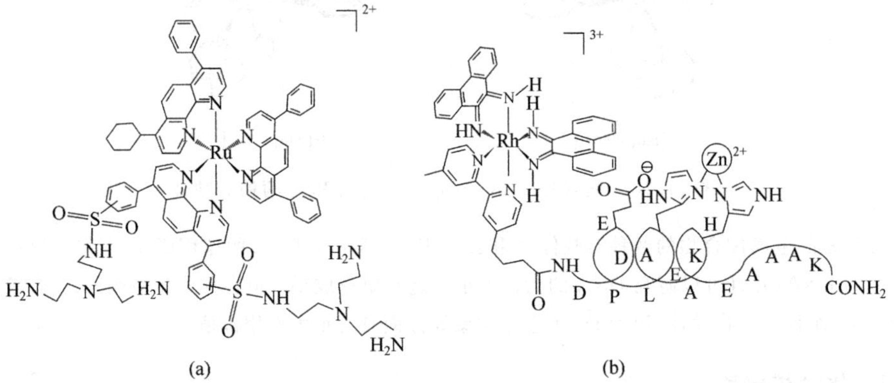

图 11.14 配合物$[Ru(DIP)_2Macro]^{2+}$的结构式(a)和 DNA 酶模型(Rh-P)示意图(b)

11.3.3 无机药物

金属元素在整个生命体系中起着重要的作用，已知 25 种元素为生命体所必需。金属离子与核酸、蛋白质等生物大分子的作用以及对神经系统不正常的影响可以直接或间接地损伤 DNA 从而引起细胞的变异;同样金属配合物又可以用于治疗和诊断疾病。生物无机化学的发展为无机药物的复兴创造了条件。欧共体联合欧洲的科学家在 1996 年就开始了一个大的无机药物课题“Metal in Medicine(COST D20)”研究,日本政府也投入大量资金组织 200 余名科学家从事这方面的研究,2001 年美国 NIH 特别设立一个“金属在医学中的应用”(Metal in Medicine)的大课题。目前许多无机药物已临床应用,对治疗各种疾病起到了良好的作用。表 11.6 列出了某些重要的无机药物。

表 11.6　重要的无机药物

化合物	商品名	用　途
磺胺嘧啶银(Ⅰ)	Flamazine	严重烧伤抗菌剂
cis-$Pt(NH_3)_2Cl_2$	顺铂	抗癌药物
$(NH_3)_2Pt(CO_2)_2C_4H_7$	碳铂	第二代抗癌药物
As_2O_3	Trisenox	治疗白血病
胶体次枸橼酸铋	丽珠得乐	治疗胃溃疡和十二指肠溃疡
Tc(HMPAO)	Ceretec	大脑造影剂
$Gd(DTPA)^{2-}$	Magnevist	改进磁共振造影扫描
$Au[CH_2(CO_2^-)CH(CO_2^-)S]$	Myocrisin	抗关节炎
Li_2CO_3	Camcolit	抗抑郁病

铂配合物是目前应用最广泛的抗癌药物之一。1964 年,美国 B. Rosenberg 偶然发现在铂电极表面形成的物质会抑制细胞分裂后,进一步研究证明,这种物质是具有活性的顺铂(cisplatin),对某些癌细胞有抑制作用。目前,顺铂以及第二代药物碳铂(carboplatin)已成为重要的抗癌药物,广泛应用于各种癌症的治疗。据最新统计,顺铂和碳铂在 1996 年就进入全球销售额领先的 10 大抗癌药物之列。研究表明,顺铂具有抗癌活性主要是由于它能够使癌细胞 DNA 复制发生障碍而抑制癌细胞的分裂。顺铂在临床上的成功应用也大大促进了生物无机化学的迅猛发展。

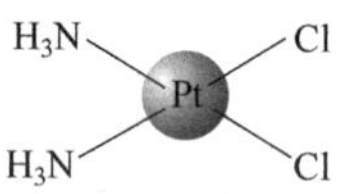

顺铂

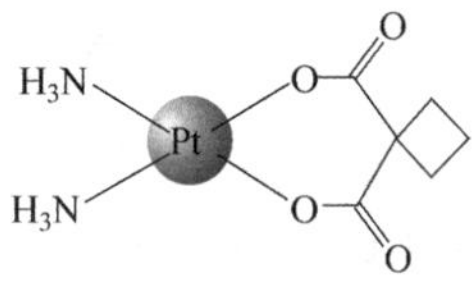

碳铂

锂对人体中枢神经系统的作用是很明显的,锂盐对于改善和稳定情绪及防止精神分裂症是有效的,它还能改善幻觉和妄想等分裂症的阳性症状。锂不仅可以在脑细胞中活动,消除不良情绪,而且它可在病毒复制、细胞信号、细胞调节和免疫应答中起重要作用。目前,锂的碳酸盐(Li_2CO_3)和柠檬酸盐已广泛应用于精神失常的预防和治疗。

银及其化合物作为抗菌剂已有很长的历史。在低浓度下银有很强的活性,并且具有低毒的性能。在很多国家流行用 1% 硝酸银溶液滴洗刚出生婴儿的眼睛以预防新生儿眼炎。目前用途最为广泛的抗菌剂是磺胺嘧啶银,它被广泛用于严重烧伤时的抗菌消毒以防止细菌感染。

早在公元前 2500 年,我国就有以金作为各种药物和营养品的记载。但真正应用于临床却还是近 70 年的事。目前,应用最广泛的是金的硫醇类化合物(如 Myocrisin)和含磷的金的口服药物用于治疗风湿性关节炎,它还被用于治疗牛皮癣和支气管炎。最新研究结果表明金的化合物具有抗癌和抗艾滋病的活性,$[Au(CN)_2]^-$ 可以很容易地进入细胞并阻白细胞的氧化破裂,能有效抑制 HIV 病毒的增殖。

铋的化合物被用作药物已有两个多世纪的历史。20 世纪 70 年代以后，铋药物在临床的应用得到迅猛发展。特别是发现了幽门螺杆菌以后，幽门螺杆菌是导致各种慢性胃炎、溃疡甚至胃癌的病原体，幽门螺杆菌基因组的测定为新型含铋药物的设计奠定了基础。次水杨酸铋被用于治疗腹泻和消化不良。胶体次枸橼酸铋(丽珠得乐)被广泛应用于治疗胃溃疡和十二指肠溃疡。研究表明，铋剂治疗胃溃疡有两种机理：一是胶体次枸橼酸铋的高分子结构在胃中选择性地附着在溃疡表面可以形成一种保护性薄膜来阻止胃酸的侵蚀；二是部分在胃液中的铋可以进入幽门螺杆菌内抑制其生长，从而达到治疗的目的。

11.3.4 仿生材料

在自然界中，无论是细菌、微生物，还是植物、动物，都可以在体内形成矿物。这些矿物包括无定形矿物、无机晶体和有机晶体。在这些矿物中，以含钙矿物居多，其碳酸盐、硫酸盐、乙二酸盐和焦磷酸盐等约占生物矿物的一半，第二主族的镁、锶、钡的无机盐和硅、铁氧化物也占了相当比例。虽然这些生物矿物在结构和组成上与天然矿物相同，但由于生物矿物的形成受控于生物过程，因而表现了特殊的功能。生物矿物分布十分广泛，细菌、微生物的细胞壁，植物的叶子，昆虫的甲壳、螯刺，禽蛋的外壳，动物的骨骼和牙齿等都含有生物矿物。某些生物矿物还具有特殊的功能，例如，超磁细菌(图 11.15)中有序排列的数颗单磁畴大小的 Fe_3O_4 作为流动时识别方向，金枪鱼头部的 Fe_3O_4 起导航生物磁罗盘作用，头足动物如乌贼以 $CaCO_3$ 作为它的浮动装置，哺乳动物的内耳以 $CaCO_3$ 为重力接收器。

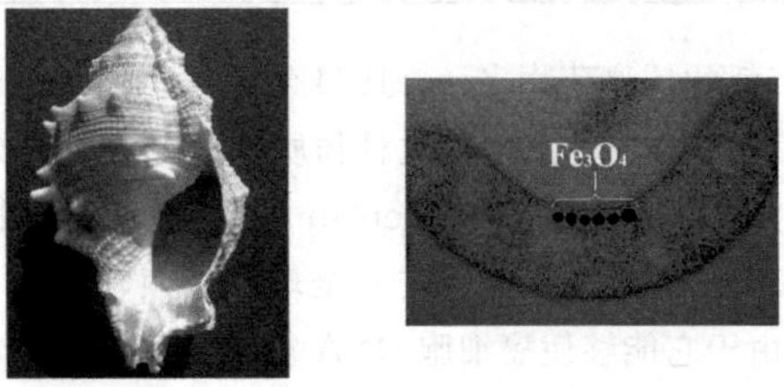

(a)　　(b)

图 11.15　海螺(a)和超磁细菌(b)

在生物体内形成矿物质(生物矿物)的过程称为“生物矿化”。生物矿化区别于一般矿化的显著特征是，通过细胞分泌的有机基质和无机物离子在界面处的相互作用，从分子水平控制无机矿物相的析出，形成具有特殊组装方式和多级结构特点的生物矿化材料(如骨、牙和贝壳)。生物矿化中，由细胞分泌的自组装的有机物对无机物的形成起模板作用，使无机矿物具有一定的形状、尺寸、取向和结构。

将生物矿化的机理引入无机材料合成，以有机物的组装体为模板，去控制无机物的形成，制备具有独特显微结构特点的无机材料，使材料具有优异的物理和化学性能。这种模仿生物矿化中无机物在有机物调制下形成过程的无机材料合成，称为“仿生合成”。类生物矿物材料具有独特的复杂形貌，极高的孔隙率和比表面，可以应用作轻质量陶瓷、催化剂载体、生物医用材料、高温分离膜、绝热材料和隔音材料等方面。近几年这类材料的仿生合成已成为材料研究前沿和热点。

SiO_2 分子筛的仿生合成是近几年研究最多的一种多孔材料。1992 年 Mobil 石油公司的 C. T. Kresge 等首次以阳离子表面活性剂为模板合成了 SiO_2 分子筛，并发现通过改变疏水链的长度可以实现孔径可调。图 11.16 示出了仿生合成 SiO_2 分子筛的基本原理：①先形成有机物的自组装体；②无机先驱物在自组装聚集体与溶液相的界面处生化学反应，在自组装体的模板作用下，形成无机/有机复合体；③将有机物模板去除后即得到有组织的具有一定形状的无机材料。

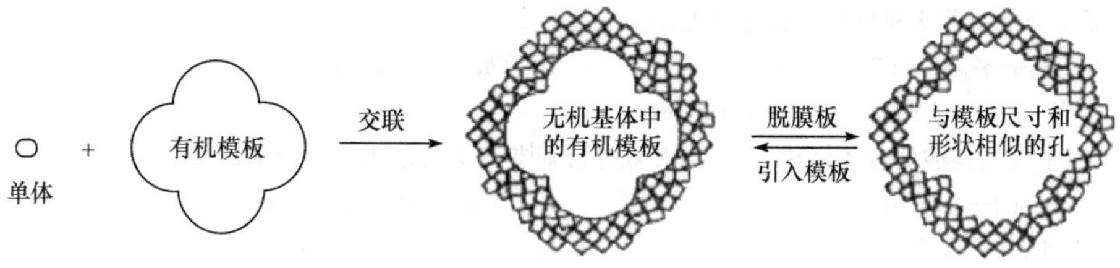

图 11.16　SiO_2 分子筛的仿生合成机理示意图

本章教学要求

1. 了解生物无机化学的概念、生物无机化学研究的对象、方法和观点。
2. 了解生物体中化学元素的分类及在周期表中的位置、存在形式和必需元素的生物功能。
3. 了解氨基酸、蛋白质、核酸的组成和结构，了解酶的组成和催化机理。
4. 了解金属配合物在 DNA 识别和化学核酸酶方面的应用。
5. 了解一些重要的无机药物。
6. 了解生物矿化和仿生材料。

习　　题

1. 选择题

(1) 在寡聚蛋白质中，亚基间的立体排布、相互作用以及接触部位间的空间结构称为(　　)。
A. 三级结构　B. 缔合现象　C. 四级结构　D. 变构现象

(2) 维持蛋白质二级结构稳定的主要因素是(　　)。
A. 静电作用力　B. 氢键　C. 疏水键　D. 范德华作用力

(3) 蛋白质变性是由于(　　)。
A. 一级结构改变　B. 空间构象破坏　C. 辅基脱落　D. 蛋白质水解

(4) 生物体中绝大部分 DNA 为(　　)。
A. A-构型 DNA　B. B-构型 DNA　C. C-构型 DNA　D. D-构型 DNA

(5) 蛋白质的二级结构是(　　)。
A. 分子所采取的结构形态　B. 蛋白质填入到酶空腔的方式
C. 氨基酸的排列顺序　D. 折叠链所采取的形式

(6) 下列属于酸性氨基酸的是(　　)。
A. 天冬氨酸　B. 赖氨酸　C. 谷氨酸　D. 甘氨酸

(7) 酶的活性中心是指(　　)。
A. 酶分子发挥催化作用的关键性结构区　B. 酶分子与底物结合的部位
C. 酶分子与辅酶结合的部位　D. 酶分子上含有必需基团的肽段
E. 酶分子有丝氨酸残基、二硫键存在的区域

(8) 下列不是蛋白质的性质之一的是(　　)
A. 处于等电状态时溶解度最小　B. 具有胶体性质，不能透过半透膜
C. 变性蛋白质的溶解度增加　D. 有紫外吸收特性

(9) 系统介绍生物无机的第一部论著是(　　)。

A. *Bioinorganic Chemistry*　　B. *The Metal of Life*

C. *Journal of Biological Chemistry*

(10) 由于发现核酸的分子结构——DNA 双螺旋而获得诺贝尔生理医学奖的生物化学家是(　　)。

A. Michael Smith　　B. Francis H. C. Crick

C. R. E. Smalley　　D. James D. Watson

2. 填空题

(1) 生物体的必需元素分为宏量元素和微量元素,其中宏量元素有________,微量元素有________。

(2) 生物体内的蛋白质可被________和________共同作用降解成氨基酸。

(3) 酶是由________产生的,具有催化活性的和________的________。

(4) 酶的生物催化特性有________、________、________和________。

(5) 维持蛋白质的一级结构的化学键有________和________;维持二级结构靠________键;维持三级结构和四级结构靠________键,其中包括________、________、________和________。

(6) 根据所含戊糖种类可以把核酸分为________和________,核酸的基本结构单位是________。

(7) 地方性甲状腺肿大是由于人体内缺乏________元素,造成缺血性贫血是由于人体内缺少________,造成营养性侏儒症是由于人体内缺乏________,佝偻病是由于人体内缺乏________。

(8) 元素________是谷胱甘肽过氧化酶的必要构成部分,有抗衰老与抗癌的生理作用,________有参与甲状腺素和三碘甲状腺素的构成的功能,________对牙齿及骨骼的形成和结构,以及钙和磷的代谢有重要作用。________是血红蛋白成分且对人体内氧分子的输送和储存起重大作用,________是骨骼、软骨形成初期所必需的组分,同时能使上皮组织和结缔组织保持必需的强度和弹性,________是胰岛激素的辅因子,也是胃蛋白酶的重要组成。人体内可以传递各种生化信息被称为化学信使的是________。

3. 生物元素指的是什么?根据体内功能的不同,可将生物元素分为哪几类?作为生命必需元素应该满足哪些条件?

4. 微量元素摄入量与人体健康有何关系?当人体内金属离子浓度发生异常时,人们通常会采取哪些措施?

5. 人体内缺乏 Na^+、K^+、Ca^{2+} 可能引起什么病变?

6. 说明人体内主要氨基酸的结构特点及存在形式。

7. 蛋白质有哪些结构层次?分别解释它们的含义。

8. 简述酶的催化特性并举例说明。

9. 一般将酶与底物之间的关系比喻为锁与钥匙之间的关系,借以说明酶催化作用的高度选择性。试对这种比喻进行评价。

10. 简单说明 DNA 的双螺旋结构及三级结构。

11. 比较 DNA 和 RNA 的异同。

12. 什么是 DNA 结构探针?并简述它的作用机理。

13. 简述化学核酸酶的构成及优点。

14. 具有抗癌活性的铂配合物结构上应满足的条件并简述其机理。

15. 简述生物矿化的过程及其机理在现代化学中的应用。

16. 简述仿生合成 SiO_2 分子筛的基本原理。

(中山大学　巢　晖)

第 12 章　环境无机化学*
(Environmental inorganic chemistry)

环境科学(environmental science)是在环境问题日益严重后产生和发展起来的一门综合性科学。环境化学是环境科学的重要组成部分。它以化学物质引起的环境问题为研究对象,以解决环境问题为目标。本章主要介绍环境化学的基本知识,重点了解无机化合物对环境的污染、对人的危害以及防治。

12.1　环境化学
(environmental chemistry)

人类是环境的产物,又是环境的改造者。随着人口增长、生产发展、城市化加速、人们消费水平提高、消费方式变化等,人类对环境和自然资源的需求越来越大。不合理地开发利用自然资源,使得生物界的生态系统遭到了干扰和破坏,如臭氧层破坏、水资源的短缺和污染、土地沙漠化、生物品种减少等。另外,人类的城市生活与工农业生产所产生的废弃物、噪声、放射线等也造成了环境的损害和污染,如温室效应、酸雨、水体富营养化、沿海赤潮等。这些环境问题已对人类的生存和发展构成了严重威胁。

环境污染包括物理、化学和生物三方面因素,其中因化学物质引起的占 80%～90%。表 12.1 列出了 20 世纪 70～90 年代发生的最著名的世界十大重大污染事件,都是由于化学物质引起的污染。

表 12.1　20 世纪 70～90 年代世界十大重大污染事件

污染事件	时间,地点	危　害	产生原因
北美死湖事件	20 世纪 70 年代,美国东北部和加拿大东南部	出现了大面积酸雨,湖鱼死亡,湖滨树木枯萎	向大气中排放二氧化硫
卡迪兹号油轮事件	1978 年,法国布列塔尼海岸	污染区域的海洋生态环境遭到破坏	原油泄漏污染
墨西哥湾井喷事件	1979 年,墨西哥湾	海洋环境受到严重污染	原油污染
库巴唐"死亡谷"事件	20 世纪 80 年代,巴西库巴唐市	肺癌、咽喉癌、口腔癌和胰腺癌、膀胱癌患、神经系统(包括脑部)的癌症患病率是其他城市的 2 倍以上	炼油、石化、炼铁等企业排放废气、废水
西德森林枯死病事件	1983 年,联邦德国	80 多万公顷森林被毁,到处可见秃树、死鸟、死蜂,该区儿童每年有数万人感染特殊的喉炎症	酸雨
印度博帕尔公害事件	1984 年,博帕尔市	2500 人死亡,15 万人因受污染危害而进入医院就诊,20 多万人双目失明	异氰酸甲酯泄漏污染

续表

污染事件	时间,地点	危　害	产生原因
切尔诺贝利核漏事件	1986 年,前苏联乌克兰切尔诺贝利	10 万居民患肺癌和骨癌而死亡,7 万人成为残疾,30 多万人受放射伤害死去	放射性物质泄漏污染
莱茵河污染事件	1986 年,瑞士巴富尔市	流经地区鱼类死亡,沿河自来水厂全部关闭。莱茵河的生态受到了严重破坏	剧毒农药的钢罐爆炸,硫、磷、汞等毒物随着百余吨灭火剂进入下水道,排入莱茵河
雅典"紧急状态事件"	1989 年,希腊首都雅典市	市民出现头疼、乏力、呕吐、呼吸困难等中毒症状	二氧化碳浓度达到 631 mg · m^{-3},超过历史最高纪录
海湾战争油污染事件	1990 年,波斯湾	数万只海鸟丧命,并毁灭了波斯湾一带大部分海洋生物	原油流入波斯湾

化学物质引起的环境污染起因主要有:①化学废弃物在环境中缺乏足够且及时的混合稀释,以致造成污染源地区受到高度污染,如大城市的光化学烟雾污染;②化学废弃物在环境中的分解速度小于其被投入环境中的速度,使其在环境中积累造成污染,如有机氯农药;③由于生物积累作用,原本在环境中十分稀释的污染物,能够再度浓缩,并由食物链进入及危害人体,如重金属污染;④许多化学物质单独存在没有造成污染,但与其他污染物共存时增强了危害性,即为复合污染。

1. 环境

自然环境是人类赖以生存与发展的必要物质条件,是影响人类生产、生活和发展的各种外界事物及力量的总和。目前环境科学研究的人类环境(environment)主要是指自然环境,主要包括大气、水、土壤、生物等自然因素。在环境化学中,这些自然因素称为大气环境、水环境、土壤环境与生物环境。这些环境诸要素间相互制约、相互影响,处于动态平衡状态。

2. 环境污染

环境污染(environmental pollution)是指有害物质或有害因子由于自然的或人为的(生产、生活)原因而进入环境,并在环境中扩散、迁移、转化,使环境系统的结构与功能发生变化,并超过了环境的承受能力(环境的自净能力或自动调节能力),对人类或其他生物的正常生存和发展产生不利影响的现象。

环境污染类型的划分因目的、角度不同的而不同,如按污染物(或污染因子)性质可分为化学污染、物理污染、生物污染等;按环境要素可分为大气污染、水污染、土壤污染和噪声污染等。导致环境污染的主要因素是人为因素,如工业生产排出的废物和余能进入环境以及不合理的开发利用自然资源等,都带来了环境的污染。另外一个因素是自然灾害,如火山爆发、地震、洪水和风暴等。

3. 环境污染物

引起环境污染的物质或因子称为"环境污染物"(environmental pollutant),简称"污染物"。环境污染物的毒性取决于其在环境介质中的浓度和存在形态;不同的污染物同时存在时,会有综合作用,如拮抗作用、协同作用、相加作用,而导致污染物的毒性等危害降低或增大。

影响人类健康的环境污染物种类繁多,主要有:①按污染物的性质分类,分为化学污染物、物理污染物和生物污染物;②按环境要素分类,包含有大气污染物、水体污染物和土壤污染物;③按污染物的形态分类，有气体污染物、液体污染物和固体污染物；④按人类社会不同功能产生分类，有工业污染物、农业污染物、交通运输污染物和生活污染物；⑤按化学污染物分类，可分为元素、无机物、有机化合物和烃类、金属有机和准金属有机化合物、含氧有机化合物、有机氯化合物、有机卤化物、有机硫化物、有机磷化合物等九类。

人类的生产活动给环境带来的环境污染物主要来自以下几个方面：①工业生产，如工业产生中产生的“三废”（废水、废气、废渣）、能源和水资源的消耗与利用等；②农业生产，如过量使用农药、化肥，农业生产的废弃物等；③交通运输，如交通运输工具造成的噪声污染、尾气污染、油污染及扬尘污染等；④日常生活，如生活中产生的生活污水、生活垃圾及燃煤等产生的废气等。

4. 污染物的迁移与转化

污染物的迁移(transportation)是指污染物在环境中所发生的空间位移及其引起的富集、分散和消失的过程。主要有机械、物理-化学和生物三种迁移方式。其中物理化学迁移通过溶解-沉淀、氧化还原、水解、吸附-解吸等理化作用实现迁移。生物迁移是通过生物体对污染物的吸收、代谢及其自身的生长、死亡，甚至通过食物链的传递产生放大积累作用而实现迁移。

污染物的转化(turnover)是指环境中的污染物在物理、化学或生物的作用下，改变存在形态或转变为另一种物质的过程。例如，大气中的氮氧化物、碳氢化合物在阳光的作用下，通过光化学氧化作用生成臭氧、过氧乙酰硝酸酯及其他光化学氧化剂。并在一定条件下形成光化学烟雾；汽车排出的 NO 在大气中被氧化转化为 NO_2、HNO_3 和 MNO_3（M 为金属元素）等新的污染物；水体中的二价汞，在某些微生物的作用下，转化为甲基汞和二甲基汞等。

污染物的迁移和转化常常是相伴进行的。

5. 酸雨

酸雨(acid rain)是英国化学家 R. A. Smith 1872 年最早发现，并提出“酸雨”这一概念的。直到 20 世纪 80 年代，由于酸雨在欧洲的不断扩大和危害，人们才引起了对酸雨的重视。

$pH<5.6$ 的雨、雪或其他形式的大气降水称为“酸雨”。酸雨现象是大气化学过程和物理过程的综合效应，也是一种严重的污染现象。

酸雨的形成涉及一系列复杂的物理、化学过程，包括污染物的远程输送过程，成云成雨过程以及在这些过程中发生的气相、液相和固相等均相或非均相化学反应等。大气中的 SO_2、NO_x 在气相、液相或气液界面经过氧化转化为溶于水的 HNO_2、HNO_3、H_2SO_4 是形成酸雨的主要原因。在转化过程中 O_3、H_2O、HO_2、HO 等是重要的氧化剂，Fe、Mn、Cu、V 等金属离子是重要的催化剂。除此以外，大气中 NH_3、Ca^{2+}、Mg^{2+} 等会使降水的 pH 有升高的趋势，因此多数情况下，降水的酸碱性取决于该地区大气中酸碱物质的比例关系，如图 12.1 所示。

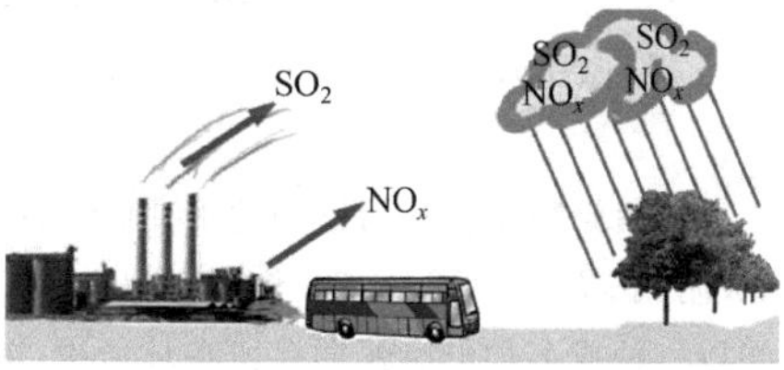

图 12.1　酸雨产生过程

酸雨对自然、人体健康等许多方面产生巨大的危害损害，主要包括以下几个方面：①严重危害植物的生长，严重时导致植物的死亡，并且，酸雨还可能抑制植物抵御虫害的能力和光合作用；②酸雨会导致钙、铁等重要的营养元素从土壤中被溶解和冲刷出来而迅速损失，引起土壤的营养状况降低，同时也导致被固定在土壤颗粒中的有害重金属被淋溶出来；③酸雨使湖泊及地表水等水体明显酸化，直接或间接的威胁鱼类等水生生物的生存；④酸雨对建筑物、金属、纺织品、皮革、纸张、油漆、橡胶等物质的腐蚀，给全球造成巨大的经济损失，酸雨严重破坏古文物；⑤酸雨对人体健康能产生很大的危害。水质酸化后，由于一些重金属的溶出，对饮用者会产生危害。由于酸雨的影响，地下水中的铅、铜、锌、镉的浓度已上升到正常值的 10～100 倍。含酸的空气使多种呼吸道疾病增加，酸雨特别是在形成硫酸雾的情况下，其微粒侵入人体肺部，可引起肺水肿和肺硬化等疾病而导致死亡，酸雨对老人和儿童等的影响更为严重。

6. 温室效应

来自太阳的辐射一部分直接达到地面或者通过大气散射到达地面，这些辐射在被地面吸收之后，除了地表存留一部分用于维持地表生态系统热量需要，其余最终都以长波辐射（波长在 400 nm 以上）的形式返回外空间，从而维持地球的热平衡。大气中微量气体、水蒸气、悬浮水滴和云层中冰晶等能有效吸收这些长波辐射。随后，吸收的辐射又被这些气体以相同波长发射，其中一部分返回地面。这样，大气就像一个“玻璃屋顶”（“屋顶”高度约在距地面 15 km 处，地面长波辐射到此已大部分被吸收），“屋顶”与地面之间形成一个“温室”。温室内的这些致热长波辐射被“禁闭”在里面，导致温室内的温度要比外面的高。增加大气中 CO_2 等温室气体浓度，阻止地球热量的散失，使地球发生可感觉到的气温升高，这就是“温室效应”(greenhouse effect)（图 12.2）。人为排放的大量气体造成的温室效应要远远大于自然条件下的温室效应。太阳辐射主要介于紫外和可见光波段，而地球表面和大气（温度低）的辐射，称为长波辐射。

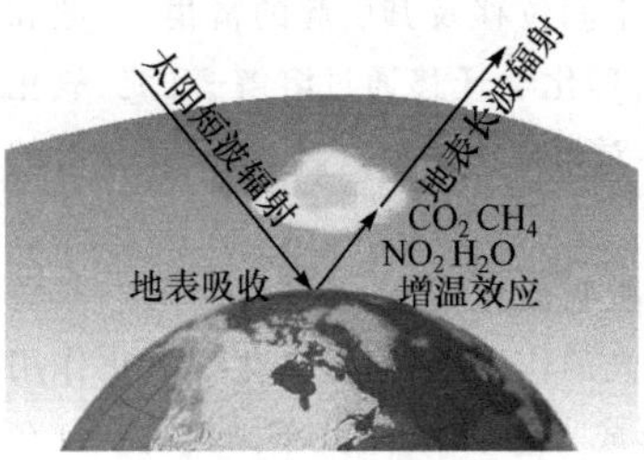

图 12.2　温室效应

一般把能够强烈吸收波长 400 nm 以上的气体称为温室气体。温室气体包括 CO_2、N_2O、CH_4、CO、CH_3CHCl_2、O_3、氟利昂（CFC-11、CFC-12）、CCl_4 等。

“温室效应”会引起气温升高，潜在蒸发增加，从而使干旱季节延长、四季温差减小，引起极地冰川的融化，海平面升高，使世界范围飓风、暴雨等极端天气现象的增多，给人类带来无法估量的损失。另外由于温室气体上升，还会伴随大量其他环境问题，如物种对气候不适应导致的物种灭绝、生物对气候的不适应可能导致的疾病流行等。

抑制温室效应主要是通过减少和控制温室气体排放，其他方法还有植树造林、节能和转变能源种类（改用原子能、自然能）等。

12.2　主要无机污染物及其防治
(Inorganic chemical pollutants and their prevention and control)

无机污染物是化学污染物的重要组成部分，它们主要通过沉淀-溶解、氧化还原、配合作用、胶体形成、吸附-解吸等一系列物理、化学作用进行迁移转化，参与和干扰各种环境化学过程和物质循环过程，最终以一种或多种形态长期存留在环境中，造成永久性的潜在危害。

12.2.1　含碳化合物

环境中的含碳化合物是种类极其丰富的一类，主要存在于大气中，包括一氧化碳(CO)、二氧化碳(CO_2)、有机碳氢化合物等。

1. 一氧化碳

环境中一氧化碳(CO)主要来自天然，包括甲烷的转化、海水中 CO 挥发、森林草原火灾和植物叶绿素的光解等。汽车尾气是 CO 的最主要的人为来源。由于 CO 化学性质稳定，在大气中不易与其他物质发生化学反应，可以在大气中停留较长时间。

CO 的主要危害在于能参与光化学烟雾的形成。

一般空气中的 CO 对植物及有关的微生物均无害。但一氧化碳对人体有毒性，人一旦吸入一氧化碳，它就和血红素结合起来，减少了血液载氧能力，危害中枢神经系统，严重时使人窒息甚至死亡。

大气中的 CO 虽然可转化为 CO_2，但速度很慢。自然界中 CO 的去除途径主要是通过土壤中某些细菌的吸收和代谢，其代谢产物主要为 CO_2 和 CH_4。

2. 二氧化碳

二氧化碳（CO_2）引起温室效应的主要气体。有预测表明，如果大气中 CO_2 浓度增加一倍，全球温度将上升 3～5 ℃。

CO_2 的人为来源主要是矿物燃料的燃烧。天然来源主要有海洋排气、甲烷的氧化转化、动植物呼吸、腐败作用以及生物物质的燃烧和来自地球内部的释放（如火山活动等）。

治理措施是减少人为 CO_2 的排放量，保护热带雨林和森林，从而增强植被对大气中 CO_2 的吸收作用。

12.2.2 含氮化合物

1. 大气中重要的含氮化合物

大气中重要的含氮化合物主要有 N_2O、NO、NO_2、NH_3、HNO_2、HNO_3 和铵盐等。

一氧化二氮 N_2O 能吸收地面辐射，属于温室气体。N_2O 化学性质较为稳定，但进入平流层后，由于吸收来自太阳的紫外光而光解产生 NO，对臭氧层起破坏作用：

$$N_2O + h\nu \longrightarrow N_2 + O$$
$$N_2O + O \longrightarrow N_2 + O_2$$
$$N_2O + O \longrightarrow 2NO$$

N_2O 主要是由环境中的含氮化合物在微生物作用下分解而产生的：

$$2NO_3^- + 4H_2 + 2H^+ = N_2O + 5H_2O$$

N_2O 的人为来源主要是燃料燃烧及含氮化肥的施用。

NO 和 NO_2 合称为氮氧化物 NO_x（nitrogen oxide），是大气中最重要的污染物之一，它可参与酸雨及光化学烟雾的形成。光化学烟雾（photochemical smog）是汽车尾气或工厂排放物中的含氮氧化物与碳氢化物在日光照射下形成的一种烟雾，它强烈刺激人的眼睛和呼吸器官，轻者使人眼睛红肿、喉咙疼痛，重者呼吸困难、手足抽搐，甚至死亡。大气中 NO_x 的天然来源主要为生物源及闪电作用等。人为来源主要来自燃料的燃烧或化工生产过程，其中以工业炉窑、氮肥生产和汽车排放的 NO_x 量最多。在燃烧过程中，空气中的氮和氧在高温条件下化合生成 NO_x：

$$O_2 \longrightarrow O\cdot + O\cdot$$
$$O\cdot + N_2 \longrightarrow N_2O + N\cdot$$
$$N\cdot + O_2 \longrightarrow NO + O\cdot$$
$$2NO + O_2 \longrightarrow 2NO_2$$

NO_2 的天然来源主要是生物有机体腐败过程中微生物将有机氮转化为 NO，NO 继续被氧化成 NO_2。其人为来源主要是矿物燃料的燃烧。燃烧过程中氮和氧在高温条件下化合生成 NO_x。

NO 在大气中浓度较低，生物化学活性小，所以对生物危害较小。NO_2 对人体的大致安全浓度为 5×10^{-6}（体积分数），在 1×10^{-6}～4×10^{-6}（体积分数）时有恶臭感，高于此浓度会强烈刺激眼睛和肺部，引起头晕、头疼、咳嗽、心悸等症状。对植物而言，空气中低浓度 NO_2 即能引起叶子产生斑点、组织受到破坏，如低浓度长时间曝露，能使柑橘等落叶、萎黄和减产。

NO_2 是低层大气中最重要的光吸收分子，它吸收紫外线就被分解为 NO 和氧原子；由此反应可以引发一系列反应，导致光化学烟雾的形成：

$$NO_2 + h\nu \longrightarrow NO + O\cdot$$

NO_x 对平流层的臭氧破坏有重要作用：

$$O_3 + NO \longrightarrow NO_2 + O_2$$

由燃烧产生 NO_x 污染的防治可采用排烟脱氮技术，将 NO_x 还原为 N_2。我国已研制成功用氨作还原剂，以 CuO-CrO 为催化剂，在较宽的操作温度范围内，保持氮氧化物的转化率达 99%以上，使废气中的氮氧化物的浓度减低到符合排放标准。其主要反应如下：

$$4NH_3 + 6NO = 5N_2 + 6H_2O$$

$$8NH_3 + 6NO_2 = 7N_2 + 12H_2O$$

大气中的氨（NH_3）的天然来源主要来自动物废弃物的分解、土壤腐殖质及土壤中氮的转化。人为来源则主要为氨基氮肥的损失及工业排放，燃煤也是 NH_3 的重要人为来源。大气中的 NH_3 最终被氧化转化为硝酸盐颗粒，并通过沉降过程从大气中去除。

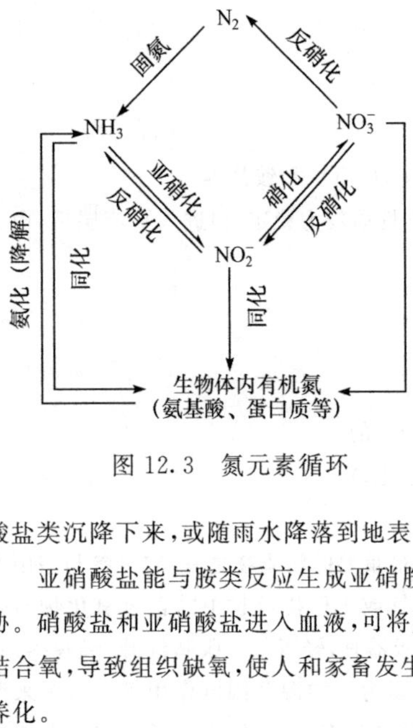

图 12.3　氮元素循环

2. 铵盐、硝酸盐和亚硝酸盐

铵盐、亚硝酸盐和硝酸盐是环境中常见的三类含氮无机化合物，在环境中相互转化过程如图 12.3 所示。

铵盐、亚硝酸盐和硝酸盐主要污染源有：

(1) 生活与粪便污染。

(2) 农业污染源。化学肥料即氮肥是地下水硝酸盐污染的重要来源。

(3) 工业污染源。食品、皮革、造纸等轻工业及机械、化学等工业均排出含大量有机氮和无机氮的废水、废渣。

(4) 大气氮氧化物的沉降污染。煤、石油、天然气、植物等的燃烧产生的大量的氮氧化物，通过化学作用后，形成硝酸盐类沉降下来，或随雨水降落到地表、土壤与河、湖中，最终也能进入到地下水里。

亚硝酸盐能与胺类反应生成亚硝胺类化合物，具有致癌、致畸、致突变的性质，对人类有很大的威胁。硝酸盐和亚硝酸盐进入血液，可将其中的血红蛋白 Fe^{2+} 氧化成 Fe^{3+}，变成氧化血红蛋白，后者不能结合氧，导致组织缺氧，使人和家畜发生急性中毒。此外，农田施用过量的氮肥容易造成地表水的富营养化。

铵盐、亚硝酸盐和硝酸盐污染处理的主要方法有：

(1) 气提法。提高废水的 pH 至 10，使氨氮主要以 NH_3 的形态存在，并用空气将其从水中吹出。

(2) 生物脱氮法。由生物硝化和生物脱氮两个过程组成。硝化过程中，游离的氨在亚硝酸菌和硝酸菌作用下被氧化为 NO_3^- 形态；脱氮过程中，脱氮菌在缺氧条件下进行反硝化作用，使 NO_3^- 形态转为气态 N_2O 和 N_2，从水中逸散到大气。实际工程中常加甲醇作为细菌生长所需的碳源。反应如下：

$$6NO_3^- + 5CHOH + 6H^+ = 3N_2 + 5CO_2 + 13H_2O$$

(3) 土壤渗滤法。将废水自上而下流经土层，使其中氨氮通过物理吸附和生物作用得以除去。

(4) 转效点氯化法。利用具有强氧化性的氯气将水中氨氧化成氮而逐出的方法。

(5) 离子交换法。常用经改性后的天然沸石装柱，通过交换吸附以除去水中的氨氮。

12.2.3　含磷化合物

环境中，磷的天然源主要来自岩石的风化作用。当岩石风化时，其中所含的磷(通常是 PO_4^{3-} 形态)大量溶解和转变成可被植物利用的形态。土壤磷的人为源主要是磷矿废水及施用磷肥。土壤中的无机态磷几乎全部是正磷酸盐。在大部分土壤 pH 范围内，$H_2PO_4^-$ 及 HPO_4^{2-} 是主要的正磷酸盐形态，也正是植物摄取磷的主要形态。因此，在近于中性 pH 时，正磷酸盐对植物最有用。在较酸性的土壤中，正磷酸盐离子被沉淀或被 Al(Ⅲ)及 Fe(Ⅲ)的物类吸附。

土壤磷污染对农作物生长影响并不很大，但其中的磷酸盐可随水土流失进入湖泊、水库等，造成“水体富营养化”。水体富营养化(eutrophication)是指生物所需的营养物质(如氮、磷等)人为地大量进入湖泊、河流、海洋等水体中，引起藻类及其他浮游生物迅速繁殖，造成水体溶解氧量下降、水质下降，鱼类等水生生物大量死亡的现象。水体富营养化在海洋中则称为“赤潮”。

12.2.4　臭氧

臭氧(ozone，O_3)是大气中十分重要的物质。在高 15～35 km 范围的低平流层，臭氧含量高达 2×10^{-7}(体积分数)，因而这部分平流层称为“臭氧层”。平流层中的臭氧，能有效地吸收太阳辐射中的对地表生物有害的紫外线(波长 240～320 nm)，是对人类和地表生物有益的物质，称为地表生物系统的“保护伞”。平流层中 O_3 的生成与损耗是同时进行的，长期保持动态平衡。

生成反应：　$3O_2 + h\nu \longrightarrow 2O_3$

消耗反应：　$2O_3 + h\nu \longrightarrow 3O_2$

人类的活动范围已进入了平流层，如超声速飞机向平流层中排放出水蒸气、氟氧化物等污染物。1985 年，英国科学家观测到南极上空臭氧约损耗一半而形成了“臭氧层空洞”(图 12.4)，引起全世界对臭氧层耗竭问题的关注。1995 年，三位化学家什伍德 · 罗兰(F. S. Rowland)、马利奥 · 莫琳娜(M. Molina)、保罗 · 克里森(P. Crutzeu)提出并总结 O_3 层破坏的反应机理，因此获得了诺贝尔化学奖。如果环境中存在物质 Y 能与臭氧反应，则

$$Y + O_3 \longrightarrow YO + O_2$$

$$O + YO \longrightarrow Y + O_2$$

总反应：　$O + O_3 \longrightarrow 2O_2$

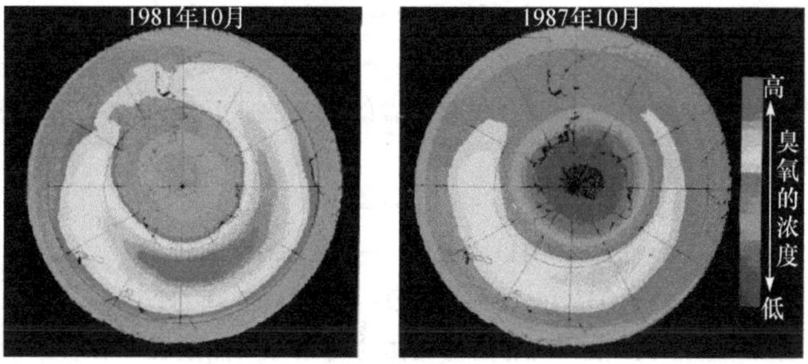

图 12.4　南极上空的臭氧层空洞

物质 Y 起催化剂的作用，本身并不消耗，只是加速臭氧的破坏。目前消耗臭氧层物质(ozone depletion substance)主要有：①有机化合物，如氟利昂、哈龙、1，1，1-三氯乙烷、甲基溴等；②无机化合物，如 N_2O 和 NO。

对流层中的臭氧是目前大气的主要污染物质之一，原因在于由于具有很强的氧化能力。观测中发

现臭氧在 440～850 nm 处也有一个吸收带，即臭氧也能够吸收来自地球下层大气的长波逆辐射，所以从这个意义上说，臭氧也是一种重要的温室气体。

自然界的光化学过程是 O_3 的重要来源。石油工业、燃煤电厂、汽车尾气等排放的 NO_x、CO 和碳氢化合物只要在阳光照射及合适的气象条件下就可以生成 O_3，这就是 O_3 的人为主要来源。O_3 对人体健康产生有害影响。O_3 对眼睛和呼吸道有刺激作用，引起咳嗽、喉部干燥、胸疼、恶心等，严重时可能会引起炎症，对肺功能也有影响；较高浓度的 O_3 对植物也是有害的。另外，O_3 还会对材料造成破坏，主要是对一些高分子材料（如橡胶、塑料、涂料等）的损害。

12.2.5 含硫化合物

1. 大气中重要的含硫化合物

大气中的含硫化合物种类也很多，目前研究较多无机硫化物有二硫化碳（CS_2）、二氧化硫（SO_2）、三氧化硫（SO_3）、硫酸和硫酸盐等。其中 SO_2 是最大的污染源。著名的 1952 年"伦敦烟雾"事件就是 SO_2 在粉尘、雾滴的协同作用下造成的。

SO_2 是无色、有刺激性气味的气体。SO_2 在大气中不稳定，是形成"酸雨"的主要成分，反应如下：

$$SO_2 + [O] \longrightarrow SO_3 \qquad \text{（关键反应）}$$

$$SO_3 + H_2O \longrightarrow H_2SO_4$$

$$H_2SO_4 + NH_4^+ \longrightarrow (NH_4)_2SO_4 \qquad \text{（或其他硫酸盐）}$$

大气中的 SO_2 主要来源于含硫燃料（煤炭、石油）的燃烧和硫化物矿石的焙烧、冶炼过程。火山喷发是主要的天然来源。

SO_2 对人体的黏膜组织（如眼结膜和鼻、咽等）具有较强的刺激性。低浓度二氧化硫吸入时可使呼吸道轻度收缩，呼吸阻力增加；吸入高浓度二氧化硫，则会引起急性支气管炎，甚至发生肺水肿和呼吸道麻痹。

为消除或减少烟气中排至大气的 SO_2 量，目前采用的方法主要有三类：①利用低硫的燃料；②燃料脱硫；③湿法烟气脱硫。烟气脱硫是将烟气中 SO_2 和 SO_3 转化为液态或固态化合物，从而把它们从排出的烟气中分离出来。例如

氨法：

$$SO_2 + 2NH_3 + H_2O \xlongequal{} (NH_4)_2SO_3$$

$$(NH_4)_2SO_3 + 1/2O_2 \xlongequal{} (NH_4)_2SO_4$$

碱法：

$$2NaOH + SO_2 \xlongequal{} Na_2SO_4 + H_2O$$

$$Na_2CO_3 + SO_2 \xlongequal{} Na_2SO_4 + CO_2\uparrow$$

目前广泛利用价廉易得的碳酸钙或消石灰或两者的混合浊液（5%～10%）作为吸收剂，吸收烟气中的 SO_2。该工艺脱硫效率高。

$$2CaCO_3(s) + 2SO_2(g) + O_2(g) \xlongequal{} 2CaSO_4(s) + 2CO_2(g)$$

$$2Ca(OH)_2 + 2SO_2 \xlongequal{} 2CaSO_3 \cdot H_2O$$

$$2CaSO_3 \cdot H_2O + O_2 + 2H_2O \xlongequal{} 2CaSO_4 \cdot 2H_2O$$

大气中的 H_2S 主要来源于火山爆发、动植物机体的腐烂等天然过程和各种工业废气（燃料加工、人造丝、橡胶、硫化染料等行业），废水处理厂的活性污泥池、气提塔、氧化塔等在运转时都可能成为 H_2S 气体的发生源。

大气中 H_2S 的主要来源是天然排放。除火山活动外，H_2S 主要来自动植物机体的腐烂，即主要由动植物机体中的硫酸盐经微生物的厌氧活动还原产生。H_2S 的人为排放量不大，全球工业排放的 H_2S 仅为 SO_2 排放量的 2%左右。H_2S 主要去除机理是氧化，主要氧化剂有 OH、O_2、O_3。在大气中 H_2S 很容易被氧化成 SO_2。

$$H_2S \xrightarrow{HO\cdot} HS \xrightarrow{O_2} SO \xrightarrow[\text{或 } NO_2]{O_2} SO_2$$

2. 硫化物

环境中的硫化物主要存在于矿石中，它们可以在溶有氧、二氧化碳等地下水的作用下，而转变为硫酸盐，硫酸盐又可进一步氧化或与其他无机酸反应。

硫化物污染主要发生在具备厌氧条件的水体沉积物和土壤深层。地下水(特别是温泉水)及生活污水通常也含有较多的硫化物。某些工矿企业如焦化、造气、选矿、造纸、印染、制革等行业的废水中也含有硫化物。

去除废水中硫化物一般采用物理化学方法和生物学方法。物理化学方法主要有直接吹脱、曝气氧化、化学氧化、化学沉淀及吸附等方法。

12.2.6　含氟化合物

氟是人体必需的微量元素。环境中氟只存在－1价态的化合物，并大多数都具有较高的水溶性。氟化物主要有气态和固态两种物态，天然水中，在酸性条件下，氟可与金属离子络合而以络离子状态(如 AlF^{2+}、AlF_2^+、FeF^{2+}、FeF_2^+ 等)存在。氟在土壤中主要以吸附形态存在，移动性不强，主要是因为土壤中的无机胶体[黏粒、黏土矿物、$Al(OH)_3$ 等]和腐殖酸等有机胶体对氟有强烈的吸附作用。

环境中的氟污染以大气污染最为严重，其次为废水和废渣的污染。主要的氟污染源有磷矿石加工、铅和钢铁的冶炼，以及煤的燃烧。陶瓷、玻璃、塑料、农药、原子能等工业也排放含氟污染物。此外，一些特殊的地理因素也能引起自然环境的氟污染，如火山、温泉附近，以及磷灰石、萤石、冰晶石等地层含氟量高，流经这些地层的水中往往含有大量的氟化物，这是造成地方性氟中毒的主要原因。

氟化物主要以气体和含氟粉尘的形式污染大气。气态氟化物 SiF_4 和 HF 是大气环境氟污染的主要形态。HF 气体易与大气中的水汽结合，形成氢氟酸；SiF_4 在大气中可与水汽反应形成水合氟化硅和易溶于水的氟硅酸。通过降水可把上述氟污染物带到地面而去除。另外，由于 SF_6 在大气中的寿命极长(一般超过千年)，同时具有极强的长波辐射吸收能力，因此，在近年的温室气体研究中备受关注，被列为1997年京都国际气候变化会议上受控的6种温室气体之一。SF_6 主要用于大型电器设备中的绝缘流体物质。它没有天然的来源，全部来源于人类的生产活动，而它一旦进入大气就会在大气中积累起来，对地球的辐射平衡产生越来越严重的影响。

人摄入过量的氟化物发生氟中毒。当大量的氟进入肌体后，由于氟与钙有很大的亲和力，大量的血钙与氟结合成氟化钙，使钙代谢紊乱，就会出现缺钙综合征。此外，过量的氟还会引起氟斑牙等病症。

氟也是植物的有毒元素。

因含氟气体易溶于水，所以，含氟气体一般采用吸收(湿法)或吸附法(干法)处理。含氟废水的处理主要有氟化钙沉淀法和活性铝矾土吸附法，反应如下：

$$Al(OH)_3 + xF^- = Al(OH)_{3-x}\cdot F_x^- + xOH^-$$

$$(Al_2O_3)_n\cdot 2H_2O + SO_4^{2-} = (Al_2O_3)_n\cdot H_2SO_4 + 2OH^-$$

$$(Al_2O_3)_n\cdot H_2SO_4 + 2F^- = (Al_2O_3)_n\cdot 2HF + SO_4^{2-}$$

12.2.7　重金属

重金属(heavy metal)一般是指相对密度等于或大于5.0的金属。在环境污染中，重金属污染是最严重的污染之一。在环境污染研究中主要是指汞、镉、铅、铬以及类金属砷等生物毒性显著的元素，其次是指有一定毒性的一般重金属，如锌、铜、镍、钴、锡等。

重金属污染物具有以下特点：①形态多变，而形态不同毒性也不同，一般金属有机态毒性大于无机态；②价态不同毒性不同，金属羰基化合物常剧毒；③产生毒性效应的浓度范围低，在水中一般为1～10 mg/L，而毒性较强的重金属(如Hg、Cd等)则为0.001～0.01 $mg \cdot L^{-1}$；④重金属污染物不易被微生物分解；⑤迁移化形式多；⑥对人体的毒性是积累性的。

重金属在土壤中的存在形态随着土壤环境条件的变化而发生转化。在一定的条件下，金属元素存在形态的转化处于动态平衡状态，基本上符合一般的溶解-沉淀平衡、氧化还原平衡、络合-整合平衡，以及吸附-解吸平衡原理。

预防土壤重金属污染的基本原则：切断污染源、提高土壤环境容量、控制或切断重金属进入食物链、避免二次污染。治理土壤重金属污染的途径主要有两种：一是改变重金属在土壤中的存在形态，使其固定，降低其在环境中的迁移性和生物可利用性；二是从土壤中去除重金属。

1. 汞

自然界汞主要以金属汞、一价汞和二价汞的化合物存在。汞在环境中的迁移与转化如图12.5所示。

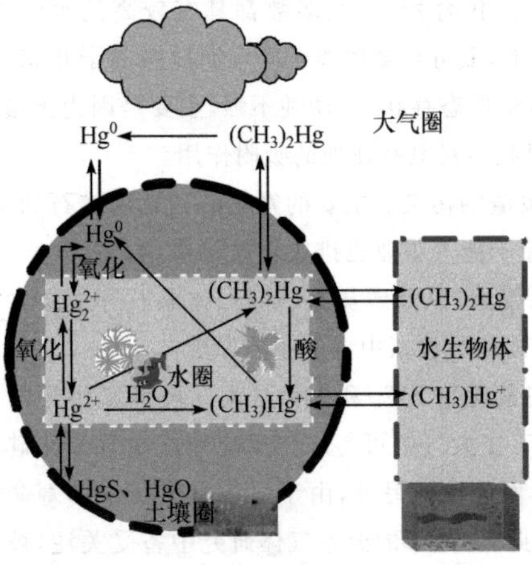

图12.5　汞在环境中的迁移与转化

环境中的汞污染主要来自使用和生产汞或汞的化合物的工厂排出的含汞废水、废气和废渣。施用含汞农药及含汞污泥肥料是土壤中汞污染的主要来源。由于汞的挥发性较强，由地表土壤蒸发和陆生植物的蒸腾作用释放出来的汞气是大气环境中汞的主要天然来源。大气汞污染的人为来源主要是来自含汞金属的冶炼废气以及煤、石油在燃烧过程中排出的含汞废气和颗粒态汞尘。

无机汞化合物难于吸收，但Hg^{2+}与体内的SH有很强的亲和力，能使含硫基最多的蛋白质和参与体内物质代谢的主要酶类失去活性。长期与汞接触的人有牙齿松弛、脱落，口水增多，呕吐等症状，重者消化系统和神经系统机能被严重破坏。另外，在某些微生物的作用下，沉积在水体中的无机汞能转变成剧毒的甲基汞。由于甲基汞具有很强的亲脂能力，因而水中低量的甲基汞能被水生生物吸收，通过食物链逐级富集与转移，威胁人类的健康与安全。甲基汞容易蓄积在细胞中，主要部位为大脑皮层和小脑，故有向心性视野缩小、运动失调、肢端感觉障碍等临床表现，甲基汞中毒可引起神经性疾病。甲基汞所致脑损伤是不可逆的，迄今尚未有效疗法，往往导致死亡或遗患终身，并能危及后代健康。

为防止汞中毒，我国规定环境中汞的最高允许浓度：生活饮用水中汞的最高允许浓度为0.0001 $mg \cdot L^{-1}$，地表水为0.001 $mg \cdot L^{-1}$，工业废水排放时汞及汞化合物最高允许排放浓度为0.05 $mg \cdot L^{-1}$。

除去汞蒸气的方法通常是吸附器处理除汞。采用的吸附剂有硅藻土，含有1%～15%(质量分数)胶状金属银的熔融氧化铝、浸渍胶状银的活性炭，活性炭与含氯化铜、氧化银、氯化锰粒状吸附剂混合物等。

对含汞废水可常用的处理方法有沉淀法、离子交换法、吸附法、混凝法以及将离子态汞还原为元素态后再过滤的方法。其中离子交换法、铁盐或铝盐混凝法和活性炭吸附法都可使废水中含汞量降到小于0.01 $mg \cdot L^{-1}$水平；硫化法沉淀配以混凝法可使废水含汞量达到0.01～0.02 $mg \cdot L^{-1}$水平；还原法一般只用于少量废水处理。

土壤汞污染的防治对策有：①对土壤进行灌溉和施肥时，要严格控制使用含汞量高的污水和污泥；②对已受汞污染的土壤，可施用石灰硫磺合剂，其中硫是降低汞由土壤向作物迁移的一种有效方法；

③施用石灰以中和土壤的酸性，可降低作物根系对汞的吸收；④施入硝酸盐，可使土壤内汞化合物的甲基化过程减弱；⑤施用磷肥，由于汞的正磷酸盐较其氢氧化物或碳酸盐的溶解度小，所以施用磷肥也是降低土壤中汞化合物毒害作用的一种有效方法。另外，含汞废渣可用高温(540～760 ℃)焙烧法处理，生成的含汞蒸气通过冷却装置回收汞，再用活性炭、次氯酸钠、多硫化钠净化吸附尾气中的汞：

$$Hg + NaClO + 3NaCl + H_2O = NaHgCl_4 + 2NaOH$$

2. 镉

镉和汞一样，是人体必需的元素。在氧化性淡水体中，主要以 Cd^{2+} 形式存在；在海水中主要以 $CdCl_x^{2-x}$ 形态存在(合计占总量的 92%)；当 pH>9.0 时，$CdCO_3$ 是主要存在形式；而在厌氧的水体环境中大多都转化为难溶的 CdS。河水中的主要形态为 Cd^{2+} 和 $CdCO_3$ 及稳定性很小的络合态镉。河流底泥与悬浮物对镉有很强的吸附作用。这种吸附作用及其后可能发生的解吸作用，是控制水体中镉含量的主要因素。

土壤中主要存在难溶性镉化合物，在旱地土壤中以 $CdCO_3$、$Cd_3(PO_4)_2$、$Cd(OH)_2$ 的形态存在，而在水田中，镉多以 CdS 的形式存在。在酸性环境中，镉的溶解度增加，在土壤中易于移动而被植物吸收。

镉对大气的污染主要来自冶炼、燃煤、石油燃烧、垃圾废物的焚烧处理等。

水体的镉污染来自地表径流和工业废水，主要是出铅锌矿的选矿废水和有关工业(如电镀、碱性电池等)废水排入地面水或渗入地下水引起的。工业废水的排放使近海海水和浮游生物体内的镉含量高于远海。工业区地表水的镉含量高于非工业区。

而镉对土壤的污染途径主要有两个：一是工业废气中镉扩散沉降累积于土壤之中；二是用含镉废水灌溉农田，致使土壤受到严重污染。与铅、铜、锌、砷、铬等相比，土壤镉的环境容量要小很多，这是土壤镉污染的一个重要特点。

许多植物(如水稻、小麦等)对镉的富集能力很强，使镉及其化合物能通过食物链进入人体。另外，饮用镉含量高的水也是导致镉中毒的一个重要途径。镉的生物半衰期长，从体内排出的速度十分缓慢，容易在肾脏、肝脏等部位富集，在脾、胰、甲状腺等也有一定的蓄积，因此对人体的肾脏、肝脏、骨骼、血液系统等部有较大的损害作用，还能破坏人体的新陈代谢功能。

含镉废水最常用的治理方法是沉淀法(硫化物、氢氧化物)和吸附法。应用电解和蒸发等方法处理含镉浓度较大废水，能使镉得以回收。铁氧体法是处理含镉废水的新方法，首先在含镉废水中投加适量的硫酸亚铁，然后加碱中和，通气生成铁氧体，其原理如下：

$$(3-x)Fe^{2+} + xCd^{2+} + 6OH^- = Fe_{3-x}Cd_x(OH)_6 \qquad (x=1,2)$$

$$Fe_{3-x}Cd_x(OH)_6 \xrightarrow{O_2} Fe_{3-x}Cd_x(OH)_4$$

土壤中镉污染的防治对策有：①采用换土法，使高背景或污染区土壤中镉的浓度下降；②在土壤中加入石灰性物质，提高土壤环境的 pH，使镉生成不易被植物吸收的 $Cd(OH)_2$ 和 $CdCO_3$；③在土壤中使用促进还原的有机物，使土壤中的镉与土壤中的硫生成 CdS 沉淀；④在土壤中施加磷酸盐类物质，使之生成磷酸镉沉淀；⑤种植富集镉的植物，如苋科植物，以吸收污染土壤中的镉。

3. 铅

铅在天然水中主要以 Pb^{2+} 状态存在，其含量和形态明显地受 Pb^{2+} 沉淀溶解平衡和络合平衡的影响。在 pH>6.0，而水体中又不存在相当数量的能与 Pb^{2+} 形成可溶性络合物的配体时，因为悬浮物颗粒和底部沉积物对铅有强烈的吸附作用，则水体中可溶状态的铅就所存无几了，这也是铅在水体流动迁移的过程中容易净化的原因。在酸性水体中，腐殖酸能与 Pb^{2+} 生成较稳定的螯合物。在天然水体中还存在一些无机颗粒状态的铅化合物，如 PbO、$PbCO_3$ 和 $PbSO_4$ 等。土壤中的铅主要是以 $Pb(OH)_2$、

$PbCO_3$和 $PbSO_4$ 固体形式存在。

铅对土壤微生物、土壤酶活性的影响，较 Hg^{2+}、Cd^{2+} 的影响小，持续时间也较短。但是，长期大量施用含铅的污泥或污灌，有可能使土壤中氮的转化受到较严重影响。

人体摄入过量铅后，主要效应与血液、神经、肠胃和肾相关。急性铅中毒通常表现为肠胃效应。在剧烈的爆发性腹痛后，出现厌食、消化不良和便秘。有铅中毒后对中枢神经系统和周围神经系统也产生不良影响。铅对植物的直接危害，主要是影响植物的光合作用和蒸腾作用强度。

矿山开采、金属冶炼、汽车尾气是环境中铅的主要来源。此外还来自燃煤、油漆涂料的污染。土壤中的铅污染主要由汽油燃烧和冶炼烟尘以及矿山、冶炼废水所引起的二次污染。

含铅废水处理方法主要有：

(1) 沉淀法。加石灰乳调节 pH 到 7.5，使铅离子生成 $Pb(OH)_2$ 沉淀析出，或向含铅废水中加硫化剂（硫化钠、硫化氢等），使铅离子转化为硫化铅沉淀除去。

(2) 电偶-铁氧体法。处理印刷含铅废水，采用铁离子与铅离子共处成磁铅石铁氧体。

(3) 离子交换法。

对于已污染的土壤，应根据污染程度及土地利用类型，采取相应的治理措施。主要措施如下：①采取换土法，有效地改善或消除铅污染；②种植某些非食用但可富集铅的植物，如苔藓、木本植物等，以逐渐降低土壤中铅的污染程度；③提高土壤的 pH，当 pH>6 时，重金属离子很易被黏土矿物吸附，可有效地阻止植物对铅的吸收；④在铅污染的土壤中施用改良剂，如钙、镁及磷肥等，以降低土壤中铅的活性，减少作物对铅的吸收。

4. 铬

铬是人体必需的微量元素之一。铬在水体中是以三价和六价铬的化合物为主，造成水体污染的主要是 Cr(Ⅲ)。在土壤中三价铬是主要形态。

天然水体的铬污染主要来自铬铁冶炼、耐火材料、电镀、制革等化学工业排放的废水、废气和废渣。受雨水长期冲淋，大量的 Cr^{3+} 溶渗和流失，污染农田和地下水源。

三价铬是人体必需的微量元素，参与正常的糖代谢和胆固醇代谢的过程，促进胰岛素的功能。而六价铬对人体有严重的毒害作用，吸入可引起急性支气管炎和哮喘；入口则可刺激和腐蚀消化道，引起恶心、呕吐、胃烧灼痛、腹泻、便血、肾脏损害，严重时会导致休克昏迷。长时间地与高浓度六价铬接触，还会损害皮肤，引起皮炎和湿疹，甚至产生溃疡（称为铬疮）。但铬的生物半衰期相对比较短，容易从排泄系统排出体外。

根据铬在土壤中迁移转化的规律，防治土壤中铬的污染采取下列主要措施：①在 Cr^{3+} 污染的土壤中，施用石灰石、硅酸钙或磷肥等调节土壤呈微碱性，使铬形成 $Cr(OH)_3$ 状态而加以固定，可减少铬对作物的危害；②施用有机肥，使土壤处于还原环境，有效减轻或消除六价铬对植物的危害，另外，有机肥能够通过吸附作用，降低六价铬对植物的毒害；③选择种植非食用植物，利用植物累积铬的作用净化污染的土壤；④实行水旱轮作是轻度铬污染的有效改良措施，水旱轮作使土壤 pH 增高有利于铬的吸附固定，从而降低土壤中铬的含量。

含 Cr^{3+} 废水的处理主要采取以下方法：

$$\text{含 }Cr^{6+}\text{ 废水}\xrightarrow[pH<3]{Fe^{2+}}Cr^{3+}\xrightarrow[pH>8]{NaOH}\text{绿色沉淀}\xrightarrow[\triangle]{\text{通入空气}}\text{黑褐色沉淀}\xrightarrow{\text{磁分离}}\text{铁氧体}$$

$$Cr^{3+}+Fe^{2+}+Fe^{3+}+2O_2 = Fe^{3+}[Fe^{2+}Cr^{3+}]O_4$$

铁氧体

5. 砷

砷及其化含物是常见的环境污染物。砷在环境中的存在形态主要是+5 价（如 AsO_4^{3-}）和+3 价（如

AsO_3^{3-})。水体表层,氧气充足,主要以高价砷的形态存在。图 12.6 给出了砷在水中的循环示意图。

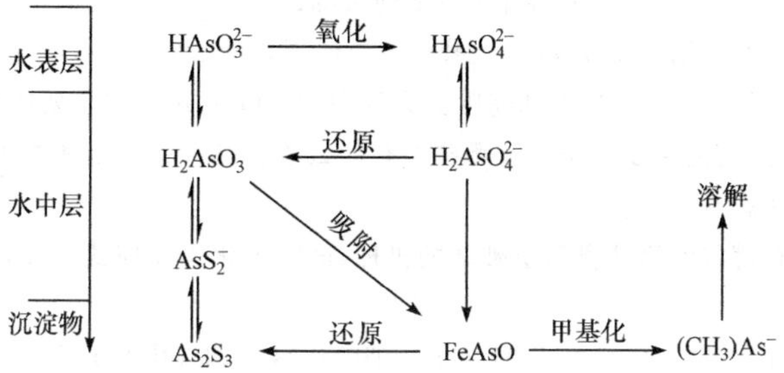

图 12.6　砷在水中的循环

水溶性的砷在土壤中的含量很低,一般只占土壤全砷的 5%~10%(质量分数)。

燃料的燃烧、开采冶炼含砷矿石生产金属的过程中,产生大量的含砷废物是造成环境砷污染的主要原因。含砷农药的使用也会造成环境污染。

人体内微量的砷有促进织织和细胞生长的功能,还具有一定的刺激生血的作用。但因为它的生化性质仍用属于一种原生质毒物,对很多酶的活性以及细胞的呼吸、分裂、繁殖过程都会产生严重的干扰作用,所以不能将其列为人体必需元素。

防治、减轻土壤中砷的污染一般可采取如下措施:

(1) 施加砷的吸附剂,提高土壤对砷的吸附能力,降低砷的活性,从而避免砷害,如旱田使用堆肥、桃树果园中施加硫酸铁,都可以提高土壤吸附砷的能力,减少砷的危害。

(2) 在土壤中施加硫粉,降低土壤 pH,加强土壤排水,可提高土壤固砷的能力,降低砷的活性,减少砷害。

(3) 在土壤中施加各种铁、铝、钙、镁的化合物,可使砷生成不溶性物质而加以固定。例如,施加 $MgCl_2$ 可使土壤污染性砷形成 $Mg(NH_4)AsO_4$,从而降低砷的活性。

(4) 采用深耕等方法增加低砷土壤量,以稀释砷土壤中的砷含量,降低砷的污染。

本章教学要求

1. 了解环境化学中环境、环境污染、环境污染物和污染物的迁移与转化等重要概念。
2. 了解酸雨和温室效应及其形成的基本原理、影响因素和治理措施。
3. 了解 CO、CO_2 来源、危害及治理方法。
4. 了解含氮化合物的来源、危害及治理方法。
5. 了解 O_3 的生成、损耗的基本反应和臭氧层破坏的基本原理、危害和治理方法。
6. 了解含硫化合物的来源、危害及治理方法。
7. 了解重金属汞、镉、铅、铬以及类金属砷在环境中的来源、危害及治理方法。

习　　题

1. 什么是环境?什么是环境污染和环境污染物?化学污染物主要有哪几类?
2. 造成酸的主要物质有哪些?它们是如何形成的?酸雨的危害性如何?
3. 什么是“温室效应”?温室效应是如何产生的?举出三种温室气体,简要说明温室效应对地球生态的危害，并简述抑制温室效应的措施。

4. CO的来源和主要危害是什么？自然界中CO如何去除的？
5. CO_2 的主要危害是什么？引起 CO_2 浓度上升的主要原因是什么？
6. 为什么 N_2O 和 NO_x 会破坏臭氧层？如何除去大气中的 NO_x？试写出重要的化学反应式。
7. 铵盐、亚硝酸盐和硝酸盐的主要污染源有哪些？有什么危害？有哪些处理方法？
8. 磷在环境中的存在状态有哪些？
9. 破坏臭氧层的物质有哪些？简述臭氧层破坏的机理，试写出化学反应式。简述臭氧层破坏对人体健康的影响。
10. SO_2 通过哪些氧化途径转化成 SO_3 和 H_2SO_4？消除或减少烟气中 SO_2 量的方法主要有哪几类？试写出化学反应式。
11. 氟在环境中的存在状态有哪些？氟的主要危害是什么？
12. 重金属污染的特点是什么？
13. 简述汞在不同环境中的存在形态。汞在不同环境中如何除去？
14. 简述镉、铅、铬、砷在不同环境中的存在形态及污染的防治措施。

（南开大学　顾　文）

参 考 文 献

蔡少华,龚孟濂,史华红.2008a.无机化学基本原理.广州:中山大学出版社

蔡少华,黄坤耀,张玉容.2008b.元素无机化学.广州:中山大学出版社

大连理工大学无机化学教研室.2006.无机化学.5版.北京:高等教育出版社

迪安 J A.2003.兰氏化学手册.2版.北京:科学出版社

华彤文,陈景祖.2005.普通化学原理.3版.北京:北京大学出版社

黄可龙.2007.无机化学.北京:科学出版社

慕慧.2006.基础化学.2版.北京:科学出版社

曲保中,朱炳林,周伟红.2007.新大学化学.2版.北京:科学出版社

宋天佑,程鹏,王杏乔.2004.无机化学(上册).北京:高等教育出版社

宋天佑,徐家宁,程功臻.2004.无机化学(下册).北京:高等教育出版社

孙淑声,王连波,赵玉琳等.2003.无机化学(生物类).2版.北京:北京大学出版社

浙江大学普通化学教研组.2004.普通化学.5版.北京:高等教育出版社

Atkins P W, Jones L L. 2008. Chemical Principles. 4th Ed. New York: W. H. Freeman and Company

Brown T L, LeMay Jr H E, Bursten B E, et al. 2003. Chemistry, The Central Science. 5th Ed. New Jersey: Pearson Education, Inc.

Chang R. 2005. Chemistry. 8th Ed. Boston: McGraw-Hill Company, Inc.

Hill J W, Petrucci R H, McCreary T W, et al. 2005. General Chemistry. 4th Ed. New Jersey: Pearson Education International

附　　录

附录 1　常用物理化学常数

名　称	符　号	数值和单位
真空中光速	c_0	299 792 458 m·s^{-1}
标准大气压	atm	101 325 Pa(精确值)
摩尔气体常量	R	8.314 510(70) J·K^{-1}·mol^{-1}
阿伏伽德罗常量	N_A	6.022 136 7(36)×10^{23} mol^{-1}
玻耳兹曼常量	k	1.380 658(12)×10^{-23} J·K^{-1}
法拉第常量	F	96 485.309(29) C·mol^{-1}
普朗克常量	h	6.626 075 5(40)×10^{-34} J·s
里德伯常量	R	1.097 373 153 4(13)×10^{7} m^{-1}
原子质量	m_u=1 u	1.660 540 2(10)×10^{-27} kg
中子静止质量	m_n	1.674 928 6(10)×10^{-27} kg
质子静止质量	m_p	1.672 623 1(10)×10^{-27} kg
电子质量	m_e	9.109 389 7(54)×10^{-31} kg
基本电荷	e	1.602 177 33(49)×10^{-19} C
电子荷-质比	e/m_e	1.758 805(5)×10^{-11} C·kg^{-1}
经典电子半径	r_e	2.817 938(7)×10^{-15} m
玻尔磁子	B	9.274 015 4(31)×10^{-24} J·T^{-1}
玻尔半径	a_0	5.291 772 49(24)×10^{-11} m

引自：迪安 J A. 兰氏化学手册. 2 版. 北京：科学出版社，2003. 2. 3～2. 4

附录 2　基本 SI 单位、导出量及与 SI 单位一起使用的单位

物理量	单位名称	单位符号
基本 SI 单位		
长度 length	米 meter	m
电流 electric current	安[培]Ampere	A
时间 time	秒 second	s
温度 temperature	开[尔文]Kelvin	K
物质的量 amount of substance	摩[尔]mole	mol
质量 mass	千克 kilogram	kg

续表

物理量	单位名称	单位符号	
SI 单位导出量			SI 基本单位表述
磁通量 magnetic fluxdensity	特[斯拉]Tesla	T	$V\cdot s=m^2\cdot kg\cdot s^{-2}\cdot A^{-1}$
电导 conductance(electric)	西[门子]Siemens	S	$\Omega^{-1}=m^{-2}\cdot kg^{-1}\cdot s^3\cdot A^2$
电量 charge(electric)	库[仑]Coulomb	C	$A\cdot s$
电容 capacitance(electric)	法[拉第]Farady	F	$C\cdot V^{-1}=m^{-2}\cdot kg^{-1}\cdot s^4\cdot A^2$
电压 potential,electric	伏[特]Volt	V	$J\cdot C^{-1}=m^2\cdot kg\cdot s^{-3}\cdot A^{-1}$
电阻 resistance,electric	欧[姆]Ohm	Ω	$V\cdot A^{-1}=m^2\cdot kg\cdot s^{-3}\cdot A^{-2}$
功率 power	瓦[特]Watt	W	$J\cdot s^{-1}=m^2\cdot kg\cdot s^{-3}$
力 force	牛[顿]Newton	N	$m\cdot kg\cdot s^{-2}$
能量、功、热 energy,work,heat	焦[耳]Joule	J	$N\cdot m=m^2\cdot kg\cdot s^{-2}$
频率 frequency	赫[兹]Hertz	Hz	s^{-1}
温度 temperature,Celsius	[摄氏]度 degree Celsius	℃	℃=(K−273.15)
压强 pressure,stress	帕[斯卡]Pascal	Pa	$N\cdot m^{-2}=m^{-1}\cdot kg\cdot s^{-2}$
与 SI 单位一起使用的单位			换算关系
长度 length	埃 ångström	Å	10^{-10} m;0.1 nm
能量 energy	电子伏特 electron Volt	eV(e×V)	$\approx 1.602\ 18\times10^{-19}$ J
	兆电子伏特 mega electron Volt	MeV	$\approx 1.602\ 18\times10^{-13}$ J
体积 volume	升 liter	L	$dm^3=10^{-3}m^3$
	毫升 milliliter	mL	$cm^3=10^{-6}\ m^3$
压强 pressure	巴 bar	bar	10^5 Pa$=10^5 N\cdot m^{-2}$
质量 mass	吨 tonne	t	10^3 kg
	原子单位质量 unified atomic mass unit $[=m_a(^{12}C)/12]$	u	$\approx 1.660\ 54\times10^{-27}$ kg

引自:迪安 J A. 兰氏化学手册. 2 版. 北京:科学出版社,2003. 2.2~2.5

附录 3 一些单质和化合物的热力学函数(298.15 K,101.325 kPa)

化学式	状 态	$\Delta_f H_m^\ominus/(kJ\cdot mol^{-1})$	$\Delta_f G_m^\ominus/(kJ\cdot mol^{-1})$	$S_m^\ominus/(J\cdot mol^{-1}\cdot K^{-1})$
Al	s	0	0	28.30(10)
$AlCl_3$	s	−704.2	−628.8	109.29
Al_2O_3(刚玉)	s	−1675.7(13)	−1582.3	50.92(10)
$Al(OH)_3$	s	−1284	−1306	71

续表

化学式	状态	$\Delta_f H_m^\ominus/(kJ \cdot mol^{-1})$	$\Delta_f G_m^\ominus/(kJ \cdot mol^{-1})$	$S_m^\ominus/(J \cdot mol^{-1} \cdot K^{-1})$
NH_3	g	−45.94(35)	−16.4	192.776(5)
NH_4Cl	s	−314.5	−202.9	94.6
NH_4HCO_3	s	−849.4	−665.9	120.9
$(NH_4)_2SO_4$	s	−1180.9	−901.70	220.1
Sb	s	0	0	45.7
$SbCl_3$	s	−382.0	−323.7	184.1
$SbCl_5$	l	−440.16	−350.2	301
Ar	g	0	0	154.846(3)
As	s	0	0	35.1
As_2O_5	s	−924.87	−782.3	105.4
As_4O_6	s	−1313.94	−1152.52	214.2
At	s	0	0	121.3
Ba	s	0	0	62.48
$BaCl_2$	s	−855.0	−806.7	123.67
$BaCO_3$	s	−1213.0	−1134.4	112.1
$BaSO_4$	s	−1473.19	−1362.2	132.2
Be	s	0	0	9.50(8)
$BeCl_2$	s	−490.4	−445.6	75.81
Bi	s	0	0	56.7
Bi_2O_3	s	−574.0	−493.7	151.5
B	s	0	0	5.90(8)
BF_3	g	−1136.0(8)	−1119.4	254.42(20)
B_2H_6	g	35.6	86.7	232.1
B_5H_9	l	42.7	171.8	184.2
$B_{10}H_{14}$	s	−29.83	212.9	234.9
BN	s	−254.4	−228.4	14.80
B_2O_3	s	−1273.5(14)	−1194.3	53.97(30)
Br_2	l	0	0	152.21(30)
Cd	s	0	0	51.80(15)
CdS	s	−161.9	−156.5	64.9
Ca	s	0	0	41.59(40)
$CaCO_3$	s	−1207.6	−1129.1	91.7
CaF_2	s	−1228.0	−1175.6	68.6
CaO	s	−634.92(90)	−603.3	38.1(4)
$Ca(OH)_2$	s	−985.2	−897.5	83.4

续表

化学式	状　态	$\Delta_f H_m^\ominus/(kJ \cdot mol^{-1})$	$\Delta_f G_m^\ominus/(kJ \cdot mol^{-1})$	$S_m^\ominus/(J \cdot mol^{-1} \cdot K^{-1})$
$CaSO_4$	s	−1425.2	−1309.1	108.4
C(石墨)	s	0	0	5.74(10)
	g	716.68(45)		158.100(3)
C(金刚石)	s	1.897	2.900	2.377
CO	g	−110.53(17)	−137.16	197.660(4)
CO_2	g	−393.51(13)	−394.39	213.785(10)
Ce	s	0	0	72.0
CeO_2	s	−1088.7	−1024.7	62.30
Cs	s	0	0	85.23(40)
CsF	s	−553.5	−525.5	92.8
Cl_2	g	0	0	233.08(10)
ClO_2	g	102.5	120.5	256.8
Cl_2O	g	80.3	97.9	266.2
Cr	s	0	0	23.8
Cr_2O_3	s	−1140	−1058.1	81.2
Co	s	0	0	30.0
$CoCl_2$	s	−312.5	−269.8	109.2
$Co(OH)_2$	s	−539.7	−454.4	79.0
Cu	s	0	0	33.15(8)
CuCl	s	−137.2	−119.9	86.2
$CuCl_2$	s	−220.1	−175.7	108.09
CuI	s	67.8	−69.5	96.7
CuO	s	−157.3	−129.7	42.6
Cu_2O	s	−168.6	−149.0	93.1
$Cu(OH)_2$	s	−450	−373	108.4
$CuSO_4$	s	−771.4(12)	−662.2	109.2(4)
Dy	s	0	0	75.6
Dy_2O_3	s	−1863.1	−1771.5	149.8
Er	s	0	0	73.18
Er_2O_3	s	−1897.9	−1808.7	155.6
Eu	s	0	0	77.78
Eu_2O_3	s	−1651.4	−1556.9	146
F_2	g	0	0	202.791(5)
Gd	s	0	0	68.07

续表

化学式	状 态	$\Delta_f H_m^\ominus/(kJ \cdot mol^{-1})$	$\Delta_f G_m^\ominus/(kJ \cdot mol^{-1})$	$S_m^\ominus/(J \cdot mol^{-1} \cdot K^{-1})$
Gd_2O_3	s	−1819.6	−1730	150.6
Au	s	0	0	47.4
AuCl	s	−34.7		92.9
$AuCl_3$	s	−117.6		148.1
H_2	g	0	0	130.680(3)
HBr	g	−36.29(16)	−53.4	198.700(4)
HCl	g	−92.31(10)	−95.30	186.902(5)
HClO	g	−78.7	−66.1	236.7
HCN	l	108.87	124.93	112.84
	g	135.1	124.7	201.81
HF	g	−273.30(70)	−275.4	173.779(3)
	l	−299.78	75.40	51.67
HI	g	26.50(10)	1.7	206.590(4)
HNO_2	g	−79.5	−46.0	254.1
HNO_3	l	−174.1	−80.7	155.60
H_2O	s	−292.72		
	l	−285.830(40)	−237.14	69.95(3)
	g	−241.826(40)	−228.61	188.835(10)
H_2O_2	l	−187.78	−120.42	109.6
	g	−136.3	−105.6	232.7
H_3PO_4	s	−1284.4	−1124.3	110.5
	l	−1271.7	−1123.6	150.8
H_2S	g	−20.6(5)	−33.4	205.81(5)
H_2SO_4	l	−814.0	−689.9	156.90
H_2SiO_3	s	−1188.67	−1092.4	134.0
I_2	s	0	0	116.14(30)
	g	62.42(8)	19.37	260.687(5)
Fe	s	0	0	27.32
$FeCl_3$	s	−399.4	−333.9	142.34
FeO	s	−272.0	−251.4	60.75
Fe_2O_3	s	−824.2	−742.2	87.40
Fe_3O_4	s	−1118.4	−1015.4	145.27
$Fe(OH)_2$	s	−574.0	−490.0	87.9
$Fe(OH)_3$	s	−833	−705	104.6
La	s	0	0	56.9

续表

化学式	状态	$\Delta_f H_m^\ominus/(kJ \cdot mol^{-1})$	$\Delta_f G_m^\ominus/(kJ \cdot mol^{-1})$	$S_m^\ominus/(J \cdot mol^{-1} \cdot K^{-1})$
La_2O_3	s	−1793.7	−1705.8	127.32
Pb	s	0	0	64.80(30)
$PbCl_2$	s	−359.4	−314.1	136
PbO_2	s	−277.4	−217.3	68.60
Li	s	0	0	29.12(20)
$LiAlH_4$	s	−116.3	−44.7	78.7
$LiBH_4$	s	−190.8	−125.0	75.9
Li_3N	s	−164.6	−128.6	62.59
Mg	s	0	0	32.67(10)
$MgCl_2$	s	−641.3	−591.8	89.63
$MgCO_3$	s	−1095.8	−1012.1	65.7
Mg_3N_2	s	−461.1	−400.9	87.9
MgO	s	−601.6(3)	−569.3	26.95(15)
$Mg(OH)_2$	s	−924.7	−833.7	63.24
Mn	s	0	0	32.01
MnO_2	s	−520.1	−465.2	53.1
Hg	l	0	0	75.90(12)
$HgCl_2$	s	−224.3	−178.6	146.0
Hg_2Cl_2	s	−265.37(40)	−210.7	191.6(8)
HgO	s	−90.79(12)	−58.49	70.25(30)
HgS	s	−58.2	−50.6	82.4
Mo	s	0	0	28.71
MoO_3	s	−745.2	−668.1	77.8
Nd	s	0	0	71.6
Nd_2O_3	s	−1807.9	−1720.9	158.6
Ni	s	0	0	29.87
NiO	s	−240.6	−211.7	38.00
$Ni(OH)_2$	s	−529.7	−447.3	88.0
N_2	g	0	0	191.609(4)
NCl_3	l	230.0		
NF_3	g	−132.1	−90.6	260.8
H_2NOH	s	−114.2		
N_2H_4	l	50.6	149.3	121.2
$(NH_2)_2CO$	s	−331.1	−196.8	104.6

续表

化学式	状态	$\Delta_f H_m^\ominus/(kJ \cdot mol^{-1})$	$\Delta_f G_m^\ominus/(kJ \cdot mol^{-1})$	$S_m^\ominus/(J \cdot mol^{-1} \cdot K^{-1})$
NO	g	91.29	87.60	210.76
NO_2	g	33.1	51.3	240.1
N_2O_4	g	11.1	99.8	304.38
N_2O_5	g	11.3	117.1	355.7
O_2	g	0	0	205.152(5)
O_3	g		142.7	163.2
P(白磷)	s	0	0	41.09(25)
	g	316.5(10)	280.1	163.1199(3)
P(红磷)	s	−17.46	−12.46	22.85
P_4	g	58.9(3)	24.4	280.01(50)
PCl_3	g	−227.1	−267.8	311.8
PCl_5	g	−374.9	−305.0	364.6
PH_3	g	5.4	13.4	210.24
P_4O_{10}	s	−3009.9	−2723.3	228.78
Pt	s	0	41.63	25.87
K	s	0	0	64.68(20)
	l	2.284	0.264	71.46
	g	89.0(8)		160.341(3)
KCl	s	−436.5	−408.5	82.55
K_2CO_3	s	−1151.0	−1063.5	155.5
K_2CrO_4	s	−1403.7	−1295.8	200.12
$K_2Cr_2O_7$	s	−2061.5	−1882.0	291.2
$K_3Fe(CN)_6$	s	−249.8	−129.7	426.06
$K_4Fe(CN)_6$	s	−594.1	−453.1	418.8
KH	s	−57.72	−53.01	50.21
$KMnO_4$	s	−837.2	−737.6	171.71
K_2O	s	−361.5	−322.1	94.1
KO_2	s	−284.9	−239.4	122.5
K_2O_2	s	−494.1	−425.1	102.0
KOH	s	−424.7	−378.7	78.9
KSCN	s	−200.16	−178.32	124.26
K_2SO_4	s	−1437.8	−1321.4	175.6
$K_2S_2O_8$	s	−1916.10	−1697.41	278.7
Pr	s	0	0	73.2
Rb	s	0	0	76.78(30)

续表

化学式	状　态	$\Delta_f H_m^\ominus/(kJ \cdot mol^{-1})$	$\Delta_f G_m^\ominus/(kJ \cdot mol^{-1})$	$S_m^\ominus/(J \cdot mol^{-1} \cdot K^{-1})$
RbOH	s	−418.19		
Ru	s	0	0	28.53
Sm	s	0	0	69.58
Sm_2O_3	s	−1823.0	−1734.7	151.0
Se	s	0	0	41.97
SeO_2	s	−225.4		
SeO_3	s	−166.9		
Si	s	0	0	18.81(8)
$SiCl_4$	l	−686.93	−620.0	239.7
	g	−657.0	−617.0	330.7
SiF_4	g	−1615.0(8)	−1572.7	282.76(50)
SiH_4	g	34.3	56.8	204.65
Si_2H_6	g	80.3	127.2	272.7
SiO_2(石英)	s	−910.7(10)	−856.4	41.46(20)
Ag	s	0	0	42.55(20)
AgBr	s	−100.37	−96.90	107.11
AgCl	s	−127.01(5)	−109.8	96.25(20)
AgF	s	−204.6		83.7
AgI	s	−61.84	−66.19	115.5
$AgNO_3$	s	−124.4	−33.47	140.92
Na	s	0	0	51.30(20)
NaCl	s	−411.2	−384.1	72.1
Na_2CO_3	s	−1130.7	−1044.4	135.0
$NaHCO_3$	s	−950.81	−851.0	101.7
NaH	s	−56.34	−33.55	40.02
NaO_2	s	−260.2	−218.4	115.9
Na_2O	s	−414.2	−375.5	75.04
Na_2O_2	s	−510.9	−449.6	94.8
NaOH	s	−425.6	−379.4	64.4
Na_2S	s	−364.8	−349.8	83.7
Na_2S_2	s	−397.0	−392	151
Na_2SO_4	s	−1387.1	−1270.2	149.6
$Na_2S_2O_3$	s	−1123.0	−1028.0	155
Sr	s	0	0	55.0
SrO	s	−592.0	−561.9	54.4

续表

化学式	状　态	$\Delta_f H_m^\ominus/(kJ \cdot mol^{-1})$	$\Delta_f G_m^\ominus/(kJ \cdot mol^{-1})$	$S_m^\ominus/(J \cdot mol^{-1} \cdot K^{-1})$
S(斜方)	s	0	0	32.054(50)
S(单斜)	s	0.360	−0.070	33.03
	g	277.17(15)		167.829(6)
S_8	g	101.25	49.16	430.20
SO_2	g	−296.81(20)	−300.13	248.223(50)
SO_3	g	−395.7	−371.02	256.77
Tb	s	0	0	73.22
Tm	s	0	0	74.01
Tm_2O_3	s	−1888.7	−1794.5	139.8
Sn(白)	s	0	0	51.08(8)
Sn(灰)	s	−2.09	0.13	44.14
$SnCl_2$	s	−325.1		130
$SnCl_4$	l	−511.3	−440.2	258.6
SnO	s	−280.71(20)	−251.9	57.17(30)
SnO_2	s	−577.63(20)	−515.8	49.04(10)
$Sn(OH)_2$	s	−561.1	−491.6	155.0
Ti	s	0	0	30.72(10)
TiO_2	s	−944.0(8)	−888.8	50.62(30)
$TiCl_4$	l	−804.2	−737.2	252.3
	g	−763.2(30)	−726.3	353.2(40)
W	s	0	0	32.6
WO_3	s	−842.9	−764.1	75.9
U	s	0	0	50.20(20)
V	s	0	0	28.94
V_2O_5	s	−1550	−1419.3	130
Xe	g	0	0	169.685(3)
XeF_2	s	−164.0		
XeF_4	s	−261.5	−123.0	
XeF_6	s	−360		
XeO_3	s	402		
$XeOF_4$	l	146		
Yb	s	0	0	59.87
Yb_2O_3	s	−1814.6	−1726.7	133.1
Zn	s	0	0	41.63(15)

续表

化学式	状　态	$\Delta_f H_m^\ominus/(kJ \cdot mol^{-1})$	$\Delta_f G_m^\ominus/(kJ \cdot mol^{-1})$	$S_m^\ominus/(J \cdot mol^{-1} \cdot K^{-1})$
ZnO	s	−350.46(27)	−320.52	43.65(40)
$Zn(OH)_2$	s	−641.91	−553.59	81.2
CH_4	g	−74.6	−50.5	186.3
C_2H_6	g	−84.0	−32.0	229.1
C_2H_4	g	52.5	68.4	219.3
C_2H_2	g	227.4	209.0	201.0
CH_3OH	l	−239.1	−166.6	126.8
C_2H_5OH	l	−277.6	−174.8	161.0
CH_3COOH	l	−484.4	−390.2	159.9
$CH_3COOC_2H_5$	l	−479.3	−332.7	257.7

引自：迪安 J A. 兰氏化学手册. 2 版. 北京：科学出版社，2003. 6. 4～6. 53，6. 90～6. 144

附录 4　常见弱酸、弱碱水溶液电离平衡常数(298.15 K)

分子式	K_{a1}	K_{a2}	K_{a3}	K_{a4}
H_3BO_3	5.81×10^{-10}			
$H_2B_4O_7$	1.00×10^{-4}	1.00×10^{-9}		
H_2CO_3	4.45×10^{-7}	4.69×10^{-11}		
H_2CrO_4	1.82×10^{-1}	3.25×10^{-7}		
H_2F_2	6.31×10^{-4}			
H_2O_2	2.29×10^{-12}			
H_2S	1.07×10^{-7}	1.26×10^{-13}		
H_2Se	1.29×10^{-4}	1.00×10^{-11}		
H_2SeO_3	2.40×10^{-3}	5.01×10^{-9}		
H_2SeO_4		2.19×10^{-2}		
H_2SO_3	1.29×10^{-2}	6.24×10^{-8}		
H_2SO_4		1.02×10^{-2}		
H_3AsO_4	5.98×10^{-3}	1.74×10^{-7}		
H_3PO_4	7.11×10^{-3}	6.34×10^{-8}		
$H_4P_2O_7$	1.23×10^{-1}	7.94×10^{-3}	2.00×10^{-37}	4.47×10^{-50}
H_4SiO_4	2.51×10^{-10}	1.58×10^{-12}		
H_6TeO_6	2.24×10^{-8}	1.00×10^{-11}		
HBrO	2.82×10^{-9}			
HClO	2.90×10^{-8}			
$HClO_2$	1.15×10^{-2}			

续表

分子式	K_{a1}	K_{a2}	K_{a3}	K_{a4}
HCN	6.17×10^{-10}			
HIO	3.16×10^{-11}			
HIO_3	1.57×10^{-1}			
HIO_4	2.29×10^{-2}			
HNO_2	7.24×10^{-4}			
NH_4^+	5.68×10^{-10}			
Al^{3+}水解	1.05×10^{-5}			
Co^{3+}水解	1.78×10^{-2}			
Cr^{3+}水解	1.12×10^{-4}			
Ti^{3+}水解	2.82×10^{-3}			
Zn^{2+}水解	1.10×10^{-9}			
乙酸 CH_3COOH	1.75×10^{-5}			
甲酸 HCOOH	1.77×10^{-4}			
柠檬酸 $HOC(CH_2COOH)_3$	7.45×10^{-4}	1.73×10^{-5}	4.02×10^{-7}	
乙二酸 HOOCCOOH	5.36×10^{-2}	5.35×10^{-5}		
分子式	K_b			
氨 NH_3	1.76×10^{-5}			
甲胺 CH_3NH_2	4.17×10^{-4}			
乙胺 $C_2H_5NH_2$	4.27×10^{-4}			
苯胺 $C_6H_5NH_2$	3.98×10^{-10}			
吡啶 C_5H_5N	1.48×10^{-9}			

引自：迪安 J A. 兰氏化学手册. 2 版. 北京：科学出版社，2003. 8. 19～8. 23

附录 5　常见难溶化合物溶度积(298.15 K)

化合物	K_{sp}	化合物	K_{sp}	化合物	K_{sp}
AgBr	5.35×10^{-13}	AgSCN	1.03×10^{-12}	CaF_2	5.3×10^{-9}
Ag_2CO_3	8.46×10^{-12}	$Al(OH)_3$	1.30×10^{-33}	$CaSO_4$	4.93×10^{-5}
AgCl	1.77×10^{-10}	$BaCO_3$	2.58×10^{-9}	$Ca_3(PO_4)_2$	2.07×10^{-29}
Ag_2CrO_4	1.12×10^{-12}	$BaCrO_4$	1.17×10^{-10}	$Ca(OH)_2$	5.5×10^{-6}
AgCN	5.97×10^{-17}	BaF_2	1.84×10^{-7}	CdS	8.0×10^{-27}
AgI	8.52×10^{-17}	$BaSO_4$	1.08×10^{-10}	$Cu(OH)_2$	2.2×10^{-20}
Ag_3PO_4	8.89×10^{-17}	$Ba_3(PO_4)_2$	3.4×10^{-23}	CuS	6.3×10^{-36}
Ag_2SO_4	1.20×10^{-5}	BaF_2	1.05×10^{-2}	Cu_2S	2.5×10^{-48}
Ag_2S	6.30×10^{-50}	$CaCO_3$	2.8×10^{-9}	$Fe(OH)_3$	2.79×10^{-39}

续表

化合物	K_{sp}	化合物	K_{sp}	化合物	K_{sp}
$Fe(OH)_2$	4.87×10^{-17}	MnS(非晶)	2.5×10^{-10}	PbS	8.0×10^{-28}
FeS	6.3×10^{-18}	MnS(晶体)	2.5×10^{-13}	$PbSO_4$	2.53×10^{-8}
Hg_2Br_2	6.40×10^{-23}	α-NiS	3.2×10^{-19}	SnS	1.0×10^{-25}
Hg_2Cl_2	1.43×10^{-18}	β-NiS	1.0×10^{-24}	$Zn(OH)_2$	3×10^{-17}
HgS	1.0×10^{-47}	γ-NiS	2.0×10^{-26}	α-ZnS	1.6×10^{-24}
$Mg(OH)_2$	5.61×10^{-12}	$PbCl_2$	1.70×10^{-5}	β-ZnS	2.5×10^{-22}

引自：迪安 J A. 兰氏化学手册. 2 版. 北京：科学出版社，2003. 8. 6～8. 18

附录 6　常见配离子的累积稳定常数(298.15 K)

配离子	β_1	β_2	β_3	β_4	β_5	β_6
NH_3						
Ag^+	1.74×10^{3}	1.12×10^{7}				
Co^{2+}	1.29×10^{2}	5.50×10^{3}	6.17×10^{4}	3.55×10^{5}	5.37×10^{5}	1.29×10^{5}
Co^{3+}	5.01×10^{6}	1.00×10^{14}	1.26×10^{20}	5.01×10^{25}	6.31×10^{30}	1.58×10^{35}
Cu^{2+}	2.04×10^{4}	9.55×10^{7}	1.05×10^{11}	2.09×10^{13}	7.24×10^{12}	
Zn^{2+}	2.34×10^{2}	6.46×10^{4}	2.04×10^{7}	2.88×10^{9}		
Cl^-						
Cu^+		3.16×10^{5}	5.01×10^{5}			
Fe^{3+}	30.2	1.35×10^{2}	97.7	1.02		
Hg^{2+}	5.50×10^{6}	1.66×10^{13}	1.17×10^{14}	1.17×10^{15}		
CN^-						
Ag^+		1.26×10^{21}	5.01×10^{21}	3.98×10^{20}		
Au^+		2.00×10^{38}				
Fe^{2+}						1.00×10^{35}
Fe^{3+}						1.00×10^{42}
F^-						
Al^{3+}	1.26×10^{6}	1.41×10^{11}	1.00×10^{15}	5.62×10^{17}	2.34×10^{19}	6.92×10^{19}
OH^-						
Al^{3+}	1.86×10^{9}			1.07×10^{33}		
Cr^{3+}	1.26×10^{10}	6.31×10^{17}		7.94×10^{29}		
Fe^{2+}	3.63×10^{5}	5.89×10^{9}	4.68×10^{9}	3.80×10^{8}		
Fe^{3+}	7.41×10^{11}	1.48×10^{21}	4.68×10^{29}			
Zn^{2+}	2.51×10^{4}	2.00×10^{11}	1.38×10^{14}	4.57×10^{17}		

续表

配离子	β_1	β_2	β_3	β_4	β_5	β_6
I^-						
Hg^{2+}	7.41×10^{12}	6.61×10^{23}	3.98×10^{27}	6.76×10^{29}		
SCN^-						
Fe^{3+}	8.91×10^{2}	2.29×10^{3}				
$S_2O_3^{2-}$						
Ag^+	6.61×10^{8}	2.88×10^{13}				
乙二胺(ethylenediamine)$C_2H_4(NH_2)_2$						
Co^{2+}	8.13×10^{5}	4.37×10^{10}	8.71×10^{13}			
Co^{3+}	5.01×10^{18}	7.94×10^{34}	4.90×10^{48}			
乙二酸根(oxalate)$C_2O_4^{2-}$						
Fe^{3+}	2.51×10^{9}	1.58×10^{16}	1.58×10^{20}			
吡啶(pyridine)C_5H_5N						
Cu^{2+}	3.89×10^{2}	2.14×10^{4}	8.51×10^{5}	3.47×10^{6}	1.00×10^{57}	1.58×10^{10}

引自：迪安 J A. 兰氏化学手册. 2 版. 北京：科学出版社，2003. 8. 80～8. 98

（中山大学　乔正平）

附录 7　溶液中的标准电极电势(298.15 K)

A. 酸性介质[$a(H^+)=1$]

电极反应	$E^\ominus$/V
$F_2(g)+2e^- = 2F^-(aq)$	+2.87
$S_2O_8^{2-}(aq)+2H^+(aq)+2e^- = 2HSO_4^-(aq)$	+2.08
$O_3(g)+2H^+(aq)+2e^- = O_2(g)+H_2O(l)$	+2.075
$H_2O_2(aq)+2H^+(aq)+2e^- = 2H_2O(l)$	+1.763
$MnO_4^-(aq)+4H^+(aq)+3e^- = MnO_2(c)+2H_2O(l)$	+1.70
$2HClO(aq)+2H^+(aq)+2e^- = Cl_2(g)+H_2O(l)$	+1.630
$MnO_4^-(aq)+8H^+(aq)+5e^- = Mn^{2+}(aq)+4H_2O(l)$	+1.51
$PbO_{2(c)}+4H^+(aq)+2e^- = Pb^{2+}(aq)+2H_2O(l)$	+1.468

续表

电极反应	$E^{\ominus}$/V
$Cl_2(aq)+2e^- = 2Cl^-(aq)$	+1.396
$Cr_2O_7^{2-}(aq)+14H^+(aq)+6e^- = 2Cr^{3+}(aq)+7H_2O(l)$	+1.36
$Cl_2(g)+2e^- = 2Cl^-(aq)$	+1.3583
$2HNO_2(aq)+4H^+(aq)+4e^- = N_2O(g)+3H_2O(l)$	+1.297
$MnO_2(c)+4H^+(aq)+2e^- = Mn^{2+}(aq)+2H_2O(l)$	+1.23
$O_2(g)+4H^+(aq)+4e^- = 2H_2O(l)$	+1.229
$ClO_4^-(aq)+2H^+(aq)+2e^- = 2ClO_3^-(aq)+H_2O(l)$	+1.201
$Br_2(l)+2e^- = 2Br^-(aq)$	+1.065
$HNO_2(aq)+H^+(aq)+e^- = NO(g)+H_2O(l)$	+0.996
$NO_3^-(aq)+4H^+(aq)+3e^- = NO(g)+2H_2O(l)$	+0.957
$HNO_3(aq)+3H^+(aq)+2e^- = HNO_2(aq)+2H_2O(l)$	+0.94
$2Hg^{2+}(aq)+2e^- = Hg_2{}^{2+}(aq)$	+0.991
$Cu^{2+}(aq)+I^-(aq)+2e^- = CuI(c)$	+0.861
$Ag^+(aq)+e^- = Ag(c)$	+0.7991
$Hg_2{}^{2+}(aq)+2e^- = 2Hg(l)$	+0.7960
$Fe^{3+}(aq)+e^- = Fe^{2+}(aq)$	+0.771
$O_2(g)+2H^+(aq)+2e^- = H_2O_2(aq)$	+0.695
$2HgCl_2(aq)+2e^- = Hg_2Cl_2(c)+2Cl^-(aq)$	+0.63
$H_3AsO_4(aq)+2H^+(aq)+2e^- = HAsO_2(aq)+2H_2O(l)$	+0.560
$I_2(c)+2e^- = 2I^-(aq)$	+0.5355
$Cu^+(aq)+e^- = Cu(c)$	+0.53
$4H_2SO_3(aq)+4H^+(aq)+6e^- = S_4O_6^{2-}(aq)+6H_2O(l)$	+0.507
$[Fe(CN)_6]^{3-}(aq)+e^- = [Fe(CN)_6]^{4-}(aq)$	+0.361
$Cu^{2+}(aq)+2e^- = Cu(c)$	+0.340
$Hg_2Cl_2(c)+2e^- = 2Hg(l)+2Cl^-(aq)$	+0.2676
$H_2SO_4(aq)+4H^+(aq)+2e^- = H_2SO_3(aq)+H_2O(l)$	+0.158
$Sn^{4+}(aq)+2e^- = Sn^{2+}(aq)$	+0.15
$S(c)+2H^+(aq)+2e^- = H_2S(aq)$	+0.144
$2H^+(aq)+2e^- = H_2(g)$	0
$Pb^{2+}(aq)+2e^- = Pb(c)$	−0.125

续表

电极反应	$E^{\ominus}/V$
$Sn^{2+}(aq)+2e^-$ ══ $Sn(c)$	−0.136
$Ni^{2+}(aq)+2e^-$ ══ $Ni(c)$	−0.257
$Co^{2+}(aq)+2e^-$ ══ $Co(c)$	−0.277
$[Ag(CN)_2]^-(aq)+e^-$ ══ $Ag(c)+2CN^-(aq)$	−0.31
$Cd^{2+}(aq)+2e^-$ ══ $Cd(c)$	−0.4025
$Cr^{3+}(aq)+e^-$ ══ $Cr^{2+}(aq)$	−0.424
$Fe^{2+}(aq)+e^-$ ══ $Fe(c)$	−0.44
$Zn^{2+}(aq)+2e^-$ ══ $Zn(c)$	−0.7626
$Mn^{2+}(aq)+2e^-$ ══ $Mn(c)$	−1.18
$Al^{3+}(aq)+3e^-$ ══ $Al(c)$	−1.67
$Be^{2+}(aq)+2e^-$ ══ $Be(c)$	−1.99
$Mg^{2+}(aq)+2e^-$ ══ $Mg(c)$	−2.356
$Na^+(aq)+e^-$ ══ $Na(c)$	−2.714
$Ca^{2+}(aq)+2e^-$ ══ $Ca(c)$	−2.84
$Sr^{2+}(aq)+2e^-$ ══ $Sr(c)$	−2.89
$Ba^{2+}(aq)+2e^-$ ══ $Ba(c)$	−2.92
$K^+(aq)+e^-$ ══ $K(c)$	−2.925
$Li^+(aq)+e^-$ ══ $Li(c)$	−3.045

B. 碱性介质[$a(OH^-)=1$]

电极反应	$E^{\ominus}/V$
$O_3(g)+4H_2O(l)+4e^-$ ══ $O_2(g)+2OH^-(aq)$	+1.246
$ClO^-(aq)+H_2O(l)+2e^-$ ══ $Cl^-(aq)+2OH^-(aq)$	+0.890
$MnO_4^{2-}(aq)+2H_2O(l)+2e^-$ ══ $MnO_2(c)+4OH^-(aq)$	+0.62
$MnO_4^-(aq)+e^-$ ══ $MnO_4^{2-}(aq)$	+0.56
$2ClO(aq)+2H_2O(l)+2e^-$ ══ $Cl_2(g)+4OH^-(aq)$	+0.421
$O_2(g)+2H_2O(l)+4e^-$ ══ $4OH^-(aq)$	+0.401
$IO_3^-(aq)+3H_2O(l)+6e^-$ ══ $I^-(aq)+6OH^-(aq)$	+0.257
$S_4O_6^{2-}(aq)+2e^-$ ══ $2S_2O_3{}^{2-}(aq)$	+0.08
$S(s)+2e^-$ ══ $S^{2-}(aq)$	−0.407
$2SO_3^{2-}(aq)+3H_2O(l)+4e^-$ ══ $S_2O_3^{2-}(aq)+6OH^-(aq)$	−0.576
$AsO_4^{3-}(aq)+2H_2O(l)+2e^-$ ══ $AsO_2^-(aq)+4OH^-(aq)$	−0.67
$2H_2O(l)+2e^-$ ══ $H_2(g)+2OH^-(aq)$	−0.828

引自:迪安 J A. 兰氏化学手册. 2 版. 北京:科学出版社,2003. 8.121~8.138

（中山大学　龚孟濂）

附录 8　原子半径(pm)[1)]

1 H 30																	2 He 140
3 Li 152	4 Be 111.3											5 B 88	6 C 77.2	7 N 70	8 O 66	9 F 64	10 Ne 154
11 Na 186	12 Mg 160											13 Al 143.1	14 Si 117	15 P 110	16 S 104	17 Cl 99	18 Ar 188
19 K 232	20 Ca 197	21 Sc 162	22 Ti 147	23 V 134	24 Cr 128	25 Mn 127	26 Fe 126	27 Co 125	28 Ni 124	29 Cu 128	30 Zn 134	31 Ga 135	32 Ge 128	33 As 121	34 Se 117	35 Br 114	36 Kr 202
37 Rb 248	38 Sr 215	39 Y 180	40 Zr 160	41 Nb 146	42 Mo 139	43 Tc 136	44 Ru 134	45 Rh 134	46 Pd 137	47 Ag 144	48 Cd 148.9	49 In 167	50 Sn 151	51 Sb 145	52 Te 137	53 I 133	54 Xe 216
55 Cs 265	56 Ba 217.3	57 La 183	72 Hf 159	73 Ta 146	74 W 139	75 Re 137	76 Os 135	77 Ir 135.5	78 Pt 138.5	79 Au 144	80 Hg 151	81 Tl 170	82 Pb 175	83 Bi 154.7	84 Po 164	85 At	86 Rn
87 Fr 270	88 Ra 220	89 Ac 187.8	104 Rf	105 Db	106 Sg	107 Bh	108 Hs	109 Mt									

58 Ce 181.8	59 Pr 182.4	60 Nd 181.4	61 Pm 183.4	62 Sm 180.4	63 Eu 208.4	64 Gd 180.4	65 Tb 177.3	66 Dy 178.1	67 Ho 176.2	68 Er 176.1	69 Tm 175.9	70 Yb 193.3	71 Lu 173.8
90 Th 179	91 Pa 163	92 U 156	93 Np 155	94 Pu 159	95 Am 173	96 Cm 174	97 Bk	98 Cf 186	99 Es 186	100 Fm	101 Md	102 No	103 Lr

1）金属元素，金属半径；非金属元素，共价半径；0 族元素，范德华半径。

引自：迪安 J A. 兰氏化学手册. 2 版. 北京：科学出版社，2003. 4. 31～4. 37

（中山大学　乔正平）

部分习题参考答案

第 2 章　化学热力学初步

3. 全部不对。理由略。

4. $\Delta U = 87.2\ \text{kJ}\cdot\text{mol}^{-1}$，$\Delta H = 82.2\ \text{kJ}\cdot\text{mol}^{-1}$

5. (1) $\Delta_r H_m^\ominus = -4230.2\ \text{kJ}\cdot\text{mol}^{-1}$；(2) $\Delta_r H_m^\ominus = -1166.06\ \text{kJ}\cdot\text{mol}^{-1}$；
(3) $\Delta_r H_m^\ominus = -4193.76\ \text{kJ}\cdot\text{mol}^{-1}$；(4) $\Delta_r H_m^\ominus = 136.3\ \text{kJ}\cdot\text{mol}^{-1}$

6. $\Delta_r H_m^\ominus = -249.02\ \text{kJ}\cdot\text{mol}^{-1}$

7. (1) $\Delta_r H_m^\ominus = -793\ \text{kJ}\cdot\text{mol}^{-1}$；(2) $\Delta H^\ominus(\text{O—O}) = 71.4\ \text{kJ}\cdot\text{mol}^{-1}$

9. (1) $\Delta_r S_m^\ominus = 24.67\ \text{J}\cdot\text{mol}^{-1}\cdot\text{K}^{-1}$；(2) $\Delta_r S_m^\ominus = -532.45\ \text{J}\cdot\text{mol}^{-1}\cdot\text{K}^{-1}$；
(3) $\Delta_r S_m^\ominus = -187.95\ \text{J}\cdot\text{mol}^{-1}\cdot\text{K}^{-1}$

10. $\Delta_r G_m^\ominus = 0.047\ \text{kJ}\cdot\text{mol}^{-1}$

11. (1) $\Delta_r G_m^\ominus = 141.78\ \text{kJ}\cdot\text{mol}^{-1}$；(2) $\Delta_r G_{m,逆}^\ominus = -141.78\ \text{kJ}\cdot\text{mol}^{-1}$；
(3) $\Delta_r G_m^\ominus = \Delta_r H_m^\ominus - T\Delta_r S_m^\ominus = 141.51\ \text{kJ}\cdot\text{mol}^{-1}$，与(2)结果相近

12. $\Delta_r G_m^\ominus = -6.66\ \text{kJ}\cdot\text{mol}^{-1}$。反应自发进行。$T > 310$ K，反应非自发。

13. $\Delta_r G_m^\ominus = 48.34\ \text{kJ}\cdot\text{mol}^{-1}$，298 K，反应非自发；900 K，反应自发。

14. 反应(1)$T_{转} = 2787.92$ K；反应(2)$T_{转} = 876.39$ K，可用；反应(3)794.09 K，反应温度最低，可用，但使用氢气成本较高。

15. $CaO(s) + SO_3(g) = CaSO_4(s)$，$\Delta_r G_m^\ominus(298\ \text{K}) = -339.01\ \text{kJ}\cdot\text{mol}^{-1} < 0$，该反应在常温下即可自发进行。

16. (1)和(2)：298 K，计算表明 $\Delta_r G_m^\ominus > 0$，而且 $\Delta_r H_m^\ominus > 0$，$\Delta_r S_m^\ominus < 0$，在标准态、任何温度下，反应不能自发进行。(3)298 K，$\Delta_r G_m^\ominus = +1131.52\ \text{kJ}\cdot\text{mol}^{-1}$，标准态、室温反应不能自发进行，但 $\Delta_r H_m^\ominus > 0$，$\Delta_r S_m^\ominus > 0$，在高温下能自发进行。

17. (1) 反应不能自发进行；(2) $T > 1014.96$ K，反应可自发进行。

18. $T > 644.67$ K，反应自发进行。

（南开大学　顾　文）

第 3 章　化学反应速率

1. 瞬时速率和平均速率均可表示反应快慢；瞬时速率是某一时刻的反应速率；平均速率是某一时间范围的反应速率。

2. $r = -\dfrac{1}{a}\cdot\dfrac{dc_A}{dt} = -\dfrac{1}{b}\cdot\dfrac{dc_B}{dt} = \dfrac{1}{d}\cdot\dfrac{dc_D}{dt} = \dfrac{1}{e}\cdot\dfrac{dc_E}{dt}$

3. $\bar{r}_{0\sim1000} = 1.26\times10^{-3}\ \text{mol}\cdot\text{dm}^{-3}\cdot\text{s}^{-1}$，$\bar{r}_{1000\sim2000} = 6.25\times10^{-4}\ \text{mol}\cdot\text{dm}^{-3}\cdot\text{s}^{-1}$，
$\bar{r}_{2000\sim3000} = 3.1\times10^{-4}\ \text{mol}\cdot\text{dm}^{-3}\cdot\text{s}^{-1}$

4. $\dfrac{dc(NO_2)}{dt} = 4.00\ \text{mol}\cdot\text{dm}^{-3}\cdot\text{s}^{-1}$，$\dfrac{dc(O_2)}{dt} = 1.00\ \text{mol}\cdot\text{dm}^{-3}\cdot\text{s}^{-1}$

5. $E_a=46.5\ kJ\cdot mol^{-1}$

6. $T_2=698\ K$

7. $k_2=0.6006\ dm^3\cdot mol^{-1}\cdot s^{-1}$

8. 略

9. $k_2/k_1=105$

10. $E_{a逆}=404.1\ kJ\cdot mol^{-1}$

（中山大学　梁宏斌）

第4章　化学平衡

1. (3),(4),(7)

2. (1) 否；(2) 是；(3) 是；(4) 否；(5) 是

3. (1) $K_p=p(CO_2)$；(2) $K_c=\dfrac{c_{eq}(CH_3COO^-)c_{eq}(H^+)}{c_{eq}(CH_3COOH)}$；(3) $K_c=c_{eq}(La^{3+})c_{eq}(PO_4^{3-})$；

(4) $K_c=\dfrac{c_{eq}(Mn^{2+})c_{eq}^5(Fe^{3+})}{c_{eq}(MnO_4^-)c_{eq}^5(Fe^{2+})c_{eq}^8(H^+)}$；(5) $K_c=\dfrac{c_{eq}(Fe^{3+})c_{eq}^6(CN^-)}{c_{eq}[Fe(CN)_6^{3-}]}$

4. $p(H_2O)=3.82\times10^4$ Pa，$p(CO)=p(H_2)=6.18\times10^4$ Pa，$H_2O(g)$转化率为 61.8%。

5. 浓度平衡常数 $3.54\times10^{-3}\ mol\cdot dm^{-3}$，分压平衡常数 29.4 Pa。

6. (1) 平衡常数 $K_c=0.67$；(2) H_2 的起始浓度为 $8.0\ mol\cdot dm^{-3}$，转化率为 75%。

7. $K^\ominus=7.18\times10^{24}$

8. (1) $K_c=0.625\ mol\cdot dm^{-3}$，$K_p=2.72\times10^6$ Pa，$K^\ominus=27.2$，$\Delta_r G_m^\ominus=-14.36\ kJ\cdot mol^{-1}$；(2) 分解率 68.4%

9. $\Delta_r G^\ominus=(\Delta_r G_1^\ominus+\Delta_r G_2^\ominus)/2$，$K^\ominus=\sqrt{K_1^\ominus K_2^\ominus}$

10. (1) 正反应自发进行；(2) 正反应自发进行

11. $\Delta_r G^\ominus(973K)=28.6\ kJ\cdot mol^{-1}$，$\Delta_r G^\ominus(1173\ K)=-0.383\ kJ\cdot mol^{-1}$，$\Delta_r H_m^\ominus=169.5\ kJ\cdot mol^{-1}$，$\Delta_r S_m^\ominus=144.8\ J\cdot mol^{-1}\cdot K^{-1}$

12. $K^\ominus=3.53\times10^{-6}$，$p(总)=3p_{eq}(NH_3)=4.57\times10^3$ Pa

13. (1) 转化率提高；(2) 转化率降低；(3) 转化率降低；(4) 转化率不变

14. (1) 纯 H_2O>$0.5\ mol\cdot kg^{-1}$葡萄糖溶液>$1.0\ mol\cdot kg^{-1}$葡萄糖溶液；(2) 凝固点：$0.01\ mol\cdot dm^{-3}$葡萄糖溶液>$0.01\ mol\cdot dm^{-3}$ CH_3COOH 溶液>$0.01\ mol\cdot dm^{-3}$ $MgSO_4$ 溶液>$0.01\ mol\cdot dm^{-3}$ NaCl 溶液。

15. SO_4^{2-}-HSO_4^-，S^{2-}-HS^-，PO_4^{3-}-HPO_4^{2-}，NH_3-NH_4^+，CN^--HCN，ClO^--HClO，OH^--H_2O，$H_2PO_4^-$-H_3PO_4和 HPO_4^{2-}，NH_4^+-NH_3，H_2CO_3-HCO_3^-

16. 电离常数 1.84×10^{-5}，H^+浓度为 $4.2\times10^{-4}\ mol\cdot dm^{-3}$，pH=3.38，解离度 1.36%

17. pH=11.1，pH=10.6

18. 1.78×10^{-3}，2.32×10^{-8}，pH=11.6

19. $c_{eq}(Ac^-)=6.15\times10^{-2}\ mol\cdot dm^{-3}$，$c_{eq}(CN^-)=4.01\times10^{-10}\ mol\cdot dm^{-3}$

20. (1) pH=4.75；(2) pH=4.75；(3) pH=4.75

21. $Q>K_{sp}^\ominus$，有沉淀生成

22. $s=1.26\times10^{-5}\ mol\cdot dm^{-3}$，$c_{eq}(Ba^{2+})=3.78\times10^{-5}\ mol\cdot dm^{-3}$，$c_{eq}(PO_4^{3-})=2.52\times10^{-5}\ mol\cdot dm^{-3}$

23. pH>8.87 时开始沉淀

24. (1) $s=1.33\times10^{-5}$；(2) $s=3.54\times10^{-9}$；(3) $s=1.77\times10^{-8}$；(4) $s=8.85\times10^{-9}$

25. $3.14<pH<6.81$ 可使 Fe^{3+} 完全沉淀而 Zn^{2+} 不沉淀。

（中山大学　梁宏斌）

第5章　物质结构

1. $\nu=7.09\times10^{17}\ s^{-1}$，$\lambda=4.23\times10^{-10}\ m$

2.

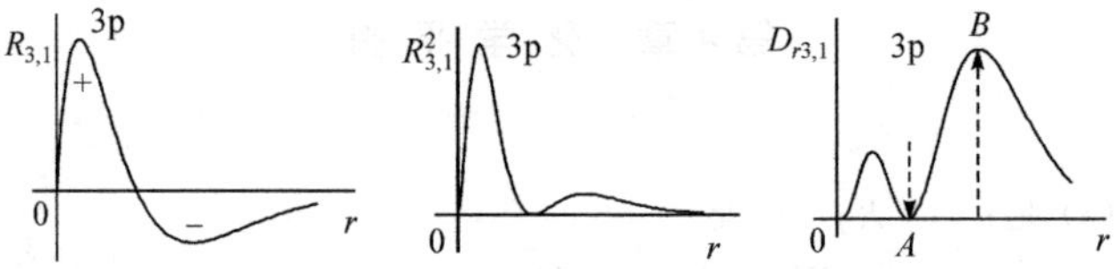

A 点为电子出现概率为 0 处，B 点电子出现概率最大处。为若 $3p_z$ 轨道为原子的最外层轨道，B 点的 r 值约为原子半径大小。

3. 见教材图 5.9 和图 5.11。

4. 1s($n=1$、$l=0$)，3d($n=3$、$l=2$)，5p($n=5$、$l=1$)，最多容纳电子数分别为 2、10、6。

5. $E=2.179\times10^{-18}\ J\times\left(\frac{1}{2^2}-\frac{1}{4^2}\right)=4.09\times10^{-19}\ J$

6. C[He]$2s^2 2p^2$，Mg [Ne]$3s^2$，Mn [Ar]$3d^5 4s^2$，Se [Ar]$3d^5 4s^2 4p^4$，Cu [Ar]$3d^{10} 4s^1$，Xe [Kr]$4d^{10} 5s^2 5p^6$，Ba [Xe]$5s^2$，Os [Xe]$4f^{14} 5d^6 6s^2$，Pb [Xe]$4f^{14} 5d^{10} 6s^2 6p^2$

7. Be^{2+} $1s^2$，N^{3-} $1s^2 2s^2 2p^6$，Al^{3+} $1s^2 2s^2 2p^6$，H^- $1s^2$，O^{2-} $1s^2 2s^2 2p^6$，Zn^{2+} [Ar] $3d^{10}$，W^{6+} [Xe] $4f^{14}$，Cu^{2+} [Ar]$3d^9$，Gd^{6+} [Xe]$4f^7$，Se^{2-} [Ar]$3d^{10} 4s^2 6p^6$

8. (1) Ra；(2) In；(3) Se^{2-}；(4) Tl；(5) Cs；(6) F

9. (1) Se 价电子构型 $4s^2 4p^4$，失去一个电子 p 亚层成为半充满构型；As 价电子构型 $4s^2 4p^3$，p 亚层已经成为半充满构型，稳定性高。因此第一电离能 Se 小于 As。

(2) Br 价电子构型 $4s^2 4p^5$，得到一个电子成为稀有气体稳定结构；Se 价电子构型 $4s^2 4p^4$，得到一个电子成为 $4s^2 4p^5$，不是稀有气体稳定结构。所以第一电子亲和能 Br 大于 Se。

(3) 与水反应 Rb 和 Na 分别转化成为相应的 +1 价离子，Rb 第一电离能小于 Na，反应中 Rb 可以释放更多的能量。因此 Rb 与水反应比 Na 与水反应剧烈得多，Rb 金属性强于 Na。

(4) F 得到一个电子成为稀有气体稳定结构，O 不能。

(5) F 参与反应通常形成 F^-，F 的第一电子亲和能很大，F 到 F^- 能释放较多的能量，有利于反应发生，因此 F 化学性质非常活泼。

(6) Xe 是稀有气体稳定结构，不能再得到电子，而 Xe 的第一电离能 1170 $kJ\cdot mol^{-1}$ 很大，失去电子所需要的能量很高，因此 Xe 既不容易失去也不能得到电子，Xe 化学性质惰性。

10. (1) M 原子的核外电排布为[Ar]$3d^5 4s^2$，为 Mn；(2) 最外层为 4，电子数有 2 个，最高能级组为(3d4s)，电子数有 7 个；(3) 位于周期表中第四周期，ⅦB 族。

11. $D(C\equiv C)=813\ kJ\cdot mol^{-1}$

12. NCCN 的结构为 $N\equiv C-C\equiv N$，$\Delta_r H^\ominus=2D(C\equiv N)+D(C-C)+2D(O=O)-D(N\equiv N)-2\times2\times D(C=O)=-1017\ kJ\cdot mol^{-1}$。

13.

	CO_2	ONF	BF_3	ICl_3
路易斯结构式	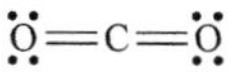	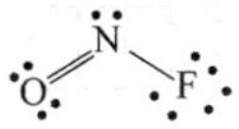	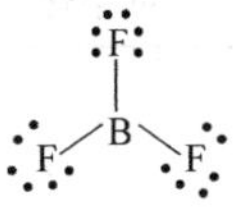	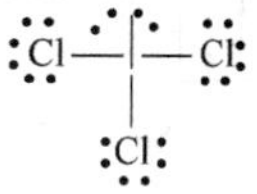
中心原子价层电子对数	4	6	6	10
中心原子价电子杂化方式	sp^2	sp^2	sp^2	sp^3d
中心原子价层电子空间几何构型	直线	三角	三角	三角双锥
分子空间几何构型	直线	V 形	三角	T 形

14.

	IF_4^-	PCl_4^+	SeO_3^{2-}	I_3^-
路易斯结构式	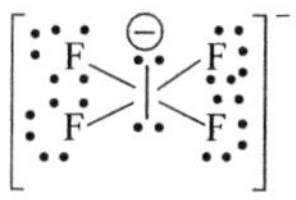	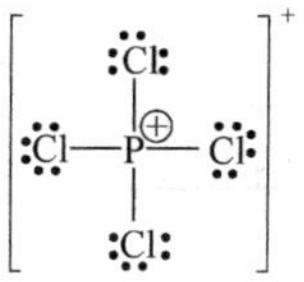	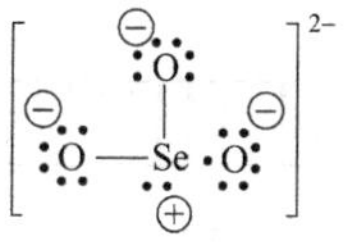	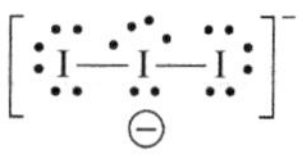
中心原子价层电子对数	12	8	8	10
中心原子价电子杂化方式	sp^3d^2	sp^3	sp^3	sp^3d
中心原子价层电子空间几何构型	正八面体	正四面体	正四面体	三角双锥
分子空间几何构型	平面正方形	正四面体	三角锥	直线

15. $BeCl_2$ 价层电子对数：(2+2)/2=2，sp 杂化。

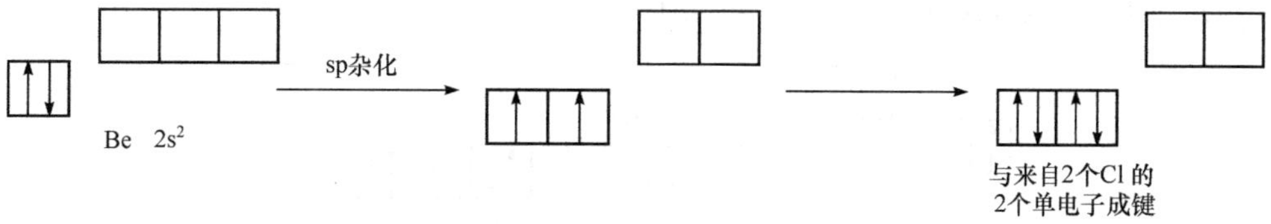

$SnCl_2$ 价层电子对数：$(4+2)/2=3$，sp^2 杂化。

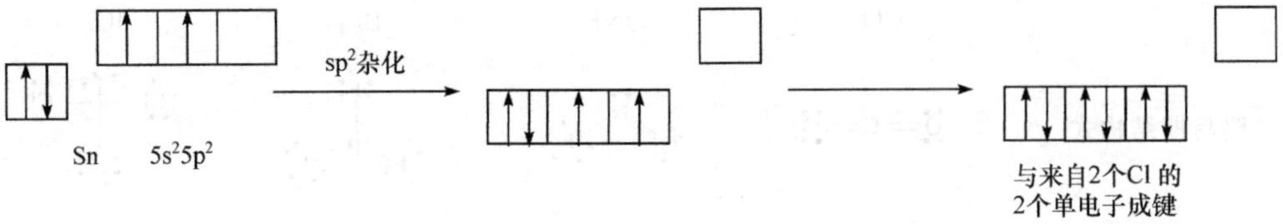

NCl_3 价层电子对数：$(5+3)2/=4$，sp^3 杂化。

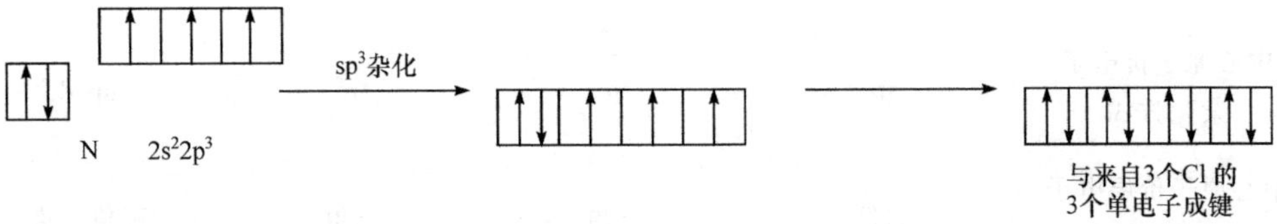

XeF_4 价层电子对数：$(8+4)/2=6$，sp^3d^2 杂化。

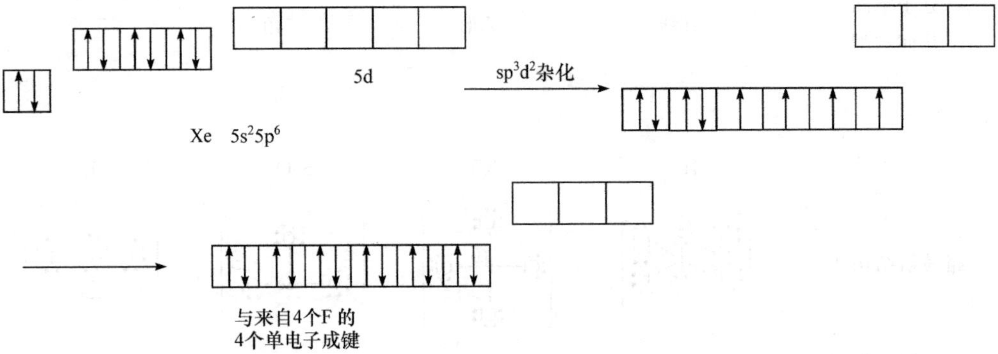

SF_6 价层电子对数：$(6+6)/2=6$，sp^3d^2 杂化。

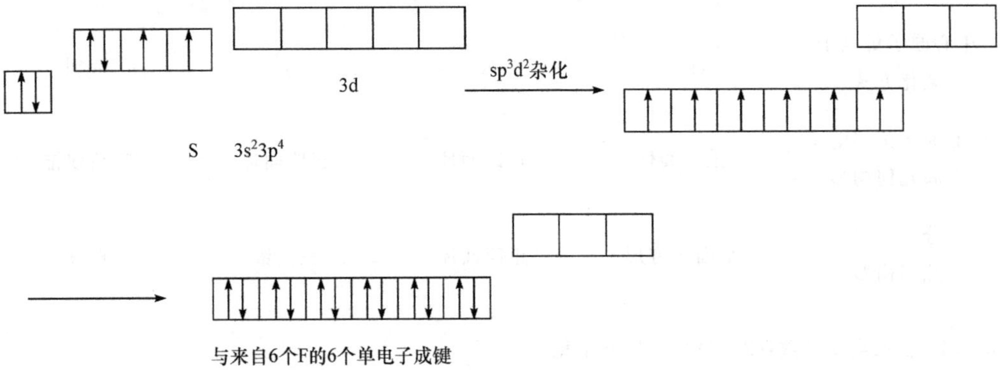

CO_3^{2-} 价层电子对数：$(4+0+2)/2=3$，sp^2 杂化。

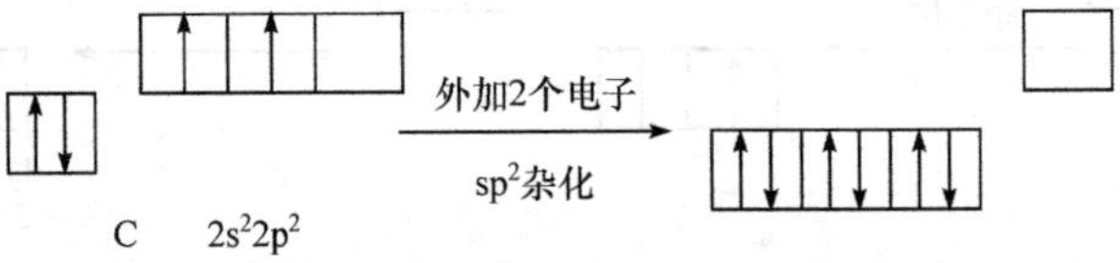

sp^2 杂化轨道上没有成单电子，氧原子必须激发成 $2p^2 2p^2 2p^0$ 构型，3 个氧空出的 3 个 p 轨道与 C 的

sp^2 杂化轨道成键。

SO_4^{2-}：价层电子对数：$(6+0+2)/2=4$，sp^3 杂化。

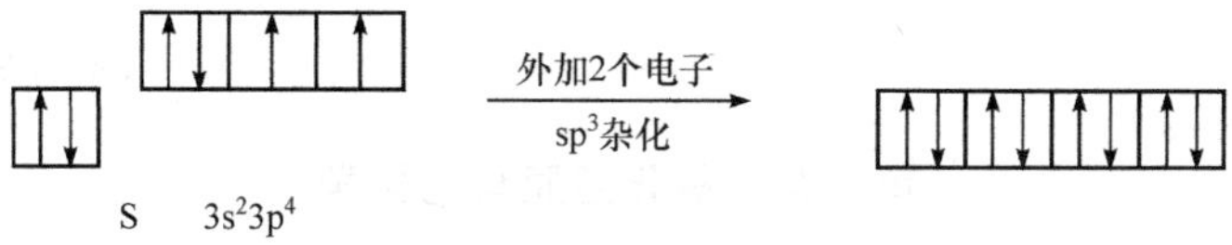

sp^3 杂化轨道上没有成单电子，氧原子必须激发成 $2p^2 2p^2 2p^0$ 构型，4 个氧空出的 4 个 p 轨道与 S 的 sp^3 杂化轨道成键。此外，由于氧原子电负性大、半径小，接纳来自 S 的电子后核外电子斥力比较大，电子反馈到 S 有 3d 空轨道，形成反馈 π 键。每个氧提供 2 个电子，4 个氧共提供 8 个电子，在包括 S 在内的 5 个原子间运动，记为 π_5^8，5 中心 8 电子 π 键。

SO_3^{2-} 价层电子对数：$(6+0+2)/2=4$，sp^3 杂化。

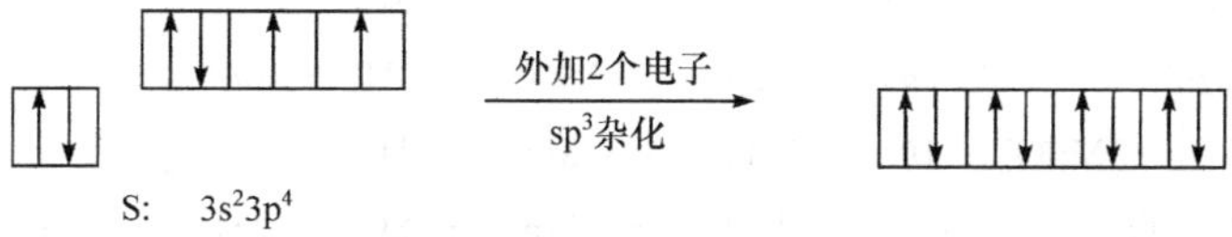

sp^3 杂化轨道上没有成单电子，氧原子必须激发成 $2p^2 2p^2 2p^0$ 构型，3 个氧空出的 3 个 p 轨道与 S 的 sp^3 杂化轨道成键。此外，由于氧原子电负性大、半径小，接纳来自 S 的电子后核外电子斥力比较大，电子反馈到 S 有 3d 空轨道，形成反馈 π 键。每个氧提供 2 个电子，3 个氧共提供 6 个电子，在包括 S 在内的 4 个原子间运动，记为 π_4^6，4 中心 6 电子 π 键。

NO_3^- 价层电子对数：$(5+0+1)/2=3$，sp^2 杂化。

sp^2 杂化轨道上没有成单电子，氧原子必须激发成 $2p^2 2p^2 2p^0$ 构型，3 个氧空出的 3 个 p 轨道与 N 的 sp^2 杂化轨道成键。N 没有空 3d 轨道，不存在反馈 π 键。同理 CO_3^{2-} 不存在反馈 π 键。

16. (1) 乙醇和水：都是极性分子，存在取向力、诱导力、色散力，此外还有氢键。

(2) 氦和水：非极性分子-极性分子，存在诱导力、色散力。

(3) 苯和四氯化碳：非极性分子-非极性分子，存在色散力。

(4) 溴化氢 HBr 和碘化氢 HI，都是极性分子，存在取向力、诱导力、色散力。

(5) H_2S 气体分子：都是极性分子，存在取向力、诱导力、色散力。

17. 相对分子质量相差不大，因此色散力相差不大。取向力大小顺序为丙烷($CH_3CH_2CH_3$)＜乙醚(CH_3OCH_3)＜一氯甲烷(CH_3Cl)＜乙醛(CH_3CHO)＜乙腈(CH_3CN)，所以沸点顺序也就是取向力大小顺序。事实它们的沸点分别是 231 K、248 K、249 K、294 K、355 K。

18. (1) 取向力 CH_3CN 大于 CH_3I；(2) 色散力 CH_3I 大于 CH_3CN；(3) 总的分子间作用力 CH_3I＜CH_3CN，熔沸点 CH_3I＜CH_3CN，事实 CH_3I 沸点 315.6 K＜CH_3CN 沸点 354.8 K。

19. (1) 分子间氢键；(2) 分子内氢键；(3) 分子间氢键；(4) 分子间氢键；(5) 无；(6) 分子内氢键；(7) 分子间氢键。

20. 物质熔沸点高低与晶体结构类型密切相关，通常原子晶体熔沸点很高，离子晶体熔沸点较高，而分子晶体熔沸点最低，常温常压下通常为气态。

(1) 金刚石(3550 ℃)＞单晶硅(1410 ℃)＞硅甲烷(−185 ℃)

（2）单晶硅＞五氯化碘＞单质碘

（3）生石灰＞萤石＞膦

（中山大学　乔正平）

第 6 章　氧化还原与电化学

1.

$+5 \quad +1 \quad -1 \quad 0 \quad 0 \quad 0 \quad -1/2 \quad +2 \quad +6 \quad +2.5 \quad -3 \quad -2 \quad +8/3$

$KCl^*O_3, NaCl^*O, H_2O_2^*, O_3^*, S_8^*, C_{60}^*, KO_2^*, Na_2S_2^*O_3, Cr_2^*O_7^{2-}, S_4^*O_6^{2-}, N^*H_4^+, N_2^*H_4, Fe_3^*O_4,$

$0 \quad -1 \quad -1 \quad +2 \quad -3$

$Ni^*(CO)_4, Na[Co^*(CO)_4], H[Mn^*(CO)_5], [Fe^*(CN)_6]^{4-}, [Fe(N^*CS)_6]^{3-}$

2. （1）“氧化数法”：$5SO_2(g)+2MnO_4^-+2H_2O=\!=\!=2Mn^{2+}+5SO_4^{2-}+4H^+$

“离子-电子法”：　$5SO_2(g)+10H_2O=\!=\!=5SO_4^{2-}+20H^++10e^-$

$2MnO_4^-+10e^-+16H^+=\!=\!=2Mn^{2+}+8H_2O$

两式相加：$5SO_2(g)+2MnO_4^-+2H_2O=\!=\!=2Mn^{2+}+5SO_4^{2-}+4H^+$

（2）$2AgNO_3(s)=\!=\!=2Ag(s)+2NO_2(g)+O_2(g)$

（3）$CuS(s)+8HNO_3$(浓)$=\!=\!=CuSO_4+8NO_2(g)+4H_2O$

（4）$Cr_2O_7^{2-}+3H_2O_2+8H^+=\!=\!=2Cr^{3+}+3O_2(g)+7H_2O$

（5）$Cl_2(g)+CN^-+2OH^-=\!=\!=2Cl^-+OCN^-+H_2O$

（6）$3I_2(s)+6OH^-=\!=\!=5I^-+IO_3^-+3H_2O$

3. 标准态下氧化性：$F_2>S_2O_8^{2-}>MnO_4^->PbO_2>Cl_2>Cr_2O_7^{2-}>Br_2>Fe^{3+}>I_2>Cu^{2+}>S_4O_6^{2-}>Sn^{2+}>Zn^{2+}>Ca^{2+}$

标准态下还原性：$Ca>Zn>Sn>S_2O_3^{2-}>I^->Fe^{2+}>Br^->Cr^{3+}>Cl^->Pb^{2+}>Mn^{2+}>HSO_4^->F^-$

4. （1）标态，正反应自发。$\lg K^\ominus=\dfrac{nE^\ominus_{池}}{0.059\ V}$，$K^\ominus=1.0\times10^{35}$

（2）标态，正反应自发。$K^\ominus=2.9\times10^{15}$

5. $Hg_2Cl_2(s)+2e^-=\!=\!=2Hg(l)+2Cl^-$

$$E(Hg_2Cl_2/Hg)=E^\ominus(Hg_2Cl_2/Hg)+\frac{0.059V}{2}\lg\frac{1}{[Cl^-]^2}$$

$2HF(aq)+2e^-=\!=\!=H_2+2F^-$

$$E[HF(aq)/H_2]=E^\ominus[HF(aq)/H_2]+\frac{0.059V}{2}\lg\frac{[HF]^2}{p(H_2)[F^-]^2}$$

$2CuI(s)+2e^-=\!=\!=Cu(s)+2I^-$

$$E(CuI/Cu)=E^\ominus(CuI/Cu)+\frac{0.059V}{2}\lg\frac{1}{[I^-]^2}$$

$[Fe(CN)_6]^{3-}+e^-=\!=\!=[Fe(CN)_6]^{4-}$

$$E\{[Fe(CN)_6]^{3-}/[Fe(CN)_6^{4-}]\}=E^\ominus\{[Fe(CN)_6]^{3-}/[Fe(CN)_6^{4-}]\}+\frac{0.059\ V}{1}\lg\frac{[Fe(CN)_6^{3-}]}{[Fe(CN)_6^{4-}]}$$

6. $O_2(g)+2H_2O(l)+4e^-=\!=\!=4OH^-(aq)$

$$E=E^\ominus(O_2/OH^-)+\frac{0.059\ V}{4}\lg\frac{p(O_2)}{[OH^-]^4}$$

$[Fe(OH)_4]^-+e^-=\!=\!=[Fe(OH)_4]^{2-}$

$E=E^{\ominus}[Fe(OH)_4^-/Fe(OH)_4^{2-}]+0.059\ V\lg\dfrac{[Fe(OH)_4^-]}{[Fe(OH)_4{}^{2-}]}$

$AsO_4^{3-}(aq)+2H_2O(l)+2e^- = AsO_2^-(aq)+4OH^-(aq)$

$E=E^{\ominus}(AsO_4^{3-}/AsO_2^-)+\dfrac{0.059\ V}{2}\lg\dfrac{[AsO_4^{3-}]}{[AsO_2^-][OH^-]^4}$

$2H_2O(l)+2e^- = H_2(g)+2OH^-(aq)$ 0.059 V

$E=E^{\ominus}(H_2O/H_2)+\dfrac{0.059\ V}{2}\lg\dfrac{1}{p(H_2)[OH^-]^2}$

7. $E^{\ominus}$：$Ag^+/Ag > AgCl/Ag > [Ag(NH_3)_2]^+/Ag > AgBr/Ag > [Ag(S_2O_3)_2]^{3-}/Ag > [Ag(CN)_2]^-/Ag$。以上标准电极电势顺序，正是按照 AgX 的 K_{sp} 和 AgL_2 的 $K_稳$ 计算得到的氧化型物质浓度 $[Ag^+]$降低的顺序。

8. (1) $E^{\ominus}$：Fe^{3+}/Fe^{2+}(0.77 V)$>$$Cu^{2+}/Cu$(0.34 V)$>$$Fe^{2+}/Fe$(−0.45 V)，标态，氧化性 $Fe^{3+}>Cu^{2+}>Fe^{2+}$，还原性 $Fe^{2+}<Cu<Fe$。

(2) $E^{\ominus}(S/S^{2-})$(−0.48 V)$<E^{\ominus}(O_2/OH^-)$(0.40 V)，空气中的 O_2 可以把 S^{2-} 氧化为 S，接着 $S+S^{2-} = S_2^{2-}$，生成多硫化物。

(3) $E^{\ominus}(Fe^{3+}/Fe^{2+})$(0.77 V)$<E^{\ominus}(O_2/H_2O)$(1.23 V)，空气中的 O_2 可以把 Fe^{2+} 氧化为 Fe^{3+}，变黄色。

(4) 酸性介质中 $E^{\ominus}(H_2O_2/H_2O)=1.763$ V，H_2O_2 是强氧化剂，还原产物是 H_2O；碱性介质中，$E^{\ominus}(HO_2^-/OH^-)=0.867$ V，H_2O_2 是仍然具有较强氧化性，还原产物是 OH^-，无污染。

9. (1) $[H^+]>0.11\ mol\cdot dm^{-3}$；(2) $[H^+]>1.42\ mol\cdot dm^{-3}$；(3) $[H^+]>5.87\ mol\cdot dm^{-3}$

使用 $KMnO_4$ 制备氯气，只需要稀盐酸，而且不必加热，最方便；使用 $K_2Cr_2O_7$ 需要中等浓度的盐酸，使用 MnO_2 需要浓盐酸，都需要加热。

10. (1) 负极反应： $H_2(g) = 2H^+(aq)+2e^-$

正极反应： $Hg_2Cl_2(s)+2e^- = 2Hg(l)+2Cl^-(aq)$

电池反应： $H_2(g)+Hg_2Cl_2(s) = 2H^+(aq)+2Hg(l)$

$E_池=0.241$ V，$E^{\ominus}_池=0.2682$ V，$\Delta_rG^{\ominus}=-nFE^{\ominus}_池=-51.8\ kJ\cdot mol^{-1}$，$K^{\ominus}=9.31\times10^8$

(2) 负极反应： $2H_2(g)+4Ac^- = 4HAc+4e^-$

正极反应： $O_2(g)+2H_2O+4e^- = 4OH^-$

电池反应： $2H_2(g)+4Ac^-+O_2(g)+2H_2O = 4HAc+4OH^-$

$E^{\ominus}_池=0.54$ V，$\Delta_rG^{\ominus}=-104\ kJ\cdot mol^{-3}$，$K^{\ominus}=1.7\times10^{18}$

(3) 负极反应： $Ag(s)+Cl^- = AgCl(s)+e^-$

正极反应： $Ag^++e^- = Ag(s)$

电池反应： $Ag^++Cl^- = AgCl(s)$

$E^{\ominus}_池=0.575$ V，$\Delta_rG^{\ominus}=-55.5\ kJ\cdot mol^{-3}$，$K^{\ominus}=5.27\times10^9$

(4) 负极反应： $Ag(s)+2CN^- = [Ag(CN)_2]^-+e^-$

正极反应： $Ag^++e^- = Ag(s)$

电池反应： $Ag^++2CN^- = [Ag(CN)_2]^-$

$E^{\ominus}_池=1.24$ V，$\Delta_rG^{\ominus}=-119\ kJ\cdot mol^{-3}$，$K^{\ominus}=7.1\times10^{20}$

11. (1) 设计为原电池：(−)(Pt)$|SO_2(1p^{\ominus})|SO_4^{2-}(1.00\ mol\cdot dm^{-3}),H^+(1.00\ mol\cdot dm^{-3})\parallel MnO_4^-(1.00\ mol\cdot dm^{-3}),Mn^{2+}(1.00\ mol\cdot dm^{-3})|$(Pt)(+)

正极反应： $MnO_4^-+8H^++5e^- = Mn^{2+}+4H_2O$

负极反应： $SO_2(g)+2H_2O = SO_4^{2-}+4H^++2e^-$

原电池放电总反应：$2MnO_4^- + 5SO_2(g) + 2H_2O \xlongequal{} 2Mn^{2+} + 5SO_4^{2-} + 4H^+$

$E^\ominus_池 = 1.35\ V$，$\Delta_r G^\ominus = -nFE^\ominus_池 = -1.30 \times 10^3\ kJ \cdot mol^{-1}$，$K^\ominus = 1.00 \times 10^{228}$

(2) (−)(Pt)|$O_2(1p^\ominus)$|$OH^-(1.00\ mol \cdot dm^{-3})$ ‖ $H^+(1.00\ mol \cdot dm^{-3})$|$O_2(1p^\ominus)$|(Pt)(+)

正极反应：　$\frac{1}{4}O_2(g) + H^+(aq) + e^- \xlongequal{} \frac{1}{2}H_2O(l)$

负极反应：　$OH^-(aq) \xlongequal{} \frac{1}{4}O_2(g) + \frac{1}{2}H_2O(l) + e^-$

原电池放电总反应：　$H^+(aq) + OH^-(aq) \xlongequal{} H_2O(l)$

$E^\ominus_池 = 0.828\ V$，$\Delta_r G^\ominus = -79.9\ kJ \cdot mol^{-1}$，$K^\ominus = 9.68 \times 10^{13}$

12. $K^\ominus_{sp}(AgI) = [Ag^+]_负[I^-]_负 = 8.22 \times 10^{-17}$

13. (1)

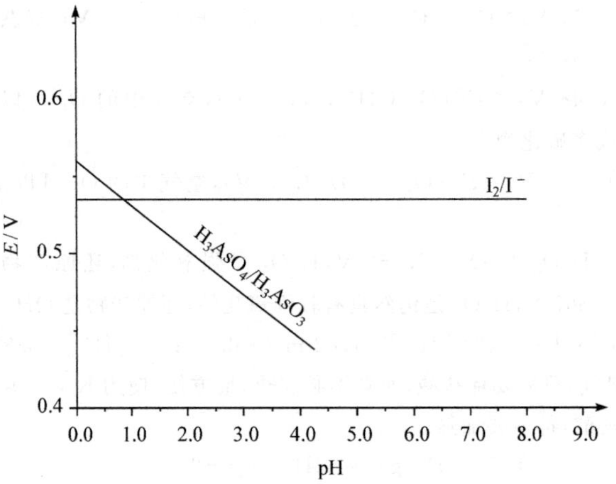

(2)　$H_3AsO_4 + 2HI \xlongequal{} H_3AsO_3 + I_2(s) + H_2O$

pH>0.85，$E(H_3AsO_4/H_3AsO_3) < E^\ominus(I_2/I^-)$，逆反应自发反应。在 pH=5.0～9.0 范围内，以 I_2 氧化 H_3AsO_3 为 H_3AsO_4，可以定量测定 As。

14. (1) $E^\ominus(Cr_2O_7^{2-}/Cr^{2+}) = \frac{n_1E_1^\ominus + n_2E_2^\ominus}{n} = 0.914\ V$

(2) $Cr_2O_7^{2-} + 6Cr^{2+} + 14H^+ \xlongequal{} 8Cr^{3+} + 7H_2O$　$E^\ominus_池 = 1.78\ V$，$K^\ominus = 2.54 \times 10^{180}$

(3) Cr^{2+} 会被空气中氧气氧化为 Cr^{3+}，不能稳定存在。

15. (1) 阳极得 $O_2(g)$，阴极得 Zn。

阳极反应：$2H_2O \xlongequal{} 4H^+ + O_2(g) + 4e^-$　阴极反应：$2Zn^{2+} + 4e^- \xlongequal{} 2Zn(s)$

(2) 阳极得 $O_2(g)$，阴极得 Cu。

阳极反应：$2H_2O \xlongequal{} 4H^+ + O_2(g) + 4e^-$　阴极反应：$2Cu^{2+} + 4e^- \xlongequal{} 2Cu(s)$

(3) 阳极 Ni 溶解，阴极得 Ni。

阳极反应：$Ni(s) \xlongequal{} Ni^{2+} + 2e^-$　阴极反应：$Ni^{2+} + 2e^- \xlongequal{} Ni(s)$

(4) 阳极 Ag 溶解为 $Ag^+(aq)$，与 $Cl^-(aq)$ 结合，生成 AgCl(s)，阴极得 $H_2(g)$。

阳极反应：$2Ag(s) + 2Cl^- \xlongequal{} 2AgCl(s) + 2e^-$　阴极反应：$2H^+ + 2e^- \xlongequal{} H_2(g)$

(5) 阳极得 $Cl_2(g)$，阴极得 Mg。

阳极反应：$2Cl^- \xlongequal{} Cl_2(g) + 2e^-$　阴极反应：$Mg^{2+} + 2e^- \xlongequal{} Mg(s)$

（中山大学　龚孟濂）

第7章 配位化学

1. $[Pt(NH_3)_6]Cl_4$ 中 Pt^{4+} 和 6 个 NH_3 配位，组成内界，4 个 Cl^- 在外界。
   $[Pt(NH_3)_3Cl_3]Cl$ 中 Pt^{4+} 与 3 个 NH_3 和 3 个 Cl^- 配位，组成内界，1 个 Cl^- 在外界。
2.

配位单元	中心(原子)离子	配位体	配位数	配位原子
$[Cu(CN)_4]^{2-}$	Cu^{2+}	CN^-	4	C
$[Ni(CO)_4]$	Ni	CO	4	C
$[Co(ONO)_6]^{3-}$	Co^{3+}	NO_2^-	6	O
$[Cr(SCN)_4(NH_3)_2]^-$	Cr^{3+}	SCN^-、NH_3	6	S、N

3. 配体的半径越小，配位数越大；配体的半径越大，配位数越小。
4. (1) 六氯合锑(Ⅲ)酸铵；(2) 三氯化三(乙二铵)合钴(Ⅲ)；(3) 四硫氰根·二氨合铬(Ⅲ)酸铵；(4) 氯化硝基·氨·羟氨·吡啶合铂(Ⅱ)；(5) 六氰合钴(Ⅲ)酸六氨合铬(Ⅲ)；(6) 五羰基合铬(－Ⅱ)酸钠
5. (1) $[Pt(NH_3)_6][PtCl_4]$；(2) $[Al(H_2O)_4(OH)_2]^+$；(3) $[Co(H_2O)_4Cl_2]Cl$；
   (4) $[Cr(OH)(H_2O)(C_2O_4)(en)]$；(5) $[Fe(CN)_5(CO)]^{3-}$；(6) $[Ni(NH_3)_2(C_2O_4)]$
6. 只能与 $AgNO_3$ 反应生成 AgCl 沉淀者，Cl^- 为外界，化学结构式为 $[Co(SO_4)(NH_3)_5]Cl$，只能与 $BaCl_2$ 反应生成 $BaSO_4$ 沉淀者，SO_4^{2-} 为外界，化学结构式为 $[CoCl(NH_3)_5]SO_4$，两个配合物之间属于结构异构现象。
7. d^2sp^3 杂化轨道
8.

配离子	μ/B. M.	单电子数	自旋情况	内、外轨	杂化类型	空间构型
$[Fe(en)_3]^{2+}$	5.5	4	高	外轨型	sp^3d^2	八面体
$[Co(SCN)_4]^{2-}$	4.3	3	高	外轨型	sp^3	四面体
$[Mn(CN)_6]^{4-}$	1.8	1	低	内轨型	d^2sp^3	八面体
$[FeF_6]^{3-}$	5.9	5	高	外轨型	sp^3d^2	八面体
$[Ni(CN)_4]^{2-}$	0	0	低	内轨型	dsp^2	正方形

9.

	单电子数	d 电子排布	CFSE
$[CoF_6]^{3-}$	4	$t_{2g}^4e_g^2$	-4 Dq
$[Co(NO_2)_6]^{4-}$	1	$t_{2g}^6e_g^1$	-18 Dq$+P$
$[Mn(SCN)_6]^{4-}$	5	$t_{2g}^3e_g^2$	0 Dq
$[Fe(CN)_6]^{3-}$	1	$t_{2g}^5e_g^0$	-20 Dq$+2P$

10.

配离子	d 电子排布	单电子数	磁矩 μ/B. M.
$[Fe(H_2O)_6]^{2+}$	$t_{2g}^4 e_g^2$	4	4.90
$[Fe(CN)_6]^{4-}$	$t_{2g}^6 e_g^0$	0	0
$[Co(NH_3)_6]^{3+}$	$t_{2g}^6 e_g^0$	0	0

11. $[Fe(CN)_6]^{4-}$：$\Delta > P$，强场低自旋；$CFSE = -24\ Dq + 2P = -44\ 000\ cm^{-1}$。

  $[Fe(H_2O)_6]^{2+}$：$\Delta < P$，弱场高自旋；$CFSE = -4\ Dq = -4160\ cm^{-1}$。

12. $Q = 2.7 \times 10^{-9} > K_{sp}^{\ominus}(AgCl)$，有 AgCl 沉淀析出。

13. 所需 NaF 的最低浓度＝1.62 $mol \cdot dm^{-3}$

14. $K_{稳}^{\ominus} = 3.49 \times 10^{12}$

15. $E^{\ominus}[Au(CN)_2^-/Au] = E^{\ominus}(Au^+/Au) + 0.059\ V lg[Au^+] = -0.57\ V$

16. (1) 溶解 AgBr 的质量＝0.65 g；(2) 溶解 AgBr 的质量＝124.1 g

（南开大学　王庆伦）

第 8 章　主 族 元 素

1. 在实验室中用活泼金属和稀酸反应制备氢气；工业上用水煤气法或裂解天然气。方程式略。

2. (1) $2Na_2O_2(s) + 2H_2O(l) = 4NaOH(aq) + O_2(g)$

  (2) $2Na_2O_2(s) + 2CO_2(g) = 2Na_2CO_3(s) + O_2(g)$

  (3) $2Na_2O_2(s) + 4HCl(aq) = 4NaCl(aq) + 2H_2O(l) + O_2(g)$

  (4) $4KO_3(s) + 2H_2O(l) = 4KOH(s) + 5O_2(g)$

3. (1) 加热放出氧气和红棕色二氧化氮的是硝酸锂，硝酸钾只放出氧气；(2) 加盐酸放出气体的是碳酸钙；(3) 加热放出气体的是碳酸氢钠；(4) 溶于水显碱性的是氢氧化钙；(5) 焰色反应；(6) 加硫酸生成白色沉淀的是氢氧化钡。

4. 在 HCl 气氛保护下，加热脱水。

5. 实验室：

$$MnO_2(s) + 4HCl(aq, 浓) \xlongequal{\triangle} MnCl_2(aq) + Cl_2(g) + 2H_2O(l)$$

或

$$2KMnO_4(s) + 16HCl(aq) = 2KCl(aq) + 2MnCl_2(aq) + 5Cl_2(g) + 8H_2O(l)$$

工业上用电解食盐水的方法，方程式略。

6. (1) $SiO_2(s) + 4HF(aq) = SiF_4(g) + 2H_2O(l)$

  (2) $2KI(aq) + Cl_2(g) = 2KCl(aq) + I_2(s)$

  $I_2(s) + 5Cl_2(g) + 6H_2O(l) = 2HIO_3(aq) + 10HCl(aq)$

  (3) $2KI(aq) + H_2O_2(l) = 2KOH(aq) + I_2(s)$

  (4) $KI(aq) + I_2(s) = KI_3(aq)$

  (5) $Na_2CO_3(aq) + Br_2(aq) = NaBr(aq) + NaBrO(aq) + CO_2(g)$

7. 浓的氢氟酸：$2HF(aq) = H^+(aq) + HF_2^-(aq)$

8. $2NaCl(aq)+2H_2O(l)\xlongequal{电解}2NaOH(aq)+Cl_2(g)+H_2(g)$

$Cl_2(g)+2NaOH(aq)=\!=\!=NaCl(aq)+NaClO(aq)+H_2O(l)$

$2Cl_2(g)+2Ca(OH)_2(aq)=\!=\!=Ca(ClO)_2(aq)+CaCl_2(aq)+2H_2O(l)$

$3Cl_2(g)+6KOH(aq)=\!=\!=5KCl(aq)+KClO_3(aq)+3H_2O(l)$

9. (1) $2Zn(NO_3)_2(s)\xlongequal{\triangle}2ZnO(s)+4NO_2(g)+O_2(g)$

(2) $2MnSO_4(aq)+5K_2S_2O_8(aq)+8H_2O(l)\xlongequal{Ag^+}2KMnO_4(aq)+8H_2SO_4(aq)+4K_2SO_4(aq)$

(3) $2AlCl_3(aq)+3Na_2CO_3(aq)+3H_2O(l)=\!=\!=2Al(OH)_3(s)+6NaCl(aq)+3CO_2(g)$

10. H_2O,含氢键。

11. (1) 碱液吸收;(2) 酸性氯化亚铜溶液吸收;(3) 水洗或碱液洗;(4) 通过红热的铜网;(5) 水洗。

12. (1) $P_4(s)+3NaOH(aq)+3H_2O(l)=\!=\!=3NaH_2PO_2(aq)+PH_3(g)$

(2) $Sb(OH)_3(s)+3NaOH(aq)=\!=\!=Na_3SbO_3(aq)+3H_2O(l)$

(3) $AgCl(s)+2NH_3\cdot H_2O(aq)=\!=\!=[Ag(NH_3)_2]Cl(aq)+2H_2O(l)$

(4) $6Li(s)+N_2(g)=\!=\!=2Li_3N(s)$

(5) $10NaBiO_3(aq)+4MnSO_4(aq)+14H_2SO_4(aq)$

$=\!=\!=5Bi_2(SO_4)_3(aq)+4NaMnO_4(aq)+3Na_2SO_4(aq)+14H_2O(l)$

(6) $4BCl_3(g)+3LiAlH_4(s)=\!=\!=2B_2H_6(g)+3LiCl(s)+3AlCl_3(s)$

(7) $Tl(s)+2HNO_3(aq)=\!=\!=TlNO_3(aq)+NO_2(g)+H_2O(l)$

(8) $C(s)+2H_2SO_4(aq,浓)=\!=\!=CO_2(g)+2SO_2(g)+2H_2O(l)$

(9) $Si(s)+2NaOH(aq)+H_2O(l)=\!=\!=Na_2SiO_3(aq)+H_2(g)$

(10) $Si(s)+4HF(aq)=\!=\!=SiF_4(g)+2H_2(g)$

(11) $SnS(s)+Na_2S_2(aq)=\!=\!=Na_2SnS_3(aq)$

(12) $5PbO_2(s)+2MnSO_4(aq)+2H_2SO_4(aq)+K_2SO_4(aq)=\!=\!=5PbSO_4(s)+2KMnO_4(s)+2H_2O(l)$

(13) $SiO_2(s)+2C(s)+2Cl_2(g)=\!=\!=SiCl_4(l)+2CO(g)$

(14) $2B(s)+2NaOH(aq)+2KNO_3(aq)=\!=\!=2NaBO_2(aq)+3KNO_2(aq)+H_2O(l)$

(15) $2Al(s)+2NaOH(aq)+6H_2O(l)=\!=\!=2Na[Al(OH)_4](aq)+3H_2(g)$

(16) $BF_3(g)+NH_3(g)=\!=\!=H_3N\longrightarrow BF_3(g)$

13. 一元酸。$B(OH)_3(s)+H_2O(l)=\!=\!=B(OH)_4^-(aq)+H^+(aq)$。$B(OH)_3$ 是路易斯酸,易与路易斯碱起加和反应。

14.

$$SiO_2(s)+2C(s)=\!=\!=Si(s)+2CO(g)$$

$$Si(s)+2Cl_2(g)=\!=\!=SiCl_4(l)$$

$$SiCl_4(l)+2Zn(s)=\!=\!=Si(s)+2ZnCl_2(aq)$$

15. 钝化。

16. T形,四方锥,三角双锥,直线,四边形,变形八面体

(南开大学 师 唯)

第9章 副族元素

1. (1) $CuCl_2 \cdot 2H_2O \xrightarrow{\triangle} CuO + 2HCl + H_2O$；(2) CuO 反应温和并且容易定量；
(3) $ZnCl_2 + H_2O \xlongequal{} H[ZnCl_2(OH)]$；(4) $Hg_2^{2+} + H_2S \xlongequal{} HgS + 2H^+ + Hg$

2. (1) $2Cu(s) + O_2(g) + H_2O(l) + CO_2(g) \xlongequal{} Cu(OH)_2 \cdot CuCO_3(s)$

(2) $2Ag(s) + H_2S(g) + O_2(g) \xlongequal{} 2Ag_2S(s) + 2H_2O(l)$

(3) $2Cu^{2+}(aq) + SO_2(g) + 2Cl^-(aq) + 2H_2O(l) \xlongequal{} 2CuCl(s) + SO_4^{2-}(aq) + 4H^+(aq)$

(4) $Ag^+ + CN^- \xlongequal{} AgCN(s)$

$AgCN(s) + CN^- \xlongequal{} [Ag(CN)_2]^-$

$2[Ag(CN)_2]^- + S^{2-} \xlongequal{} Ag_2S(s) + 4CN^-$

3. (1) $Cu_2O + H_2SO_4(稀) \longrightarrow CuSO_4 + Cu + H_2O$

(2) $CuS + 6HNO_3(浓) \longrightarrow Cu(NO_3)_2 + 4NO_2 + SO_2 + 3H_2O$

(3) $2AgNO_3 + 2NaOH \longrightarrow Ag_2O + H_2O + 2NaNO_3$

(4) $AgBr + 2Na_2S_2O_3 \longrightarrow Na_3[Ag(S_2O_3)_2] + NaBr$

(5) $Zn(OH)_2 + 4NH_3 \longrightarrow [Zn(NH_3)_4]^{2+} + 2OH^-$

(6) $3HgS + 12HCl(浓) + 2HNO_3(浓) \longrightarrow 3H_2[HgCl_4] + 3S + 2NO + 4H_2O$

(7) $Hg_2^{2+} + 4I^- \longrightarrow HgI_4^{2-} + Hg$

(8) $Hg^{2+} + 2I^- \longrightarrow HgI_2$

$HgI_2 + 2I^- \longrightarrow HgI_4^{2-}$

(9) $Au + 4HCl + HNO_3 \longrightarrow HAuCl_4 + NO + 2H_2O$

(10) $HgS + Na_2S \longrightarrow Na_2[HgS_2]$

4. (1) 加入过量 NaOH；(2) 加 $H_2S(aq)$，再加 HCl；(3) 加 HCl，再加 NH_4Ac，过滤分离出 Pb^{2+}，沉淀中加氨水，过滤，沉淀中为 Hg。

5. A：CuO　B：$CuCl_2$　C：$H[CuCl_2]$　D：CuCl　E：$[Cu(NH_3)_2]^+$　F：$[Cu(NH_3)_4]^{2+}$
G：$[Cu(CN)_3]^{2-}$　H：Cu　I：$Cu(NO_3)_2$　J：$Cu(OH)_2$

$$CuO + 2HCl \xlongequal{} CuCl_2 + H_2O$$

$$CuCl_2 + Cu + 2HCl \xlongequal{} 2H[CuCl_2]$$

$$CuCl + 2NH_3 \cdot H_2O \xlongequal{} [Cu(NH_3)_2]^+ + Cl^- + 2H_2O$$

$$4[Cu(NH_3)_2]^+ + 8NH_3 \cdot H_2O + O_2 \xlongequal{} 4[Cu(NH_3)_4]^{2+} + 4OH^- + 6H_2O$$

$$2[Cu(NH_3)_4]^{2+} + 8KCN \xlongequal{} 2[Cu(CN)_3]^{2-} + (CN)_2 + 8NH_3 + 8K^+$$

$$2[Cu(CN)_3]^{2-} + Zn \xlongequal{} 2Cu + [Zn(CN)_6]^{4-}$$

$$3Cu + 8HNO_3 \xlongequal{} 3Cu(NO_3)_2 + 2NO + 4H_2O$$

$$Cu(NO_3)_2 + NaOH \xlongequal{} NaNO_3 + Cu(OH)_2$$

$$Cu(OH)_2 \xlongequal{} CuO + H_2O$$

6. (1) $2KMnO_4 + 5H_2O_2 + 3H_2SO_4 \longrightarrow 2MnSO_4 + 5O_2 + K_2SO_4 + 8H_2O$

(2) $K_2Cr_2O_7 + 6FeSO_4 + 14H_2SO_4 \longrightarrow 3Fe_2(SO_4)_3 + Cr_2(SO_4)_3 + 7H_2O + K_2SO_4$

(3) $Co_2O_3 + 6HCl \longrightarrow 2CoCl_2 + Cl_2 + 3H_2O$

(4) $V_2O_5 + 2NaOH \longrightarrow 2NaVO_3 + H_2O$

(5) $2FeCl_3 + SnCl_2 \longrightarrow SnCl_4 + 2FeCl_2$

(6) $4[Co(NH_3)_6]^{2+} + O_2 + 2H_2O \longrightarrow 4[Co(NH_3)_6]^{3+} + 4OH^-$

(7) $2Fe(OH)_3 + KClO_3 + 4KOH \longrightarrow 2K_2FeO_4 + KCl + 5H_2O$

(8) $[Cr(OH)_4]^- + Cl_2 + OH^- \longrightarrow 2Cl^- + CrO_4^{2-} + H_2O$

(9) $2FeCl_3 + 2KI \longrightarrow I_2 + 2FeCl_2 + 2KCl$

(10) $V_2O_5 + 6HCl$(浓)$\longrightarrow 2VOCl_2 + Cl_2 + H_2O$

(11) $VO_2^+ + SO_3^{2-} + 2H^+ \longrightarrow SO_4^{2-} + V^{3+} + H_2O$

(12) $2Mn^{2+} + 5NaBiO_3 + 14H^+ \longrightarrow 2MnO_4^- + 5Bi^{3+} + 5Na^+ + 7H_2O$

(13) $3MnO_2 + KClO_3 + 6KOH \xrightarrow{\triangle} 3K_2MnO_4 + KCl + 3H_2O$

(14) $TiO_2 + H_2SO_4$(浓)$\longrightarrow TiOSO_4 + H_2O$

(15) $NiS + 2HCl \longrightarrow NiCl_2 + H_2S$

(16) $3CoS + 8HNO_3 \longrightarrow 3Co(NO_3)_2 + 3S + 2NO + 4H_2O$

(17) $2Co(OH)_2 + H_2O_2 \longrightarrow 2Co(OH)_3 + O_2$

(18) $2Ni(OH)_2 + Br_2 + 2OH^- \longrightarrow 2Ni(OH)_3 + 2Br^-$

(19) $MoO_3 + 2NaOH \longrightarrow Na_2MoO_4 + H_2O$

(20) $WO_3 + 2NaOH \longrightarrow Na_2WO_4 + H_2O$

(21) $EuCl_2 + FeCl_3 \longrightarrow EuCl_3 + FeCl_2$

(22) $2CeO_2 + 4HCl \longrightarrow 2CeCl_3 + Cl_2 + 4H_2O$

7. A:$K_2Cr_2O_7$　B:Cl_2　C:$CrCl_3$　D:$Cr(OH)_3$　E:$KCrO_2$　F:K_2CrO_4

$$K_2Cr_2O_7 + HCl = Cl_2 + CrCl_3 + H_2O$$

$$CrCl_3 + 3KOH = Cr(OH)_3 + 3KCl$$

$$Cr(OH)_3 + KOH = KCrO_2 + 2H_2O$$

$$2KCrO_2 + 3H_2O_2 + 2KOH = 2K_2CrO_4 + 4H_2O$$

$$2K_2CrO_4 + 2H^+ = K_2Cr_2O_7 + 2K^+ + H_2O$$

8. 向废水中加入硫酸亚铁使废水中的六价铬还原成三价铬。然后加石灰提高废水的 pH 至 7.0～9.0，使三价铬生成氢氧化铬沉淀后过滤。

9. 一定有 $AgNO_3$，一定没有 CuS、$KMnO_4$、$AlCl_3$，可能有 K_2SO_4、$ZnCl_2$。

10. A:MnO_2　B:$MnSO_4$　C:O_2　D:$Mn(OH)_2$　E:$MnO(OH)_2$　F:K_2MnO_4　G:$KMnO_4$

$$2MnO_2 + 2H_2SO_4 = 2MnSO_4 + O_2 + 2H_2O$$

$$MnSO_4 + 2OH^- = Mn(OH)_2 + SO_4^{2-}$$

$$2Mn(OH)_2 + O_2 = 2MnO(OH)_2$$

$$5MnO_2 + 2KClO_3 + 8KOH \xrightarrow{\triangle} 5K_2MnO_4 + Cl_2 + 4H_2O$$

$$3K_2MnO_4 + 4H^+ = 2KMnO_4 + MnO_2 + 2H_2O + 4K^+$$

11. (1) $[Fe(CN)_6]^{3-}$ 的电极电势降低了；(2) $Fe^{3+} + CNS^- = [Fe(CNS)]^{2+}$；(3) 防止 Fe^{2+} 被氧化，$2Fe^{3+} + Fe = 3Fe^{2+}$；(4) 含 $CoCl_2$

$$\underset{\text{粉红色}}{CoCl_2 \cdot 6H_2O} \xrightleftharpoons{52℃} \underset{\text{紫红色}}{CoCl_2 \cdot 2H_2O} \xrightleftharpoons{90℃} \underset{\text{蓝紫色}}{CoCl_2 \cdot H_2O} \xrightleftharpoons{120℃} \underset{\text{蓝色}}{CoCl_2}$$

12. (1)

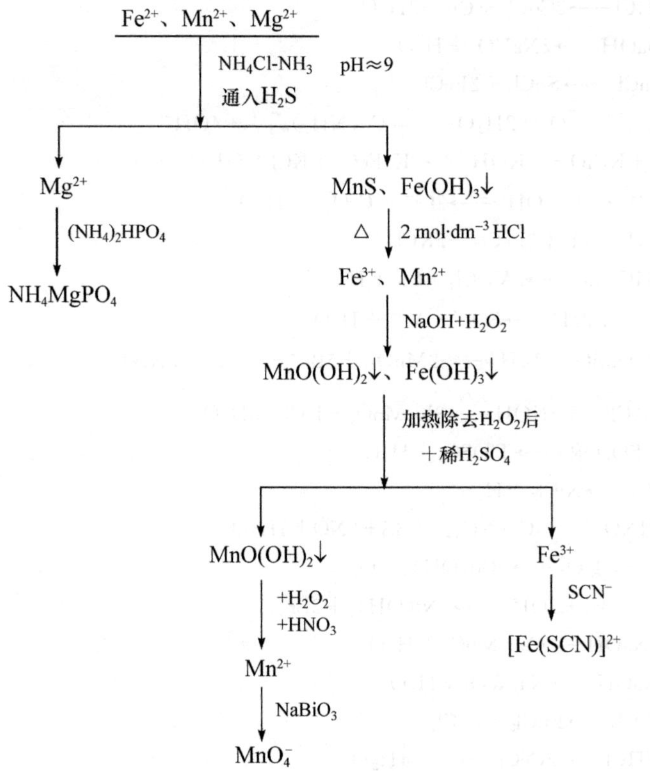

(2)

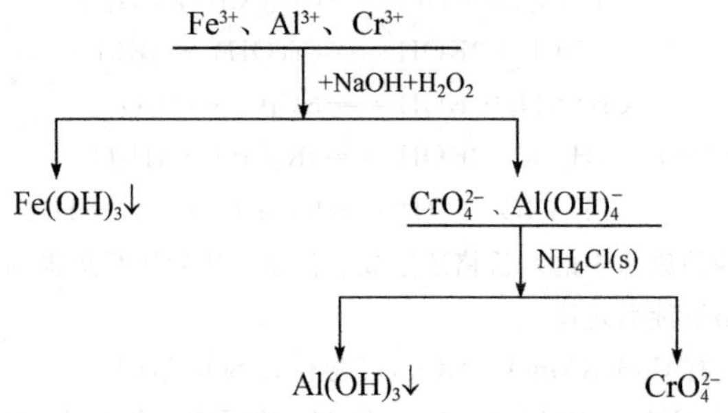

(3) 加过量 NaOH，过滤，分离出 Fe^{3+}，再加入 HCl，$(NH_4)_2S$，沉淀为 ZnS。

(4)

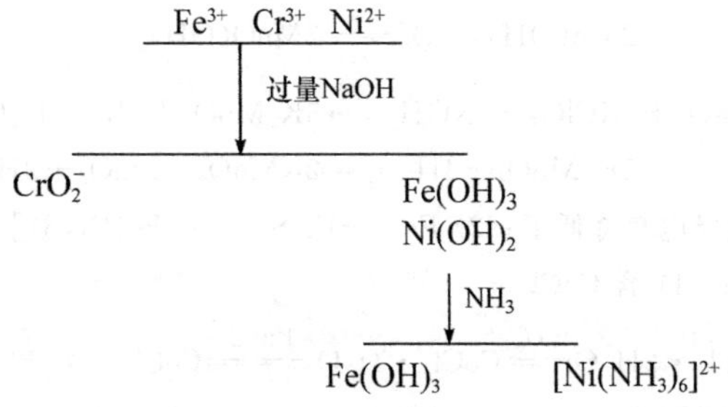

13. 有 Co^{2+}、Ni^{2+}、Al^{3+}，没有 Fe^{3+}、Mn^{2+}、Cr^{3+}。

（南开大学　顾　文）

第 10 章　无机功能材料

（答案从略，见教材正文）

第 11 章　生物无机化学

1.

(1) C；(2) B；(3) B；(4) B；(5) D；(6) AC；(7) B；(8) C；(9) A；(10) BD

2.

(1) H　C　O　N　P　S　Cl　Na　K　Ca　Mg，
Fe　Zn　Cu　Mn　Mo　Co　Cr　V　Ni　Sn　F　I　B　Si　Se

(2) 蛋白酶，肽酶

(3) 活细胞，高度专一性，特殊蛋白质

(4) 催化效率高，高度专一性，反应条件温和，易失去活性

(5) 肽键，二硫键，氢键，次级键，氢键，盐键，疏水键，范德华力

(6) 核糖核酸，脱氧核糖核酸，核苷酸

(7) 碘，铁，锌，钙

(8) 硒，碘，钙和氟，铁，硅，铬(Ⅲ)，钙离子

（其余答案从略，见教材正文）

（中山大学　巢　晖）

第 12 章　环境无机化学

（答案从略，见教材正文）